改性和再生塑料标准汇编

本　书　编　委　会
中国标准出版社　编

中国标准出版社
北　京

图书在版编目(CIP)数据

改性和再生塑料标准汇编/《改性和再生塑料标准汇编》编委会编.—北京:中国标准出版社,2018.6
ISBN 978-7-5066-8959-5

Ⅰ.①改… Ⅱ.①改… Ⅲ.①改性—再生塑料—标准—汇编 Ⅳ.①TQ322.2-65

中国版本图书馆CIP数据核字(2018)第083563号

中国标准出版社出版发行
北京市朝阳区和平里西街甲2号(100029)
北京市西城区三里河北街16号(100045)

网址 www.spc.net.cn
总编室(010)63533533 发行中心:(010)51780238
读者服务部:(010)68523946

中国标准出版社秦皇岛印刷厂印刷
各地新华书店经销

*

开本 880×1230 1/16 印张 53.25 字数 1 601 千字
2018年6月第一版 2018年6月第一次印刷

*

定价 260.00 元

序　言

塑料是现代社会具有旺盛发展前景和潜力的高分子材料，已经而且必将伴随着人类社会前进的脚步，在不断自我完善的过程中发挥重要作用，作出无可替代的、不可磨灭的更大贡献！

标准是人类文明进步的成果。从中国古代的“车同轨、书同文”，到现代工业规模化生产，都是标准化的生动实践。作为生产、消费的塑料大国，在中国特色社会主义新的历史时期，正在步入由制造到创新，由重数量、重速度到重质量、重效果的塑料强国征途。实现行业提质增效、转型升级的有力武器之一就是推动标准化和规模化！

世界需要标准协同发展，标准促进世界互联互通。国家标准化管理委员会于2016年发布《深化标准化工作改革方案》，强调指出标准化在保障产品质量安全、促进产业转型升级和经济提质增效以及服务对外贸易等方面起着越来越重要的作用。在我国塑料工业实现“功能化、轻量化、生态化、智能化”的奋斗目标进程中，塑料改性和再生加工利用是急迫需要强化标准化和规范化的重要领域。制定和修订与现实情况相适应的，与国际接轨的基础标准产品标准、检测方法标准成为企业的迫切愿望和行业的当务之急！

中国塑料加工工业协会一贯倡导并支持标准的制定、修订工作，在协会团体标准技术委员会成立之际，由中国标准出版社和改性塑料与塑料再生加工领域的业内骨干企业、知名专家学者共同编辑出版的本标准汇编是体现业内从业人员多年心愿，具有塑料改性和再生加工领域技术进步里程碑意义的重大举措，她将成为我国塑料工业与世界接轨的“通用语言”，必将以科学性、系统性和实用性相结合的鲜明特色推动行业的发展！

中国塑料加工工业协会　理事长 朱文玮

2018年5月8日

加强推动标准化工作实施，促进改性及再生塑料产业健康持续发展

据国家统计局对占塑料加工企业总数10%的规模以上企业的统计，2017年我国塑料制品行业完成产量7 515.54万吨，同比增长3.44%，多年呈快速发展趋势并成为世界最大的塑料制品生产和消费大国。塑料产业发展在给社会生产、生活带来方便的同时，也导致大量塑料垃圾不断产生；只有大力发展再生塑料回收利用产业和改性塑料技术，才能实现塑料等高分子材料产业的持续健康发展！

废旧塑料回收利用领域最根本的问题是在管理制度和产品质量把关上无标准可言。造成大多数废旧塑料资源分拣和分离困难，分选精度不够，导致污染物不能处理完全、价值较低，成型加工过程存在生产环境恶劣、VOCs污染风险等突出问题。通过开展标准化工作吸取先进的、科学的管理技术，学习国内外现代化的管理方法和手段，把有效的管理方法和经验通过制定和实施标准落到实处，使企业从传统的管理向规范的管理转变，从而建立管理的标准化体系，通过标准化这条纽带把各个环节的管理联系起来，形成一个系统的管理链，从而降低能耗，减少成本，提高经济效益。

本书参编人员长期从事再生塑料和改性塑料研究开发，依据自身多年的教学与科研成果以及在与企业、行业交流过程中获得的丰富翔实的案例与标准编纂的《改性和再生塑料标准汇编》，不仅可供大专院校师生、产业界从业科技人员和管理人员学习和借鉴，而且可供政府管理部门制定政策、规范社会行为时参考，对广大消费者也可起到普及科技知识，提高绿色消费、保护环境意识的效果。为此我很乐意向同行推荐这本有意义的资料集。

陈庆华

福建师范大学福清分校校长

福建师范大学聚合物资源绿色循环利用教育部工程中心主任

中国塑料加工工业协会团体标准化技术委员会原辅材料分技术委员会秘书长

2018年4月28日

抓标准修订和制定引领前行
促塑料改性和再生创新繁荣

全国塑料制品标准化技术委员会
主任委员 曹俊

创新驱动　提质增效

行业发展　标准先行

中国塑协改性塑料专业委员会

理事长兼秘书长

刘英俊

二〇一八年五月十日

强化标准和规范的引领作用

实现改性和再生的转型升级

二〇一八年五月十日

前　言

塑料改性是指通过物理的、化学的或二者兼具的办法使塑料材料的性能向预期的方向发生变化，使成本显著降低，或者使某些性能得以改善，赋予塑料全新的功能。塑料改性与塑料再生密不可分，改性技术用于废弃塑料的再生利用，通过增加技术含量，使废弃塑料得到高附加值的再生，体现了塑料作为环境友好材料的特性。改性和再生塑料成为我国战略性新兴产业之一的新材料产业的发展重点。

为适应改性及再生塑料的新工艺、新技术、新设备的发展，引导行业健康有序发展，中国标准出版社组织、汇聚塑料改性行业专家，精心收集整理了截至2018年4月30日国家颁布的现行有效的国家标准和行业标准80余项，主要包括塑料改性母料、专用料、塑料助剂及添加剂、再生塑料基础料、检测方法和清洗分选混炼挤出设备等标准。本汇编主要体现了实用性、权威性、资料完整性三个特点，可供广大改性及再生塑料行业生产、检验、科研、销售单位的技术人员，各级材料质量监督、检验机构人员及各管理部门的相关人员使用。

编　者

2018年4月

目　　录

一、综合标准

二、产品标准

三、助剂及添加剂标准

四、检测方法标准

五、设备标准

六、附　录

一、综合标准

ICS 55.020
A 80

中华人民共和国国家标准

GB/T 18455—2010
代替 GB 18455—2001

包装回收标志

Package recycling marking

2010-08-09 发布　　　　2011-01-01 实施

中华人民共和国国家质量监督检验检疫总局
中国国家标准化管理委员会　发布

前　言

本标准代替 GB 18455—2001《包装回收标志》。

本标准与 GB 18455—2001 相比，主要变化如下：

——标准性质改为推荐性；

——修改了第 3 章的术语和定义；

——删除了第 4 章的“可重复使用”、“含再生材料”和“绿点”标志，增加了“纸”、“铝”和“铁”的标志；

——塑料缩略语“HDPE”改为“PE-HD”、“LDPE”改为“PE-LD”。

本标准由全国包装标准化技术委员会(SAC/TC 49)提出并归口。

本标准由中国出口商品包装研究所负责起草，中国包装联合会循环经济委员会参加起草。

本标准主要起草人：王远德、郭振梅、孙琦、张虹、朱婧。

本标准所代替标准的历次版本发布情况为：

——GB 18455—2001。

包 装 回 收 标 志

1 范围

本标准规定了可回收利用的包装容器和包装组分的材料识别标志及其标示要求。

本标准适用于可回收利用的纸、塑料、铝和铁等包装容器或包装组分。

2 规范性引用文件

下列文件对于本文件的应用是必不可少的。凡是注日期的引用文件，仅注日期的版本适用于本文件。凡是不注日期的引用文件，其最新版本(包括所有的修改单)适用于本文件。

GB/T 1844.1 塑料符号和缩略语 第1部分:基础聚合物及其特征性能(GB/T 1844.1—2008，ISO 1043-1:2001,IDT)

GB/T 16288—2008 塑料制品的标志

GB/T 16716.1 包装与包装废弃物 第1部分:处理和利用通则

GB/T 16716.2 包装与包装废弃物 第2部分:评估方法和程序

3 术语和定义

GB/T 16716.1确立的以及下列术语适用于本标准。

3.1

供应商 supplier

对投放市场的产品及其包装负有责任的经营者。

3.2

包装组分 packaging component

用手或用简单物理方法可以分离的包装的组成部分。

3.3

复合包装材料 complex packaging material

用两种或两种以上材料通过热合或粘合等工艺形成的具有特定功能的包装材料。

4 标志

4.1 常用包装回收标志

常用包装材料的回收标志及其说明见表1，其中，塑料包装材料的代号和缩略语及其标示方法见4.2。

表1 常用包装材料的回收标志

材料名称	回收标志	说明
纸		适用于纸盒、纸箱和纸浆模塑等制品。 在标志下方可标注“纸”。
塑料		左图仅为基本图形。

表 1（续）

材料名称	回收标志	说　　明
铝		在标志下方可标注“铝”。
铁		在标志下方可标注“铁”。

4.2　塑料包装回收标志

4.2.1　一般塑料包装回收标志

一般塑料包装回收标志按 GB/T 16288—2008 附录 A 标示代号和缩略语。表 2 给出了常用于包装的塑料代号和缩略语。图 1 给出了标示示例。

表 2　常用塑料代号和缩略语

材料术语	聚对苯二甲酸乙二醇酯	高密度聚乙烯	聚氯乙烯	低密度聚乙烯	聚丙烯	聚苯乙烯
代号	01	02	03	04	05	06
缩略语	PET	PE-HD	PVC	PE-LD	PP	PS

图 1　一般塑料包装回收标志的标示示例

4.2.2　可生物降解塑料包装回收标志

当用于包装的可生物降解塑料不包括在 GB/T 16288—2008 附录 A 之内，其回收标志见图 2。

可生物降解塑料标志中的代号“00”表示“可生物降解”，缩略语××××的表示方法见 GB/T 1844.1。当需要表达材料的生物降解技术条件时，可以在标志的下方或左右两侧标注简要的文字说明。

图 2　可生物降解塑料包装回收标志的标示示例

4.3　复合包装材料的包装回收标志

复合包装材料的包装回收标志按表 1 给出的包装回收标志标示主要材料。主要材料是指能量回收中有效热量值最高的一种材料。当主要材料是塑料时，按 4.2 标示。

5　要求

5.1　供应商应预先按 GB/T 16716.1 和 GB/T 16716.2 及其引用标准评估投放市场的包装容器或包

装组分是否可以实现回收利用，当判定回收利用可行时，应标示包装回收标志。

5.2 当包装由多种包装组分构成，应分别在每一可回收利用的包装组分上标示包装回收标志。

5.3 当包装组分受功能、结构、外观或面积的限制时，可不标示包装回收标志。

5.4 包装回收标志在包装容器或包装组分上的标示，应比例适当、清晰牢固，醒目易识别。

5.5 标示包装回收标志可采用印刷、丝网印、标贴、模塑等可识别的方法。

ICS 83.140
G 33

中华人民共和国国家标准

GB/T 20197—2006

降解塑料的定义、分类、标志和降解性能要求

Define, classify, marking and degradability requirement of degradable plastic

2006-02-21 发布　　2007-01-01 实施

中华人民共和国国家质量监督检验检疫总局
中国国家标准化管理委员会　发布

前　　言

本标准由全国塑料制品标准化技术委员会归口。

本标准由轻工业塑料加工应用研究所负责起草，武汉华丽环保科技有限公司、深圳市中京科林环保塑料技术有限公司、内蒙古蒙西高新技术集团有限责任公司、宁波天安生物材料有限公司、绿维新材料（深圳）有限公司、天津思态利降解塑料有限公司、深圳市禾田一环保科技有限公司、福建百事达生物材料有限公司、福建泛亚科技发展有限公司、国家塑料制品质量监督检验中心（北京）、四川大学参加起草。

本标准主要起草人：翁云宣、孔力、王世和、陈学军、张先炳、毛国玉、苗蕾、丁少忠、贾伟生、叶新建、刘彩霞、侯勇、王玉忠、杨惠娣、李字义、陈明兴。

本标准为首次发布。

降解塑料的定义、分类、标志和降解性能要求

1 范围

本标准规定了降解塑料的术语和定义、分类和标志、降解性能要求、试验方法。

本标准适用于以下各类降解材料：

——天然和/或合成聚合物、共聚物或它们的混合物；

——含有如增塑剂、颜料或其他化合物等添加剂的塑料材料；

——水溶性聚合物；

——各类降解塑料材料加工而成的制品。

2 规范性引用文件

下列文件中的条款通过本标准的引用而成为本标准的条款。凡是注日期的引用文件，其随后所有的修改单（不包括勘误的内容）或修订版均不适用于本标准，然而，鼓励根据本标准达成协议的各方研究是否可使用这些文件的最新版本。凡是不注日期的引用文件，其最新版本适用于本标准。

GB/T 1040 塑料拉伸性能试验方法

GB/T 1844.2 塑料及树脂缩写代号 第二部分：填充及增强材料（GB/T 1844.2—1995，neq ISO 1043-2：1987）

GB/T 1844.3 塑料及树脂缩写代号 第三部分：增塑剂（GB/T 1844.3—1995，neq ISO 1043-3：1987）

GB/T 7141 塑料热空气暴露试验方法

GB/T 13022 塑料 薄膜拉伸性能试验方法（GB/T 13022—1991，neq ISO 1184：1983）

GB/T 15596 塑料暴露于玻璃下日光或自然气候或人工光后颜色和性能变化的测定（GB/T 15596—1995，eqv ISO 4582：1980）

GB/T 16422.2 塑料实验室光源暴露试验方法 第2部分：氙弧灯（GB/T 16422.2—1999，idt ISO 4892-2：1994）

GB/T 17603 光解性塑料户外暴露试验方法

GB/T 19276.1 水性培养液中材料最终需氧生物分解能力的测定 采用测定密闭呼吸计中需氧量的方法（GB/T 19276.1—2003，ISO 14851：1999，IDT）

GB/T 19276.2 水性培养液中材料最终需氧生物分解能力的测定 采用测定释放的二氧化碳的方法（GB/T 19276.2—2003，ISO 14852：1999，IDT）

GB/T 19277 受控堆肥条件下材料最终需氧生物分解和崩解能力的测定 采用测定释放的二氧化碳的方法（GB/T 19277—2003，ISO 14855：1999，IDT）

GB/T 19811 在定义堆肥化中试条件下塑料材料崩解程度的测定（GB/T 19811—2005，ISO 16929：2002，IDT）

CJ/T 96 城市生活垃圾 有机质的测定 灼烧法

CJ/T 97 城市生活垃圾 总铬的测定 二苯碳酰二阱比色法

CJ/T 98 城市生活垃圾 汞的测定 冷原子吸收分光光度法

CJ/T 99 城市生活垃圾 pH的测定 玻璃电极法

CJ/T 100 城市生活垃圾 镉的测定 原子吸收分光光度法

CJ/T 101 城市生活垃圾 铅的测定 原子吸收分光光度法

CJ/T 102 城市生活垃圾 砷的测定 二乙基二硫代氨基甲酸银分光光度法

CJ/T 103 城市生活垃圾 全氮的测定 半微量开氏法

CJ/T 104 城市生活垃圾 全磷的测定 偏钼酸铵分光光度法

CJ/T 105 城市生活垃圾 全钾的测定 火焰光度法

CJ/T 3059 城市生活垃圾堆肥处理厂技术评价指标

ISO 3310-2:1999 试验筛——技术要求与试验——第2部分:金属穿孔板试验筛

ISO 11465:1993 土壤质量——土壤生物的干物质和水含量的测定——重量法

ISO 14853:2005 水性培养液下塑料最终厌氧生物分解能力的测定——通过测量生物气体产物的办法

ISO 15985:2004 高固态厌氧消化条件下塑料最终厌氧生物分解和崩解能力的测定——通过测量生物气体产物的办法

ISO 17556:2003 土壤中最终需氧生物分解能力的测定——采用测定释放的二氧化碳或测定密闭呼吸计中需氧量的方法

ASTM D 5510:1994(2001) 氧化降解塑料热老化的标准操作

3 术语和定义

下列术语和定义适用于本标准。

3.1

降解 degradation

受环境条件的影响,经过一定时间和包含一个或更多步骤,结构发生显著变化、性能丧失(如:完整性、相对分子质量、结构或力学强度)的过程。

参见:**劣化**(3.6)。

3.2

生物分解 biodegradation

由生物活动引起的降解,尤其是酶的作用引起材料化学结构的显著变化。由于材料被微生物或某些生物作为营养源而逐步消解,导致质量损失、性能如物理性能下降等,并最终导致材料被分解成成分较简单的化合物或单质,如二氧化碳(CO_2)或/和甲烷(CH_4)、水(H_2O)及其所含元素的矿化无机盐以及新的生物质。

3.3

最终需氧生物分解 ultimate aerobic biodegradation

在有氧条件下,材料最终被微生物分解为二氧化碳(CO_2)、水(H_2O)及其所含元素的矿化无机盐和新的生物质。

3.4

最终厌氧生物分解 ultimate anaerobic biodegradation

在缺氧条件下,材料最终被微生物分解为二氧化碳(CO_2)、甲烷(CH_4)、水(H_2O)及其所含元素的矿化无机盐和新的生物质。

3.5

生物处理能力 biological treatability

可生物处理能力 biological treatability

材料需氧条件下堆肥或厌氧条件下生物消化的潜力。

3.6

劣化　deterioration

变质　deterioration

塑料因某些结构受损所表现出的物理性能丧失的永久变化。

3.7

崩解　disintegration

材料物理断裂成为极其细小的碎片。

3.8

堆肥　compost

由混合物生物分解得到的有机土壤调节剂。该混合物主要由植物残余组成，有时也含有一些有机材料和一定的无机物。

3.9

堆肥化　composting

产生堆肥的一种需氧处理方法。

3.10

堆肥能力　compostability

可堆肥能力　compostability

在堆肥过程中材料被生物分解的能力。

如宣称有堆肥能力，应说明材料在堆肥化体系中(如标准试验方法所示)可生物分解和崩解，并且在堆肥最终使用中是完全可生物分解的。堆肥应符合相关的质量标准，如低重金属含量、无生物毒性、无明显可区分的残留物。

3.11

降解塑料　degradable plastic

在规定环境条件下，经过一段时间和包含一个或更多步骤，导致材料化学结构的显著变化而损失某些性能(如完整性、分子质量、结构或机械强度)和/或发生破碎的塑料。应使用能反映性能变化的标准试验方法进行测试，并按降解方式和使用周期确定其类别。

参见：**生物分解塑料**(3.12)，**热氧降解塑料**(3.13)，**光降解塑料**(3.14)，**可堆肥塑料**(3.15)。

3.12

生物分解塑料　biodegradable plastic

在自然界如土壤和/或沙土等条件下，和/或特定条件如堆肥化条件下或厌氧消化条件下或水性培养液中，由自然界存在的微生物作用引起降解，并最终完全降解变成二氧化碳(CO_2)或/和甲烷(CH_4)、水(H_2O)及其所含元素的矿化无机盐以及新的生物质的塑料。

参见：**降解塑料**(3.11)。

3.13

热氧降解塑料　heat- and/or oxide- degradable plastic

由热和/或氧化引起降解的塑料。

参见：**降解塑料**(3.11)。

3.14

光降解塑料　photo-degradable plastic sheet

由自然日光作用引起降解的塑料。

参见：**降解塑料**(3.11)。

3.15

可堆肥塑料　compostable plastic

一种塑料，可在堆肥化条件下，由于生物反应过程，可被降解和崩解，并最终完全分解成二氧化碳

(CO_2)、水(H_2O)及其所含元素的矿化无机盐以及新的生物质，并且最后形成的堆肥的重金属含量、毒性试验、残留碎片等应符合相关标准的规定。

参见：**降解塑料**(3.11)。

4 标志

4.1 分类

降解塑料按照其设计的最终降解途径包括生物分解塑料、可堆肥塑料、光降解塑料、热氧降解塑料。

4.2 标示

降解塑料的标志方法如下：

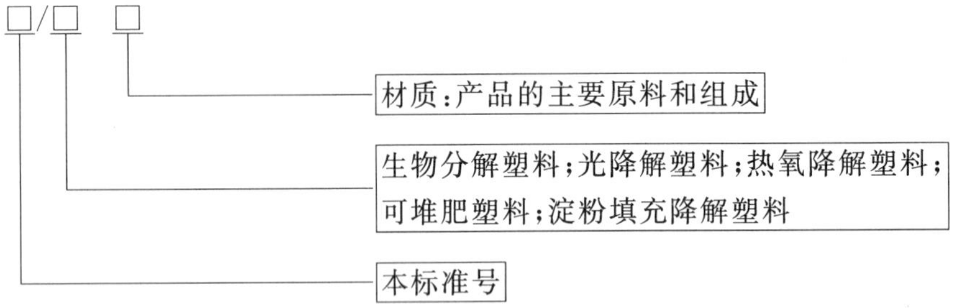

示例：按照本标准生产的光降解聚丙烯塑料片材，其中含15%质量百分比矿物粉和25%质量百分比玻璃纤维，另外添加5%光敏剂，长、宽、厚分别为5 000 mm、1 000 mm、2 mm，表示为

GB/T 20197/光降解塑料 PP-(GF25+MD15)DPA5

4.3 产品材质标志方法

降解塑料产品使用标志时，应按4.2规定，标记在产品或外包装上。

4.3.1 单一组分产品

产品由单一聚合物制得，按4.2规定进行标记。部分聚合物的标志示例见表1。

表1 部分聚合物的标志示例

聚合物名称	标　　志
聚乳酸	PLA
聚己内酯	PCL
(丁二酸/己二酸/丁二醇酯)共聚物	PBSA
聚羟基丁酸/戊酸酯	PHBV
聚对二氧环己酮	PPDO
聚丁二酸丁二醇酯	PBS
聚乙交酯	PGA
二氧化碳/环氧丙烷共聚物	PPC
二氧化碳/环氧乙烷共聚物	PEC
聚乙烯醇	PVA
聚-3-羟基丁酸酯	PHB
醋酸纤维素	CA
淀粉	St

4.3.2 多组分的产品

聚合物混合物或合金的多组分产品，应按照各种主要组成的质量百分比例大小，从大到小依次排列，用名称缩写来表示聚合物的成分，缩写之间用加号“+”隔开，并按4.2的规定来标记。

示例：聚己内酯和淀粉合金，聚己内酯为主要聚合物，淀粉分散在其中，表示为

PCL+St

4.3.3 含添加剂的产品(可选项)

4.3.3.1 含填料或增强剂的产品

含单一填料或增强剂的产品，填料或增强剂应与聚合物一起标志，聚合物缩写后加连字符，然后按GB/T 1844.2规定的缩写符号描述添加剂，并按示例和4.2的规定来标记。

示例1：添加30%质量分数矿物粉末的聚己内酯，表示为

PCL-MD30

含多种填料或多种增强剂或两者均含有的产品，应按示例2和示例3规定，描述填料或增强剂的百分含量，并用圆括弧加以括弧。

示例2：含15%质量分数矿物粉和25%质量分数玻璃纤维的聚乳酸，表示为

PLA-(GF25+MD15)　或　PLA-(GF+MD)40

示例3：由含20%质量分数矿物粉(MD)和15%质量分数玻璃纤维(GF)的聚乳酸，表示为PLA-(MD20+GF15)

或　PLA-(MD+GF)35

4.3.3.2 含增塑剂的产品

含增塑剂的产品，聚合物缩写后加连字符，然后标上符号“P”，后面再标上用圆括弧括起来的按GB/T 1844.3规定的增塑剂缩写。

示例：含增塑剂邻苯二甲酸二丁酯的PCL，表示为

PCL-P(DBP)

4.3.3.3 含降解剂的产品

含降解剂的产品，聚合物缩写后加连字符，然后标上符号“DPA”。

示例：含15%质量分数矿物粉和25%质量分数玻璃纤维，另外添加5%质量分数光敏剂的PLA，表示为

PLA-(GF25+MD15)DPA5　或　PLA-(GF+MD)40DPA5

4.4 标志的制作

标志的制作可采用模塑、印刷、压花、烙印或其他清晰且无法拭除的标记方法。

5 降解性能技术要求

5.1 生物分解塑料

5.1.1 单一聚合物

如果材料是由单一聚合物加工而成，生物分解率应≥60%，试验方法见6.1。

5.1.2 混合物

如果材料是混合物，有机成分应≥51%，生物分解率应≥60%，且材料中组分≥1%的有机成分的生物分解率应≥60%，试验方法见6.1。

5.2 可堆肥塑料

5.2.1 单一聚合物

如果材料是由单一聚合物加工而成，堆肥化生物分解率应≥60%，崩解程度应≥90%，试验方法见6.2.1。

5.2.2 混合物

如果材料是混合物，有机成分应≥51%，堆肥化生物分解率应≥60%，崩解程度应≥90%，且材料中组分≥1%的有机成分的生物分解率应≥60%，试验方法见6.2.1。

5.2.3 堆肥质量

堆肥质量应符合CJ/T 3059中堆肥产品的质量标准(见表2)，试验方法见6.2.2。

表 2 堆肥质量要求

名　　称	技术指标
有机质(以 C 计)	≥ 10 %
pH 值	6.5～8.5
总汞(以 Hg 计)	≤ 5 mg/kg
总镉(以 Cd 计)	≤ 3 mg/kg
总铅(以 Pb 计)	≤ 100 mg/kg
总砷(以 As 计)	≤ 30 mg/kg
总铬(以 Cr 计)	≤ 300 mg/kg
全氮(以 N 计)	≥ 0.5 %
全磷(以 P_2O_5 计)	≥ 0.3 %
全钾(以 K_2O 计)	≥ 1.0 %

5.3 光降解塑料

光降解塑料的光降解暴露方式采用自然曝晒或氙灯人工加速老化箱内曝晒。光降解性能应符合表 3 的规定，试验方法见 6.3。

表 3 光降解塑料的光降解性能技术要求

暴露方式	光降解塑料性能变化的评价			试验方法
	拉伸断裂伸长率保留率(纵/横)/(%)	且重均相对分子质量下降率/(%)	且光降解后重均相对分子质量<10 000的分子百分含量 / (%)	
自然曝晒	≤5	≥80	≥20	见 6.3
或氙灯人工加速老化箱内曝晒	≤5	≥70	≥10	见 6.3

注：在评价光降解塑料性能变化时，可在有关各方同意后，使用试样其他性能变化以及性能保持率或性能变化率，如颜色、外观、雾度、粉化、脆化、撕裂强度、表面电阻率、体积电阻率、击穿电压、介质损耗角正切、尺寸变化、质量变化、密度、维卡软化温度、熔体流动速率、化学结构变化等，但应在试验报告中注明。性能保持率或性能变化率由感兴趣的各方参照表 1 协商而定，试验方法见 GB/T 15596。

5.4 热氧降解塑料

热氧降解塑料的降解性能应符合表 4 的规定，试验方法见 6.4。

表 4 热氧降解塑料的热氧降解性能技术要求

热氧降解塑料性能变化的评价			试验方法
拉伸断裂伸长率保留率(纵/横)/(%)	且重均相对分子质量下降率/(%)	且光降解后重均相对分子质量<10 000的分子百分含量/(%)	
≤5	≥80	≥20	见 6.4

6 降解性能试验方法

6.1 生物分解性能

生物分解试验按 GB/T 19277 和/或按 GB/T 19276.1 和/或按 GB/T 19276.2 和/或按ISO 17556:2003 或按 ISO 14853:2005 或 ISO 15985:2004，试验结果以最大生物分解百分率表示。

6.2 可堆肥性能

6.2.1 堆肥化能力

可堆肥试验分别按 GB/T 19277 和按 GB/T 19811 进行，试验结果分别以最大生物分解率和崩解程度表示。

6.2.2 堆肥质量

堆肥有机质、pH、总铬、汞、镉、铅、砷、全氮、全磷、全钾的测定分别按 CJ/T 96、CJ/T 99、CJ/T 97、CJ/T 98、CJ/T 100、CJ/T 101、CJ/T 102、CJ/T 103、CJ/T 104、CJ/T 105 进行。堆肥水分的测定按 ISO 11465:1993 进行。堆肥粒度测定按 ISO 3310-2:1999 进行。

6.3 光降解试验

6.3.1 暴露条件

光降解试验的暴露方式可采用自然曝晒或采用氙灯人工加速老化箱内曝晒。具体的曝晒方式和条件应符合表 5 的规定。

表 5 光降解的曝晒方式和条件

暴露方式	累计辐射能量/(MJ/m²)	依据标准	备注
自然曝晒	510±10	GB/T 17603	采用 B 暴露架
氙灯人工加速老化箱内曝晒	26	GB/T 16422.2	黑标温度:65℃±5℃ 相对湿度:65%±5% 喷水周期:每次喷水时间 18 min±0.5 min;两次喷水之间的时间 102 min±0.5 min

6.3.2 拉伸断裂伸长保留率

6.3.2.1 拉伸断裂伸长率

试样厚度小于 1 mm 时，按 GB/T 13022 规定进行。采用 Ⅰ 型试样，取 5 个试样，试验结果分别以测试结果的算术平均值表示；对有纵横向的降解塑料，试样按纵、横方向各取 5 个试样，试验结果分别以纵横方向测试结果的算术平均值表示。拉伸速度(50±5)mm/min。

试样厚度大于等于 1 mm 时，按 GB/T 1040 规定进行。采用 Ⅱ 型试样，取 5 个试样，试验结果分别以测试结果的算术平均值表示；对有纵横向的降解塑料，试样按纵、横方向各取 5 个试样，试验结果分别以纵横方向测试结果的算术平均值表示。拉伸速度(50±5)mm/min。

试样是成型的制品时，从制品上取样；样品是未成型的原料如树脂、母料或专用料时，用塑料成型加工方法制得制品或试验样条；如制品的尺寸不能满足直接取样的要求时，可用原料成型加工成标准中规定试样，或试样尺寸由感兴趣的各方协商而定。

6.3.2.2 拉伸断裂伸长率保留率

断裂伸长率保留率按式(1)计算：

$$L_t = \frac{L_0 - L'}{L_0} \times 100\% \quad \cdots\cdots (1)$$

式中：

L_t—— 降解后拉伸断裂伸长率保留率，%；

L_0—— 降解前断裂伸长率，%；

L'—— 降解后断裂伸长率，%。

6.3.3 重均相对分子质量下降率

用高温凝胶色谱仪测试试样光降解前后的重均相对分子质量，相对分子质量测试所用凝胶柱料的相对分子质量下限分离范围应包括 5 000 以下相对分子质量。

重均相对分子质量下降率按式(2)计算：

$$\overline{M}_{w,t}=\frac{\overline{M}_{w,0}-\overline{M}_{w}'}{\overline{M}_{w,0}}\times 100\% \quad \cdots\cdots(2)$$

式中：

$\overline{M}_{w,t}$—— 光降解后重均相对分子质量下降率，%；

$\overline{M}_{w,0}$——光降解前重均相对分子质量；

$\overline{M}_{w}'$——光降解后重均相对分子质量。

6.3.4 相对分子质量小于 10 000 的分子的百分数

用高温凝胶色谱仪测试试样光降解后试样的相对分子质量，计算相对分子质量小于 10 000 的分子的百分数。

6.4 热氧降解性能

热氧降解试验按 ASTM D 5510:1994(2001)进行，强制通风条件时试验方法按 GB/T 7141 进行，试验结果以拉伸断裂伸长率保留率来表示。对有纵横向的试样，试验结果分别以纵横方向测试结果表示。

6.4.1 暴露条件

根据试样厚度选择热氧降解试验的暴露方式，试样厚度小于等于 0.25 mm 时，暴露方式采用方法 A(重力对流恒温箱)，按 ASTM D 5510；试样厚度大于 0.25 mm 时，暴露方式采用方法 B (强制通风恒温箱)，按 GB/T 7141。试验温度 60℃，暴置时间 90 d。

6.4.2 拉伸断裂伸长率保留率

试样厚度小于 1 mm 时，按 GB/T 13022 规定进行。采用Ⅰ型试样，取 5 个试样，试验结果分别以测试结果的算术平均值表示；对有纵横向的试样，试样按纵、横方向各取 5 个试样，试验结果分别以纵横方向测试结果的算术平均值表示。拉伸速度(50±5) mm/min。

试样厚度大于等于 1 mm 时，按 GB/T 1040 规定进行。采用Ⅱ型试样，取 5 个试样，试验结果分别以测试结果的算术平均值表示；对有纵横向的试样，试样按纵、横方向各取 5 个试样，试验结果分别以纵横方向测试结果的算术平均值表示。拉伸速度(50±5) mm/min。

试样是成型的制品时，从制品上取样；样品是未成型的原料如树脂、母料或专用料时，用塑料成型加工方法制得制品或试验样条；如制品的尺寸不能满足直接取样的要求时，可用原料成型加工成标准中规定试样，或试样尺寸由感兴趣的各方协商而定。

断裂伸长率保留率按式(3)计算：

$$L_{t}=\frac{L_{0}-L'}{L_{0}}\times 100\% \quad \cdots\cdots(3)$$

式中：

L_t—— 降解后拉伸断裂伸长率保留率，%；

L_0——降解前断裂伸长率，%；

L'——降解后断裂伸长率，%。

6.4.3 重均相对分子质量下降率

用高温凝胶色谱仪测试试样光降解前后的重均相对分子质量，相对分子质量测试所用凝胶柱料的相对分子质量下限分离范围应包括 5 000 以下相对分子质量。

重均相对分子质量下降率按式(4)计算：

$$\overline{M}_{w,t} = \frac{\overline{M}_{w,0} - \overline{M}_w'}{\overline{M}_{w,0}} \times 100\% \quad \cdots\cdots(4)$$

式中：

$\overline{M}_{w,t}$—— 热氧降解后重均相对分子质量下降率，%；

$\overline{M}_{w,0}$——热氧降解前重均相对分子质量；

$\overline{M}_w'$——热氧降解后重均相对分子质量。

ICS 83.080.01
G 31

中华人民共和国国家标准

GB/T 30102—2013/ISO 15270:2008

塑料　塑料废弃物的回收和再循环指南

Plastics—Guidelines for the recovery and recycling of plastics waste

(ISO 15270:2008,IDT)

2013-12-17 发布　　2014-11-01 实施

中华人民共和国国家质量监督检验检疫总局
中国国家标准化管理委员会　发布

前　言

本标准按照 GB/T 1.1—2009 给出的规则起草。

本标准使用翻译法等同采用 ISO 15270:2008《塑料　塑料废弃物的回收和再循环指南》。

与本标准中规范性引用的国际文件有一致性对应关系的我国文件如下：

——GB/T 24021—2001　环境管理　环境标志和声明　自我环境声明(Ⅱ型环境标志)(ISO 14021:2001,IDT)

本标准由中国轻工业联合会提出。

本标准由全国塑料制品标准化技术委员会(SAC/TC 48)归口。

本标准起草单位：中蓝晨光化工研究院有限公司、博罗县东成塑胶制品有限公司、珠海远康企业有限公司、增城市博大塑料五金有限公司、广州合成材料研究院有限公司、本松工程塑料(杭州)有限公司。

本标准主要起草人：曹先军、赵平、叶青、谢振平、李琼联、杨育农、端木恒瑜。

引　言

本标准的制定为塑料工业所有相关方在以下方面的发展提供了帮助：

——塑料回收和再循环的全球可持续基础构架；

——回收塑料材料及其制品的可持续市场。

在产品生命周期中，为了减少塑料废弃物的量以及支持可持续发展的目标，应优先考虑：

——减少材料和能源的使用；

——塑料原料的使用最优化。

塑料制品有益再利用和塑料回收加工利用，是可持续发展的重要组成。

根据不同的策略，对于从“前消费品资源”和“使用寿命结束的制品”中得到的塑料废弃物选择不同的管理方法和处理过程。这些策略应当包括可回收方式的初步分析。通常来说，塑料回收技术能够分成两类：

a) 材料回收（机械再循环、化学或给料再循环以及生物或有机再循环）；

b) 能量回收（采用塑料废弃物或衍生燃料作为初始矿物燃料能源的代替品生成热能、蒸汽或电能）。

由于最优回收方式依赖许多环境因素，所以应依据塑料废弃物的类型和组成，采用生命周期分析来决定哪一个回收方式更有利于环境及其可持续性。对于废旧混合塑料，能量回收和某些给料再循环处理常常是最佳选择。此外，可以利用含生命周期循环策略的多层次框架来管理塑料废弃物，从而使得废弃物的体积和对环境潜在的负面影响（如 ISO 17422 所描述）得到预防和最小化。应特别关注塑料废弃物中可能存在的限用物质。

注 1：若需要回收特殊单体或其他给料，有必要进行有效的分类收集。对于所有的塑料回收方式，特别是机械回收，需对操作过程进行适当的监控。监控程序需建立特定指南，以及包括有回收塑料的可追溯性和一致性评估规则的规范。

注 2：无论哪一特定的立法机构或塑料回收和再循环的监管部门使用本标准，本标准都为其提供了有价值的资源。为了促进这一标准在不同的国家和区域立法机构以及不同的法规环境中的采用，重点强调以下几点：

a) 在固体废弃物处理的规划中，“塑料回收和再循环”通常使用基于固体废弃物管理概念中的术语、技术、经济和框架。因此，这些概念用于定义上面提到的立法和法规环境。

b) 基于资源综合管理（参见附录 B）和可持续发展的理念，可采用比固体废弃物处理模式更具广阔前景的塑料回收和再循环方法。资源综合管理比固体废弃物管理更注重系统的广泛性。它应用生命周期循环分析，从而更好地理解资源平衡以及资源管理政策方针所包含的生态效益。在这一方法中，用综合观点观察能源和材料资源的管理。可持续发展的概念，同样也采用生命周期循环来思考废弃物和资源管理，由于可持续发展的概念要求考虑可持续发展所谓的三个支柱，即经济利益、经济增长和社会进步，因此可持续发展比资源综合管理更全面广泛。

注 3：虽然塑料回收和再循环是一个相对新兴的工业领域，但是为了提供可适用于一个或多个市场区域的法令和规章制度，国家和地方政府需要多做努力。本标准的使用者应当意识到这样的法令和规章制度的存在。为了保证全球相应的利益，需尽力避免出现一个法令或规章制度与另一个法令或规章制度的术语和定义不一致。本标准包含的术语和定义，不排除其他的解释。一个典型的例子就是材料在回收前是否必须定义为废弃物的问题。在这个问题上没有得到普遍的认同，本标准尝试能够同时兼容术语“废弃物”在现在和将来可能出现的定义和解释。

塑料　塑料废弃物的回收和再循环指南

1　范围

本标准为塑料废弃物回收(包括再循环)标准和规范的制订提供了指南。本标准为前消费品和后消费品(如附录A中所示图表)的塑料废弃物回收提供了多种方式。本标准建立了在回收处理过程的所有步骤中都应考虑的质量要求,并且为材料标准、测试标准和产品规范提供通用建议。因此,在本标准中出现的处理阶段、要求、建议和术语具有普遍适用性。

2　规范性引用文件

下列文件对于本文件的应用是必不可少的。凡是注日期的引用文件,仅注日期的版本适用于本文件。凡是不注日期的引用文件,其最新版本(包括所有的修改单)适用于本文件。

GB/T 2035—2008　塑料术语及其定义(ISO 472:1999,IDT)

ISO 14021　环境管理　环境标志和声明　自我环境声明(Ⅱ型环境标志)(Environmental labels and declarations—Self-declared environmental claims(Type Ⅱ environmental labelling)

ISO 17422　塑料　环境方面　标准中环境方面的一般指南(Plastics—Environmental aspects—General guidelines for their inclusion in standards)

ASTM D 7209　废弃物减少、资源回收和聚合物材料及制品再循环的标准指南(Standard guide for waste reduction,resource recovery,and use of recycled polymeric materials and products)

3　术语和定义

GB/T 2035—2008界定的以及下列术语和定义适用于本文件,为了便于使用,以下重复列出了GB/T 2035—2008中的某些术语和定义。

3.1

团聚　agglomerate

经切碎和/或造粒后以颗粒形式黏附在一起的塑料材料。

3.2

打包　baling

为便于操作、储存和运输,将塑料废弃物压实和成捆的过程。

3.3

批次　batch

是被当作一个独立单元的材料的量,并且具有独有标识。

注:批次是基础的加工术语。

3.4

生物降解　biodegradation

由生物活性引起,特别是酶作用下,而导致材料的化学结构产生显著变化的降解。

[GB/T 19811—2005中,定义3.3]

3.5

生物再循环　biological recycling

在可控条件下采用微生物对可生物降解塑料废弃物进行有氧(堆肥)或厌氧(消化)处理,从而在有氧条件下生成稳定的残余有机物、二氧化碳和水,或在无氧条件下生成稳定的残余有机物、甲烷、二氧化碳和水。

3.6

收集　collection

将塑料废弃物从其来源地转移到回收处的物流过程。

3.7

混合塑料　commingled plastics

不同种类塑料组成的材料或制品的混合物。

注:其同义词为混杂塑料。

3.8

污染物　contaminant

不期望出现的物质或材料。

注:在这里不应使用污染物的贬性同义词——杂质。

3.9

转化设备　converter

能够将塑料原材料加工为可以使用的半成品或成品的专用设备。

3.10

解聚反应　depolymerization

聚合物转变成单体或相对分子质量较低的聚合物的化学逆反应。

[GB/T 2035—2008 中,定义 2.270]

3.11

能量回收　energy recovery

通过直接可控燃烧产生有用能量。

注:能够生成热水、蒸汽和/或电力的固体废弃物焚烧炉是能量回收的常用形式。

3.12

环境因素　environmental aspect

一个组织的活动、产品或服务中能与环境发生相互影响的要素。

[GB/T 24001—2004 中,定义 3.6]

3.13

环境影响　environmental impact

全部或部分的由组织的环境因素给环境造成的有害或有益的变化。

[GB/T 24001—2004 中,定义 3.7]

3.14

给料再循环　feedstock recycling

通过裂解、气化或解聚反应,除开能量回收和焚烧,使得塑料废弃物的化学结构发生改变,从而生成新的单体或原材料。

注:给料再循环和化学再循环为同义词。

3.15

片料　flake

片状碎料。

注:碎料的形状依赖于加工所采用的塑料和加工方式。

3.16

毛碎料 fluff

细丝状碎料。

注：术语"毛碎料"的一般用法也包括在耐用商品的商业再循环(如汽车生产)中粉碎机里所产生的残余碎料。

3.17

均质化 homogenizing

使塑料材料的某一组分和/或性能在整个材料中的均匀度得到提高的过程。

[EN 14899:2005]

3.18

填埋场 landfill

在控制或管制条件下,废弃物堆积在地面上或埋入地下的处理点。

3.19

批 lot

在假设一致条件下,生产或制造的某些商品确定的量。

[GB/T 2035—2008 中,定义 2.569]

注：批是一个基础的商业术语。

3.20

材料回收 material recovery

包括机械再循环、给料(化学)再循环和有机再循环的材料加工操作,但不包括能量回收。

3.21

机械再循环 mechanical recycling

将塑料废弃物转化成二次原材料或产品的加工过程,在这一过程中材料的化学结构没有发生显著变化。

注：塑料二次原材料是再生料的同义词。

3.22

微粒化 micronizing

将塑料材料破碎成细粉的过程。

3.23

有机再循环 organic recycling

在有氧或厌氧的条件下,可生物降解的塑料废弃物的可控微生物处理。

注：同义术语为"生物再循环"。

3.24

后消费品 post-consumer

描述性术语,已经实现了其原定目标或不能再使用(包括从流通链中返回的材料)的由终端用户产生的材料。

注：有时候也使用同义术语"使用后"。

3.25

前消费品 pre-consumer

描述性术语,从制造过程中产生的材料。

注1：这一术语不包括再利用的材料,如在给定加工过程中产生的,并在同一加工过程中能够回收的再加工料、碎料。

注2：有时候使用同义术语"后工业材料"。

3.26

洗机料　purge material

为了清洗加工设备,如一种聚合物变换成另一种聚合物,或聚合物的颜色或等级发生变更时,通过塑料加工设备的过渡料。

3.27

回收材料　recovered material

从固体废弃物中分离、转移或移出的,用于再循环或代替原材料的塑料材料。

注:见 GB/T 24021—2001。

3.28

回收　recovery

为了最初目的或其他目的而进行的塑料废弃材料的处理过程,包括能量回收。

3.29

再生料　recyclate

塑料废弃物再循环而产生的塑料材料。

注 1:塑料二次原材料和回收料是再生料的同义词。

注 2:若塑料材料经过处理,在产品加工过程中可代替原材料,便失去了废弃物的特性。

3.30

再循环　recycling

为了最初目的或其他目的而进行的塑料废弃材料的加工,不包括能量回收。

3.31

碎料　regrind

在切碎和/或造粒过程中形成的散粒状回收塑料。

注:术语"碎料"常用于描述塑料加工过程或内部再利用所形成的零碎的塑料材料,也可用于描述填充到回收塑料中的塑料粉末。

3.32

再利用　re-use

以最初的形式多次使用制品。

注:由于再次利用的制品还没有被丢弃,再利用不成为回收方式。

3.33

切碎　shredding

塑料废弃物被碎裂成任意尺寸或形状的不规则碎片的任何机械加工过程。

注:切碎通常意味着对那些不适用于脆性材料的碾碎方法的材料进行的剪切,如在粉碎机中粉碎。

3.34

废弃物　waste

拥有者丢弃或想要丢弃或被要求丢弃的任何材料或物品。

4　来源

4.1　概要

回收塑料材料具有各种各样的来源,包括以下几个:

4.2　材料的前消费品来源

4.2.1　塑料生产商

——不合格材料。

4.2.2 塑料加工

——加工过程中的洗机料和废料；

——废品、报废零件和半成品。

4.2.3 其他

——由塑料制成或含有塑料成分的工业和商业产品，包括包装和容器。

4.3 材料的后消费品来源

4.3.1 一次性用品

——个人物品；

——包装薄膜和容器。

注：这类一次性用品可能会由市政系统分类收集或规定的消费者奖励制度来回收，比如对容器收取一定的现金押金，或由个人、盈利性组织来收集。

4.3.2 耐用品

——家庭用具；

——电器设备；

——运输设备；

——建筑产品；

——工业用设备。

注：使用寿命结束的产品，如电器设备或汽车，可由消费者返回给专门回收处。同样的，在建筑物拆除操作期间，应当将塑料材料和制品分离并回收。

5 回收

5.1 概要

适宜的回收方式的选择依赖于很多影响因素，如：塑料废弃物的质量、数量和适用性，现有技术和设备的适用性和能力，相关回收目标中要求的材料或能量含量。相关的选择依据包括相应的费用、适用方式的竞争性和对环境的影响(见附录A)。应重点考虑为回收材料或能量寻找市场。

注：回收的概念和定义在不断地发展。回收的基本原则在于从输入(废弃物)转化为输出(产品)。根据一致性标准准则，当二次材料、燃料或产品制造完成，或能源生成时，认为回收过程完成。具有特殊性能的塑料再生料(二次原材料)作为产品，并且当其制成和成为可用的商品时，或产生能量时(见附录A和附录B)，可认为回收过程完成。

5.2 材料回收

5.2.1 概要

塑料废弃物的材料回收有三个不同的再循环方式：机械再循环、给料或化学再循环、生物或有机再循环。

5.2.2 机械再循环

5.2.2.1 操作步骤

机械再循环方式通常包括下列操作单元，一些操作单元可能同时进行，这些操作单元是再生料的制备和生产过程的组成部分：

对于塑料：收集——→鉴别——→分类——→破碎——→洗涤——→干燥——→分离——→团聚——→挤出/共混——→切粒

对于增强塑料：收集——→鉴别——→分类——→破碎——→洗涤——→分离

注1：在实际应用中，很多共混料使用再生料的片料，因此最后一步切粒通常是可以省略的。

注2：如果粉碎后的塑料废弃物所制得的二次原材料是作为水泥或灰浆的骨料使用，操作单元的顺序应为：收集——→鉴别——→分类——→破碎——→产品

注3：当塑料废弃物能在分类操作中按类型归类时，则无需在洗涤和干燥操作后进行分离操作。

用于机械再循环的塑料废弃物可能会以收集时的块状形式或增加附加值、等级分类后来出售。这些商业上可使用的塑料废弃物的可能形式和组成的多样性突出了包含这些材料的一致性标准的至关重要性。作为一般规则，建议塑料材料及其制品的制造商和用户提供机械回收料所必需的热稳定性、反应活性和其他说明材料安全的数据或其他适当的文件。

5.2.2.2 预处理

根据再生料的预期用途和废弃物的特性，可使用预处理尽可能地去除回收到的材料和产品中的污染物，以及优化它们的运输、加工和其他下游操作的处理特性。对于由相似级别或相似类型材料组成的非均质塑料废弃物材料，材料的鉴别、分类和分离步骤是必不可少的，如家用包装或使用寿命结束的电器和电子设备专用分类中心。在任何情况下，与其他废弃物共混(混合)前应预先开展这些预选操作步骤。在某些情况下，特别是对于后消费品来源，为达到这一目标会要求使用自动化分离和分类单元操作。在没有自动程序控制时，废弃物各组分来源的准确鉴别将是至关重要的。

注：为了提高塑料制品和塑料零件的回收效率，希望在设计时考虑简化拆分、材料易于鉴别、尽量减少塑料类型的多样性。这些准则可能成为将来发展和实施资源回收技术的一种因素。

5.2.2.2.1 鉴别

如红外分析和微量元素示踪技术等许多在线分析方法，可用于塑料和相应添加剂特定类型的鉴别，因此能够进行有效的分离。

注：某些情况下，在加工过程的任何步骤中，包括后消费品阶段、在收集设施的手工或机械分类期间、耐用品拆分期间，被铸模或印刷在塑料部件或产品上塑料类型的鉴别码(见参考文献中的GB/T 1844.1、GB/T 1844.2、GB/T 1844.3、GB/T 1844.4和ISO 11469)可以成为分离的一种手段。另外，常常用其他方法来鉴别特殊类型塑料，例如根据部件的几何形状、或根据材料的冲击噪音、或根据燃烧气味和铜电线腐蚀测试程序。

5.2.2.2.2 分离和分类

在所有的材料回收过程中通常都要求对塑料进行分离和分类，可以采用手动或自动的对塑料进行分类。鉴别方法和分类越有效和精确，得到的回收材料的制品质量就越好。在特殊环境下，为确保操作更简单，可采用碾压和打包一类的压实工艺，或破碎和撕裂一类的使得体积减小的工艺。

鉴于人工分类会增加一些工作场所的环境问题，如化学的或微生物的，因此并不推荐。由于重复工作和模式化行为带来的人体工程学问题也是个风险。若无法避免人工分类，工作场所在设计上应尽量将问题最小化。

注1：为了让材料再次用于生产过程，通常按照塑料的类型对前消费品制品进行分类。由于后消费品材料通常混合有其他废弃材料，其回收处理较前消费品材料的回收复杂。

注2：一些后消费品材料可能是由相同基础塑料组成，但这些基础塑料中含有部分不同性能的材料，如具有不同熔体流动速率、密度或颜色的高密聚乙烯瓶。这些可能使得下一个再生步骤的产物具有独特的、可控的物理特性。在某些情况下，在实际中或商业上再生料不可能达到预期的分离和净化程度，从而使得含有再生料组分的产物仅仅应用于要求不高的情况，如某些混杂料。再生料特性的标准是评估是否符合市场要求的有效

工具。

注 3：增强塑料的回收在某些情况下可能不需要从增强纤维材料中分离聚合物基料(如用于水泥制造的原材料)。

当在这一预备操作阶段中有效的分离达不到再生料要求的部分性能时，则应当在下一个再生步骤中进行适当的准备。

5.2.2.3 再生料的生产过程

塑料回收料的商业生产是由很多操作单元组成的，包括材料的分离、通过洗涤或其他方法有效去除污染物、适当的干燥、处理、组批、储存、包装和运输。另外，若需要，有必要采用其他的操作方法，如破碎、进一步分类、均质化、挤出、切粒、微粒子化或溶液溶解。

再生料通常为绒毛状、片状、碎片、粒料或粉末状的团聚体或碎料。为了提高再生料后续使用价值，也可加入改性剂或稳定剂。

注：在这些预备步骤中应考虑并适当处理被分离的污染物，如混入废水中的污染物。

5.2.3 给料或化学再循环

众所周知，在石化工业领域，使用多种工艺可将某些塑料转换成它们的基本单体的化学组成或转换成相应的碳氢链段。然后，这些化学物质能够用于聚合反应的原料或其他化学加工过程中。

注 1：解聚反应已经得到了证实，如从后消费品包装来源中得到的聚对苯二甲酸乙二醇酯(PET)，经收集混合 PET 塑料瓶，进行分类，随后进行解聚反应，生成的单体作为聚合反应的原料，然后制成如瓶子和纤维一类的制品。对于一些丙烯酸聚合物，如甲基丙烯酸甲酯，通过解聚反应生成的单体也能为商业聚合过程提供原料。

注 2：合适的塑料废弃物，以及它们衍生的碳氢链段，已在炉窑中当作还原剂使用，并且还能用于金属冶炼。

5.2.4 生物或有机再循环

在对特定类型的塑料废弃物进行有机再循环或生物再循环的处理过程中，生物降解是切实可行的方式。在收集和分离非生物降解的污染物后，将对这些塑料进行有氧或无氧分解处理。当符合生物降解能力的标准要求时，如 ASTM D 6400、ASTM D 6868 或 EN 13432(见参考文献)，通常不需分离能够进行生物降解的污染物，如塑料上的食物或蔬菜残渣。然而，在机械再循环中，它们若在一般塑料操作温度下热降解和分解，那么就会成为污染物。

5.3 能量回收

和在本标准里讨论的其他回收方式一样，能量回收是一个切实可行的方式。当然，对于能量回收来说，塑料废弃物的直接燃烧或混合燃烧也是能量回收的一个方式，如市政固体废弃物焚烧处理应满足管理规定对辐射和粉尘的要求。

注：由于大多数塑料废弃物本质上是碳氢化合物，其固有热值很高。因此，若能够充分考虑对如燃烧副产物一类因素的控制，回收塑料作为燃料的最终应用是十分有效的。这一点已经在工业加工中和蒸汽生成系统、热电式发电，还有在石灰、水泥和金属矿物熔炉中得到了成功应用。

6 质量要求

6.1 概要

选择任意一个可行的再循环方式都应满足以下几点要求：

a) 将对环境的负面影响降到最低；

b) 优先验证商业可行性；

c) 为收集和质量控制建立一个可行的体系。

注：可能需要在以 ISO 9000 和 ISO 14000 为基础的相应标准上建立针对目标市场的溯源系统。若有必要，也应满足 ISO 14021 关于环境自我声明条款。

6.2 污染物

再生料中的污染物实质上可能是聚合物（例如，含有不同的聚合物或含有同类聚合物的不同等级和混合物）或非聚合物（例如，在原始聚合物中的各类添加剂，如 GB/T 1844.2—2008、GB/T 1844.3—2008 或 GB/T 1844.4—2008 中定义，见参考文献）。偶尔的污染物，如标签、密封条、金属插入物、灰尘和塑料容器或包装的残余物，也可能没有定义。

注：在材料塑料分类命名标准中总结了关于合成物、添加剂、着色剂、填料或增强材料的相关信息。

污染物超标可能降低再生料的质量，使其降到不可使用范围，产生如物理性能变差、不相容和无法接受的气味等问题。

可按一些方法将污染物的含量减到最低，包含以下几点：

a） 对材料和制品进行清晰的鉴别和有效的分类；

b） 在收集、分离和分类阶段小心操作；

c） 有效的分离和洗涤加工处理；

d） 适当地应用熔融过滤或其他过滤系统。

注：在某些情况下，为了确保遵守工业健康和安全的要求，有必要在回收过程中增加对污染物（如浮灰中的污染物）的特殊处理。

6.3 视觉审美效果

在大多数情况下，假设采用了严格控制和良好制造规范，当处理来自前消费品的工业材料再生料时，视觉审美性能，如颜色、透明度和清洁度将不会是个难题。

但当回收料来自后消费品时，视觉审美效果通常是一个主要难题，特别是当回收材料或产品由不同来源和用途的各种容器和一次性用具组成时。因此，即使完成有效的分离操作，如何按颜色或其他特征对各种废弃物进行有效分类可能仍是个难题。

6.4 再生料的性能

塑料再生料的性能可能受到之前各种使用环境及其他因素的影响，如存在污染物、在回收和加工中发生的化学或结构改变。

使用合适的分类技术、使污染物含量最低化以及实施合适的回收操作都有利于降低对再生料性能的负面影响。可以通过符合预期要求的适合的试验进行监控。

通过加入改性剂，包括新料，可以提高塑料再生料的某些性能。根据相关地方法律要求，应在材料说明书和材料安全数据表中列出所使用的复合添加剂。

6.5 合格判据

特定使用的再生料的合格判据应由使用要求或供应商和用户之间的协议确定。合格判据可包括以下一些信息：

a） 适当的识别标志，包括聚合物的批号；

b） 关于添加剂、填料、增强材料和组成的数据，例如，污染物的种类和浓度、再生料和聚合物的含量；

c） 力学性能、物理性能和化学性能，以及包装要求。

注：所用再生料的基本性能应满足使用要求。为了促进和发展回收塑料的使用，这一要求是十分重要的。

7 材料标准和产品规范

塑料材料标准(包括再生料标准)和产品规范随时都应以性能标准为基础,不应以规定材料来源的设计标准(见 ASTM D 7209)为基础。若再生料满足或超过最终使用时的和最低的材料性能指标规定,塑料材料与制品的规范和标准不应禁止用再生料替代新料。通常,不应降低塑料材料标准和产品规范以适应再生料的使用。另外,为了保证再生料的来源、历程和质量稳定性,需要有一个适当的和公开的溯源系统。

当 ISO/TC 61 中任意一个关于再生料的材料标准和产品规范需要制定或修订时,应以 ISO 17422 为参考。

附 录 A
（资料性附录）
一些塑料回收方式的示意图

一些塑料回收方式的示意图见图 A.1。

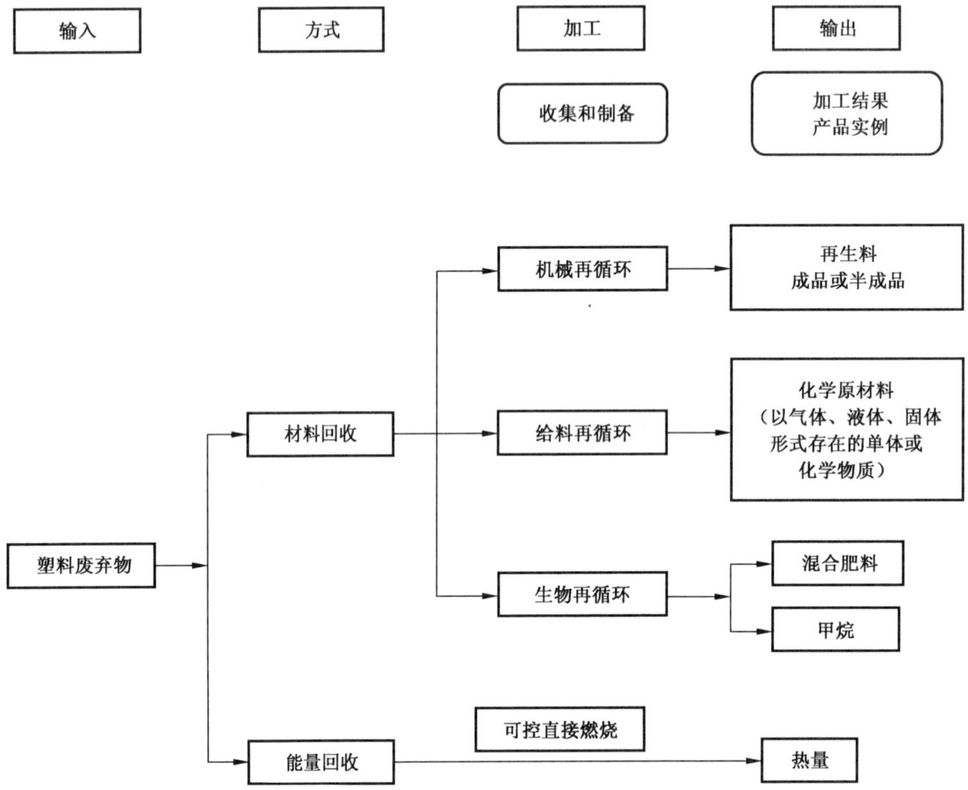

图 A.1 一些塑料回收方式的示意图

附　录　B
（资料性附录）
塑料回收和能源综合管理

塑料回收和能源综合管理示意图见图 B.1。

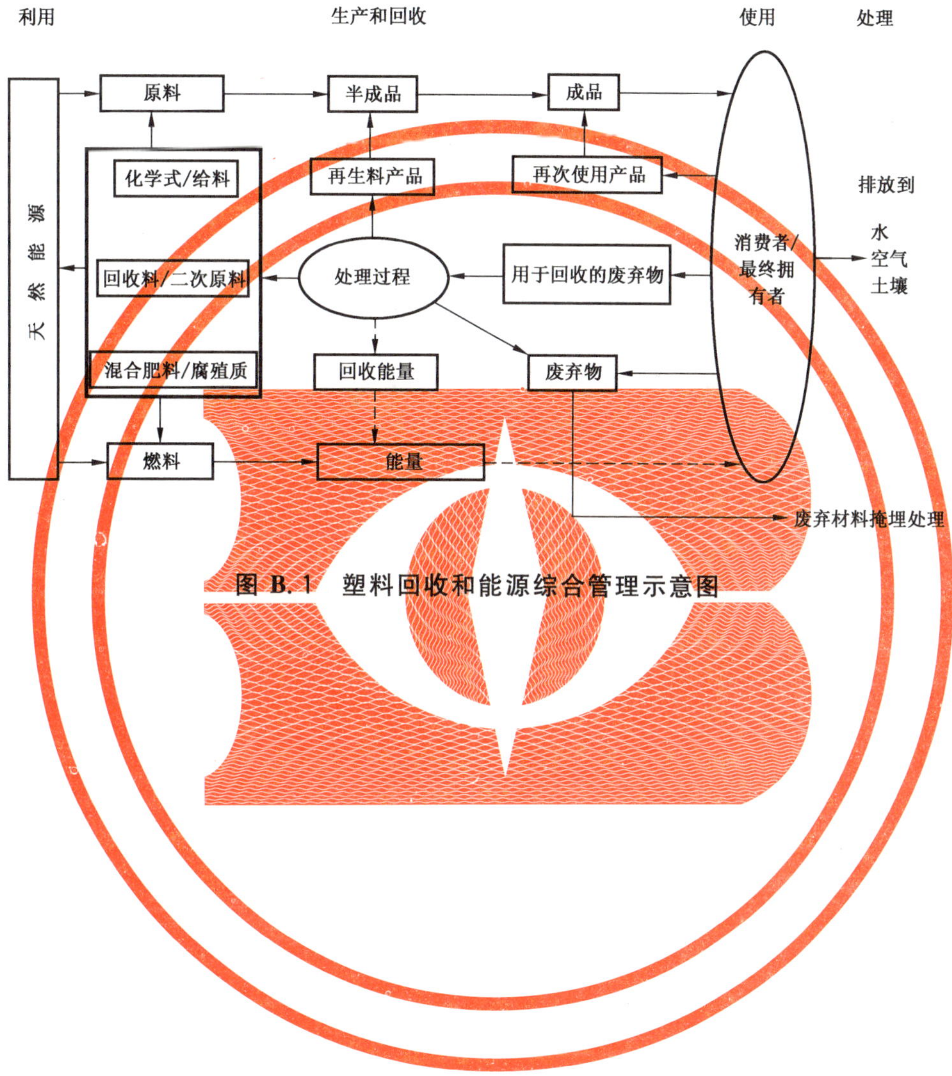

图 B.1　塑料回收和能源综合管理示意图

参 考 文 献

[1] GB/T 1844.1—2008 塑料 符号和缩略语 第1部分:基础聚合物及其特征性能(ISO 1043-1:2001,IDT)

[2] GB/T 1844.2—2008 塑料 符号和缩略语 第2部分:填充及增强材料(ISO 1043-2:2000,IDT)

[3] GB/T 1844.3—2008 塑料 符号和缩略语 第3部分:增塑剂(ISO 1043-3:1996,IDT)

[4] GB/T 1844.4—2008 塑料 符号和缩略语 第4部分:阻燃剂(ISO 1043-4:1998,IDT)

[5] GB/T 19811—2005 在定义堆肥化中试条件下 塑料材料崩解程度的测定(ISO 16929:2002,IDT)

[6] GB/T 24001—2004 环境管理体系要求及使用指南(ISO 14001:2004,IDT)

[7] ISO 9000,质量管理体系—基本原则和词汇

[8] ISO 11469,塑料—塑料制品的一般鉴别和标志

[9] ISO 17088 塑料堆肥标准

[10] EN 13432,包装—通过合成和生物降解评定包装可回收性的要求—实验计划和包装最终验收的评定标准

[11] EN 13437 包装和材料的回收-回收方法的判定-回收过程和流程图的描述

[12] CWA 14243,后消费品轮胎材料和应用

[13] EN 14899:2005,废弃物特性 废弃物材料取样 取样工厂制备和应用的框架

[14] EN 15342,塑料 再循环塑料 聚苯乙烯(PS)再生料的特性

[15] EN 15343,塑料 再循环塑料 塑料回收可追溯性与使用性和再循环内容的评估

[16] EN 15344,塑料 再循环塑料 聚乙烯(PE)再生料的特性

[17] EN 15345,塑料 再循环塑料 聚丙烯(PP)再生料的性能

[18] EN 15346,塑料 再循环塑料 聚氯乙烯(PVC)再生料的特性

[19] EN 15347,塑料 再循环塑料 废旧塑料的特性

[20] EN 15348,塑料 再循环塑料 聚对苯二甲酸乙二酯(PET)再生料的特性

[21] CEN/TR 15353,塑料 再循环塑料 再生塑料的标准化发展指导

[22] EN 17134,塑料再生料的等级划分和标记 概要

[23] ASTM D 6400,堆肥塑料的标准细则

[24] ASTM D 6868,用做纸张和其他可堆肥处理基底覆层的生物可降解塑料的标准规范

[25] 1999年4月26日,关于垃圾掩埋法的欧盟理事会指令1999/31/EC

[26] 2000年9月18日,关于不能使用的交通工具的欧盟理事会指令2000/53/EC(能量回收的定义)

[27] 1975年7月15日,关于废弃物的欧盟理事会指令75/442/EC

ICS 83.080.01
G 32

中华人民共和国国家标准

GB/T 31331—2014

改性塑料的环保要求和标识

Requirement and identification for environmental protection of modified plastics

2014-12-05 发布

2015-06-01 实施

中华人民共和国国家质量监督检验检疫总局
中国国家标准化管理委员会 发布

前　言

本标准按照 GB/T 1.1—2009 给出的规则起草。

本标准由中国石油和化学工业联合会提出。

本标准由全国塑料标准化技术委员会改性塑料分技术委员会(SAC/TC 15/SC 10)归口。

本标准负责起草单位:金发科技股份有限公司、天津金发新材料有限公司、珠海万通化工有限公司。

本标准参加起草单位:中蓝晨光化工研究设计院有限公司、江苏金发科技新材料有限公司、上海金玺实验室有限公司、广东省标准化研究院、重庆工商大学、重庆理工大学、聚赛龙工程塑料有限公司、广州开发区化工行业协会、广州出入境检验检疫局、长春富维-江森自控汽车饰件系统有限公司。

本标准主要起草人:袁绍彦、石鑫、刘奇祥、蔡彤旻、宁凯军、叶南飚、郝源增、陈广强、彭兆红、吴博、马政雄、胡金妮、袁毅、赵平、李又兵、刘文志、杜芹、丁慧敏、张珺、陈志凤。

引　言

为促进改性塑料行业减量、限制或禁止使用有毒有害物质，有必要明确改性塑料的有毒有害物质的限量、环保要求和标识，以实现保护环境和人体健康的目的。

为有效监控有毒有害物质，根据改性塑料行业的实际情况和法律法规、标准、客户的环保要求，规范改性塑料及其所用的包装材料是必要的。

改性塑料的环保要求和标识

1 范围

本标准规定了改性塑料及其所用包装材料的环保要求、环保标识和检验方法。

本标准适用于除医用、食品包装和玩具之外的改性塑料及其所用包装材料，也适用于回收再生改性塑料。

2 规范性引用文件

下列文件对于本文件的应用是必不可少的。凡是注日期的引用文件，仅注日期的版本适用于本文件。凡是不注日期的引用文件，其最新版本(包括所有的修改单)适用于本文件。

GB/T 2035—2008 塑料术语及其定义

GB/T 26125 电子电气产品 六种限用物质(铅、汞、镉、六价铬、多溴联苯和多溴二苯醚)的测定

GB/T 27611 再生利用品和再制造品通用要求及标识

SN/T 3019.1 电子电气产品中卤素的测定 第1部分：氢弹燃烧-离子色谱法

3 术语和定义

GB/T 2035—2008 界定的以及下列术语和定义适用于本文件。为了便于使用，以下重复列出了 GB/T 2035—2008 中的一些术语和定义。

3.1

改性塑料 modified plastic

以初级形态树脂为主要成分，以能改善树脂在力学、流变、燃烧性、电、热、光、磁等某一方面或某几个方面性能的添加剂或其他树脂等为辅助成分，通过填充、增韧、增强、共混、合金化等技术手段，得到的具有均一外观的材料。

[GB/T 2035—2008，定义 2.1147]

3.2

限用物质 restricted substance

法律法规或顾客要求在改性塑料或包装材料中限制使用的有毒有害物质。

3.3

无卤阻燃改性塑料 non-halogen flame-retarding modified plastic

成分中不含卤素的阻燃改性塑料。

4 环保要求

4.1 分级

依据改性塑料及其所用包装材料中可能涉及的不同限用物质，以及改性塑料的不同应用范围，应进行分级管控。根据需要，可采用如下分级，也可设置更多等级进行多级管控，但至少应包括如下分级中1级的内容：

a) 依据现行的法律法规、标准的明确要求，在某些应用范围使用的改性塑料及其所用包装材料中禁用某些限用物质，对于此种情况，应采取1级管控；

b) 虽然没有现行的法律法规、标准明确要求，但行业内普遍形成共识需要禁用某些限用物质。对于此种情况，可采取2级管控；如果客户有要求也可进行1级管控。

4.2 一般要求

4.2.1 对于一次性所用的且难以回收的改性塑料宜是可降解的。

4.2.2 本标准没有提及的限用物质，应根据现行法律法规和客户的要求进行识别和管控。

4.2.3 改性塑料企业应根据法律法规、标准及实际情况适时推出有毒有害物质消减计划。

4.3 改性塑料中限用物质的限量要求

4.3.1 镉

镉的限量要求见表1。

表1 镉的限量

分 级	应用范围	含量 mg/kg
1级	电子电气或类似用途	≤100
2级	其他用途	生产方提供数据

注：改性塑料回收废弃塑料时可能导致镉含量升高，根据需要改性塑料企业一般会重点监控回收再生改性塑料中的镉含量。

4.3.2 铅、汞、六价铬、多溴联苯和多溴二苯醚

铅、汞、六价铬、多溴联苯和多溴二苯醚的限量要求见表2。

表2 铅、汞、六价铬、多溴联苯和多溴二苯醚的限量

分 级	应用范围	含量 mg/kg
1级	电子电气或类似用途	≤1 000
2级	其他用途	生产方提供数据

注1：改性塑料回收废弃塑料时可能导致铅、汞和六价铬含量升高，根据需要改性塑料企业一般会重点监控回收再生改性塑料中的铅、汞和六价铬含量。

注2：改性塑料回收废弃塑料时或塑料阻燃改性时可能导致多溴联苯和多溴二苯醚含量升高，根据需要改性塑料企业一般会重点监控回收再生改性塑料及阻燃改性塑料中的多溴联苯和多溴二苯醚含量。

4.3.3 氯和溴

氯与溴的限量要求见表3。

表 3　氯与溴的限量

分　级	适用范围	含量 mg/kg
1 级	无卤阻燃改性塑料	氯≤900，溴≤900，且（氯＋溴）≤1 500
2 级	其他	生产方提供数据

4.4　包装材料中限用物质的限量要求

用于改性塑料的包装袋、内衬等包装材料，汞、镉、六价铬和铅的限量见表 4。

表 4　包装材料中汞、镉、六价铬和铅的限量

分　级	适用范围	含量 mg/kg
1 级	改性塑料	（铅＋汞＋六价铬＋镉）≤100

5　环保标识

5.1　总则

改性塑料的环保标识由绿色标识、限用物质标识和再生利用标识组成。其标识要求如下：

a) 标识应清晰可辨、易见、不易褪色并不易去除；

b) 标识如果需要缩小或扩大，宜遵守标识图给出的比例同等缩小或扩大；

c) 标识宜以单个包装为单位，一般每单位至少一个，如有必要，可予增加；

d) 标识可采用标签、标示卡等形式，放置于包装袋、货堆及货架的明显处，或可在产品说明书中予以注明；

e) 若客户有特殊包装或标识要求，则可按客户特殊要求进行标识。

5.2　绿色标识

改性塑料可设置绿色标识：

a) 当镉、铅、汞、六价铬、多溴联苯和多溴二苯醚含量不超过 1 级限量要求时，可给出如图 1 所示的绿色椭圆形"改性塑料 MP"标识；

b) 当氯与溴含量不超过 1 级限量要求时，可给出如图 1 所示的绿色长方形"无卤 HF" 标识；

c) 同时符合以上 2 款要求时，可同时给出 2 种标识。

图 1 为绿色标识示例，样式及尺寸见附录 A。

图 1　绿色标识示例

5.3 限用物质标识

在改性塑料产品说明书中应给出4.3中的限用物质的名称、含量、限量及含量标注符号。标识格式示例见表5。

若某种限用物质不能检出或含量低于4.3中1级规定的限量，则该限用物质对应的含量标注符号为“○”；若某种限用物质的含量超出4.3中1级规定的限量，则该限用物质对应的含量标注符号为“×”。含量异常应在表5中给出说明。

表5 限用物质的标识格式

材料种类	牌号(规格)	限用物质名称	限用物质含量	限用物质限量	含量标注符号
注：					

5.4 再生利用标识

回收再生改性塑料可采用GB/T 27611规定的标识样式。

6 检验方法

镉、铅、汞、六价铬、多溴联苯和多溴二苯醚的含量的测定依据GB/T 26125进行。氯与溴含量的测定依据SN/T 3019.1进行。

附 录 A
（规范性附录）
绿色标识的样式及尺寸

绿色标识的样式及尺寸见图 A.1。

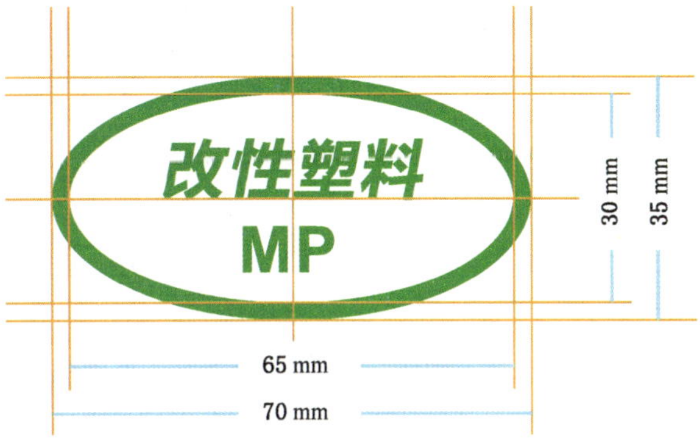

中文:改性塑料	英文:MP
字体:微软雅黑	字体:Arial
样式:加粗倾斜	样式:加粗
字号:26pt	字号:26pt
字高:8.8 mm	

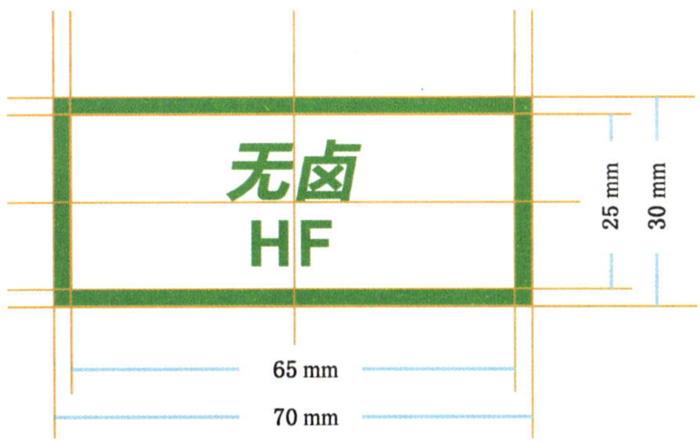

中文:无卤	英文:HF
字体:微软雅黑	字体:Arial
样式:加粗倾斜	样式:加粗
字号:26pt	字号:26pt
字高:8.8 mm	

C:100 M:5 Y:100 K:0

图 A.1 绿色标识的样式及尺寸

HJ

中华人民共和国环境保护行业标准

HJ/T 364—2007

废塑料回收与再生利用污染控制技术规范（试　行）

Technical specifications for pollution control during collection and recycle of waste plastics

2007-09-30 发布　　　　2007-12-01 实施

国家环境保护总局　发 布

前　　言

为贯彻《中华人民共和国环境保护法》和《中华人民共和国固体废物污染环境防治法》，在废塑料回收与再生利用过程中保护环境、防治污染，适应管理工作的需要，制定本标准。

本标准就废塑料的回收、贮存、运输、预处理、再生利用等过程中的环境保护相关事项提出了要求，相关企业和管理部门可参照执行。

本标准为首次发布。

本标准为指导性标准。

本标准由国家环境保护总局科技标准司提出。

本标准起草单位：中国环境科学学会、北京化工大学、越谷凯(北京)再生资源科技有限公司。

本标准国家环境保护总局 2007 年 9 月 30 日批准。

本标准自 2007 年 12 月 1 日起实施。

本标准由国家环境保护总局解释。

废塑料回收与再生利用污染控制技术规范(试行)

1 适用范围

本标准规定了废塑料回收、贮存、运输、预处理、再生利用等过程的污染控制和环境保护监督管理的要求。

本标准适用于包括进口废塑料在内的各种废塑料的回收与再生利用,不适用于属于医疗废物和危险废物的废塑料。

2 规范性引用文件

本标准内容引用了下列文件中的条款,凡是不注日期的引用文件,其有效版本适用于本标准。

GB 8978 污水综合排放标准

GB 12348 工业企业厂界噪声标准

GB 14554 恶臭污染物排放标准

GB 16487.12 进口可用作原料的固体废物环境保护控制标准 废塑料

GB 16297 大气污染物综合排放标准

GB 18484 危险废物焚烧污染控制标准

GB 18485 生活垃圾焚烧污染控制标准

GB 18599 一般工业固体废物贮存、处置场污染控制标准

GB/T 2035 塑料术语及其定义

GB/T 16288 塑料包装制品回收标志

GB/T 19466.3 塑料 差示扫描量热法(DSC) 第3部分:熔融和结晶温度及热焓的测定

CJ 3082 污水排入城市下水道水质标准

《医疗废物管理条例》(国务院令第380号)

《医疗废物分类目录》(医卫发[2003]287号)

3 术语和定义

下列术语和定义适用于本标准。

3.1 废塑料

是指被废弃的各种塑料制品及塑料材料,包括在塑料及塑料制品生产加工过程中产生的下脚料、边角料和残次品。

3.2 再生塑料制品

是指以废塑料为原料生产的塑料制品及塑料材料。

3.3 废塑料的回收

是指以再生利用为目的,对生活、生产以及其他活动中产生的废塑料进行收集的过程。

3.4 废塑料的贮存

是指将废塑料临时置于特定设施或者场所中的活动。

3.5 废塑料的预处理

是指废塑料在再生利用前经过的分选、清洗、破碎和干燥等处理工序。

3.6　**废塑料的再生利用**

是指从废塑料中提取或使其转化为可以利用的物质或能源的活动，主要包括材料循环、化学循环和能量回收三类。

3.7　**含卤素塑料**

是指树脂中含有或在合成和加工过程中加入了卤族元素的塑料。

4　废塑料的回收、运输和贮存要求

4.1　回收要求

4.1.1　废塑料的回收应按原料树脂种类进行分类回收，并严格区分废塑料来源和原用途。不得回收和再生利用属于医疗废物和危险废物的废塑料。

4.1.2　含卤素废塑料的回收和再生利用应与其他废塑料分开进行。

4.1.3　废塑料的分类鉴别采用 GB/T 19466.3（熔融和结晶温度及热焓的测定）与红外光谱相结合的方法。

4.1.4　废塑料的回收中转或贮存场所（企业）必须经过当地人民政府环境保护行政主管部门的环保审批，并有相应的污染防治设施和设备。

4.1.5　废塑料的回收过程中不得进行就地清洗，如需进行减容破碎处理，应使用干法破碎技术，并配备相应的防尘、防噪声设备。

4.1.6　废塑料的回收过程中应避免遗洒。

4.2　包装和运输要求

4.2.1　废塑料运输前应进行包装，或用封闭的交通工具运输，不得裸露运输废塑料。

4.2.2　废塑料的包装应在通过环保审批的回收中转场所内进行。

4.2.3　废塑料包装物应防水、耐压、遮蔽性好，可多次重复使用；在装卸、运输过程中应确保包装完好，无废塑料遗洒。

4.2.4　包装物表面必须有回收标志和废塑料种类标志，标志应清晰、易于识别、不易擦掉，并应标明废塑料的来源、原用途和去向等信息。废塑料回收和种类标志执行 GB/T 16288。

4.2.5　不得超高、超宽、超载运输废塑料，宜采用密闭集装箱或带有压缩装置的箱式货车运输。

4.3　贮存要求

4.3.1　废塑料应贮存在通过环保审批的专门贮存场所内。

4.3.2　贮存场所必须为封闭或半封闭型设施，应有防雨、防晒、防渗、防尘、防扬散和防火措施。

4.3.3　不同种类、不同来源的废塑料，应分开存放。

5　废塑料的预处理和再生利用要求

5.1　预处理工艺要求

5.1.1　废塑料预处理工艺主要包括分选、清洗、破碎和干燥。

5.1.2　废塑料预处理工艺应当遵循先进、稳定、无二次污染的原则，应采用节水、节能、高效、低污染的技术和设备；宜采用机械化和自动化作业，减少手工操作。

5.1.3　废塑料的分选宜采用浮选和光学分选等先进技术；人工分选应采取措施确保操作人员的健康和安全。

5.1.4　废塑料的清洗方法可分为物理清洗和化学清洗，应根据废塑料来源和污染情况选择清洗工艺；宜采用节水的机械清洗技术；化学清洗不得使用有毒有害的化学清洗剂，宜采用无磷清洗剂。

5.1.5　废塑料的破碎宜采用干法破碎技术，并应配有防治粉尘和噪声污染的设备。

5.1.6　废塑料的干燥方法可分为人工干燥和自然干燥。人工干燥宜采用节能、高效的干燥技术，如冷凝干燥、真空干燥等；自然干燥的场所应采取防风措施。

5.2 再生利用技术要求

5.2.1 废塑料应按照直接再生、改性再生、能量回收的优先顺序进行再生利用。

5.2.2 宜开发和应用针对热固性塑料、混合废塑料和质量降低的废塑料的新型环保再生利用技术。

5.2.3 含卤素的废塑料宜采用低温工艺再生，不宜焚烧处理；进行焚烧处理时应配备烟气处理设备，焚烧设施的烟气排放应符合 GB 18484 的要求。

5.2.4 不宜以废塑料为原料炼油。

5.3 项目建设的环境保护要求

5.3.1 废塑料的再生利用项目必须经过县级以上地方人民政府环境保护行政主管部门的环保审批，严格执行环境影响评价和“三同时”制度。未获环保审批的企业或个人不得从事废塑料的处理和加工。

5.3.2 进口废塑料作为生产原料的企业应具有固体废物进口许可证，进口的废塑料应符合 GB 16487.12的要求。

5.3.3 新建废塑料再生利用项目的选址应符合环境保护要求，不得建在城市居民区、商业区及其他环境敏感区内；现有再生利用企业如在上述区域内，必须按照当地规划和环境保护行政主管部门的要求限期搬迁。

5.3.4 废塑料再生利用项目必须建有围墙并按功能划分厂区，包括管理区、原料区、生产区、产品贮存区、污染控制区(包括不可利用的废物的贮存和处理区)。各功能区应有明显的界线和标志。

5.3.5 所有功能区必须有封闭或半封闭设施(污染控制设施可除外)，采取防风、防雨、防渗、防火等措施，并有足够的疏散通道。

5.3.6 各地应根据本地情况，逐步改造或取缔不符合本标准要求的废塑料回收和加工企业，规划建设规范化的废塑料回收站、再生加工厂和循环经济园区。

5.4 污染控制要求

5.4.1 废塑料预处理、再生利用等过程中产生的废水和厂区产生的生活废水应有配套的废水收集设施。废水宜在厂区内处理并循环利用；处理后的废水排放应按企业所在环境功能区类别，执行 GB 8978；重点控制的污染物指标包括 COD、BOD_5、SS、pH、TN、NH_3-N、TP、色度、油类、可吸附有机卤化物、粪大肠杆菌群数；并入市政污水管网集中处理的废水应符合 CJ 3082 的要求。

5.4.2 预处理、再生利用过程中产生的废气应有集气装置收集。经净化处理的废气排放应按企业所在环境功能区类别，应执行 GB 16297 和 GB 14554；重点控制的污染物包括颗粒物、氟化物、汞、铬、铅、苯、甲苯、酚类、苯胺类、光气、恶臭。

5.4.3 采用焚烧方式对废塑料进行能量回收时，焚烧设施应具有烟气处理设备，烟气排放应执行 GB 18485。重点控制的污染物指标包括烟气黑度、烟尘、一氧化碳、氟化氢、氯化氢、氮氧化物、二噁英类。

5.4.4 能量回收过程中，除尘设备收集的焚烧飞灰应按危险废物管理。其他气体净化装置收集的固体废物和焚烧炉渣，应按国家危险废物鉴别标准进行鉴别，属于危险废物的按照危险废物管理，否则按一般工业固体废物管理。

5.4.5 预处理和再生利用过程中应控制噪声污染，噪声控制应符合 GB 12348 的要求。

5.4.6 不得在无燃烧设备和烟气净化装置的条件下焚烧废塑料或用焚烧方式处理塑料挤出机过滤网片。

5.4.7 废塑料预处理、再生利用过程中产生的固体废物，包括分选出的不宜再生利用的废塑料，应按工业固体废物处置，并执行相关环境保护标准。

6 废塑料再生制品要求

6.1 废塑料再生制品或材料应符合相关产品质量标准，表面应标有再生利用标志，具体要求执行 GB/T 16288。

6.2 不宜使用废塑料制造直接接触食品的包装、制品或材料。原属于食品接触类的塑料包装、制品和材料，经单独回收处理，达到国家食品卫生标准的，可用于制造食品接触类的包装、制品或材料，并应标明为再生塑料制造。

6.3 再生塑料制品或材料在生产过程中不得使用氟氯化碳类化合物作发泡剂；制造人体接触的再生塑料制品或材料时，不得添加有毒有害的化学助剂。

6.4 宜开发可多次循环再生利用的再生塑料制品和材料。

7 管理要求

7.1 废塑料的回收和再生利用企业应建立、健全环境保护管理责任制度，设置环境保护部门或者专（兼）职人员，负责监督废塑料回收和再生利用过程中的环境保护及相关管理工作。

7.2 废塑料的回收和再生利用企业应对所有工作人员进行环境保护培训。

7.3 废塑料的回收和再生利用企业应建立废塑料回收和再生利用情况记录制度，内容包括每批次废塑料的回收时间、地点、来源（包括名称和联系方式）、数量、种类、预处理情况、再生利用时间、再生制品名称、再生制品数量、再生制品流向、再生制品用途，并做好月度和年度汇总工作。

7.4 废塑料的回收和再生利用企业应建立环境保护监测制度，不同污染物的采样监测方法和频次执行相关国家或行业标准，并做好监测记录以及特殊情况记录。

7.5 废塑料的回收和再生利用企业应建立废塑料回收和再生利用企业建设、生产、消防、环保、工商、税务等档案台账，并设专人管理，资料至少应保存5年。

7.6 废塑料的回收和再生利用企业应建立污染预防机制和处理环境污染事故的应急预案制度。

7.7 废塑料的回收和再生利用企业应认真执行排污申报制度，按时缴纳排污费。

8 标准的实施

本标准由县级以上地方人民政府环境保护行政主管部门负责监督实施。

ICS 83.140.01
分类号:G 32
备案号:52179—2015

QB

中华人民共和国轻工行业标准

QB/T 4881—2015

再生和回收塑料制品安全技术条件

Safety technical specifications for reworked and recycled plastic products

2015-10-10 发布　　　　2016-03-01 实施

中华人民共和国工业和信息化部　发 布

前　言

本标准按照 GB/T 1.1—2009 给出的规则起草。

本标准由中国轻工业联合会提出。

本标准由全国塑料制品标准化技术委员会(SAC/TC 48)归口。

本标准起草单位:东莞市拓展实业公司、上海天祥质量技术服务有限公司、广东树业环保科技股份有限公司、肇庆天富新合纤有限公司、福建三宏再生资源科技有限公司、绍兴瑞思特环保科技有限公司、宁波宫城塑料有限公司、上海太平洋纺织机械成套设备有限公司、东莞普能塑料科技实业有限公司。

本标准主要起草人:王建平、谭亦武、刘宇星、史君良、庄亮、张振文、沈来勇、肖海燕、吕潇、林进帆。

本标准为首次发布。

再生和回收塑料制品安全技术条件

1 范围

本标准规定了再生和回收塑料制品中有害物质控制的安全技术要求、取样和样品制备方法、试验方法和判定规则。

本标准适用于再生和回收塑料用量在50%以上的塑料制品。

本标准不适用于食品接触、医用产品、玩具、文具及超出相关法律法规限定的制品。

2 规范性引用文件

下列文件对于本文件的应用是必不可少的。凡是注日期的引用文件，仅注日期的版本适用于本文件。凡是不注日期的引用文件，其最新版本（包括所有的修改单）适用于本文件。

GB/T 2918 塑料试样状态调节和试验的标准环境

GB/T 4615 聚氯乙烯 残留氯乙烯单体的测定 气相色谱法

GB 6675.4 玩具安全 第4部分：特定元素的迁移

GB/T 16288 塑料制品的标志

GB 18586 室内装饰装修材料 聚氯乙烯卷材地板中有害物质限量

GB/T 22048 玩具及儿童用品中特定邻苯二甲酸酯增塑剂的测定

GB/T 26125 电子电气产品 六种限用物质（铅、汞、镉、六价铬、多溴联苯和多溴联苯醚）的测定

GB/T 26572 电子电气产品中限用物质的限量要求

GB 28481 塑料家具中有害物质限量

SN/T 1877.2 塑料原料及其制品中多环芳烃的测定方法

3 术语和定义

下列术语和定义适用于本文件。

3.1

其他塑料制品 other plastic products

除本标准4.2.1至4.2.4之外其他在使用中直接与人体皮肤接触的塑料制品，如：运动或健身器材、娱乐休闲设施、家居用品、室内装饰材料、礼品、收纳和周转箱、建筑材料、农用器具、园艺用品、农产品容器、灯具等制品或部件。

4 要求

4.1 基本要求

4.1.1 产品质量应符合相应产品质量标准的要求。

4.1.2 产品的气味测试评级结果不应超过3级。

4.1.3 产品应按GB/T 16288规定的要求进行标识。

4.2 有害物质控制安全技术要求

4.2.1 家具

由再生和回收塑料制成的室内外和公共场所使用的各类家具制品中的有害物质限量应符合GB 28481规定的要求。

4.2.2 电子电气产品

由再生和回收塑料制成的电子电气产品中有害物质的限量应符合 GB/T 26572 规定的要求。

4.2.3 包装材料

由再生和回收塑料制得的包装材料中铅(Pb)、镉(Gd)、汞(Hg)和六价铬(Cr Ⅵ)的总量不应超过100 mg/kg。

4.2.4 PVC 卷材地板

由再生和回收 PVC 塑料制成的卷材地板中有害物质的限量应符合 GB 18586 规定的要求。

4.2.5 其他塑料制品

其他塑料制品(3.1)的有害物质限量控制参照采用 GB 28481 规定的要求。

5 取样及样品制备

5.1 取样方法

5.1.1 随机抽取满足相应试验所需的最低数量的成品进行试验。

5.1.2 取样一般应取成品样,当成品样较大不便取样或取成品样可能给试样制备带来不便时,在确保成品的成型加工中未使用受限的有害物质的前提下,可取成型加工用的原料粒子作为试样。

5.1.3 成品若由不同的材质构成,应按材料分别取样测试。

5.1.4 试验报告中应详细记录取样信息。

5.2 试样的制备

5.2.1 试样制备前除去样品上的附着物、表面涂饰等非试验材料本身的残余物。

5.2.2 试样制备按相应的试验方法要求的规定进行。

5.2.3 试样状态的预调节和试验环境要求按 GB/T 2918 的规定执行。

6 试验方法

6.1 气味测试

6.1.1 试样装置

具有空气循环功能的恒温测试箱,精度为±2 ℃;

1 L 配有玻璃瓶盖的磨口玻璃广口瓶,在每次试验前应清洁并保持洁净无任何气味状态。

6.1.2 试样准备

从样品上裁取 3 块(50±5) g 的试样,取样形状应能使之被放入测试瓶内,并可密闭瓶盖。

6.1.3 **测试**

按以下步骤测试气味：

a) 将恒温测试箱的温度调至 80 ℃；

b) 室温下将 3 块试样分别置于 3 个 1 L 磨口玻璃广口瓶内，盖上瓶盖，一起置于 80 ℃的恒温测试箱内，保持(120±2)min 后取出，冷却至(60±5)℃后进行气味测定；

c) 由 3 个有资质的检验员分别独立测试，并按表 1 的规定判定气味的等级。若有两 2 个测试结果差距达到两个等级或以上的，应重新测定，测试应在 1 min 内完成；

d) 以 3 个测试结果的算术平均值表示气味测试结果，若有小数的，按四舍五入取整数值。

表 1 气味评级

级　别	气味特性
1	不易感觉到
2	可感觉到，但不刺鼻
3	可明显感觉到，但不刺鼻
4	刺鼻
5	非常刺鼻
6	不可忍受

6.2 家具及其他塑料制品(4.2.5)的试验方法

6.2.1 邻苯二甲酸酯含量的测定按 GB/T 22048 中规定的方法进行。

6.2.2 可溶性重金属含量的测定按 GB 6675.4 中规定的方法进行。

6.2.3 苯并(*a*)芘和多环芳烃(PAHs)总量的测定按 SN/T 1877.2 中规定的方法进行。

6.2.4 多溴联苯含量的测定按 GB/T 26125 中规定的方法进行。

6.2.5 多溴联苯醚含量的测定 GB/T 26125 中规定的方法进行。

6.3 电子电气产品的试验方法

6.3.1 重金属总量的测定按 GB/T 26125 中针对聚合物材料的规定方法进行。

6.3.2 含溴阻燃剂含量的测定按 GB/T 26125 中针对聚合物材料的规定方法进行。

6.4 包装材料的试验方法

重金属总量的测定按 GB/T 26125 中针对聚合物材料的规定方法进行。

6.5 PVC 卷材地板的试验方法

6.5.1 氯乙烯单体含量的测定按 GB/T 4615 中规定的方法进行。

6.5.2 可溶性重金属含量的测定按 GB 18586 中规定的方法进行。

6.5.3 挥发物含量的测定按 GB 18586 中规定的方法进行。

7 判定规则

7.1 如果样品的试验结果全部符合4.1.2和4.2.1至4.2.5对应产品的相关要求,则判定为合格。

7.2 如果样品的试验结果中有任何一项应考核的指标不符合4.1.2和4.2.1至4.2.7对应产品的相关要求,则判定为不合格。

ICS 13.030.50
Z 00/09
备案号:49522—2015

SB

中华人民共和国国内贸易行业标准

SB/T 11110—2014

废纸塑铝复合包装物回收分拣技术规范

Technological specifications of scrap paper-plastic-aluminum composite package collection and sorting

2014-07-30 发布 2015-03-01 实施

中华人民共和国商务部 发布

前　　言

本标准按照 GB/T 1.1—2009 给出的规则起草。

本标准由中华人民共和国商务部提出并归口。

本标准起草单位:中国物资再生协会、天津维恩再生资源科技有限公司。

本标准主要起草人:刘强、崔燕、刘汉儒、李海洋。

废纸塑铝复合包装物回收分拣技术规范

1 范围

本标准规定了废纸塑铝复合包装物回收分拣的术语和定义、回收要求、分拣要求、分离要求、贮存要求和运输要求。

2 规范性引用文件

下列文件对于本文件的应用是必不可少的。凡是注日期的引用文件，仅注日期的版本适用于本文件。凡是不注日期的引用文件，其最新版本(包括所有的修改单)适用于本文件。

GB 5085.7 危险废物鉴别标准 通则

GB/T 18455 包装回收标志

GB 18599 一般工业固体废物贮存、处置场污染控制标准

GB/T 19001 质量管理体系 要求

GB/T 24001 环境管理体系 要求及使用指南

GB/T 28001 职业健康安全管理体系 要求

HJ 2025 危险废物收集、贮存、运输技术规范

HJ/T 364 废塑料回收与再生利用污染控制技术规范(试行)

3 术语和定义

下列术语和定义适用于本文件。

3.1

再生资源 recycled resources

在社会生产和生活消费过程中产生的，已经失去原有全部或部分使用价值，经过回收、加工处理，能够使其重新获得使用价值的各种废物。主要包括废旧金属、报废电子产品、报废机电设备及其零部件、废造纸原料(如废纸、废棉等)、废轻化工原料(如橡胶、塑料、农药包装物、动物杂骨、毛发等)、废玻璃等。

3.2

纸塑铝复合包装物 paper-plastic-aluminum composite package

纸塑铝复合包装物指含有纸塑铝三种材料中的任两种材料的组合物及三种材料的组合物，如纸塑、铝塑、铝纸及纸塑铝。典型产品有牛奶饮料纸包装(纸塑/纸塑铝)、PVC泡罩包装(铝塑)、牙膏软管(铝塑)、烟箔纸(纸铝)、方便面碗和纸杯(纸塑)。

3.3

无内容物残留的废纸塑铝复合包装物 scrap paper-plastic-aluminum composite package before consumption

在包装物生产厂或消费品生产厂产生的边角料、试机料和以纸浆回收为目的的再生利用者把纸浆回收后剩余的铝塑废料统称为无内容物残留的废纸塑铝复合包装。

3.4

有内容物残留的废纸塑铝复合包装物 scrap paper-plastic-aluminum composite package after con-

sumption

已经接触过内容物的纸塑铝复合包装废物。

4 回收要求

4.1 废纸塑铝复合包装应按照包装材质和是否含有内容物进行分类回收。

4.2 废纸塑铝复合包装分为废纸塑复合包装、废铝塑复合包装、废纸铝复合包装和废纸塑铝复合包装4类。

4.3 回收时,应先将废纸塑铝复合包装物含有的内容物进行清理,并将其压平,便于回收。

4.4 建议在公共场合设立收集废纸塑铝复合包装物的专门容器,容器带有明显标示。在不具备条件的地区,建议参照各地垃圾分类标准将其投入可回收垃圾桶。

4.5 含有废塑料成分的废纸塑铝复合包装应按照 HJ/T 364 进行回收。

4.6 按《医疗废物分类目录》、《固体废物鉴别导则(试行)》、GB 5085.7 的要求,明确所生产的纸塑铝复合包装物的安全分类等级。

4.7 属于危险废物的纸塑铝复合包装物应按照 GB 5085.7 和 HJ 2025 进行回收。

4.8 废纸塑铝复合包装物收集从业者须经过专业培训,能准确鉴别不同的纸塑铝材质。

4.9 鼓励废纸塑铝复合包装物回收经营者按照 GB/T 19001、GB/T 24001、GB/T 28001 等标准进行管理。

4.10 应参照 GB/T 18455 规定的包装回收标志,在包装物显著位置标示所用材料的主要成分。

5 分拣要求

5.1 废纸塑铝复合包装物中的其他夹杂物需经过分拣作业,以确保再生利用所得材料的纯度,应按废纸塑铝复合包装材料的主要成分进行分类以有利于后续的再生利用,比如牛奶饮料纸包装、方便面碗、烟箔纸等纸浆含量都在50%以上,均可用在制浆、造纸等工艺中,如主要成分为塑料,则按照塑料品种分类,比如牙膏包装软管主要材料有 LLDPE、铝及 EAA 及 EMAA,铝塑复合泡罩包装主要材料为透明 PVC、铝。

5.2 分拣过程宜使用自动分拣设备完成,建议使用风选、筛选、重力分选、光电分选等装置。人工分选的情况下,应确保分选作业人员配备必要的安全防护用品,以及具体的防护措施,确保分拣人员的人身健康。

5.3 分拣后的废纸塑铝复合包装物的同类产品纯度需达到90%以上。

5.4 分拣过程中产生的没有利用价值的固体废物必须最终交由具备相应资质的专业公司处置。

5.5 分拣过程中产生的废纸塑铝复合包装物的渗滤液必须集中收集,并且进行专业环保处理,不得随意倾倒,以防造成二次污染。

6 分离要求

6.1 废纸塑铝复合包装物含有纸、塑、铝三种或其中两种材料,可通过制浆造纸技术、塑木工艺、彩乐板工艺等实现再生利用。

6.2 鼓励通过必要的技术手段实现废纸塑铝复合包装所含各种材料之间的分离,以实现最大化利用再生资源。

6.3 废纸塑铝复合包装物的分离应有先进适用的加工装备及配套设备,分离工艺和技术应符合相关环保法规,不得造成二次污染。建议选用干法作业,如涡流粉碎分离、静电分选。

6.4 废纸塑铝复合包装物分离后的纸纤维、铝及塑料三种材料，每种材料的纯度应达到90%以上，以有利于纸纤维重新造纸、铝重熔或磨制铝粉、塑料造粒或重制产品等后续资源再利用活动的进行。

6.5 从事废纸塑铝复合包装物分离的企业必须办理合法经营手续。

7 贮存要求

7.1 废纸塑铝复合包装物贮存应有专业场地，建议室内打包存放，如露天存放应采取必要措施防止雨淋、霉变，场地应符合 GB 18599 的相关要求。

7.2 不应将废纸塑铝复合包装物与其他废料混合存放。

7.3 待处理的废纸塑铝复合包装物允许有少量有机物残留，但残留量不得超过废纸塑铝复合包装物重量的5%，并应及时处置，防止滋生有害生物。

7.4 废纸塑铝复合包装物属于易燃品，应远离火源，贮存场所应配备消防设施，防止火灾。

7.5 不应在废纸塑铝复合包装物上喷洒杀虫剂等灭害药品。

8 运输要求

8.1 废纸塑铝复合包装物的运输应采取必要防护措施，防止夹杂的有机物外溢，宜使用密闭车辆。

8.2 废纸塑铝复合包装物应压缩成捆状，减少容积，节约运输能耗。

8.3 废纸塑铝复合包装物运输车辆应做明显标示，不得与鲜活农产品混装。

参 考 文 献

[1] 再生资源回收管理办法(商务部令[2007]第8号)

[2] 医疗废物分类目录(卫医发[2003]287号)

[3] 固体废物鉴别导则(试行)(国家环境保护总局、国家发展和改革委员会、商务部、海关总署、国家质量监督检验检疫总局公告2006年第11号)

ICS 83.080
Z 00/09
备案号：52350—2016

SB

中华人民共和国国内贸易行业标准

SB/T 11149—2015

废塑料回收分选技术规范

Technical specifications of waste plastics collection and sorting

2015-11-09 发布　　2016-09-01 实施

中华人民共和国商务部　发布

前言

本标准按照 GB/T 1.1—2009 给出的规则起草。

本标准由中华人民共和国商务部提出并归口。

本标准起草单位：中国物资再生协会、金发科技股份有限公司、深圳市格林美高新技术股份有限公司、中国家用电器研究院、福建师范大学环境科学与工程学院、四川长虹电子集团有限公司、上海新金桥环保有限公司。

本标准主要起草人：刘强、崔燕、罗岩、宁红涛、胡志华、许开华、秦玉飞、田晖、单明威、陈庆华、潘晓勇、刘宇、黄晨。

废塑料回收分选技术规范

1 范围

本标准规定了废塑料回收分选的术语和定义、总体要求、回收要求、分选要求、运输和贮存要求、管理要求。

本标准适用于废塑料回收分选的全过程，并可用于国内废塑料回收和分选经营者的监督和管理工作。

2 规范性引用文件

下列文件对于本文件的应用是必不可少的。凡是注日期的引用文件，仅注日期的版本适用于本文件。凡是不注日期的引用文件，其最新版本(包括所有的修改单)适用于本文件。

GB 5085.1 危险废物鉴别标准 腐蚀性鉴别
GB 5085.2 危险废物鉴别标准 急性毒性初筛
GB 5085.3 危险废物鉴别标准 浸出毒性鉴别
GB 5085.4 危险废物鉴别标准 易燃性鉴别
GB 5085.5 危险废物鉴别标准 反应性鉴别
GB 5085.6 危险废物鉴别标准 毒性物质含量鉴别
GB 5085.7 危险废物鉴别标准 通则
GB 8978 污水综合排放标准
GB 12348 工业企业厂界环境噪声排放标准
GB/T 16288 塑料制品的标志
GB 18484 危险废物焚烧污染控制标准
GB 18599 一般工业固体废物贮存、处置场污染控制标准
GB/T 20861 废弃产品回收利用术语
GB/T 24001 环境管理体系 要求及使用指南
GB/T 28001 职业健康安全管理体系 要求
GB 50016 建筑设计防火规范
HJ/T 364 废塑料回收与再生利用污染控制技术规范
HJ 2025 危险废物收集、贮存、运输技术规范
SB/T 10720 再生资源分拣中心建设管理规范

3 术语和定义

GB/T 20861 界定的以及下列术语和定义适用于本文件。

3.1

废塑料 waste plastics

被废弃的各种塑料制品及塑料材料，包括在塑料及塑料制品生产加工过程中产生的下脚料、边角料和残次品。

［HJ/T 364，定义 3.1］

3.2

危险废物　hazardous waste

列入国家危险废物名录或者根据国家规定的危险废物鉴别标准和鉴别方法认定的具有腐蚀性、毒性、易燃性、反应性和感染性等一种或一种以上危险特性，以及不排除具有以上危险特性的固体废物。

［GB 5085.7，定义 3.2］

3.3

回收　collection

以再生利用为目的，对生活、生产以及其他活动中产生的废塑料进行收集的过程。

［HJ/T 364，定义 3.3］

3.4

分选　sorting

按照废塑料分类标准、品质状况，集中对废塑料进行专业分类、分离、清洗、破碎等加工处理过程。

3.5

静电分选　electrostatic sorting

利用各种塑料在摩擦起电后不同的静电性能来进行分选的方法。

3.6

近红外分选　near infrared sorting

利用各种塑料在近红外光谱中的吸收峰的差别进行分选的方法。

3.7

盐水密度分选　density separation in brine

利用不同类别塑料的密度差异进行分选的方法，主要是指依据生产需求利用不同工业盐溶液的密度不同进行废塑料的分离。

3.8

重介质分选　heavy medium separation

利用各种塑料密度的差异进行分选的方法，主要使用无机填料在水流的过程中水流的控制进行密度差分选的方法。

3.9

人工分选　manual sorting

直接采用人工辨识手段对废塑料进行分选的方法。

3.10

气流分选　air-controlled separation

利用塑料的比表面积和堆积密度在流动空气中运行轨迹的差异进行分选的方法。

3.11

颜色分选　color sorting

利用分色机对废塑料按颜色的差异进行分选的方法。

3.12

X-荧光分选　X-ray fluorescence sorting

利用 X-荧光检测设备对废塑料中有毒有害重金属物质进行检验，按照有害有毒重金属物质控制标准进行分选的方法。

3.13

涡流分选　eddy current sorting

基于分选机中磁场变化时对有色金属、铁和非铁物料所产生的不同的力的作用，将金属由废塑料里分选出来的方法。

3.14

低温破碎分选　low temperature shredding separation

利用废塑料的玻璃化转变温度不同进行低温低速破碎分选的方法。

3.15

溶剂分选　solvent separation

利用废塑料各组分溶解参数和良性溶剂的差别进行塑料分选的方法。

3.16

熔融过滤分选　molten filtration separation

利用废塑料熔点的差异进行分选分离的方法。

3.17

自动化分选　automated sorting

采用自动化设备对废塑料进行分选的方法。

3.18

破碎　shredding

利用机械设备将废塑料变成需要尺寸的过程。

3.19

清洗　washing

采用水或溶剂除去废塑料表面物质的过程。

3.20

包装　packaging

为了达到废塑料流通过程中保护产品、方便贮运、促进销售的目的，在采用容器、材料和辅助物的过程中施加一定技术方法等的操作活动。

4　总体要求

4.1　废塑料回收分选企业应符合《再生资源回收管理办法》的相关要求。

4.2　鼓励回收分选企业建立废塑料回收信息管理系统，并保存有关信息至少5年。

4.3　鼓励回收分选企业采用先进适用、节能高效的工艺设备，并积极开发自动化、规模化、环保化和专业化工艺设备，提高资源循环利用率。

4.4　废塑料回收分选企业应有完备的人身安全防护装备和措施。

5　回收要求

5.1　废塑料的回收应按塑料种类进行分类回收。含卤素废塑料的回收和分选应与其他废塑料分开进行。

5.2　废塑料的种类鉴别可采用物理鉴别法、化学鉴别法和光谱分析鉴别法。

5.3　属于危险废物的废塑料应按照GB 5085.1～GB 5085.7和HJ 2025进行鉴别和回收。

6　分选要求

6.1　废塑料分选中心的建设应符合SB/T 10720中的要求。

6.2　废塑料分选工艺主要包括专业分选、破碎、清洗和包装。

6.3 废塑料分选应当遵循先进、稳定、无二次污染的原则，根据废塑料特点，宜使用静电分选、近红外分选、重介质分选、人工分选、气流分选、颜色分选、X-荧光分选、涡流分选、低温破碎分选、溶剂分选、熔融过滤分选及其他新型的自动化分选等单一和集成化分选技术；尽量少用盐水密度分选；禁止使用简易强酸强碱浸泡工艺和简易焚烧工艺等进行废塑料分选。

6.4 废塑料分选后，可分选出单一组分的，其纯度建议达到90%以上，达到后期高值化再生利用的要求；不能选出单一组分的，以不影响整体再利用为限；现有方法完全不能分离的，作为不可利用固体废物进行处置。

6.5 废塑料的破碎宜采用干法破碎技术，并配有防治粉尘和噪声污染的设备，产生的噪音应符合 GB 12348 的规定。

6.6 鼓励使用节能高效的废塑料破碎设备，淘汰低效高能耗高噪音设备。

6.7 废塑料的清洗场地应作防水、防渗漏处理，有特殊要求的地面作防腐蚀处理。

6.8 废塑料的清洗方法可分为物理清洗和化学清洗，应根据废塑料来源和污染情况选择清洗工艺；鼓励采用高效节水的机械清洗技术；不得使用有毒有害的化学清洗剂，宜采用无磷清洗剂。

6.9 分选后的废塑料需采用独立完整的包装，以防止交叉污染。

6.10 从事废塑料分选加工的企业需具备排污许可证，如废塑料回收分选企业所在园区有相应排污许可证，视同具有排污许可证。

6.11 废塑料分选过程中产生的热固性塑料、其他非可塑性塑料及其他非塑料类材料，应按照国家相关规定进行处理，属于危险废物的应按照危险废物进行处理；对于废塑料分选过程中产生的废污泥应交由有相关处理资质的单位进行处理。

6.12 产生的大气污染物排放应符合 GB 18484 的要求，气体净化装置收集的废液或固废应按 GB 5085.1～GB 5085.7 的要求进行鉴别，如属于危险废物则按照危险废物进行处理。

6.13 废塑料分选过程中产生的废水，需经污水管道收集，进行污水净化处理，处理后的水宜作为中水循环再利用；排放污水应符合 GB 8978 的规定。

7 运输和贮存要求

7.1 废塑料运输应采用封闭的运输工具，防止遗撒。

7.2 不同种类、不同来源的废塑料应分开存放，并在显著位置设有标识。

7.3 包装物表面应有回收标志和废塑料种类标志，标志应清晰、易于识别、不易擦掉，废塑料回收和种类标志执行 GB/T 16288。

7.4 废塑料应存放在通风、灰尘小、干燥的室内，不应露天堆放，符合 GB 18599 相关要求。

7.5 废塑料属于易燃品，应远离火源，贮存场所应配备消防设施，防止火灾，符合 GB 50016 相关要求。

8 管理要求

8.1 鼓励废塑料回收分选企业按照 GB/T 24001、GB/T 28001 等标准进行管理。

8.2 鼓励废塑料回收分选企业建立信息管理系统，包括废塑料的来源信息、上级供应商信息、废塑料分选工艺信息、事故信息、交易信息、运输信息及使用路径信息等相关信息。

8.3 废塑料回收从业者应经过专业培训，具备采用人工或自动化设备对废塑料类别的初步鉴别能力，符合国家劳动法要求。

8.4 废塑料回收分选企业应建立健全劳动保护和消防安全责任管理制度，设置管理机构和人员，以保障从业人员的人身安全和企业的财产安全。

8.5　废塑料回收分选企业应建立健全环境保护管理责任制度，设置环境监督管理部门和专职人员，负责在分选过程中的环境保护、监督及监测等相关工作。

8.6　废塑料回收分选企业应建立环境污染预防机制和处理环境污染事故的应急预案制度。

参 考 文 献

［1］ 商务部办公厅关于进一步做好废旧商品回收体系建设工作的通知（商办流通函［2012］831号）。

［2］ 再生资源回收管理办法（商务部令［2007］第8号）。

SN

中华人民共和国出入境检验检疫行业标准

SN/T 1791.1—2006
代替 SN 0625.1—1997、SN 0625.2—1997

进口可用作原料的废物检验检疫规程
第1部分：废塑料

Rules for the inspection and quarantine of waste imported as raw material—Part 1：Waste and scrap of plastics

2006-08-28 发布　　　　2007-03-01 实施

中华人民共和国
国家质量监督检验检疫总局 发布

前　言

SN/T 1791《进口可用作原料的废物检验检疫规程》共分为13个部分：

——第1部分：废塑料；

——第2部分：甘蔗糖蜜；

——第3部分：木、木制品废料；

——第4部分：废钢铁；

——第5部分：供拆卸的船舶及其他浮动结构体；

——第6部分：废五金电器；

——第7部分：废电线电缆；

——第8部分：废电机；

——第9部分：废有色金属；

——第10部分：冶炼渣；

——第11部分：废汽车压件；

——第12部分：纺织品废料；

——第13部分：废纸或纸板。

本部分为SN/T 1791的第1部分。

本部分根据GB 16487.12《进口可用作原料的固体废物环境保护控制标准　废塑料》有关条款，对SN 0625.1—1997《进口可作原料用废塑料检验规程　聚对苯二甲酸乙二醇酯(PET)废料(试行)》和SN 0625.2—1997《进口可作原料用废塑料检验规程　乙烯、苯乙烯、氯乙烯聚合物及其他聚合物的废料(试行)》进行了适当的调整和修订，将两个标准合而为一，增加了“要求”一章和卫生检疫和动植物检疫的内容，并根据进口废塑料的特点，对其他章节的一些条款进行了充实。

本部分从实施之日起，代替SN 0625.1—1997和SN 0625.2—1997。

本部分由国家认证认可监督管理委员会提出并归口。

本部分起草单位：中华人民共和国广东出入境检验检疫局、中华人民共和国珠海出入境检验检疫局。

本部分主要起草人：林宏雄、丁孝芹、龙宇升、贝沁红、刘师南、何宏恺。

本部分所代替的标准的历次版本发布情况为：

——SN 0625.1—1997、SN 0625.2—1997。

进口可用作原料的废物检验检疫规程 第1部分:废塑料

1 范围

SN/T 1791 的本部分规定了进口可用作原料的废塑料的术语和定义、要求、抽样、检验检疫、结果判定和处置。

本部分适用于以下海关商品编号的废塑料的检验检疫:

海关商品编号	固体废物名称
3915.1000.00	乙烯聚合物的废碎料及下脚料
3915.2000.00	苯乙烯聚合物的废碎料及下脚料
3915.3000.00	氯乙烯聚合物的废碎料及下脚料
3915.9010.00	聚对苯二甲酸乙二酯废碎料及下脚料
3915.9090.00	其他塑料的废碎料及下脚料

2 规范性引用文件

下列文件中的条款通过 SN/T 1791 本部分的引用而成为本部分的条款。凡是注日期的引用文件,其随后所有的修改单(不包括勘误的内容)或修订版均不适用于本部分,然而,鼓励根据本部分达成协议的各方研究是否可使用这些文件的最新版本。凡是不注日期的引用文件,其最新版本适用于本部分。

GB/T 2035 塑料术语及其定义

GB 5085.3 危险废物鉴别标准 毒性浸出鉴别

GB/T 15555(所有部分) 固体废物浸出毒性检测方法

GB 16487.12 进口可用作原料的固体废物环境保护控制标准 废塑料

SN 0570 进口废金属放射性污染检验规程

SN/T 1253 入出境集装箱及其货物消毒规程

SN/T 1254 入出境废旧物品卫生检疫查验规程

SN/T 1270 入出境散装货物消毒规程

SN/T 1281 入出境集装箱及其货物除虫规程

SN/T 1286 入出境集装箱及其货物除鼠规程

SN/T 1302 入出境散装货物除虫规程

SN/T 1331 入出境散装货物除鼠规程

《国家危险废物名录》

3 术语和定义

GB/T 2035 确立的以及下列术语和定义适用于 SN/T 1791 的本部分。

3.1

废塑料 waste and scrap of plastic

在塑料生产及塑料制品加工过程中产生的热塑性下脚料、边角料和残次品,或者使用过且经加工清洗干净的热塑性塑料(片状、块状、粒状或粉状)。

3.2

夹杂物　carried waste

在产生、收集、包装和运输过程中混入进口废塑料中的其他物质(不包括进口废塑料的包装物及在运输过程中需使用的其他物质)。

3.3

检验批　inspection lot

一次报检的同一份运单(提单)和(或)同一份装运前检验证书的货物。

4　要求

4.1　单证和标志

进口废物原料境外供货企业注册证书、可用作原料的固体废物进口许可证和装运前检验证书及其他相关单证应真实、齐全、一致。

集装箱箱号、封识号和封识代码应与装运前检验证书等相关单证所列明的一致。

4.2　检疫

4.2.1　卫生检疫

废塑料中不应携带下列卫生检疫物:

a)　病原体;

b)　医学媒介生物;

c)　被病原微生物污染的物品。

4.2.2　动植物检疫

废塑料中不应携带下列动植物检疫物:

a)　动植物病原体(包括菌种、毒种等)、害虫及其他有害生物;

b)　动植物疫情流行的国家和地区的有关动植物、动植物产品和其他检疫物;

c)　动物尸体;

d)　土壤。

4.3　检验

4.3.1　废塑料中禁止混有下列夹杂物(包含在4.3.2、4.3.4中的废物除外):

a)　放射性废物;

b)　废弃炸弹、炮弹等爆炸性武器弹药;

c)　根据GB 5085.3鉴别为危险废物的物质;

d)　《国家危险废物名录》中的其他废物。

4.3.2　除4.3.1所列夹杂物外,废塑料中应严格限制下列夹杂物的混入,总质量不应超过进口废塑料质量的0.01%:

a)　石棉废物或含石棉的废物;

b)　被焚烧或部分焚烧的废塑料,被灭火剂污染的废塑料;

c)　含有感光物质的胶片;

d)　使用过的完整塑料容器;

e)　密闭容器;

f)　可以充分说明在进口废塑料的产生、收集、包装和运输过程中难以避免混入的其他危险废物。

4.3.3　进口使用过的塑料容器应破碎并清洗至无明显异味和污渍。

4.3.4　除4.3.1、4.3.2所列夹杂物外,进口废塑料中应限制其他夹杂物(包括废木片、废金属、废玻璃、热固性塑料、废橡胶、涂有金属层的塑料薄膜或塑料制品等废物)的混入,总质量不应超过进口废塑料质量的0.5%。

4.3.5 废塑料的放射性污染控制水平应符合 SN 0570 的要求。

5 抽样

5.1 集装箱装运的废塑料开箱查验数量应不少于检验批集装箱数量的 50%，掏箱检验不少于 10%，对集装箱箱号、封识号、封识代码与装运前检验证书不符以及存在疑问的集装箱实施掏箱检验，开箱查验和掏箱检验不足一箱的按一箱计算。

5.2 现场抽样时，集装箱装运的废塑料样品按所查验每一集装箱内货物质量的 5%以上随机抽取；散装海运的废塑料样品按每一船舱内货物质量的 5%以上随机抽取；散装陆运的废塑料样品按检验批货物质量的 5%以上随机抽取。

5.3 需送实验室分析时，应对可疑物进行抽样，抽样数量以满足实验室检测要求为准。

6 检验检疫

警示：现场开箱、掏箱等过程中应注意操作安全。遇有威胁到现场检验检疫人员的安全、健康的情形时，应采取必要的防护措施，必要时应立即停止检验检疫，并采取相应的隔离防护措施。

6.1 货证及标志一致性检查

检查集装箱箱号、封识号、封识代码与装运前检验证书是否相符。

6.2 卫生检疫

卫生检疫查验按 SN/T 1254 实施，卫生处理根据不同装运方式、不同处理目的分别按 SN/T 1253、SN/T 1270、SN/T 1281、SN/T 1286、SN/T 1302 和 SN/T 1331 实施。

6.3 动植物检疫

检查货物中是否存在动植物病原体(包括菌种、毒种等)、害虫及其他有害生物。

检查货物是否存在动植物疫情流行的国家和地区的有关动植物、动植物产品和其他检疫物。

检查货物中是否存在动物尸体及土壤。

6.4 集装箱装运货物的检验

6.4.1 放射性检测

按 SN 0570 实施检验。

6.4.2 开箱查验

6.4.2.1 按 5.1 规定的比例，随机抽取开箱查验的集装箱，对箱内货物实施感官检验。

6.4.2.2 检验过程中发现有 4.3.1b)情形时，应停止现场检验；对发现有 4.3.1c)和 d)的可疑物时，应按 5.2 要求抽样送实验室，并按 GB 5085.3、GB/T 15555 进行检测。

6.4.2.3 检验过程中目测发现有 4.3.2 和 4.3.4 所列夹杂物且暂不能确定是否超标时，应对查验箱货物实施掏箱检验。

6.4.3 掏箱检验

6.4.3.1 将集装箱内的货物掏出并对其实施感官检验。

6.4.3.2 检验过程中发现有 4.3.1 的情形时，应按 6.4.2.2 执行。

6.4.3.3 检验过程中发现有 4.3.2 和 4.3.4 所列夹杂物且暂不能确定是否超标时，应实施抽样分拣检验，也可对掏箱检验货物实施全数分拣检验。

6.4.3.4 抽样检验应按 5.2 抽取样品并实施分拣。实施分拣前称出样品的质量，分拣后称出夹杂物的质量，然后按式(1)计算夹杂物含量。

$$X = W_x / W_p \times 100 \quad \cdots\cdots(1)$$

式中：

X——夹杂物的含量，%；

W_x——样品中夹杂物的质量，单位为千克(kg)；

W_p——样品质量，单位为千克(kg)。

6.4.3.5 分拣过程中发现有4.3.1情形时,应按6.4.2.2执行。

6.4.3.6 分拣过程中,如已分拣出夹杂物比例已超过GB 16487.12规定的限值,可停止检验。

6.5 散装海运货物的检验

6.5.1 放射性检测

按SN 0570实施检验。

6.5.2 开舱查验

6.5.2.1 对舱面的货物实施感官检验。

6.5.2.2 检验过程中发现有4.3.1b)情形时,应停止现场检验;对发现有4.3.1c)和d)的可疑物时,应按5.2要求抽样送实验室按GB 5085.3、GB/T 15555进行检测。

6.5.2.3 检验过程中发现有4.3.2和4.3.4所列夹杂物且暂不能确定是否超标时,应在卸货过程或卸货后进行分拣检验。

6.5.3 落地检验

6.5.3.1 对卸至指定检验检疫场地的货物实施感官检验。

6.5.3.2 检验过程中发现有4.3.1的情形时,应按6.5.2.2执行。

6.5.3.3 检验过程中发现有4.3.2和4.3.4所列夹杂物且暂不能确定是否超标时,应实施抽样分拣检验,也可实施全数分拣检验。

6.5.3.4 抽样检验应按5.2抽取样品并实施分拣。实施分拣前应称出样品的质量,分拣后应称出夹杂物的质量,然后按式(1)计算夹杂物含量。

6.5.3.5 分拣过程中发现有4.3.1情形时,应按6.5.2.2执行。

6.5.3.6 分拣过程中,如已分拣出的夹杂物比例已超过GB 16487.12规定的限值,可停止检验。

6.6 散装陆运货物的检验

散装陆运货物的检验参照6.5实施。

7 结果判定

7.1 经检验检疫,未发现不符合4.2和4.3要求的,判定为合格。

7.2 经检疫,发现不符合4.2要求的,判定为检疫不合格。

7.3 经检验,发现不符合4.3要求的,判定为检验不合格。

8 处置

8.1 对属于7.1情况的,向报检人出具《入境货物通关单》。

8.2 对属于7.2情况的,应根据相关规定进行检疫处理,并向报检人出具相关单证。

8.3 对属于7.3情况的,应向报检人出具《检验证书》,移交海关、环境保护部门处理。

SN

中华人民共和国出入境检验检疫行业标准

SN/T 2928.1—2011

废旧高分子材料种类的判定方法 第1部分:废旧塑料

Method for identification type of waste polymer materials—Part 1: Waste plastics

2011-05-31 发布 2011-12-01 实施

中华人民共和国国家质量监督检验检疫总局 发布

前　言

SN/T 2928《废旧高分子材料种类的判定方法》系列标准共分为 3 部分：

——第 1 部分：废旧塑料；

——第 2 部分：废旧橡胶；

——第 3 部分：废旧纤维。

本部分为 SN/T 2928《废旧高分子材料种类的判定方法》系列标准的第 1 部分。

本部分按照 GB/T 1.1—2009 给出的规则起草。

本部分由国家认证认可监督管理委员会提出并归口。

本部分起草单位：中华人民共和国山东出入境检验检疫局。

本部分主要起草人：高建国、孙宗吉、牟志春、吕青、林雨霏、邱桂学、江志刚、牛增元、崔鹤、梁全才、高玫、张军峪、陈世山、王岩、聂华民。

废旧高分子材料种类的判定方法 第1部分:废旧塑料

1 范围

本部分规定了废旧塑料的定义和外观、燃烧、溶解性、密度、元素和红外光谱等废旧塑料种类判定方法。

本部分适用于聚乙烯、聚丙烯、聚苯乙烯、丙烯腈/丁二烯/苯乙烯共聚物、乙烯/醋酸乙烯共聚物、聚碳酸酯、聚甲醛、聚对苯二甲酸乙二酯、聚氯乙烯等废旧塑料种类的判定。

2 规范性引用文件

下列文件对于本文件的应用是必不可少的。凡是注日期的引用文件,仅注日期的版本适用于本文件。凡是不注日期的引用文件,其最新版本(包括所有的修改单)适用于本文件。

GB/T 2035 塑料术语及其定义

GB/T 2408 塑料 燃烧性能的测定 水平法和垂直法

GB/T 6040 红外光谱分析方法通则

GB/T 10220 感官分析方法总论

GB 16487.12 进口可用作原料的固体废物环境保护控制标准 废塑料

3 术语和定义

GB/T 2035 和 GB 16487.12 界定的以及下列术语和定义适用于本文件。

3.1

废旧塑料 waste plastics

在塑料及其制品生产、加工过程中产生的下脚料、边角料和残次品以及经过加工清洗后的、使用过的单一品种或其他可以再次使用的热塑性塑料(片状、块状、粒状或粉状)。

4 取样

从同一批材料中抽取代表性的外观形状一致的试样。

5 判定方法

5.1 感官判定法

5.1.1 原理

不同废旧塑料的外观形态、色泽、手感及手拉强度是不同的。用手感、目测来感知废旧塑料制品的外观特征，如形状、透明性、颜色、光泽、表面粗糙程度、硬度等情况判定废旧塑料种类。

5.1.2 试样的测试

依据 GB/T 10220，对不同废旧塑料试样形状、透明性、颜色、光泽、表面粗糙程度、硬度进行观察，以对其进行分析、判定。

形状	取 5 个不同试样按照不同角度、方位进行观察；
透明性	取 5 个不同试样在日光下进行观察，试样厚度 2 mm，长、宽均为 60 mm；
颜色	从同一批材料中抽取 5 个代表性的试样进行观察；
光泽	取 5 个不同试样在户外日光下进行观察；
表面粗糙程度	取 5 个不同的试样进行捻、摸；
硬度	取 5 个不同的试样进行捏、弯曲、指甲划或拉伸，观察试样在中间断裂时的强度。

5.1.3 判定

通过感官判定法，可以将聚乙烯、乙烯/醋酸乙烯共聚物从废旧塑料试样中分辨出来。参考值参见附录 A。

5.2 燃烧判定法

5.2.1 原理

每一种废旧塑料由于其化学成分、内部结构的差异导致其在燃烧时的现象不同，如易燃程度、气味、火焰的颜色、有无黑烟和烟灰、燃烧后的残留物的多少等各不相同，由此判定废旧塑料种类。

5.2.2 试剂器具

5.2.2.1 不锈钢镊子

5.2.2.2 普通实验用酒精灯

5.2.3 试样的制备

5.2.3.1 试样的厚度要均一，表面平整，无飞边，无毛刺，对着阳光观察内部无缺陷。

5.2.3.2 试样长度 75 mm，宽度为 10 mm，厚度为 2 mm。

5.2.4 测试

按照 GB/T 2408 的方法，用镊子夹一个试样，用酒精灯的火焰直接加热，先使部分试样靠近火焰边缘，对于易燃的试样可以先区分出来，然后再放到火焰上灼烧，时而离开，以判断离火是否继续燃烧。在燃烧时还要闻燃烧的气味，观察火焰的颜色、黑烟和烟灰等情况。

5.2.5 判定

材料的可燃性、燃烧时的气味、灰烬形状与其内部结构、所含元素种类有关，也与增塑剂、填充剂、润滑剂等添加剂有关，对不同废旧塑料试样进行燃烧实验，观察其近焰时、在焰中、离焰以后的现象，闻燃烧时的气味，观察燃烧时有无黑烟和烟灰，以及燃烧后灰烬的形状，以对其进行分析。常见废旧塑料的燃烧特性参见附录 B。

5.3 相对密度判定法(密度梯度判定法)

5.3.1 原理

塑料由于其化学成分及内部结构的不同,其宏观密度往往有很大差异,根据废旧塑料试样在各溶液当中上浮或下沉的情况,确定废旧塑料试样的密度范围,判定废旧塑料试样的种类。

5.3.2 试样与器具

除非另有说明,试剂均为分析纯,水为蒸馏水或去离子水。

5.3.2.1 密度仪。

5.3.2.2 六偏磷酸钠。

5.3.2.3 无水乙醇。

5.3.2.4 系列溶液(密度差别为 0.01 g/mL):用蒸馏水调节密度为(0.87～1.4) g/mL 的系列溶液,分别编号以备用。

5.3.3 试样的制备

5.3.3.1 试样的厚度要均一,表面平整,无飞边,无毛刺,内部没有气泡缺陷。

5.3.3.2 试样长度 30 mm,宽度为 30 mm,厚度为 2 mm。

5.3.4 测试

将废旧塑料试样依次放入盛有不同密度溶液的 500 mL 烧杯中,观察现象,并记录试样悬浮时溶液的密度,即试样的密度。

5.3.5 判定

废旧塑料试样在溶液中下沉,说明试样的密度比溶液的密度大;相反,如果试样在溶液中漂浮,说明试样的密度比溶液的密度小;如果试样正好悬浮于溶液中,说明试样的密度恰好与溶液的密度相等。根据不同废旧塑料试样具有不同的密度,把废旧塑料分辨出来。常见废旧塑料的密度值参见附录 C。

5.4 溶解度判定法

5.4.1 原理

由于废旧塑料化学成分及内部结构的不同而使其溶解度参数有所不同,在不同溶剂中的溶解性有较大差异,由此判定废旧塑料试样的种类。

5.4.2 试剂

除非另有说明,试剂均为分析纯,水为蒸馏水或去离子水。

5.4.2.1 乙酸乙酯;

5.4.2.2 石油醚;

5.4.2.3 乙酸酐;

5.4.2.4 邻苯二甲酸二丁酯(DBP);

5.4.2.5 正丁酸;

5.4.2.6 乙二醇;

5.4.2.7 环己酮；

5.4.2.8 丙酮；

5.4.2.9 二甲基甲酰胺；

5.4.2.10 异丙醇；

5.4.2.11 三氯甲烷；

5.4.2.12 乙酰丙酮。

5.4.3 试样制备

5.4.3.1 试样的厚度要均一，表面平整，无飞边，内部无气泡等缺陷。

5.4.3.2 每组三个试样，每个试样取 2 g 试样，切碎至最大的碎片的长度不超过 2 mm。

5.4.4 测试

将废旧塑料试样分别放入盛有 20 g 不同溶剂的 500 mL 烧杯中，常温下(20 ℃)，24 h 以后观察废旧塑料试样是否溶解。

5.4.5 判定

根据不同种类的废旧塑料在不同溶剂中的溶解情况不同，以对其进行分析。常见废旧塑料的溶解性参见附录 D。

5.5 特征元素判定法

5.5.1 原理

常见废旧塑料中除了含有 C、H 两种元素外，一般还有可能含有 O、N、Cl 等元素，其他元素一般比较少见，通过 O、N、Cl、CN 这几种元素或官能团是否存在的试验，可以判定废旧塑料的种类。

5.5.2 试验器具

5.5.2.1 铜线：电线里的一般铜丝，长度 8 cm；

5.5.2.2 酒精灯：普通酒精灯；

5.5.2.3 碱石灰：固体粉末；

5.5.2.4 pH 试纸；

5.5.2.5 石蕊试纸。

5.5.3 试样制备

5.5.3.1 试样的厚度要均一，表面平整，无飞边，内部无气泡等缺陷。

5.5.3.2 试样长度、宽度均为 75 mm，厚度为 2 mm。

5.5.4 测试

5.5.4.1 氯的鉴定

首先将铜线末端在火焰上加热到炽热，然后把铜线划过试样表面，使铜线上附着少量材料，再把铜线拿到火焰上灼烧，若火焰的颜色是绿色的，则表明材料有氯的存在。

5.5.4.2 **—CN 的鉴定**

取少量试样于试管底部，用氧化钙盖住，厚度约 2 cm～3 cm，加热试管底部，在试管口用湿润的 pH 试纸或石蕊试纸检测，若试纸变蓝，则表明有碱性气体（氨气）放出，可以断定试样中有 —CN。

5.5.5 **判定**

对不同废旧塑料进行特征判定实验（氯的鉴定、—CN 的鉴定），检验其是否含有氯元素或 CN 基，从而可以简单区别部分废旧塑料种类。具体实验举例参见附录 E。

一些废旧塑料中含有其他废旧塑料不含的元素或基团，而这些元素或基团能通过一些化学或物理方法能够定性地判定出来，根据这些元素或基团可以判定废旧塑料的种类。

5.6 **红外光谱判定法**

5.6.1 **原理**

不同种类废旧塑料的红外光谱图都有各自不同的特征，根据这些特征就可以判定出废旧塑料的组分，从而判断其种类。

5.6.2 **试验器具**

5.6.2.1 红外光谱仪；

5.6.2.2 溴化钾晶片：长、宽均为 50 mm，厚度为 0.5 mm。

5.6.2.3 溶液：0.2 g 废旧塑料试样在 20 ℃下溶解在 50 mL 二硫化碳中形成的溶液。

5.6.3 **测试**

将聚合物的二硫化碳溶液涂在溴化钾晶片上，成膜后用红外光谱仪测定，与特征谱图加以比较。

5.6.4 **判定**

按 GB/T 6040 分析未知试样的结构。

每种废旧塑料由于化学结构和所含官能团不同，在红外光谱图会出现不同的特征峰，根据这一特征可以把废旧塑料的种类判定出来。

5.7 **方法的选择**

针对待测试样的不同情况，可选择本标准中一种或多种方法进行鉴定。常见废旧塑料种类的鉴别流程见图 1、图 2。

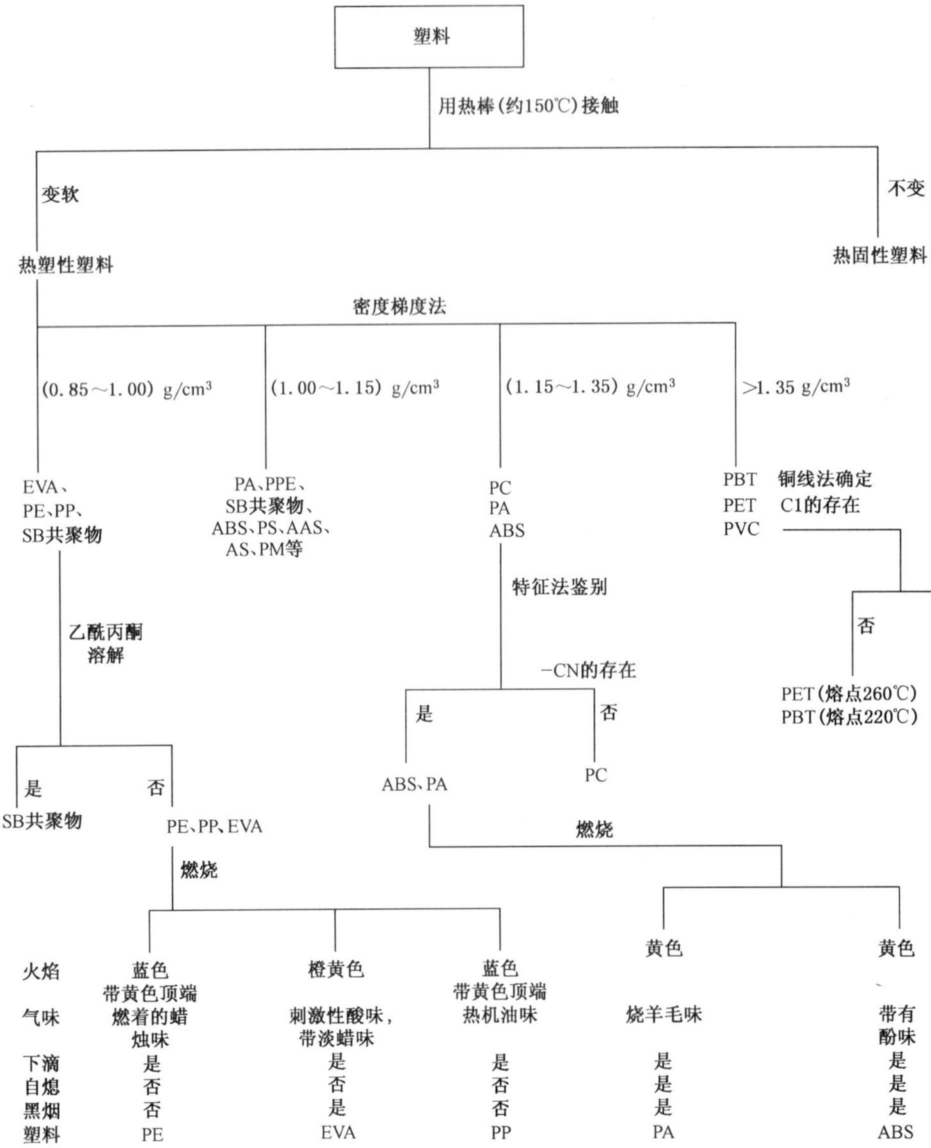

图 1　常见废旧塑料种类的鉴别流程

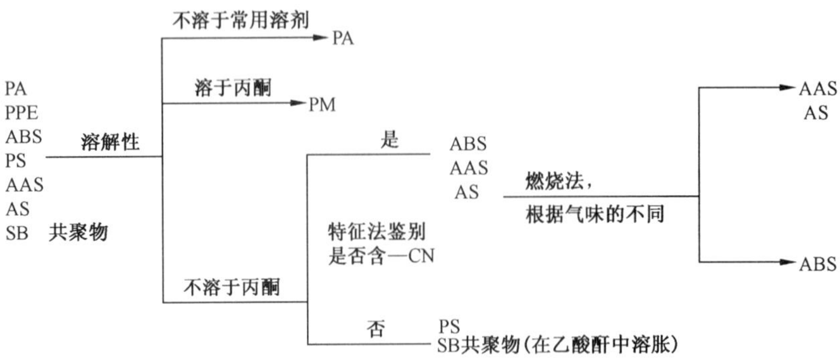

图 2　常见废旧塑料种类的鉴别流程

附　录　A
（资料性附录）
常见废旧塑料的外观特征

常见废旧塑料的外观特征见表 A.1。

表 A.1

废旧塑料	透明性			颜　　色	手感	表面		硬　度	形　　状
	透明清澈	半透明	不透明			粗糙	光滑		
聚乙烯		+	+	多呈白色，有黑色	滑腻		+	从较软到硬	固体颗粒
聚丙烯		+	+	无色、白色、灰色等	不滑腻		+	硬	固体颗粒
聚苯乙烯	+	+	+	无色、白色、灰色等	不滑腻		+	硬	固体颗粒，EPS为细小颗粒
丙烯腈/丁二烯/苯乙烯共聚物	+		+	白色、淡紫色、灰色、黑色等	不滑腻		+	硬	固体颗粒
乙烯/醋酸乙烯共聚物	+	+	+	无色、灰色、乳白色等	部分试样有滑腻感		+	较软，且有一定弹性	固体颗粒
聚碳酸酯	+		+	白色、无色等	不滑腻		+	硬	固体颗粒，部分试样为细小颗粒
聚甲醛			+	白色等	滑腻		+	硬	固体颗粒
丙烯腈/苯乙烯共聚物	+			无色、淡紫色	不滑腻		+	硬	固体颗粒
聚对苯二甲酸乙二(醇)酯	+			白色	不滑腻		+	硬	固体颗粒
聚对苯二甲酸丁二(醇)酯			+	白色、灰色等	不滑腻	+		硬	固体颗粒
聚氯乙烯	+	+	+	微黄色，黑色等	不滑腻		+	硬	固体颗粒

附 录 B
（资料性附录）
常见废旧塑料的燃烧特性

常见废旧塑料的燃烧特性见表 B.1。

表 B.1

废旧塑料	易燃性	气味	火焰颜色	有无黑烟	有无烟灰	有无滴落	是否自熄	不燃物残留
丙烯腈/丁二烯/苯乙烯共聚物	易燃	苯乙烯气味，并带有辛辣味	橙黄色	有	有	无	否	少
聚苯乙烯	易燃	苯乙烯气味	橙黄色	多	有	无	否	少
乙烯/醋酸乙烯共聚物	易燃	刺激性酸味，有淡蜡烛味	橙黄色	多	有	有	否	少
聚对苯二甲酸乙二酯	易燃	稍有酯的香味	橙黄色	较少	较少	无	缓慢熄灭	多
聚氯乙烯	不易	刺激性 HCl 气味	橙黄，边缘呈绿色	多	少	无	较快自熄	多
聚碳酸酯	不易	带有酚味	橙黄	多	有	有	是	多
聚酰胺	易燃	烧着的羊毛味	蓝色火焰，顶部为黄色	无	无	有	自熄	多
聚对苯二酸丁二酯	易燃	稍有酯的香味	橙黄色	较少	较少	无	缓慢熄灭	多
丙烯腈/苯乙烯共聚物	易燃	氰化物＋烧木材味	黄色	有	有	无	否	多
聚乙烯	易燃	燃着的蜡烛味	蓝色火焰，顶部为黄色	无	无	有	否	少
聚丙烯	易燃	热机油味	蓝色火焰，顶部为黄色	很少	无	有	否	少

附　录　C
（资料性附录）
常见废旧塑料的密度范围

常见废旧塑料的密度范围见表 C.1。

表 C.1

废 旧 塑 料	密度范围/(g/cm³)	废 旧 塑 料	密度范围/(g/cm³)
聚碳酸酯	1.19～1.21	聚对苯二酸丁二酯	1.41～1.42
聚氯乙烯	1.36～1.45	聚酰胺	1.06～1.16
聚乙烯	0.89～0.98	聚丙烯	0.89～0.91
聚苯乙烯	1.04～1.07	乙烯/醋酸乙烯共聚物	0.93～0.96
丙烯腈/苯乙烯共聚物	1.07～1.10	丙烯腈/丁二烯/苯乙烯共聚物	1.01～1.16
聚对苯二甲酸乙二酯	1.38～1.41		

附　录　D
（资料性附录）
常见废旧塑料在某些有机溶剂中的溶解性(20 ℃,24 h)

常见废旧塑料在某些有机溶剂中的溶解性(20 ℃,24 h)见表 D.1。

表 D.1

	乙酸乙酯	石油醚	乙酸酐	DBP	正丁酸	乙二醇	环己酮	丙酮	二甲基甲酰胺	异丙醇	三氯甲烷	乙酰丙酮
聚苯乙烯	+				胀				+		+	+
丙烯腈/丁二烯/苯乙烯共聚物	+	+			−				+		+	+
乙烯/醋酸乙烯共聚物											−	
聚对苯二甲酸乙二酯												
聚氯乙烯							+		+			
聚碳酸酯							+		+		+	
聚酰胺												
聚对苯二酸丁二酯												
丙烯腈/苯乙烯共聚物	+	+							+		+	+
聚乙烯												
聚丙烯												
注:“+”表示溶解,“−”表示部分牌号溶解。												

附　录　E
（资料性附录）
常见含 Cl 和—CN 的废旧塑料

含 Cl 的废旧塑料：聚氯乙烯、氯化聚乙烯、氯化聚氯乙烯、聚偏氯乙烯等。

含—CN 的废旧塑料：丙烯腈／丁二烯／苯乙烯共聚物、丙烯腈／苯乙烯共聚物等。

二、产品标准

ICS 33.180.10
M 33

中华人民共和国国家标准

GB/T 20186.2—2008

光纤用二次被覆材料 第2部分：改性聚丙烯

Secondary coating materials used for optical fiber—Part 2: Modified propylene resin

2008-07-28 发布

2009-02-01 实施

中华人民共和国国家质量监督检验检疫总局
中国国家标准化管理委员会 发布

前　　言

GB/T 20186《光纤用二次被覆材料》包括以下部分：

第1部分：聚对苯二甲酸丁二醇酯；

第2部分：改性聚丙烯。

本部分为GB/T 20186的第2部分。本部分主要参考IEC 60794-1-2：1999《光缆　第1-2部分：总规范——光缆基本试验方法》、IEC 60794-1-2 34 method G7：Tube kinking《套管的弯折》、美国Bellcore通信研究所标准：《光纤松套管技术规范》GR-20-CORE 6.3.4 Cable Material Compatibllity(1998)、ISO相关材料标准和国外同类产品的先进标准制定。

本部分的附录A为资料性附录。

本部分由中华人民和国信息产业部提出。

本部分由中国通信标准化协会归口。

本部分主要起草单位：武汉邮电科学研究院。

本部分主要起草人：胡战洪、魏忠诚。

光纤用二次被覆材料
第2部分：改性聚丙烯

1 范围

本部分规定了光纤用二次被覆材料改性聚丙烯(MPP)的要求、试验方法、检验规则、标志、包装、运输及储存。

本部分适用于光纤松套管用二次被覆材料MPP。

2 规范性引用文件

下列文件中的条款通过GB/T 20186的本部分的引用而成为本部分的条款。凡是注日期的引用文件，其随后所有的修改单(不包括勘误的内容)或修订版均不适用于本部分，然而，鼓励根据本部分达成协议的各方研究是否可使用这些文件的最新版本。凡是不注日期的引用文件，其最新版本适用于本部分。

GB/T 1033—1986 塑料密度和相对密度试验方法

GB/T 1034—1998 塑料吸水性试验方法(eqv ISO 62:1980)

GB/T 1036—1989 塑料线膨胀系数测定方法

GB/T 1040—2006 塑料拉伸性能的测定

GB/T 1410—2006 固体绝缘材料体积电阻率和表面电阻率试验方法(IEC 60093:1980,IDT)

GB/T 1634.1—2004 塑料 负荷变形温度的测定 第1部分:通用试验方法

GB/T 1634.2—2004 塑料 负荷变形温度的测定 第2部分:塑料、硬橡胶和长纤维增强复合材料

GB/T 1843—1996 塑料悬臂梁冲击试验方法(eqv ISO 180:1993)

GB/T 2411—1980 塑料邵氏硬度试验方法(eqv ISO 868:1978)

GB/T 2828.1—2003 计数抽样检验程序 第1部分:按接收质量限(AQL)检索的逐批检验抽样计划(ISO 2859-1:1999,IDT)

GB/T 2829—2002 周期检验计数抽样程序及表(适合于过程稳定性的检验)

GB/T 2918—1998 塑料试样状态调节和试验的标准环境(idt ISO 291:1997)

GB/T 2951.9—1997 电缆绝缘和护套材料通用试验方法 第4部分:聚乙烯和聚丙烯混合料专用试验方法 第2节:预处理后断裂伸长率试验——预处理后卷绕试验——空气热老化后的卷绕试验——测定质量的增加 附录A:长期热稳定性试验 附录B:铜催化氧化降解试验方法(idt IEC 60811-4-2:1990)

GB/T 3682—2000 热塑性塑料熔体质量流动速率和熔体体积流动速率的测定(idt ISO 1133:1997)

GB/T 9341—2000 塑料弯曲性能试验方法(idt ISO 178:1993)

GB/T 17037.1—1997 热塑性塑料材料注塑试样的制备 第1部分:一般原理及多用途试样和长条试样的制备(idt ISO 294-1:1996)

GB/T 20186.1—2006 光纤用二次被覆材料 第1部分:聚对苯二甲酸丁二醇酯

3 要求

3.1 外观

产品直径为 2 mm～4 mm、长度为 2 mm～4 mm 的乳白色、乳黄色或无色透明的圆柱体颗粒。颗粒应光滑、无杂质、无连珠。

3.2 物理机械性能及电性能

MPP 材料的物理机械性能及电性能应符合表 1 的要求。

表 1 MPP 材料的物理机械性能及电性能

序 号	项目名称	单 位	指 标
1	密度	g/cm^3	0.8～1.0
2	熔融指数(230 ℃、2 160 g)	g/10min	1.30～2.0*
3	含水量	%	≤ 0.05
4	饱和吸水率	%	≤ 0.1
5	屈服强度	MPa	≥20
	屈服伸长率	%	4.0～10
	断裂伸长率	%	≥100
	拉伸弹性模量	MPa	≥1 000
6	弯曲弹性模量	MPa	≥1 100
	弯曲强度	MPa	≥25
7	熔点	℃	≥155
8	邵氏硬度 HD	—	≥65
9	悬臂梁冲击强度 23 ℃ −40 ℃	kJ/m^2	 ≥不断 ≥6.0
10	线膨胀系数(23 ℃～80 ℃)	$10^{-4}K^{-1}$	≤ 2.0
11	体积电阻系数	Ω·cm	≥1×10^{15}
12	热变形温度 1.81 MPa 0.45 MPa	℃	 ≥55 ≥120
13	材料与填充化合物的相容性 强度法 屈服强度 断裂伸长率	 MPa %	 ≥20 ≥100
* 为熔融指数的典型值。材料的供需双方可根据自己生产和使用的具体情况来定。			

4 试验方法

4.1 外观

在自然光下目视检查。

4.2 试样制备

表1中各种性能所需标准试样的制备，参照GB/T 17037.1—1997规定的方法、具体遵照GB/T 20186.1—2006附录A规定的方法进行。注塑机的口模温度为190 ℃～210 ℃。

4.3 塑料试样状态调节和试验的标准环境

遵照GB/T 2918—1998规定的条件2、3、4进行。

4.4 密度

遵照GB/T 1033—1986规定的方法进行。

4.5 熔融指数

遵照GB/T 3682—2000规定的标准试验条件12进行。

4.6 含水量

遵照GB/T 20186.1—2006附录B规定的方法进行。

4.7 饱和吸水率

遵照GB/T 1034—1998规定的方法进行。

4.8 拉伸屈服强度、拉伸屈服伸长率、断裂伸长率、拉伸弹性模量

4.8.1 遵照GB/T 1040—2006规定的方法进行。采用Ⅰ型标准试样。

4.8.2 拉伸屈服强度、拉伸屈服伸长率、断裂伸长率三项性能的试验速度为50 mm/min，拉伸弹性模量的试验速度为5 mm/min。

4.9 弯曲强度、弯曲弹性模量

遵照GB/T 9341—2000规定的方法进行。采用(80×10×4)mm^3型标准试样。试验速度为(2.0±0.4)mm/min。

4.10 熔点

遵照GB/T 2951.9—1997规定的方法进行。

4.11 邵氏硬度HD

遵照GB/T 2411—1980规定的方法进行。

4.12 悬臂梁冲击强度

4.12.1 遵照GB/T 1843—1986规定的方法进行。标准试样的长宽分别为63.5 mm和12.7 mm、高度的范围为4 mm～12.7 mm。

4.12.2 在4.12.1的标准试样中部，由机械加工一个带有45°、底部曲率半径(R)为0.25 mm的缺口，试样缺口的剩余部分为10.16 mm。有缺口的标准试样也可由有缺口的标准试样模具一次注塑而成。

4.13 线膨胀系数

遵照GB/T 1036—1989规定的方法进行。

4.14 体积电阻系数

遵照GB/T 1410—2006规定的方法进行。试样为直径100 mm、厚度为不大于2 mm的标准试样。

4.15 热变形温度

遵照GB/T 1634—2004规定的方法进行。试样为(120×15×10)mm^3的标准试样。

4.16 材料和填充油膏的相容性

4.16.1 试样为GB/T 1040—2006规定的、遵照GB/T 20186.1—2006附录A制得的Ⅰ型标准试样。

4.16.2 遵照GB/T 20186.1—2006附录D规定的方法对试样进行相容性试验。

5 检验规则

检验分为出厂检验、型式检验和厂家验收检验。

5.1 出厂检验

5.1.1 出厂检验应根据GB/T 2828.1—2003的规定进行抽样检验。本标准规定对同一段时间内、相

同原材料、相同工艺生产的产品为一个批次。当产量较大时，每批的质量不得超过 50 t。

5.1.2 每个批次的 MPP 产品应由材料制造厂的质检部门进行检验，检验合格后方能出厂，出厂产品应附有质量检验合格证。

5.1.3 按第 3 章要求，3.1 和 3.2 表 1 的各个项目为出厂检验必检项目。

5.1.4 出厂检验不合格及不合格品

产品性能不符合 3.1 和 3.2 表 1 中各个性能的要求，称出厂检验不合格。

有一个及以上不合格的单位产品称不合格品。

5.2 型式检验

5.2.1 型式检验应根据 GB/T 2829—2002 的规定进行，从出厂检验合格的某个批次中或若干个批次中随机抽样检验，以判别在生产过程中产品的稳定性和可靠性是否符合本标准的要求。

5.2.2 型式检验每半年至少检验一次，应检验 3.1 和 3.2 表 1 中的所有项目。

5.2.3 有下列情况之一时，必须进行型式检验：

a) 产品定型鉴定时。

b) 正式生产后，若原材料、工艺、设备有变化，有可能影响产品的性能时。

c) 产品长期停产，恢复生产时。

d) 出厂检验结果与上次的检验结果有较大的差别时。

e) 国家技术监督部门提出进行检验时。

5.2.4 型式检验合格及不合格

产品性能符合 3.1 和 3.2 表 1 中各个性能的要求，称型式检验合格。

有一个及以上不合格的单位产品称型式检验不合格。

5.2.5 型式检验不合格的处理

型式检验不合格时，材料制造厂家应立即停止出厂检验，立即分析原因、采取措施、消除不合格因素，直至新的型式检验合格后，才能恢复出厂检验。

5.3 厂家验收检验

5.3.1 厂家验收检验应检验第 3 章的全部项目。

5.3.2 对已交付定货的产品，厂家只要发现一项不符合第 3 章 3.1 和 3.2 中表 1 的要求，原则上允许退货。但需在行业权威质量检验机构的监督下，供需双方联合组成检验组重新检验或由行业权威质量检验机构重新进行检验。重新检验原则上只对不合格项进行检验。

6 标志、包装、运输、储存

6.1 标志

6.1.1 在检验合格后的产品包装袋上应注明材料的名称、代号、商标、牌号、批号(或生产日期)、标准号、质量、生产厂家(包括厂址、电话、邮政编码)、并有“防热、防潮”标志。

6.1.2 交货的每批产品应有产品检验报告单和合格证。

6.2 包装

产品应用有两层的防潮包装袋包装，或用供需双方协商的包装袋。每袋净质量 50 kg 或供需双方认可的质量。

6.3 运输

产品运输时，不得在阳光下曝晒和雨淋，要保持产品的干燥、清洁、完整、无污染。

6.4 储存

产品应储存在清洁、干燥、阴凉、通风的库房内。自生产之日起，储存期为一年。

附　录　A
（资料性附录）
MPP 松套管的技术要求及试验方法

A.1　要求

MPP 二次被覆材料被挤成松套管之后，其物理机械性能应符合表 A.1 要求。

表 A.1　MPP 松套管的物理机械性能

序号	项目名称	单　位	指　标
1	松套管的力学性能 屈服强度 屈服伸长率 断裂伸长率	 MPa % %	 ≥15 4.0～8.0 ≥100
2	松套管的轴向后收缩	%	−0.5 至＋0.5
3	松套管的抗热老化性	—	无裂纹、无裂口
4	松套管的抗侧压力性	N	≥550
5	松套管的抗弯折性	—	无发白、无裂纹
6	松套管与填充化合物的相容性 1. 耐缠绕 2. 强度法 屈服强度 断裂伸长率	 — MPa %	 无裂纹、无裂口 ≥15 ≥100

A.2　试验方法

A.2.1　松套管的力学性能

A.2.1.1　松套管试样的制备参照 GB/T 20186.1—2006 附录 F 规定的方法进行。或按材料用户实际所制备的各种不同管径和壁厚松套管的方法进行。本部分推荐的套管外径为：(10.0±0.2)mm；套管内径为：(8.0±0.2)mm。

A.2.1.2　松套管试样的取样方法参照 GB/T 20186.1—2006 附录 G 规定的方法进行。

A.2.1.3　松套管的力学性能参照 GB/T 20186.1—2006 附录 H 规定的方法进行。

A.2.2　松套管的轴向后收缩

参照 GB/T 20186.1—2006 附录 J 规定的方法进行。试样同 A.2.1.1。取样方法同 A.2.1.2。

A.2.3　松套管的抗热老化性

参照 GB/T 20186.1—2006 附录 L 规定的方法进行。试样同 A.2.1.1。取样方法同 A.2.1.2。

A.2.4　松套管的抗侧压力性

参照 GB/T 20186.1—2006 附录 M 规定的方法进行。试样外径为 ϕ(10.0±0.2)mm、壁厚为(1±0.1)mm，长为 150 mm。抗侧压力试验时的压缩变形值设定为(8±0.2)mm。取样方法同 A.2.1.2。

A.2.5　松套管的抗弯折性

参照 GB/T 20186.1—2006 附录 N 规定的方法进行。试样同 A.2.1.1。取样方法同 A.2.1.2。

A.2.6 松套管和填充油膏的相容性

A.2.6.1 耐缠绕法参照 GB/T 20186.1—2006 附录 O 规定的方法进行。试样同 A.2.1.1。取样方法同 A.2.1.2。

A.2.6.2 强度法参照 GB/T 20186.1—2006 附录 E.4.7.2 规定的方法进行。试样同 A.2.1.1。取样方法同 A.2.1.2。

ICS 83.080.20
G 32

中华人民共和国国家标准

GB/T 24149.1—2009

塑料 汽车用聚丙烯(PP)专用料 第1部分:保险杠

Plastics—Polypropylene(PP) compound for automobile—Part 1:Bumper

2009-06-15 发布 2010-02-01 实施

中华人民共和国国家质量监督检验检疫总局
中国国家标准化管理委员会 发布

前　言

GB/T 24149《塑料　汽车用聚丙烯(PP)专用料》目前分为以下四个部分：

——第1部分:保险杠;

——第2部分:仪表板;

——第3部分:门内板;

——第4部分:其他。

本部分为GB/T 24149的第1部分。

本部分的附录A为资料性附录。

本部分由中国石油和化学工业协会提出。

本部分由全国塑料标准化技术委员会石化塑料树脂产品分会(SAC/TC 15/SC 1)归口。

本部分负责起草单位:金发科技股份有限公司。

本部分参加起草单位:北京聚菱燕塑料有限公司、上海普利特复合材料股份有限公司、广州毅昌科技股份有限公司、长安汽车股份有限公司、奇瑞汽车股份有限公司。

本部分主要起草人:罗忠富、黄达、陈广强、刘奇祥、程伟、张鹰、张新、吴春明、宁凯军、李建军、王晓、史荣波。

塑料　汽车用聚丙烯(PP)专用料
第1部分:保险杠

1　范围

GB/T 24149的本部分规定了汽车保险杠用聚丙烯(PP)专用料的分类与命名、要求、试验方法、检验规则、标志、包装、运输及贮存等。

本部分适用于以耐冲击共聚聚丙烯树脂为主,与弹性体、矿物粉及其他助剂按一定比例通过共混制成的、用于制造汽车保险杠的聚丙烯专用料。

2　规范性引用文件

下列文件中的条款通过GB/T 24149的本部分的引用而成为本部分的条款。凡是注日期的引用文件,其随后所有的修改单(不包括勘误的内容)或修订版均不适用于本部分,然而,鼓励根据本部分达成协议的各方研究是否可使用这些文件的最新版本。凡是不注日期的引用文件,其最新版本适用于本部分。

GB/T 1033.1—2008　塑料　非泡沫塑料密度的测定　第1部分:浸渍法、液体比重瓶法和滴定法(ISO 1183-1:2004,IDT)

GB/T 1040.2—2006　塑料　拉伸性能的测定　第2部分:模塑和挤塑塑料的试验条件(ISO 527-2:1993,IDT)

GB/T 1043.1—2008　塑料　简支梁冲击性能的测定　第1部分:非仪器化冲击试验(ISO 179-1:2000,IDT)

GB/T 1634.2—2004　塑料　负荷变形温度的测定　第2部分:塑料、硬橡胶和长纤维增强复合材料(ISO 75-2:2003,IDT)

GB/T 2546.1—2006　塑料　聚丙烯(PP)模塑和挤出材料　第1部分:命名系统和分类基础(ISO 1873-1:1995,MOD)

GB/T 2546.2—2003　塑料　聚丙烯(PP)模塑和挤出材料　第2部分:试样制备和性能测定(ISO 1873-2:1997,MOD)

GB/T 2547—2008　塑料　取样方法

GB/T 2918—1998　塑料试样状态调节和试验的标准环境(idt ISO 291:1997)

GB/T 3682—2000　热塑性塑料熔体质量流动速率和熔体体积流动速率的测定(idt ISO 1133:1997)

GB/T 8170—2008　数值修约规则与极限数值的表示和判定

GB/T 9341—2008　塑料　弯曲性能的测定(ISO 178:2001,IDT)

GB/T 9345.1—2008　塑料　灰分的测定　第1部分:通用方法(ISO 3451-1:1997,IDT)

GB/T 15596—2009　塑料在玻璃下日光、自然气候或实验室光源暴露后颜色和性能变化的测定(ISO 4582:2007,IDT)

GB/T 16422.1—2006　塑料试验室光源暴露试验方法　第1部分:总则(ISO 4892-1:1999,IDT)

GB/T 16422.2—1999　塑料试验室光源暴露试验方法　第2部分:氙弧灯(idt ISO 4892-2:1994)

GB/T 17037.1—1997　热塑性塑料材料注塑试样的制备　第1部分:一般原理及多用途试样和长条试样的制备(idt ISO 294-1:1996)

GB/T 17037.4—2003 塑料 热塑性塑料材料注塑试样的制备 第4部分：模塑收缩率的测定(ISO 294-4：2004，IDT)

QC/T 15—1992 汽车塑料制品通用试验方法

SH/T 1541—2006 热塑性塑料颗粒外观试验方法

3 命名

3.1 总则

汽车保险杠用聚丙烯(PP)专用料按照GB/T 2546.1—2006规定，并按以下方法进行命名：

<table>
<tr><td rowspan="3">命名方式</td><td colspan="3">命名</td></tr>
<tr><td colspan="3">特征项目组</td></tr>
<tr><td>字符组1</td><td>字符组2</td><td>字符组3</td></tr>
</table>

字符组彼此间用逗号“，”隔开。其中：

字符组1：按照GB/T 2546.1—2006中3.1规定，耐冲击的共聚聚丙烯材料以代号“PPB”表示；

字符组2：按照GB/T 2546.1—2006中3.2规定，注塑级的聚丙烯材料以代号“M”表示；

字符组3：特征性能，见3.2。

3.2 特征性能

在这个字符组中，分别采用两个数字组成的代号表示密度(见3.2.1)、熔体质量流动速率(见3.2.2)的范围。代号之间用一个连字符“-”隔开。

如果特性值落在或接近某档界限，生产者应说明该材料按某档命名。如果以后由于生产过程的容许限使个别试验值落在界限值上或界限的另一侧，命名不受影响。

3.2.1 密度

本部分将密度的可能值分为五档，各档用表1规定的两个数字组成的代号表示。

表1 密度使用的代号

代号	密度/(g/cm^3)
00	≤0.93
10	>0.93且≤0.99
15	>0.99且≤1.03
20	>1.03且≤1.10
30	>1.10

3.2.2 熔体质量流动速率

本部分将熔体质量流动速率的可能值分为五档，各档用表2规定的两个数字组成的代号表示。

表2 熔体质量流动速率使用的代号

代号	熔体质量流动速率范围/(g/10 min)
06	≤7
10	>7且≤13
18	>13且≤23
30	>23且≤37
35	>37

3.3 示例

某种汽车保险杠用聚丙烯材料，用于注塑，密度为 0.97 g/cm³ (10)，熔体质量流动速率为 10 g/10 min(10)。该材料命名如下：

PPB, M, 10—10

字符组1：聚丙烯代号 —— PPB

字符组2：注塑 —— M

字符组3：密度 —— 10

熔体质量流动速率 —— 10

4 要求

4.1 汽车保险杠用聚丙烯(PP)专用料颗粒的外观为粒径均匀、带有颜色，一般为黑色，也可为其他颜色。汽车保险杠用聚丙烯(PP)专用料应无杂色粒、无污染粒。

4.2 汽车保险杠用聚丙烯(PP)专用料的其他技术要求见表 3。

表 3 汽车保险杠用聚丙烯(PP)专用料技术要求

<table>
<tr><th>序号</th><th colspan="2">项　目</th><th>单 位</th><th>PPB,M,00—10</th><th>PPB,M,00—18</th><th>PPB,M,10—10</th><th>PPB,M,10—18</th><th>PPB,M,10—30</th><th>PPB,M,15—10</th><th>PPB,M,15—18</th><th>PPB,M,15—30</th><th>PPB,M,20—10</th><th>PPB,M,20—18</th><th>PPB,M,20—30</th></tr>
<tr><td>1</td><td colspan="2">密度</td><td>g/cm³</td><td colspan="2">0.89<ρ≤0.93</td><td colspan="3">0.93<ρ≤0.99</td><td colspan="3">0.99<ρ≤1.03</td><td colspan="3">1.03<ρ≤1.10</td></tr>
<tr><td>2</td><td colspan="2">灰分(质量分数)</td><td>%</td><td colspan="2">0～5</td><td colspan="3">5～13</td><td colspan="3">12～18</td><td colspan="3">17～27</td></tr>
<tr><td>3</td><td colspan="2">熔体质量流动速率</td><td>g/10 min</td><td>10±3</td><td>18±5</td><td>10±3</td><td>18±5</td><td>30±7</td><td>10±3</td><td>18±5</td><td>30±7</td><td>10±3</td><td>18±5</td><td>30±7</td></tr>
<tr><td>4</td><td colspan="2">拉伸屈服应力</td><td>MPa</td><td>≥17</td><td>≥16</td><td>≥17</td><td>≥17</td><td>≥16</td><td>≥17</td><td>≥16</td><td>≥16</td><td>≥17</td><td>≥17</td><td>≥16</td></tr>
<tr><td>5</td><td colspan="2">弯曲模量</td><td>MPa</td><td>≥800</td><td>≥700</td><td>≥950</td><td>≥950</td><td>≥900</td><td>≥1 100</td><td>≥1 100</td><td>≥1 100</td><td>≥1 250</td><td>≥1 250</td><td>≥1 250</td></tr>
<tr><td>6</td><td colspan="2">负荷变形温度</td><td>℃</td><td>≥70</td><td>≥70</td><td>≥75</td><td>≥75</td><td>≥70</td><td>≥80</td><td>≥80</td><td>≥80</td><td>≥85</td><td>≥85</td><td>≥85</td></tr>
<tr><td>7.1</td><td rowspan="2">简支梁缺口冲击强度</td><td>23 ℃</td><td>kJ/m²</td><td>≥35</td><td>≥35</td><td>≥35</td><td>≥30</td><td>≥30</td><td>≥35</td><td>≥30</td><td>≥25</td><td>≥35</td><td>≥30</td><td>≥25</td></tr>
<tr><td>7.2</td><td>−30 ℃</td><td>kJ/m²</td><td>≥3.5</td><td>≥3.5</td><td>≥3.5</td><td>≥3.0</td><td>≥3.0</td><td>≥3.5</td><td>≥3.0</td><td>≥2.5</td><td>≥3.5</td><td>≥3.0</td><td>≥2.5</td></tr>
<tr><td>8.1</td><td>色差</td><td rowspan="2">氙灯暴露[a]</td><td>—</td><td colspan="11">ΔE≤3.0</td></tr>
<tr><td>8.2</td><td>外观</td><td>—</td><td colspan="11">表面无粉化、破裂或龟裂、变形等异常</td></tr>
<tr><td>9</td><td colspan="2">耐化学性</td><td>—</td><td colspan="11">无溶解、膨胀、波纹、褶皱、裂纹、剥落、起泡等</td></tr>
<tr><td>10</td><td colspan="2">模塑收缩率</td><td>%</td><td colspan="11">供方提供</td></tr>
<tr><td colspan="15">[a] 仅对应用于暴露在光线下的制件，在 340 nm 累计辐照能量为 2 500 kJ/m²。</td></tr>
</table>

5 试验方法

5.1 试验结果判定

试验结果采用修约值判定法，应按 GB/T 8170—2008 规定进行。

5.2 注塑试样的制备

汽车保险杠用聚丙烯(PP)专用料注塑试样的制备见 GB/T 2546.2—2003 中 3.2 的规定。

用 GB/T 17037.1—1997 中的 A 型模具制备的试样，即符合 GB/T 1040.2—2006 中 1A 型试样，B 型模具制备为 80 mm×10 mm×4 mm 的长条试样。

用 GB/T 17037.4—2003 中的 D2 型模具制备的 60 mm×60 mm×2 mm 试样。

5.3 试样的状态调节和试验的标准环境

试样的状态调节按 GB/T 2918—1998 的规定进行，状态调节的条件为温度 23 ℃±2 ℃，调节时间至少 40 h 但不超过 96 h。

试验应在 GB/T 2918—1998 规定的标准环境下进行，环境的温度为 23 ℃±2 ℃、相对湿度为 50%±10%。

5.4 颗粒外观

按 SH/T 1541—2006 的规定进行。

5.5 密度

试样为按 5.2 制备的 A 型注塑试样的中间部分。

试样的状态调节按 5.3 规定进行。

按 GB/T 1033.1—2008 中的 A 法规定进行。

5.6 灰分

试验按 GB/T 9345.1—2008 规定进行，采用直接燃烧法(A 法)，灼烧温度为 850 ℃±50 ℃。

5.7 熔体质量流动速率

按 GB/T 3682—2000 中 A 法规定进行。试验条件为 M(温度:230 ℃、负荷:2.16 kg)。试验时，在装试样前应用氮气吹扫料筒 5 s～10 s，氮气压力为 0.05 MPa。

注：试验前，使用有证标准样品校准仪器，可保证试验数据的可靠性。

5.8 拉伸屈服应力

试样为按 5.2 制备的 1A 型试样。

试样的状态调节和试验的标准环境按 5.3 规定进行。

试验按 GB/T 1040.2—2006 规定进行，试验速度为 50 mm/min。

5.9 弯曲模量

试样为按 5.2 制备的 80 mm×10 mm×4 mm 长条试样。

试样的状态调节和试验的标准环境按 5.3 规定进行。

试验按 GB/T 9341—2008 规定进行，试验速度为 2 mm/min。

5.10 负荷变形温度

试样为按 5.2 制备的 80 mm×10 mm×4 mm 长条试样。

试样的状态调节和试验的标准环境按 5.3 规定进行。

试验按 GB/T 1634.2—2004 中的 B 法(负荷为 0.45 MPa)规定进行。试验时，加热装置的起始温度应处于(20～23) ℃之间。加热升温速率为 120 ℃/h±10 ℃/h。

5.11 简支梁缺口冲击强度

试样为按 5.2 规定制备的 80 mm×10 mm×4 mm 长条试样。样条应在注塑后的 1 h～4 h 内加工缺口，缺口类型为GB/T 1043.1—2008中的A型。加工缺口后的样条为简支梁缺口冲击试验的试样。

试样的状态调节按5.3规定进行。

试验按GB/T 1043.1—2008规定进行。低温试验时，经状态调节后的试样应在−30 ℃的低温环境中放置至少1 h，每次冲击应在10 s内完成。

5.12 色差和外观

试样按GB/T 16422.1—2006标准规定执行。

色差和外观试验前，按GB/T 16422.2—1999标准方法A进行氙灯暴露试验，使用水冷却氙弧灯装置。测试阶段和测试条件见表4和表5。如果双方协商一致，也可采用其他试验条件，但试验报告应注明。

试验按GB/T 15596—2009规定的方法进行。

表4 测试阶段

序号	阶段	光照	黑暗	喷水
1	1	—	60 min	前后均喷水
2	2	40 min	—	不喷水
3	3	18 min	—	前面喷水
4	4	62 min	—	不喷水

表5 测试条件

序号	控制参数	暗周期——测试阶段1		光照周期——测试阶段2,3,4	
		设定值	公差[a]	设定值	公差[a]
1	辐照度	—	—	0.51 W/(m² · nm)[b]	±0.02 W/(m² · nm)
2	黑标温度	38 ℃	±3 ℃	65 ℃	±3 ℃
3	箱体温度(干球)	38 ℃	±3 ℃	38 ℃	±3 ℃
4	相对湿度	95%	±5%	50%	±10%

[a] 喷淋水阶段上述的公差值不适用。

[b] 推荐采用340 nm辐照度0.51 W/(m² · nm)的光谱辐照强度，如果仪器采用宽光谱带控制方式则应采用不同的辐照度。

5.13 耐化学性

按QC/T 15—1992中5.5.3.2中A法规定进行。

5.14 模塑收缩率

试样为按5.2中D2型模具制备的试样。

试验按照GB/T 17037.4—2003规定进行，或按双方协商办法进行测试。

6 检验规则

6.1 检验分类与检验项目

汽车保险杠用聚丙烯(PP)专用料的检验可分为定型检验、型式检验和出厂检验三类。

定型检验时应进行氙灯暴露试验后的色差和外观、耐化学性以及模塑收缩率的测定。

型式检验项目为第4章的所有项目。

出厂检验项目至少应包含颗粒外观、密度、熔体质量流动速率、简支梁缺口冲击强度(23 ℃)、弯曲模量和拉伸屈服应力等项目。

6.2 组批规则与抽样方案

6.2.1 组批规则

汽车保险杠用聚丙烯(PP)专用料由同一生产线上、相同原料、相同工艺所生产的同一牌号的产品组批，生产厂也可按一定生产周期或储存料仓为一批对产品进行组批。产品以批为单位进行检验和验收。

6.2.2 抽样方案

汽车保险杠用聚丙烯(PP)专用料可在料仓的下料口抽样，也可根据生产周期等实际情况确定具体的抽样方案。

包装后产品的取样应按 GB/T 2547—2008 规定进行。

6.3 判定规则和复验规则

6.3.1 判定规则

汽车保险杠用聚丙烯(PP)专用料应由生产厂的质量检验部门按照本标准规定的试验方法进行检验，依据检验结果和企业标准中的技术要求对产品作出质量判定，并提出证明。

产品出厂时，每批产品应附有产品质量检验合格证。合格证上应注明产品名称、牌号、批号、执行标准，并盖有质检专用章和检验员章。

6.3.2 复验规则

检验结果若某项指标不符合本标准要求时，可重新取样对该项目进行复验。以复验结果作为该批产品的质量判定依据。

7 标志

汽车保险杠用聚丙烯(PP)专用料的外包装上应有明显的标志。标志内容可包括：商标、生产厂名称、标准号、产品名称、牌号、生产日期、批号和净含量等。

8 包装、运输及贮存

8.1 包装

汽车保险杠用聚丙烯(PP)专用料可用内衬聚乙烯薄膜的聚丙烯编制袋或其他包装形式。包装材料应保证在运输、码放、贮存、运输时不被污染和泄漏。

每袋产品的净含量可为 25 kg 或其他。

8.2 运输

汽车保险杠用聚丙烯(PP)专用料为非危险品。在运输和装卸过程中严禁使用铁钩等锐利工具，切忌抛掷。运输工具应保持清洁、干燥并备有厢棚或苫布。运输时不得与沙土、碎金属、煤炭及玻璃等混合装运，更不可与有毒及腐蚀性或易燃物混装。严禁在阳光下暴晒或雨淋。

8.3 贮存

汽车保险杠用聚丙烯(PP)专用料应贮存在通风、干燥、清洁并保持有良好消防设施的仓库内，不得与腐蚀品、易燃品一起贮存，且堆放平整。贮存时，应远离热源，并防止阳光直接照射，严禁在露天堆放，防止暴晒。汽车用聚丙烯材料树脂应有贮存期的规定，一般从生产之日起，不超过 12 个月。

附 录 A
（资料性附录）
汽车保险杠用聚丙烯（PP）专用料国标牌号与市场牌号对照表

本部分发布时，国内市场常见的汽车保险杠用聚丙烯（PP）专用料国标牌号与市场牌号对照表见表A.1。

表A.1　汽车保险杠用聚丙烯（PP）专用料国标牌号与市场牌号对照表

序号	本部分牌号	市场常见牌号
1.	PPBM 00—10	ABP—2116 C6540L—5B
2.	PPBM 00—18	ABP—0520 CN3025B C6540L—5H
3.	PPBM 10—10	ABP—1010 C3531T—1
4.	PPBM 10—18	ABP—1012 C3531T—08
5.	PPBM 10—30	ABP—1028 C3531T—HF
6.	PPBM 15—10	ABP—1507 C3322T—B
7.	PPBM 15—18	ABP—1520 CN3045 C3322T—1S
8.	PPBM 15—30	CN—BP1 C3322T—1H
9.	PPBM 20—10	ABP—2017 C3322T—4
10.	PPBM 20—18	ABP—2018 ABP—2020 C3322T—1JS
11.	PPBM 20—30	ABP—2036 CN—BP7S C3322T—HF

ICS 83.080.20
G 32

中华人民共和国国家标准

GB/T 24149.2—2017

塑料 汽车用聚丙烯(PP)专用料 第2部分:仪表板

Plastics—Polypropylene(PP) compound for automobile—Part 2: Instrument panel

2017-11-01 发布 2018-05-01 实施

中华人民共和国国家质量监督检验检疫总局
中国国家标准化管理委员会 发布

前　　言

GB/T 24149《塑料　汽车用聚丙烯(PP)专用料》分为四个部分：

——第 1 部分：保险杠；

——第 2 部分：仪表板；

——第 3 部分：门内板；

——第 4 部分：其他。

本部分为 GB/T 24149 的第 2 部分。

本部分按照 GB/T 1.1—2009 给出的规则起草。

本部分由中国石油化工集团公司提出。

本部分由全国塑料标准化技术委员会石化塑料树脂产品分会(SAC/TC 15/SC 1)归口。

本部分负责起草单位：北京聚菱燕塑料有限公司。

本部分参加起草单位：上海普利特复合材料股份有限公司、金发科技股份有限公司、中国石油化工股份有限公司北京燕山分公司树脂应用研究所、浙江普利特新材料有限公司、奇瑞汽车股份有限公司、浙江吉利汽车研究院有限公司、长城汽车股份有限公司、北汽福田汽车股份有限公司。

本部分主要起草人：张新、张鹰、罗忠富、叶雯、张祥福、杨波、李婧、孙颜文、程伟、姜胜军、史荣波、贺丽丽、杨豪、崔文兵、尚红波。

塑料　汽车用聚丙烯(PP)专用料　第2部分:仪表板

1　范围

GB/T 24149的本部分规定了汽车仪表板用聚丙烯(PP)专用料的命名、术语和定义、要求、试验方法、检验规则、标志、包装、运输及贮存。

本部分适用于以热塑性丙烯耐冲击共聚物为主,与弹性体、矿物质填料及其他助剂按一定比例通过共混制成的、用于制造汽车仪表板本体的聚丙烯专用料。

2　规范性引用文件

下列文件对于本文件的应用是必不可少的。凡是注日期的引用文件,仅注日期的版本适用于本文件。凡是不注日期的引用文件,其最新版本(包括所有的修改单)适用于本文件。

GB/T 250—2008　纺织品　色牢度试验　评定变色用灰色样卡

GB/T 1033.1—2008　塑料　非泡沫塑料密度的测定　第1部分:浸渍法、液体比重瓶法和滴定法

GB/T 1040.2—2006　塑料　拉伸性能的测定　第2部分:模塑和挤塑塑料的试验条件

GB/T 1043.1—2008　塑料　简支梁冲击性能的测定　第1部分:非仪器化冲击试验

GB/T 1634.2—2004　塑料　负荷变形温度的测定　第2部分:塑料、硬橡胶和长纤维增强复合材料

GB/T 2546.1—2006　塑料　聚丙烯(PP)模塑和挤出材料　第1部分:命名系统和分类基础

GB/T 2546.2—2003　塑料　聚丙烯(PP)模塑和挤出材料　第2部分:试样制备和性能测定

GB/T 2547—2008　塑料　取样方法

GB/T 2918—1998　塑料试样状态调节和试验的标准环境

GB/T 3682—2000　热塑性塑料熔体质量流动速率和熔体体积流动速率的测定

GB/T 7141—2008　塑料热老化试验方法

GB/T 8170—2008　数值修约规则与极限数值的表示和判定

GB 8410—2006　汽车内饰材料的燃烧特性

GB/T 9341—2008　塑料　弯曲性能的测定

GB/T 17037.1—1997　热塑性塑料材料注塑试样的制备　第1部分:一般原理及多用途试样和长条试样的制备

GB/T 17037.3—2003　塑料　热塑性塑料材料注塑试样的制备　第3部分:小方试片

GB/T 17037.4—2003　塑料　热塑性塑料材料注塑试样的制备　第4部分:模塑收缩率的测定

GB/T 32088—2015　汽车非金属部件及材料氙灯加速老化试验方法

SH/T 1541—2006　热塑性塑料颗粒外观试验方法

ISO 6452:2007　橡胶、塑料涂覆织物　汽车内饰材料雾度测试方法(Rubber-or plastics-coated fabrics—Determination of fogging characteristics of trim materials in the interior of automobiles)

3　术语和定义

下列术语和定义适用于本文件。

3.1

拉伸屈服应力保持率　tensile yield stress retention

试样老化后的拉伸屈服应力与试样老化前的拉伸屈服应力的比值，用“%”表示。

4　命名

4.1　总则

汽车仪表板用聚丙烯(PP)专用料按照 GB/T 2546.1—2006 规定，并按以下方法进行命名：

<table>
<tr><td rowspan="3">命 名
方 式</td><td colspan="3">命名</td></tr>
<tr><td colspan="3">特 征 项 目 组</td></tr>
<tr><td>字符组 1</td><td>字符组 2</td><td>字符组 3</td></tr>
</table>

字符组彼此间用逗号“,”隔开。其中：

字符组 1：按照 GB/T 2546.1—2006 中 3.1 规定，热塑性丙烯耐冲击共聚物以代号“PPB”表示；

字符组 2：按照 GB/T 2546.1—2006 中 3.2 规定，注塑级的聚丙烯材料以代号“M”表示，对光或气候稳定的聚丙烯材料以代号“L”表示；

字符组 3：特征性能，见 4.2。

4.2　特征性能

4.2.1　概述

在这个字符组中，用三个数字组成的代号表示弯曲模量的标称值(见 4.2.2)，分别用两个数字组成的代号表示简支梁缺口冲击强度的标称值(见 4.2.3)和熔体质量流动速率的标称值(见 4.2.4)。代号之间用一个连字符“-”隔开。

4.2.2　弯曲模量

弯曲模量以标称值为基础用三个数字作代号，将其标称值取前两位有效数字，并在后加“0”表示。

4.2.3　简支梁缺口冲击强度

简支梁缺口冲击强度(23 ℃)以标称值为基础用两个数字作代号，取其标称值前一位有效数字，并在后加“0”表示。

4.2.4　熔体质量流动速率

熔体质量流动速率以标称值为基础，用两个数字做代号，代号规定见表 1。

表 1　熔体质量流动速率使用的代号

熔体质量流动速率标称值 g/10 min	代号的规定
≥10	取其标称值的两位有效数字
<10	将其标称值取前一位有效数字，并在前加“0”

4.3 示例

某种汽车仪表板用聚丙烯专用料(PPB),用于注塑(M),对光或气候稳定(L),弯曲模量的标称值为1.65 GPa(160),简支梁缺口冲击强度(23 ℃)的标称值为 32 kJ/m²(30),熔体质量流动速率的标称值为11 g/10 min(11)。该材料命名如下:

PPB, ML, 160-30-11

字符组 1:聚丙烯代号

字符组 2:位置 1:注塑

位置 2:对光或气候稳定

字符组 3:弯曲模量

简支梁缺口冲击强度

熔体质量流动速率

汽车仪表板用聚丙烯(PP)专用料国标牌号与市场牌号对照表参见附录 A。

5 要求

5.1 汽车仪表板用聚丙烯(PP)专用料为大小均匀的颗粒,一般带有颜色,也可为本色料或本色料与色母粒的混配料。汽车仪表板用聚丙烯(PP)专用料本色料与色母粒的混配料不应存在与其颜色差别很大的杂色粒子和污染粒子,除此之外的汽车仪表板用聚丙烯(PP)专用料应无杂色粒子、无污染粒子。

5.2 汽车仪表板用聚丙烯(PP)专用料的其他技术要求见表 2。

表 2　汽车仪表板用聚丙烯(PP)专用料技术要求

序号	项目		单位	PPB,ML,160-30-11	PPB,ML,160-40-13	PPB,ML,180-20-12	PPB,ML,180-20-16	PPB,ML,180-20-22	PPB,ML,180-20-28	PPB,ML,180-30-20	PPB,ML,180-40-22
1	熔体质量流动速率		g/10 min	11±2	13±2	12±2	16±2	22±2	28±3	20±2	22±2
2	密度		g/cm^3	1.00±0.02		1.04±0.02					
3	拉伸屈服应力		MPa	≥19							
4	弯曲模量		GPa	≥1.60		≥1.80					
5	简支梁缺口冲击强度	23 ℃	kJ/m^2	≥30	≥40	≥20				≥30	≥40
		−30 ℃		≥3.0	≥4.0	≥2.5				≥3.0	≥4.0
6	负荷变形温度		℃	≥95		≥100					
7	拉伸屈服应力保持率		%	≥90							
8	燃烧性能		mm/min	≤70							
9	氙灯老化性[a]			灰度等级≥4 级,无开裂、变褪色等外观异常							
10	气味散发性能	气味性	级	<4.0							
		总挥发性有机物含量	μg/g	≤50							
		冷凝组分	mg	≤2.0							
11	耐刮擦性能[a]			明度差 $\Delta L \leq 1.5$							
12	模塑收缩率		%	由供方提供的数据							

表 2（续）

序号	项目		单位	PPB,ML,190-20-11	PPB,ML,190-20-21	PPB,ML,190-20-26	PPB,ML,190-30-32	PPB,ML,200-20-21	PPB,ML,200-20-26	PPB,ML,200-30-12	PPB,ML,200-30-16	PPB,ML,200-30-20
1	熔体质量流动速率		g/10 min	11±2	21±2	26±3	32±4	21±2	26±3	12±2	16±2	20±2
2	密度		g/cm^3	1.06±0.02				1.08±0.02				
3	拉伸屈服应力		MPa	≥19								
4	弯曲模量		GPa	≥1.90				≥2.00				
5	简支梁缺口冲击强度	23 ℃	kJ/m^2	≥20			≥30	≥20		≥30		
		−30 ℃		≥2.5			≥3.0	≥2.5		≥3.0		
6	负荷变形温度		℃	≥100								
7	拉伸屈服应力保持率		%	≥90								
12	燃烧性能		mm/min	≤70								
8	氙灯老化性[a]			灰度等级≥4级，无开裂、变褪色等外观异常								
9	气味散发性能	气味性	级	<4.0								
		总挥发性有机物含量	μg/g	≤50								
		冷凝组分	mg	≤2.0								
10	耐刮擦性能[a]			明度差 $\Delta L \leq 1.5$								
11	模塑收缩率		%	由供方提供的数据								

[a] 零件表面如果有皮革或织物覆盖，或者零件处于不可见位置，则无此项要求。

6 试验方法

6.1 试验结果判定

试验结果采用修约值判定法,应按 GB/T 8170—2008 规定进行。

6.2 注塑试样的制备

汽车仪表板用聚丙烯(PP)专用料注塑试样的制备见 GB/T 2546.2—2003 中 3.2 的规定。

用 GB/T 17037.1—1997 中的 A 型模具制备的试样,即符合 GB/T 1040.2—2006 中 1A 型试样,B 型模具制备的 80 mm×10 mm×4 mm 的长条试样。

用 GB/T 17037.3—2003 中的 D2 型模具制备的 60 mm×60 mm×2 mm 试样。

用符合尺寸要求的模具制备测定燃烧性能的试样(推荐尺寸为 356 mm×100 mm×3 mm)。

用符合尺寸要求的模具制备测定气味性的试样(推荐尺寸为 150 mm×100 mm×3.2 mm)。

用符合尺寸要求的模具制备测定冷凝组分的试样(直径为 80 mm±2 mm,厚度不超过 10 mm)。

用符合尺寸要求的模具制备测定耐刮擦性能的试样(长和宽均大于 60 mm,厚度为 3 mm)。

6.3 试样的状态调节和试验的标准环境

试样的状态调节按 GB/T 2918—1998 的规定进行,状态调节的条件为温度 23 ℃±2 ℃,相对湿度为 50%±10%,调节时间至少 40 h 但不超过 96 h。

试验应在 GB/T 2918—1998 规定的标准环境下进行,环境的温度为 23 ℃±2 ℃,相对湿度为 50%±10%。

6.4 颗粒外观

试验按 SH/T 1541—2006 中的规定进行。

6.5 熔体质量流动速率

按 GB/T 3682—2000 中 A 法规定进行。试验条件为 M(温度:230 ℃、负荷:2.16 kg)。试验时,在装试样前应用氮气吹扫料筒 5 s~10 s,氮气压力为 0.05 MPa。

注:试验前,使用有证标准样品校准仪器,可保证试验数据的可靠性。

6.6 密度

试样为按 6.2 制备的 1A 型注塑试样的中间部分。

试样的状态调节按 6.3 规定进行。

试验按 GB/T 1033.1—2008 中的 A 法规定进行。

6.7 拉伸屈服应力

试样为按 6.2 制备的 1A 型试样。

试样的状态调节按 6.3 规定进行。

试验按 GB/T 1040.2—2006 规定进行,试验速度为 50 mm/min。

6.8 弯曲模量

试样为按 6.2 制备的 80 mm×10 mm×4 mm 长条试样。

试样的状态调节按6.3规定进行。

试验按GB/T 9341—2008规定进行,试验速度为2 mm/min。

6.9 简支梁缺口冲击强度

试样为按6.2规定制备的80 mm×10 mm×4 mm长条试样。样条应在注塑后的1 h～4 h内加工缺口,缺口类型为GB/T 1043.1—2008中的A型。加工缺口后的样条为简支梁缺口冲击试验的试样。

试样的状态调节按6.3规定进行。

试验按GB/T 1043.1—2008规定进行。低温试验时,经状态调节后的试样应在−30 ℃的低温环境中放置至少1 h,每次冲击应在10 s内完成。

6.10 负荷变形温度

试样为按6.2制备的80 mm×10 mm×4 mm长条试样。

试样的状态调节按6.3规定进行。

试验按GB/T 1634.2—2004中的B法(负荷为0.45 MPa)规定进行。试验时,加热装置的起始温度应低于27 ℃。加热升温速率为120 ℃/h±10 ℃/h。

6.11 拉伸屈服应力保持率

试样为按6.2制备的1A型试样。

试验按GB/T 7141—2008规定进行。将试样置于温度恒定在150 ℃±2 ℃的烘箱中240 h。

试样的状态调节按6.3规定进行。

按照6.7测试试样老化前的拉伸屈服应力和试样老化后的拉伸屈服应力,并计算拉伸屈服应力保持率。

6.12 燃烧性能

试样为按6.2制备的尺寸为356 mm×100 mm×3 mm的注塑试样。

试验按GB 8410—2006规定进行。

6.13 氙灯老化性

试样按GB/T 32088—2015规定进行。

进行色差和外观试验前,按GB/T 32088—2015进行氙灯加速老化试验,试验方法见表3,具体试验方法可由供需双方协商确定,仲裁时采用试验方法A-1。

试验后参照GB/T 250—2008评价样品的灰卡变色等级。

表3 氙灯加速老化试验方法

试验方法	滤光器	辐照度 W/m²	波长 nm	曝晒循环
A-1	窗玻璃滤光器	1.20±0.02	420	黑板温度89 ℃±3 ℃,箱体空气温度62 ℃±2 ℃,相对湿度50%±5%的试验条件下,运行3.8h光照循环; 黑板温度38 ℃±3 ℃,箱体空气温度38 ℃±3 ℃,相对湿度95%±5%的试验条件下,运行1 h黑暗循环
A-2	窗玻璃滤光器	1.20±0.02	420	黑标温度100 ℃±3 ℃,箱体空气温度65 ℃±3 ℃,相对湿度20%±10%的试验条件下运行光照循环

表 3(续)

试验方法	滤光器	辐照度 W/m²	波长 nm	曝晒循环
A-3	紫外延展滤光器	0.55±0.02	340	黑板温度 89 ℃±3 ℃,箱体空气温度 62 ℃±2 ℃,相对湿度 50%±5%的试验条件下,运行 3.8 h 光照循环; 黑板温度 38 ℃±3 ℃,箱体空气温度 38 ℃±3 ℃,相对湿度 95%±5%的试验条件下,运行 1 h 黑暗循环

6.14 气味性

6.14.1 仪器

6.14.1.1 测试罐:金属罐或玻璃罐,容积大约为 1 L,在室温和 80 ℃条件下都是清洁、无味的,并具有适合的盖子,能密封。

6.14.1.2 烘箱:具有空气循环系统,能够保持温度在 80 ℃±2 ℃。

6.14.2 试样

采用体积为 50 cm^3±5 cm^3 的试样,推荐使用按 6.2 制备的尺寸为 150 mm×100 mm×3.2 mm 的注塑试样。

6.14.3 试验步骤

将试样置于容量为 1 L 的测试罐中,盖上盖子密封。将测试罐置于预先调节到 80 ℃±2 ℃的烘箱中 2 h。从烘箱中取出测试罐,冷却至 60 ℃。

由经过气味培训的五个人组成的小组对其气味进行评分。气味的等级应符合表 4 的规定。气味等级分为 1 级~6 级,同时也允许出现介于两种评判等级之间的情况,取半分的分数等级(如 3.5 级、4.5 级等)。如果五人评定出的分数之间有相差两级以上的,应重新测试。试验结果以五人小组评定分数的算术平均值表示,精确至小数点后一位。

表 4 气味的等级

等级	描 述
1	无气味
2	有气味,但无干扰性气味
3	有明显气味,但无干扰性气味
4	有干扰性气味
5	有强烈干扰性气味
6	有不能忍受的气味

6.15 总挥发性有机物含量

将试样破碎成大于 10 mg 且小于 25 mg 的小粒。

采用带顶空装置的气相色谱仪测试。具体方法见附录B。

6.16 冷凝组分

试样为按6.2制备的直径为80 mm±2 mm(厚度不超过10 mm)的注塑试样。

试验按ISO 6452:2007规定进行,采用测定冷凝组分质量的方法。试验温度为100 ℃±0.5 ℃,加热时间为16 h±0.1 h。

6.17 耐刮擦性能

6.17.1 仪器

6.17.1.1 耐划伤试验仪。

6.17.1.2 硬质合金划笔:针头直径为1.00 mm±0.02 mm。

6.17.1.3 分光测色计:采用标准D65光源,45/0光路或0/45光路。

6.17.2 试样

试样为按6.2制备的长和宽均大于60 mm,厚度为3 mm的注塑试样。

6.17.3 试验步骤

将试样放在耐划伤试验仪的支座上,用夹具固定后,设置试验载荷为10 N,划痕间距为2 mm,划伤速度为1 000 mm/min±50 mm/min。采用硬质合金划笔在试样表面40 mm×40 mm的区域里分别划出2 mm间隔的水平方向和垂直方向的平行线各20条。用分光测色计测试该区域内划线前后的明度差ΔL。

6.17.4 结果计算和表示

每组试样不少于三个,试验结果以一组试样的算术平均值表示,精确到小数点后一位。

6.18 模塑收缩率

试样为按6.2中D2型模具制备的注塑试样。

试验按照GB/T 17037.4—2003规定进行,或按双方协商办法进行测试。

7 检验规则

7.1 检验分类与检验项目

汽车仪表板用聚丙烯(PP)专用料的检验可分为型式检验和出厂检验两类。

第5章所有的项目为型式检验项目。

当有下列情况时应进行型式检验:

a) 新产品试制定型鉴定时;

b) 正式生产后,若原材料或工艺有较大改变,可能影响产品性能时;

c) 产品装置检修,恢复生产时;

d) 出厂检验结果与上次型式检验结果有较大差异时;

e) 上级质量监督机构提出进行型式检验要求时。

汽车仪表板用聚丙烯(PP)专用料的出厂检验项目至少应包含颗粒外观、密度、熔体质量流动速率、拉伸屈服应力、简支梁缺口冲击强度(23 ℃)、弯曲模量等项目。

7.2 组批规则与抽样方案

7.2.1 组批规则

汽车仪表板用聚丙烯(PP)专用料由同一生产线上、相同原料、相同工艺所生产的同一牌号的产品组批,生产厂也可按一定生产周期或储存料仓为一批对产品进行组批。

产品以批为单位进行检验和验收。

7.2.2 抽样方案

汽车仪表板用聚丙烯(PP)专用料可在料仓的取样口抽样,也可根据生产周期等实际情况确定具体的抽样方案。

包装后产品的取样应按 GB/T 2547—2008 规定进行。

7.3 判定规则和复验规则

7.3.1 判定规则

汽车仪表板用聚丙烯(PP)专用料应由生产厂的质量检验部门按照本部分规定的试验方法进行检验,依据检验结果和本部分中的技术要求对产品作出质量判定,并提出证明。

产品出厂时,每批产品应附有产品质量检验合格证。合格证上应注明产品名称、牌号、批号、执行标准,并盖有质检专用章。

7.3.2 复验规则

检验结果若某项指标不符合本部分要求时,可重新取样对该项目进行复验。以复验结果作为该批产品的质量判定依据。

8 标志

汽车仪表板用聚丙烯(PP)专用料的外包装上应有明显的标志。标志内容可包括:商标、生产厂名称、厂址、标准编号、产品名称、牌号、批号(含生产日期)和净含量等。

9 包装、运输及贮存

9.1 包装

汽车仪表板用聚丙烯(PP)专用料可用内衬聚乙烯薄膜的聚丙烯编织袋或其他包装形式。包装材料应保证在运输、码放、贮存时不被污染和泄漏。

每袋产品的净含量可为 25 kg 或其他。

9.2 运输

汽车仪表板用聚丙烯(PP)专用料为非危险品。在运输和装卸过程中不应使用铁钩等锐利工具,切忌抛掷。运输工具应保持清洁、干燥并备有厢棚或苫布。运输时不应与沙土、碎金属、煤炭及玻璃等混合装运,更不应与有毒及腐蚀性或易燃物混装。不应暴晒或雨淋。

9.3 贮存

汽车仪表板用聚丙烯(PP)专用料应贮存在通风、干燥、清洁并保持有良好消防设施的仓库内,不得与腐蚀品、易燃品一起贮存,且堆放平整。贮存时,应远离热源,并防止阳光直接照射,不应在露天堆放,防止暴晒。

汽车仪表板用聚丙烯(PP)专用料应有贮存期的规定,一般从生产之日起,不超过 24 个月。

附 录 A
（资料性附录）
汽车仪表板用聚丙烯(PP)专用料国标牌号与市场常见牌号对照表

本部分发布时，国内市场常见的汽车仪表板用聚丙烯(PP)专用料国标牌号与市场牌号对照表见表A.1。

表 A.1 汽车仪表板用聚丙烯(PP)专用料国标牌号与市场常见牌号对照表

序号	本部分牌号	市场常见牌号
1	PPB，ML，160-30-11	API-1609
2	PPB，ML，160-40-13	C3322T-550-A
3	PPB，ML，180-20-12	C3322T-2010
4	PPB，ML，180-20-16	AIP-2015
5	PPB，ML，180-20-22	CN2047A
6	PPB，ML，180-20-28	C3322T-7JS
7	PPB，ML，180-30-20	C3322T-1JS
8	PPB，ML，180-40-22	AIP-2616 C3322T-M12F
9	PPB，ML，190-20-11	API-2010
10	PPB，ML，190-20-21	C3322T-5A CN2092A
11	PPB，ML，190-20-26	CN5G
12	PPB，ML，190-30-32	C3322T-M12B
13	PPB，ML，200-20-21	C3322T-M16
14	PPB，ML，200-20-26	CN-IP1 AIP-1425 AIP-1425HM
15	PPB，ML，200-30-12	API-2515
16	PPB，ML，200-30-16	C3322T-M17F
17	PPB，ML，200-30-20	AIP-1925DF CN3064

附　录　B
（规范性附录）
汽车用聚丙烯(PP)专用料总挥发性有机物含量的测定方法

B.1　范围

本附录规定了用顶空气相色谱法测定汽车用聚丙烯(PP)专用料总挥发性有机物含量的测定方法。

本方法适用于汽车用聚丙烯(PP)专用料总挥发性有机物含量的测定。

B.2　原理

将样品置于顶空瓶中，密封顶空瓶，在120 ℃下恒温5 h，用顶空气相色谱法测定样品中释放出的总挥发性有机物含量。

B.3　试剂与材料

B.3.1　丙酮：分析纯。

B.3.2　正丁醇：分析纯。

B.3.3　氮气：纯度不低于99.99%。

B.3.4　氢气：纯度不低于99.99%。

B.3.5　空气：应无腐蚀性杂质。使用前需要进行脱水、脱油处理。

B.4　仪器

B.4.1　气相色谱仪：配有氢火焰离子化检测器(FID)，带有分流/不分流进样口。

B.4.2　毛细管色谱柱：内径0.25 mm，膜层0.25 μm，长度30 m，100%聚乙烯乙二醇固定相。

B.4.3　色谱工作站或积分仪。

B.4.4　顶空瓶：10 mL。

B.4.5　容量瓶：100 mL。

B.4.6　微量取样器：5 μL。

B.4.7　顶空进样器。

B.4.8　移液管：30 mL。

B.4.9　分析天平：准确度为0.1 mg。

B.5　样品准备

样品为颗粒料，试样应破碎成大于10 mg且小于25 mg的小粒。

B.6 设备准备

B.6.1 气相色谱仪操作条件

B.6.1.1 色谱柱升温程序:50 ℃温度下恒温 3 min,以 12 ℃/min 的升温速率加热到 200 ℃,200 ℃温度下恒温 4 min。

B.6.1.2 进样口温度:200 ℃。

B.6.1.3 检测器温度:250 ℃。

B.6.1.4 分流比:约 1∶20。

B.6.1.5 载气流速(氮气):0.22 m/s～0.27 m/s,适当调节载气流速,使得 2,6-二叔丁基-4-甲基苯酚(BHT)的保留时间小于 16 min。

B.6.2 顶空进样器操作条件

B.6.2.1 温度:加热炉为 120 ℃,定量管为 150 ℃,转移管为 180 ℃。

B.6.2.2 时间:压力升高持续时间为 19 s,气体压出时间为 16 s,进样持续时间为 5 s。

B.6.2.3 压力:载压为 0.125 MPa;瓶压为 0.16 MPa。

B.7 校准

B.7.1 校准溶液的配制

室温下制备七种浓度的丙酮-正丁醇校准溶液,其浓度为每升溶液中分别含有 0.1 g、0.5 g、1 g、5 g、10 g、25 g 和 50 g 丙酮(B.3.1)。采用以下步骤制备校准溶液:

a) 用移液管(B.4.8)将约 30 mL 正丁醇(B.3.2)加入至一个 100 mL 容量瓶(B.4.5)中;
b) 称量容量瓶及正丁醇的质量;
c) 用微量取样器(B.4.6)在容量瓶中加入约 0.01 g 丙酮,准确称量并记录丙酮的质量;
d) 慢慢将正丁醇加入容量瓶直至容量瓶 100 mL 刻度线;
e) 塞上瓶塞,轻轻摇匀并进行标识;
f) 用同样步骤制备其他六种浓度的校准溶液。

制备好的校准溶液放入密封小瓶中,置于低温冷藏箱内储存(冷藏温度约 4 ℃)。

B.7.2 校准曲线的确定

用微量取样器取校准溶液,吸入的溶液不能有气泡。每个空的顶空瓶(B.4.4)中快速加入 2 μL±0.02 μL校准溶液,并立即将顶空瓶密封。用同样的方法将不同浓度的校准溶液加入不同的顶空瓶内,每个浓度溶液需置入三个顶空瓶内。同时准备三个空白试验的顶空瓶。

将加入校准溶液的顶空瓶和空白试验的顶空瓶依次放在顶空进样器(B.4.7)的进样盘上,保持 120 ℃±1 ℃,恒温 300 min±5 min。进行气相色谱分析。

在气相色谱图上确定丙酮的色谱峰,根据其峰面积和校准溶液的浓度绘制直线,得到校准曲线。并计算其斜率 K 。校准曲线的相关系数应大于 0.995,否则应重新校准。

B.8 试验步骤

B.8.1 在 10 mL 顶空瓶中加入 1.000 g±0.001 g 的试样,并用带有橡胶垫的盖子密封。取三份试样分别置入三个顶空瓶内。保持 120 ℃±1 ℃,恒温 300 min±5 min。

B.8.2 对每个样品进行顶空气相色谱分析,并用空的顶空瓶进行三次空白试验。加热时间为 300 min ±5 min。

B.9 结果计算

从气相色谱图上确定总的峰面积 A 和空白试验的峰面积 A_0。

样品中总挥发性有机化合物含量(碳的总挥发值)E(μg /g)按式(B.1)计算:

$$E=\frac{A-A_0}{K}\times 2\times 0.6204 \qquad \text{(B.1)}$$

式中:

A ——试样中有机化合物的总峰面积;

A_0 ——空白试验的峰面积;

K ——校正因子(校准曲线的斜率);

2 ——表示 2 μL 校准溶液;

0.620 4 ——表示丙酮中碳的含量。

取三次平行试验的算术平均值作为测定结果,精确至 1 μg/g。如果三次平行试验的测定结果误差大于 10%,则应安排重新测试。

ICS 83.080.20
G 32

中华人民共和国国家标准

GB/T 24149.3—2017

塑料　汽车用聚丙烯(PP)专用料
第3部分:门内板

Plastics—Polypropylene(PP) compound for automobile—
Part 3:Door panel

2017-11-01发布　　2018-05-01实施

中华人民共和国国家质量监督检验检疫总局
中国国家标准化管理委员会　发布

前言

GB/T 24149《塑料 汽车用聚丙烯(PP)专用料》分为四个部分:

——第1部分:保险杠;

——第2部分:仪表板;

——第3部分:门内板;

——第4部分:其他。

本部分为GB/T 24149的第3部分。

本部分按照GB/T 1.1—2009给出的规则起草。

本部分由中国石油化工集团公司提出。

本部分由全国塑料标准化技术委员会石化塑料树脂产品分会(SAC/TC 15/SC 1)归口。

本部分负责起草单位:上海普利特复合材料股份有限公司。

本部分参加起草单位:金发科技股份有限公司、北京聚菱燕塑料有限公司、中国石油化工股份有限公司北京燕山分公司树脂应用研究所、浙江普利特新材料有限公司、奇瑞汽车股份有限公司、浙江吉利汽车研究院有限公司、长城汽车股份有限公司、北汽福田汽车股份有限公司。

本部分主要起草人:张鹰、张祥福、罗忠富、丁超、杨波、张新、程伟、孙颜文、史荣波、贺丽丽、杨豪、崔文兵、尚红波。

塑料　汽车用聚丙烯(PP)专用料
第3部分:门内板

1　范围

GB/T 24149的本部分规定了汽车门内板用聚丙烯(PP)专用料的命名、术语和定义、要求、试验方法、检验规则、标志、包装、运输及贮存。

本部分适用于以热塑性丙烯耐冲击共聚物为主,与弹性体、矿物质填料及其他助剂按一定比例通过共混制成的、用于制造汽车门内板的聚丙烯专用料。

2　规范性引用文件

下列文件对于本文件的应用是必不可少的。凡是注日期的引用文件,仅注日期的版本适用于本文件。凡是不注日期的引用文件,其最新版本(包括所有的修改单)适用于本文件。

GB/T 250—2008　纺织品　色牢度试验　评定变色用灰色样卡

GB/T 1033.1—2008　塑料　非泡沫塑料密度的测定　第1部分:浸渍法、液体比重瓶法和滴定法

GB/T 1040.2—2006　塑料　拉伸性能的测定　第2部分:模塑和挤塑塑料的试验条件

GB/T 1043.1—2008　塑料　简支梁冲击性能的测定　第1部分:非仪器化冲击试验

GB/T 1634.2—2004　塑料　负荷变形温度的测定　第2部分:塑料、硬橡胶和长纤维增强复合材料

GB/T 2546.1—2006　塑料　聚丙烯(PP)模塑和挤出材料　第1部分:命名系统和分类基础

GB/T 2546.2—2003　塑料　聚丙烯(PP)模塑和挤出材料　第2部分:试样制备和性能测定

GB/T 2547—2008　塑料　取样方法

GB/T 2918—1998　塑料试样状态调节和试验的标准环境

GB/T 3682—2000　热塑性塑料熔体质量流动速率和熔体体积流动速率的测定

GB/T 7141—2008　塑料热老化试验方法

GB/T 8170—2008　数值修约规则与极限数值的表示和判定

GB 8410—2006　汽车内饰材料的燃烧特性

GB/T 9341—2008　塑料　弯曲性能的测定

GB/T 9345.1—2008　塑料　灰分的测定　第1部分:通用方法

GB/T 17037.1—1997　热塑性塑料材料注塑试样的制备　第1部分:一般原理及多用途试样和长条试样的制备

GB/T 17037.3—2003　塑料　热塑性塑料材料注塑试样的制备　第3部分:小方试片

GB/T 17037.4—2003　塑料　热塑性塑料材料注塑试样的制备　第4部分:模塑收缩率的测定

GB/T 32088—2015　汽车非金属部件及材料氙灯加速老化试验方法

SH/T 1541—2006　热塑性塑料颗粒外观试验方法

ISO 6452:2007　橡胶、塑料涂覆织物　汽车内饰材料雾度测试方法(Rubber or plastics-coated fabrics—Determination of fogging characteristics of trim materials in the interior of automobiles)

3 术语和定义

下列术语和定义适用于本文件。

3.1

拉伸屈服应力保持率 tensile yield stress retention

试样老化后的拉伸屈服应力与试样老化前的拉伸屈服应力的比值,用“%”表示。

4 命名

4.1 总则

汽车门内板用聚丙烯(PP)专用料按照 GB/T 2546.1—2006 规定,并按以下方法进行命名:

<table>
<tr><td rowspan="3">命名
方式</td><td colspan="3">命名</td></tr>
<tr><td colspan="3">特征项目组</td></tr>
<tr><td>字符组 1</td><td>字符组 2</td><td>字符组 3</td></tr>
</table>

字符组彼此间用逗号“,”隔开。其中:

字符组 1:按照 GB/T 2546.1—2006 中 3.1 规定,热塑性丙烯耐冲击共聚物以代号“PPB”表示;

字符组 2:按照 GB/T 2546.1—2006 中 3.2 规定,注塑级的聚丙烯材料以代号“M”表示,对光或气候稳定的聚丙烯材料以代号“L”表示;

字符组 3:特征性能,见 4.2。

4.2 特征性能

4.2.1 概述

在这个字符组中,分别用三个数字组成的代号表示密度的标称值(见 4.2.2)和弯曲模量的标称值(见 4.2.3),用两个数字组成的代号表示熔体质量流动速率的标称值(见 4.2.4)。代号之间用一个连字符“-”隔开。

4.2.2 密度

密度以标称值为基础,用三个数字作代号,代号规定见表 1。

表 1 密度使用的代号

密度 g/cm^3	代号的规定
≥1	取其标称值的三位有效数字
<1	将其标称值取两位有效数字,并在前加“0”

4.2.3 弯曲模量

弯曲模量以标称值为基础用三个数字作代号,将其标称值取前两位有效数字,并在后加“0”表示。

4.2.4 熔体质量流动速率

熔体质量流动速率以标称值为基础，用两个数字做代号，代号规定见表 2。

表 2 熔体质量流动速率使用的代号

熔体质量流动速率标称值 g/10 min	代号的规定
≥10	取其标称值的两位有效数字
<10	将其标称值取前一位有效数字，并在前加“0”

4.3 示例

某种汽车门内板用聚丙烯专用料(PPB)，用于注塑(M)，对光或气候稳定(L)，密度的标称值为 1.05 g/cm^3(105)，弯曲模量的标称值为 1.80 GPa(180)，熔体质量流动速率的标称值为 12 g/10 min(12)。该材料料命名如下：

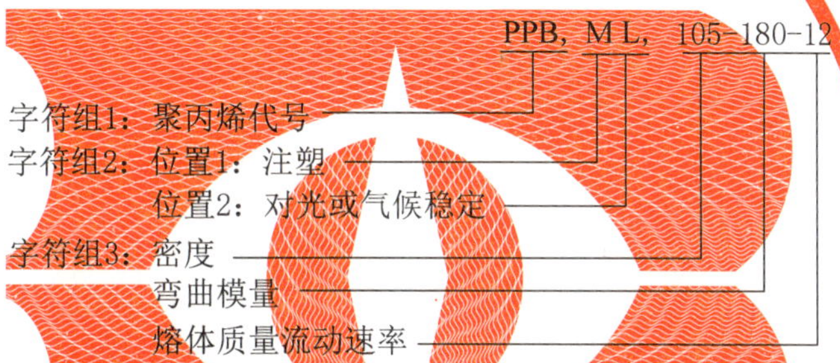

汽车门内板用聚丙烯(PP)专用料国标牌号与市场牌号对照表参见附录 A。

5 要求

5.1 汽车门内板用聚丙烯(PP)专用料为大小均匀的颗粒，一般带有颜色，也可为本色料或本色料与色母粒的混配料。汽车门内板用聚丙烯(PP)专用料本色料与色母粒的混配料不应存在与其颜色差别很大的杂色粒子和污染粒子，除此之外的汽车门内板用聚丙烯(PP)专用料应无杂色粒子、无污染粒子。

5.2 汽车门内板用聚丙烯(PP)专用料的其他技术要求见表 3。

表 3　汽车门内板用聚丙烯(PP)专用料技术要求

<table>
<tr><th>序号</th><th colspan="2">项目</th><th>单位</th><th>PPB,ML,
091-130-11</th><th>PPB,ML,
091-100-20</th><th>PPB,ML,
091-100-26</th><th>PPB,ML,
097-140-21</th><th>PPB,ML,
101-150-11</th><th>PPB,ML,
101-150-20</th><th>PPB,ML,
105-180-12</th><th>PPB,ML,
105-180-18</th><th>PPB,ML,
105-170-24</th><th>PPB,ML,
105-180-32</th><th>PPB,ML,
109-180-21</th></tr>
<tr><td>1</td><td colspan="2">密度</td><td>g/cm³</td><td colspan="3">0.91±0.02</td><td>0.97±0.02</td><td colspan="2">1.01±0.02</td><td colspan="4">1.05±0.02</td><td>1.09±0.02</td></tr>
<tr><td>2</td><td colspan="2">灰分(质量分数)</td><td>%</td><td colspan="3">0～4.0</td><td>8.0～13</td><td colspan="2">13～17</td><td colspan="4">17～23</td><td>23～28</td></tr>
<tr><td>3</td><td colspan="2">熔体质量流动速率</td><td>g/10 min</td><td>11±2</td><td>20±2</td><td>26±3</td><td>21±2</td><td>11±2</td><td>20±2</td><td>12±2</td><td>18±3</td><td>24±3</td><td>32±4</td><td>21±2</td></tr>
<tr><td>4</td><td colspan="2">拉伸屈服应力</td><td>MPa</td><td>≥25</td><td>≥22</td><td>≥21</td><td colspan="8">≥19</td></tr>
<tr><td>5</td><td colspan="2">弯曲模量</td><td>GPa</td><td>≥1.30</td><td colspan="2">≥1.00</td><td>≥1.40</td><td colspan="2">≥1.55</td><td colspan="2">≥1.80</td><td>≥1.70</td><td colspan="2">≥1.80</td></tr>
<tr><td rowspan="2">6</td><td rowspan="2">简支梁缺口冲击强度</td><td>23 ℃</td><td rowspan="2">kJ/m²</td><td>≥8.0</td><td colspan="2">≥12</td><td>≥12</td><td>≥30</td><td>≥25</td><td>≥15</td><td>≥25</td><td>≥25</td><td>≥25</td><td>≥20</td></tr>
<tr><td>−30 ℃</td><td>—</td><td colspan="2">—</td><td>≥1.5</td><td>≥3.0</td><td>≥2.5</td><td>≥1.5</td><td>≥2.5</td><td>≥2.5</td><td>≥2.5</td><td>≥2.0</td></tr>
<tr><td>7</td><td colspan="2">负荷变形温度</td><td>℃</td><td>≥92</td><td colspan="2">≥90</td><td>≥93</td><td colspan="2">≥95</td><td colspan="5">≥100</td></tr>
<tr><td>8</td><td colspan="2">拉伸屈服应力保持率</td><td>%</td><td colspan="11">≥90</td></tr>
<tr><td>9</td><td colspan="2">燃烧性能</td><td>mm/min</td><td colspan="11">≤70</td></tr>
<tr><td>10</td><td colspan="2">氙灯老化性[a]</td><td></td><td colspan="11">灰度等级≥4 级,无开裂、变褪色等外观异常</td></tr>
<tr><td rowspan="3">11</td><td rowspan="3">气味散发性能</td><td>气味性</td><td>级</td><td colspan="11"><4.0</td></tr>
<tr><td>总挥发性有机物含量</td><td>μg/g</td><td colspan="11">≤50</td></tr>
<tr><td>冷凝组分</td><td>mg</td><td colspan="11">≤2.0</td></tr>
<tr><td>12</td><td colspan="2">耐刮擦性能[a]</td><td></td><td colspan="11">明度差 ΔL≤1.5</td></tr>
<tr><td>13</td><td colspan="2">模塑收缩率</td><td>%</td><td colspan="11">由供方提供的数据</td></tr>
<tr><td colspan="15">[a] 零件表面如果有皮革或织物覆盖,或者零件处于不可见位置,则无此项要求。</td></tr>
</table>

6 试验方法

6.1 试验结果判定

试验结果采用修约值判定法，应按 GB/T 8170—2008 规定进行。

6.2 注塑试样的制备

汽车门内板用聚丙烯(PP)专用料注塑试样的制备见 GB/T 2546.2—2003 中 3.2 的规定。

用 GB/T 17037.1—1997 中的 A 型模具制备的试样，即符合 GB/T 1040.2—2006 中 1A 型试样，B 型模具制备的80 mm×10 mm×4 mm 的长条试样。

用 GB/T 17037.3—2003 中的 D2 型模具制备的 60 mm×60 mm×2 mm 试样。

用符合尺寸要求的模具制备测定燃烧性能的试样(推荐尺寸为 356 mm×100 mm×3 mm)。

用符合尺寸要求的模具制备测定气味性的试样(推荐尺寸为 150 mm×100 mm×3.2 mm)。

用符合尺寸要求的模具制备测定冷凝组分的试样(直径为 80 mm±2 mm，厚度不超过 10 mm)。

用符合尺寸要求的模具制备测定耐刮擦性能的试样(长和宽均大于 60 mm，厚度为 3 mm)。

6.3 试样的状态调节和试验的标准环境

试样的状态调节按 GB/T 2918—1998 的规定进行，状态调节的条件为温度 23 ℃±2 ℃，相对湿度为 50%±10%，调节时间至少 40 h 但不超过 96 h。

试验应在 GB/T 2918—1998 规定的标准环境下进行，环境的温度为 23 ℃±2 ℃，相对湿度为 50%±10%。

6.4 颗粒外观

试验按 SH/T 1541—2006 中的规定进行。

6.5 密度

试样为按 6.2 制备的 1A 型注塑试样的中间部分。

试样的状态调节按 6.3 规定进行。

试验按 GB/T 1033.1—2008 中的 A 法规定进行。

6.6 灰分

试验按 GB/T 9345.1—2008 规定进行，采用直接燃烧法(A 法)，灼烧温度为 850 ℃±50 ℃。

6.7 熔体质量流动速率

试验按 GB/T 3682—2000 中 A 法规定进行。试验条件为 M(温度：230 ℃、负荷：2.16 kg)。试验时，在装试样前应用氮气吹扫料筒 5 s～10 s，氮气压力为 0.05 MPa。

注：试验前，使用有证标准样品校准仪器，可保证试验数据的可靠性。

6.8 拉伸屈服应力

试样为按 6.2 制备的 1A 型试样。

试样的状态调节按 6.3 规定进行。

试验按 GB/T 1040.2—2006 规定进行,试验速度为 50 mm/min。

6.9 弯曲模量

试样为按 6.2 制备的 80 mm×10 mm×4 mm 长条试样。

试样的状态调节按 6.3 规定进行。

试验按 GB/T 9341—2008 规定进行,试验速度为 2 mm/min。

6.10 简支梁缺口冲击强度

试样为按 6.2 规定制备的 80 mm×10 mm×4 mm 长条试样。样条应在注塑后的 1 h~4 h 内加工缺口,缺口类型为 GB/T 1043.1—2008 中的 A 型。加工缺口后的样条为简支梁缺口冲击试验的试样。

试样的状态调节按 6.3 规定进行。

试验按 GB/T 1043.1—2008 规定进行。低温试验时,经状态调节后的试样应在−30 ℃的低温环境中放置至少 1 h,每次冲击应在 10 s 内完成。

6.11 负荷变形温度

试样为按 6.2 制备的 80 mm×10 mm×4 mm 长条试样。

试样的状态调节按 6.3 规定进行。

试验按 GB/T 1634.2—2004 中的 B 法(负荷为 0.45 MPa)规定进行。试验时,加热装置的起始温度应低于 27 ℃。加热升温速率为 120 ℃/h±10 ℃/h。

6.12 拉伸屈服应力保持率

试样为按 6.2 制备的 1A 型试样。

试验按 GB/T 7141—2008 规定进行。将试样置于温度恒定在 150 ℃±2 ℃的烘箱中 240 h。

试样的状态调节按 6.3 规定进行。

按照 6.8 测试试样老化前的拉伸屈服应力和试样老化后的拉伸屈服应力,并计算拉伸屈服应力保持率。

6.13 燃烧性能

试样为按 6.2 制备的尺寸为 356 mm×100 mm×3 mm 的注塑试样。

试验按 GB 8410—2006 规定进行。

6.14 氙灯老化性

试样按 GB/T 32088—2015 标准规定进行。

进行色差和外观试验前,按 GB/T 32088—2015 进行氙灯加速老化试验,试验方法见表 4,具体试验方法可由供需双方协商确定,仲裁时采用试验方法 A-1。

试验后参照 GB/T 250—2008 评价样品的灰卡变色等级。

表 4 氙灯加速老化试验方法

试验方法	滤光器	辐照度 W/m²	波长 nm	曝晒循环
A-1	窗玻璃滤光器	1.20±0.02	420	黑板温度 89 ℃±3 ℃，箱体空气温度 62 ℃±2 ℃，相对湿度 50%±5%的试验条件下，运行 3.8 h 光照循环； 黑板温度 38 ℃±3 ℃，箱体空气温度 38 ℃±3 ℃，相对湿度 95%±5%的试验条件下，运行 1 h 黑暗循环
A-2	窗玻璃滤光器	1.20±0.02	420	黑标温度 100 ℃±3 ℃，箱体空气温度 65 ℃±3 ℃，相对湿度 20%±10%的试验条件下运行光照循环
A-3	紫外延展滤光器	0.55±0.02	340	黑板温度 89 ℃±3 ℃，箱体空气温度 62 ℃±2 ℃，相对湿度 50%±5%的试验条件下，运行 3.8 h 光照循环； 黑板温度 38 ℃±3 ℃，箱体空气温度 38 ℃±3 ℃，相对湿度 95%±5%的试验条件下，运行 1 h 黑暗循环

6.15 气味性

6.15.1 仪器

6.15.1.1 测试罐：金属罐或玻璃罐，容积大约为 1 L，在室温和 80 ℃条件下都是清洁、无味的，并具有适合的盖子，能密封。

6.15.1.2 烘箱：具有空气循环系统，能够保持温度在 80 ℃±2 ℃。

6.15.2 试样

采用体积为 50 cm³±5 cm³ 的试样，推荐使用按 6.2 制备的尺寸为 150 mm×100 mm×3.2 mm 的注塑试样。

6.15.3 试验步骤

将试样置于容量为 1 L 的测试罐中，盖上盖子密封。将测试罐置于预先调节到 80 ℃±2 ℃的烘箱中 2 h。从烘箱中取出测试罐，冷却至 60 ℃。

由经过气味培训的五个人组成的小组对其气味进行评分。气味的等级应符合表 5 的规定。气味等级分为 1 级～6 级，同时也允许出现介于两种评判等级之间的情况，取半分的分数等级(如 3.5 级、4.5 级等)。如果五人评定出的分数之间有相差两级以上的，应重新测试。试验结果以五人小组评定分数的算术平均值表示，精确至小数点后一位。

表 5 气味的等级

等级	描 述
1	无气味
2	有气味，但无干扰性气味
3	有明显气味，但无干扰性气味
4	有干扰性气味
5	有强烈干扰性气味
0	有不能忍受的气味

6.16 总挥发性有机物含量

将试样破碎成大于 10 mg 且小于 25 mg 的小粒。

采用带顶空装置的气相色谱仪测试。具体方法见附录 B。

6.17 冷凝组分

试样为按 6.2 制备的直径为 80 mm±2 mm(厚度不超过 10 mm)的注塑试样。

试验按 ISO 6452:2007 规定进行,采用测定冷凝组分质量的方法。试验温度为 100 ℃±0.5 ℃,加热时间为 16 h±0.1 h。

6.18 耐刮擦性能

6.18.1 仪器

6.18.1.1 耐划伤试验仪。

6.18.1.2 硬质合金划笔:针头直径为 1.00 mm±0.02 mm。

6.18.1.3 分光测色计:采用标准 D65 光源,45/0 光路或 0/45 光路。

6.18.2 试样

试样为按 6.2 制备的长和宽均大于 60 mm,厚度为 3 mm 的注塑试样。

6.18.3 试验步骤

将试样放在耐划伤试验仪的支座上,用夹具固定后,设置试验载荷为 10 N,划痕间距为 2 mm,划伤速度为 1 000 mm/min±50 mm/min。采用硬质合金划笔在试样表面 40 mm×40 mm 的区域里分别划出 2 mm 间隔的水平方向和垂直方向的平行线各 20 条。用分光测色计测试该区域内划线前后的明度差 ΔL。

6.18.4 结果计算和表示

每组试样不少于三个,试验结果以一组试样的算术平均值表示,精确到小数点后一位。

6.19 模塑收缩率

试样为按 6.2 中 D2 型模具制备的注塑试样。

试验按照 GB/T 17037.4—2003 规定进行,或按双方协商办法进行测试。

7 检验规则

7.1 检验分类与检验项目

汽车门内板用聚丙烯(PP)专用料的检验可分为型式检验和出厂检验两类。

第 5 章所有的项目为型式检验项目。

当有下列情况时应进行型式检验:

a) 新产品试制定型鉴定时;

b) 正式生产后,若原材料或工艺有较大改变,可能影响产品性能时;

c) 产品装置检修,恢复生产时;

d) 出厂检验结果与上次型式检验结果有较大差异时;

e) 上级质量监督机构提出进行型式检验要求时。

汽车门内板用聚丙烯(PP)专用料的出厂检验项目至少应包含颗粒外观、密度、熔体质量流动速率、拉伸屈服应力、简支梁缺口冲击强度(23 ℃)、弯曲模量等项目。

7.2 组批规则与抽样方案

7.2.1 组批规则

汽车门内板用聚丙烯(PP)专用料由同一生产线上、相同原料、相同工艺所生产的同一牌号的产品组批,生产厂也可按一定生产周期或储存料仓为一批对产品进行组批。

产品以批为单位进行检验和验收。

7.2.2 抽样方案

汽车门内板用聚丙烯(PP)专用料可在料仓的取样口抽样,也可根据生产周期等实际情况确定具体的抽样方案。

包装后产品的取样应按 GB/T 2547—2008 规定进行。

7.3 判定规则和复验规则

7.3.1 判定规则

汽车门内板用聚丙烯(PP)专用料应由生产厂的质量检验部门按照本标准规定的试验方法进行检验,依据检验结果和本标准中的技术要求对产品作出质量判定,并提出证明。

产品出厂时,每批产品应附有产品质量检验合格证。合格证上应注明产品名称、牌号、批号、执行标准,并盖有质检专用章。

7.3.2 复验规则

检验结果若某项指标不符合本部分要求时,可重新取样对该项目进行复验。以复验结果作为该批产品的质量判定依据。

8 标志

汽车门内板用聚丙烯(PP)专用料的外包装上应有明显的标志。标志内容可包括:商标、生产厂名称、厂址、标准编号、产品名称、牌号、批号(含生产日期)和净含量等。

9 包装、运输及贮存

9.1 包装

汽车门内板用聚丙烯(PP)专用料可用内衬聚乙烯薄膜的聚丙烯编织袋或其他包装形式。包装材料应保证在运输、码放、贮存时不被污染和泄漏。

每袋产品的净含量可为 25 kg 或其他。

9.2 运输

汽车门内板用聚丙烯(PP)专用料为非危险品。在运输和装卸过程中不应使用铁钩等锐利工具,切忌抛掷。运输工具应保持清洁、干燥并备有厢棚或苫布。运输时不应与沙土、碎金属、煤炭及玻璃等混合装运,更不应与有毒及腐蚀性或易燃物混装。不应暴晒或雨淋。

9.3 贮存

汽车门内板用聚丙烯(PP)专用料应贮存在通风、干燥、清洁并保持有良好消防设施的仓库内,不得与腐蚀品、易燃品一起贮存,且堆放平整。贮存时,应远离热源,并防止阳光直接照射,不应在露天堆放,防止暴晒。

汽车门内板用聚丙烯(PP)专用料应有贮存期的规定,一般从生产之日起,不超过24个月。

附 录 A
（资料性附录）
汽车门内板用聚丙烯(PP)专用料国标牌号与市场牌号对照表

本部分发布时，国内市场常见的汽车门内板用聚丙烯(PP)专用料国标牌号与市场牌号对照表见表A.1。

表 A.1 汽车门内板用聚丙烯(PP)专用料国标牌号与市场牌号对照表

序号	本部分牌号	市场常见牌号
1	PPB,ML,091-130-11	C6540L-4HX API-0011
2	PPB,ML,091-100-20	C6540L-4M API-0025 CN2106B
3	PPB,ML,091-100-26	C6540L-033 CN2057A
4	PPB,ML,097-140-21	C4221T-XR CN3037C
5	PPB,ML,101-150-11	C3322T-1 API-1609
6	PPB,ML,101-150-20	C3322T-1YF API-1515
7	PPB,ML,105-180-12	C3322T-2 API-2010
8	PPB,ML,105-180-18	C3322T-1JS AIP-2015
9	PPB,ML,105-170-24	API-2125 CN2093C6B
10	PPB,ML,105-180-32	C3322T-M12B CN2093C6
11	PPB,ML,109-180-21	C3322T-5A AIP-1425

附 录 B
（规范性附录）
汽车用聚丙烯(PP)专用料总挥发性有机物含量的测定方法

B.1 范围

本附录规定了用顶空气相色谱法测定汽车用聚丙烯(PP)专用料总挥发性有机物含量的测定方法。

本方法适用于汽车用聚丙烯(PP)专用料总挥发性有机物含量的测定。

B.2 原理

将样品置于顶空瓶中，密封顶空瓶，在120 ℃下恒温5 h，用顶空气相色谱法测定样品中释放出的总挥发性有机物含量。

B.3 试剂与材料

B.3.1 丙酮：分析纯。

B.3.2 正丁醇：分析纯。

B.3.3 氮气：纯度不低于99.99%。

B.3.4 氢气：纯度不低于99.99%。

B.3.5 空气：应无腐蚀性杂质。使用前需要进行脱水、脱油处理。

B.4 仪器

B.4.1 气相色谱仪：配有氢火焰离子化检测器(FID)，带有分流/不分流进样口。

B.4.2 毛细管色谱柱：内径0.25 mm，膜层0.25 μm，长度30 m，100%聚乙烯乙二醇固定相。

B.4.3 色谱工作站或积分仪。

B.4.4 顶空瓶：10 mL。

B.4.5 容量瓶：100 mL。

B.4.6 微量取样器：5 μL。

B.4.7 顶空进样器。

B.4.8 移液管：30 mL。

B.4.9 分析天平：准确度为0.1 mg。

B.5 样品准备

样品为颗粒料，应破碎成大于10 mg且小于25 mg的小粒。

B.6 设备准备

B.6.1 气相色谱仪操作条件

B.6.1.1 色谱柱升温程序：50 ℃温度下恒温3 min，以12 ℃/min的升温速率加热到200 ℃，200 ℃温度下恒温 4 min。

B.6.1.2 进样口温度:200 ℃。

B.6.1.3 检测器温度:250 ℃。

B.6.1.4 分流比:约 1∶20。

B.6.1.5 载气流速(氮气):0.22 m/s～0.27 m/s,适当调节载气流速,使得 2,6-二叔丁基-4-甲基苯酚(BHT)的保留时间小于 16 min。

B.6.2 顶空进样器操作条件

B.6.2.1 温度:加热炉为 120 ℃,定量管为 150 ℃,转移管为 180 ℃。

B.6.2.2 时间:压力升高持续时间为 19 s,气体压出时间为 16 s,进样持续时间为 5 s。

B.6.2.3 压力:载压为 0.125 MPa;瓶压为 0.16 MPa。

B.7 校准

B.7.1 校准溶液的配制

室温下制备七种浓度的丙酮-正丁醇校准溶液,其浓度为每升溶液中分别含有 0.1 g、0.5 g、1 g、5 g、10 g、25 g 和 50 g 丙酮(B.3.1)。采用以下步骤制备校准溶液:

a) 用移液管(B.4.8)将约 30 mL 正丁醇(B.3.2)加入至一个 100 mL 容量瓶(B.4.5)中;
b) 称量容量瓶及正丁醇的质量;
c) 用微量取样器(B.4.6)在容量瓶中加入约 0.01 g 丙酮,准确称量并记录丙酮的质量;
d) 慢慢将正丁醇加入容量瓶直至容量瓶 100 mL 刻度线;
e) 塞上瓶塞,轻轻摇匀并进行标识;
f) 用同样步骤制备其他六种浓度的校准溶液。

制备好的校准溶液放入密封小瓶中,置于低温冷藏箱内储存(冷藏温度约 4 ℃)。

B.7.2 校准曲线的确定

用微量取样器取校准溶液,吸入的溶液不能有气泡。每个空的顶空瓶(B.4.4)中快速加入 2 μL±0.02 μL 校准溶液,并立即将顶空瓶密封。用同样的方法将不同浓度的校准溶液加入不同的顶空瓶内,每个浓度溶液需置入三个顶空瓶内。同时准备三个空白试验的顶空瓶。

将加入校准溶液的顶空瓶和空白试验的顶空瓶依次放在顶空进样器(B.4.7)的进样盘上,保持 120 ℃±1 ℃,恒温 300 min±5 min。进行气相色谱分析。

在气相色谱图上确定丙酮的色谱峰,根据其峰面积和校准溶液的浓度绘制直线,得到校准曲线。并计算其斜率 K。校准曲线的相关系数应大于 0.995,否则应重新校准。

B.8 试验步骤

B.8.1 在 10 mL 顶空瓶中加入 1.000 g±0.001 g 的试样,并用带有橡胶垫的盖子密封。取三份试样分别置入三个顶空瓶内。保持 120 ℃±1 ℃,恒温 300 min±5 min。

B.8.2 对每个样品进行顶空气相色谱分析,并用空的顶空瓶进行三次空白试验。加热时间为 300 min±5 min。

B.9 结果计算

从气相色谱图上确定总的峰面积 A 和空白试验的峰面积 A_0。

样品中总挥发性有机化合物含量(碳的总挥发值)E(μg/g)按式(B.1)计算：

$$E=\frac{A-A_0}{K}\times 2\times 0.620\ 4 \tag{B.1}$$

式中：

A ——试样中有机化合物的总峰面积；

A_0 ——空白试验的峰面积；

K ——校正因子(校准曲线的斜率)；

2 ——表示 2 μL 校准溶液；

0.620 4——表示丙酮中碳的含量。

取三次平行试验的算术平均值作为测定结果，精确至 1 μg/g。如果三次平行试验的测定结果误差大于 10%，则应安排重新测试。

ICS 83.080.20
G 32

中华人民共和国国家标准

GB/T 24150—2009

塑料　阻燃抗冲击聚苯乙烯专用料

Plastics—Flame retardant impact-resistant polystyrene compound

2009-06-15 发布　　2010-02-01 实施

中华人民共和国国家质量监督检验检疫总局
中国国家标准化管理委员会　发布

前　言

本标准的附录 A 为资料性附录。

本标准由中国石油和化学工业协会提出。

本标准由全国塑料标准化技术委员会石化塑料树脂产品分会(SAC/TC 15/SC 1)归口。

本标准负责起草单位:金发科技股份有限公司。

本标准参加起草单位:广州毅昌科技股份有限公司、上海普利特复合材料股份有限公司、工业和信息化部电子第五研究所、康佳集团股份有限公司、TCL 王牌电器股份有限公司、四川长虹模塑科技有限公司。

本标准主要起草人:叶南飚、王林、刘奇祥、董风、易拥军、宁凯军、李建军、张祥福、蒋春旭、宋宏春、刘永忠。

本标准为首次发布。

塑料　阻燃抗冲击聚苯乙烯专用料

1　范围

本标准规定了阻燃抗冲击聚苯乙烯专用料的分类命名、要求、试验方法、检验规则、标志、包装、运输和贮存等。

本标准适用于以抗冲击聚苯乙烯为基体，加入阻燃剂及其他添加剂等，通过熔融共混形成的阻燃抗冲击聚苯乙烯专用料。该材料主要用于制造电器产品。

2　规范性引用文件

下列文件中的条款通过本标准的引用而成为本标准的条款。凡是注日期的引用文件，其随后所有的修改单(不包括勘误的内容)或修订版均不适用于本标准，然而，鼓励根据本标准达成协议的各方研究是否可使用这些文件的最新版本。凡是不注日期的引用文件，其最新版本适用于本标准。

GB/T 1033.1—2008　塑料　非泡沫塑料密度的测定　第1部分：浸渍法、液体比重瓶法和滴定法(ISO 1183-1:2004,IDT)

GB/T 1040.2—2006　塑料　拉伸性能的测定　第2部分：模塑和挤塑塑料的试验条件(ISO 527-2:1993,IDT)

GB/T 1634.2—2004　塑料　负荷变形温度的测定　第2部分：塑料、硬橡胶和长纤维增强复合材料(ISO 75-2:2003,IDT)

GB/T 1843—2008　塑料　悬臂梁冲击强度的测定(ISO 180:2000,IDT)

GB/T 1844.1—2008　塑料　符号和缩略语　第1部分：基础聚合物及其特征性能(ISO 1043-1:2001,IDT)

GB/T 1844.4—2008　塑料　符号和缩略语　第4部分：阻燃剂(ISO 1043-4:1998,IDT)

GB/T 2547—2008　塑料　取样方法

GB/T 2918—1998　塑料试样状态调节和试验的标准环境(idt ISO 291:1997)

GB/T 3682—2000　热塑性塑料熔体质量流动速率和熔体体积流动速率的测定(idt ISO 1133:1997)

GB/T 5169.16—2008　电工电子产品着火危险试验　第16部分：试验火焰50 W水平与垂直火焰试验方法(IEC 60695-11-10:2003,IDT)

GB/T 5169.17—2008　电工电子产品着火危险试验　第17部分：试验火焰500 W火焰试验方法(IEC 60695-11-20:2003,IDT)

GB/T 8170—2008　数值修约规则与极限数值的表示和判定

GB/T 9341—2008　塑料　弯曲性能的测定(ISO 178:2001,IDT)

GB/T 17037.1—1997　热塑性塑料材料注塑试样的制备　第1部分：一般原理及多用途试样和长条试样的制备(idt ISO 294-1:1996)

GB/T 18964.2—2003　塑料　抗冲击聚苯乙烯(PS-I)模塑和挤出材料　第2部分：试样制备和性能测定

SH/T 1541—2006　热塑性塑料颗粒外观试验方法

SJ/T 11363—2006　电子信息产品中有毒有害物质的限量要求

SJ/T 11365—2006　电子信息产品中有毒有害物质的检测方法

3 分类与命名

3.1 总则

阻燃抗冲击聚苯乙烯专用料的分类与命名基于下列标准模式：

<table>
<tr><td colspan="4">命名</td></tr>
<tr><td colspan="4">特征项目组</td></tr>
<tr><td>字符组 1</td><td>字符组 2</td><td>字符组 3</td><td>字符组 4</td></tr>
</table>

命名由表示特征项目组的四个字符组构成：

字符组 1：按照 GB/T 1844.1—2008 规定抗冲击聚苯乙烯代号 PS-I(见 3.2)。

字符组 2：特征性能熔体质量流动速率(*MFR*)(见 3.3)。

字符组 3：有关阻燃剂类型的信息(见 3.4)。

字符组 4：燃烧类别(见 3.5)。

字符组之间用逗号隔开。

3.2 字符组 1

该字符组是 GB/T 1844.1—2008 规定的抗冲击聚苯乙烯树脂代号“PS-I”。

3.3 字符组 2

熔体质量流动速率(*MFR*)的测定按 GB/T 3682—2000 规定进行。试验条件选用 H(温度：200 ℃、负荷：5 kg)。

按照可能出现的数值，将熔体质量流动速率分为三个范围，每个范围用两个数字组成的数字代号表示，见表 1。

表 1 字符组 2 中熔体质量流动速率使用的代号及范围

代号	熔体质量流动速率(*MFR*)的范围/(g/10 min)
05	≤8
10	>8～14
15	>14

3.4 字符组 3

阻燃抗冲击聚苯乙烯专用料按照所添加的阻燃剂类型不同进行分类。

a) 多溴联苯/多溴联苯醚类(PBBs/PBDEs)：指采用多溴联苯/多溴联苯醚类(PBBs/PBDEs)和锑类协效剂复配体系为阻燃剂的阻燃抗冲击聚苯乙烯专用料。

b) 非多溴联苯/多溴联苯醚类(Non-PBBs/PBDEs)：指采用除多溴联苯/多溴联苯醚类(Non-PBBs/PBDEs)以外的其他卤系和锑类协效剂复配阻燃剂的阻燃抗冲击聚苯乙烯专用料。

c) 无卤类(Halogen-free)：指采用无卤阻燃剂的阻燃抗冲击聚苯乙烯专用料。

按照 GB/T 1844.4—2008，阻燃剂类型代号的规定见表 2。

表 2 字符组 3 中阻燃剂类型的代号

代号	定　　义
FR(19)	多溴联苯/多溴联苯醚类(PBBs/PBDEs)和锑类协效剂复配阻燃体系
FR(17)	除多溴联苯/多溴联苯醚类(Non-PBBs/PBDEs)以外的其他芳香类卤系和锑类协效剂复配阻燃体系
FR(40)	无卤有机磷系阻燃体系(Halogen-free)

3.5 字符组 4

该字符组是燃烧类别的代号。

根据 GB/T 5169.16—2008 规定的燃烧类别，50 W 水平燃烧试验方法燃烧类别代号为 HB，50 W 垂直燃烧试验方法燃烧类别代号分别为 V-0、V-1、V-2。

根据 GB/T 5169.17—2008 规定的燃烧类别，500 W 垂直燃烧试验方法燃烧类别代号为 5VA、5VB。

3.6 示例

某多溴联苯/多溴联苯醚和锑类协效剂类(FR(19))的阻燃抗冲击聚苯乙烯专用料，燃烧类别为 V-0，熔体质量流动速率的范围为 4 g/10 min～8 g/10 min(05)。该材料命名如下：

PS-I，05，FR(19)，V-0

字符组 1：抗冲击聚苯乙烯树脂代号

字符组 2：熔体质量流动速率范围代号

字符组 3：阻燃剂类型

字符组 4：燃烧类别代号

命名：PS-I，05，FR(19)，V-0

4 要求

4.1 阻燃抗冲击聚苯乙烯专用料为颜色均一的颗粒，无杂质。一般为深灰和黑色，也可为其他颜色。本产品应含有必要的添加剂，添加剂应均匀分散。

4.2 不同类别的阻燃抗冲击聚苯乙烯专用料，其他的技术要求也可能不同。

4.2.1 HB 类阻燃抗冲击聚苯乙烯专用料的其他技术要求见表 3。

4.2.2 V-2 类阻燃抗冲击聚苯乙烯专用料的其他技术要求见表 4。

4.2.3 V-1 类阻燃抗冲击聚苯乙烯专用料的其他技术要求见表 5。

4.2.4 V-0 类阻燃抗冲击聚苯乙烯专用料的其他技术要求见表 6。

4.2.5 5V 类阻燃抗冲击聚苯乙烯专用料的其他技术要求见表 7。

表 3 HB 类阻燃抗冲击聚苯乙烯专用料的技术要求

序号	项　目	单 位	PS-I，05，FR(19)，HB	PS-I，05，FR(17)，HB
1	颗粒外观(色粒)	个/kg	由供方提供的数据	
2	密度(ρ)	g/cm^3	由供方提供的数据	
3	熔体质量流动速率(*MFR*)	g/10 min	≤8	
4.1	拉伸屈服应力(σ_y)	MPa	≥21	
4.2	拉伸断裂应变(ε_B)	%	≥30	
5.1	弯曲强度(σ_{fM})	MPa	≥38	
5.2	弯曲模量(E_f)	MPa	≥2 000	
6	悬臂梁缺口冲击强度	kJ/m^2	≥8	
7	负荷变形温度(T_f1.8)	℃	≥70	
8	燃烧性(B50/3)		HB	

表 4 V-2 类阻燃抗冲击聚苯乙烯专用料的技术要求

序号	项　　目	单 位	PS-I,05,FR(17),V-2	PS-I,05,FR(40),V-2	PS-I,10,FR(17),V-2
1	颗粒外观(色粒)	个/kg	由供方提供的数据		
2	密度(ρ)	g/cm³	由供方提供的数据		
3	熔体质量流动速率(MFR)	g/10 min	≤8	≤8	8<MFR≤14
4.1	拉伸屈服应力(σ_y)	MPa	≥22	≥30	≥20
4.2	拉伸断裂应变(ε_B)	%	≥30	≥20	≥25
5.1	弯曲强度(σ_{fM})	MPa	≥38	≥40	≥34
5.2	弯曲模量(E_f)	MPa	≥2 000	≥2 300	≥1 800
6	悬臂梁缺口冲击强度	kJ/m²	≥9	≥10	≥7.5
7	负荷变形温度(T_f1.8)	℃	≥70	≥65	≥67
8	燃烧性(B50/3)		V-2		

表 5 V-1 类阻燃抗冲击聚苯乙烯专用料的技术要求

序号	项　　目	单 位	PS-I,05,FR(19),V-1	PS-I,10,FR(17),V-1
1	颗粒外观(色粒)	个/kg	由供方提供的数据	
2	密度(ρ)	g/cm³	由供方提供的数据	
3	熔体质量流动速率(MFR)	g/10 min	≤8	8<MFR≤14
4.1	拉伸屈服应力(σ_y)	MPa	≥22	≥20
4.2	拉伸断裂应变(ε_B)	%	≥30	≥25
5.1	弯曲强度(σ_{fM})	MPa	≥38	≥34
5.2	弯曲模量(E_f)	MPa	≥2 000	≥1 800
6	悬臂梁缺口冲击强度	kJ/m²	≥9	≥7.5
7	负荷变形温度(T_f1.8)	℃	≥70	≥67
8	燃烧性(B50/3)		V-1	

表 6 V-0 类阻燃抗冲击聚苯乙烯专用料的技术要求

序号	项　　目	单 位	PS-I,05,FR(19),V-0	PS-I,05,FR(17),V-0	PS-I,05,FR(40),V-0	PS-I,10,FR(19),V-0	PS-I,10,FR(17),V-0	PS-I,15,FR(17),V-0
1	颗粒外观(色粒)	个/kg	由供方提供的数据					
2	密度(ρ)	g/cm³	由供方提供的数据					
3	熔体质量流动速率(MFR)	g/10 min	≤8		≤8	8<MFR≤14		>14
4.1	拉伸屈服应力(σ_y)	MPa	≥21		≥25	≥20		≥18
4.2	拉伸断裂应变(ε_B)	%	≥30		≥17	≥25		≥20
5.1	弯曲强度(σ_{fM})	MPa	≥38		≥40	≥34		≥30
5.2	弯曲模量(E_f)	MPa	≥2 000		≥2 100	≥1 800		≥1 700
6	悬臂梁缺口冲击强度	kJ/m²	≥9		≥10	≥7.5		≥6
7	负荷变形温度(T_f1.8)	℃	≥70		≥65	≥67		≥65
8	燃烧性(B50/3)		V-0					

表 7 5V 类阻燃抗冲击聚苯乙烯专用料的技术要求

序号	项　目	单 位	PS-I,05,FR(17),5V
1	颗粒外观(色粒)	个/kg	由供方提供的数据
2	密度(ρ)	g/cm^3	由供方提供的数据
3	熔体质量流动速率(*MFR*)	g/10 min	≤8
4.1	拉伸屈服应力(σ_y)	MPa	≥20
4.2	拉伸断裂应变(ε_B)	%	≥30
5.1	弯曲强度(σ_{fM})	MPa	≥38
5.2	弯曲模量(E_f)	MPa	≥2 000
6	悬臂梁缺口冲击强度	kJ/m^2	≥9
7	负荷变形温度(T_f1.8)	℃	≥70
8	燃烧性(B500/3)		5VA/5VB

4.3 产品的环保要求

产品的环保要求应满足 SJ/T 11363—2006 对有毒或有害物质的控制的规定。

5 试验方法

5.1 试验结果的判定

试验结果采用修约值判定法,应按 GB/T 8170—2008 规定进行。

5.2 试样制备

阻燃抗冲击聚苯乙烯专用料注塑试样的制备见 GB/T 18964.2—2003 中 3.2 的规定。

用 GB/T 17037.1—1997 中的 A 型模具制备符合 GB/T 1040.2—2006 中 1A 型试样,B 型模具制备 80 mm×10 mm×4 mm 长条试样。

用于测定燃烧性的试样可用符合尺寸要求的模具制备注塑试样。

5.3 试样的状态调节和试验的标准环境

试样的状态调节应按 GB/T 2918—1998 的规定进行。状态调节的条件为温度 23 ℃±2 ℃,相对湿度 50%±10%,时间至少 16 h。

所有试验都应在 GB/T 2918—1998 规定的标准试验环境下进行,温度 23 ℃±2 ℃,相对湿度为 50%±10%。

5.4 颗粒外观

按 SH/T 1541—2006 中的规定进行。

5.5 密度

试样为按 5.2 制备的 1A 型试样的中间部分。

试样的状态调节按 5.3 规定进行。

测试按 GB/T 1033.1—2008 规定进行,采用 A 法。

5.6 熔体质量流动速率(*MFR*)

按 GB/T 3682—2000 中 A 法或 B 法规定进行。试验条件 H(温度:200 ℃、负荷:5 kg)。

5.7 拉伸性能

试样为按 5.2 制备的 1A 型试样。

试样的状态调节按 5.3 规定进行。

测试按 GB/T 1040.2—2006 规定进行,试验速度为 50 mm/min。

5.8 弯曲性能

试样为按5.2制备的80 mm×10 mm×4 mm长条试样。

试样的状态调节按5.3规定进行。

测试按GB/T 9341—2008规定进行，试验速度为2 mm/min。

5.9 悬臂梁缺口冲击强度

试样为按5.2制备的80 mm×10 mm×4 mm长条试样。样条应在注塑后的1 h～4 h内加工缺口，缺口类型为A型。

试样的状态调节按5.3规定进行。

测试按GB/T 1843—2008规定进行。

注：下次修订时，悬臂梁缺口冲击强度将由简支梁缺口冲击强度代替。

5.10 负荷变形温度

试样为按5.2制备的80 mm×10 mm×4 mm长条试样。

试样的状态调节按5.3规定进行。

测试按GB/T 1634.2—2004中的A法(负荷为1.80 MPa)规定进行。试验时，加热装置的起始温度应低于27 ℃。加热升温速率为120 ℃/h±10 ℃/h。

5.11 燃烧性

试样为按5.2制备的试样。50 W火焰试验推荐尺寸为125 mm×13 mm×3 mm，500 W火焰试验推荐尺寸为150 mm×150 mm×3 mm。也可按照需方要求的其他厚度的试样进行测试。仲裁时采用试样厚度为3.0 mm。

试样的状态调节按5.3规定进行。

50 W火焰试验按GB/T 5169.16—2008的规定进行，500 W火焰试验按GB/T 5169.17—2008的规定进行。

5.12 有毒有害物质

按SJ/T 11365—2006规定的方法进行。

6 检验规则

6.1 检验分类与检验项目

阻燃抗冲击聚苯乙烯专用料产品的检验可分为型式检验和出厂检验两类。

第4章中所有的项目为型式检验项目。

各类阻燃抗冲击聚苯乙烯专用料产品出厂检验至少应包括熔体质量流动速率、悬臂梁缺口冲击强度、燃烧性和密度。

6.2 组批规则与抽样方案

6.2.1 组批规则

阻燃抗冲击聚苯乙烯专用料以同一生产线上、相同原料、相同工艺所生产的同一牌号的产品组批，生产厂也可按一定生产周期或储存料仓为一批对产品进行组批。产品以批为单位进行检验和验收。

6.2.2 抽样方案

阻燃抗冲击聚苯乙烯专用料可在料仓的下料口抽样，也可根据生产周期等实际情况确定具体的抽样方案。

包装后产品的取样应按GB/T 2547—2008规定进行。

6.3 判定规则和复验规则

6.3.1 判定规则

阻燃抗冲击聚苯乙烯专用料应由生产厂的质量检验部门按照本标准规定的试验方法进行检验，依据检验结果和本标准中的技术要求对产品作出质量判定，并提出证明。

产品出厂时，每批产品应附有产品质量检验合格证。合格证上应注明产品名称、牌号、批号、执行标准，并盖有质检专用章和检验员章。

6.3.2 复验规则

检验结果若某项指标不符合本标准要求时，可重新取样对该项目进行复验。以复验结果作为该批产品的质量判定依据。

7 标志

阻燃抗冲击聚苯乙烯专用料的外包装袋上应有明显的标志。标志内容可包括：商标、生产厂名称和地址、标准号、产品名称、牌号、生产日期、批号和净含量等。

8 包装、运输及贮存

8.1 包装

阻燃抗冲击聚苯乙烯专用料采用双层包装袋(外层为牛皮纸袋，内层用聚乙烯包装袋)或其他包装形式。包装袋的封口应保证产品在贮存、运输时不被污染。包装袋要防尘、防潮。每袋产品的净含量可为 25 kg 或其他。

8.2 运输

阻燃抗冲击聚苯乙烯专用料为非危险品。在运输和装卸过程中严禁使用铁钩等锐利工具，切忌抛掷。运输工具应保持清洁、干燥并备有厢棚或苫布。运输时不得与沙土、碎金属、煤炭及玻璃等混合装运，更不可与有毒及腐蚀性或易燃物混装。

8.3 贮存

阻燃抗冲击聚苯乙烯专用料应贮存在干燥、通风良好的仓库内，不应露天堆放，防止暴晒；不得与腐蚀品、易燃品一起贮存，且堆放平整。贮存时，应远离热源，并防止阳光直接照射。

阻燃抗冲击聚苯乙烯专用料应有贮存期的规定，一般从生产之日起，不超过 12 个月。

附 录 A
（资料性附录）
阻燃抗冲击聚苯乙烯专用料国家标准命名与企业商品名对照

表 A.1 给出了国内常见阻燃抗冲击聚苯乙烯专用料国家标准命名与企业商品名对照一览表。

表 A.1 阻燃抗冲击聚苯乙烯专用料国家标准命名与企业商品名对照

序号	国家标准命名	企业商品名
1	PS-I,05,FR(19),HB	HIPS-550
2	PS-I,05,FR(17),HB	HIPS-5197,APTFFHPS-1112
3	PS-I,05,FR(17),V-2	FRHIPS-8002
4	PS-I,05,FR(40),V-2	FRHIPS-722
5	PS-I,10,FR(17),V-2	403AF,HFH-405
6	PS-I,05,FR(19),V-1	FRHIPS-301
7	PS-I,10,FR(17),V-1	FRHIPS-351
8	PS-I,05,FR(19),V-0	FRHIPS-113,6075,PH88E,HFH400,HS10F
9	PS-I,05,FR(17),V-0	S5230R
10	PS-I,05,FR(40),V-0	FRHIPS-702,FRHIPS-720
11	PS-I,10,FR(19),V-0	40AF
12	PS-I,10,FR(17),V-0	FRHIPS-960,FRHIPS-980,VS51,S5230RW,APTFHPS-1106
13	PS-I,15,FR(17),V-0	VE-1890K
14	PS-I,05,FR(17),5V	FRHIPS-930,F5,6335

ICS 83.080.20
G 32

中华人民共和国国家标准

GB/T 24151—2009

塑料　玻璃纤维增强阻燃聚对苯二甲酸丁二醇酯专用料

Plastics—Glass fiber reinforced and flame retardant poly (butylenes terephthalate) compound

2009-06-15 发布　　2010-02-01 实施

中华人民共和国国家质量监督检验检疫总局
中国国家标准化管理委员会　发布

前　言

本标准由中国石油和化学工业协会提出。

本标准由全国塑料标准化技术委员会石化塑料树脂产品分会(SAC/TC 15/SC 1)归口。

本标准负责起草单位:金发科技股份有限公司。

本标准参加起草单位:广州毅昌科技股份有限公司、江阴济化新材料有限公司、聚赛龙工程塑料有限公司、浙江阳光集团有限公司、中国石油化工股份有限公司北京化工研究院。

本标准主要起草人:陈大华、李翰卿、谢飞鹏、宁凯军、刘奇祥、李建军、朱文、薛惠振、郝源增、甘华祥、刘玉春。

本标准为首次发布。

塑料　玻璃纤维增强阻燃聚对苯二甲酸丁二醇酯专用料

1　范围

本标准规定了玻璃纤维增强阻燃聚对苯二甲酸丁二醇酯专用料的分类命名、要求、试验方法、检验规则、标志、包装、运输和贮存等。

本标准适用于以聚对苯二甲酸丁二醇酯为基体，加入阻燃剂，玻璃纤维和(或)协效剂及其他添加剂等，通过熔融共混形成的玻璃纤维增强阻燃聚对苯二甲酸丁二醇酯专用料。该材料主要用于制造家电、汽车、照明等应用领域的电子电气产品。

2　规范性引用文件

下列文件中的条款通过本标准的引用而成为本标准的条款。凡是注日期的引用文件，其随后所有的修改单(不包括勘误的内容)或修订版均不适用于本标准，然而，鼓励根据本标准达成协议的各方研究是否可使用这些文件的最新版本。凡是不注日期的引用文件，其最新版本适用于本标准。

GB/T 1033.1—2008　塑料　非泡沫塑料密度的测定　第1部分：浸渍法、液体比重瓶法和滴定法(ISO 1183-1:2004,IDT)

GB/T 1040.2—2006　塑料　拉伸性能的测定　第2部分：模塑和挤塑塑料的试验条件(ISO 527-2:1993,IDT)

GB/T 1408.1—2006　绝缘材料电气强度试验方法　第1部分：工频下试验(IEC 60243-1:1998,IDT)

GB/T 1410—2006　固体绝缘材料体积电阻率和表面电阻率试验方法(IEC 60093:1980,IDT)

GB/T 1634.2—2004　塑料　负荷变形温度的测定　第2部分：塑料、硬橡胶和长纤维增强复合材料(ISO 75-2:1993,IDT)

GB/T 1843—2008　塑料　悬臂梁冲击强度的测定(ISO 180:2000,IDT)

GB/T 1844.1—2008　塑料　符号和缩略语　第1部分：基础聚合物及其特征性能(ISO 1043-1:2001,IDT)

GB/T 1844.2—2008　塑料　符号和缩略语　第2部分：填充及增强材料(ISO 1043-2:2000,IDT)

GB/T 1844.4—2008　塑料　符号和缩略语　第4部分：阻燃剂(ISO 1043-4:1998,IDT)

GB/T 2547—2008　塑料　取样方法

GB/T 2918—1998　塑料试样状态调节和试验的标准环境(idt ISO 291:1997)

GB/T 5169.16—2008　电工电子产品着火危险试验　第16部分：试验火焰50 W水平与垂直火焰试验方法(IEC 60695-11-10:2003,IDT)

GB/T 8170—2008　数值修约规则与极限数值的表示和判定

GB/T 9341—2008　塑料　弯曲性能的测定(ISO 178:2001,IDT)

GB/T 17037.1—1997　热塑性塑料材料注塑试样的制备　第1部分：一般原理及多用途试样和长条试样的制备(idt ISO 294-1:1996)

SH/T 1541—2006　热塑性塑料颗粒外观试验方法

SJ/T 11363—2006　电子信息产品中有毒有害物质的限量要求

SJ/T 11365—2006　电子信息产品中有毒有害物质的检测方法

3 分类与命名

3.1 总则

玻璃纤维增强阻燃聚对苯二甲酸丁二醇酯专用料的分类与命名基于下列标准模式：

命名			
特 征 项 目 组			
字符组 1	字符组 2	字符组 3	字符组 4

命名由表示特征项目组的四个字符组构成：

字符组 1：按照 GB/T 1844.1—2008 规定聚对苯二甲酸丁二醇酯树脂代号 PBT(见 3.2)。

字符组 2：玻璃纤维增强材料标称含量(见 3.3)。

字符组 3：有关阻燃剂类型的信息(见 3.4)。

字符组 4：有关材料颜色的信息(见 3.5)。

字符组之间用逗号隔开。

3.2 字符组 1

该字符组是 GB/T 1844.1—2008 规定的聚对苯二甲酸丁二醇酯树脂代号"PBT"。

3.3 字符组 2

玻璃纤维增强材料的代号按 GB/T 1844.2—2008 规定。在这个字符组中，用两个字母代号 GF 表示增强材料的类型为玻璃纤维，紧接着字母(不空格)，在位置 3 和位置 4 用两个数字为代号表示其质量分数，具体规定见表 1。

表 1 字符组 2 中玻璃纤维质量分数使用的代号及范围

数字代号	玻璃纤维质量分数的范围/ %
05	>5～8
10	>8～12.5
15	>12.5～17.5
20	>17.5～22.5
25	>22.5～27.5
30	>27.5

3.4 字符组 3

玻璃纤维增强阻燃聚对苯二甲酸丁二醇酯专用料按照所添加的阻燃剂类型不同进行分类。

a) 多溴联苯/多溴联苯醚类(PBBs/PBDEs)：指采用多溴联苯/多溴联苯醚类(PBBs/PBDEs)和锑类协效剂复配体系为阻燃剂的玻璃纤维增强阻燃聚对苯二甲酸丁二醇酯专用料。

b) 非多溴联苯/多溴联苯醚类(Non-PBBs/PBDEs)：指采用除多溴联苯/多溴联苯醚类(Non-PBBs/PBDEs)以外的其他卤系和锑类协效剂复配阻燃剂的玻璃纤维增强阻燃聚对苯二甲酸丁二醇酯专用料。

c) 无卤类(Halogen-free)：指采用无卤阻燃剂的玻璃纤维增强阻燃聚对苯二甲酸丁二醇酯专用料。按照 GB/T 1844.4—2008，阻燃剂类型代号的规定见表 2。

表 2　字符组 3 中阻燃剂类型的代号

代号	定　　义
FR(19)	多溴联苯/多溴联苯醚类(PBBs/PBDEs)和锑类协效剂复配阻燃体系
FR(17)	除多溴联苯/多溴联苯醚类(Non-PBBs/PBDEs)以外的其他芳香类卤系和锑类协效剂复配阻燃体系
FR(40)	无卤有机磷系阻燃体系(Halogen-free)

3.5　字符组 4

颜色的代号由两位字母组成,NC 表示本色,MC 表示除本色之外的其他颜色。

3.6　示例

某多溴联苯/多溴联苯醚和锑类协效剂的复配体系(FR(19))的玻璃纤维增强阻燃聚对苯二甲酸丁二醇酯专用料本色材料(NC),添加玻璃纤维增强,玻璃纤维的质量分数为 30%(GF30)。该材料命名如下：

PBT,GF30,FR(19),NC

字符组 1:聚对苯二甲酸丁二醇酯代号——PBT

字符组 2:玻璃纤维质量分数 30%——GF30

字符组 3:阻燃剂类型代号——FR(19)

字符组 4:本色——NC

命名:PBT,GF30,FR(19),NC

4　要求

4.1　玻璃纤维增强阻燃聚对苯二甲酸丁二醇酯专用料为颜色均一的颗粒,本产品应含有必要的添加剂,添加剂应均匀分散。

4.2　不同类别的玻璃纤维增强阻燃聚对苯二甲酸丁二醇酯专用料,其他的技术要求也可能不同。

4.2.1　本色玻璃纤维增强卤素阻燃聚对苯二甲酸丁二醇酯专用料的其他技术要求见表 3。

4.2.2　除本色之外其他着色玻璃纤维增强卤素阻燃聚对苯二甲酸丁二醇酯专用料的其他技术要求见表 4。

4.2.3　本色玻璃纤维增强无卤阻燃聚对苯二甲酸丁二醇酯专用料的其他技术要求见表 5。

4.2.4　除本色之外其他着色玻璃纤维增强无卤阻燃聚对苯二甲酸丁二醇酯专用料的其他技术要求见表 6。

表 3　本色玻璃纤维增强卤素阻燃聚对苯二甲酸丁二醇酯专用料的技术要求

序号	项　　目	单位	PBT,GF05,FR(m),NC	PBT,GF10,FR(m),NC	PBT,GF15,FR(m),NC	PBT,GF20,FR(m),NC	PBT,GF25,FR(m),NC	PBT,GF30,FR(m),NC
1	颗粒外观(色粒)	个/kg	供方提供的数据					
2	密度(ρ)	g/cm^3	≤1.48	≤1.53	≤1.58	≤1.63	≤1.67	≤1.70
3	拉伸断裂应力(σ_B)	MPa	≥50	≥60	≥80	≥85	≥95	≥105
4	弯曲强度(σ_{fM})	MPa	≥85	≥100	≥125	≥135	≥150	≥155
5	悬臂梁缺口冲击强度	kJ/m^2	≥4.0	≥4.5	≥5.0	≥5.5	≥6.0	≥6.5
6	负荷变形温度(T_f1.8)	℃	≥120	≥140	≥170	≥175	≥185	≥190

表 3（续）

序号	项　　目	单位	PBT,GF05,FR(*m*),NC	PBT,GF10,FR(*m*),NC	PBT,GF15,FR(*m*),NC	PBT,GF20,FR(*m*),NC	PBT,GF25,FR(*m*),NC	PBT,GF30,FR(*m*),NC
7	燃烧性(B50/3)		V-0					
8	电气强度	kV/mm	≥17	≥17	≥19	≥19	≥19	≥19
9	表面电阻率(σ_e)	Ω	≥1.0×10^15	≥1.0×10^15	≥1.0×10^15	≥1.0×10^15	≥1.0×10^15	≥1.0×10^15
注：*m* 为两位数字，表示卤素阻燃剂类型，如 FR(17)表示芳香族类溴系阻燃剂(除多溴联苯和多溴联苯醚之外)和锑类协效剂的复配体系。								

表 4　除本色之外其他着色玻璃纤维增强卤素阻燃聚对苯二甲酸丁二醇酯专用料的技术要求

序号	项　　目	单位	PBT,GF05,FR(*m*),MC	PBT,GF10,FR(*m*),MC	PBT,GF15,FR(*m*),MC	PBT,GF20,FR(*m*),MC	PBT,GF25,FR(*m*),MC	PBT,GF30,FR(*m*),MC
1	颗粒外观(色粒)	个/kg	供方提供的数据					
2	密度(ρ)	g/cm³	≤1.48	≤1.53	≤1.58	≤1.63	≤1.67	≤1.70
3	拉伸断裂应力(σ_B)	MPa	≥45	≥55	≥60	≥65	≥70	≥80
4	弯曲强度(σ_{fM})	MPa	≥80	≥95	≥100	≥110	≥115	≥120
5	悬臂梁缺口冲击强度	kJ/m²	≥3.5	≥4.0	≥4.5	≥5.0	≥5.5	≥6.5
6	负荷变形温度(T_f1.8)	℃	≥120	≥140	≥170	≥175	≥185	≥190
7	燃烧性(B50/3)		V-0	V-0	V-0	V-0	V-0	V-0
8	电气强度	kV/mm	≥17	≥17	≥19	≥19	≥19	≥19
9	表面电阻率(σ_e)	Ω	≥1.0×10^15	≥1.0×10^15	≥1.0×10^15	≥1.0×10^15	≥1.0×10^15	≥1.0×10^15
注：*m* 为两位数字，表示卤素阻燃剂类型，如 FR(17)表示芳香族类溴系阻燃剂(除多溴联苯和多溴联苯醚之外)和锑类协效剂的复配体系。								

表 5　本色玻璃纤维增强无卤阻燃聚对苯二甲酸丁二醇酯专用料的技术要求

序号	项　　目	单位	PBT,GF15,FR(*n*),NC	PBT,GF20,FR(*n*),NC	PBT,GF25,FR(*n*),NC	PBT,GF30,FR(*n*),NC
1	颗粒外观(色粒)	个/kg	供方提供的数据			
2	密度(ρ)	g/cm³	≤1.47	≤1.53	≤1.56	≤1.60
3	拉伸断裂应力(σ_B)	MPa	≥60	≥65	≥70	≥80
4	弯曲强度(σ_{fM})	MPa	≥95	≥100	≥110	≥120
5	悬臂梁缺口冲击强度	kJ/m²	≥4.5	≥5.0	≥5.5	≥6.0
6	负荷变形温度(T_f1.8)	℃	≥170	≥175	≥185	≥190
7	燃烧性(B50/3)		V-0	V-0	V-0	V-0
8	电气强度	kV/mm	≥19	≥19	≥19	≥19
9	表面电阻率(σ_e)	Ω	≥1.0×10^15	≥1.0×10^15	≥1.0×10^15	≥1.0×10^15
注：*n* 为两位数字，表示无卤阻燃剂类型，如 FR(40)表示无卤有机磷系阻燃剂。						

表 6 除本色之外其他着色玻璃纤维增强无卤阻燃聚对苯二甲酸丁二醇酯专用料的技术要求

序号	项 目	单位	PBT,GF15,FR(n),MC	PBT,GF20,FR(n),MC	PBT,GF25,FR(n),MC	PBT,GF30,FR(n),MC
1	颗粒外观(色粒)	个/kg	供方提供的数据			
2	密度(ρ)	g/cm^3	≤1.47	≤1.53	≤1.56	≤1.60
3	拉伸断裂应力(σ_B)	MPa	≥50	≥55	≥65	≥70
4	弯曲强度(σ_{fM})	MPa	≥80	≥85	≥95	≥105
5	悬臂梁缺口冲击强度	kJ/m^2	≥4.0	≥4.5	≥5.0	≥5.5
6	负荷变形温度(T_f1.8)	℃	≥170	≥175	≥185	≥190
7	燃烧性(B50/3)		V-0	V-0	V-0	V-0
8	电气强度	kV/mm	≥19	≥19	≥19	≥19
9	表面电阻率(σ_e)	Ω	≥1.0×10^{15}	≥1.0×10^{15}	≥1.0×10^{15}	≥1.0×10^{15}
注:n 为两位数字,表示无卤阻燃剂类型,如 FR(40)表示无卤有机磷系阻燃剂。						

4.3 产品的环保要求

产品的环保要求应满足 SJ/T 11363—2006 对有毒或有害物质的控制的规定。

5 试验方法

5.1 试验结果的判定

试验结果采用修约值判定法,应按 GB/T 8170—2008 规定进行。

5.2 试样制备

注塑试样按 GB/T 17037.1—1997 规定进行,并使用表 7 规定的条件。注塑前,材料应在 120 ℃的温度下至少干燥 6 h。

表 7 试样的注塑条件

熔体温度/℃	模具温度/℃	平均注射速率/(mm/s)	保压时间/s	全循环时间/s
250±5	60±20	200±100	20±5	40±5

用 GB/T 17037.1—1997 中的 A 型模具制备符合 GB/T 1040.2—2006 中 1A 型试样,B 型模具制备 80 mm×10 mm×4 mm 长条试样。

用于测定燃烧性(推荐尺寸为 125 mm×13 mm×3 mm)的试样可用符合尺寸要求的模具注塑制备。

用于测定电气强度(推荐尺寸为≥80 mm×≥80 mm×2 mm)和表面电阻率(推荐尺寸为≥80 mm×≥80 mm×3 mm)的试样可用符合尺寸要求的模具注塑制备。

5.3 试样的状态调节和试验的标准环境

试样的状态调节应按 GB/T 2918—1998 的规定进行。状态调节的条件为温度 23 ℃±2 ℃,相对湿度 50%±10%,时间至少 16 h。

所有试验都应在 GB/T 2918—1998 规定的标准试验环境下进行,温度 23 ℃±2 ℃,相对湿度为 50%±10%。

5.4 颗粒外观

按 SH/T 1541—2006 中的规定进行。

5.5　密度

试样为按 5.2 制备的 1A 型注塑试样的中间部分。

试样的状态调节按 5.3 规定进行。

测试按 GB/T 1033.1—2008 规定进行，采用 A 法。

5.6　拉伸断裂应力

试样为按 5.2 制备的 1A 型试样。

试样的状态调节按 5.3 规定进行。

测试按 GB/T 1040.2—2006 规定进行，试验速度为 5 mm/min。

5.7　弯曲强度

试样为按 5.2 制备的 80 mm×10 mm×4 mm 长条试样。

试样的状态调节按 5.3 规定进行。

测试按 GB/T 9341—2008 的规定进行，试验速度为 2 mm/min。

5.8　悬臂梁缺口冲击强度

试样为按 5.2 制备的 80 mm×10 mm×4 mm 长条试样。样条应在注塑后的 1 h～4 h 内加工缺口，缺口类型为 A 型。

试样的状态调节按 5.3 规定进行。

测试按 GB/T 1843—2008 的规定进行。

注：下次修订时，悬臂梁冲击强度将由简支梁缺口冲击强度代替。

5.9　负荷变形温度

试样为按 5.2 制备的 80 mm×10 mm×4 mm 长条试样。

试样的状态调节按 5.3 规定进行。

测试按 GB/T 1634.2—2004 中的 A 法(负荷为 1.80 MPa)规定进行。试验时，加热装置的起始温度应低于 27 ℃。加热升温速率为 120 ℃/h±10 ℃/h。

5.10　燃烧性

试样可为按 5.2 制备的推荐尺寸为 125 mm×13 mm×3 mm 的注塑试样，也可按照需方要求的其他厚度的试样进行测试。仲裁时采用试样厚度为 3.0 mm。

试样的状态调节按 5.3 规定进行。

测试按 GB/T 5169.16—2008 规定进行，采用 50 W 垂直火焰试验方法。

5.11　电气强度

试样为按 5.2 制备的推荐尺寸为≥80 mm×≥80 mm×2 mm 的试样。

试样的状态调节按 5.3 规定进行。

测试按 GB/T 1408.1—2006 规定进行。

5.12　表面电阻率

试样为按 5.2 制备的推荐尺寸为≥80 mm×≥80 mm×3 mm 的试样。

试样的状态调节按 5.3 规定进行。

测试按 GB/T 1410—2006 规定进行。

5.13　有毒有害物质的测定

按 SJ/T 11365—2006 规定的方法进行。

6　检验规则

6.1　检验分类与检验项目

玻璃纤维增强阻燃聚对苯二甲酸丁二醇酯专用料产品的检验可分为型式检验和出厂检验两类。

第 4 章中所有的项目为型式检验项目。

各类玻璃纤维增强阻燃聚对苯二甲酸丁二醇酯专用料产品出厂检验至少应包含拉伸断裂应力、悬臂梁缺口冲击强度、弯曲强度、燃烧性。

6.2 组批规则与抽样方案

6.2.1 组批规则

玻璃纤维增强阻燃聚对苯二甲酸丁二醇酯专用料由同一生产线上、相同原料、相同工艺所生产的同一牌号的产品组批，生产厂也可按一定生产周期或储存料仓为一批对产品进行组批。产品以批为单位进行检验和验收。

6.2.2 抽样方案

玻璃纤维增强阻燃聚对苯二甲酸丁二醇酯专用料可在料仓的下料口抽样，也可根据生产周期等实际情况确定具体的抽样方案。

包装后产品的取样应按 GB/T 2547—2008 规定进行。

6.3 判定规则和复验规则

6.3.1 判定规则

玻璃纤维增强阻燃聚对苯二甲酸丁二醇酯专用料应由生产厂的质量检验部门按照本标准规定的试验方法进行检验，依据检验结果和本标准中的要求对产品作出质量判定，并提出证明。

产品出厂时，每批产品应附有产品质量检验合格证。合格证上应注明产品名称、牌号、批号、执行标准，并盖有质检专用章和检验员章。

6.3.2 复验规则

检验结果若某项指标不符合本标准要求时，可重新取样对该项目进行复验。以复验结果作为该批产品的质量判定依据。

7 标志

玻璃纤维增强阻燃聚对苯二甲酸丁二醇酯专用料的外包装袋上应有明显的标志。标志内容可包括：商标、生产厂名称和地址、标准号、产品名称、牌号、生产日期、批号和净含量等。

8 包装、运输及贮存

8.1 包装

玻璃纤维增强阻燃聚对苯二甲酸丁二醇酯专用料采用双层包装袋(外层为牛皮纸袋，内层用聚乙烯包装袋)或其他包装形式。包装袋的封口应保证产品在贮存、运输时不被污染。包装袋要防尘、防潮。每袋产品的净含量可为 25 kg 或其他。

8.2 运输

玻璃纤维增强阻燃聚对苯二甲酸丁二醇酯专用料为非危险品。在运输和装卸过程中严禁使用铁钩等锐利工具，切忌抛掷。运输工具应保持清洁、干燥并备有厢棚或苫布。运输时不得与沙土、碎金属、煤炭及玻璃等混合装运，更不可与有毒及腐蚀性或易燃物混装。

8.3 贮存

玻璃纤维增强阻燃聚对苯二甲酸丁二醇酯专用料应贮存在干燥、通风良好的仓库内，不应露天堆放，防止暴晒；不得与腐蚀品、易燃品一起贮存，且堆放平整。贮存时，应远离热源，并防止阳光直接照射。

玻璃纤维增强阻燃聚对苯二甲酸丁二醇酯专用料应有贮存期的规定，一般从生产之日起，不超过12 个月。

ICS 83.140.01
Y 28

中华人民共和国国家标准

GB/T 26691—2011

改性聚乙烯醇涂布双向拉伸薄膜

Modified polyvinyl alcohol coated biaxially oriented film

2011-06-16 发布 2011-12-01 实施

中华人民共和国国家质量监督检验检疫总局
中国国家标准化管理委员会 发布

前　言

本标准由中国轻工业联合会提出。

本标准由全国塑料制品标准化技术委员会(SAC/TC 48)归口。

本标准主要起草单位:海南赛诺实业有限公司、轻工业塑料加工应用研究所。

本标准主要起草人:谢文波、黄宏存、王恩飞、陈倩。

改性聚乙烯醇涂布双向拉伸薄膜

1 范围

本标准规定了改性聚乙烯醇(PVOH)涂布双向拉伸薄膜的产品分类、要求、试验方法、检验规则、标志、包装、运输和贮存。

本标准适用于以双向拉伸聚丙烯(BOPP)、双向拉伸聚酯(BOPET)或双向拉伸聚酰胺(BOPA)薄膜为基材膜,以改性聚乙烯醇为涂料经涂布而得的并作为印刷、复合基材的薄膜。

2 规范性引用文件

下列文件中的条款通过本标准的引用而成为本标准的条款。凡是注日期的引用文件,其随后所有的修改单(不包括勘误的内容)或修订版均不适用于本标准,然而,鼓励根据本标准达成协议的各方研究是否可使用这些文件的最新版本。凡是不注日期的引用文件,其最新版本适用于本标准。

GB/T 191—2008 包装储运图示标志

GB/T 1040.3—2006 塑料 拉伸性能的测定 第3部分:薄膜和薄片的试验条件

GB/T 2410—2008 透明塑料透光率和雾度的测定

GB/T 2828.1—2003 计数抽样检验程序 第1部分:按接收质量限(AQL)检索的逐批检验抽样计划

GB/T 2918—1998 塑料试样状态调节和试验的标准环境

GB/T 6672—2001 塑料薄膜和薄片厚度测定 机械测量法

GB/T 6673—2001 塑料薄膜和薄片长度和宽度的测定

GB 9688—1988 食品包装用聚丙烯成型品卫生标准

GB 13113—1991 食品容器及包装材料用聚对苯二甲酸乙二醇酯成型品卫生标准

GB/T 14216—2008 塑料 膜和片润湿张力的测定

GB 16332—1996 食品包装材料用尼龙成型品卫生标准

GB/T 19789—2005 包装材料 塑料薄膜和薄片氧气透过性试验 库仑计检测法

3 产品分类和规格

3.1 分类

产品按使用的基材分为改性聚乙烯醇涂布 BOPP 薄膜、改性聚乙烯醇涂布 BOPET 薄膜和改性聚乙烯醇涂布 BOPA 薄膜。

3.2 规格

厚度范围:

以 BOPP 为基材:15 μm～70 μm;

以 BOPET 为基材:9 μm～30 μm;

以 BOPA 为基材:12 μm～40 μm。

宽度范围:25 mm～1 700 mm。

特殊规格由供需双方商定。

4 要求

4.1 尺寸偏差

尺寸偏差应符合表1的要求。

表1 尺寸偏差要求

序号	项目		指标
1	宽度偏差/mm	≤500 mm	±2.0
		>500 mm	±3.0
2	最大厚度偏差/%	9 μm～30 μm	±8.0
		30 μm～70 μm	±7.0
3	平均厚度偏差/%	9 μm～30 μm	±6.0
		30 μm～70 μm	±5.0

4.2 段长和接头数

段长和接头数应符合表2的要求。

表2 段长和接头数要求

序号	项目		指标
1	接头数		≤2个/卷
2	每段长度	卷长≤1 000 m	≥100 m
		1 000 m<卷长≤2 000 m	≥200 m
		卷长>2 000 m	≥500 m
3	端面卷绕不平整度		≤2 mm

4.3 外观

外观应符合表3的要求。

表3 外观要求

序号	项目	指标
1	单卷端面颜色	允许稍有不同
2	薄膜皱折	不允许
3	膜面污染	不允许
4	涂布层	均匀
5	涂布条纹	轻微
6	暴筋	不允许
7	端面划痕	不允许

4.4 物理力学性能

物理力学性能应符合表4的要求。

表 4 物理力学性能要求

序号	项目		指标		
			改性聚乙烯醇涂布 BOPP 薄膜	改性聚乙烯醇涂布 BOPET 薄膜	改性聚乙烯醇涂布 BOPA 薄膜
1	拉伸强度/MPa	纵向	≥130	≥100	≥150
		横向	≥200	≥100	≥120
2	断裂标称应变/%	纵向	≤200	≤200	≤200
		横向	≤80	≤60	≤65
3	热收缩率/%	纵向	≤4.0	≤2.0	≤3.0
		横向	≤2.0	≤1.0	≤3.0
4	雾度/%		≤2.5	≤3.0	≤3.0
5	润湿张力/(mN/m)		≥40		
6	氧气透过率,23 ℃,相对湿度 0/[cm^3/(m^2 · 24 h)]		≤1.5	≤1.0	≤1.0

4.5 卫生性能

产品用于食品包装复合膜基材时应符合相关法规和标准。改性聚乙烯醇涂布 BOPP 薄膜卫生性能应符合 GB 9688—1988 的规定、改性聚乙烯醇涂布 BOPET 薄膜卫生性能应符合 GB 13113—1991 的规定,改性聚乙烯醇涂布 BOPA 薄膜卫生性能应符合 GB 16332—1996 的规定。

5 试验方法

5.1 取样

把成品膜卷表面去掉几层,取样作尺寸、外观及物理力学性能检测。

5.2 试样状态调节和试验的标准环境

按 GB/T 2918—1998 规定,在 23 ℃±2 ℃、相对湿度 50%±10%的标准环境中进行状态调节。状态调节不少于 4 h,并在此条件下试验。

5.3 宽度和长度

按 GB/T 6673—2001 进行。

5.4 厚度

厚度的测定按 GB/T 6672—2001 进行。厚度偏差用厚度最大偏差值来计算,用式(1)计算;平均厚度偏差等于平均厚度和公称厚度的差值与公称厚度之比的百分率,用式(2)计算。

$$最大偏差值 = \left|\frac{最大值 - 公称值}{公称值}\right| \times 100\% \quad \cdots\cdots(1)$$

$$平均偏差值 = \left|\frac{平均值 - 公称值}{公称值}\right| \times 100\% \quad \cdots\cdots(2)$$

5.5 外观

自然光下进行目测。端面绕卷不平整度用精度为 0.5 mm 的直尺测量。

5.6 拉伸强度和断裂标称应变

按 GB/T 1040.3—2006 进行。

5.7 热收缩率

5.7.1 试验仪器

a) 鼓风式恒温箱;

b) 最小刻度值为 0.02 mm 的游标卡尺;

c) 不锈钢板；

d) 秒表。

5.7.2 试样：在膜卷宽度方向均匀截取 120 mm×120 mm 试样 5 片。从试样纵、横向的中间离边缘 10 mm 处标上记号，并准确测量标记间长度。

5.7.3 温度与时间控制

a) 以 BOPP 为基材的涂布薄膜，温度 120 ℃±2 ℃，加热时间 2 min。

b) 以 BOPET 为基材的涂布薄膜，温度 150 ℃±2 ℃，加热时间 30 min。

c) 以 BOPA 为基材的涂布薄膜，温度 160 ℃±2 ℃，加热时间 5 min。

5.7.4 将试样平置于达到规定温度的鼓风的恒温烘箱中的不锈钢板上，不锈钢板位于恒温箱中部。试验时不鼓风，达到试验时间后取出，待冷却到环境温度后，测量纵、横向标记长度，按式(3)分别计算纵、横向的热收缩率，取 5 个试样的算术平均值。

$$T=\left|\frac{L_1-L_2}{L_1}\right|\times 100\% \qquad \cdots\cdots(3)$$

式中：

T——热收缩率，%；

L_1——加热前长度，单位为毫米(mm)；

L_2——加热后长度，单位为毫米(mm)。

5.8 雾度

按 GB/T 2410—2008 进行。

5.9 润湿张力

按 GB/T 14216—2008 进行。

5.10 氧气透过率(OTR)

按 GB/T 19789—2005 进行。

5.11 卫生性能

5.11.1 改性聚乙烯醇涂布 BOPP 薄膜按 GB 9688—1988 进行。

5.11.2 改性聚乙烯醇涂布 BOPET 薄膜按 GB 13113—1991 进行。

5.11.3 改性聚乙烯醇涂布 BOPA 薄膜按 GB 16332—1996 进行。

6 检验规则

6.1 组批

涂布膜验收以批为单位，同一批基材、同一配方以及稳定工艺条件下连续制造出来的改性聚乙烯醇涂布双向拉伸薄膜为一批，每批不超过 30 t。

6.2 抽样

外观与尺寸偏差按 GB/T 2828.1—2003 正常检查二次抽样方案规定进行，采用一般检查水平Ⅱ；接收质量限(AQL)为 6.5，每一卷为一个样本单位，物理力学性能和卫生性能从抽取的任一样本中裁取足够试验用的样品，见表 5。

表 5 抽样

批量范围 N	样本	样本量	累计样本量	AQL=6.5	
				接收数，Ac	拒收数，Re
1～8	第一	2	2	0	1
9～15	第一	3	3	0	1

表 5（续）

批量范围 N	样本	样本量	累计样本量	AQL＝6.5	
				接收数，Ac	拒收数，Re
16～25	第一	3	3	0	2
	第二	3	6	1	2
26～50	第一	5	5	0	2
	第二	5	10	1	2
51～90	第一	8	8	0	3
	第二	8	16	3	4
91～150	第一	13	13	1	3
	第二	13	26	4	5
151～280	第一	20	20	2	5
	第二	20	40	6	7
281～500	第一	32	32	3	6
	第二	32	64	9	10

6.3 出厂检验

出厂检验项目包括 4.1、4.2、4.3 及表 4 中的 4～6 项。

6.4 型式检验

型式检验项目为本标准第 4 章的全部技术要求，当有下列情况之一时，应进行型式检验：

a) 新产品鉴定或老产品转厂投产；
b) 正式生产后，如原料、工艺有较大改变，可能影响产品性能时；
c) 正常生产时，每一年进行一次；
d) 国家质量监督机构提出型式检验要求时；
e) 产品长期停产半年后，恢复生产时；
f) 出厂检验结果与上次型式检验有较大差异时。

6.5 判定规则

6.5.1 改性聚乙烯醇涂布双向拉伸薄膜的外观、尺寸偏差若有一项不合格，则该卷为不合格品。合格批的判定按表 5 规定进行。

6.5.2 改性聚乙烯醇涂布双向拉伸薄膜的物理力学性能检验结果若有不合格项时，应在原批中加倍抽样，对不合格项目进行复测，复测结果全部合格，则该批为合格；复测结果如仍不合格，则整批为不合格。

6.5.3 卫生指标有一项检验不合格时，则判该批产品不合格。

7 标志、包装、运输和贮存

7.1 标志

标志应符合 GB/T 191—2008 规定。

膜卷内或包装上应有合格证，注明产品名称、类别、净重、生产日期、检验章、生产工厂与地址。

7.2 包装

由供需双方商定。

7.3 运输

运输时应防止挤压、机械碰撞和日晒雨淋。

7.4 贮存

7.4.1 改性聚乙烯醇涂布双向拉伸薄膜应贮存在清洁、干燥库房内；远离热源，避免有毒、有害污染源，避免阳光直射。

7.4.2 贮存期自生产之日起不超过一年。

ICS 83.080.20
G 32

中华人民共和国国家标准

GB/T 29640—2013

塑料 玻璃纤维增强聚对苯二甲酰癸二胺

Plastics—Glass fiber reinforced poly(decamethylene terephthalamide) compound

2013-09-06 发布 2014-01-31 实施

中华人民共和国国家质量监督检验检疫总局
中国国家标准化管理委员会 发布

前　言

本标准按照 GB/T 1.1—2009 给出的规则起草。

本标准由中国石油和化学工业联合会提出。

本标准由全国塑料标准化技术委员会工程塑料分技术委员会(SAC/TC 15/SC 9)归口。

本标准负责起草单位:金发科技股份有限公司、中国蓝星(集团)股份有限公司、上海金发科技发展有限公司。

本标准参加起草单位:上海日之升新技术发展有限公司、浙江俊尔新材料有限公司、平顶山神马工程塑料有限责任公司、广东从化赛龙工程塑料有限公司、成都同明新材料技术有限公司。

本标准主要起草人:姜苏俊、陈健、易庆锋、袁绍彦、苏妤、曹民、曾祥斌、王建东、辛敏奇、黄志坚、曹应民、郝源增。

本标准为首次发布。

塑料　玻璃纤维增强聚对苯二甲酰癸二胺

1　范围

本标准规定了玻璃纤维增强聚对苯二甲酰癸二胺专用料的分类与命名、要求、试验方法、检验规则、标志、包装、运输和贮存等。

本标准适用于以聚对苯二甲酰癸二胺树脂为基体，加入玻璃纤维和(或)阻燃剂和(或)阻燃协效剂及其他加工助剂，通过熔融共混形成的玻璃纤维增强聚对苯二甲酰癸二胺本色材料。聚对苯二甲酰癸二胺树脂是指对苯二甲酸和癸二胺的均聚物或其与少量其他单体的共聚物。

本标准不适用于矿物填料等非玻璃纤维增强的改性聚对苯二甲酰癸二胺材料。

2　规范性引用文件

下列文件对于本文件的应用是必不可少的。凡是注日期的引用文件，仅注日期的版本适用于本文件。凡是不注日期的引用文件，其最新版本(包括所有的修改单)适用于本文件。

GB/T 1033.1—2008　塑料　非泡沫塑料密度的测定　第1部分：浸渍法、液体比重瓶法和滴定法(ISO 1183-1:2004,IDT)

GB/T 1034—2008　塑料　吸水性的测定 (ISO 62:2008, IDT)

GB/T 1040.2—2006　塑料　拉伸性能的测定　第2部分：模塑和挤塑塑料的试验条件(ISO 527-2:1993, IDT)

GB/T 1408.1—2006　绝缘材料电气强度试验方法　第1部分：工频下试验 (IEC 60243-1:1998, IDT)

GB/T 1634.2—2004　塑料　负荷变形温度的测定　第2部分：塑料、硬橡胶和长纤维增强复合材料 (ISO 75-2:2003,IDT)

GB/T 1843—2008　塑料　悬臂梁冲击强度的测定(ISO 180:2000,IDT)

GB/T 1844.1—2008　塑料　符号和缩略语　第1部分：基础聚合物及其特征性能(ISO 1043-1:2001,IDT)

GB/T 1844.2—2008　塑料　符号和缩略语　第2部分：填充及增强材料(ISO 1043-2:2000,IDT)

GB/T 1844.4—2008　塑料　符号和缩略语　第4部分：阻燃剂(ISO 1043-4:1998,IDT)

GB/T 2408—2008　塑料　燃烧性能的测定　水平法和垂直法 (IEC 60695-11-10:1999,IDT)

GB/T 2547—2008　塑料　取样方法

GB/T 2918—1998　塑料试样状态调节和试验的标准环境(ISO 291:1997,IDT)

GB/T 4207—2012　固体绝缘材料耐电痕化指数和相比电痕化指数的测定方法(IEC 60112:1979, IDT)

GB/T 8170　数值修约规则与极限数值的表示和判定

GB/T 9341—2008　塑料　弯曲性能的测定 (ISO 178:2001,IDT)

GB/T 9345.4—2008　塑料　灰分的测定　第4部分：聚酰胺(ISO 3451-4:1998,IDT)

GB/T 12006.1—2009　塑料　聚酰胺　第1部分：黏数的测定(ISO 307:2007,IDT)

GB/T 17037.1—1997　热塑性塑料材料注塑试样的制备　第1部分：一般原理及多用途试样和长条试样的制备(idt ISO 294-1:1996)

GB/T 19466.2—2004 塑料 差示扫描量热法(DSC) 第2部分:玻璃化转变温度的测定(ISO 11357-2:1999,IDT)

GB/T 19466.3—2004 塑料 差示扫描量热法(DSC) 第3部分:熔融和结晶温度及热焓的测定(ISO 11357-3:1999,IDT)

GB/T 26125 电子电气产品 六种限用物质(铅、汞、镉、六价铬、多溴联苯和多溴二苯醚)的测定

GB/T 26572 电子电气产品中限用物质的限量要求

SH/T 1541—2006 热塑性塑料颗粒外观试验方法

3 分类与命名

3.1 总则

玻璃纤维增强聚对苯二甲酰癸二胺材料的分类与命名基于下列标准模式,如表1。

表1 命名模式

特征项目组			
字符组1	字符组2	字符组3	字符组4

命名由表示特征项目组的三个或四个字符组构成:

字符组1:按照GB/T 1844.1—2008规定聚对苯二甲酰癸二胺树脂代号(见3.2)。

字符组2:玻璃纤维增强材料标称含量(见3.3)。

字符组3:有关阻燃剂类型的信息(见3.4)。不含阻燃剂的产品,则不含本字符组。

字符组4:有关材料颜色的信息(见3.5)。

字符组之间用逗号隔开。

3.2 字符组1

该字符组是GB/T 1844.1—2008规定的聚对苯二甲酰癸二胺树脂代号“PA10T”。

3.3 字符组2

玻璃纤维增强材料的代号按GB/T 1844.2—2008规定。在这个字符组中,用两个字母代号“GF”表示增强材料的类型为玻璃纤维,紧接着字母(不空格)后用两个数字为代号表示其标称含量,误差范围为±3%,具体举例见表2。

表2 字符组2中玻璃纤维标称含量的代号及代表的质量分数范围

数字代号	玻璃纤维质量分数的范围/%
15	12.0~18.0
30	27.0~33.0
45	42.0~48.0

3.4 字符组3

玻璃纤维增强阻燃聚对苯二甲酰癸二胺材料按照所添加的阻燃剂类型进行分类:

a) 非多溴联苯/多溴联苯醚类(Non-PBBs/PBDEs):指采用除多溴联苯/多溴联苯醚类以外的其他卤系和锑类或者锌类协效剂复配阻燃体系为阻燃剂的玻璃纤维增强阻燃聚对苯二甲酰癸二胺材料。

b) 无卤类(Halogen-free):指采用无卤阻燃剂的玻璃纤维增强阻燃聚对苯二甲酰癸二胺材料。按照 GB/T 1844.4—2008,阻燃剂类型代号的规定见表 3。

表 3 字符组 3 中阻燃剂类型的代号

代号	定　义
FR(16)	芳香族溴化合物(除溴化联苯醚和联苯)
FR(17)	除溴化联苯醚和联苯(Non-PBBs/PBDEs)以外的芳香族溴化合物和锑化合物
FR(40)	无卤(Halogen-free)有机磷化合物
FR(72)	硼酸锌

3.5 字符组 4

颜色的代号由两位字母组成,例如,NC 表示本色。

3.6 示例

某芳香族溴化合物(除溴化联苯醚和联苯之外)和锑化合物协效剂复配体系(FR(17))阻燃的玻璃纤维增强聚对苯二甲酰癸二胺材料(NC),玻璃纤维的质量分数为 30%(GF30)。该材料命名如下:

PA10T, GF30, FR(17), NC

字符组 1:聚对苯二甲酰癸二胺代号——PA10T

字符组 2:玻璃纤维标称含量——GF30

字符组 3:阻燃剂类型代号——FR(17)

字符组 4:颜色——NC

命名:PA10T,GF30,FR(17),NC。

4 技术要求

4.1 外观

玻璃纤维增强聚对苯二甲酰癸二胺材料为直径为 2.0 mm~3.5 mm、长度为直径的 1.0~1.5 倍、色泽均一的颗粒。

4.2 性能要求

4.2.1 聚对苯二甲酰癸二胺树脂的技术要求见表 4。

4.2.2 玻璃纤维增强卤素阻燃聚对苯二甲酰癸二胺材料的技术要求见表 5。

4.2.3 玻璃纤维增强无卤阻燃聚对苯二甲酰癸二胺材料的技术要求见表 6。

4.2.4 玻璃纤维增强聚对苯二甲酰癸二胺材料的技术要求见表 7。

表 4 聚对苯二甲酰癸二胺树脂的技术要求

序号	项目	单位	要求
1	熔融峰温度 T_{pm}	℃	285～325
2	玻璃化转变中点温度 T_{mg}	℃	100～130
3	特性黏数 η	dL/g	0.65～1.15

表 5 玻璃纤维增强卤素阻燃聚对苯二甲酰癸二胺本色材料的技术要求

序号	项目	单位	要求		
			PA10T,GF15, FR($m+n$),NC	PA10T,GF30, FR($m+n$),NC	PA10T,GF45, FR($m+n$),NC
1	密度 ρ	g/cm^3	1.45～1.52	1.58～1.65	1.71～1.78
2	灰分含量	%	13～20	28～35	43～50
3	拉伸断裂应力 σ_B	MPa	≥90	≥145	≥165
4	弯曲强度 σ_{fM}	MPa	≥130	≥205	≥235
5	悬臂梁缺口冲击强度	kJ/m^2	≥4.5	≥7.5	≥10.5
6	负荷变形温度 (T_f=1.8)	℃	≥250	≥260	≥260
7	燃烧性 (B50/0.8)	—	V—0	V—0	V—0
8	电气强度	kV/mm	≥30	≥30	≥30
9	相比电痕化指数	V	≥400	≥400	≥400
10	吸水率 (水中 23 ℃/24 h)	%	≤0.25	≤0.20	≤0.17

注：m 和 n 为两位数字，表示阻燃剂类型，n 可能不包含。如：FR(17)表示芳香族溴化合物(除溴化联苯醚和联苯之外)和锑化合物复配的阻燃体系，FR(16+72)表示芳香族溴化合物(除溴化联苯醚和联苯之外)和硼酸锌。

表 6 玻璃纤维增强无卤阻燃聚对苯二甲酰癸二胺本色材料的技术要求

序号	项目	单位	要求		
			PA10T,GF15, FR($p+q$),NC	PA10T,GF30, FR($p+q$),NC	PA10T,GF45, FR($p+q$),NC
1	密度 ρ	g/cm^3	1.25～1.32	1.39～1.46	1.54～1.61
2	灰分含量	%	15～22	30～36	45～50
3	拉伸断裂应力 σ_B	MPa	≥75	≥115	≥135

表 6（续）

序号	项目	单位	要求		
			PA10T,GF15,FR($p+q$),NC	PA10T,GF30,FR($p+q$),NC	PA10T,GF45,FR($p+q$),NC
4	弯曲强度 σ_{fM}	MPa	≥110	≥160	≥190
5	悬臂梁缺口冲击强度	kJ/m^2	≥5	≥7.5	≥8.5
6	负荷变形温度（$T_f-1.8$）	℃	≥250	≥260	≥260
7	燃烧性（B50/0.8）	—	V—0	V—0	V—0
8	电气强度	kV/mm	≥32	≥32	≥32
9	相比电痕化指数	V	≥600	≥600	≥600
10	吸水率（水中 23 ℃/24 h）	%	≤0.25	≤0.20	≤0.17
注：p 和 q 为两位数字，表示无卤阻燃剂类型，q 可能不包含。如：FR(40)表示无卤有机磷系阻燃剂，FR(40+72)表示无卤有机磷系阻燃剂和硼酸锌。					

表 7　玻璃纤维增强聚对苯二甲酰癸二胺本色材料的技术要求

序号	项目	单位	要求		
			PA10T,GF15,NC	PA10T,GF30,NC	PA10T,GF45,NC
1	密度 ρ	g/cm^3	1.24～1.31	1.35～1.42	1.49～1.56
2	灰分含量	%	13～18	28～33	43～48
3	拉伸断裂应力 σ_B	MPa	≥120	≥160	≥190
4	弯曲强度 σ_{fM}	MPa	≥175	≥235	≥270
5	悬臂梁缺口冲击强度	kJ/m^2	≥5	≥9	≥12
6	负荷变形温度（$T_f=1.8$）	℃	≥255	≥260	≥260
7	吸水率（水中 23 ℃/24 h）	%	≤0.30	≤0.25	≤0.20

4.3 限用物质

产品应满足 GB/T 26572 对限用物质的限量要求及其他规定要求。

5 试验方法

5.1 外观

按 SH/T 1541—2006 规定的热塑性塑料颗粒外观试验方法对本标准中材料的外观进行检验。

5.2 试样制备

注塑试样按 GB/T 17037.1—1997 规定进行，推荐使用表 8 规定的条件。注塑前，材料应在 120 ℃～140 ℃的温度下干燥 2 h～6 h，保证含水率不超过 0.1%。

表 8 试样的注塑条件

熔体温度/℃	模具温度/℃	注射速率/(mm/s)	保压时间/s	全循环时间/s
320±10	120±20	200±100	15±5	40±5

用 GB/T 17037.1—1997 标准中的 A 型模具制备符合 GB/T 1040.2—2006 中 1A 型试样，B 型模具制备 80 mm×10 mm×4 mm 长条试样。

用于测定燃烧性、电气强度、相比电痕化指数、吸水率的试样可用符合尺寸要求的模具注塑制备。

5.3 试样的状态调节

试样的状态调节应按 GB/T 2918—1998 的规定进行。状态调节的条件为温度(23±2) ℃，相对湿度(50±10)%，时间至少 16 h。

5.4 熔融峰温度

测试按照 GB/T 19466.3—2004 中规定进行，升温速率为 10 ℃/min，并取第二次升温过程中的熔融峰值温度。

5.5 玻璃化转变中点温度

测试按照 GB/T 19466.2—2004 中规定进行，升温速率为 20 ℃/min，并取第二次升温过程中的玻璃化转变中点温度。

5.6 特性黏数

测试按照 GB/T 12006.1—2009 中规定进行。

5.7 密度

试样截取按 5.2 制备的 A 型注塑试样的中间部分。

试样的状态调节按 5.3 规定进行。

按 GB/T 1033.1—2008 规定进行，采用 A 法。

5.8 灰分含量

测试按照 GB/T 9345.4—2008 中规定进行。

5.9 拉伸断裂应力

试样为按 5.2 制备的多用途试样。

试样的状态调节按 5.3 规定进行。

测试按 GB/T 1040.2—2006 规定进行，试验速度为 5 mm/min。

5.10 弯曲强度

试样为按 5.2 制备的 80 mm×10 mm×4 mm 长条注塑试样。

试样的状态调节按 5.3 规定进行。

测试按 GB/T 9341—2008 的规定进行，试验速度为 2 mm/min。

5.11 悬臂梁缺口冲击强度

试样为按 5.2 制备的 80 mm×10 mm×4 mm 长条注塑试样。

试样的状态调节按 5.3 规定进行。

测试按 GB/T 1843—2008 的规定进行，样条应在注塑后的 1 h～4 h 内加工缺口，缺口类型为 A 型，机加工样条应在规定环境中至少调节 16 h 后测试。

5.12 负荷变形温度

试样为按 5.2 制备的 80 mm×10 mm×4 mm 长条注塑试样。

试样的状态调节按 5.3 规定进行。

测试按 GB/T 1634.2—2004 中的 A 法(负荷为 1.80 MPa)规定进行。试验时，加热装置的起始温度应低于 27 ℃。加热升温速率为(120±10) ℃/h。

5.13 燃烧性

试样可为按 5.2 规定制备的推荐尺寸为≥125 mm×≥13 mm×0.8 mm 的注塑试样，也可按照需方要求的其他厚度的试样进行测试。仲裁时采用试样厚度为 0.8 mm。

测试按 GB/T 2408—2008 规定进行，采用 50 W 垂直火焰试验方法。

5.14 电气强度

试样为按 5.2 规定制备的推荐尺寸为≥60 mm×≥60 mm×0.8 mm 的注塑试样。

测试按 GB/T 1408.1—2006 中规定进行。

5.15 相比电痕化指数

试样为按 5.2 规定制备的推荐尺寸为≥15 mm×≥15 mm×≥3 mm 的试样。

测试按 GB/T 4207—2003 中规定进行。

5.16 吸水率

试样为按 5.2 规定制备的推荐尺寸为 ϕ50 mm×3 mm 的试样。

测试按 GB/T 1034—2008 中规定进行。

5.17 限用物质

按 GB/T 26125 规定的方法进行。

5.18 试验结果的判定

试验结果的修约应按 GB/T 8170 标准中规定进行。

6 检验规则

6.1 检验分类与检验项目

玻璃纤维增强聚对苯二甲酰癸二胺产品的检验可分为型式检验和出厂检验两类。

玻璃纤维增强聚对苯二甲酰癸二胺产品出厂检验至少应包含外观、密度、灰分含量、拉伸断裂应力、悬臂梁缺口冲击强度、弯曲强度、燃烧性、负荷变形温度和吸水率。

型式检验项目为颗粒外观、限用物质和表3、表4或表5或表6中的所有项目。在正常生产的情况下，每年至少进行一次型式检验。有下列情况之一时，也应进行型式检验：

a) 生产工艺发生变化；

b) 重要原料发生变化；

c) 停产超过半年后重新恢复生产；

d) 出厂检验结果与上次型式检验结果有较大差异。

6.2 组批规则与抽样方案

6.2.1 组批规则

玻璃纤维增强聚对苯二甲酰癸二胺材料以相同原料、相同工艺生产的同一规格的产品为一批。批次最大量不超过50 t。

产品以批为单位进行检验和验收。

6.2.2 抽样方案

产品抽样按GB/T 2547—2008规定进行。

6.3 判定规则和复验规则

6.3.1 判定规则

根据本标准规定方法进行检验，检验结果有一项不合格时判为不合格。

6.3.2 复验规则

检验结果不合格时，应从该批材料中另取双倍数量的试样对不合格的检验项目进行复验。若复验结果全部合格，则判该批材料合格；若复验结果仍有不合格项目，则该批材料为不合格。

7 标志、包装、运输和贮存

7.1 标志

本产品的包装袋上应有明显、清晰、牢固的标志，标明注册商标、生产商名称、产品名称、型号、批号、净含量、生产日期及本标准号。

7.2 包装

本产品采用内层为聚丙烯、外层为牛皮纸袋的双层包装袋或其他包装形式。包装袋的封口应保证产品在储存、运输时不被污染。包装袋要防尘、防潮。

7.3 运输

在运输和装卸过程中不应使用铁钩等锐利工具，切忌抛掷。不应暴晒或雨淋。

7.4 贮存

本产品应贮存在干燥、通风良好的仓库内。贮存期不应超过2年。

ICS 83.080.20
G 32

中华人民共和国国家标准

GB/T 29645—2013

塑料　聚苯乙烯再生改性专用料

Plastics—Recycled polystyrene compound

2013-09-06 发布　　2014-01-31 实施

中华人民共和国国家质量监督检验检疫总局
中国国家标准化管理委员会　发布

前 言

本标准按照 GB/T 1.1—2009 给出的规则起草。

本标准由中国石油和化学工业联合会提出。

本标准由全国塑料标准化技术委员会改性塑料分技术委员会(SAC/TC 15/SC 10)归口。

本标准负责起草单位:金发科技股份有限公司、江苏金发科技新材料有限公司、天津金发新材料有限公司。

本标准参加起草单位:中蓝晨光化工研究设计院有限公司、上海金发科技发展有限公司、广州毅昌科技股份有限公司、广州进出口商品检验技术研究所、上海英科实业有限公司、TCL 汤姆逊电子有限公司、上海金玺实验室有限公司、成都高洁达实业有限公司。

本标准主要起草人:程庆、宁凯军、袁绍彦、蔡彤旻、胡志华、刘奇祥、王林、叶南飚、叶晓光、王建东、夏建盟、陶四平、吴春明、王代青、陈平、李浩杰、李志杰、陈广强、石鑫。

引　言

回收聚苯乙烯类材料按照材料来源可以分为消费后聚苯乙烯类材料和消费前聚苯乙烯类材料。本标准中的回收聚苯乙烯类材料，包括消费后聚苯乙烯类材料、消费前聚苯乙烯类材料，或者二者的共混物。聚苯乙烯类材料包括无定形聚苯乙烯均聚物和橡胶改性的聚苯乙烯。

本标准的目的是提倡在最终用户产品中使用回收聚苯乙烯类材料，材料的选择应由塑料领域的专业人士根据最终用户产品的设计、功能、使用环境、材料特性等因素，经过慎重分析而决定。

塑料 聚苯乙烯再生改性专用料

1 范围

本标准规定了聚苯乙烯再生改性专用料的分类与命名、要求、试验方法、检验规则、标志、包装、运输和贮存。

本标准适用于以回收聚苯乙烯类材料为主要成分，通过改性得到的增韧、阻燃聚苯乙烯再生改性专用料。

2 规范性引用文件

下列文件对于本文件的应用是必不可少的。凡是注日期的引用文件，仅注日期的版本适用于本文件。凡是不注日期的引用文件，其最新版本(包括所有的修改单)适用于本文件。

GB/T 1033.1—2008 塑料 非泡沫塑料密度的测定 第1部分:浸渍法、液体比重瓶法和滴定法

GB/T 1040.2—2006 塑料 拉伸性能的测定 第2部分:模塑和挤塑塑料的试验条件

GB/T 1634.2—2004 塑料 负荷变形温度的测定 第2部分:塑料、硬橡胶和长纤维增强复合材料

GB/T 1843 塑料 悬臂梁冲击强度的测定

GB/T 1844.1 塑料 符号和缩略语 第1部分:基础聚合物及其特征性能

GB/T 2035 塑料术语及其定义

GB/T 2547 塑料 取样方法

GB/T 2918 塑料试样状态调节和试验的标准环境

GB/T 3682—2000 热塑性塑料熔体质量流动速率和熔体体积流动速率的测定

GB/T 5169.16 电工电子产品着火危险试验 第16部分:试验火焰 50 W水平与垂直火焰试验方法

GB/T 8170 数值修约规则与极限数值的表示和判定

GB/T 9341 塑料 弯曲性能的测定

GB/T 17037.1—1997 热塑性塑料材料注塑试样的制备 第1部分:一般原理及多用途试样和长条试样的制备

GB/T 18964.2—2003 塑料 抗冲击聚苯乙烯(PS-I)模塑和挤出材料 第2部分:试样制备和性能测定

GB/T 26125 电子电气产品 六种限用物质(铅、汞、镉、六价铬、多溴联苯和多溴二苯醚)的测定

GB/T 26572 电子电气产品中限用物质的限量要求

SH/T 1541 热塑性塑料颗粒外观试验方法

3 术语和定义

GB/T 2035 界定的以及下列术语和定义适用于本文件。

3.1

聚苯乙烯　polystyrene

由苯乙烯制得的聚合物。

[GB/T 2035,定义 2.760]

3.2

材料回收　material recovery

包括机械式再生、给料式(化学式)再生和有机再生在内的材料加工操作,但不包括能量回收。

3.3

消费后材料　postconsumer

产生于最终用户产品的材料,这些材料已经实现其设计目标或不能再使用(包括从销售链中返回的材料)。

3.4

消费前材料　preconsumer

制造过程中成为废品转移来的材料。

注 1:这一术语不包括再利用的材料,如在给定加工过程中产生,并在同一加工过程中能够回收的再加工料、碎料。

注 2:同义语:工业后材料。

3.5

聚苯乙烯再生改性专用料　recycled polystyrene compound

以回收聚苯乙烯类材料为主要成分,以能改善回收聚苯乙烯类材料的力学、流变、燃烧性、使用寿命等某一方面或某几个方面性能的添加剂或其他树脂等为辅助成分,通过填充、共混、合金化等技术手段得到的具有均一外观和性能的材料。

4　分类与命名

聚苯乙烯再生改性专用料的分类与命名见附录 A。

5　要求

5.1　外观要求

聚苯乙烯再生改性专用料应粒径均匀、无污染粒。

5.2　环保要求

产品的环保要求应满足 GB/T 26572 的规定。

5.3　技术要求

5.3.1　对于增韧级聚苯乙烯再生改性专用料,回收聚苯乙烯类材料含量不低于 50%(提供自我声明),其他技术要求见表 1。

5.3.2　对于阻燃级聚苯乙烯再生改性专用料,回收聚苯乙烯类材料含量不低于 25%(提供自我声明),其他技术要求见表 2。

表 1 增韧级聚苯乙烯再生改性专用料的技术要求

项　　目	优等品	一级品	合格品
密度 ρ/(g/cm^3)	1.03～1.04	1.03～1.05	1.03～1.07
熔体质量流动速率(MFR)/(g/10 min)	3～10	3～10	3～10
拉伸屈服应力 σ_y/MPa	≥25	≥23	≥20
拉伸断裂应变 ε_B/%	≥30	≥20	≥15
弯曲强度 σ_{fM}/MPa	≥38	≥35	≥32
弯曲模量 E_f/MPa	≥2 000	≥1 900	≥1 800
悬臂梁缺口冲击强度/(kJ/m^2)	≥9.5	≥8.5	≥7.0
负荷变形温度(未退火)(T_f=1.8)/℃	≥70	≥68	≥66
燃烧性(B50/3)	HB	HB	HB

表 2 阻燃级聚苯乙烯再生改性专用料的技术要求

项目	优等品	一级品	合格品
密度 ρ/(g/cm^3)	1.06～1.20	1.06～1.20	1.06～1.20
熔体质量流动速率 MFR/(g/10 min)	5～15	5～15	5～15
拉伸屈服应力 σ_y/MPa	≥22	≥20	≥18
拉伸断裂应变 ε_B/%	≥30	≥20	≥15
弯曲强度 σ_{fM}/MPa	≥38	≥32	≥28
弯曲模量 E_f/MPa	≥2 000	≥1 800	≥1 700
悬臂梁缺口冲击强度/(kJ/m^2)	≥8.5	≥7.0	≥6.0
负荷变形温度(未退火)(T_f=1.8)/℃	≥70	≥67	≥65
燃烧性(B50/3)	需方提供		

6 试验方法

6.1 试验结果的判定

试验结果采用修约值判定法，应按 GB/T 8170 规定进行。

6.2 试样制备

试样的注塑条件见 GB/T 18964.2—2003 中 3.2 的规定。

用 GB/T 17037.1—1997 中的 A 型模具制备符合 GB/T 1040.2—2006 中 1A 型试样，B 型模具制备 80 mm×10 mm×4 mm 的长条试样。

用于测试燃烧性的试样可用符合尺寸要求的模具制备注塑试样。

6.3 试样的状态调节和试验的标准环境

试样的状态调节应按 GB/T 2018 的规定进行。状态调节的条件为温度 23 ℃±2 ℃，相对湿度(50±10)%，时间至少 16 h。

所有试验都应在 GB/T 2918 规定的标准试验环境下进行，温度为 23 ℃±2 ℃，相对湿度为(50±10)%。

6.4 颗粒外观

按 SH/T 1541 中的规定进行。

6.5 熔体质量流动速率(MFR)

按 GB/T 3682—2000 中 A 法或 B 法规定进行。试验条件 H(温度:200 ℃、负荷:5 kg)。

6.6 拉伸试验

试样为按 6.2 制备的 1A 型试样。
试样的状态调节按 6.3 规定进行。
测试按 GB/T 1040.2—2006 规定进行，试验速度为 50 mm/min。

6.7 弯曲试验

试样为按 6.2 规定制备的 80 mm×10 mm×4 mm 长条试样。
试样的状态调节按 6.3 规定进行。
测试按 GB/T 9341 的规定进行，试验速度为 2 mm/min。

6.8 悬臂梁缺口冲击强度

试样为按 6.2 规定制备的 80 mm×10 mm×4 mm 长条试样。
测试按 GB/T 1843 的规定进行，样条应在注塑 1 h 后加工缺口，缺口类型为 A 型。
试样的状态调节按 6.3 规定进行。

6.9 负荷变形温度

试样为按 6.2 规定制备的 80 mm×10 mm×4 mm 长条试样。
试样的状态调节按 6.3 规定进行。
测试按 GB/T 1634.2—2004 中的 A 法(负荷为 1.80 MPa)规定进行。加热升温速率为(120±10)℃/ h。

6.10 密度

试样取自按 6.2 制备的 1A 型注塑试样的中间部分。
试样的状态调节按 6.3 规定进行。
测试按 GB/T 1033.1—2008 中 A 法规定进行，测试温度 23 ℃±0.5 ℃。

6.11 燃烧性

试样为按 6.2 制备的试样，推荐尺寸 125 mm×13 mm×3 mm。也可按照需方要求的其他尺寸的试样进行测试。仲裁时采用试样厚度为 3.0 mm。
试样的状态调节按 6.3 规定进行。
按 GB/T 5169.16 的规定进行。

6.12 有毒有害物质

按 GB/T 26125 规定的方法进行。

7 检验规则

7.1 检验分类与出厂检验项目

聚苯乙烯再生改性专用料产品的检验可分为型式检验和出厂检验。

各类聚苯乙烯再生改性专用料出厂检验至少应包括：

a) 熔体质量流动速率；

b) 悬臂梁缺口冲击强度；

c) 密度。

7.2 出厂检验

7.2.1 组批规则

以同一生产线上、相同原料、相同工艺所生产的同一牌号的产品组批，生产厂也可按一定生产周期或储存料仓为一批对产品进行组批。

产品以批为单位进行检验和验收。

7.2.2 抽样方案

可在料仓的下料口抽样，也可按生产周期等实际情况确定具体的抽样方案。

包装后产品的取样应按 GB/T 2547 规定进行。

7.2.3 判定规则

应由生产厂的质量检验部门按照本标准规定进行检验，依据检验结果对产品作出质量判定，并提出证明。

产品出厂时，每批产品应附有产品质量检验合格证。合格证上应注明：

a) 产品名称、牌号及批号；

b) 生产厂名称；

c) 产品执行标准；

d) 应盖有质检专用章和检验员章。

7.2.4 复验规则

检验结果不合格时，应从该批材料中另取双倍数量的试样对不合格的检验项目进行复验。若复验结果全部合格，则判该批材料合格；若复验结果仍有不合格项目，则判该批材料为不合格。

7.3 型式检验

7.3.1 检验要求

有如下情况之一时应进行型式检验：

a) 新产品定型正式投产时；

b) 如材料、工艺有较大改变，可能影响产品性能时；

c) 停产半年后，重新恢复生产时；

d) 正常生产每年进行一次；

e) 用户或质量监督部门提出进行型式检验要求时。

7.3.2 检验项目

型式检验应符合本标准第5章规定。

7.3.3 抽样

按7.2.2抽样方案进行。

7.3.4 判定规则

检验项目不合格时，可加倍抽样复检，复检后仍不合格，则判该批材料为不合格。

8 标志

聚苯乙烯再生改性专用料的外包装袋上应有明显的、清晰的、牢固的标志。标志内容可包括：商标、生产厂名称、标准号、产品名称、牌号、生产日期、批号和净含量等。

9 包装、运输及贮存

9.1 包装

聚苯乙烯再生改性专用料包装要求：

a) 采用双层包装袋，外层为牛皮纸袋或聚丙烯编织袋，内层用聚乙烯包装袋或其他包装形式；

b) 包装袋的封口应保证产品在储存、运输时不被污染；

c) 包装袋要防尘、防潮，包装上应有不易脱落的符合第8章规定的标志；

d) 每袋产品的净含量宜为25 kg。

9.2 运输

聚苯乙烯再生改性专用料运输要求：

a) 在运输和装卸过程中严禁使用铁钩等锐利工具，切忌抛掷；

b) 运输工具应保持清洁、干燥并备有厢棚或苫布；

c) 运输时不应与其他物品及有毒、易燃或腐蚀性物品混装运输。

9.3 贮存

聚苯乙烯再生改性专用料贮存条件：

a) 应贮存在干燥、通风良好的仓库内，不应露天堆放；

b) 不应与有毒、易燃或腐蚀性物品一起贮存，且堆放平整；

c) 贮存时应远离热源，并防止阳光直接照射；

d) 从生产之日起，贮存期限一般不超过12个月。

附 录 A
（规范性附录）
分类与命名

A.1 总则

聚苯乙烯再生改性专用料的分类与命名基于下列标准模式：

命名			
特征项目组			
字符组 1	字符组 2	字符组 3	字符组 4

命名由表示特征项目组的四个字符组构成：

字符组 1：再生改性聚苯乙烯代号(见 A.2)。

字符组 2：回收聚苯乙烯类材料的来源信息(见 A.3)。

字符组 3：回收聚苯乙烯类材料的含量(见 A.4)。

字符组 4：苯乙烯再生改性专用料的改性技术特征(见 A.5)。

字符组之间用逗号隔开。

A.2 字符组 1

该字符组综合 GB/T 1844.1 的规定，再生改性聚苯乙烯代号为 PS-RC。

A.3 字符组 2

回收聚苯乙烯类材料具有不同的来源，每个来源用两个数字组成的数字代号表示，见表 A.1。如果回收聚苯乙烯类材料有两个来源，可以用非 0 数字代号组合而成的代号表示，含量高的来源代号放在前面。例如，电子电器/PS-E，可用 32 表示。

表 A.1 字符组 2 中不同来源的回收聚苯乙烯类材料使用的代号

代号	回收聚苯乙烯类材料来源
01	包装材料(不包括 PS-E)
02	PS-E
03	电子电器
04	其他

A.4 字符组 3

按照可能出现的数值，将回收聚苯乙烯类材料的含量(质量分数)分为几个范围，每个范围用一个数字组成的数字代号表示，见表 A.2。

表 A.2　字符组 3 中回收聚苯乙烯类材料含量的代号及范围

代号	回收聚苯乙烯类材料的含量
1	10%～20%
2	>20%～30%
3	>30%～40%
4	>40%～50%
5	>50%～60%
6	>60%～70%
7	>70%～80%
8	>80%～90%
9	>90%

注 1：回收聚苯乙烯类材料的含量小于 10%，作为辅助成分。

注 2：回收聚苯乙烯类材料的含量的计算公式：回收聚苯乙烯类材料质量分数＝(回收聚苯乙烯类材料质量/基体树脂质量)＝(消费后回收聚苯乙烯类材料质量＋消费前回收聚苯乙烯类材料质量)/基体树脂质量。

注 3：基体树脂质量包括回收聚苯乙烯类材料及其与初级原生聚苯乙烯的共混物质量，不包括改性添加剂的质量。

A.5　字符组 4

聚苯乙烯再生改性专用料按照不同的改性技术特征进行分类，每种改性技术特征用一个或两个英文字母组成的字符代号表示，见表 A.3。

表 A.3　字符组 3 中聚苯乙烯再生改性专用料的改性技术特征代号

代号	改性技术特征
FR	阻燃
T	增韧
R	填充或增强
X	其他

A.6　示例

某阻燃等级的聚苯乙烯再生改性专用料，回收来源于电子电器外壳的聚苯乙烯且含量为 55%，该材料命名如下：

PS-RC,03,5,FR

字符组 1:再生改性聚苯乙烯树脂代号

字符组 2:回收聚苯乙烯类材料来源代号

字符组 3:回收聚苯乙烯类材料含量代号

字符组 4:聚苯乙烯再生改性专用料的改性技术特征代号

命名:PS-RC,03,5,FR

ICS 83.080.20
G 32

中华人民共和国国家标准

GB/T 29646—2013

吹塑薄膜用改性聚酯类生物降解塑料

Modified biodegradable polyester used for blown film

2013-09-06 发布　　2014-01-31 实施

中华人民共和国国家质量监督检验检疫总局
中国国家标准化管理委员会　发布

前　言

本标准按照 GB/T 1.1—2009 给出的规则起草。

本标准由中国石油和化学工业联合会提出。

本标准由全国塑料标准化技术委员会改性塑料分技术委员会(SAC/TC 15/SC 10)归口。

本标准负责起草单位:金发科技股份有限公司、珠海万通化工有限公司、江苏金发科技新材料有限公司。

本标准参加起草单位:中蓝晨光化工研究设计院有限公司、广州毅昌科技股份有限公司、广州进出口商品检验技术研究所、上海金玺实验室有限公司、成都高洁达实业有限公司。

本标准主要起草人:徐依斌、曾祥斌、蔡彤旻、袁绍彦、宁凯军、黄险波、刘奇祥、焦建、苑仁旭、王建东、夏建盟、谢飞鹏、陈平、卢焯冬、陈广强、石鑫。

吹塑薄膜用改性聚酯类生物降解塑料

1 范围

本标准规定了吹塑薄膜用改性聚酯类生物降解塑料的术语和定义、要求、试验方法、检验规则、标志、包装、运输与贮存。

本标准适用于由一种或一种以上具备生物降解能力的聚酯树脂经由塑料改性制备的、可用于吹塑薄膜的生物降解塑料(简称为生物降解塑料)。常见的聚酯树脂主要有聚乳酸、聚 α-羟基烷基酸酯、聚丁二酸丁二醇酯、脂肪族芳香族共聚酯等。

2 规范性引用文件

下列文件对于本文件的应用是必不可少的。凡是注日期的引用文件,仅注日期的版本适用于本文件。凡是不注日期的引用文件,其最新版本(包括所有的修改单)适用于本文件。

GB/T 1040.2—2006 塑料 拉伸性能的测定 第2部分:模塑和挤塑塑料的试验条件

GB/T 2035 塑料术语及其定义

GB/T 2547 塑料 取样方法

GB/T 2918 塑料试样状态调节和试验的标准环境

GB/T 3682—2000 热塑性塑料熔体质量流动速率和熔体体积流动速率的测定

GB/T 6040 红外光谱分析方法通则

GB/T 8170 数值修约规则与极限数值的表示和判定

GB/T 9345.1 塑料 灰分的测定 第1部分:通用方法

GB/T 17037.1—1997 热塑性塑料材料注塑试样的制备 第1部分:一般原理及多用途试样和长条试样的制备

GB/T 19276.1 水性培养液中材料最终需氧生物分解能力的测定 采用测定密闭呼吸计中需氧量的方法

GB/T 19276.2 水性培养液中材料最终需氧生物分解能力的测定 采用测定释放的二氧化碳的方法

GB/T 19277.1 受控堆肥条件下材料最终需氧生物分解能力的测定 采用测定释放的二氧化碳的方法 第1部分:通用方法

GB/T 23942 化学试剂 电感耦合等离子体原子发射光谱法通则

SH/T 1541 热塑性塑料颗粒外观试验方法

ISO 10359-1 水质 氟化物测定 第1部分:用电化学探头法测定饮用水和轻度污染的水(Water quality—Determination of fluoride—Part 1:Electrochemical probe method for potable and lightly polluted water)

ISO 14853 塑料 含水系统中塑料材料最终厌氧生物降解性的测定 生物气产生的测量方法(Plastics—Determination of the ultimate anaerobic biodegradation of plastic materials in an aqueous system—Method by measurement of biogas production)

ISO 15985 塑料 在高固相厌氧消化条件下测定最终厌氧生物降解和分解作用 释放的生物气分析法(Plastics—Determination of the ultimate anaerobic biodegradation and disintegration under high-solids anaerobic-digestion conditions—Method by analysis of released biogas)

ISO 17294-2 水质 感应耦合等离子体质谱法(ICP-MS)的应用 第2部分:62种元素的测定(Water quality—Application of inductively coupled plasma mass spectrometry(ICP-MS)—Part 2: Determination of 62 elements)

EN 13656 废弃物的特征 氢氟酸、硝酸和盐酸混合物微波消解法测定废弃物中元素[Characterization of waste—Microwave assisted digestion with hydrofluoric (HF), nitric (HNO_3) and hydrochloric (HCl) acid mixture for subsequent determination of elements]

UL 746A 聚合物短期性能评定 附录A 红外(IR)分析一致性标准(Polymeric materials—Short term property evaluations—Appendix A—Infrared analysis conformance criteria)

3 术语和定义

GB/T 2035 界定的以及下列术语和定义适用于本文件。

3.1

吹塑薄膜 blown film

经由吹塑工艺制得的膜状材料。

3.2

生物降解塑料 biodegradable plastic

由自然界存在的微生物,如细菌、霉菌和藻类等作用引起降解的塑料。

[GB/T 2035,定义2.68]

3.3

聚酯 polyester

分子链的重复结构单元是酯型的聚合物。

[GB/T 2035,定义2.724]

3.4

改性聚酯 modified polyester

以聚酯为主要成分,以能改善聚酯在力学、流变、使用寿命等某一方面或某几个方面性能的添加剂或其他树脂等为辅助成分,通过填充、共混、合金化等技术手段得到的具有均一外观的材料。

3.5

组分 ingredient

构成改性聚酯类生物降解塑料的所有纯化学原料和物质。

3.6

总干固体 total dry solid

样品在80 ℃下干燥至恒重时所剩的固体物质。

3.7

挥发性固体 volatile solid

总干固体中能在550 ℃下失重的那部分固体物质。

注:挥发性固体含量可以用来表征试样中有机物质的含量。

3.8

二氧化碳理论释放量 theoretical amount of evolved carbon dioxide

试验材料完全氧化时所能生成的二氧化碳理论最大值,可由分子式计算得到,以每克或每毫克试验材料释放出的二氧化碳的毫克数表示。

4 要求

4.1 基本性能要求

4.1.1 生物降解塑料的外观应粒径均匀、无杂色粒、无污染粒。

4.1.2 基本性能要求见表1。

表1 基本性能要求

序号	项目		要求
1	有机物含量/%		≥50
2	水分/%		≤0.05
3	熔体质量流动速率(*MFR*)的偏差/(g/10 min)	*MFR*<5	M_1±0.5
		5≤*MFR*<10	M_2±2.0
		10≤*MFR*<20	M_3±3.0
		MFR≥20	M_4±5.0
4	拉伸屈服应力 σ_y/MPa		≥13
5	拉伸断裂应变 ε_B/%		≥200
6	乙醇-水溶液提取物含量/%		≤0.1
7	正己烷提取物含量/%		≤0.1
注：表中 M_1、M_2、M_3 和 M_4 分别代表不同范围 *MFR* 的标称值。			

4.2 性能要求

4.2.1 组分要求

含量不大于1%的组分不需测试生物降解能力，其组分的总量不应超过5%。

4.2.2 有氧生物降解要求

含量(总干固体含量)超过1%的各种有机成分应测定最终需氧生物降解能力。

样品的生物降解率应不小于90%，或相对于到达测试平稳期后的参照材料(微晶纤维素)最大生物降解率的90%。

4.2.3 厌氧生物降解要求

厌氧生物降解的测试时间最多为60 d。厌氧生物降解率经过规定时间测试后，生物降解百分比应不低于测试材料理论值的50%。

生物降解性能要求应满足4.2.2及4.2.3中的至少一项。

4.3 重金属及其他有毒有害物质要求

重金属及其他有毒有害元素的含量要求见表2。

表 2 元素的含量要求

单位为毫克每千克

元素名称	含量	元素名称	含量
Zn(锌)	≤150	Cr(铬)	≤50
Cu(铜)	≤50	Mo(钼)	≤1
Ni(镍)	≤25	Se(硒)	≤0.75
Cd(镉)	≤0.5	As(砷)	≤5
Pb(铅)	≤50	F (氟)	≤100
Hg(汞)	≤0.5		

4.4 一致性要求

同一批次或者同一牌号的生物降解塑料样品的红外谱图应具有一致性。

5 试验方法

5.1 试验结果的判定

试验结果采用修约值判定法,应按 GB/T 8170 的规定进行。

5.2 外观

按 SH/T 1541 中的规定进行。

5.3 试样的制备

在 70 ℃下用真空干燥箱干燥测试物料,水分应≤0.05%。

测试物料采用注塑工艺得到相应的测试样件时,用 GB/T 17037.1—1997 中的 A 型模具制备符合 GB/T 1040.2—2006 中 1A 型试样。模塑温度可以根据测试物料自身熔体状态进行设定,推荐选用 190 ℃。

5.4 试样状态调节和试验的标准环境

试样状态调节应按 GB/T 2918 中的规定进行。状态调节的条件为温度 23 ℃±2 ℃,相对湿度 (50±10)%,调节时间大于 24 h。

5.5 有机物含量的测定

取适量 5.3 规定的已进行干燥的测试物料,按照 GB/T 9345.1 规定进行测试。马弗炉灼烧温度为 550 ℃±20 ℃,灼烧时间 1 h。计算见式(1):

$$w_1 = \frac{m - m_1}{m} \times 100\% \quad \cdots\cdots(1)$$

式中:

w_1——有机物含量;

m ——称取的测试物料质量,单位为克(g);

m_1——测试物料经灼烧后的残余物料质量,单位为克(g)。

5.6 重金属及其他元素的测定

测试物料的消解按 EN 13656 的规定进行。

测试物料中元素 Zn、Cu、Ni、Cr、Mo、Co、Hg 的含量测定按 GB/T 23942 的规定进行。

测试物料中元素 As、Cd、Pb、Se 的含量测定按 ISO 17294-2 的规定进行。

测试物料中元素 F 的含量测定按 ISO 10359—1 的规定进行。

5.7 红外测试与一致性评价

样品的红外测定依据 GB/T 6040 进行。

一致性评价依据标准 UL 746A 进行。

5.8 生物降解率的测定

测试样品的有氧生物降解率按 GB/T 19277.1 规定的生物分解百分率的测试进行。

如果测试样品不适用于 GB/T 19277.1，按 GB/T 19276.1 或 GB/T 19276.2 的规定进行。

有氧生物降解率用规定时间内的二氧化碳转化率(即规定时间内测试物料释放出的二氧化碳数量与其二氧化碳理论释放量的比值)表示。

厌氧生物降解率按 ISO 14853 或 ISO 15985 的规定进行。厌氧生物降解率的计算按照测试物料在厌氧生物降解测试过程中产生的生物气产物占理论产出率的百分比进行计算。

5.9 水分含量

称取 10 g 测试物料(精确至 0.1 mg)，放入 90 ℃烘干至恒量的称量瓶内，在 70 ℃真空干燥箱内放置至少 4 h 后，放入干燥器中冷却至室温后称量，再放入上述真空干燥箱内烘干 0.5 h，冷却后称量，直至前后两次称量之差不大于 0.3 mg，即为恒量。

结果按式(2)计算：

$$w_2 = \frac{m_1 - m_2}{m} \times 100\% \qquad \cdots\cdots (2)$$

式中：

w_2——水分含量，以%表示；

m——称取的测试物料的质量，单位为克(g)；

m_1——恒重后测试物料和称量瓶的总质量，单位为克(g)；

m_2——称量瓶质量，单位为克(g)。

5.10 熔体质量流动速率(*MFR*)的偏差

测试按 GB/T 3682—2000 中 A 法规定进行。物料的测试温度与标称负荷可以根据物料的自身熔融特征选定，推荐测试温度为 190 ℃，推荐测试标称负荷为 2.16 kg。共测试 3 次，计算算术平均值。

按式(3)计算熔体质量流动速率的偏差：

$$\varepsilon = MFR_1 - MFR_0 \qquad \cdots\cdots (3)$$

式中：

ε——熔体质量流动速率偏差，单位是克每 10 分钟(g/10min)；

MFR_1——熔体质量流动速率测试算术平均值，单位是克每 10 分钟(g/10min)；

MFR_0——标称熔体质量流动速率，单位是克每 10 分钟(g/10min)。

5.11 拉伸性能

用 5.3 规定所制得的测试试样，按 GB/T 1040.2—2006 规定进行拉伸性能测试，试验速度为50 mm/min。

5.12 乙醇-水溶液提取物

称取按5.3条件下干燥得到的测试样品约1.00 g～2.00 g，装入250 mL回流冷凝器的烧瓶中，加入含8%乙醇的蒸馏水溶液100 mL，接好冷凝管，于水浴中加热回流24 h，回流温度50 ℃，立即用快速定性滤纸过滤，用少量含8%乙醇的蒸馏水溶液洗涤滤器及样品，洗液与滤液合并。加入与所用含8%乙醇的蒸馏水溶液等体积的氯仿，萃取。将萃取液放入已恒量的浓缩器的小瓶中，浓缩并回收氯仿，残渣于70 ℃干燥2 h，在干燥器中冷却30 min，称量。

按式(4)计算结果：

$$w_3 = \frac{m_1 - m_2}{m_3} \times 100\% \quad \cdots\cdots\cdots\cdots (4)$$

式中：

w_3——测试物料中乙醇-水溶液的提取物的含量，以%表示；

m_1——残渣加浓缩器小瓶的总质量，单位为克(g)；

m_2——浓缩器小瓶的质量，单位为克(g)；

m_3——测试物料质量，单位为克(g)。

5.13 正己烷提取物

称取按5.3条件下干燥得到的测试样品约1.00 g～2.00 g，装入250 mL回流冷凝器的烧瓶中，加入100 mL正己烷，接好冷凝管，于水浴中加热回流2 h，立即用快速定性滤纸过滤，用正己烷洗涤滤器及样品，洗液与滤液合并。将混合液放入已恒量的浓缩器的小瓶中，浓缩并回收正己烷，残渣于70 ℃干燥2 h，在干燥器中冷却30 min，称量。

按式(5)计算结果：

$$w_4 = \frac{m_1 - m_2}{m_3} \times 100\% \quad \cdots\cdots\cdots\cdots (5)$$

式中：

w_4——测试物料中正己烷的提取物的含量，以%表示；

m_1——残渣加浓缩器小瓶的总质量，单位为克(g)；

m_2——浓缩器小瓶的质量，单位为克(g)；

m_3——测试物料质量，单位为克(g)。

6 检验规则

6.1 检验分类与检验项目

生物降解塑料的检验可分为型式检验和出厂检验两类。

型式检验为全部项目。型式检验应一年进行一次。若有以下情况之一，应进行型式检验：

a) 新产品试制和生产定型；

b) 原料及生产工艺有较大变动可能影响产品性能；

c) 产品生产装置检修后恢复生产；

d) 出厂检验结果和上次型式检验结果有较大差异；

e) 国家质量技术监督部门有要求。

出厂检验项目至少为外观、水分、熔体质量流动速率、拉伸屈服应力、拉伸断裂应变。

6.2 组批规则

生物降解塑料以同一生产线上、相同原料、相同工艺所生产的同一牌号的产品组批，生产厂也可按一定生产周期或储存料仓为一批对产品进行组批。产品以批为单位进行检验和验收。

6.3 抽样方案

未包装生物降解塑料可在料仓的下料口抽样，也可按生产周期等实际情况确定具体的抽样方案。

包装后产品的取样应按 GB/T 2547 的规定进行。

6.4 判定规则

生产厂质量检验部门应按照本标准规定进行检验，依据检验结果对产品质量作出质量判定，并提出证明。

产品出厂时，每批产品应附有产品质量检验合格证。合格证上应注明：

a) 产品名称、牌号及批号；

b) 生产厂名称；

c) 产品执行标准；

d) 应盖有质检专用章和检验员章。

6.5 复验规则

检验结果不合格时，应从该批材料中另取双倍数量的试样对不合格的检验项目进行复验。若复验结果全部合格，则判该批材料合格；若复验结果仍有不合格项目，则判该批材料为不合格。

7 标志

生物降解塑料的外包装袋上应有明显的标志，标志内容可包括：

a) 产品名称、商标及牌号；

b) 生产厂名称和地址；

c) 产品执行标准编号；

d) “生物降解塑料”或相应的英文(包括缩写)；

e) 产品批次号(含生产日期)；

f) 产品净含量。

8 包装、运输与贮存

8.1 包装

生物降解塑料包装要求：

a) 应密封包装，宜充氮气保护；

b) 包装应能防尘、防潮并保证产品在贮存、运输过程不被污染；

c) 内包装应采用铝塑复合或塑料袋，外包装应采用纸袋或编织袋等。

8.2 运输

生物降解塑料运输要求：

a) 在运输和装卸过程中严禁使用铁钩等锐利工具，切忌抛掷；

b) 运输工具应保持清洁、干燥并备有厢棚或篷布；

c) 运输时不应与其他物品及有毒、易燃或腐蚀性物品混装运输；

d) 运输时应有防曝晒、雨淋措施。

8.3 贮存

生物降解塑料贮存要求：

a） 应存放在干燥、通风良好的仓库内，不应露天堆放；

b） 不应与有毒、易燃或腐蚀性物品一起贮存，且堆放应平整；

c） 贮存时应远离火源，防止阳光直接照射；

d） 从生产之日起，贮存期限一般不超过12个月。

ICS 83.080.20
G 32

中华人民共和国国家标准

GB/T 30923—2014

塑料 聚丙烯(PP)熔喷专用料

Plastics—Polypropylene materials for meltblown

2014-07-08 发布

2014-12-01 实施

中华人民共和国国家质量监督检验检疫总局
中国国家标准化管理委员会 发布

前　言

本标准按照GB/T 1.1—2009给出的规则起草。

本标准由中国石油化工集团公司提出。

本标准由全国塑料标准化技术委员会石化塑料树脂产品分技术委员会(SAC/TC 15/SC 1)归口。

本标准负责起草单位:中国石油化工股份有限公司北京燕山分公司树脂应用研究所。

本标准参加起草单位:上海伊士通新材料发展有限公司、山东道恩高分子材料股份有限公司、中国石油化工股份有限公司北京燕山分公司塑料分公司、山东俊富无纺布有限公司。

本标准主要起草人:陈青葵、殷昌平、于晓宁、柳先友、黄文胜、王素玉、李景清、赫妮娜、赵磊、陈全虎、慕春霞。

塑料　聚丙烯(PP)熔喷专用料

1　范围

本标准规定了聚丙烯(PP)熔喷专用料的命名、要求、试验方法、检验规则、标志及包装、运输和贮存。

本标准适用于以聚丙烯为主要原料,以二叔丁基过氧化物(DTBP)为降解剂,经改性制得的聚丙烯熔喷专用料。

2　规范性引用文件

下列文件对于本文件的应用是必不可少的。凡是注日期的引用文件,仅注日期的版本适用于本文件。凡是不注日期的引用文件,其最新版本(包括所有的修改单)适用于本文件。

GB/T 2546.1—2006　塑料　聚丙烯(PP)模塑和挤出材料　第1部分:命名系统和分类基础

GB/T 2547—2008　塑料　取样方法

GB/T 2914—2008　塑料　氯乙烯均聚和共聚树脂挥发物(包括水)的测定

GB/T 2918—1998　塑料试样状态调节和试验的标准环境

GB/T 3682—2000　热塑性塑料熔体质量流动速率和熔体体积流动速率的测定

GB/T 8170—2008　数值修约规则与极限数值的表示和判定

GB/T 9345.1—2008　塑料　灰分的测定　第1部分:通用方法

GB 15979　一次性使用卫生用品卫生标准

SH/T 1541—2006　热塑性塑料颗粒外观试验方法

ISO 16014-4:2012　塑料　体积排除色谱法测定聚合物的平均分子量和分子量分布　第4部分:高温法(Plastics—Determination of average molecular mass and molecular mass distribution of polymers using size-exclusion chromatography—Part 4:High-temperature method)

3　命名

3.1　总则

聚丙烯熔喷专用料产品的命名与分类按 GB/T 2546.1—2006 的规定,并按以下方法进行:

<table>
<tr><td rowspan="3">命名
方式</td><td colspan="3">命名</td></tr>
<tr><td colspan="3">特征项目组</td></tr>
<tr><td>字符组 1</td><td>字符组 2</td><td>字符组 3</td></tr>
</table>

字符组 1:按照 GB/T 2546.1—2006 中 3.1 规定,均聚聚丙烯材料以代号“PPH”表示。

字符组 2:按照 GB/T 2546.1—2006 中 3.2 规定,纤维级的聚丙烯材料以代号“Y”表示。

字符组 3:特征性能,见 3.2。

字符组 1 和字符组 2 之间用逗号“,”隔开。

3.2 特征性能

聚丙烯熔喷专用料以熔体质量流动速率作为特征性能，并以其标称值为基础用四个数字做代号进行区分，代号的规定见表1。

表1 聚丙烯熔喷专用料熔体质量流动速率使用代号的规定

熔体质量流动速率的标称值 g/10 min	代号的规定
≥1 000	将其标称值取前两位有效数字并在后加“00”
<1 000	将其标称值取前两位有效数字并在前和后分别加“0”

聚丙烯熔喷专用料的生产者应对材料进行命名。由于生产过程的容许限，材料的试验值一般与命名值不同，该命名不受影响。

示例：某种聚丙烯熔喷专用料，熔体质量流动速率标称值为 1 200 g/10 min(1 200)。该材料命名如下：

PPH， Y 1 200

字符组1：聚丙烯代号

字符组2：纤维类

字符组3：熔体质量流动速率的标称值

命名：PPH,Y1200

4 通用要求

对于有卫生要求的聚丙烯熔喷专用料应符合 GB 15979 的规定。

5 要求

5.1 聚丙烯熔喷专用料为本色颗粒，无杂质。

5.2 聚丙烯熔喷专用料的其他技术要求见表2。

表2 聚丙烯熔喷专用料的要求

序号	测试项目		单位	PPH，Y0450	PPH，Y1000	PPH，Y1200	PPH，Y1300	PPH，Y1500
1.1	颗粒外观	黑粒	个/kg	0				
1.2		大粒和小粒	g/kg	≤30				
2	熔体质量流动速率		g/10 min	450±50	1 000±100	1 200±100	1 300±100	1 500±100
3	灰分(质量分数)		%	≤0.03				
4	挥发分(质量分数)		%	≤0.2				
5	二叔丁基过氧化物(DTBP)残留量		mg/kg	≤5				
6	分子量分布		—	2～4				

6 试验方法

6.1 试验结果的判定

试验结果采用全数值比较法，应按 GB/T 8170—2008 规定进行。

6.2 试验的标准环境

试验应在 GB/T 2918—1998 规定的标准环境下进行，温度为 23 ℃±2 ℃，相对湿度为 50%±10%。

6.3 颗粒外观

试验按 SH/T 1541—2006 规定进行。

6.4 熔体质量流动速率

试验按 GB/T 3682—2000 中 B 法规定进行。试验条件为 M(温度:230 ℃，负荷:2.16 kg)，熔体密度值为 0.738 6 g/cm^3。试验时，在装试样前应用氮气吹扫料筒 5 s～10 s，氮气压力为 0.05 MPa。先测得熔体体积流动速率，然后利用熔体密度值计算熔体质量流动速率。试验时，应使用口模塞。

6.5 灰分

试验按 GB/T 9345.1—2008 规定的方法 A 进行，采用直接煅烧法，煅烧温度为 850 ℃±50 ℃。

6.6 挥发分

试验按 GB/T 2914—2008 规定的方法 A 进行，烘箱温度为 110 ℃±2 ℃。

6.7 二叔丁基过氧化物(DTBP)残留量的测定

试验按附录 A 规定进行。

6.8 分子量分布

试验按 ISO 16014-4:2012 规定进行，溶剂使用三氯苯，流速为 1 mL/min，柱温为 150 ℃。

7 检验规则

7.1 检验分类与检验项目

7.1.1 检验分类

第 4 章通用要求的内容只在需要时进行检验。

聚丙烯熔喷专用料产品的检验分为型式检验和出厂检验两类。

7.1.2 检验项目

第 5 章中所有的项目为型式检验项目。

出厂检验项目为颗粒外观(黑粒、大粒和小粒)、熔体质量流动速率和灰分。

当有下列情况时应进行型式检验：

a) 新产品试制定型鉴定时；

b) 正式生产后，若原材料或工艺有较大改变，可能影响产品性能时；

c) 产品装置检修，恢复生产时；
d) 出厂检验结果与上次型式检验结果有较大差异时；
e) 上级质量监督机构提出进行型式检验要求时。

7.2 组批规则与抽样方案

7.2.1 组批规则

聚丙烯熔喷专用料以同一生产线上、相同原料、相同工艺生产的同一牌号的产品组批。生产厂可按一定生产周期或储存料仓为一批对产品进行组批。

产品以批为单位进行检验和验收。

7.2.2 抽样方案

聚丙烯熔喷专用料可在料仓的取样口抽样，也可根据生产周期等实际情况确定具体的抽样方案。

包装后产品的取样应按 GB/T 2547—2008 规定进行。

7.3 判定规则和复验规则

7.3.1 判定规则

聚丙烯熔喷专用料应由生产厂的质量检验部门按照本标准规定的试验方法进行检验，依据检验结果和本标准中的技术要求对产品作出质量判定，并提出证明。

产品出厂时，每批产品应附有产品质量检验合格证。合格证上应注明产品名称、牌号、批号、执行标准，并盖有质检专用章。

7.3.2 复验规则

检验结果若某项指标不符合本标准要求时，应重新加倍取样对该项目进行复验。以复验结果作为该批产品的质量判定依据。

8 标志

聚丙烯熔喷专用料产品的外包装袋上应有明显的标志。标志内容可包括：商标、生产厂名称、厂址、标准号、产品名称、牌号、批号(含生产日期)和净含量等。

9 包装、运输和贮存

9.1 包装

聚丙烯熔喷专用料可用内衬聚乙烯薄膜袋的聚丙烯编织袋包装或其他包装形式包装。包装材料应保证在运输、码放、贮存时不被污染和泄漏。

每袋产品的净含量可为 25 kg 或其他。

9.2 运输

聚丙烯熔喷专用料为非危险品。在运输和装卸过程中不应使用铁钩等锐利工具，切忌抛掷。运输工具应保持清洁、干燥并备有厢棚或苫布。运输时不应与沙土、碎金属、煤炭及玻璃等混合装运，更不应与有毒及腐蚀性或易燃物混装。不应暴晒或雨淋。

9.3 贮存

聚丙烯熔喷专用料应贮存在通风、干燥、清洁并保持有良好消防设施的仓库内。贮存时，应远离热源，并防止阳光直接照射，不应在露天堆放。

聚丙烯熔喷专用料应有贮存期的规定，一般从生产之日起，不超过12个月。

附 录 A
（规范性附录）
气相色谱法聚丙烯熔喷专用料中二叔丁基过氧化物(DTBP)残留量的测定

A.1 范围

本附录规定了用气相色谱法测定聚丙烯熔喷专用料中二叔丁基过氧化物(DTBP)残留量的试验方法。

本附录适用于聚丙烯熔喷专用料中二叔丁基过氧化物(DTBP)残留量的测定。

A.2 原理

在甲苯溶剂中将样品溶解或溶胀，溶剂中含有已知量的正已烷作为内标物。用微量进样器吸取适量溶液，直接注入气相色谱仪，在一定条件下进行气相色谱分析，用内标法测定二叔丁基过氧化物(DTBP)残留量。

A.3 试剂与材料

A.3.1 正已烷，分析纯。

A.3.2 二叔丁基过氧化物。

A.3.3 甲苯，分析纯。

A.3.4 氮气(N_2)，其体积分数不低于99.8%。使用前需用脱水装置、硅胶、分子筛或活性炭等进行净化处理。

A.3.5 氢气(H_2)，其体积分数不低于99.8%。使用前需用脱水装置、硅胶、分子筛或活性炭等进行净化处理。

A.3.6 空气，应无腐蚀性杂质。使用前进行脱油、脱水处理。

A.4 样品

取聚丙烯熔喷专用料颗粒充分混合作为试验样品，并密封备用。

A.5 仪器和设备

A.5.1 气相色谱仪，配有氢火焰离子化检测器(FID)和能适应毛细管色谱柱的分流进样器。

A.5.2 色谱柱，长50 m、内径0.32 mm、固定液为100%二甲基聚硅氧烷、液膜厚度0.3 μm的毛细管色谱柱，或性能相当的其他色谱柱。

A.5.3 色谱数据处理系统或合适的记录仪。

A.5.4 分析天平，准确度0.1 mg。

A.5.5 微量进样器,10 μL。

A.5.6 容量瓶,50 mL。

A.5.7 具塞烧瓶,25 mL。

A.5.8 移液管,1 mL。

A.5.9 计量管,1 mL,分度值 0.01 mL。

A.6 设备准备

A.6.1 当使用新的色谱柱或色谱柱长期未使用时,色谱柱应进行老化处理。将色谱柱的一端与进样器连接,另一端不接检测器,以免柱内流失物污染检测器。将载气(氮气)流速调到表 A.1 规定的操作条件值,在柱箱温度为 300 ℃下将色谱柱老化 4 h,老化完毕后应在氮气中逐渐降温。

表 A.1 推荐操作条件

项　目		操作条件
温度/ ℃	进样口	110
	检测器	110
	色谱柱	76
载气流速/(mL/min)		1
进样体积/μL		1
分流比		1∶20

A.6.2 将色谱柱的出口与检测器连接。并按表 A.1 的操作条件,使仪器达到充分平衡,此时色谱图基线应稳定。

A.7 内标法校准

A.7.1 校准溶液的配制

A.7.1.1 在一个 50 mL 容量瓶(A.5.6)中加入适量的甲苯(A.3.3),用分析天平(A.5.4)称量此时容量瓶的质量,精确至 0.1 mg。用计量管(A.5.9)加入约 0.5 g 正己烷(A.3.1),用分析天平(A.5.4)称量此时的容量瓶(A.5.6)的质量,精确至 0.1 mg。再用甲苯(A.3.3)稀释至体积刻度,摇匀,记为溶液 A。

A.7.1.2 在一个 50 mL 容量瓶(A.5.6)中加入适量的甲苯(A.3.3),用分析天平(A.5.4)称量此时容量瓶的质量,精确至 0.1 mg。用计量管(A.5.9)加入约 0.5 g 二叔丁基过氧化物(A.3.2),用分析天平(A.5.4)称量此时容量瓶(A.5.6)的质量,精确至 0.1 mg。再用甲苯(A.3.3)稀释至体积刻度,摇匀,记为溶液 B。

A.7.1.3 用移液管(A.5.8)分别移取 1 mL 溶液 A(A.7.1.1)和溶液 B(A.7.1.2)置于一个 50 mL 的容量瓶(A.5.6)中,再加入甲苯(A.3.3)溶剂稀释至体积刻度,摇匀,作为校准溶液。根据溶液 A(A.7.1.1)中正己烷的浓度和溶液 B(A.7.1.2)中二叔丁基过氧化物的浓度,计算校准溶液中正己烷(A.3.1)的含量

M_S(mg)和二叔丁基过氧化物的含量 M_i(mg)。

A.7.1.4 溶液的存放:将配制好的校准溶液(A.7.1.3)、溶液 A(A.7.1.1)和溶液 B(A.7.1.2)均放于 5 ℃~15 ℃的冷藏箱内。使用时从冷藏箱内取出,待溶液和室温一致后方可使用。溶液存放期限为 60 天。

A.7.2 校准溶液的气相色谱测定

用微量进样器(A.5.5)吸取 A.7.1.3 制备的校准溶液 1 μL,注入气相色谱仪(A.5.1)进行分析。得到气相色谱图后,从气相色谱图上确定正己烷的峰面积 A_S 和二叔丁基过氧化物的峰面积 A_i。

A.7.3 校正因子的确定

二叔丁基过氧化物的校正因子 R_f 按式(A.1)计算:

$$R_f = \frac{A_S \times M_i}{A_i \times M_S} \qquad \text{(A.1)}$$

式中:

A_S——校准溶液中正己烷的峰面积;

A_i——校准溶液中二叔丁基过氧化物的峰面积;

M_S——校准溶液中正己烷的含量,单位为毫克(mg);

M_i——校准溶液中二叔丁基过氧化物的含量,单位为毫克(mg)。

A.8 试验步骤

A.8.1 试样溶液的制备

用分析天平(A.5.4)称取约 1 g 样品,精确到 0.1 mg,记为 W_1。将其置于 25 mL 具塞烧瓶(A.5.7)中,并向烧瓶中加入约 10 mL 甲苯(A.3.3),放在电加热套上加热至溶液沸腾,保持约 20 min,待样品全部溶解或溶胀后,取下烧瓶,放入冷水中冷却至室温,用玻璃棒搅拌,打碎沉淀物。再加入约 10 mL 甲苯(A.3.3),用移液管(A.5.8)加入 1 mL 溶液 A(A.7.1.1)于制备好的试样溶液中,摇匀待测。

A.8.2 试样溶液的气相色谱测定

用微量进样器(A.5.5)吸取 A.8.1 制备的试样溶液 1 μL,注入气相色谱仪的进样口,进行气相色谱分析,在气相色谱图上确定试样溶液中正己烷的峰面积 A_S'和二叔丁基过氧化物的峰面积 A_i'。

A.8.3 试验结果的计算

样品中二叔丁基过氧化物残留量 C_i(mg/kg)按式(A.2)计算:

$$C_i = \frac{M_S' \times A_i' \times R_f}{W_1 \times A_S'} \times 1\,000 \qquad \text{(A.2)}$$

式中:

A_S'——试样溶液的正己烷的峰面积;

A_i'——试样溶液的二叔丁基过氧化物的峰面积;

M_S'——试样溶液中正己烷的含量,单位为毫克(mg);

W_1——样品质量,单位为克(g)。

取两次平行试验的算术平均值作为结果,并修约至整数位进行报告。

A.9 精密度

在同一实验室，由同一操作者使用相同设备，按相同的测试方法，并在短时间内对同一试样进行测试获得的两次重复测定值的绝对差值不大于其平均值的10%。

ICS 83.080.20
G 32

中华人民共和国国家标准

GB/T 33319—2016

塑料　聚乙烯(PE)透气膜专用料

Plastics—Polyethylene compounds for breathable film

2016-12-13 发布　　2017-07-01 实施

中华人民共和国国家质量监督检验检疫总局
中国国家标准化管理委员会　发布

前　　言

本标准按照 GB/T 1.1—2009 给出的规则起草。

本标准由中国石油化工集团公司提出。

本标准由全国塑料标准化技术委员会石化塑料树脂产品分会(SAC/TC 15/SC 1)归口。

本标准负责起草单位:金发科技股份有限公司。

本标准参加起草单位:福建恒安卫生材料股份有限公司、广州市合诚化学有限公司。

本标准主要起草人:何浏炜、王斌、叶南飚、袁绍彦、刘奇祥、曾祥斌、石鑫、郑永定、刘明学、蒋文真、赖步源、诸泉、谢怀兴、金志勇、付晓、李凯华。

塑料　聚乙烯(PE)透气膜专用料

1　范围

本标准规定了聚乙烯(PE)透气膜专用料的分类与命名、要求、试验方法、检验规则、标志、包装、运输和贮存。

本标准适用于以聚乙烯树脂为基体,加入矿物质填料及其他添加剂等,通过熔融共混形成的聚乙烯透气膜专用料。

注:本标准的透气膜是指以聚乙烯(PE)透气膜专用料经过挤出机流延或吹塑成膜之后在一定的温度下进行纵向拉伸所得到的薄膜,其内部形成了一定数量的微孔,使之具备透气功能。

2　规范性引用文件

下列文件对于本文件的应用是必不可少的。凡是注日期的引用文件,仅注日期的版本适用于本文件。凡是不注日期的引用文件,其最新版本(包括所有的修改单)适用于本文件。

GB/T 1033.1—2008　塑料　非泡沫塑料密度的测定　第1部分:浸渍法、液体比重瓶法和滴定法

GB/T 1037—1988　塑料薄膜和片材透水蒸气性试验方法　杯式法

GB/T 1040.2—2006　塑料　拉伸性能的测定　第2部分:模塑和挤塑塑料的试验条件

GB/T 1844.1—2008　塑料　符号和缩略语　第1部分:基础聚合物及其特征性能

GB/T 1845.2—2006　塑料　聚乙烯(PE)模塑和挤出材料　第2部分:试样制备和性能测定

GB/T 2547—2008　塑料　取样方法

GB/T 2918　塑料试样状态调节和试验的标准环境

GB/T 3682—2000　热塑性塑料熔体质量流动速率和熔体体积流动速率的测定

GB/T 6284—2006　化工产品中水分测定的通用方法　干燥减量法

GB/T 8170　数值修约规则与极限数值的表示和判定

GB/T 9345.1—2008　塑料　灰分的测定　第1部分:通用方法

GB 15979　一次性使用卫生用品卫生标准

GB/T 17037.1—1997　热塑性塑料材料注塑试样的制备　第1部分:一般原理及多用途试样和长条试样的制备

GB/T 31331—2014　改性塑料的环保要求和标识

SH/T 1541—2006　热塑性塑料颗粒外观试验方法

3　分类与命名

3.1　总则

聚乙烯透气膜专用料的命名由两个字符组构成:

字符组1:树脂代号(见3.2);

字符组2:透气膜专用料产品代号、特征性能代号以及用途代号(见3.3);

字符组之间用逗号隔开。

3.2 字符组 1

按照 GB/T 1844.1—2008 的规定，聚乙烯树脂代号为“PE”。

3.3 字符组 2

在这个字符组中，采用字母代号和数字代号表示。位置 1 为产品代号，用字母“B”表示聚乙烯透气膜专用料；位置 2 和位置 3 为特征性能代号，位置 2 和位置 3 之间用一个连字符“－”隔开，分别表示灰分含量和熔体质量流动速率；位置 4 为用途代号，加字母“S”表示用于卫生用品，不加“S”表示用于其他用品。

注：聚乙烯透气膜专用料的生产者应对材料进行命名，由于生产过程的容许限，材料的试验值一般与命名特征值不同，落在界限值上或界限的另一侧，该命名不受影响。

灰分含量和熔体质量流动速率使用代号及范围的规定如下：

a) 灰分

按灰分含量的标称值大小分为三个范围，每个范围用两个数字组成的代号表示，代号的具体规定见表 1。

表 1 灰分含量使用的代号及范围

数字代号	灰分含量范围 %
35	＞30～40
43	＞40～46
50	＞46～54

b) 熔体质量流动速率

按熔体质量流动速率的标称值大小将其分为两个范围，每个范围用两个数字组成的代号表示，代号的具体规定见表 2。

表 2 熔体质量流动速率使用的代号及范围

数字代号	熔体质量流动速率范围 g/10 min
20	＞1.5～3.0
40	＞3.0～5.0

3.4 示例

某用于卫生用品的聚乙烯透气膜专用料，灰分含量标称值为 50%，熔体质量流动速率标称值为 2.5 g/10 min。该材料命名如下：

PE, B50 - 20S

字符组1：聚乙烯树脂代号
字符组2：位置1：透气膜专用料产品代号
位置2：灰分含量
位置3：溶体质量流动速率
位置4：用途代号

命名：PE，B50-20S

4 要求

4.1 外观要求

聚乙烯透气膜专用料为颜色均一的颗粒，表面光洁，无杂质，一般为白色，也可为其他颜色。

4.2 环保要求

产品应符合 GB/T 31331—2014 中 4.3.1 和 4.3.2 规定。

4.3 卫生性能要求

用于卫生用品的产品应符合 GB 15979 的规定。

4.4 技术要求

聚乙烯透气膜专用料的主要技术要求见表 3。

表 3 聚乙烯透气膜专用料技术要求

序号	项目		单位	PE，B35-20S/PE，B35-20	PE，B35-40S/PE，B35-40	PE，B43-20S/PE，B43-20	PE，B43-40S/PE，B43-40	PE，B50-20S/PE，B50-20	PE，B50-40S/PE，B50-40
1	颗粒外观	大粒和小粒	g/kg	≤2					
2	密度 ρ		g/cm^3	1.12～1.28		1.28～1.35		1.35～1.45	
3	熔体质量流动速率 MFR		g/10 min	不超过标称值的±0.5					
4	灰分含量		%	不超过标称值的±2%					
5	水分含量		%	<0.06					
6	拉伸断裂应力 σ_B		MPa	≥11		≥10		≥10	
7	断裂标称应变 ε_B		%	≥110		≥110		≥80	
8	水蒸气透过量		g/(m^2·24 h)	≥1 100		≥1 500		≥1 800	

5 试验方法

5.1 试验结果的判定

试验结果采用修约值比较法，应按 GB/T 8170 规定进行。

5.2 试样的制备

聚乙烯透气膜专用料注塑试样的制备见 GB/T 1845.2—2006 中 3.2 的规定。

用 GB/T 17037.1—1997 中的 A 型模具制备的符合 GB/T 1040.2—2006 中 1A 型试样。

5.3 试样的状态调节

试样的状态调节应按 GB/T 2918 的规定进行。状态调节的条件为温度(23±2)℃,相对湿度(50±10)%,时间至少 48 h。

5.4 颗粒外观

按 SH/T 1541—2006 的规定进行。

5.5 密度

试样为按 5.2 制备的 1A 型注塑试样的中间部分。

试样的状态调节按 5.3 规定进行。

按 GB/T 1033.1—2008 中的 A 法规定进行。

5.6 灰分含量

按 GB/T 9345.1—2008 的规定进行。取样量:(20±1.0)g;马弗炉温度(600±50)℃。

5.7 熔体质量流动速率

按 GB/T 3682—2000 中 A 法规定进行,仲裁时采用 A 法。试验条件为 D(温度:190 ℃、负荷:2.16 kg)。

5.8 水分含量

按 GB/T 6284—2006 的规定进行,干燥箱温度为(105±2)℃。

5.9 拉伸断裂应力

试样为按 5.2 制备的 1A 型注塑试样。

试样的状态调节按 5.3 规定进行。

试验按 GB/T 1040.2—2006 规定进行,试验速度为 50 mm/min。

5.10 断裂标称应变

试样为按 5.2 制备的 1A 型注塑试样。

试样的状态调节按 5.3 规定进行。

试验按 GB/T 1040.2—2006 规定进行,试验速度为 50 mm/min。

5.11 水蒸气透过量

按 GB/T 1037—1988 规定的条件 A 进行水蒸气透过量测试。将聚乙烯透气膜专用料在(250±10)℃的温度下经过挤出机流延再进行纵向拉伸,拉伸温度为(85±5)℃,拉伸倍数为 2 倍,制成克重为(20±1)g/m^2 的薄膜试样。

6 检验规则

6.1 检验分类与检验项目

聚乙烯透气膜专用料产品的检验可分为型式检验和出厂检验。

第 4 章中所有的项目为型式检验项目,出现下列情况之一应进行型式检验:

a) 新产品定型正式投产时；

b) 如材料、工艺有较大改变，可能影响产品性能时；

c) 停产半年后，重新恢复生产时；

d) 正常生产每年进行一次；

e) 用户或质量监督部门提出进行型式检验要求时；

f) 出厂检验结果与上次型式检验有较大差异时。

各类聚乙烯透气膜专用料产品出厂检验至少应包括熔体质量流动速率、水分、灰分、密度和水蒸气透过量。

6.2 组批规则与抽样方案

6.2.1 组批规则

聚乙烯透气膜专用料以同一生产线上、相同原料、相同工艺所生产的同一牌号的产品组批，生产厂也可按一定生产周期或储存料仓为一批对产品进行组批。产品以批为单位进行检验和验收。

6.2.2 抽样方案

聚乙烯透气膜专用料可在料仓的下料口抽样，也可根据生产周期等实际情况确定具体的抽样方案。

包装后产品的取样应按 GB/T 2547—2008 的规定进行。

6.3 判定规则和复验规则

6.3.1 判定规则

聚乙烯透气膜专用料应由生产厂的质量检验部门按照本标准规定的试验方法进行检验，依据检验结果和本标准中的技术要求对产品作出质量判定，并提出证明。

产品出厂时，每批产品应附有产品质量检验合格证。合格证上应注明产品名称、牌号、批号、执行标准，并盖有质检专用章和检验员章。

6.3.2 复验规则

检验结果若某项指标不符合本标准要求时，应重新取样对该项目进行复验。以复验结果作为该批产品的质量判定依据。

7 标志

聚乙烯透气膜专用料的外包装袋上应有明显的标志。标志内容包括：商标、生产厂名称和厂址、标准号、产品名称、牌号、生产日期、批号和净含量等。

8 包装、运输及贮存

8.1 包装

聚乙烯透气膜专用料采用双层包装袋，外层为牛皮纸袋或其他包装材料，内层为铝箔袋，保证产品在运输、码放、贮存时不被污染和泄漏。

每袋产品的净含量可为 25 kg 或其他。

8.2 运输

聚乙烯透气膜专用料为非危险品。在运输和装卸过程中不应使用铁钩等锐利工具，切忌抛掷。运输工具应保持清洁、干燥并备有厢棚或苫布。运输时不应与沙土、碎金属、煤炭及玻璃等混合装运，更不应与有毒及腐蚀性或易燃物混装；不应在阳光下暴晒或雨淋。

8.3 贮存

聚乙烯透气膜专用料应贮存在通风、干燥、清洁并保持有良好消防设施的仓库内。贮存时应远离热源，并防止阳光直接照射，不应在露天堆放。

聚乙烯透气膜专用料应有贮存期的规定，一般从生产之日起，不超过12个月。

ICS 83.080
G 31

中华人民共和国国家标准

GB/T 35173—2017

聚对苯二甲酸乙二醇酯(PET)塑料回收料的表征特性及检测方法

Characterisation and testing methods of recycled poly (ethylene terephthalate)(PET)

2017-12-29 发布 2018-07-01 实施

中华人民共和国国家质量监督检验检疫总局
中国国家标准化管理委员会 发布

前言

本标准按照 GB/T 1.1—2009 给出的规则起草。

本标准由全国产品回收利用基础与管理标准化技术委员会(SAC/TC 415)提出。

本标准由全国产品回收利用基础与管理标准化技术委员会(SAC/TC 415)和全国塑料制品标准化技术委员会(SAC/TC 48)归口。

本标准起草单位:山东省产品质量检验研究院、齐鲁工业大学、中国标准化研究院、中建万生控股有限公司、江西龙一再生资源有限公司。

本标准主要起草人:陈淑祥、高翠玲、熊大伟、贺祥珂、刘春宏、郭鑫、彭晓辉、王焕雷、张灵翠、任勇、于洋、高东峰、付允、吴丽丽。

聚对苯二甲酸乙二醇酯(PET)塑料回收料的表征特性及检测方法

1 范围

本标准规定了用于塑料成品或半成品生产的聚对苯二甲酸乙二醇酯(PET)塑料回收料的表征特性、检测方法以及质量保证。

本标准适用于交易过程中PET塑料回收料的评价,相关方可依据本标准选择适用的表征特性并协商确定交货条件。

2 规范性引用文件

下列文件对于本文件的应用是必不可少的。凡是注日期的引用文件,仅注日期的版本适用于本文件。凡是不注日期的引用文件,其最新版本(包括所有的修改单)适用于本文件。

GB/T 1632.5 塑料 使用毛细管黏度计测定聚合物稀溶液黏度 第5部分:热塑性均聚和共聚型聚酯(TP)

GB/T 2035 塑料术语及其定义

GB/T 3682 热塑性塑料熔体质量流动速率和熔体体积流动速率的测定

GB/T 6005 试验筛 金属丝编织网、穿孔板和电成型薄板 筛孔的基本尺寸

GB/T 12006.2 塑料 聚酰胺 第2部分:含水量测定

ISO 11664-4 比色法 第4部分:CIE 1976 $L^* a^* b^*$ 颜色空间(Colorimetry—Part 4:CIE 1976 $L^* a^* b^*$ Colour space)

3 术语和定义

GB/T 2035界定的以及下列术语和定义适用于本文件。

3.1

回收料 recycled material

使用过的材料或回收的材料,或两者兼具的材料。

4 PET回收料的表征特性及检测方法

4.1 PET回收料的表征特性分为基本表征特性和参考表征特性。前者用于PET回收料的基本评价,后者可根据客户要求和回收料的用途由供需双方协商确定选择使用。表征特性及对应检测方法见表1。

表 1 PET 回收料的表征特性及检测方法

表征特性		单位	检测方法	备注
基本表征特性	形状	—	目测	瓶片、粒料
	最大颗粒尺寸	mm	—	由粉碎机的筛网尺寸决定
	粒径分布	%	附录 A	由小于 1 mm 的颗粒所占百分比表示
	颜色	—	目测	单一颜色的、透明的、多种颜色的
	含水量	%	附录 B 或 GB/T 12006.2	—
	聚氯乙烯(PVC)含量	mg/kg	附录 C	—
	聚烯烃含量	mg/kg	附录 C	—
参考表征特性	熔体质量流动速率(MFR)	—	GB/T 3682	—
	特性黏度(I.V.)	dL/g	GB/T 1632.5	—
	碱度		附录 D	—
	过滤性	MPa/(h·cm^2)	附录 E	—
	其他杂质含量	mg/kg	红外光谱法 X 射线荧光能谱法 差示扫描量热法等	可参考 GB/T 32198，GB/T 19466.1，JY/T 016—1996 等标准。双方约定其中一种、多种或其他检测方法
	色度	L,a,b 值	ISO 11664-4	适用于以片料、粒料注塑成的圆盘

4.2 供需双方可协商采用表 1 以外的其他表征特性。

5 质量保证

5.1 为确保回收料质量，供方应保留以下的质量控制记录：

a) 原料控制：记录回收料所用原料的详细信息，每批次原料应有明确的标识；

b) 加工过程：对加工过程进行控制，记录过程参数并设置关键质量控制点；

c) 产品控制：按本标准对每批次产品进行检验。

注 1：供方可建立符合 ISO 9001 要求的质量管理体系以保证回收料质量的稳定性。

5.2 供需双方应事先约定表征特性，并确定同一批次以及不同批次之间各项表征特性检测结果的标准差范围。

5.3 当要求提供回收料含量和使用历史时，供方应提供相应的证明文件。

5.4 为保证回收料的正确使用，若客户要求，供方应提供回收料的组成信息。

5.5 若客户要求，供方应提供每一批次回收料的检验报告。

附 录 A
（规范性附录）
筛分法测定PET回收料碎片的粒径及粒径分布

A.1 范围

本附录规定了一种测定PET回收料碎片粒径及粒径分布的方法。

A.2 原理

借助机械振摇，使PET回收料通过一单筛或一组不同筛孔尺寸试验筛被筛分。若选用几个试验筛组成筛组，应按筛孔尺寸向上增加的顺序装配试验筛，以使筛孔尺寸最大的试验筛置于顶部。

结果可以用单个试验筛上的筛余物来表示。

A.3 仪器和设备

A.3.1 称重天平，精度为0.1 g。

A.3.2 试验筛，依据GB/T 6005，筛框直径为200 mm，具盖和接料盘。筛孔尺寸分别为：1 mm、2 mm、3.15 mm、4 mm、6.30 mm、8 mm和12.5 mm。

A.3.3 振筛机。

A.4 步骤

A.4.1 检查试验筛（A.3.2）或筛组是否有筛网损坏或筛体变形，如有上述缺陷需更换试验筛。

A.4.2 准确称量各试验筛（A.3.2）质量，精确至0.1 g。

A.4.3 准确称量接料盘质量，精确至0.1 g。

A.4.4 装配试验筛（A.3.2）或筛组及接料盘，逐层加高。当装配筛组时，应确保按筛孔尺寸向上增加的顺序安装，以使最大筛孔尺寸的筛子置于顶部。

A.4.5 准确称量100 g～300 g（精确至0.1 g）的碎片试样准备测试。

A.4.6 将已称量的试样移入最顶部的试验筛（A.3.2），避免洒落。

A.4.7 用盖子盖上试验筛（A.3.2），安装在振筛机（A.3.3）上。

A.4.8 设定振筛机的振动时间为12 min。

A.4.9 振筛后，从顶部开始小心分离试验筛（A.3.2）或筛组。将试验筛或筛组中每个试验筛、接料盘及其上样品一起称量。

A.4.10 每一试样进行两次测定。

A.5 结果表示

A.5.1 按式（A.1）计算各试验筛或接料盘中样品质量：

$$(m_1 - m_2) = m_3 \text{ 及 } (m_4 - m_5) = m_6 \quad \cdots\cdots\cdots\cdots\cdots\cdots\cdots\cdots\cdots (A.1)$$

式中：

m_1、m_4——第一次、第二次测定时试验筛或接料盘加上存留碎片的质量，单位为克(g)；

m_2、m_5——第一次、第二次测定时试验筛或接料盘的质量，单位为克(g)；

m_3、m_6——第一次、第二次测定时试验筛或接料盘存留碎片的质量，单位为克(g)。

按式(A.2)计算两次测定结果的平均值：

$$\frac{(m_3+m_6)}{2}=m_r \qquad \cdots\cdots(A.2)$$

式中：

m_r——各试验筛筛余量或接料盘余量的平均值，单位为克(g)。

A.5.2 按式(A.3)计算各试验筛筛余量或接料盘余量占样品总量的百分比 R：

$$R=\frac{m_r}{m_s}\times 100\% \qquad \cdots\cdots(A.3)$$

式中：

R ——各试验筛筛余量或接料盘余量所占样品总量的质量百分比，以%表示；

m_s——两次测定时所取样品质量的平均值，单位为克(g)；

m_r——各试验筛筛余量或接料盘余量的平均值，单位为克(g)。

A.6 测试报告

测试报告中应包括以下内容：

a) 参照本标准；

b) 完整鉴别所测试样的必要说明；

c) 两次测定时所取样品质量的平均值；

d) 根据式(A.2)和式(A.3)表示的结果；

e) 测试日期。

附　录　B
（规范性附录）
重量分析法测定含水量

B.1　总则

本附录规定了一种 PET 回收料碎片中含水量的测定方法。

B.2　原理

将一定质量的样品放入 150 ℃的鼓风烘箱中。待水分挥发后，测量样品的重量损失量，即可得含水量。

B.3　仪器和设备

B.3.1　分析天平，精度为 0.000 1 g。

B.3.2　瓷坩埚，80 mL～90 mL。

B.3.3　干燥器。

B.3.4　烘箱，带有鼓风系统，最高温度为 250 ℃。

B.4　步骤

将瓷坩埚（B.3.2）进行干燥和恒重处理，用天平（B.3.1）称量（精确至 0.000 1 g）并记录其质量。将约 50g 试样置于坩埚中，称量其质量（精确至 0.000 1 g）后放入烘箱（B.3.4），在 150 ℃下干燥 4 h。将坩埚取出后，在干燥器（B.3.3）内放置 30 分钟，用天平再次称量其质量（精确至 0.000 1 g）。

B.5　结果表示

按式（B.1）计算含水量 C，以%表示。

$$C=\frac{m_1-m_2}{m_1-m_0}\times 100\% \qquad \cdots\cdots\cdots(\text{B.1})$$

式中：

m_0——瓷坩埚的质量，单位为克（g）；

m_1——干燥前瓷坩埚和试样的质量，单位为克（g）；

m_2——干燥后瓷坩埚和试样的质量，单位为克（g）。

B.6　测试报告

测试报告应包括以下内容：

a) 参照本标准；
b) 完整鉴别所测试样的必要说明；
c) 依据 B.5 表示的结果；
d) 试样质量；
e) 任何可能影响结果的情况的说明。

附　录　C
（规范性附录）
残留杂质的快速测定方法

C.1　总则

本附录规定了一种 PET 回收料碎片中残留杂质含量的测定方法。

本附录适用于 PET 回收料碎片中残留 PVC、聚烯烃的检测。

C.2　原理

将一定质量的试样放入 220 ℃的鼓风烘箱中进行热处理。在此过程中，各种杂质发生降解、色变等现象，用肉眼可以将其与试样区分。此过程中发生的变化如下：

——PVC 色变；

——聚烯烃熔融，色变。

C.3　仪器和设备

C.3.1　鼓风烘箱，最高温度为 250 ℃。

C.3.2　称重天平，精度为 0.1 g。

C.3.3　分析天平，精度为 0.000 1 g。

C.4　步骤

准确称量 1 000 g 试样碎片，精确至 0.1 g。将碎片均匀地装入铝制容器或其他金属容器后，放入预热至 220 ℃的烘箱(C.3.1)中，1 h 后取出置于干燥器中冷却至室温。按下列方法将杂质分离：

——将黑色炭化颗粒分离出来，用分析天平(C.3.3)称量其质量，记为 m_1；

——聚烯烃可以通过其外形和厚度等特征进行鉴别。经过热处理后，将散落的和黏在 PET 上的淡黄色的分解或熔融部分分离出来，用分析天平(C.3.3)称量其质量，记为 m_2。

C.5　结果表示

C.5.1　用公式(C.1)计算 PVC 的总含量 X_1，单位为毫克每千克(mg/kg)。

$$X_1=\frac{m_1}{m_0}\times 10^6 \qquad \cdots\cdots (C.1)$$

式中：

m_1——PVC 颗粒的质量，单位为克(g)；

m_0——样品初始质量，单位为克(g)。

C.5.2　用公式(C.2)计算聚烯烃的总含量 X_2，单位为毫克每千克(mg/kg)。

$$X_2=\frac{m_2}{m_0}\times 10^6 \qquad \cdots\cdots (C.2)$$

式中：

m_2——聚烯烃颗粒的质量，单位为克(g)；

m_0——样品初始质量，单位为克(g)。

C.6 测试报告

测试报告应包括以下内容：

a) 参照本标准；

b) 完整鉴别所测试样的必要说明；

c) 依据 C.5 表示的结果；

d) 任何可能影响结果的情况的说明。

附　录　D
（资料性附录）
电位法测定残余碱度

D.1　总则

本附录规定了一种 PET 回收料残余碱度的测定方法。

D.2　原理

将一定质量的试样加入到一定体积的蒸馏水中，充分搅拌。试样表面残余碱性物质会使水的 pH 值升高，用玻璃电极测量其 pH 值。

D.3　仪器和设备

D.3.1　磁力搅拌器，或其他具备相同功能的装置。
D.3.2　称重天平，精度为 0.1 g。
D.3.3　烧杯，1 000 mL。
D.3.4　量筒，500 mL。
D.3.5　带有玻璃电极的 pH 计。

D.4　试剂

蒸馏水。

D.5　步骤

用已知 pH 值的缓冲溶液校准 pH 计。准确称取 100 g 样品，放入 1 000 mL 烧杯中，加入 500 mL 蒸馏水。确保所有碎片浸没在水中，搅拌 10 分钟。

搅拌结束后，滤出溶液，将玻璃电极浸入溶液测量 pH 值，数值稳定时，记录测试结果。

D.6　结果表示

残余碱度以溶液的 pH 值表示。另记录蒸馏水的初始 pH 值用来做空白对照。

D.7　测试报告

测试报告应包括以下内容：

a)　参照本标准；
b)　完整鉴别所测试样的必要说明；
c)　依据 D.6 表示的结果；
d)　任何可能影响结果的情况的说明。

附 录 E
（资料性附录）
过滤法测定不熔性杂质

E.1 总则

本附录规定了一种通过熔融过滤法测定PET回收料碎片中不熔杂质含量（如铝、纸、炭化PVC等）的方法。

本附录也适用于PET原生料或者其化合物的检测，但不适用于在测试条件下会热分解的聚合物。

E.2 原理

熔融聚合物在一定规格过滤器中的挤出压力变化与聚合物中固体颗粒的含量呈函数关系。测试条件恒定不变时，可根据压力的变化来反映样品的纯度。

E.3 仪器和设备

单螺杆挤出机，可控制挤出温度，附有进料泵、温度、压力记录器及金属过滤网，网孔尺寸35 μm。

E.4 步骤

将网孔尺寸为35 μm的金属过滤网安装在挤出口处。根据挤出机的型号，将进料泵调至最佳工作状态。设置挤出机及过滤头的温度，应保证过滤头内聚合物的温度能达到(290±1)℃。开启挤出机，当各参数稳定后，每隔一定时间记录过滤器处的压力，持续2 h～3 h。

E.5 结果表示

按式(E.1)计算压力的变化ΔP，单位为兆帕每小时平方厘米[MPa/(h·cm²)]。

$$\Delta P=(P-P_0)\times Q_P/(M_P\times A) \qquad \text{(E.1)}$$

式中：

P ——t时间后的压力，单位为兆帕(MPa)；

P_0 ——初始压力，单位为兆帕(MPa)；

Q_P ——熔融聚合物的流速，单位为千克每小时(kg/h)；

M_P ——t时间内挤出聚合物的质量，单位为千克(kg)；

A ——滤网面积，单位为平方厘米(cm^2)。

E.6 测试报告

测试报告应包括以下内容：

a) 参照本标准；

b) 挤出机的型号；

c) 被测聚合物的流速；
d) 滤网面积；
e) 完整鉴别所测试样的必要说明；
f) 依据 E.5 表示的结果；
g) 任何可能影响结果的情况的说明。

参 考 文 献

［1］ GB/T 19466.1 塑料 差示扫描量热法(DSC) 第1部分:通则
［2］ GB/T 32198 红外光谱定量分析技术通则
［3］ GB/T 32199 红外光谱定性分析技术通则
［4］ JY/T 016—1996 波长色散型X射线荧光光谱方法通则
［5］ ISO 9001 Quality management systerms—Requirements

ICS 83.080
G 31

中华人民共和国国家标准

GB/T 35262—2017

聚氯乙烯(PVC)塑料回收料的表征特性及检测方法

Characterisation and testing methods of recycled poly(vinyl chloride)(PVC)

2017-12-29 发布　　2018-07-01 实施

中华人民共和国国家质量监督检验检疫总局
中国国家标准化管理委员会　发布

前　言

本标准按照GB/T 1.1—2009给出的规则起草。

本标准由全国产品回收利用基础与管理标准化技术委员会(SAC/TC 415)提出。

本标准由全国产品回收利用基础与管理标准化技术委员会(SAC/TC 415)和全国塑料制品标准化技术委员会(SAC/TC 48)归口。

本标准起草单位：山东省产品质量检验研究院、齐鲁工业大学、中国标准化研究院、中建万生控股有限公司、江西龙一再生资源有限公司。

本标准主要起草人：裴祎荣、陈淑祥、刘春宏、高翠玲、贺祥珂、熊大伟、郭鑫、时琼、王焕雷、任勇、邴欣、高东峰、付允、吴丽丽。

聚氯乙烯(PVC)塑料回收料的表征特性及检测方法

1 范围

本标准规定了用于塑料成品或半成品生产的聚氯乙烯(PVC)塑料回收料的重要表征特性、检测方法以及质量保证。

本标准适用于交易过程中PVC塑料回收料的评价,相关方可依据本标准选择适用的表征特性并协商确定交货条件。

注:PVC塑料回收料由成分各异的PVC塑料构成。典型的PVC塑料的成分参见附录A。

2 规范性引用文件

下列文件对于本文件的应用是必不可少的。凡是注日期的引用文件,仅注日期的版本适用于本文件。凡是不注日期的引用文件,其最新版本(包括所有的修改单)适用于本文件。

GB/T 1033.1 塑料 非泡沫塑料密度的测定 第1部分:浸渍法、液体比重瓶法和滴定法

GB/T 1040.1 塑料 拉伸性能的测定 第1部分:总则

GB/T 1040.2 塑料 拉伸性能的测定 第2部分:模塑和挤塑塑料的试验条件

GB/T 1633 热塑性塑料维卡软化温度(VST)的测定

GB/T 2035 塑料术语及其定义

GB/T 2411 塑料和硬橡胶 使用硬度计测定压痕硬度(邵氏硬度)

GB/T 2914 塑料 氯乙烯均聚和共聚树脂 挥发物(包括水)的测定

GB/T 2917.1 以氯乙烯均聚和共聚物为主的共混物及制品在高温时放出氯化氢和任何其他酸性产物的测定 刚果红法

GB/T 6005 试验筛 金属丝编织网、穿孔板和电成型薄板 筛孔的基本尺寸

GB/T 9345.5 塑料 灰分的测定 第5部分:聚氯乙烯

GB/T 21060 塑料 流动性的测定

ISO 182-2 塑料 化合物和氯乙烯共聚物、均聚物在高温中分解出氯化氢和其他酸性物的趋势测定 第2部分:pH值法(Plastics—Determination of the tendency of compounds and products based on vinyl chloride homopolymers and copolymers to evolve hydrogen chloride and any other acidic products at elevated temperatures—Part 2: pH method)

ISO 182-3 塑料 基于氯乙烯均聚物和共聚物在升温时释放出氯化氢和其他酸性制品的倾向的测定 第3部分:电导测量法(Plastics—Determination of the tendency of compounds and products based on vinyl chloride homopolymers and copolymers to evolve hydrogen chloride and any other acidic products at elevated temperatures—Part 3: Conductometric method)

ISO 182-4 塑料 基于氯乙烯均聚物和共聚物在升温时释放出氯化氢和其他酸性制品的倾向的测定 第4部分:电势测定法(Plastics—Determination of the tendency of compounds and products based on vinyl chloride homopolymers and copolymers to evolve hydrogen chloride and any other acidic products at elevated temperatures—Part 4: Potentiometric method)

3 术语和定义

GB/T 2035 界定的以及下列术语和定义适用于本文件。

3.1

回收料　recycled material

使用过的材料或回收的材料，或两者兼具的材料。

4 PVC 回收料的表征特性及检测方法

4.1 PVC 回收料的表征特性分为基本表征特性和参考表征特性。前者用于 PVC 回收料的基本评价，后者可根据客户要求和回收料的用途由供需双方选择使用。表征特性及对应检测方法见表 1。

表 1　PVC 回收料的表征特性及检测方法

<table>
<tr><th colspan="3">特性</th><th>单位</th><th>测试方法</th><th>PVC-U</th><th>PVC-P</th><th>注释</th></tr>
<tr><td rowspan="7">基本表征特性</td><td colspan="2">体积密度</td><td>kg/m^3</td><td>附录 B</td><td>×</td><td>×</td><td>—</td></tr>
<tr><td colspan="2">灰分含量</td><td>%</td><td>GB/T 9345.5 方法 A</td><td>×</td><td>×</td><td>与填充物及矿物含量有关</td></tr>
<tr><td colspan="2">颜色</td><td>—</td><td>目测</td><td>×</td><td>×</td><td>如自然色、单一色、混合色</td></tr>
<tr><td colspan="2">硬度</td><td>—</td><td>GB/T 2411</td><td>—</td><td>×</td><td>—</td></tr>
<tr><td colspan="2">杂质</td><td>%</td><td>附录 C</td><td>×</td><td>×</td><td>也可使用双方同意的其他替代方法</td></tr>
<tr><td colspan="2">粒径及粒径分布</td><td>g,%</td><td>附录 D[a]
附录 E[b]</td><td>×</td><td>×</td><td>—</td></tr>
<tr><td colspan="2">形状</td><td>—</td><td>目测</td><td>×</td><td>×</td><td>如粉状、球状、颗粒状</td></tr>
<tr><td rowspan="10">参考表征特性</td><td colspan="2">流出时间</td><td>s</td><td>GB/T 21060</td><td>○</td><td>○</td><td>推荐用于粉料或小粒径回收料</td></tr>
<tr><td colspan="2">密度</td><td>kg/m^3</td><td>GB/T 1033.1 方法 A</td><td>○</td><td>○</td><td>—</td></tr>
<tr><td rowspan="2">PVC 回收料加工方法的适用性</td><td>压延法</td><td>—</td><td>附录 F</td><td>○</td><td>○</td><td>—</td></tr>
<tr><td>挤出法</td><td>—</td><td>附录 G</td><td>○</td><td>○</td><td>—</td></tr>
<tr><td colspan="2">含水量</td><td>%</td><td>附录 H</td><td>○</td><td>○</td><td>重量损失,105 ℃</td></tr>
<tr><td colspan="2">屈服拉伸应力</td><td>MPa</td><td>GB/T 1040.1
GB/T 1040.2</td><td>○</td><td>○</td><td>—</td></tr>
<tr><td colspan="2">断裂拉伸应变</td><td>%</td><td>GB/T 1040.1
GB/T 1040.2</td><td>○</td><td>○</td><td>—</td></tr>
<tr><td colspan="2">热稳定性</td><td>min</td><td>GB/T 2917.1
ISO 182-2
ISO 182-3
ISO 182-4</td><td>○</td><td>○</td><td>与使用的稳定剂含量有关。
使用的稳定剂含量应列入说明。
双方约定其中一种或多种检测方法</td></tr>
<tr><td colspan="2">维卡软化温度</td><td>℃</td><td>GB/T 1633 B_{50} 法</td><td>○</td><td>—</td><td>—</td></tr>
<tr><td colspan="2">挥发物含量</td><td>%</td><td>GB/T 2914</td><td>○</td><td>○</td><td>与水分含量有关</td></tr>
<tr><td colspan="8">注：×——基本表征特性；○——参考表征特性。</td></tr>
<tr><td colspan="8">[a] 只适用于 PVC 回收料粉末。
[b] 只适用于 PVC 回收料碎片。</td></tr>
</table>

4.2 供需双方可协商采用表1以外的其他表征特性。

5 质量保证

5.1 为确保回收料质量，供方应保留以下质量控制记录：

a) 原料控制：记录回收料所用原料的详细信息，每批次原料应有明确的标识；

b) 加工过程：对加工过程进行控制，记录过程参数并设置关键质量控制点；

c) 产品控制：按本标准对每批次产品进行检验。

注：供方可建立符合 ISO 9001 要求的质量管理体系以保证回收料质量的稳定性。

5.2 供需双方应事先约定表征特性，并确定同一批次以及不同批次之间各项表征特性检测结果的标准差或范围。

5.3 当要求提供回收料含量和使用历史时，供方应提供相应的证明文件。

5.4 为保证回收料的正确使用，若客户要求，供方应提供回收料的组成信息。

5.5 若客户要求，供方应提供每一批次回收料的检验报告。

附 录 A
（资料性附录）
PVC 塑料的典型成分

PVC 塑料通常根据应用领域调整配方成分，典型成分见表 A.1。PVC 回收料主要来自于这些应用领域。

表 A.1 PVC 塑料的典型成分

相对于每 100 份树脂

应用领域	PVC 树脂	增塑剂	填料范围	其他添加剂[a]
硬包装	100	0	0	5～20
软包装	100	20～40	0	1～20
承压塑料管道组成件	100	0	2～5	4
非承压塑料管道组成件	100	0	0～20	3～5
门窗	100	0	5～10	7～16
其他型材	100	0	0～40	5～15
电缆	100	30～60	0～50[b]	3～10
地板	100	25～50	0～300	2～5
片材	100	40～70	0～30	2～10
涂覆织物	100	40～90	0～30	7～20[c]

[a] 如稳定剂、抗冲改性剂、润滑剂等。
[b] 对于垫层部分，填料可达 250 份。
[c] 包括合成纺织纤维。

附　录　B
（规范性附录）
体积密度的测定方法

B.1　范围

本附录规定了能从规定漏斗流出的松散材料(粉料或粒料)体积密度的测定方法。

本附录应用于比较粗的材料时,由于直尺刮平量筒上部多余的试样时会引入误差,所以测试结果可能会产生误差。

若模塑料在模塑条件下的密度相近,则体积密度对于评价模塑料的相对松散性或相对体积有一定价值。

B.2　材料

粉料或粒料。

B.3　仪器和设备

B.3.1　天平

精度为 0.1 g。

B.3.2　体积密度测量装置

体积密度测量装置如图 B.1 所示。

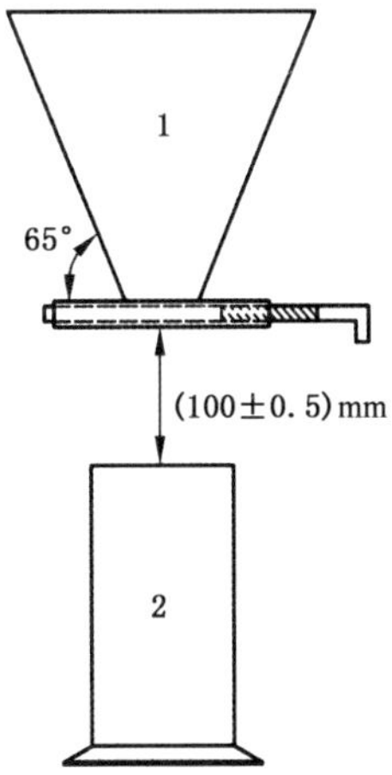

说明：
1——锥形漏斗；
2——量筒。

图 B.1　体积密度测量装置

装置包含：

a) 量筒

金属制成，内壁光滑。内高（200±0.2）mm，内径（113±0.2）mm，体积 2 000 mL。

b) 锥形漏斗

体积约 2 500 mL，下端出口孔径（55±0.25）mm。漏斗底部配有可自由活动阀板，阀板上开有圆孔（孔径约为 60 mm）。通过调节阀板，可使漏斗下端出口关闭或完全敞开。

B.4 步骤

B.4.1 将漏斗垂直固定，其下端出口距离量筒正上方 100 mm，且与量筒处于同一轴线。试验前将试样混合均匀，通过调节阀板使漏斗下端开口关闭，向漏斗中倒入 2 200 mL～2 400 mL 测试样品。

B.4.2 迅速打开阀板使样品流入量筒。用直尺刮去量筒上部多余的试样，用天平（B.3.1）称量，精确到 0.1 g。

B.4.3 重复步骤 B.4.1 和 B.4.2，对样品进行两次测定。

B.5 结果表示

按式（B.1）计算体积密度 ρ_{bulk}，单位为克每毫升（g/mL）。

$$\rho_{\text{bulk}}=\frac{m}{V} \qquad \text{(B.1)}$$

式中：

m ——量筒中样品的质量，单位为克（g）；

V ——量筒体积，单位为毫升（mL）。

试验结果以两次测定的算术平均值表示。

B.6 测试报告

测试报告应包括以下内容：

a) 注明采用本标准；

b) 完整鉴别所测产品的必要说明；

c) 根据 B.5 表示的结果；

d) 任何可能影响结果的情况的说明；

e) 测试日期。

附 录 C
（规范性附录）
四氢呋喃溶解法测定 PVC 回收料中的不溶杂质

C.1 总则

PVC 回收料经四氢呋喃(THF)溶解，然后测定不溶杂质的含量。

C.2 仪器和设备

C.2.1 称重天平，精度为 0.01 g。
C.2.2 磁力搅拌器(附磁力搅拌子)，转速：0 r/min～1 200 r/min。
C.2.3 通风橱。
C.2.4 烧杯。
C.2.5 锥形瓶，配有排气管和塞子。
C.2.6 聚酰胺薄膜过滤器，孔径 125 μm。
C.2.7 手套和防护眼镜。
C.2.8 清洗管。
C.2.9 显微镜。

C.3 试剂

四氢呋喃(THF)。

C.4 步骤

C.4.1 将 PVC 回收料粉碎并筛取不大于 6 mm 的样品，取 50 g(精确至 0.1 g)作为试样，称量样品质量 m_s。
C.4.2 带上手套和防护眼镜。
C.4.3 量取 800 mL 四氢呋喃置于锥形瓶中，放入磁力搅拌子，启动搅拌器(C.2.2)，缓慢将试样加入锥形瓶中，盖上塞子，在(23±2)℃温度下，以 500 r/min 的转速搅拌 3 h。
C.4.4 称量聚酰胺过滤器(C.2.6)的质量 m_f。
C.4.5 待 PVC 样品溶解完全后，用过滤器过滤该溶液。
C.4.6 清洗锥形瓶和搅拌子，清洗液倒入过滤器中过滤。
C.4.7 清洗过滤器中不溶杂质。
C.4.8 将过滤器置于通风厨中自然干燥 12 h。
C.4.9 称量含有不溶杂质的过滤器的质量 m_t。
C.4.10 通过显微镜观察不溶杂质的形貌，必要时确认杂质类型。

C.5 结果表示

不溶杂质的质量 m_i 为 m_f 和 m_t 之差，精确至 0.1 g。

按式(C.1)计算不溶杂质百分比 w，以%表示。

$$w = \frac{m_t - m_f}{m_s} \times 100\% \qquad \cdots\cdots\cdots\cdots (C.1)$$

式中：

m_t ——含有不溶杂质的过滤器的质量，单位为克(g)；

m_f ——过滤器的质量，单位为克(g)；

m_s ——样品质量，单位为克(g)。

C.6 测试报告

测试报告应包括以下内容：

a) 注明采用本标准；

b) 完整鉴别所测产品的必要说明；

c) 过滤器的初始质量 m_f，装有不溶杂质的过滤器的质量 m_t，不溶杂质的质量 m_i；

d) 根据 C.5 表示的结果；

e) 必要时应提供不溶杂质和外来杂质的类型；

f) 测试日期。

附　录　D
（规范性附录）
筛分法测定 PVC 回收料粉末的粒径及粒径分布

D.1　总则

本附录规定了通过测量存留在选定的具有不同筛孔尺寸的筛子上的试样质量，测定 PVC 回收料的粒径及粒径分布的方法。

借助机械振摇，使 PVC 回收料通过一单筛或一组不同筛孔尺寸筛子被筛分。若选用几个筛子组成筛组，应按筛孔尺寸向上增加的顺序装配筛子，以使筛孔尺寸最大的筛子置于顶部。

结果用单个筛子上的筛余物表示。

本附录不推荐采用筛孔尺寸小于 0.125 mm 的筛子。

D.2　试剂

抗静电剂，氧化铝粉末或等效物。

D.3　仪器和设备

D.3.1　天平，精度为 0.1 g，范围和规格应能满足用于称量每个筛子及其上存留物。

D.3.2　试验筛，依据 GB/T 6005，筛框直径为 200 mm，具盖和接料盘。推荐采用筛孔尺寸为 0.250 mm、0.500 mm、0.850 mm 和 1.000 mm 的筛子。

D.3.3　振筛机，装配了自动定时开关的机械装置为最佳。该装置应能通过在每一冲程末的“敲动”或“振击”使筛子或筛组进行统一的垂直运功。振动频率为（150±15）次/min。

D.3.4　软毛刷。

D.3.5　真空吸尘器，适用于非常细的粉末。

D.4　步骤

D.4.1　用真空吸尘器（D.3.5）清扫以确保筛子或筛组、盖及接料盘上无树脂颗粒，用软毛刷（D.3.4）轻轻除去顽固存留物。

D.4.2　检查筛子或筛组是否有筛网损坏或筛体变形，如有上述缺陷需更换筛子。

D.4.3　称量筛子或筛组中每个筛子，精确至 0.1 g。

D.4.4　称量接料盘，精确至 0.1 g。

D.4.5　装配筛子或筛组及接料盘，逐层加高。当装配筛组时，应确保按筛孔尺寸向上增加的顺序安装，以使最大筛孔尺寸的筛子置于顶部。

D.4.6　称量（50±0.1）g 试样，加入抗静电剂，当氧化铝用作抗静电剂时，添加量应为 0.2 g～0.3 g。

D.4.7　用刮刀混合已称量的试样和抗静电剂。将其移入最顶部的筛子，避免洒落及带入灰尘。如有必要用软毛刷使试样完全转移。

D.4.8　用盖盖上筛子或筛组，安装在振筛机（D.3.3）上。

D.4.9　设置振筛机定时器为 6 min。

D.4.10 振筛后，从顶部开始小心分离筛子或筛组。分别称量筛子及接料盘上存留物称量。

D.5 测量次数

每一试样进行两次测定。

D.6 结果表示

D.6.1 分别对每一个筛子及接料盘计算存留物质量，以两次结果的算术平均值表示，见式(D.1)和式(D.2)。

$$(m_1 - m_2) = m_3 \text{ 及 } (m_4 - m_5) = m_6 \qquad \cdots\cdots (D.1)$$

$$(m_3 + m_6)/2 = m_r \qquad \cdots\cdots (D.2)$$

式中：

m_1、m_4——第一次、第二次测定时筛子或接料盘及存留物的质量，单位为克(g)；

m_2、m_5——第一次、第二次测定时筛子或接料盘的质量，单位为克(g)；

m_3、m_6——第一次、第二次测定时筛子或接料盘存留物的质量，单位为克(g)；

m_r ——筛子或接料盘中存留物质量的平均值，单位为克(g)。

注：如果 m_r 的值超过 20 g，应减少称样量重新进行试验。

D.6.2 按式(D.3)计算筛余物及接料盘余量 R，以%表示。

$$R = \frac{m_r}{m_s} \times 100\% \qquad \cdots\cdots (D.3)$$

式中：

m_s——两次测定时所取样品质量的平均值，g。除非两次所取样品质量差别很大(见 D.6.1 注)，m_s 的值可以取 50.2 g。

因此，筛余物及接料盘余量 R 可以按式(D.4)表达：

$$R = \frac{m_r}{50.2} \times 100\% \qquad \cdots\cdots (D.4)$$

筛余物及接料盘余量总和应超过 99%。

D.7 测试报告

测试报告应包括以下内容：

a) 注明采用本标准；

b) 完整鉴别所测产品的必要说明；

c) 两次测定时所取样品质量的平均值；

d) 所用的抗静电剂；

e) 根据 D.6 表示的结果；

f) 测试日期。

附 录 E
（规范性附录）
筛分法测定 PVC 回收料碎片的粒径及粒径分布

E.1 总则

本附录规定了通过测量存留在选定的具有不同筛孔尺寸的筛子上的试样质量，测定 PVC 回收料碎片的粒径及粒径分布的方法。

结果用单个筛子上的筛余物表示。

借助机械或人工振摇，使试样通过一单筛或一组不同筛孔尺寸筛子被筛分。若选用几个筛子组成筛组，应按筛孔尺寸向上增加的顺序装配筛子，以使筛孔尺寸最大的筛子置于顶部。

E.2 仪器和设备

E.2.1 称重天平，精度为 0.1 g。

E.2.2 试验筛，依据 GB/T 6005，筛框直径为 200 mm，具盖和接料盘。试验筛由钢丝圈制成。推荐采用筛孔尺寸为 1 mm、2 mm、3.15 mm、4 mm、6.30 mm、8 mm 和 12.5 mm 的筛子。

E.2.3 振筛机。

E.3 步骤

E.3.1 检查筛子或筛组是否有筛网损坏或筛体变形，如有上述缺陷需更换筛子。

E.3.2 称量筛子或筛组中每个筛子，精确至 0.1 g。

E.3.3 称量接料盘，精确至 0.1 g。

E.3.4 装配筛子或筛组及接料盘，逐层加高。当装配筛组时，应确保按筛孔尺寸向上增加的顺序安装，以使最大筛孔尺寸的筛子置于顶部。

E.3.5 称量(150±0.1)g 碎片试样。

E.3.6 将已称量的试样移入最顶部的筛子，避免洒落。

E.3.7 用盖盖上筛子或筛组，安装在振筛机(E.2.3)上。

E.3.8 设置振筛机定时器为 25 min。

E.3.9 振筛后，从顶部开始小心分离筛子或筛组。分别称量筛子及接料盘上碎片称量。

E.4 测量次数

每一试样进行两次测定。

E.5 结果表示

E.5.1 分别对每一个筛子及接料盘计算存留碎片质量，以两次结果的算术平均值表示，见式(E.1)和式(E.2)。

$$(m_1 - m_2) = m_3 \text{ 及 } (m_4 - m_5) = m_6 \qquad \cdots\cdots\cdots\cdots (E.1)$$

$$(m_3 + m_6)/2 = m_r \quad \cdots\cdots(E.2)$$

式中：

m_1、m_4——第一次、第二次测定时筛子或接料盘加上存留碎片的质量，单位为克(g)；

m_2、m_5——第一次、第二次测定时筛子或接料盘的质量，单位为克(g)；

m_3、m_6——第一次、第二次测定时筛子或接料盘存留碎片的质量，单位为克(g)；

m_r ——筛子或接料盘中存留碎片质量的平均值，单位为克(g)。

E.5.2 按式(E.3)计算筛余物及接料盘余量 R，以%表示。

$$R = \frac{m_r}{m_s} \times 100\% \quad \cdots\cdots(E.3)$$

式中：

m_s——两次测定时所取样品质量的平均值，单位为克(g)；

m_r——筛子或接料盘中残留碎片质量的平均值，单位为克(g)。

筛余物及接料盘余量总和应超过99%。

E.6 测试报告

测试报告应包括以下内容：

a) 注明采用本标准；

b) 完整鉴别所测产品的必要说明；

c) 两次测定时所取样品质量的平均值；

d) 依据E.5表示的结果；

e) 测试日期。

附 录 F
（规范性附录）
压延法加工 PVC 回收料的适用性评估

F.1 总则

将 PVC 回收料经双辊开炼机加工形成薄片后，观察薄片状态，评估压延法加工 PVC 回收料的适用性。试验条件应符合实际的工业加工条件。

F.2 仪器和设备

双辊开炼机。

F.3 步骤

F.3.1 将双辊开炼机调至以下参数，加入 PVC 回收料样品。

a) 辊筒温度：根据 PVC 配方，将温度设置在 140 ℃～190 ℃，见表 F.1。

表 F.1 不同 PVC 配方下的辊筒温度

PVC 配方	辊筒温度/℃
强增塑 PVC 回收料(PVC-P)	150
增塑 PVC 回收料(PVC-P)	160
弱增塑 PVC 回收料(PVC-P)	170
未增塑 PVC 回收料(PVC-U)	180

b) 辊筒速度：
   1) 辊筒 1：10 m/min；
   2) 辊筒 2：10 m/min ～15 m/min；
   3) 辊速比：1.0～1.5。

c) 辊隙：0.2 mm ～1.5 mm。

将通过辊筒的物料反复加入开炼机，直至样品完全融化。

F.3.2 将附着在高转速辊筒上的物料进行切割并反复投入开炼机，确保整批物料整体均匀捏炼。如果无法得到均质材料，做好记录。

F.3.3 捏炼 5 min～20 min 后，将物料制成 0.5 mm～2 mm 厚度的压延片。观察从辊筒上取下压延片的难易程度以及辊筒表面情况，记录结果。

F.3.4 冷却压延片，记录表面情况(光滑、粗糙)，以及是否存在未熔颗粒、孔洞、纤维等。

F.3.5 对于 PVC-P，手动评估片材刚度，并同参比样品作对比。如有异常，则重新制备样品进行测试。

附 录 G
(规范性附录)
挤出法加工 PVC 回收料的适用性评估

G.1 总则

将 PVC 回收料经挤出机加工成条,观察样品条外观和密度,评估挤出法加工 PVC 回收料的适用性。

G.2 仪器和设备

G.2.1 挤出机。
G.2.2 天平,精度为 0.1 g。
G.2.3 挤出模具,具有矩形开口,宽约 10 mm ~20 mm,厚约 1 mm ~4 mm。
注:建议根据样条后续机械测试的要求选择挤出模具尺寸。

G.3 步骤

G.3.1 根据成品加工温度和挤出机、螺杆的类型选择挤出温度和挤出速度,待设备稳定后,将 PVC-U 回收料置入挤出机中。
G.3.2 观察挤出过程,记录背压和/或转矩的变化,当背压和/或转矩恒定时开始取样。应保证取样期间这些参数不会发生变化,从而确保挤出过程的稳定性。
G.3.3 挤出一定长度的样品条,一般在 0.5 m~1.5 m 之间,评估挤出过程的难易程度,并记录结果。
G.3.4 冷却样品,记录表面情况(光滑、粗糙),以及是否存在未熔颗粒、孔洞等。如有异常,则重新制备样品进行测试。

附　录　H
（规范性附录）
含水量的测定方法

H.1　范围

本附录规定了一种测定聚氯乙烯(PVC)塑料回收料中含水量的方法。

H.2　原理

将试样平铺在规定尺寸的称量皿中，在适宜的温度下加热到质量恒定。

H.3　仪器和设备

H.3.1　烘箱，能控制在(105±2)℃并有微弱的自然通风或配备低速循环风扇。

H.3.2　称量皿，直径 35 mm，体积大于 50 mL，玻璃制带盖。

H.3.3　分析天平，精度为 0.000 1 g。

H.3.4　干燥器，盛有适宜的干燥剂。

H.4　步骤

H.4.1　调节烘箱(H.3.1)至(105±2)℃。在烘箱中加热带盖称量皿(H.3.2)直至恒重，加热时打开盖放在烘箱中。移出表面皿及盖子放置于干燥器(H.3.4)至少 0.5 h。

H.4.2　准确称量称量皿及盖，精确至 0.000 1 g。称量完成后将盖重新置于干燥器中。

H.4.3　将约 25 g 的试样在称量皿中均匀铺开，盖上盖称量，精确至 0.000 1 g。

H.4.4　将成套称量皿放在(105±2)℃的烘箱中，打开盖但要放在烘箱中，加热(65±5)min。

H.4.5　把称量皿从烘箱中取出，盖上盖子。在干燥器中冷却至少 1 h。

H.4.6　准确称量称量皿及样品质量。

H.5　结果表示

按式(H.1)计算含水量 w，以%表示。

$$w=\frac{m_2-m_3}{m_2-m_1}\times 100\% \qquad \cdots\cdots\cdots\cdots (\text{H.1})$$

式中：

m_1——空称量皿及盖(经加热并冷却)的质量，单位为克(g)；

m_2——加热前称量皿、盖和试样的质量，单位为克(g)；

m_3——加热后称量皿、盖和试样的质量，单位为克(g)。

计算结果表示到小数点后两位。

如果试样两次测定值之差的绝对值小于 0.10%，用其计算平均值，修约至 0.01%。否则，再次进行测定，直至满足要求。但若两次测定值均小于 0.30%，则忽略其绝对值之差直接计算平均值。

H.6 测试报告

测试报告至少应包括以下内容：

a) 注明采用本标准；

b) 完整鉴别所测产品的必要说明；

c) 根据 H.5 表示的结果；

d) 任何可能影响结果的情况的详细说明；

e) 测试日期。

参 考 文 献

[1] ISO 9001 Quality management systerms—Requirements

ICS 83.080
G 31

中华人民共和国国家标准

GB/T 35265—2017

聚丙烯(PP)塑料回收料的表征特性及检测方法

Characterisation and testing methods of recycled polypropylene (PP)

2017-12-29 发布　　2018-07-01 实施

中华人民共和国国家质量监督检验检疫总局
中国国家标准化管理委员会　发布

前　言

本标准按照GB/T 1.1—2009给出的规则起草。

本标准由全国产品回收利用基础与管理标准化技术委员会(SAC/TC 415)提出。

本标准由全国产品回收利用基础与管理标准化技术委员会(SAC/TC 415)和全国塑料制品标准化技术委员会(SAC/TC 48)归口。

本标准起草单位:山东省产品质量检验研究院、齐鲁工业大学、中国标准化研究院、中建万生控股有限公司、江西龙一再生资源有限公司。

本标准主要起草人:陈淑祥、贺祥珂、高翠玲、刘春宏、熊大伟、郭鑫、彭晓辉、王焕雷、任勇、王恬、高东峰、付允、吴丽丽。

聚丙烯(PP)塑料回收料的表征特性及检测方法

1 范围

本标准规定了用于塑料成品或半成品生产的聚丙烯(PP)塑料回收料的重要表征特性、检测方法以及质量保证。

本标准适用于交易过程中PP塑料回收料的评价,相关方可依据本标准选择适用的表征特性并协商确定交货条件。

注:聚丙烯塑料废弃物或聚丙烯共混塑料废弃物中可能含有单聚、共聚、均聚、规则、不规则等多种形式的丙烯聚合物,还可能含有填料、阻燃剂等添加物,由这些废弃物制成的回收料的性能取决于各种成分的相对含量。

2 规范性引用文件

下列文件对于本文件的应用是必不可少的。凡是注日期的引用文件,仅注日期的版本适用于本文件。凡是不注日期的引用文件,其最新版本(包括所有的修改单)适用于本文件。

GB/T 1033.1—2008 塑料 非泡沫塑料密度的测定 第1部分:浸渍法、液体比重瓶法和滴定法

GB/T 1040.1 塑料 拉伸性能的测定 第1部分:总则

GB/T 1040.2 塑料 拉伸性能的测定 第2部分:模塑和挤塑塑料的试验条件

GB/T 1043.1 塑料 简支梁冲击性能的测定 第1部分:非仪器化冲击试验

GB/T 1843 塑料 悬臂梁冲击强度的测定

GB/T 2035 塑料术语及其定义

GB/T 3682 热塑性塑料熔体质量流动速率和熔体体积流动速率的测定

GB/T 9341 塑料 弯曲性能的测定

GB/T 9345.1 塑料 灰分的测定 第1部分:通用方法

GB/T 21843 塑料 氯乙烯均聚和共聚树脂 用机械筛测定粒径

ISO 179-2 塑料 简支梁冲击性能的测定 第2部分:仪器化冲击试验(Plastics—Determination of Charpy impact properties—Part 2:Instrumented impact test)

3 术语和定义

GB/T 2035界定的以及下列术语和定义适用于本文件。

3.1

回收料 recycled material

使用过的材料或回收的材料,或两者兼具的材料。

4 PP回收料的表征特性及检测方法

4.1 PP回收料的表征特性分为基本表征特性和参考表征特性。前者用于PP回收料的基本评价,后者可根据客户要求和回收料的用途由供需双方选择使用。表征特性及对应检测方法见表1。

表 1　PP 回收料的表征特性及检测方法

表征特性		单位	检测方法	备注
基本表征特性	颜色	—	目测	—
	密度	kg/m^3	GB/T 1033.1—2008 方法 A	—
	冲击强度	kJ/m^2	GB/T 1043.1 ISO 179-2 GB/T 1843	—
	熔体质量流动速率	g/10 min	GB/T 3682 条件 M	—
	外形	—	目测	例如粉末、球状、薄片等
参考表征特性	灰分	%	GB/T 9345.1	—
	体积密度	kg/m^3	附录 A	—
	其他聚合物含量	%	热分析/红外分析	可参考 GB/T 19466.1、GB/T 32198、GB/T 32199 等标准，具体方法由双方协商确定
	弯曲性能	MPa	GB/T 9341	—
	粒径分布	%	GB/T 21843	试验筛筛孔尺寸由双方协商确定
	回收料含量	%	—	回收料质量(物理量)与产品质量(物理量)比值，可通过采购文件和其他可得到的记录对回收材料的来源和数量加以验证
	拉伸屈服应力	MPa	GB/T 1040.1 GB/T 1040.2	—
	断裂拉伸应变	%	GB/T 1040.1 GB/T 1040.2	—
	挥发物含量	%	附录 B	—

4.2　供需双方可协商采用表 1 以外的其他表征特性。

5　质量保证

5.1　为确保回收料质量，供方应保留以下质量控制记录：

a)　原料控制：记录回收料所用原料的详细信息，每批次原料应有明确的标识；

b)　加工过程：对加工过程进行控制，记录过程参数并设置关键质量控制点；

c)　产品控制：按本标准对每批次产品进行检验。

注：供方可建立符合 ISO 9001 要求的质量管理体系以保证回收料质量的稳定性。

5.2　供需双方应事先约定表征特性，并确定同一批次以及不同批次之间各项表征特性检测结果的标准差或范围。

5.3　当要求提供回收料含量和使用历史时，供方应提供相应的证明文件。

5.4　为保证回收料的正确使用，若客户要求，供方应提供回收料的组成信息。

5.5　若客户要求，供方应提供每一批次回收料的检验报告。

附　录　A
（规范性附录）
体积密度的测定方法

A.1　范围

本附录规定了能从规定漏斗流出的松散材料（粉末或颗粒材料）体积密度的测定方法。

本附录应用于比较粗的材料时，由于直尺刮平量筒上部多余的试样时会引入误差，所以测试结果可能会产生误差。

若模塑料在模塑条件下的密度相近，则体积密度对于评价模塑料的相对松散性或相对体积有一定价值。

A.2　材料

粉末或颗粒材料。

A.3　仪器和设备

A.3.1　天平

精度为 0.1 g。

A.3.2　体积密度测量装置

体积密度测量装置如图 A.1 所示。

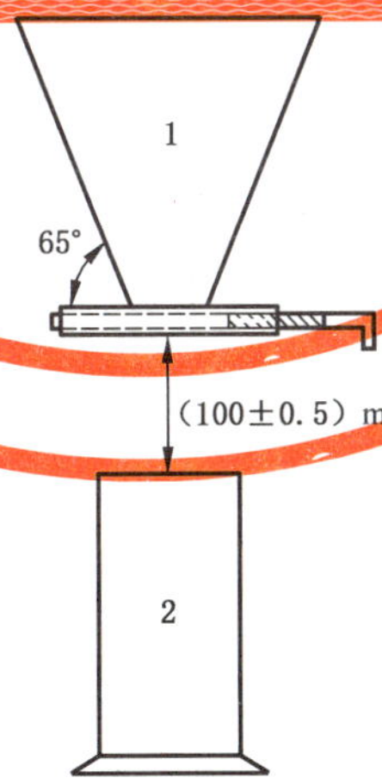

说明：
1——锥形漏斗；
2——量筒。

图 A.1　体积密度测量装置

装置包含：

a) 量筒

金属制成,内壁光滑。内高(200±0.2)mm,内径(113±0.2)mm,体积 2 000 mL。

b) 锥形漏斗

体积约 2 500 mL,下端出口孔径(55±0.25)mm。漏斗底部配有可自由活动阀板,阀板上开有圆孔(孔径约为 60 mm)。通过调节阀板,可使漏斗下端出口关闭或完全敞开。

A.4 步骤

A.4.1 将漏斗垂直固定,其下端出口距离量筒正上方(100±0.5)mm,且与量筒处于同一轴线。试验前将试样混合均匀,通过调节阀板使漏斗下端出口关闭,向漏斗中倒入 2 200 mL~2 400 mL 测试样品。

A.4.2 迅速打开阀板,使样品流入量筒。用直尺刮去量筒上部多余的试样,用天平(A.3.1)称量,精确到 0.1 g。

A.4.3 重复步骤 A.4.1~A.4.2,对样品进行两次测试。

A.5 结果表示

按式(A.1)计算试样的体积密度,单位为克每毫升(g/mL)。

$$\rho_{\mathrm{bulk}}=\frac{m}{V} \qquad \text{(A.1)}$$

式中:

m ——量筒中试样的质量,单位为克(g);

V ——量筒体积,单位为毫升(mL)。

试验结果以两次测定的算术平均值表示。

A.6 试验报告

试验报告中应包括以下内容:

a) 注明采用本标准;

b) 完整鉴别所测产品的必要说明;

c) 按步骤 A.5 得到的两次检测结果及算术平均值;

d) 任何可能影响结果的情况的说明;

e) 检验日期。

附 录 B
（规范性附录）
挥发物含量的测定方法

B.1 范围

本附录规定了一种测定聚丙烯(PP)塑料回收料中挥发物含量的方法。

B.2 原理

将试样平铺在规定尺寸的称量皿中,在适宜的温度下加热到质量恒定。

B.3 仪器和设备

B.3.1 烘箱,能控制在(105±2)℃并有微弱的自然通风或配备低速循环风扇。

B.3.2 称量皿,直径 35 mm,体积大于 50 mL,玻璃制带盖。

B.3.3 分析天平,精度为 0.000 1 g。

B.3.4 干燥器,盛有适宜的干燥剂。

B.4 步骤

B.4.1 调节烘箱(B.3.1)至(105±2)℃。在烘箱中加热带盖称量皿(B.3.2)直至恒重,加热时打开盖放在烘箱中。移出表面皿及盖子置于干燥器(B.3.4)中至少 0.5 h。

B.4.2 准确称量称量皿及盖,精确至 0.000 1 g。称量完成后将盖重新置于干燥器中。

B.4.3 将约 25 g 的试样在称量皿中均匀铺开,盖上盖称量,精确至 0.000 1 g。

B.4.4 将成套称量皿放在(105±2)℃的烘箱中,开盖加热(65±5)min。

B.4.5 把称量皿从烘箱中取出,盖上盖子。在干燥器中冷却至少 1 h。

B.4.6 准确称量称量皿、盖及样品质量,精确至 0.000 1 g。

B.5 结果表示

对每次测定,按式(B.1)计算挥发物的质量分数,以%表示。

$$w=\frac{m_2-m_3}{m_2-m_1}\times 100\% \qquad \cdots\cdots(B.1)$$

式中:

m_1——空称量皿及盖(经加热并冷却)的质量,单位为克(g);

m_2——加热前称量皿、盖和试样的质量,单位为克(g);

m_3——加热后称量皿、盖和试样的质量,单位为克(g)。

计算结果表示到小数点后两位。

如果试样两次测定值之差的绝对值小于 0.10%,用其计算平均值,修约至 0.01%。否则,再次进行测定,直至满足要求。但若两次测定值均小于 0.30%,则忽略其绝对值之差直接计算平均值。

B.6　试验报告

试验报告至少应包括以下内容：

a）注明采用本标准；

b）完整鉴别所测产品的必要说明；

c）根据 B.5 表示的结果；

d）任何可能影响结果的情况的详细说明；

e）测试日期。

参 考 文 献

[1] GB/T 19466.1 塑料 差示扫描量热法(DSC) 第1部分:通则
[2] GB/T 32198 红外光谱定量分析技术通则
[3] GB/T 32199 红外光谱定性分析技术通则
[4] ISO 9001 Quality management systerms—Requirements

ICS 83.100
G 32

中华人民共和国国家标准

GB/T 35452—2017

再生粘合软质聚氨酯泡沫塑料

Reconstituted or bonded flexible polyurethane foam

(ISO 5999:2013,Flexible cellular polymeric materials—Polyurethane foam for load-bearing applications excluding carpet underlay—Specification,NEQ)

2017-12-29 发布　　2018-07-01 实施

中华人民共和国国家质量监督检验检疫总局
中国国家标准化管理委员会　发布

前　言

本标准按照 GB/T 1.1—2009 给出的规则起草。

本标准使用重新起草法参考 ISO 5999:2013《软质泡沫聚合材料　除地毯衬垫外承载用聚氨酯泡沫规范》中再生粘合软质聚氨酯泡沫塑料的相关部分编制，与 ISO 5999:2013 的一致性程度为非等效。

本标准由中国轻工业联合会提出。

本标准由全国塑料制品标准化技术委员会(SAC/TC 48)归口。

本标准起草单位：浙江圣诺盟顾家海绵有限公司、江苏省化工研究所有限公司、江苏恒康家居科技股份有限公司、北京工商大学、江苏省聚氨酯产品质量监督检测站、江苏江化聚氨酯产品质量检测有限公司、南京聚检检测技术有限公司。

本标准主要起草人：钱洪祥、吴昊、陈倩、杨云、倪新星。

再生粘合软质聚氨酯泡沫塑料

1 范围

本标准规定了再生粘合软质聚氨酯泡沫塑料的要求、试验方法、检验规则、标志、包装、运输和贮存。

本标准适用于软质聚氨酯泡沫塑料生产加工过程中产生的边脚料经粉碎、粘合、压制成型的软质泡沫塑料。

2 规范性引用文件

下列文件对于本文件的应用是必不可少的。凡是注日期的引用文件，仅注日期的版本适用于本文件。凡是不注日期的引用文件，其最新版本(包括所有的修改单)适用于本文件。

GB/T 2918—1998 塑料试样状态调节和试验的标准环境(idt ISO 291:1997)

GB/T 6342—1996 泡沫塑料和橡胶 线性尺寸的测定(idt ISO 1923:1981)

GB/T 6343—2009 泡沫塑料及橡胶 表观密度的测定(ISO 845:2006,IDT)

GB/T 6344—2008 软质泡沫聚合材料 拉伸强度和断裂伸长率的测定(ISO 1798:2008,IDT)

GB/T 6669—2008 软质泡沫聚合材料 压缩永久变形的测定(ISO 1856:2000,IDT)

GB 8410 汽车内饰材料的燃烧特性

GB/T 9640—2008 软质泡沫聚合材料 加速老化试验方法(ISO 2440:1997,IDT)

GB 20286 公共场所阻燃制品及组件燃烧性能要求和标识

GB/T 24451—2009 慢回弹软质聚氨酯泡沫塑料

QB/T 2819—2006 软质泡沫材料长期疲劳性能的测定(ISO 3385:1989,IDT)

3 要求

3.1 长度、宽度偏差

长度、宽度偏差应符合表1的规定。

表1 长度、宽度极限偏差

单位为毫米

长度、宽度	极限偏差
≤250	$^{+5}_{0}$
250～500	$^{+10}_{0}$
500～1 000	$^{+20}_{0}$
1 000～2 000	$^{+30}_{0}$
2 000～3 000	$^{+40}_{0}$
3 000～4 000	$^{+50}_{0}$
>4 000	$^{+60}_{0}$

3.2 厚度偏差

厚度偏差应符合表2的规定。

表2 厚度极限偏差

单位为毫米

厚度	极限偏差
≤25	±1.5
26～75	+2.5 −1.5
75～125	+4.0 −2.0
>125	+5.0 −3.0

3.3 感官要求

感官要求应符合表3的规定。

表3 感官要求

项目	要求
气味	无明显刺激性气味
裂缝	每平方米内弥合裂缝总长小于100 mm,最大裂缝小于30 mm,不应有不弥合裂缝
外观	单个污染点面积不大于100 mm^2,每平方米内污染点不大于5个

3.4 物理力学性能

物理力学性能应符合表4的规定。

表4 物理力学性能要求

性能		要求
表观密度偏差/%	≤	±15
恒定负荷反复压陷疲劳后40%压陷硬度损失/%	≤	22
75%压缩永久变形/%	≤	25
拉伸强度/kPa	≥	50
断裂伸长率/%	≥	40
气味等级/级	≤	3.0
干热老化拉伸强度变化率/%	≤	±30
湿热老化拉伸强度变化率/%	≤	±30

3.5 燃烧性能

应用于公共场所领域的产品,阻燃性能应符合GB 20286的规定。
应用于汽车领域的产品,燃烧性能应符合GB 8410的规定。

应用于其他领域时，产品的燃烧性能应符合该领域相关的强制性标准要求。

3.6 公共安全、环保、卫生性能

应用于有公共安全、环保、卫生要求的领域时，产品的公共安全、环保、卫生性能应符合该领域相关的强制性标准要求。

4 试验方法

4.1 时效和状态调节

所有试验样品应自生产之日起在自然条件下放置 72 h 后进行，取样试样从产品的中部切取。所有试验按 GB/T 2918—1998 中 23/50 二级环境条件进行，样品在温度(23±2)℃，相对湿度(50±10)%的条件下进行不少于 16 h 的状态调节。

4.2 长度、宽度、厚度极限偏差的测定

4.2.1 长度、宽度极限偏差：按 GB/T 6342—1996 规定进行。用最小分度值 1 mm 的卷尺测量长度、宽度各三个值，计算长度、宽度的极限偏差。

4.2.2 厚度极限偏差：按 GB/T 6342—1996 规定进行。用精度 0.1 mm 的量具，在距宽度方向边缘 30 mm 以外及距长度方向边缘 80 mm 以外开始测量厚度，测量点不少于 5 点，每测量点间间隔均匀，计算厚度的极限偏差。

4.3 感官的测定

4.3.1 气味：在自然状态下，距离样品 50 mm 以内，用鼻闻。

4.3.2 裂缝：用最小分度值 1 mm 的卷尺测量。

4.3.3 外观：在正常光线下目测，用最小分度值 1 mm 的量具测量。

4.4 表观密度偏差的测定

按 GB/T 6343—2009 规定测试表观密度，表观密度偏差以表观密度实测值与公称值的差值与公称值之比(百分数)表示。

4.5 恒定负荷反复压陷疲劳后 40%压陷硬度损失的测定

按 QB/T 2819—2006 规定进行，试样数量 3 个。

4.6 75%压缩永久变形的测定

按 GB/T 6669—2008 方法 A 规定进行。试验温度(70±2)℃，试验时间 22 h，压缩试样厚度的 75%(压缩至试样原厚度的 25%)。试样尺寸(50±1)mm×(50±1)mm×(25±1)mm，试样数量 5 个。

4.7 拉伸强度和断裂伸长率的测定

按 GB/T 6344—2008 规定进行。试验速度(500±50)mm/min，有效标距 50 mm。试样数量 5 个。

4.8 气味等级的测定

按 GB/T 24451—2009 附录 B 中试验条件二的规定进行，温度(80±2)℃，时间(2±0.2)h。试样数量 3 个。

4.9 干热老化拉伸强度变化率的测定

按 GB/T 9640—2008 规定进行干热老化，老化温度(140±2)℃，老化时间(16±0.5)h，再按 4.7 测定拉伸强度。

干热老化拉伸强度变化率为干热老化前后拉伸强度之差与干热老化前拉伸强度之比(用百分率表示)。

4.10 湿热老化拉伸强度变化率的测定

按 GB/T 9640—2008 规定进行湿热老化，老化温度(105±2)℃，100%相对湿度或过饱和蒸气条件下，老化时间(3±0.5)h，再按 4.7 测定拉伸强度。

湿热老化拉伸强度变化率为湿热老化前后拉伸强度之差与湿热老化前拉伸强度之比(用百分率表示)。

4.11 燃烧性能的测定

应用于公共场所领域的产品，按 GB 20286 规定的试验方法进行测定。

应用于汽车领域的产品，按 GB 8410 规定的试验方法进行测定。

应用于其他领域的产品依据相应领域的标准要求进行测定。

4.12 公共安全、环保、卫生性能的测定

应用于有公共安全、环保、卫生要求的领域时，产品的公共安全、环保、卫生性能依据相应领域的标准要求进行测定。

5 检验规则

5.1 检验分类

5.1.1 出厂检验

出厂检验项目为表观密度偏差、长度、宽度、厚度极限偏差、感官、拉伸强度、断裂伸长率、75%压缩永久变形。

5.1.2 型式检验

型式检验为第 4 章的全部项目。有下列情况之一时应进行型式检验：

a) 新产品试制的定型鉴定；

b) 正式生产后，如原料、工艺有重大改变，可能影响产品性能时；

c) 正常生产时每半年进行一次检验；

d) 产品长期停产半年后，恢复生产时；

e) 出厂检验结果与上次型式检验结果有较大差异时；

f) 国家质量监督机构提出进行型式检验的要求时。

5.2 组批和抽样

5.2.1 组批

同一原料、同一配方、同一工艺条件、同一规格条件，数量不超过 10 t 或以每天产量为一批。

5.2.2 抽样

从样品中随机抽取。

5.3 判定规则

进行性能检验时，若检验结果均符合标准要求，则判该批产品合格；若有两项或以上检验结果不符合标准要求，则判该批产品不合格；有一项检验结果不符合标准要求时，应重新从原批中双倍取样，对不合格项目进行复验，复验结果取双倍样的算术平均值。仍不合格则该批为不合格。

6 标志、包装、运输和贮存

6.1 产品应有合格证。产品应标明名称、规格、数量、生产日期、批号、生产厂名称、生产厂地址和检验员章、本标准编号等。

6.2 产品可用塑料袋或编织袋等包装。

6.3 产品在运输中严禁烟火，防止日晒、雨淋，避免长期受压和机械损伤。

6.4 产品应贮存在干净、通风、干燥的库房内，不得接近热源，不得与化学药品接触。

ICS 83.080.20
G 32

中华人民共和国国家标准

GB/T 35504—2017

塑料　氯化聚氯乙烯混合料

Plastic—Chlorinated poly(vinyl chloride)compounds

2017-12-29 发布　　2018-07-01 实施

中华人民共和国国家质量监督检验检疫总局
中国国家标准化管理委员会
发布

前　言

本标准按照GB/T 1.1—2009给出的规则起草。

本标准由中国石油和化学工业联合会提出。

本标准由全国塑料标准化技术委员会聚氯乙烯树脂产品分会(SAC/TC 15/SC 7)归口。

本标准起草单位:上海氯碱化工股份有限公司、杭州电化新材料有限公司、新疆天业(集团)有限公司、江苏天腾化工有限公司、山东高信化学股份有限公司、锦西化工研究院有限公司、山东祥生新材料科技股份有限公司、佑利控股集团有限公司、杭州电化集团有限公司。

本标准主要起草人:陈沛云、李富荣、崔巍、朱跃统、黄文莉、缪汉叶、金胜波、侯顺祥、林华义、许群立。

塑料 氯化聚氯乙烯混合料

1 范围

本标准规定了氯化聚氯乙烯混合料的定义、要求、试验方法、检验规则、标志、包装、运输和贮存。

本标准适用于氯化聚氯乙烯树脂为主体且氯化聚氯乙烯混合料中氯含量不低于55%的混合料。

2 规范性引用文件

下列文件对于本文件的应用是必不可少的。凡是注日期的引用文件，仅注日期的版本适用于本文件。凡是不注日期的引用文件，其最新版本(包括所有的修改单)适用于本文件。

GB/T 191 包装储运图示标志

GB/T 1033.1—2008 塑料 非泡沫塑料密度的测定 第1部分:浸渍法、液体比重瓶法和滴定法

GB/T 1040.2—2006 塑料 拉伸性能的测定 第2部分:模塑和挤塑塑料的试验条件

GB/T 1043.1—2008 塑料 简支梁冲击性能的测定 第1部分:非仪器化冲击试验

GB/T 1633—2000 热塑性塑料维卡软化温度(VST)的测定

GB/T 2406.2—2009 塑料 用氧指数法测定燃烧行为 第2部分:室温试验

GB/T 2918 塑料试样状态调节和试验的标准环境

GB/T 6679—2003 固体化工产品采样通则

GB/T 8170 数值修约规则与极限数值的表示和判定

JJF 1070 定量包装商品净含量计量检验规则

3 定义

下列术语和定义适用于本文件。

3.1

氯化聚氯乙烯混合料 chlorinated poly(vinyl chloride)compounds

氯化聚氯乙烯树脂和一些必要的添加剂构成，添加剂可为稳定剂、润滑剂、改性剂、着色剂和其他填料。

4 要求

4.1 外观:粉状、颗粒或碎粒状，颜色可根据用户要求添加着色剂调制。

4.2 物化性能应符合表1要求。

表 1 物化性能要求

项目		型号	
		挤出型	模塑型
		指标	
密度/(kg/m³)		1 450～1 550	
维卡软化温度/℃	≥	110	103
拉伸强度/MPa	≥	50	
拉伸弹性模量/MPa	≥	2 480	
简支梁缺口冲击强度/(kJ/m²)	≥	10	
氧指数/%	≥	50	

4.3 根据耐化学性、耐候性、耐热性等其他性能来选择特定混合料以达到特殊用途时，这些性能的特殊要求由买方和卖方双方共同协商。

4.4 生产方可根据用户需求进行混合料中助剂的调整，这些调整应符合相关法律法规和标准规范要求。

5 试验方法

5.1 外观

自然光下目视观察。

5.2 试样制备

(300±50)g 样品在 190 ℃双辊开炼机上开炼 4 min 后，在 16 MPa 和 195 ℃下，压制 7 min，制成厚度 4 mm 的板材，制成样条后，按 GB/T 2918 规定放置 24 h。

5.3 密度的测定

按 GB/T 1033.1—2008 中规定的浸渍法进行。

5.4 维卡软化温度的测定

按 GB/T 1633—2000 中规定的 B50 法进行。其中，升温速率为 50 ℃/h，负载为 50 N。

5.5 拉伸强度的测定

按 GB/T 1040.2—2006 规定进行。其中，拉伸速率为 5 mm/min，试样采用 1B 型试样。

5.6 拉伸弹性模量的测定

按 GB/T 1040.2—2006 规定进行。其中，拉伸速率为 1 mm/min。

5.7 简支梁缺口冲击强度的测定

按 GB/T 1043.1—2008 规定进行。其中,缺口为 V 型缺口,1 eA 方法。

5.8 氧指数的测定

按 GB/T 2406.2—2009 规定进行。

6 检验规则

6.1 组批

以每一生产周期包装的同一料仓的产品为一批。

6.2 采样

6.2.1 从该批总袋数中按下述规定的采样单元数进行随机采样。总袋数小于 500 时,按表 2 确定;总袋数大于 500 时,按公式 $n=3\times\sqrt[3]{N}$(N 为总袋数)确定,如遇小数进为整数。

表 2 采样袋数的规定

总袋数(N)	采样袋数(n)	总袋数(N)	采样袋数(n)
1～10	全部	182～216	18
11～49	11	217～254	19
50～64	12	255～296	20
65～81	13	297～343	21
82～101	14	344～394	22
102～123	15	395～450	23
124～151	16	451～512	24
152～181	17		

6.2.2 采样时,用采样探子(GB/T 6679—2003 附录 A 或附录 C 或相似探子)自包装袋的中心垂直插入深度的 3/4 采取样品。生产企业可在包装线上设置适宜的时间间隔,用自动取样装置(或人工)采取样品进行检验。当对产品质量有异议时,应按规定的采样单元数用采样探子采样为准。

6.2.3 采样量不少于 2 kg,混匀后装于洁净干燥的容器(或塑料袋)中封严,并注明:生产企业名称、产品名称、型号、批号或生产日期、采样量、采样日期等。

6.3 检验分类和检验项目

6.3.1 检验分类

检验分:出厂检验和型式检验。

6.3.2 出厂检验

本标准规定的外观、密度、维卡软化温度、拉伸强度、拉伸弹性模量、简支梁缺口冲击强度为出厂检验项目，应逐批检验。

6.3.3 型式检验

本标准中全部检验项目为型式检验项目。正常生产情况下，每三个月至少进行一次型式检验。

有下述情况之一时，也应进行型式检验：

——关键生产工艺有改变；

——主要原材料有变化；

——停产一年后复产；

——生产装置出现重大波动调整后。

当型式检验不符合本标准要求时，应每批进行检验，直至连续五批检验结果均符合标准规定后，方可正常检验。

6.4 判定和复验规则

6.4.1 判定规则

6.4.1.1 产品质量指标采用 GB/T 8170 中规定的"修约值比较法"进行判定。

6.4.1.2 产品应由生产企业的质量检验部门按本标准规定进行检验，依据检验结果与标准要求对产品做出质量判定，并提供质量证明。

6.4.1.3 产品出厂时，每批产品应附有质量证明，内容包括：生产企业名称、产品名称、型号、批号或生产日期、批量、产品质量符合本标准证明、执行标准号，并加盖质检章。

6.4.2 复验规则

检验结果如有一项指标不符合本标准要求，应重新自该批产品中以双倍采样单元数采样进行复验。复验结果即使有一项指标不符合本标准要求，则该批产品为不合格。

7 标志、包装、运输、贮存

7.1 标志

出厂产品的外包装上应有牢固明显的标志，内容包括：生产企业名称、地址、产品名称、型号、净含量、批号或生产日期、本标准编号。包装物上还应有 GB/T 191 规定的"怕雨"标志。

7.2 包装

产品包装用内衬塑料薄膜袋的牛皮纸袋、聚丙烯编织袋或牛皮纸与聚丙烯编织物复合袋包装，每袋净含量 25 kg。产品用聚丙烯编织物复合袋包装，每袋净含量 500 kg 或 1 000 kg。亦可根据供需双方商定，采用适宜的其他包装方式和包装量。净含量的计量要求应按 JJF 1070 规定执行。

产品在贮运中应防止包装破损，产品不被污染，不泄漏。

7.3 运输

产品运输时应用洁净的运输工具，并防止雨淋。产品为非危险品，可按一般货物运输。

7.4 贮存

产品应存放在干燥通风的仓库内，以批为单位分开存放，不得露天堆放，防止日晒和受潮。

ICS 59.060.20
W 51

FZ

中华人民共和国纺织行业标准

FZ/T 51013—2016

纤维级再生聚酯切片(PET)

Fiber grade recycled polyester chip (PET)

2016-04-05 发布　　2016-09-01 实施

中华人民共和国工业和信息化部　　发布

前　言

本标准按照 GB/T 1.1—2009 给出的规则起草。

本标准由中国纺织工业联合会提出。

本标准由上海市纺织工业技术监督所归口。

本标准起草单位：浙江绿宇再生高分子材料有限公司、上海市纺织工业技术监督所、浙江古纤道新材料股份有限公司、苏州古月化纤有限公司、安徽东锦资源再生科技有限公司、海盐海利环保纤维有限公司、桐昆集团浙江恒腾化纤有限公司、濠锦化纤(福州)有限公司、中国化学纤维工业协会。

本标准主要起草人：周爱萍、姚强、王丽莉、刘雄、胡建东、邢朝东、陈浩、方韶峰、张大兵、万蕾。

纤维级再生聚酯切片(PET)

1 范围

本标准规定了纤维级再生聚酯切片(PET)的术语和定义、产品分类、技术要求、试验方法、检验规则和标志、包装、运输、贮存的要求。

本标准适用于以回收的 PET 聚酯(废丝、浆块、瓶片、废旧纺织品等)为材料加工的纤维级切片。其他同类产品可参照使用。

2 规范性引用文件

下列文件对于本文件的应用是必不可少的。凡是注日期的引用文件,仅注日期的版本适用于本文件。凡是不注日期的引用文件,其最新版本(包括所有的修改单)适用于本文件。

GB/T 4146.3 纺织品 化学纤维 第3部分:检验术语

GB/T 6678 化工产品采样总则

GB/T 6679 固体化工产品采样通则

GB/T 8170 数值修约规则与极限数值的表示和判定

GB/T 14190 纤维级聚酯切片(PET)试验方法

3 术语和定义

GB/T 4146.3 和 GB/T 14190 中界定的以及下列术语和定义适用于本文件。

3.1

纤维级再生聚酯切片(PET) fiber grade recycled polyester chip(PET)

以回收的聚酯(PET)为材料,经造粒获得的用于生产纤维的切片。

4 产品分类

纤维级再生聚酯切片(PET)根据是否进行消光处理,可分为有光、消光。

5 技术要求

5.1 性能项目和指标

纤维级再生聚酯切片(PET)性能项目和指标,见表1。

表 1 纤维级再生聚酯切片(PET)性能项目和指标

序号	项目	一等品	合格品
1	特性粘度/(dL/g)	M_1[a] ±0.025	M_1 ±0.100
2	熔点/℃	M_2[b] ±3	M_2 ±10

表 1（续）

序号	项目		一等品	合格品
3	异状切片(质量分数)/%	≤	0.6	0.6
4	灰分含量(质量分数)/%	≤	0.15	0.25
5	端羧基含量/(mol/t)		M_3[c]±6	—
6	色度	L 值	报告值	—
		b 值	M_4[d]±4	—
7	水分(质量分数)/%	≤	0.5	0.5
8	凝集粒子/(个/mg)	≤	6.0	—
9	二甘醇含量(质量分数)/%		M_5[e]±0.3	—
10	铁分/(mg/kg)	≤	5	—
11	粉末/(mg/kg)	≤	100	150
12	二氧化钛含量(质量分数)/%		报告值	—

[a] M_1 为特性粘度中心值，由供需双方在 0.500 dL/g～0.800 dL/g 范围内确定，确定后不得任意更改。

[b] M_2 为熔点中心值，由供需双方在 242 ℃～262 ℃范围内确定，确定后不得任意更改。

[c] M_3 为端羧基含量中心值，由供需双方在 15 mol/t～45 mol/t 范围内确定，确定后不得任意更改。

[d] M_4 为色度 b 值中心值，由供需双方在≤16 范围内确定，确定后不得任意更改。

[e] M_5 为二甘醇含量中心值，由供需双方在 0.80%～1.80%范围内确定，确定后不得任意更改。

6 试验方法

按照 GB/T 14190 规定执行，原则上按照方法 A。所有性能指标的表示结果均按表 1 规定的有效位数，依照 GB/T 8170 数值修约规则进行修约。

7 检验规则

7.1 检验类型

检验类型分为型式检验和出厂检验。下列情况下须进行型式检验：

a) 规定的周期性检验时；

b) 当生产设计、工艺、材料有变化，可能影响产品品质时；

c) 出厂检验的结果与上次型式检验有较大差异时；

d) 国家检验机构要求进行型式检验时。

7.2 检验项目

7.2.1 表 1 中的各项性能项目均为型式检验项目。

7.2.2 表 1 中的特性粘度、色度、异状切片、灰分含量等 4 项性能项目，为出厂检验项目。

7.3 组批规则

在一定范围内采用周期性取样组成检验批号。一个生产批可由一个检验批组成，也可由若干检验批组成。

7.4 取样规定

7.4.1 出厂检验时，样品由在线取样器自动抽取，或按一定的时间间隔在生产线上手工抽取。

7.4.2 包装后产品的取样按 GB/T 6679 规定执行，取样包数按 GB/T 6678 规定执行。

7.4.3 试验用样品量不低于 500 g，仲裁时样品量不低于 1 000 g。

7.5 判定规则

7.5.1 性能项目的测定值或计算值按 GB/T 8170 中修约值比较法与表 1 指标中的极限数值比较，评定等级。

7.5.2 逐项判定等级，以各项性能指标中最低的等级判定该批产品的等级。

7.6 复验规则

7.6.1 通则

产品到收货方时，应及时检查包装件的外包装、件数、质量与货单是否一致。如因运输或贮存等原因影响品质时，需查明责任，由责任方负责。

当产品到收货方三个月内，如发现产品品质不符合质量报告单或数量不符合时可提交复验。若该批产品的数量使用了三分之一以上时，不应申请复验。

如果收货方可以出示相关证据证明该批产品确实影响到后加工产品的品质，并造成严重损失时，应分析原因，明确双方责任、协商处理。必要时，可申请仲裁。

7.6.2 检验项目

同 7.2。仲裁时，如有项目涉及两种以上试验方法时，原则上按 GB/T 14190 中相关试验方法的 A 法进行试验；如利益双方协商一致，可采用 B 法。

7.6.3 组批规定

按原生产批号组批。

7.6.4 取样规定

同 7.4。

7.6.5 复验评定

7.6.5.1 性能项目的测定值或计算值按 GB/T 8170 中修约值比较法与表 1 指标中的极限数值比较，评定等级。

7.6.5.2 产品综合等级的评定，按 7.5.2 评定，高于或等于原等级则判为符合，低于原等级则判为不符合。

8 标志、包装、运输和贮存

8.1 标志

包装件上应明确标明“再生”、产品名称、规格、等级、批号、净质量、生产日期、产品标准编号、商标、生产企业名称、地址等相关信息以及产品防护、搬运等警示标志。

8.2 包装

8.2.1 产品以包装袋包装或槽车装运的形式出厂。包装袋应为带有内衬的编织袋。可根据用户需求外罩聚乙烯防尘薄膜。装运产品的槽车应清洁、干燥。

8.2.2 每批产品应附产品合格证。

8.3 运输

产品为非危险品。在运输和装卸过程中应按产品警示标志规定执行，应采取防范措施防止产品受潮、暴晒、受污染和包装受损，禁止抛卸。

8.4 贮存

产品按批堆放，应置于阴凉、干燥、通风并配有消防设施的仓库内，应远离热源，避免阳光直接照射。

ICS 71.120;83.140
G 94
备案号:37905—2013

HG

中华人民共和国化工行业标准

HG/T 4375—2012

改性超高分子量聚乙烯管材衬里专用料

Modified material of ultra-high molecular weight polyethylene for pipe lining

2012-11-07 发布　　2013-03-01 实施

中华人民共和国工业和信息化部　发布

前　　言

本标准按照 GB/T 1.1—2009 给出的规则起草。

本标准由中国石油和化学工业联合会提出。

本标准由全国非金属化工设备标准化技术委员会(SAC/TC162)归口。

本标准起草单位:上海化工研究院。

本标准主要起草人:张丽雅、张炜、夏晋程、沈贤婷、吴向阳、赵春保、江承忠、洪尉。

改性超高分子量聚乙烯管材衬里专用料

1 范围

本标准规定了改性超高分子量聚乙烯管材衬里专用料的术语和定义、分类和标记、要求、试验方法、检验规则以及标志、包装、运输和贮存。

本标准适用于在温度为 190 ℃、负荷为 21.6 kg 条件下，熔体质量流动速率(MFR)大于等于 0.01 g/10 min 并且小于等于 0.8 g/10 min 的超高分子量聚乙烯管材衬里专用料。

2 规范性引用文件

下列文件对于本文件的应用是必不可少的。凡是注日期的引用文件，仅所注日期的版本适用于本文件。凡是不注日期的引用文件，其最新版本(包括所有修改单)适用于本文件。

GB/T 1040.1 塑料 拉伸性能的测定 第1部分：总则

GB/T 1040.2 塑料 拉伸性能的测定 第2部分：模塑和挤塑塑料的试验条件

GB/T 1634.1 塑料 负荷变形温度的测定 第1部分：通用试验方法

GB/T 1634.2 塑料 负荷变形温度的测定 第2部分：塑料、硬橡胶和长纤维增强复合材料

GB/T 1843 塑料 悬臂梁冲击强度的测定

GB/T 2918 塑料试样状态调节和试验的标准环境

GB/T 3682 热塑性塑料熔体质量流动速率和熔体体积流动速率的测定

GB/T 6679 固体化工产品采样通则

GB/T 8170—2008 数值修约规则与极限数值的表示和判定

GB/T 19077.1 粒度分析 激光衍射法 第1部分：通则

ISO 1628-3 塑料 使用毛细管粘度计测定稀溶液中聚合物的粘度 第3部分：聚乙烯和聚丙烯

ISO 2818 塑料 用机加工法制备试样

ISO 15527：2010 塑料 聚乙烯(PE-UHMW、PE-HD)压模薄板材 要求和试验方法

3 术语和定义

下列术语和定义适用于本文件。

3.1

超高分子量聚乙烯(简称 PE-UHMW) ultra-high molecular weight polyethylene

分子量 100 万以上的聚乙烯。

3.2

改性超高分子量聚乙烯管材衬里专用料 modified material of ultra-high molecular weight polyethylene for pipe lining

超高分子量聚乙烯与其他聚合物或无机填料共混流动改性，能适合挤出成型内衬用超高分子量聚乙烯管材，以超高分子量聚乙烯为连续相，保持超高分子量聚乙烯优异力学性能的专用材料。

4 分类和标记

4.1 分类

产品按粘数分为 1 型、2 型、3 型。分类方法见表 1。

表 1　改性超高分子量聚乙烯管材衬里专用料分类

分类	1 型	2 型	3 型
粘数/(mL/g)	≥900 且<1 500	≥1 500 且<2 100	≥2 100

产品按外观可分为挤出颗粒(E 型)、粉末状(D 型)。

4.2　标记

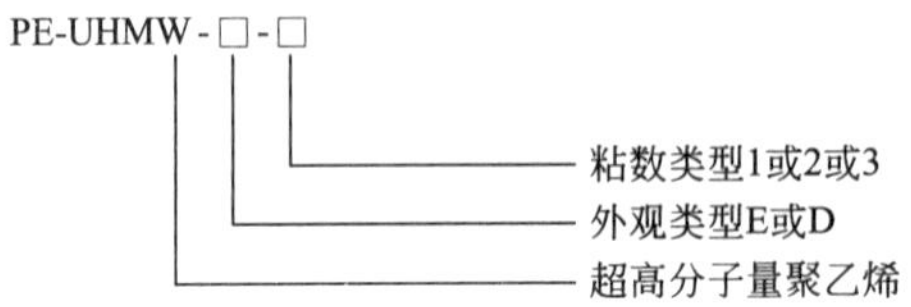

示例:PE-UHMW-E-1 表示外观为挤出颗粒,粘数大于或等于 900 mL/g 且小于 1 500 mL/g 的改性超高分子量聚乙烯管材衬里专用料。

5　要求

产品的技术指标应符合表 2 要求。

表 2　技术指标

序号	项目		指标		
1	粘数/(mL/g)		1 型	2 型	3 型
			≥900 且<1 500	≥1 500 且<2 100	≥2 100
2	熔体质量流动速率(190 ℃、21.6 kg)/(g/10 min)		≥0.01 且≤0.8		
3	屈服强度/MPa		≥22		
4	拉伸断裂强度/MPa		≥33		
5	拉伸断裂伸长率/%		≥350		
6	悬臂梁缺口冲击强度		不破坏		
7	相对磨损指数		≤130		
8	负荷变形温度/℃		≥65		
9	粒径/%	挤出颗粒(>2 mm)	≤10		
		粉末状(>400 μm)	≤10		

6　试验方法

6.1　试样的制备

用于性能测定的试样,按 ISO 2818 的规定,采用机加工方法从挤出管材上制得。

6.2　试样的状态调节和试验的环境

试样的状态调节应按 GB/T 2918 的规定进行。

所有试验都应在 GB/T 2918 规定的试验环境下进行。

6.3　粘数

粘数试验按照 ISO 1628-3 规定进行。

6.4　熔体质量流动速率

熔体质量流动速率试验按照 GB/T 3682 规定进行。测试温度为 190 ℃,负荷为 21.6 kg。

6.5 屈服强度、拉伸断裂强度和拉伸断裂伸长率

屈服强度、拉伸断裂强度和拉伸断裂伸长率试验按照 GB/T 1040.1、GB/T 1040.2 规定进行。试样为 1B 型，试验速度为 50 mm/min。

6.6 悬臂梁缺口冲击强度

冲击强度试验按照 GB/T 1843 规定进行。使用摆锤为 22 J。

6.7 相对磨损指数

相对磨损指数试验按照 ISO 15527：2010 中附录 B、附录 C 规定进行。相对磨损指数以 5 个试样结果的算术平均值表示，结果保留整数。平行测定值的极差不超过算术平均值的 10 %。

6.8 负荷变形温度

负荷变形温度试验按照 GB/T 1634.1、GB/T 1634.2 规定的 B 法进行。

6.9 粒径

粒径试验按照 GB/T 19077.1 规定进行。

7 检验规则

7.1 批组与采样

以每天生产量为一批，最大批量为 10 t，用户以收到的产品为一批。采样按 GB/T 6679 规定进行，随机抽取取样单元数。用采样钻从每包中采取约 200 g，取样总量不得少于 2 000 g，经充分混合均匀，用四分法将样品分为检验样品和保留样品，分装于两个干净的塑料袋密封，应贴有标签，内容为：产品名称、批号、批量、生产日期、采样人姓名，其中检验样品用于检测，保留样品应保存三个月，以备查验。

7.2 检验

本产品所有要求均为出厂检验，应由生产厂的质量检验部门按照本标准规定的试验方法进行检测，依据检验结果和本标准中的技术要求对产品作出质量判定，检验合格后方可出厂。每批产品出厂时应附有产品质量证明书和合格证。

检验结果中有一项指标不符合本标准要求时，则应自双倍取样单元数中重新取样进行复验。复验后仍有一项指标不合格时，则判该批产品为不合格产品，不准出厂。

7.3 检验结果判断

检验结果的判定按 GB/T 8170—2008 中 4.3.3 的“修约值比较法”进行。

7.4 检验证书

每批材料应提供检验证书，检验证书应包括下列内容：

a) 按照本标准相应条款的检测值（写明试验结果是否符合本标准的要求）；

b) 产品的型号；

c) 批号；

d) 试验日期；

e) 检验人、批准人；

f) 企业名称（盖章）。

8 标志、包装、运输和贮存

8.1 标志

产品的外包装袋上应有明显牢固的标志。标志内容应包括：商标、企业名称和地址、本标准号、产品名称、型号、生产日期、批号和净含量。

8.2 包装

产品应用内衬聚乙烯薄膜袋的聚丙烯编织袋或其他包装材料包装。包装材料应保证在运输、贮存、堆放时不污染和泄漏。产品包装规格为 25 kg±0.25 kg,每批平均每袋净含量不得低于 25.0 kg。

8.3 运输

袋装产品在运输过程中,应避免锐器钩挂,防止破包。严禁在阳光下暴晒或雨淋。

8.4 贮存

产品应贮存在通风、干燥、清洁并保持有良好消防设施的仓库内。贮存时,应远离热源,并防止阳光直接照射,严禁在露天堆放。

中华人民共和国轻工行业标准

QB 1126—91

聚烯烃填充母料

1 主题内容与适用范围

本标准规定了聚烯烃填充母料的分类、技术要求、试验方法、检验规则和标志、包装、运输、贮存。

本标准适用于以聚乙烯、聚丙烯、无规聚丙烯和聚乙烯或聚丙烯与其他材料的共混物为载体树脂，以重质碳酸钙为填料，加入适量助剂经混炼造粒而成的聚烯烃填充母料(以下简称填充母料)。

2 引用标准

GB 1033 塑料密度和相对密度试验方法

GB 1040 塑料拉伸试验方法

GB 1043 塑料简支梁冲击试验方法

GB 2913 塑料白度试验方法

GB 3682 热塑性塑料熔体流动速率试验方法

3 产品分类

3.1 产品型号

3.1.1 产品型号由三部分组成：

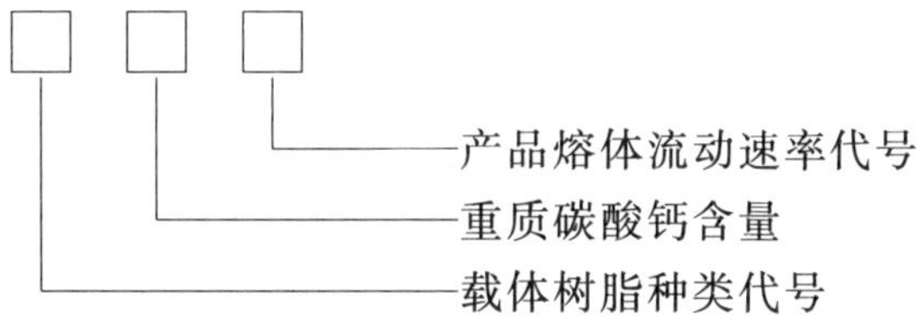

3.1.2 载体树脂代号用英文字母表示，见表1。

表1

聚乙烯	聚丙烯	无规聚丙烯	共混物
PE	PP	AP	CM

3.1.3 重质碳酸钙含量用两位阿拉伯数字表示。

3.1.4 产品熔体流动速率分为A、B、C、D四档，见表2。

表2 g/10 min

A	B	C	D
<1.0	1.0～5.0	5.1～20.0	>20.0

例：PE80B 表示以聚乙烯为载体树脂，填料占填充母料质量的80%，熔体流动速率为1.0～5.0 g/10 min的聚烯烃填充母料。

中华人民共和国轻工业部1991-06-04批准 1992-01-01实施

3.2 规格

填充母料为方形、圆柱形或其他形状有规则的粒状物，粒度（每 10 g 填充母料的颗粒数目）应在 200～600 个之间。

3.3 颜色

填充母料颜色一般为白色，其他颜色由供需双方商定。

4 技术要求

4.1 外观

填充母料应塑化良好，色泽一致，无明显杂质和碎末。

4.2 粒度

填充母料粒度应符合 3.2 的规定，不允许有长度大于 30 mm 的连粒，6～30 mm 长度的连粒不得超过总质量的 3%。

4.3 分散性

用填充母料与聚丙烯树脂混合后注射成型的样片中不允许有肉眼可见的固体颗粒。

4.4 重质碳酸钙含量及允许偏差

重质碳酸钙含量（重质碳酸钙占填充母料质量的百分数），应与产品型号中数值相符，允许偏差为 −3%～+2%。

4.5 填充母料的物理性能应符合表 3 的规定。

表 3

序号	1	2	3	4
项目	密度，g/cm^3	水分及挥发物含量，%	熔体流动速率，g/10 min	白度，%
指标	≤2.0	≤0.5	符合 3.1.4 要求	≥50

4.6 用填充母料和聚丙烯混合注射成型的样条机械性能应符合表 4 的规定。

表 4

项目	拉伸屈服强度，MPa	拉伸断裂伸长率，%	缺口冲击强度，kJ/m^2
指标	≥28.0	≥400	≥8.0

5 试验方法

5.1 试样制备

5.1.1 取样

从任意三个包装中各取出填充母料 1 kg，掺混均匀后备用。

5.1.2 测定密度和白度用样片制备

从 5.1.1 准备好的样品中取出 500 g，在两辊塑炼机上塑化，塑炼温度根据填充母料能够塑化但不粘辊确定，塑炼时间 5 min。再在同样温度下的油压机中按不加压预热，加压加热 5 min，保压冷却顺序压制成片，样片所受压力不小于 10 MPa。取出后裁切出 20 mm×20 mm 方片三块供密度测定用，60 mm×60 mm 方片三块供白度测定用。

5.1.3 检查分散性和测定机械性能用样片、样条

从 5.1.1 准备好的料样中取出 500 g 与聚丙烯（牌号为燕山石化公司 1 300）树脂混合均匀，用螺杆预塑式注射机成型。聚丙烯树脂用量 G(g) 由式(1)确定。样片、样条数量、形状和注射成型工艺条件应符合表 5 规定。

$$G=\frac{500\,Y}{20}\times 100 \qquad\cdots\cdots(1)$$

式中：G——聚丙烯树脂用量，g；

Y——填充母料型号中重质碳酸钙含量，%。

表 5

项　目	分散性检查样片	拉伸样条	冲击样条
试样数量，个	≥3	≥5	≥5
试样形状及尺寸	φ100 mm×2 mm	GB 1040 中Ⅱ型	GB 1043 中缺口大试样
注射压力，MPa	30	30	50
注射和保压时间，s	20	30	60
冷却时间，s	20	20	20
螺杆转速，r/min	40～50		
料筒温度，℃	Ⅰ区：210～220 ℃；Ⅱ区：220～230 ℃；Ⅲ区：180 ℃		

5.2　外观及粒度

从 5.1.1 备好的样品中分次取出三组试样，每组质量 10 g，用感量为 0.1 g 的天平称量，精确至 0.1 g，放在洁净的搪瓷盘中，用肉眼观察、计数，并挑出连粒，计算每组连粒的质量百分数。

取三组试样试验结果的算术平均值。

5.3　分散性

在自然光线下目测圆形样片。

5.4　重质碳酸钙含量

5.4.1　试验设备

5.4.1.1　装有控温装置的高温炉，600 ℃时温度波动不大于±10 ℃。

5.4.1.2　感量为 0.1 mg 的分析天平。

5.4.1.3　装有硅胶的玻璃干燥器。

5.4.2　试验步骤

从 5.1.1 备好的样品中称取 0.5～1.0 g 试样三组，分别平铺于事先在 600 ℃下灼烧至恒重的三个磁舟内，用分析天平称重，精确至 0.1 mg。然后放入已升温至 600 ℃的高温炉中，3 h 后取出放入玻璃干燥器中冷却至室温称重，精确至 0.1 mg。

5.4.3　试验结果的计算

试验结果按式(2)计算：

$$S=\frac{W_2-W_0}{W_1-W_0}\times 100 \qquad\cdots\cdots(2)$$

式中：S——填充母料中重质碳酸钙含量，%；

W_0——磁舟质量，g；

W_1——灼烧前磁舟与试样总质量，g；

W_2——灼烧后磁舟与试样总质量，g；

以三组试样试验结果的算术平均值表示，取整数位。

5.5　密度

按 GB 1033 的规定进行，试验方法采用 A 法。以三组试样试验结果的算术平均值表示，精确至小数点后一位。

5.6　水分及挥发物含量

5.6.1 试验设备

5.6.1.1 鼓风式恒温干燥箱。

5.6.1.2 感量为 0.1 mg 的分析天平。

5.6.1.3 装有硅胶的玻璃干燥器。

5.6.2 试验步骤

从 5.1.1 备好的样品中称取 4～6 g 试样三组，分别平铺于事先在 180 ℃下烘至恒重的称量瓶内，用分析天平称重精确至 0.1 mg，然后放入已恒温在 180 ℃的鼓风式恒温干燥箱内，0.5 h 后取出放入玻璃干燥器内冷却至室温称重，精确至 0.1 mg。

5.6.3 试验结果的计算

试验结果按式(3)计算；

$$V=\frac{W_1-W_2}{W_1-W_0}\times 100 \qquad \cdots\cdots(3)$$

式中：V——水分及挥发物含量，%；

W_0——称量瓶质量，g；

W_1——放入恒温干燥箱前称量瓶与试样总质量，g；

W_2——在干燥器中冷却至室温后称量瓶与试样总质量，g。

以三组试样试验结果的算术平均值表示，精确至小数点后一位。

5.7 熔体流动速率

按 GB 3682 的规定进行。以聚丙烯为载体树脂的填充母料按表 1 序号 12 所示试验条件进行，其他载体树脂种类的填充母料按表 1 序号 3 所示试验条件进行。

5.8 白度

按 GB 2913 的规定进行。

5.9 拉伸屈服强度和断裂伸长率

按 GB 1040 的规定进行，拉伸速度为(50±5)mm/min。

5.10 缺口冲击强度

按 GB 1043 的规定进行。以 5 个试样试验结果的算术平均值表示，精确至小数点后二位。

6 检验规则

6.1 填充母料以批为单位进行检验。连续生产的同一原料、同一配方、同一工艺、同一规格型号的产品为一批。每批数量不超过 30 t。在每批中任取三包做为检验样品。

6.2 出厂检验 检验项目应包括 4.1，4.2，4.4 和 4.5 中的 2，3 两项。

6.3 型式检验 正常生产时每半年进行一次，当原料、配方或工艺变化较大时，也应进行型式检验。

6.4 检验结果中若有任何一项不合格，需取双倍样对不合格项目进行复验，复验均合格，该批为合格批；否则为不合格批。

7 标志、包装、运输、贮存

7.1 标志

填充母料包装袋上应标明生产厂名称、产品名称、商标、型号和质量。包装袋内应有产品合格证，内容包括生产日期、型号和批号，并盖有检验员章。

7.2 包装

填充母料用内衬薄膜的塑料编织袋包装，每袋净重为(25.0±0.2)kg 或(40.0±0.2)kg。

7.3 运输

填充母料在运输过程中不应受日晒雨淋。

7.4 贮存

填充母料应贮存在干燥、通风、清洁、阴凉的库房内。自生产日期起贮存期为一年。

附加说明：

本标准由全国塑料制品标准化中心归口。

本标准由中国塑料工程学会填充塑料技术经济协作组负责起草。

本标准主要起草人刘英俊、刘亮、张增民。

ICS 83.140.99
分类号:Y 28
备案号:53760—2016

QB

中华人民共和国轻工行业标准

QB/T 4912—2016

再生塑料编织袋

Recycled plastic woven sack

2016-01-15 发布　　2016-07-01 实施

中华人民共和国工业和信息化部　发布

前　言

本标准按照 GB/T 1.1—2009 给出的规则起草。

本标准由中国轻工业联合会提出。

本标准由全国塑料制品标准化技术委员会(SAC/TC 48)归口。

本标准起草单位：温州升华包装有限公司、温州晨光集团有限公司、浙江共和包装有限公司、黑龙江万事达塑业集团有限公司、广庆集团有限公司、苍南县质量技术监督检测院、广天集团有限公司、山东寿光健元春有限公司、沈阳华康塑业有限公司、沈阳国人塑业有限公司。

本标准主要起草人：宋云鹤、王可旺、曾焕润、黄日德、黄青春、叶友焕、傅广星、孙冬泉、吴美秋、刘仲民、陈安做、张启阔。

本标准为首次发布。

再生塑料编织袋

1 范围

本标准规定了再生塑料编织袋的术语和定义、分类、规格、型号和等级、原材料、要求、试验方法、检验规则、标志、包装、运输和贮存。

本标准适用于以聚丙烯或聚乙烯再生料为主要原料，经挤出、拉伸成扁丝，再经编织、制袋等工序制成的，主要用于包装粉状或粒状固体物料及柔性物品的再生塑料编织袋(以下简称“袋”)。

2 规范性引用文件

下列文件对于本文件的应用是必不可少的。凡是注日期的引用文件，仅注日期的版本适用于本文件。凡是不注日期的引用文件，其最新版本(包括所有的修改单)适用于本文件。

GB/T 1040.1—2006 塑料 拉伸性能的测定 第1部分:总则

GB/T 1040.3—2006 塑料 拉伸性能的测定 第3部分:薄膜和薄片的试验条件

GB/T 2828.1—2012 计数抽样检验程序 第1部分:按接收质量限(AQL)检索的逐批检验抽样计划

GB/T 2918—1998 塑料试样状态调节和试验的标准环境

GB 5085.3 危险废物鉴别标准 浸出毒性鉴别

GB/T 8946—2013 塑料编织袋通用技术要求

GB/T 16288—2008 塑料制品的标志

GB/T 25162.2—2010 包装袋 跌落试验 第2部分:热塑性软质薄膜袋

3 术语和定义

GB/T 8946—2013 界定的术语和定义适用于本文件。

4 分类、规格、型号和等级

4.1 分类

4.1.1 按袋的层间结构分为单层袋、多层袋、涂膜袋、覆膜袋。

4.1.2 按袋的封口方法分为敞口袋、插口袋、方底阀口袋，见图1。

4.1.3 按袋体编织布的圆周结构分为圆筒袋和中缝袋，见图2。

4.2 规格

4.2.1 袋的有效宽度为折叠部分展开后的宽度，从200 mm到1 050 mm，每增加50 mm为一规格。

4.2.2 袋的有效长度由供需双方商定。

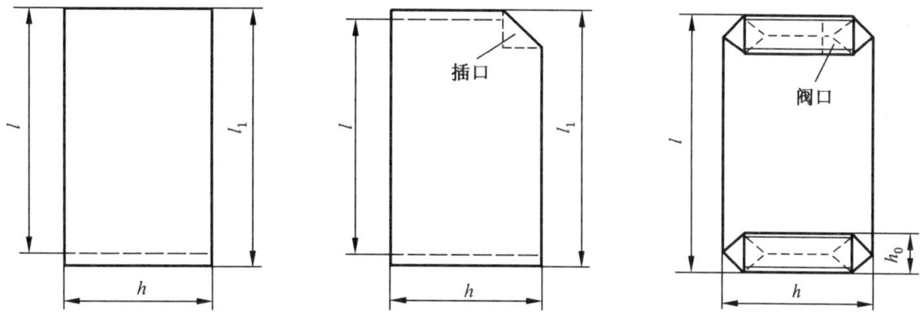

a）敞口袋　　b）插口袋　　c）方底阀口袋

说明：

l——有效长度；

h——有效宽度；

l_1——总长度；

h_0——方底阀口袋袋底宽度。

图1　袋的封口方法

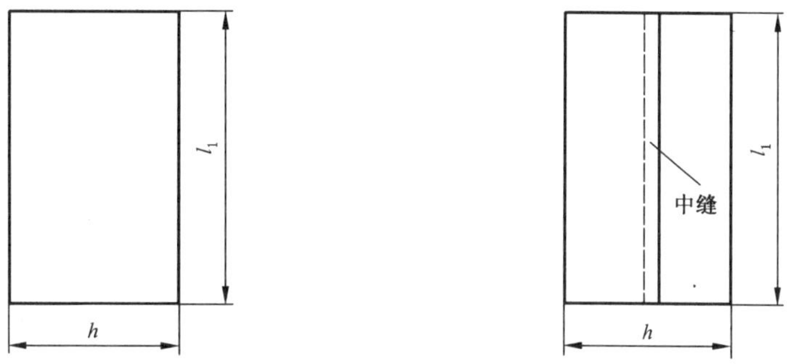

a）圆筒袋　　b）中缝袋

说明：

h——有效宽度；

l_1——总长度。

图2　袋体编织布的圆周结构

4.2.3　袋的经密度、纬密度分别为32根/100 mm、36根/100 mm、40根/100 mm、48根/100 mm。经密度和纬密度可不等，其他规格由供需双方商定。

4.3　型号

袋的型号与最大允许填装质量见表1。

表 1　型号与最大允许填装质量

项　目	型　号				
	R10	R20	R30	R40	R50
最大允许填装质量/kg	10	20	30	40	50
注：其他型号和最大允许填装质量可由供需双方商定。					

4.4　等级

按袋的力学性能分为一等品、二等品和三等品。

5　原材料

5.1　不应使用按 GB 5085.3 鉴别为具有浸出毒性特征的危险废物作为生产原料。

5.2　不应使用医疗废弃物作为生产原料。

6　要求

6.1　外观

外观应符合表 2 的规定。

表 2　外观

项　目	要　求
断丝	经、纬扁丝交错处不应同时断丝
污点	面积不大于 50 mm^2 的油或其他明显污点不应多于 3 处/m^2，大于 50 mm^2 的不应多于 1 处/m^2
散边	切断后应无散边
缝合	应无缝线脱针、断线、未缝住卷折边现象；袋缝线两端应至少留有 30 mm 线套或回针 20 mm 以上
渗水、褶皱	涂膜袋和覆膜袋不应渗水，不应出现使涂膜层或覆膜层破裂的褶皱

6.2　允许偏差

袋的允许偏差应符合表 3 的规定。

表 3　允许偏差

项目		允许偏差
有效长度/mm	≤1 000	−10～+20
	>1 000	−10～+30
有效宽度/mm	≤700	−10～+15
	>700	−10～+20
经密度/(根/100 mm)		−1
纬密度/(根/100 mm)		−1

6.3 物理力学性能

物理力学性能应符合表4的规定。

表4 物理力学性能

项目		指标											
		一等品					二等品				三等品		
		R10	R20	R30	R40	R50	R10	R20	R30	R40	R10	R20	R30
拉伸负荷/(N/50 mm)	径向 ≥	215	275	340	370	400	145	185	225	245	80	95	115
	纬向 ≥	205	265	320	350	380	135	175	215	235	70	90	110
	缝底向 ≥	105	135	165	180	195	70	90	110	120	35	45	55
	阀口向 ≥	150	180	210	255	270	120	140	160	170	60	70	80
涂膜袋或覆膜袋的剥离力/(N/30 mm) ≥		3.0											

6.4 耐热性能

试样表面应无黏着、熔痕等现象。

6.5 跌落性能

袋不应破裂，包装物不应漏失。因跌落时从封口经、纬扁丝间或缝线孔冲击出来的物料在样袋从地上抬起后不应再泄漏。

7 试验方法

7.1 外观

7.1.1 断丝、污点、散边、缝合

在自然光线下目测，必要时用分度值为1 mm的直尺测量。

7.1.2 渗水、褶皱

将涂膜袋和覆膜袋折成凹型倒入水后观察有无渗水现象，将涂膜层或覆膜层的褶皱用手拉开后观察有无出现破裂。

7.2 允许偏差

7.2.1 有效长度和有效宽度

将袋摊平，用分度值为1 mm的直尺，在中线和中线离两边一半的3处测量有效长度和有效宽度，以3次测量的最大偏差值作为检测偏差。

7.2.2 经密度和纬密度

将袋摊平，在袋上任意位置划出一个边长为100 mm且经扁丝、纬扁丝与袋边线相平行的正方形编

织布，计数正方形编织布内的经、纬扁丝根数。计数到终点不足 1 根时，按 1 根计。经丝重叠按 1 根计算。

7.3 物理力学性能

7.3.1 状态调节和试验的标准环境

按 GB/T 2918—1998 的规定，将样袋在温度 18 ℃～28 ℃的环境条件下进行状态调节，时间不应少于 4 h，并在此条件下进行试验。

7.3.2 取样及制样

按 GB/T 8946—2013 中附录 C 的规定取样，并按 GB/T 1040.3—2006 中 6.2 的规定制备试样。

7.3.3 试验设备

采用 GB/T 1040.1—2006 中 5.1 规定的设备。

7.3.4 拉伸负荷

夹具间距 100 mm(阀口向 200 mm)，试验速度(200±20)mm/min，测出试样拉伸至断裂时的最大拉伸负荷。测试两个试样，结果取其算数平均值，精确到 1 N。

试验中如遇到试样在夹具中破裂、滑脱等影响准确性的情况时，应另换试样重做。

7.3.5 涂膜袋或覆膜袋的剥离力

试样的一端用手或胶黏带将编织布和膜等分开 50 mm，分别夹在试验机夹具上，夹具间的距离为 100 mm，试验速度(200±20)mm/min，测出试样最大剥离力。测试两个试样，结果取其算数平均值，精确到 1 N。如果试样无法分开，则判定该项合格。

7.4 耐热性能

7.4.1 将袋摊平，分别取经向、纬向试样各两片，长度不小于 320 mm、宽度不小于 40 mm。取样位置为 GB/T 8946—2013 附录 C 中图 C.1 的空余位置。

7.4.2 试验用上压块长(300.0±0.5)mm，宽(20.0±0.5)mm，质量(1 000±5)g；下压块长和宽大于上压块；上下块的对压面应磨平。

7.4.3 将两片经向试样或纬向试样的编织布层相对重叠并置于上下压块的居中位置，放入温度(80±2)℃[覆膜袋放入(85±2)℃]的烘箱内 1 h，取出后立即将两片重叠试样分开，观察试样表面有无黏着、熔痕等现象。

7.5 跌落性能

7.5.1 状态调节和试验设备

填装物料样袋的状态调节按 7.3.1 进行，试验设备按 GB/T 25162.2—2010 中第 4 章的规定进行。

7.5.2 填装物料和质量

填装物料选用聚丙烯树脂、聚乙烯树脂或其他安全型物料。试验填装质量根据样袋型号，按表 1 最大允许填装质量进行填装。

7.5.3 填装系数

7.5.3.1 试验的填装系数为：0.80～0.85。

7.5.3.2　封上样袋上口并留有袋的一角不封口，称量样袋的质量。从样袋的不封口处（插口袋的插口或方底阀口袋的阀口）填装满按 7.5.2 选定的物料后称量其总质量，精确至 0.1 kg。

按公式(1)计算实际填装系数：

$$k = \frac{m_G}{m_Z - m_D} \qquad \cdots\cdots(1)$$

式中：

k ——实际填装系数；

m_G ——样袋型号最大允许填装质量，单位为千克(kg)；

m_Z ——实际填装满后的总质量，单位为千克(kg)；

m_D ——样袋的质量，单位为千克(kg)。

当计算得到的填装系数不在 0.80～0.85 时，应重新选用填装物料。

7.5.4　跌落性能

7.5.4.1　跌落高度

单层袋、多层袋和涂膜袋为 1.2 m，覆膜袋为 1.0 m。

7.5.4.2　跌落方式

7.5.4.2.1　取 3 条样袋，每条自由跌落 3 次。3 条样袋的 3 次跌落次序分别为：

——第 1 条：底面→平面→侧面；

——第 2 条：平面→侧面→底面；

——第 3 条：侧面→底面→平面。

7.5.4.2.2　底面跌落时敞口袋的下封口、插口袋的插口和方底阀口袋的阀口应在下；平面跌落时中缝袋的中缝在下；侧面跌落时插口袋的插口和方底阀口袋的阀口在上。

7.5.4.2.3　跌落试验完成后，检查样袋有无破裂，包装物有无漏失。

8　检验规则

8.1　组批

同一类别、同一规格、同一型号、同一等级的产品为一批，每批不应超过 15 万条。

8.2　出厂检验

出厂检验项目为 6.1、6.2 及 6.3。

8.3　型式检验

型式检验项目为第 6 章的全部内容。

出现下列情况之一时，应进行型式检验：

a)　新产品或老产品转厂生产的试制定型鉴定；

b)　正式生产后，如结构、材料、工艺有较大改变；

c)　正常生产时，每 12 个月进行 1 次检验；

d)　产品长期停产后，恢复生产时；

e)　出厂检验结果与上次型式检验结果有较大差异时；

f)　国家质量监督机构提出进行型式检验的要求时。

8.4 抽样

8.4.1 6.1 和 6.2 按 GB/T 2828.1—2012 规定的正常检验一次抽样方案，采用一般检查水平Ⅰ，接收质量限(AQL)6.5，见表 5。

表 5 抽样方案

单位为条

批量	样本量	接收数 Ac	拒收数 Re
≤150	8	1	2
151～280	13	2	3
281～500	20	3	4
501～1 200	32	5	6
1 201～3 200	50	7	8
3 201～10 000	80	10	11
10 001～35 000	125	14	15
35 001～150 000	200	21	22

8.4.2 从 8.4.1 检验合格的样本中随机抽取足够数量的样本进行 6.3、6.4 和 6.5 的试验。

8.5 判定规则

6.1 和 6.2 按表 5 的规定进行判定。

6.3、6.4 和 6.5 的检验结果中如有不合格项，则应从该批中抽取双倍样本，对不合格项进行复检，复检仍有不合格项，则该批袋为不合格。

9 标志、包装、运输和贮存

9.1 标志

产品应附有合格证，合格证上应至少标明：产品名称、型号、等级、制造厂名、厂址、数量、批号或生产日期和本标准编号。此外，应标明回收再加工利用塑料标识，其图形应符合 GB/T 16288—2008 的规定。

9.2 包装

每件产品用编织袋或塑料袋包装，包装应牢固，并适应于运输，其他包装方式由供需双方商定。

9.3 运输

产品在运输过程中应避免日晒雨淋，并保持包装完整。

9.4 贮存

产品应置于阴凉的库房内贮存，并远离火源、热源。贮存期自生产之日起不宜超过 18 个月。超过贮存期的产品经检测合格方可使用。

ICS 83.140.99
分类号:Y 28
备案号:57113—2017

QB

中华人民共和国轻工行业标准

QB/T 5080—2017

未增塑聚氯乙烯(PVC-U)型材专用彩色共挤料技术条件

Specificiation for color co-extrusion materials for unplasticized polyvinyl chloride(PVC-U)profiles

2017-01-09 发布 2017-07-01 实施

中华人民共和国工业和信息化部 发布

前　言

本标准按照GB/T 1.1—2009给出的规则起草。

本标准由中国轻工业联合会提出。

本标准由全国塑料制品标准化技术委员会(SAC/TC 48)归口。

本标准主要起草单位:上海红京印实业有限公司、浙江中财型材有限责任公司、佛山市凯粤天雄塑料科技有限公司、华之杰塑料建材有限公司、天津开发区金鹏塑料异型材制造有限公司、西安高科建材科技有限公司、东营大明新型建材有限责任公司、柯美特建材集团有限公司、山西惠丰型材有限公司、中国塑料加工工业协会异型材及门窗制品专业委员会。

本标准主要起草人:李新华、李静霞、陈腾渊、李荣顺、范理、韩育、何琪、张秀波、王建林、魏瑞峰。

本标准为首次发布。

未增塑聚氯乙烯(PVC-U)型材专用彩色共挤料技术条件

1 范围

本标准规定了未增塑聚氯乙烯(PVC-U)型材专用彩色共挤料的要求、试验方法、标志、包装、运输和贮存。

本标准适用于以聚丙烯腈-苯乙烯-丙烯酸酯塑料(ASA)或聚甲基丙烯酸甲酯(PMMA)或两种原料共混改性料为主要原料,生产的共挤型材专用彩色料(以下简称彩色共挤料)。

2 规范性引用文件

下列文件对于本文件的应用是必不可少的。凡是注日期的引用文件,仅所注日期的版本适用于本文件。凡是不注日期的引用文件,其最新版本(包括所有的修改单)适用于本文件。

GB/T 1033.1—2008　塑料　非泡沫塑料密度的测定　第1部分:浸渍法、液体比重瓶法和滴定法

GB/T 1043.1—2008　塑料　简支梁冲击强度的测定　第1部分:非仪器化冲击试验

GB/T 1634.2—2004　塑料　负荷变形温度的测定　第2部分:塑料、硬橡胶和长纤维增强复合材料

GB/T 2914—2008　塑料　氯乙烯均聚和共聚树脂　挥发物(包括水)的测定

GB/T 2918—1998　塑料试样状态调节和试验的标准环境

GB/T 3398.2—2008　塑料　硬度的测试　第2部分:洛氏硬度

GB/T 3682—2000　热塑性塑料熔体质量流动速率和熔体体积流动速率的测定

GB/T 15596—2009　塑料在玻璃下日光、自然气候或实验室光源暴露后颜色和性能变化的测定

GB/T 16422.2—2014　塑料　实验室光源暴露试验方法　第2部分:氙弧灯

GB/T 17037.1—1997　热塑性塑料材料注塑试样的制备　第1部分:一般原理及多用途试样和长条试样的制备

GB/T 17037.3—2003　塑料　热塑性塑料材料注塑试样的制备　第3部分:小方试片

GB/T 17037.4—2003　塑料　热塑性塑料材料注塑试样的制备　第4部分:模塑收缩率的测定

3 要求

3.1 外观

颗粒应大小均匀,不应有3颗及以上连粒,色泽均匀一致,无杂质。

3.2 材料性能

彩色共挤料的材料性能应符合表1规定。

表 1　材料性能

序号	项　　　目			要　求
1	挥发物(包括水)/%		≤	0.5
2	熔体质量流动速率(MFR)/(g/10 mim)			熔体质量流动速率偏差±3
3	色差	仪器测定		ΔE≤0.5
		目视评定/级	≤	1
4	简支梁缺口冲击强度/(kJ/m^2)		≥	5
5	负荷变形温度/℃		≥	78
6	洛氏硬度 HRR		≥	90
7	密度/(g/cm^3)			1.05～1.20
8	模塑纵径收缩率/%			0.4～0.7
9	老化试验前后颜色变化色差			$\Delta E^* \leqslant 5$

4　试验方法

4.1　试样的制备

4.1.1　预处理

将彩色共挤料平铺于搪瓷盘或不锈钢盘中，堆积厚度不大于 3 cm，置于(80±5)℃的电热鼓风烘箱中干燥不少于 4 h。

4.1.2　制备

试样按 GB/T 17037.1—1997、GB/T 17037.3—2003 的规定制备，注塑条件按表 2 的规定，试样尺寸和数量按表 3 规定。

表 2　注塑条件

熔体温度/℃	模具温度/℃	注射速度范围/(mm/s)
190～240	60±3	200±100

表 3　试样尺寸和数量

序号	项目	试样尺寸	数量/个	方法
1	简支梁缺口冲击强度	80 mm×10 mm×4 mm	10	采用 GB/T 17037.1—1997 的 B 型模具制成试样
2	负荷变形温度	80 mm×10 mm×4 mm	3	采用 GB/T 17037.1—1997 的 B 型模具制成试样
3	洛氏硬度	试样不小于厚度 6 mm	3	采用 GB/T 17037.3—2003 的 D2 型模具制作厚度为 2 mm 的小方片试样，GB/T 3398.2—2008 第 5.2 部分规定的相同厚度的较薄试样叠成

表 3（续）

序号	项目	试样尺寸	数量/个	方法
4	模塑收缩率	60 mm×60 mm×2 mm	5	采用 GB/T 17037.3—2003 的 D2 型模具制成试样
5	人工老化试验	试样不小于 30 mm×50 mm×2 mm	4	采用 GB/T 17037.3—2003 的 D2 型模具制成试样，其中一半数量的试样作为原始试样置于常温、黑暗处存放

4.1.3 状态调节和试验环境

试样的状态调节应按 GB/T 2918—1998 规定进行，温度为(23±2)℃，调节时间不少于 24 h，并在此条件下进行。

4.1.4 试样的制备说明

4.2 外观、4.3.1 挥发物(包括水)无需进行 4.1 试样的制备；4.3.2 熔体质量流动速率(MRF)偏差、4.3.7 密度只需进行 4.1.1 预处理；其余项目均需 4.1 试样制备。

4.2 外观

在自然光线下目测。

4.3 材料性能

4.3.1 挥发物(包括水)

按 GB/T 2914—2008 中方法 A 在(110±2)℃条件下的规定进行试验。

4.3.2 熔体质量流动速率(MRF)偏差

按 GB/T 3682—2000 规定进行，试验条件为：温度 220 ℃、负荷 10 kg。熔体质量流动速率(MRF)偏差为试样的实测值与标称值之差。

4.3.3 色差

按 GB/T 15596—2009 第 4 章的规定进行。以供需双方确定的标样(不小于 30 mm×50 mm×2 mm)为准。

4.3.4 简支梁缺口冲击强度

按 GB/T 1043.1—2008 规定进行，A 型缺口，r_n=0.25 mm，应在注塑后 4 h 内加工缺口。

4.3.5 负荷变形温度

按 GB/T 1634.2—2004 的规定进行，A 法，采用平放放置方式。

4.3.6 洛氏硬度

按 GB/T 3398.2—2008 规定进行，采用 R 标尺。

4.3.7 密度

按 GB/T 1033.1—2008 中的 A 法规定进行。

4.3.8 模塑纵径收缩率

按 GB/T 17037.4—2003 规定进行。

4.3.9 人工老化试验

按 GB/T 16422.2—2014 规定进行试验，辐照方式采用方法 A，辐照度为窄带(340 mm)0.51 W/m^2 · nm，温度控制采用黑标温度计，暴露循环采用循环序号 1，试验持续时间为 6 000 h，后测量试样颜色变化，每 1 000 h 检查。

5 标志、包装、运输和贮存

5.1 标志

每袋彩色共挤料均有标志，内容至少包括：净质量、批号、生产日期、生产厂名称、生产厂地址、本标准编号、合格标志 MFR 标称值。

5.2 包装

彩色共挤料一般为袋包装。袋应能防尘和防潮，包装严密，防止内装产品被污染，每袋包装净质量为 25 kg。

5.3 运输

运输时，应保证车辆干净、整洁，避免包装袋破损，并应防止曝晒和雨淋。

5.4 贮存

彩色共挤料应存放在通风、干燥、阴凉、清洁的库房内，堆放整齐，离热源不少于 2 m，贮存期自生产日期起不超过 1 年。

ICS 83.140.99
分类号：Y28
备案号：59714—2017

QB

中华人民共和国轻工行业标准

QB/T 5153—2017

再生聚苯乙烯挤出发泡线材

Recycled polystyrene extrusion foaming wire-rod

2017-07-07 发布

2018-01-01 实施

中华人民共和国工业和信息化部 发布

前 言

本标准按 GB/T 1.1—2009 给出的规则起草。

本标准由中国轻工业联合会提出。

本标准由全国塑料制品标准化技术委员会(SAC/TC 48)归口。

本标准起草单位:上海英科实业有限公司、山东英科环保再生资源股份有限公司、山东临沂路盛装饰材料有限公司、广州市嘉来艺工艺品有限公司、上海雅弗框业有限公司、上海鸿赛包装制品有限公司、金华市宇翔相框材料厂、上海高等应用技术研究中心、上海应用技术大学、惠州市欣欣文画有限公司、上海续途检测技术有限公司。

本标准主要起草人:李志杰、刘方毅、金喆、刘长安、李东、姚俊、季健、刘祥、欧阳春发、张英强、罗京科、王青青、姜欣新、张淋图。

本标准为首次发布。

再生聚苯乙烯挤出发泡线材

1 范围

本标准规定了再生聚苯乙烯挤出发泡线材(行业俗称 PS 线条)的分类、标识、要求、试验方法、检验规则、标志、包装、运输和贮存。

本标准适用于由再生聚苯乙烯通过低发泡挤出工艺生产的装饰线材产品,如用于画框、相框、镜框、墙角线、顶角线、窗线、门套线等产品的制作。

2 规范性引用文件

下列文件对于本文件的应用是必不可少的。凡是注日期的引用文件,仅所注日期的版本适用于本文件。凡是不注日期的引用文件,其最新版本(包括所有的修改单)适用于本文件。

GB/T 1043.1—2008 塑料 简支梁冲击性能的测定 第1部分:非仪器化冲击试验

GB/T 2828.1—2012 计数抽样检验程序 第1部分:按接收质量限(AQL)检索的逐批检验抽样计划

GB/T 2918—1998 塑料试样状态调节和试验的标准环境

GB/T 3398.1—2008 塑料硬度测定 第1部分:球压痕法

GB/T 6343—2009 泡沫塑料及橡胶 表观密度的测定

GB/T 14018—2009 木材握钉力试验方法

GB 18580 室内装饰装修材料 人造板及其制品中甲醛释放限量

GB 18584 室内装饰装修材料 木家具中有害物质限量

3 分类和标识

3.1 分类

3.1.1 按照产品用途分两类,见表1。

表1 按用途分类

分类	产品用途代号	用途
框条	K	画框、相框、镜框等
装饰线条	J	墙角线、顶角线、窗线、门套线等

3.1.2 按产品横截面积大小分为3类,见表2。

表2　按横截面积分类　　单位为平方毫米

分　类	横截面积大小分类代号	横截面积
小　型	S	<500
中　型	M	500～1 500
大　型	L	>1 500

3.2　标识

发泡线材按如下方式进行标记：

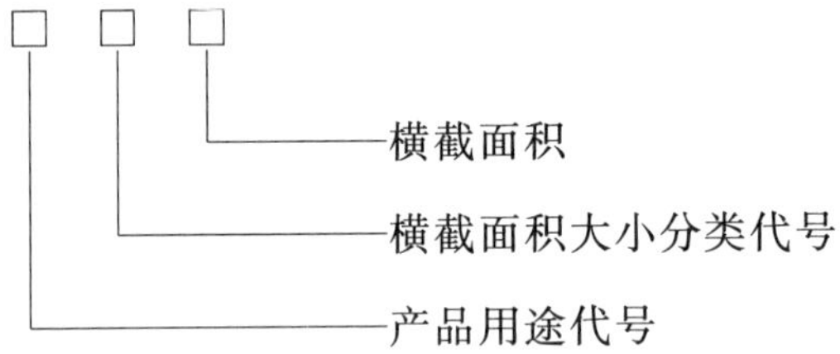

示例：K-M-820，即横截面积为 820 mm^2 的中型框条。

3.3　产品横截面示意图

发泡线材的厚度、宽度、侧面、底面的定义，见图1。

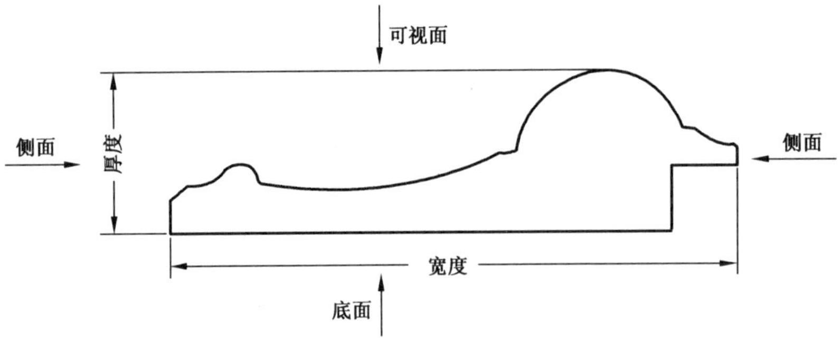

图1　产品横截面示意图

4　要求

4.1　外观

产品可视面应光滑、无明显接缝、漏印、烫伤、划伤、压伤，无褶皱，压花应清晰、饱满；产品可视面的凸点、凹点、杂质和气泡的外形尺寸小于 1 mm，总数在每米长度范围内少于 3 个，产品端面切口平整、无毛刺。

4.2　规格尺寸及偏差

规格尺寸由供需双方商定，偏差应符合表3的规定。

表 3 偏差

单位为毫米

项目	指标					
	K			J		
	S	M	L	S	M	L
长度偏差	不应有负偏差					
宽度偏差	±0.3	±0.4	±0.5	±0.3	±0.4	±0.5
厚度偏差	±0.3	±0.4	±0.5	±0.3	±0.4	±0.5

4.3 弯曲度

弯曲度应符合表 4 的规定。

表 4 弯曲度

单位为毫米每米

项目		指标					
		K			J		
		S	M	L	S	M	L
弯曲度	底面 ≤	1.0	1.5	2.0	0.5	1.0	1.5
	侧面 ≤	0.5		1.0		0.5	

4.4 物理力学性能

物理力学性能应符合表 5 规定。

表 5 物理力学性能

项目	指标					
	K			J		
	S	M	L	S	M	L
表观密度/(g/cm³) ≥	0.35	0.37	0.40	0.40		
简支梁冲击强度(无缺口)/(kJ/m²) ≥	0.30	0.40	0.50	0.50		
球压痕硬度/(N/mm²) ≥	9.0					
握钉力/(N/mm) ≥	50					
加热后尺寸变化率/(%) ≤	0.40					

4.5 安全环保性能

安全环保性能应符合表 6 规定。

表 6　安全环保性能

项　　目		限量值
甲醛释放量 E_1 级/(mg/L)	≤	1.5
可溶性铅/(mg/kg)	≤	90
可溶性镉/(mg/kg)	≤	75
可溶性铬/(mg/kg)	≤	60
可溶性汞/(mg/kg)	≤	60

5　试验方法

5.1　状态调节和试验环境

除有特殊规定外，按 GB/T 2918—1998 规定，在温度(23±2)℃、相对湿度(50±10)%条件下进行状态调节 24 h，并在同样条件下进行试验。

5.2　外观

正常光线下目测。

5.3　规格尺寸及偏差

5.3.1　长度偏差

用分度值不大于 1 mm 的量具测量，测量 3 个试样。

5.3.2　宽度与厚度的测量

截取长度为 200 mm 的试样放于测量平台上，用分度值不大于 0.02 mm 的量具测量，沿试样长度方向等分测量宽度、厚度各 3 点。共测 5 个试样，取其偏差最大值。

5.4　弯曲度

从 3 根发泡线材上各截取长度为 $1\,000^{+10}_{0}$ mm 的试样一个。把试样的底面或侧面放在三级以上的标准平台上，用分度值不大于 0.1 mm 的塞尺测量型材底面或侧面和平台之间的最大间隙，取 3 个试样中最大值作为测试值。

5.5　表观密度

按 GB/T 6343—2009 的规定进行试验，直接截取足够长的样品进行测量。

5.6　简支梁冲击强度(无缺口)

截取一段产品，在制取机上按长度方向裁样，刨去表层后，用芯层加工为(80±2)mm×(10±0.2)mm×(10±0.2)mm 的长方体样条。加工时不改变原始泡孔结构，表面应平整无裂纹，无倒角。按 GB/T 1043.1—2008 的规定进行试验。

5.7　球压痕硬度

从发泡线材上截取长度为(100±5)mm 的试样 5 个，试样可视面应无气泡、机械损伤和杂质。按

GB/T 3398.1—2008 规定进行试验。

5.8 握钉力

试验用夹具按照 GB/T 14018—2009 的规定进行制作。试验用螺钉为长度 16 mm、外径 ϕ4.0 mm。打钉位置距试样边缘处应大于 15 mm。当试样厚度 H 不大于 16.25 mm 时，螺钉拧入深度为 0.8 H；当试验厚度 H 大于 16.25 mm 时，螺钉拧入深度 13 mm。拔钉速度为 5 mm/min。

计算方法按照 GB/T 14018—2009 的规定进行。

5.9 加热后尺寸变化率

5.9.1 试验步骤

从发泡线材上截取长度为(250±5)mm 的试样 5 个，在试样正面画 2 条间距为 200 mm 的标线，标线应与纵向轴线垂直，每一标线与试样一端的距离约为 25 mm。在标线中部标出与标线垂直相交的测量线。

测量两交点的距离 C_0，精确至 0.01 mm，将试样竖放于电热鼓风箱内撒有滑石粉的玻璃上，放置温度(62±1)℃，放置时间(24±0.5)h。然后连同玻璃板取出，冷却至室温，用游标卡尺测量两交点间的距离 C_1，精确至 0.01 mm。

5.9.2 结果和标示

每个试样的加热后尺寸变化率 C 按式(1)计算，取 5 个试样的算术平均值为试验结果，精确至 0.1%：

$$C=\frac{C_0-C_1}{C_0}\times 100\% \quad \cdots\cdots(1)$$

式中：

C ——试样的加热后尺寸变化率，%；

C_1——试样在试验后的尺寸，单位为毫米(mm)；

C_0——试样在试验前的尺寸，单位为毫米(mm)。

5.10 安全环保性能

5.10.1 甲醛释放量

按 GB 18580 规定的干燥器法进行试验。

5.10.2 可溶性铅、镉、铬、汞

按 GB 18584—2001 的规定进行试验。

6 检验规则

6.1 组批

同一原料、同一工艺、相同规格，连续生产不超过 1 周，数量不超过 10 000 根为一批。

6.2 抽样

6.2.1 外观及尺寸偏差检验

按 GB/T 2828.1—2012 规定，采用正常检查一次抽样方案，取一般检查水平Ⅰ，合格质量水平

AQL6.5,见表 7。

表 7 抽样方案

单位为根

批量范围 *N*	样本大小 *n*	接收数 Ac	拒收数 Re
2～15	2	0	1
16～25	3	0	1
26～90	5	1	2
91～150	8	1	2
151～280	13	2	3
281～500	20	3	4
501～1 200	32	5	6
1 201～3 200	50	7	8
3 201～10 000	80	10	11

6.2.2 弯曲度、物理力学性能、安全环保性能检验

随机抽取足够样品。

6.3 出厂检验

出厂检验项目为 4.1、4.2、4.3 规定的所有项目。

6.4 型式检验

型式检验项目为第 4 章规定的所有项目,下列情况之一时,应进行型式检验:

a) 新产品或老产品转厂生产的试制定型鉴定;

b) 正式生产后,如原材料、工艺有较大改变,可能影响产品性能时;

c) 正常生产时,每 1 年进行 1 次;

d) 产品停产后 3 个月,恢复生产时;

e) 出厂检验结果与上次型式检验有较大差异时。

6.5 判定规则

外观和规格尺寸偏差的检验结果按表 7 的规定进行判定,检验全部符合要求,则判该批出厂合格;若有不合格项时,应在同批中另取双倍试样对不合格项进行复检,若仍不合格,则判该批不合格。

物理力学性能的检验结果中如有不合格项,则应从该批中抽取双倍试样,对不合格项进行复检,复检仍有不合格项,则判该批为不合格。

安全环保性能的检验不合格时,则判该批为不合格。

7 标志、包装、运输和贮存

7.1 标志

每个产品包装应有下列标志:产品名称、类别、规格型号、生产批号、标准编号、生产单位名称、合格

证等。

7.2 包装

产品用泡沫材料包裹,外用瓦楞纸箱包装。其他包装方式由供需双方商定。

7.3 运输

运输时应平整码放,避免重压,防晒防雨,轻装轻卸。

7.4 储存

产品应存放在阴凉、通风的库房内,包装箱应平整堆放,堆高不超过 1.5 m,距热源 1 m 以外。产品贮存期自生产之日起,不超过 3 年。

ICS 91.100.99
Q 23
备案号:55989—2016

JC

中华人民共和国建材行业标准

JC/T 2374—2016

注塑专用木塑复合粒料

Wood plastic compositie granules for injection molding

2016-07-11 发布　　2017-01-01 实施

中华人民共和国工业和信息化部　发布

前　言

本标准按照GB/T 1.1—2009给出的规则起草。

本标准由中国建筑材料联合会提出。

本标准由全国轻质与装饰装修建筑材料标准化技术委员会木塑复合材料分技术委员会(SAC/TC 195/SC 2)归口。

本标准起草单位:惠东美新塑木型材制品有限公司、广东省石油化工研究院、大大科技(深圳)有限公司、都市宝(唐山)科技产业集团有限公司、广州化工百川科技股份有限公司、河南省产品质量监督检验院。

本标准主要起草人:王玉梅、林东亮、余继春、李伟浩、何慧、刘东明、李韶龙、郭修芹、刘娟丽、马亿珠。

本标准为首次发布。

注塑专用木塑复合粒料

1 范围

本标准规定了注塑专用木塑复合粒料(以下简称粒料)的分类和标记、要求、试样制备、试验方法、检验规则以及标志、包装、运输和贮存。

本标准适用于热塑性塑料(聚乙烯、聚丙烯、丙烯腈-丁二烯-苯乙烯共聚物)、天然纤维粉(或含有木质纤维的粉)和改性助剂经加工制备的可用于注塑加工的粒料。

2 规范性引用文件

下列文件对于本文件的应用是必不可少的。凡是注日期的引用文件,仅注日期的版本适用于本文件。凡是不注日期的引用文件,其最新版本(包括所有的修改单)适用于本文件。

GB/T 1040.1 塑料 拉伸性能的测定 第1部分:总则

GB/T 1634.1 塑料 负荷变形温度的测定 第1部分:通用试验方法

GB/T 1843 塑料 悬臂梁冲击强度的测定

GB/T 2411 塑料和硬橡胶 使用硬度计测定压痕硬度(邵氏硬度)

GB/T 2918 塑料试样状态调节和试验的标准环境

GB/T 3682 热塑性塑料熔体质量流动速率和熔体体积流动速率的测定

GB/T 9341 塑料 弯曲性能的测定

GB/T 11997 塑料 多用途试样

GB/T 17657—2013 人造板及饰面人造板理化性能试验方法

GB 18584—2001 室内装饰装修材料 木家具中有害物质限量

GB/T 29418—2012 塑木复合材料产品物理力学性能测试

3 分类和标记

3.1 分类

按基材分:

a) 聚乙烯基材(PE);

b) 聚丙烯基材(PP);

c) 丙烯腈-丁二烯-苯乙烯共聚物基材(ABS)。

3.2 标记

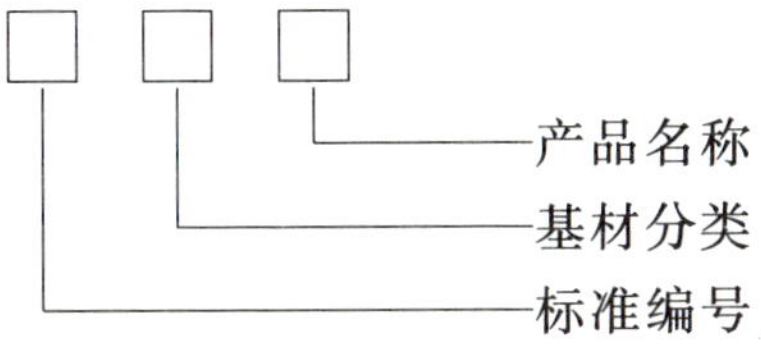

示例：聚乙烯基材的注塑专用木塑复合粒料标记为：

JC/T 2374—2016-PE-粒料

4 要求

4.1 外观质量

颗粒均匀，颜色一致，无杂质。

4.2 理化性能

粒料的理化性能应符合表1要求。

表1 理化性能

项　　目	PE 基材	PP 基材	ABS 基材
拉伸强度/MPa	≥22		≥45
断裂伸长率/%	≥2		
弯曲强度/MPa	≥20	≥30	≥50
弯曲模量/MPa	≥2 000	≥2 500	≥3 000
冲击强度/(kJ/m^2)	≥20		≥15
热变形温度/℃	≥100	≥110	≥80
硬度/邵 D	≥55	≥65	≥73
熔融指数/(g/10 min)	3.0～15.0		
含水率/%	≤0.5		

4.3 有害物质限量

粒料的有害物质限量应符合表2要求。

表2 有害物质限量

项 目		限量值
甲醛含量/(mg/100 g)		≤9
重金属含量	可溶性铅/(mg/kg)	≤90
	可溶性镉/(mg/kg)	≤75
	可溶性铬/(mg/kg)	≤60
	可溶性汞/(mg/kg)	≤60

5 试样制备

5.1 试样制取

试样制取按 GB/T 11997 规定，试样加工条件应符合表 3 要求。

表 3 试样加工条件

项 目	PE 基材	PP 基材	ABS 基材
注塑温度/℃	170～210	180～220	200～250
模具温度/℃	20～50		
注塑压力/MPa	50～120		
保压时间/s	8～30		

5.2 试样尺寸及数量

粒料试样的尺寸和数量应符合表 4 要求。

表 4 试样尺寸和数量

项 目	试样尺寸($L\times W\times T$) mm	试样数量 条	备注
外观	100 g	5	—
拉伸强度	170×10×4	5	哑铃型
断裂伸长率	170×10×4	5	—
弯曲强度	80×10×4	5	—
弯曲模量	80×10×4	5	—
冲击强度	80×10×4	10	无缺口
热变形温度	80×10×4	3	—
硬度	(≥20)×20×4	5	—
熔融指数	(7±1)g	1	—
含水率	(100±1)g	1	—
甲醛含量	(100±1)g	2	—
重金属含量	10 g	1	制取粒径≤0.5 mm 的粉末
注：表中 L 代表长度，W 代表宽度，T 代表厚度。			

5.3 试验条件

除另有要求，试样状态调节和试验环境应符合 GB/T 2918 的规定。

6 试验方法

6.1 外观质量

在自然光下目测粒料颗粒是否均匀，颜色是否一致，有无杂质。

6.2 拉伸强度

按 GB/T 1040.1 的规定进行，精确到 1 MPa。

6.3 断裂伸长率

按 GB/T 1040.1 的规定进行，精确到 1%。

6.4 弯曲强度

按 GB/T 9341 的规定进行，精确到 1 MPa。

6.5 弯曲模量

按 GB/T 9341 的规定进行，精确到 1 MPa。

6.6 冲击强度

按 GB/T 1843 的规定进行，精确到 1 kJ/m^2。

6.7 热变形温度

按 GB/T 1634 的规定进行，精确到 1 ℃。

6.8 硬度

按 GB/T 2411 的规定进行，精确到 1 D。

6.9 熔融指数

按 GB/T 3682 的规定进行，不同基材粒料的熔融指数的测试条件见表 5，结果精确到 0.1 g/10 min。

表 5 熔融指数测试条件

项　　目	PE 基材	PP 基材	ABS 基材
测试温度/℃	190	230	220
标称负荷/kg	2.16	2.16	10

6.10 含水率

按 GB/T 29418—2012 中 E4 的规定进行，精确到 0.1%。

6.11 有害物质限量

6.11.1 甲醛含量

按 GB/T 17657—2013 中 4.58 进行，精确到 0.1 mg。

6.11.2 重金属含量

按 GB 18584—2001 中 5.2 的规定进行。

7 检验规则

7.1 检验分类

产品检验分出厂检验和型式检验。

7.2 检验项目

7.2.1 出厂检验

出厂检验项目为外观质量和理化性能。

7.2.2 型式检验

型式检验项目为第 4 章规定的所有项目。有下列情况之一，应进行型式检验：

a） 出厂检验结果与上次型式检验结果有较大差异时；

b） 新产品定型鉴定；

c） 产品主要原材料及用量或生产工艺有重大变更时；

d） 停产 3 个月以上恢复生产时；

e） 正常生产时，每年至少检验一次。

7.3 组批与抽样规则

7.3.1 组批

同一基材，同一颜色，同一原料配方为一批。

7.3.2 抽样规则

粒料抽样方案应符合表 6 要求，批量基数为千克。

表 6 抽样方案

批量范围/kg	≤25	26～150	151～1 200	1 201～35 000	35 001 及以上
抽样数量/kg	5	10	15	20	25

7.4 判定

当有两项以上项目不合格时，则判该批产品不合格。当仅有一项不合格时，从留样中双倍重新制样对不合格项进行复验，若复检项目合格，则判该批产品合格；否则，则判该批不合格。

8 标志、包装、运输和贮存

8.1 标志

包装或标签上应标明材料名称、标准编号、商标、生产企业名称、地址、产品规格型号、净含量、生产日期、保质期。

8.2 包装

采用塑料覆膜编织袋、纸塑复合袋或其他防潮包装。

8.3 运输

运输、装卸过程中应整齐码装。注意防止雨淋、曝晒、跌落、保持包装完好无损。

8.4 贮存

产品贮存在防雨库房内，库房内应保持通风、防止雨淋、防止曝晒。

ICS 83.080.20
G 32

SH

中华人民共和国石油化工行业标准

SH/T 1750—2005

冷热水管道系统用无规共聚聚丙烯(PP-R)专用料

Propylene random copolymer (PP-R) materials for piping systems for hot and cold water installations

2005-04-11 发布 2005-09-01 实施

中华人民共和国国家发展和改革委员会 发布

前　言

本标准的附录 A 为规范性附录，附录 B 为资料性附录。

本标准由中国石油化工集团公司提出。

本标准由全国塑料标准化技术委员会石化塑料树脂产品分会(SAC/TC 15/SC 1)归口。

本标准负责起草单位：中国石化北京燕化石油化工股份有限公司树脂应用研究所。

本标准参加起草单位：国家石化有机原料合成树脂质量监督检验中心；
国家化学建筑材料测试中心；
中国石油化工股份有限公司扬子石化公司研究院。

本标准主要起草人：王树华、陈宏愿、刘玉春、邸丽京、王超先、杨春梅、王晓丽。

冷热水管道系统用
无规共聚聚丙烯(PP-R)专用料

1 范围

本标准规定了冷热水管道系统用无规共聚聚丙烯(PP-R)专用料的分类、要求、试验方法、检验规则、标志及包装、运输和贮存。

本标准适用于含有一定量的乙烯基及特殊添加剂和着色剂的颗粒状 PP-R 材料。

该材料可用于制造冷热水管道系统用的管材和管件。

2 规范性引用文件

下列文件中的条款通过本标准的引用而成为本标准的条款。凡是注日期的引用文件,其随后所有的修改单(不包括勘误的内容)或修订版均不适用于本标准,然而,鼓励根据本标准达成协议的各方研究是否可使用这些文件的最新版本。凡是不注日期的引用文件,其最新版本适用于本标准。

GB/T 1033—1986 塑料密度和相对密度试验方法

GB/T 1250—1989 极限数值的表示方法和判定方法

GB/T 1634.2—2004 塑料 负荷变形温度的测定 第 2 部分:塑料和硬橡胶试验方法(ISO/FDIS 75-2:2003,IDT)

GB/T 2546.1—XXXX 塑料 聚丙烯(PP)模塑和挤出材料 第 1 部分:命名系统和分类基础[1](ISO 1873-1:1995,MOD)

GB/T 2546.2—2003 塑料 聚丙烯(PP)模塑和挤出材料 第 2 部分:试样制备和性能测定(ISO 1873-2:1997,MOD)

GB/T 2547—1981 塑料树脂取样方法

GB/T 2918—1998 塑料试样状态调节和试验的标准环境(idt ISO 291:1997)

GB/T 3682—2000 热塑性塑料熔体质量流动速率和熔体体积流动速率的测定(idt ISO 1133:1997)

GB/T 6111—2003 流体输送用热塑性塑料管材耐内压试验方法(ISO 1167:1996,IDT)

GB/T 9341—2000 塑料弯曲性能试验方法(idt ISO 178:1993)

GB/T 9352—1988 热塑性塑料压塑试样的制备(eqv ISO 293:1986)

GB/T 17037.1—1997 热塑性塑料材料注塑试样的制备 第 1 部分:一般原理及多用途试样和长条试样的制备(idt ISO 294-1:1996)

GB/T 17219—1998 生活饮用水输配水设备及防护材料的安全性评价标准

GB/T 18251—2000 聚烯烃管材、管件和混配料中颜料及碳黑分散的测定方法

GB/T 18252—2000 塑料管道系统 用外推法对热塑性塑料管材长期静液压强度的测定

GB/T 18742.1—2002 冷热水用聚丙烯管道系统 第 1 部分:总则

GB/T 18742.2—2002 冷热水用聚丙烯管道系统 第 2 部分:管材

GB/T 19466.3—2004 塑料 差示扫描量热法(DSC) 第 3 部分:熔融和结晶的温度及热焓的测定(ISO 11357-3:1997,IDT)

SH/T 1541—1993 热塑性塑料颗粒外观试验方法

---

1) 即将发布。

ISO 179-1:2000 塑料—简支梁冲击强度的测定—第1部分:非仪器冲击试验

ISO 527-2:1993 塑料—拉伸性能的测定—第2部分:模塑和挤出材料的试验条件

ISO 527-2:1993/Cor.1:1994 塑料—拉伸性能的测定—第2部分:模塑和挤出材料的试验条件技术勘误表1

ISO 11357-6:2002 塑料—差示扫描量热法(DSC)—第6部分:氧化诱导时间的测定

3 分类与命名

冷热水管道系统用PP-R专用料产品的分类与命名应按GB/T 2546.1—××××的规定进行。

示例:某用于挤出(E)冷热水管材的PP-R专用料为灰色(G)颗粒(着色,C),拉伸弹性模量的标称值为700 MPa(070),简支梁缺口冲击强度标称值为45 kJ/m^2(45),熔体质量流动速率MFR的标称值为0.31 g/10 min(003),其试验条件为:温度230 ℃,负荷2.16 kg(M)。该材料命名如下:

PP- R,E C,07-45-003 , , G

字符组1:聚丙烯代号

无规共聚物代号

字符组2:位置1:挤出

位置2:着色

字符组3:拉伸弹性模量

简支梁缺口冲击强度

熔体质量流动速率和试验条件

字符组4:未使用

字符组5:有关具体颜色的附加说明

命名:PP-R,EC,07-45-003,G

4 要求

4.1 冷热水管道系统用PP-R专用料为带有颜色的颗粒,颜色一般为灰色,也可为其他颜色。本产品应含有必要的添加剂,添加剂应均匀分散。

4.2 本产品的卫生要求应符合GB/T 17219—1998的规定。

4.3 本产品应符合GB/T 18742.1—2002中对材料的要求,具体见附录A。

4.4 用本产品制成的管应符合GB/T 18742.2—2002中7.3不透光的要求。

4.5 本产品的其他技术要求见表1。

表1 冷热水管道系统用PP-R专用料技术要求

序号	项目		单位	要求
1.1	颗粒外观	黑粒和杂质	个/kg	0
1.2		大粒和小粒	g/kg	＜5
1.3		蛇皮和丝发	个/kg	＜15
2	密度(梯度管法)		g/cm^3	报告
3	MFR(230 ℃,2.16 kg)		g/10 min	＜0.5
4	拉伸弹性模量		MPa	＞700
5	拉伸屈服应力		MPa	＞20
6	拉伸断裂应力		MPa	＞24
7	拉伸断裂标称应变		%	＞400
8	弯曲模量		MPa	＞650

表 1（续）

序号	项　　目		单　位	要　求
9	定挠度弯曲应力		MPa	>17
10.1	简支梁缺口冲击强度	23 ℃	kJ/m²	>40
10.2		−20 ℃		>1.5
11	负荷变形温度(0.45 MPa)		℃	>65
12	熔融温度 T_{pm}		℃	<146
13	氧化诱导时间(210 ℃,铝皿)		min	>20
14	颜料分散度		级	≤3

5 试验方法

所有试验结果的判定按 GB/T 1250—1989 标准中全数值比较法规定进行。

5.1 注塑试样的制备

注塑试样按 GB/T 17037.1—1997 规定进行，注塑试样的通用条件按 GB/T 2546.2—2003 中 3.2 条的规定，具体见表 2。

表 2　冷热水管道系统用 PP-R 专用料注塑试样制备的通用条件

熔体温度 ℃	模具温度 ℃	平均注射速度 (mm/s)	保压时间 s	全循环时间 s
255	40	200±20	40	60

用 GB/T 17037.1—1997 标准中的 A 型模具制备的 A 型试样符合 ISO 527-1 中 1A 型试样，B 型模具制备的 B 型试样为 80 mm×10 mm×4 mm 的长条形试样。

5.2 试样的状态调节和试验的标准环境

试样的状态调节和试验的标准环境为 GB/T 2918—1998 规定的标准环境(23/50)。

状态调节的环境等级为 2，即空气温度 t 为 23 ℃±2 ℃、相对湿度 U 为 50%±10%。试样状态调节时间至少 40 h 但不超过 96 h。

所有试验都应在标准试验环境(23/50)下进行，且环境的温度 t 为 23 ℃±2 ℃、相对湿度 U 为 50%±5%。

5.3 颗粒外观

按 SH/T 1541—1993 中的规定进行。

5.4 密度

试样为按 5.1 制备的 A 型注塑试样的中间部分。

试样的状态调节按 5.2 规定进行。

密度测试按 GB/T 1033—1986 中的方法 D(梯度管法)进行。

5.5 熔体质量流动速率 MFR

按 GB/T 3682—2000 中 A 法或 B 法规定进行。试验条件为 M(温度:230 ℃、负荷:2.16 kg)。试验时，在装试样前应用氮气吹扫料筒 5 s～10 s，氮气压力为 0.05 MPa。

注：本标准修订时将采用标准中的 B 法测定熔体体积流动速率(MVR)，并采用试验条件 P(温度:230 ℃、负荷:5 kg)。

5.6 拉伸试验

试样为按 5.1 制备的 A 型注塑试样。

试样的状态调节按5.2规定进行。

测试按ISO 527-2:1993规定进行。测定拉伸弹性模量时,试验速度为1 mm/min。测定其他拉伸性能时,试验速度为50 mm/min。

5.7 弯曲试验

试样为按5.1规定制备的B型注塑试样。

试样的状态调节按5.2规定进行。

测试按GB/T 9341—2000规定进行,试验速度为2 mm/min。测定弯曲模量时,对应的应变 $\varepsilon_{f1}=0.000\ 5$,$\varepsilon_{f2}=0.002\ 5$。

5.8 简支梁缺口冲击强度

按5.1规定制备B型注塑样条。样条应在注塑后的1 h～4 h内加工缺口,缺口类型为ISO 179-1:2000中的A型。加工缺口后的样条为简支梁缺口冲击试验的试样。

试样的状态调节按5.2规定进行。

测试按ISO 179-1:2000规定进行。

低温试验时,经状态调节后的试样应在−20 ℃的环境中放置至少1 h,每次冲击在10 s内完成。

5.9 负荷变形温度

试样为按5.1制备的B型注塑试样。

试样的状态调节按5.2规定进行。

测试按GB/T 1634.2—2004中B法(负荷为0.45 MPa)规定进行。试验时,加热装置的起始温度应处于20 ℃～23 ℃之间。加热升温速率为120 ℃/h±10 ℃/h。

5.10 熔融温度 T_{pm}

从不同的样品颗粒上剪取试样,以使试样有代表性。试样质量为5 mg～6 mg,精确到0.1 mg。

测定按GB/T 19466.3—2004(ISO 11357-3:1999,IDT)规定进行。测定前,需用标准样品铟校正DSC仪器的温度及热焓。

试验条件:氮气流量为50 mL/min,DSC仪加热和冷却速率为10 ℃/min。

试验需要消除试样的热历史,取第2次加热扫描DSC曲线上的峰值温度 T_{pm} 为熔融温度。

取两次平行测定的算数平均值作为试验结果。

5.11 氧化诱导时间

按ISO 11357-6:2002规定进行。试验使用铝皿,试验温度为:210 ℃。

仲裁时采用压塑的方法制备试片。

压塑试片的制备根据GB/T 2546.2—2003标准,按GB/T 9352—1988规定进行。压片使用单功位模压机、溢料式模具并按表3规定的压塑条件。

用于氧化诱导时间测定的试样可使用冲切的方法从压塑试片上制得。

表3 试片的压塑条件

材料	热压					冷却		
	模塑温度 ℃	预热		全压		平均冷却速率 ℃/min	全压压力 MPa	脱模温度 ℃
		压力 MPa	时间 min	压力 MPa	时间 min			
所有级	210	接触	2	5	2	15	5	≤40
注:热压时的预热时间和全压时间是根据试片厚度确定的。								

5.12 颜料分散度

按GB/T 18251—2000规定进行,试样采用该标准中压片的方法制备。

6 检验规则

6.1 检验分类与检验项目

冷热水管道系统用 PP-R 专用料产品的检验分为定型检验、型式检验和出厂检验三类。

第 4 章中 4.2 和 4.3 条要求为定型检验项目。4.4 和 4.5 表 1 中的所有项目为型式检验项目。表 1 中除密度、拉伸弹性模量和弯曲模量以外的项目为出厂检验项目。

6.2 组批规则与抽样方案

6.2.1 组批规则

冷热水管道系统用 PP-R 专用料，以同一生产线上、相同原料、相同工艺所生产的同一牌号的产品组批。生产厂也可按一定生产周期或储存料仓的产品为一批。

产品以批为单位进行检验和验收。

6.2.2 抽样方案

冷热水管道系统用 PP-R 专用料可在料仓的取样口抽样，也可根据生产周期等实际情况确定具体的抽样方案，样品量约为 5 kg。

包装后的取样应按 GB/T 2547—1981 规定进行。

6.3 抽样方法

生产企业应根据实际情况确定抽样的具体条件、方法及样品保存方法等。

6.4 判定规则和复验规则

6.4.1 判定规则

冷热水管道系统用 PP-R 专用料应由生产厂的质量检验部门按照本标准规定的试验方法进行检验，依据检验结果和技术要求对产品作出质量判定，并提出证明。

产品出厂时，每批产品应附有产品质量检验合格证。合格证上应有标志并盖有质检专用章和检验员章。

6.4.2 复验规则

检验结果若某项指标不符合本标准要求时，应按 6.3 中包装后的取样规定，重新取样对该项目进行复验。以复验结果作为该批产品的质量判定依据。

7 标志

冷热水管道系统用 PP-R 专用料的外包装袋上应有明显的标志。标志内容包括：标准号、产品名称、规格、商标、生产厂名称、生产日期、批号和净含量等。

8 包装、运输和贮存

8.1 包装

冷热水管道系统用 PP-R 专用料可用内衬聚乙烯薄膜袋的聚丙烯编织袋或其他包装。包装材料应保证在运输和贮存时不泄漏。每袋产品净含量可为 25 kg 或其他。

8.2 运输

冷热水管道系统用 PP-R 专用料为非危险品。在运输和装卸过程中严禁使用铁钩等锐利工具，切忌抛掷。运输工具应保持清洁、干燥并备有厢棚或苫布。运输时不得与沙土、碎金属、煤炭及玻璃等混合装运，更不可与有毒及腐蚀性或易燃物混装；严禁在阳光下暴晒或雨淋。

8.3 贮存

冷热水管道系统用 PP-R 专用料应贮存在通风、干燥、清洁并保持有良好消防设施的仓库内。贮存时，应远离热源并防止阳光直接照射，严禁在露天堆放。

贮存期从生产之日起，一般不超过 12 个月。

附 录 A
（规范性附录）
冷热水管道系统对PP-R原料的要求

本附录内容根据GB/T 18742.1—2002《冷热水用聚丙烯管道系统　第1部分：总则》第5章内容。

A.1　材料

A.1.1　聚丙烯管材、管件用材料应含有必需的添加剂，添加剂应均匀分散。

A.1.2　聚丙烯管材、管件用材料应制成管，按GB/T 6111试验方法和GB/T 18252要求在至少四个不同温度下作长期静液压试验。试验数据按GB/T 18252方法计算得到不同温度、不同时间的σ_{LPL}值，并作出该材料蠕变破坏曲线。将材料的蠕变破坏曲线与本附录中给出的预测强度参照曲线相比较，试验结果的σ_{LPL}值在全部时间及温度范围内均应高于参考曲线上的对应值。

A.1.3　聚丙烯管材、管件用材料的熔体质量流动速率(MFR)≤0.5 g/10 min(230 ℃，2.16 kg)。

A.2　预测强度参照曲线

PP-R的预测强度参照曲线见图A.1。

图A.1中10 ℃～95 ℃范围内的参照线来自下列方程：

第一条支线（即图A.1中拐点左边的直线段）：

$$\text{PP-R:}\log t=-55.725-(9\,484.1\times\log\sigma)/T+25\,502.2/T+6.39\times\log\sigma \qquad \cdots\cdots(\text{A.1})$$

第二条支线（即图A.1中拐点右边的直线段）：

$$\text{PP-R:}\log t=-19.98+9\,507/T-4.11\times\log\sigma \qquad \cdots\cdots(\text{A.2})$$

式中：

t——破坏时间，h；

T——温度，K；

σ——静液压应力，MPa。

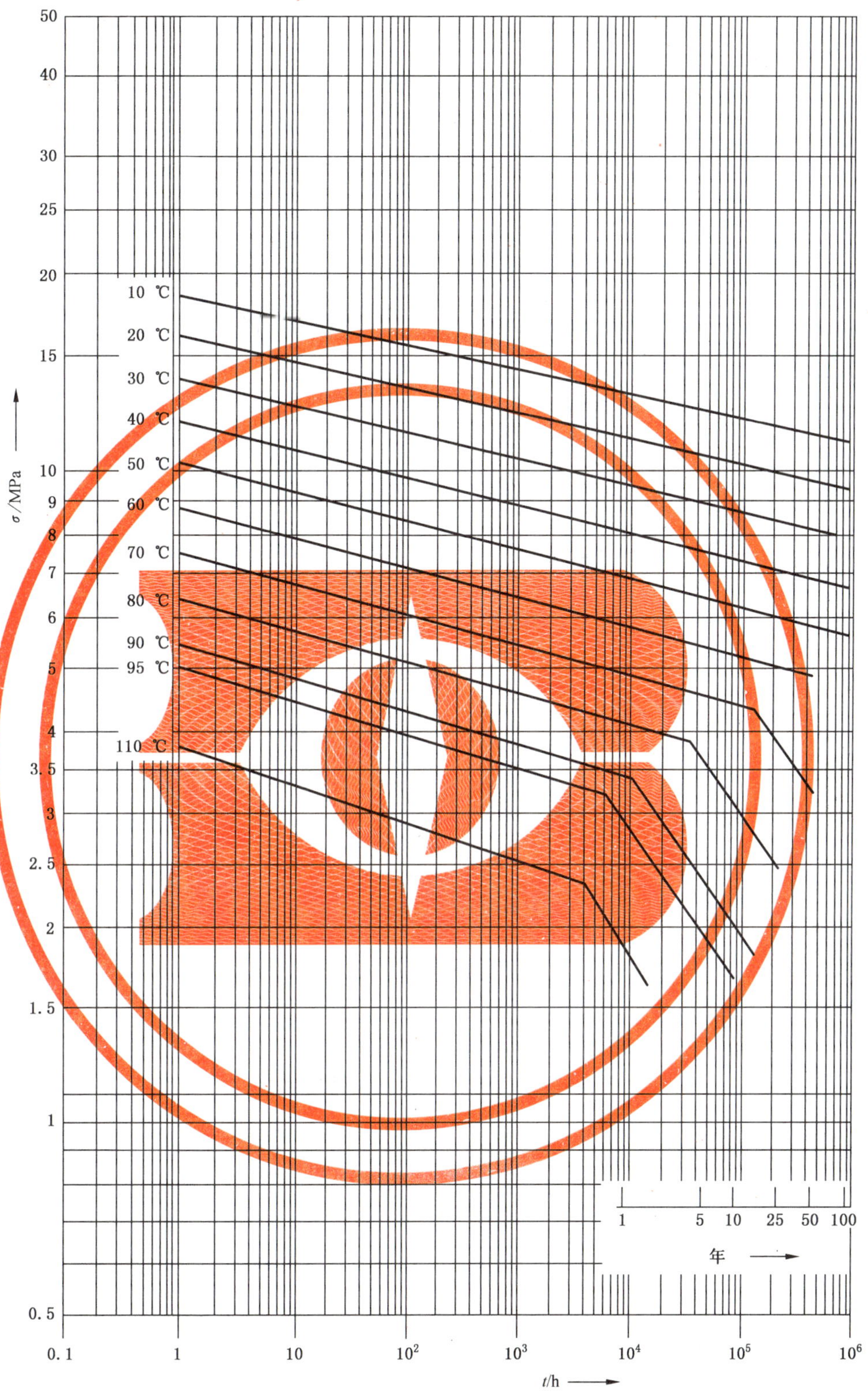

图 A.1 PP-R 预测强度参照曲线

附 录 B
（资料性附录）
一个 PP-R 管长期静液压试验结果分析的示例

某 PP-R 管材料制得管试样(外径:32 mm),按 GB/T 6111 试验方法和 GB/T 18252 标准要求在 20 ℃、70 ℃、95 ℃和 110 ℃四个温度下作长期静液压试验。对每个选定的温度,得到至少 30 个破坏时间的数据。将试验数据按 GB/T 18252 标准方法计算得到不同温度、不同时间的 σ_{LPL} 值,并做出该材料蠕变破坏曲线。

将试验材料的蠕变破坏曲线与标准附录 A 中给出的 PP-R 预测强度参照曲线相比较,试验结果的 σ_{LPL} 值在全部时间及温度范围内均比参照曲线上的对应值高。蠕变破坏曲线对比的情况见图 B.1。

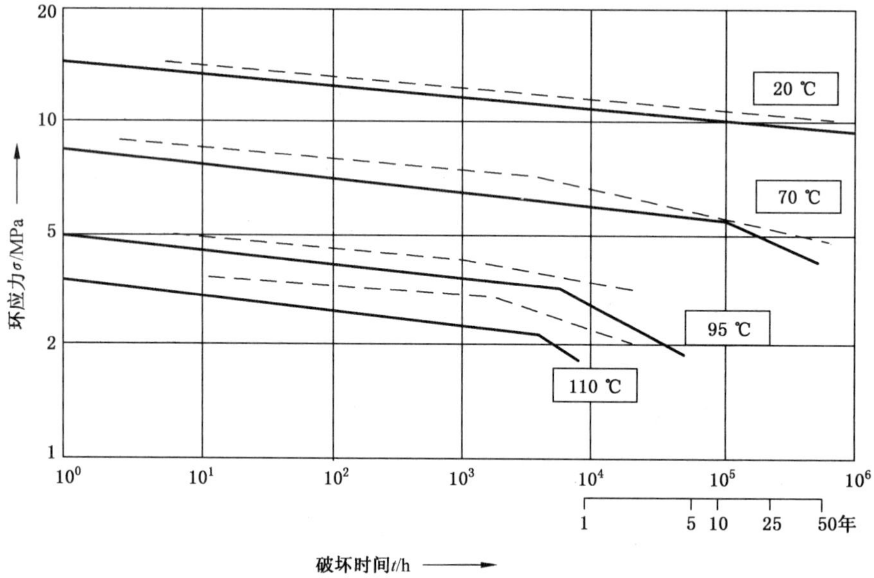

图中:

--- --- ---PP-R 试验材料管蠕变破坏曲线;

———标准附录 A 中给出的 PP-R 预测强度参照曲线。

图 B.1 PP-R 管蠕变破坏曲线与参照曲线对比示例图

ICS 83.080.20
G 32

SH

中华人民共和国石油化工行业标准

SH/T 1758—2007

给水管道系统用聚乙烯(PE)专用料

Polyethylene (PE) materials for water supply piping systems

2007-08-01 发布　　2008-01-01 实施

中华人民共和国国家发展和改革委员会　发布

前　言

本标准的附录A为规范性附录。

本标准由中国石油化工股份有限公司提出。

本标准由全国塑料标准化技术委员会石化塑料树脂产品分会(SAC/TC 15/SC 1)归口。

本标准负责起草单位:中国石化上海石油化工股份有限公司(塑料事业部)。

本标准参加起草单位:中国石化北京燕山分公司树脂应用研究所;
中国石化齐鲁石化股份有限公司树脂研究所;
国家石化有机原料合成树脂质量监督检验中心;
中国石化北京化工研究院国家化学建筑材料测试中心。

本标准主要起草人:黄惟毅、贺永曙、沈继红、罗浩、梅丽芳。

给水管道系统用聚乙烯(PE)专用料

1 范围

本标准规定了给水管道系统用聚乙烯(PE)专用料的命名、分类、要求、试验方法、检验规则、标志及包装、运输和贮存。

本标准适用于具有特殊添加剂和着色剂(黑色或蓝色)的颗粒状聚乙烯材料。

该材料可用于制造给水管道系统用的聚乙烯管材和管件。

2 规范性引用文件

下列文件中的条款通过本标准的引用而成为本标准的条款。凡是注日期的引用文件,其随后所有的修改单(不包括勘误的内容)或修订版均不适用于本标准,然而,鼓励根据本标准达成协议的各方研究是否可使用这些文件的最新版本。凡是不注日期的引用文件,其最新版本适用于本标准。

GB/T 1033—1986 塑料密度和相对密度试验方法

GB/T 1040.1—2006 塑料 拉伸性能的测定 第1部分:总则(ISO 527-1:1993,IDT)

GB/T 1040.2—2006 塑料 拉伸性能的测定 第2部分:模塑和挤塑塑料的试验条件(ISO 527-2:1993,IDT)

GB/T 1250—1989 极限数值的表示方法和判定方法

GB/T 1634.2—2004 塑料 负荷变形温度的测定 第2部分:塑料、硬橡胶和长纤维增强复合材料(ISO 75-2:2003,IDT)

GB/T 1845.1—1999 聚乙烯(PE)模塑和挤出材料 第1部分:命名系统和分类基础(neq ISO 1872.1:1993)

GB/T 1845.2—2006 塑料 聚乙烯(PE)模塑和挤出材料 第2部分:试样制备和性能测定(ISO 1872-2:1997,MOD)

GB/T 2547—1981 塑料树脂取样方法(eqv ASTM D898:1979)

GB/T 2918—1998 塑料试样状态调节和试验的标准环境(idt ISO 291:1997)

GB/T 3682—2000 热塑性塑料熔体质量流动速率和熔体体积流动速率的测定(idt ISO 1133:1997)

GB/T 6111—2003 流体输送用热塑性塑料管材耐内压试验方法(ISO 1167:1996,IDT)

GB/T 9341—2000 塑料弯曲性能试验方法

GB/T 9352—1988 热塑性塑料压塑试样的制备(eqv ISO 293:1986)

GB/T 13021—1991 聚乙烯管材和管件炭黑含量的测定(热失重法)(eqv ISO 6964-2:1986)

GB/T 13663—2000 给水用聚乙烯(PE)管材(neq ISO 4427:1996)

GB/T 15558.1—2003 燃气用埋地聚乙烯(PE)管道系统 第1部分:管材(ISO 4437:1997,MOD)

GB/T 17219 生活饮用水输配水设备及防护材料的安全性评价标准

GB/T 18251—2000 聚烯烃管材、管件和混配料中颜料及炭黑分散的测定方法(idt ISO/DIS 18553:1999)

GB/T 18252—2000 塑料管道系统 用外推法对热塑性塑料管材长期静液压强度的测定

GB/T 18475—2001 热塑性塑料压力管材和管件用材料分级和命名 总体使用(设计)系数(eqv ISO 12162:1995)

GB/T 18476—2001 流体输送用聚烯烃管材 耐裂纹扩展的测定 切口管材裂纹慢速增长的试验

方法(neq ISO 13479:1997)

ISO 179-1:2000 塑料—简支梁冲击强度的测定—第1部分:非仪器冲击试验

ISO 11357-6:2002 塑料—差示扫描法(DSC)—第6部分:氧化诱导时间的测定

3 分类与命名

给水管道系统用聚乙烯专用料产品的命名与分类按GB/T 1845.1—1999的规定进行。本产品的命名未使用第4字符组,但使用第5字符组表示材料的颜色,用一个大写英文字母表示。黑色料用“C”表示,蓝色料用“B”表示。

示例:某种给水管道系统专用着色的(C)聚乙烯(PE)材料,用于挤出管材(E),具有热老化稳定性(H);密度标称值为0.959 g/cm^3(59),在(T)条件(温度190 ℃,负荷5.0 kg)下,熔体质量流动速率(MFR)的标称值为0.4 g/10 min(004);材料为黑色(C),其命名为:

PE, E H C, 59 T 004 , , C

字符组1:聚乙烯代号

字符组2:位置1:挤出管材

位置2:热老化稳定的

位置3:着色的

字符组3:密度

MFR测定条件

MFR的标称值

字符组4:填料,未使用

字符组5:有关具体颜色的附加说明

命名:PE,EHC,59T004,C

4 通用要求

4.1 给水管道系统用聚乙烯专用料的卫生性能应符合GB/T 17219的规定。

4.2 根据GB/T 13663—2000标准中对材料定级的要求,聚乙烯专用料应制成管材,按照GB/T 18252—2000规定进行长期静液压试验,确定材料在20 ℃、50年的内水压下、置信度为97.5%的长期静液压强度的置信下限σ_{LPL}。然后按照GB/T 18475—2001标准规定对材料进行定级。

5 要求

5.1 给水管道系统用聚乙烯专用料为黑色或蓝色的颗粒,应含有必要的均匀分散的添加剂。

5.2 给水管道系统用聚乙烯专用料中应无杂质。

5.3 给水管道系统用聚乙烯专用料的其他技术要求见表1。

6 试验方法

所有试验结果的判定按GB/T 1250—1989标准中全数值比较法规定进行。

表 1　给水管道系统用聚乙烯专用料的要求

序号	测试项目		单位	要　求	
				PE80	PE100
1	熔体质量流动速率 *MFR*	标称值 *M*	g/10 min	0.2～1.4	0.2～0.5
		偏差		±20%M_1	±20%M_2
2	密度 ρ(D 法)		g/cm^3	≥0.940	
3.1	拉伸弹性模量 E_t		MPa	由供方提供的数据	
3.2	拉伸屈服应力 σ_y		MPa	>17	
3.3	拉伸断裂标称应变 ε_{tB}		%	>350	
4	弯曲模量 E_f		MPa	由供方提供的数据	
5	简支梁缺口冲击强度 a_{cA}(23 ℃)		kJ/m^2	>10	>15
6	负荷变形温度 T_f0.45		℃	>55	>60
7	氧化诱导时间 *OIT*(210 ℃,Al)		min	>20	>20
8	挥发分含量		mg/kg	≤350	
9	水分含量		mg/kg	≤300	
11	炭黑含量(质量分数)		%	2.5±0.5	
12	炭黑分散		级	≤3	
13	颜料分散		级	≤3	
14	静液压强度			80 ℃,环应力 4.5 MPa,165 h 不破裂,不渗漏	80 ℃,环应力 5.4 MPa,165 h 不破裂,不渗漏
15	耐慢速裂纹增长			80 ℃,试验压力 0.80 MPa,165 h 不破裂,不渗漏	80 ℃,试验压力 0.92 MPa,165 h 不破裂,不渗漏
注:"颜料分散"仅用于蓝色料。					

6.1　试样制备

6.1.1　压塑试样的制备

根据 GB/T 1845.2—2006 标准,压塑试片的制备按 GB/T 9352—1988 规定进行。压片使用溢料式模具并按表 2 规定的压塑条件。

表 2　压塑试片的条件

模塑温度 ℃	热　压				冷　却		
	预　热		全　压		平均冷却速率 ℃/min	全压压力 MPa	脱模温度 ℃
	压力 MPa	时间 min	压力 MPa	时间 min			
180	接触	5～15	5	5±1	15	5	≤40

使用冲切或机加工的方法从厚度为 4 mm 压塑试片上制备符合 GB/T 1040.2—2006 的 1B 型试样和 80 mm×10 mm×4 mm 长条试样。

注:本标准下次修订时将与 GB/T 1845.2 规定一致,采用不溢料式模具制备压塑试片。

6.1.2　管材试验样品的制备

6.1.2.1　管材生产线的基本条件

a)　挤出机:有四个以上温度控制点的普通式螺杆或屏障式螺杆挤出机。螺杆直径 ϕ 为 30 mm～

90 mm,长径比(L/D)大于 24;

b) 模头:能挤出下列两种规格的管材试验样品:

公称外径(d_n)	公称壁厚(e_n)
32 mm	3.0 mm
110 mm	10.0 mm

c) 带有真空定径设备、冷却槽及牵引机。

6.1.2.2 制备管材试验样品的工艺条件

a) 熔体温度:210 ℃±20 ℃,可根据树脂熔体质量流动速率选择;

b) 真空冷却槽冷却水温度:25 ℃±15 ℃;

6.2 试样的状态调节和试验的标准环境

试样的状态调节和所有试验都应在 GB/T 2918—1998 规定的标准环境下进行,环境的温度为 23 ℃±2 ℃,相对湿度为 50%±10%。状态调节时间至少 40 h 但不超过 96 h。

6.3 熔体质量流动速率 *MFR*

熔体质量流动速率按 GB/T 3682—2000 中 A 法规定进行,试验条件为 T(温度:190.0 ℃、负荷:5 kg)。

6.4 密度

按 6.1.1 规定制备 4 mm 压塑试片,试片的状态调节按 6.2 规定进行。

从状态调节后的压塑试片上裁取试样,试样应符合 GB/T 1033—1986 中 4.4.2.1 的要求,光滑、无毛边。

试验按 GB/T 1033—1986 中方法 D 的规定进行。

6.5 拉伸试验

试样为按 6.1.1 规定制备的 1B 型试样。

试样的状态调节按 6.2 规定进行。

测试按 GB/T 1040.2—2006 规定进行。测定拉伸弹性模量时,试验速度为 1 mm/min。测定其他拉伸性能时,试验速度为 50 mm/min。

6.6 弯曲试验

试样为按 6.1.1 规定制备的长条试样。

试样的状态调节按 6.2 规定进行。

测试按 GB/T 9341—2000 规定进行,试验速度为 2 mm/min。

6.7 简支梁缺口冲击强度(23 ℃)

按 6.1.1 规定制备长条样条。样条应在制备后 1 h~4 h 内加工缺口,缺口类型为 ISO 179-1:2000 中的 A 型。加工缺口后的样条为简支梁缺口冲击试验的试样。

试样的状态调节按 6.2 规定进行。

测试按 ISO 179-1:2000 规定进行。

6.8 负荷变形温度

试样为按 6.1.1 规定制备的长条型试样。

试样的状态调节按 6.2 规定进行。

测试按 GB/T 1634.2—2004 中的 B 法(负荷为 0.45 MPa)规定进行。试验时,加热装置的起始温度应低于 27 ℃。加热升温速率为 120 ℃/h±10 ℃/h。

6.9 氧化诱导时间 OIT

试样制备按 ISO 11357-6:2002 第 6 章中的方法 b 规定进行。试样厚度:250 μm±15 μm,试样质量:5 mg~20 mg,试样皿:铝皿。

测试按 ISO 11357-6:2002 规定进行,氮气流速为 50 mL/min。仪器升温至 210 ℃,保持 5 min 后通

入流速为 50 mL/min 的氧气。

6.10 挥发分

测试按 GB/T 15558.1—2003 附录 C 规定进行。干燥烘箱温度 105 ℃±2 ℃。

6.11 水分含量

水分含量的测定见附录 A。

注：根据水分含量的测定数据，管材加工前可能需要对原料进行干燥。

6.12 炭黑含量

试验按 GB/T 13021—1991 规定进行。试验前先将样品舟加热至红色，然后冷却 15 min 以上。按该标准 5.3.2 步骤进行热解时，氮气流速为 1.7 L/min±0.3 L/min，热降解的温度为 600 ℃，热降解时间至少 15 min。

6.13 炭黑分散或颜料分散

试样制备按 GB/T 18251—2000 中的切片法进行，试样厚度：15 μm±5 μm。

试验按 GB/T 18251—2000 规定进行。

6.14 管材静液压强度

6.14.1 试样

从按 6.1.2 制备的管材试验样品上截取管材试样。试样规格见表 3。

表 3 静液压强度试样规格

单位为 mm

公称外径 d_n	最小平均外径	最大平均外径	任一点壁厚	长度 L
	$d_{em,min}$	$d_{em,max}$	最小壁厚$_{ey,min}$	
32	32.0	32.3	>3.0～<4.0	500

6.14.2 试样的状态调节

擦除试样表面的污渍、油渍、蜡或其他清洁剂，然后选择密封接头与其连接起来，并向试样中注满接近试验温度的水，水温偏差不超过试验温度 5 ℃。

把注满水的试样，放入水箱或烘箱中，在试验温度下放置 60 min±15 min。

6.14.3 试验

试验按 GB/T 6111—2003 规定进行，密封接头类型：A 型；试验介质：水-水（管内-管外）；试验条件见表 4。

表 4 管材静液压强度试验条件

PE 管料级别	试验温度，℃	环应力，MPa	试验时间，h	试样数量
PE 100	80	5.4	165	至少 3 个
PE 80		4.5		

6.15 耐慢速裂纹增长

6.15.1 试样制备

从按 6.1.2 制备的管材试验样品上截取管材试样。试样规格见表 5。

表 5 耐慢速裂纹增长试样规格

单位为 mm

公称外径 d_n	最小平均外径	最大平均外径	任一点壁厚	长度 L
	$d_{em,min}$	$d_{em,max}$	最小壁厚$_{ey,min}$	
110	110.0	111.0	>10.0～<11.5	650

按 GB/T 18476—2001 第 5 章规定加工切口。

6.15.2 试样的状态调节

同 6.14.2 规定。状态调节时间至少 24 h。

6.15.3 试验

试验按 GB/T 18476—2001 规定进行。试验介质：水-水(管内-管外)；试验温度：80 ℃±1 ℃；试验条件见表 6。

表 6 管材耐慢速裂纹增长试验条件

PE 管料级别	试验温度,℃	环应力,MPa	试验时间,h	试样数量
PE 100	80	0.92	165	至少 3 个
PE 80		0.80		

7 检验规则

7.1 检验分类与检验项目

7.1.1 检验分类

第 4 章通用要求中的所有项目只需在产品确定牌号时检验。

给水管道系统用聚乙烯专用料产品的检验可分为型式检验和出厂检验两类。

7.1.2 检验项目

第 5 章中 5.2 和表 1 中的所有试验项目为型式检验项目。

出厂检验项目至少应该包括表 1 中的熔体质量流动速率、密度、拉伸屈服应力、拉伸断裂标称应变、氧化诱导时间、炭黑含量和炭黑(颜料)分散。

7.2 组批规则与抽样方案

7.2.1 组批规则

给水管道系统用聚乙烯专用料，以同一生产线上、相同原料、相同工艺所生产的同一牌号的产品组批。生产厂可按一定生产周期或贮存料仓为一批对产品进行组批。

产品以批为单位进行检验。

7.2.2 抽样方案

给水管道系统用聚乙烯专用料可在贮存料仓取样口抽样，也可在产品包装生产流水线上随机抽样。

包装后的抽样按 GB/T 2547—1981 规定进行。

7.3 判定规则和复验规则

7.3.1 判定规则

给水管道系统专用聚乙烯树脂应由生产厂的质量检验部门按照本标准规定的试验方法进行检验，依据企业标准技术要求对该批产品作出质量判定，并提出证明。

7.3.2 复验规则

检验结果若某项指标不符合本标准技术要求时，应按 7.2.2 包装后的抽样规定重新取样，对该项目进行复验。以复验结果作为该批产品的质量判定依据。

8 标志

给水管道系统用聚乙烯专用料产品的外包装袋上应有明显的标志。标志内容包括：商标、生产厂名称、标准号、产品名称、牌号、生产批号和净含量等。

9 包装、运输和贮存

9.1 包装

给水管道系统用聚乙烯专用料可用重包装袋、聚丙烯复合编织袋或其他包装形式。包装材料应保证在运输、码放、贮存时不污染和漏料。

每袋产品净含量可为 25 kg 或其他。

9.2 运输

给水管道系统用聚乙烯专用料为非危险品。在运输和装卸过程中严禁使用铁钩等锐利工具，切忌抛掷。运输工具应保持清洁、干燥并备有厢棚或苫布。运输时不得与沙土、碎金属、煤炭及玻璃等混合装运，更不可与有毒及腐蚀性或易燃物混装；严禁在阳光下暴晒或雨淋。

9.3 贮存

给水管道系统用聚乙烯专用料应贮存在通风、干燥、清洁并保持有良好消防设施的仓库内。贮存时，应远离热源，并防止阳光直接照射，严禁在露天堆放。

贮存期从生产之日起，一般不超过 12 个月。

附 录 A
（规范性附录）
卡尔-费休法测定给水和道系统用 PE 专用料的水分含量

A.1 范围

本附录规定了用卡尔-费休法测定给水管道系统用 PE 专用料水分含量的方法。

本方法适用于测定给水管道系统用聚乙烯专用料的总水分含量，包括材料内部与材料表面的水分。

A.2 原理

卡尔-费休法水分含量测定的示意图见图 A.1

干燥炉将试样中的表面水、吸附水和结晶水在高温下蒸发，再用惰性载气（通常是氮气）吹扫，将水分带入卡尔-费休仪的水分滴定池。

在滴定池内，当存在甲醇（CH_3OH）和有机碱（RN）时，试样中的水（H_2O）与电解产生的碘（I_2）和库仑试剂中的二氧化硫（SO_2）发生反应。根据法拉第原理，产生碘的物质的量与消耗的电量成正比。1 mol 水消耗 193 000 Q 电量，从而通过消耗的总电量计算出水分含量。

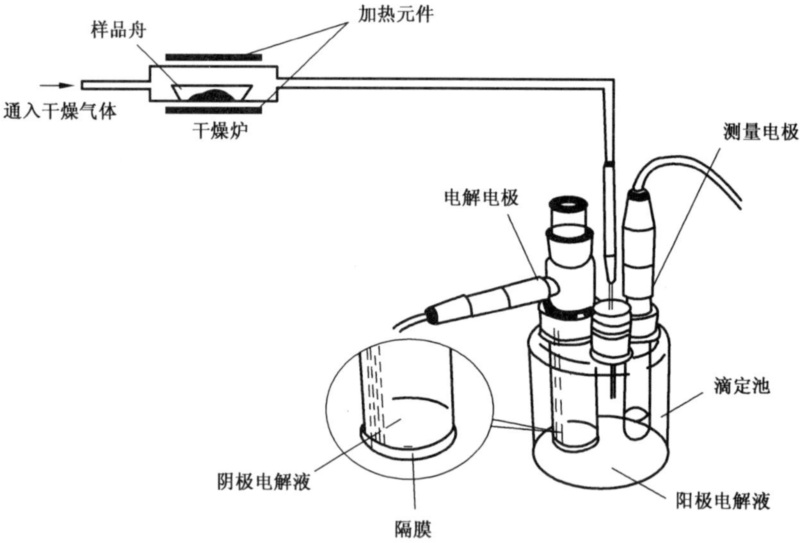

图 A.1 卡尔-费休法水分含量测定原理图

A.3 化学反应

$$2I^- - 2e \longrightarrow I_2$$

$$H_2O + I_2 + (RNH)SO_3CH_3 + 2RN \longrightarrow (RNH)SO_4CH_3 + 2(RNH)I$$

A.4 试剂和材料

A.4.1 卡尔费休微库仑试剂。

A.4.2 高纯氮，GB/T 8980—1996。

注：若氮气达不到要求，可使用 3Å 分子筛或其他干燥设备进行干燥，使水含量小于 5 mg/kg。

A.4.3 分子筛：3Å。

A.5 仪器与设备

A.5.1 库仑仪:测定范围 1 mg/kg～10^5 mg/kg,分辨率 0.1 μg。

A.5.2 烘箱:能恒温在 105 ℃±2 ℃。

A.5.3 干燥炉:温度 0 ℃～300 ℃,精度±3 ℃。

A.5.4 天平:最小分度值 0.1 mg。

A.5.5 气体流量计:0 mL/min～500 mL/min。

A.5.6 干燥器。

A.5.7 样品舟:铝或石英玻璃舟。

A.6 试验步骤

警告:试验过程中必须遵守试剂使用的安全要求规范,试验必须在通风橱内进行,使用防护手套和防护眼镜,避免碰到炉子高温区。

A.6.1 库仑仪(见 A.5.1)准备

A.6.1.1 干燥炉升温达到 180 ℃±2 ℃进行热平衡。库仑仪至少稳定 10 min 后可以开始测定。

A.6.1.2 安装电解电极和指示电极,电解电极和指示电极在使用前必须保持干燥。

注:电解电极和指示电极清洗完后,可置于一个 60 ℃±2 ℃烘箱(见 A.5.2)内,也可以在使用前用热空气吹干,没有彻底干燥的测量元件库仑仪平衡时间长。

A.6.1.3 将卡尔费休微库仑试剂加入到电解电极阴极室和滴定池,使电解电极阴极室内液体的液位比阳极室外的液位低约 2 mm。

A.6.2 空白试验

A.6.2.1 将样品舟放在温度已恒定在 105 ℃±2 ℃的烘箱(见 A.5.2)内干燥 1 h。取出样品舟置于干燥器(见 A.5.6)内冷却 15 min～20 min。

A.6.2.2 用镊子把干燥后的样品舟放入干燥炉(见 A.5.3)内。通氮气,流量为 50 mL/min～150 mL/min;

A.6.2.3 开始滴定,当电位显示为 100 mV～150 mV 终止滴定。

A.6.2.4 通过消耗的总电量计算出空白水分含量。

A.6.2.5 将该样品舟放入干燥器内 15 min～20 min 备用。

A.6.3 试样测试

A.6.3.1 用天平(见 A.5.4)称取约 4 g～6 g 的试样,精确至 1 mg,置于用做空白试验的样品舟内。

A.6.3.2 用镊子把装有试样的样品舟同放入干燥炉(见 A.5.3)内,通氮气,流量 50 mL/min～150 mL/min。

A.6.3.3 同 A.6.2.3。

A.6.3.4 通过消耗的总电量计算出水分含量。

A.7 试验结果的计算与表示

试样的水含量 C 按公式 A.1 计算,单位为毫克/千克(mg/kg)。

$$C = \frac{A_1 - A_0}{10.72S} \qquad \text{(A.1)}$$

式中:

A_1——样品测定时库仑仪消耗的总电量,单位为毫库仑(mC);

A_0——空白测定时库仑仪消耗的总电量,单位为毫库仑(mC);

10.72——换算系数,表示 10.72 微克(μg)水消耗 1 毫库仑(mC)电量,单位为毫库仑/微克(mC/μg);

S——样品质量,单位为克(g)。

以两次测定结果的算术平均值作为试验结果,保留到整数位。两次测定结果的偏差应≤50 mg/kg。

A.8 试验报告

试验报告包括下列内容:

a) 注明按照本行业标准;

b) 试样名称、牌号、批号及生产厂;

c) 试样生产日期;

d) 每个试样的测定值及平均值,单位为 mg/kg;

e) 测试人员及日期。

ICS 83.080.20
G 32

SH

中华人民共和国石油化工行业标准

SH/T 1768—2009

燃气管道系统用聚乙烯(PE)专用料

Polyethylene (PE) materials for piping systems of gaseous fuels supply

2009-12-04 发布 2010-06-01 实施

中华人民共和国工业和信息化部 发布

前　言

本标准由中国石油化工集团公司提出。

本标准由全国塑料标准化技术委员会石化塑料树脂产品分技术委员会(SAC/TC 15/SC 1)归口。

本标准起草单位:中国石油化工股份有限公司齐鲁分公司研究院与中国石油化工股份有限公司北京燕山分公司树脂应用研究所。

本标准参加单位:国家石化有机原料合成树脂质量监督检验中心、中国石化北京化工研究院国家化学建筑材料测试中心、中国石化上海石油化工股份有限公司塑料事业部、中国石化扬子石油化工股份有限公司。

本标准主要起草人:王群涛、景政红、唐岩、陈宏愿、王晓丽、毕丽景、郭锐。

燃气管道系统用聚乙烯(PE)专用料

1 范围

本标准规定了燃气管道系统用黑色聚乙烯(PE)专用料的命名与分类、要求、试验方法、检验规则、标志及包装、运输和贮存。

本标准适用于黑色燃气管道系统用聚乙烯(PE)专用料,专用料中仅加入生产和应用必要的添加剂。

2 规范性引用文件

下列文件中的条款通过本标准的引用而成为本标准的条款。凡是注日期的引用文件,其随后所有的修改单(不包括勘误的内容)或修订版均不适用于本标准,然而,鼓励根据本标准达成协议的各方研究是否可使用这些文件的最新版本。凡是不注日期的引用文件,其最新版本适用于本标准。

GB/T 1033—1986 塑料 密度和相对密度试验方法

GB/T 1040.2—2006 塑料 拉伸性能的测定 第2部分:模塑和挤塑塑料的试验条件(ISO 527-2:1993,IDT)

GB/T 1043.1—2008 塑料 简支梁冲击强度的测定 第1部分:非仪器化冲击试验(ISO 179-1:2000,IDT)

GB/T 1845.1—1999 聚乙烯(PE)模塑和挤出材料 第1部分:命名系统和分类基础(neq ISO 1872.1:1993)

GB/T 1845.2—2006 塑料 聚乙烯(PE)模塑和挤出材料 第2部分:试样制备和性能测定(ISO 1872-2:1997,MOD)

GB/T 2547—2008 塑料 取样方法

GB/T 2918—1998 塑料 试样状态调节和试验的标准环境(idt ISO 291:1997)

GB/T 3682—2000 热塑性塑料熔体质量流动速率和熔体体积流动速率的测定(idt ISO 1133:1997)

GB/T 6111—2003 流体输送用热塑性塑料管材耐内压试验方法(ISO 1167:1996,IDT)

GB/T 8170—2008 数值修约规则和极限数值的表示和判定

GB/T 9341—2000 塑料 弯曲性能的测定(ISO 178:2001,IDT)

GB/T 9352—2008 塑料 热塑性塑料材料试样的压塑(ISO 293:2004,IDT)

GB/T 13021—1991 聚乙烯管材和管件炭黑含量的测定(热失重法)(eqv ISO 6964-2:1986)

GB 15558.1—2003 燃气用埋地聚乙烯(PE)管道系统 第1部分:管材(ISO 4437:1997,MOD)

GB/T 18251—2000 聚烯烃管材、管件和混配料中颜料及炭黑分散的测定方法(idt ISO/DIS 18553:1999)

GB/T 18252—2008 塑料管道系统 用外推法确定热塑性塑料材料以管材形式的长期静液压强度(ISO 9080:2003,IDT)

GB/T 18475—2001 热塑性塑料压力管材和管件用材料分级和命名 总体使用(设计)系数(eqv ISO 12162:1995)

GB/T 18476—2001 流体输送用聚烯烃管材 耐裂纹扩展的测定 切口管材裂纹慢速增长的试验方法(neq ISO 13470:1997)

GB/T 19280—2003 流体输送用热塑性塑料管材 耐快速裂纹扩展的测定(RCP)小尺寸稳态试验(S4试验)(idt ISO 13477:1997)

GB/T 19466.6—2009 塑料 差示扫描量热法(DSC) 第6部分:氧化诱导时间(等温OIT)和氧化诱导温度(动态OIT)的测定(ISO 11357-6:2008,MOD)

SH/T 1758—2007 给水管道系统用聚乙烯(PE)专用料

3 分类与命名

燃气管道系统用聚乙烯专用料产品的命名与分类按GB/T 1845.1—1999的规定进行。本产品的命名未使用第4字符组,但使用第5字符组表示材料的颜色,用一个大写英文字母表示。黑色用"C"表示。

示例:某种燃气管道系统专用着色的(C)聚乙烯(PE)材料,用于挤出管材(E),具有热老化稳定性(H);密度标称值为0.953 g/cm³(53),在(T)条件(温度190 ℃,负荷5.0 kg)下,熔体质量流动速率(MFR)的标称值为0.3 g/10 min(003);材料为黑色(C),其命名为:

PE, E H C, 53 T 003 , , C

字符组1:聚乙烯代号

字符组2:位置1:挤出管材

位置2:热老化稳定的

位置3:着色的

字符组3:密度

MFR测定条件

MFR的标称值

字符组4:填料,未使用

字符组5:有关具体颜色的附加说明

命名:PE,EHC,53T003,,C

4 通用要求

4.1 燃气管道系统用聚乙烯专用料应按照GB/T 18475—2001进行分级,见表1。分级以按GB/T 18252—2008进行所得数据为基础,专用料制造商应提供相应的级别证明。

表1 燃气管道系统用聚乙烯专用料的分级

命 名	σ_{LPL}(20 ℃,50年,97.5%)	*MRS*/MPa
PE80	8.00≤σ_{LPL}≤9.99	8.0
PE100	10.00≤σ_{LPL}≤11.19	10.0

5 要求

5.1 燃气管道系统用聚乙烯专用料为黑色颗粒,应含有必要的均匀分散的添加剂。

5.2 燃气管道系统用聚乙烯专用料应无杂质。

5.3 燃气管道系统用聚乙烯专用料的其他技术要求见表2。

表2　燃气管道系统用聚乙烯专用料的要求

<table>
<tr><th rowspan="2">序号</th><th rowspan="2" colspan="2">测试项目</th><th rowspan="2">单位</th><th colspan="4">要　求</th></tr>
<tr><th colspan="2">PE80</th><th colspan="2">PE100</th></tr>
<tr><td rowspan="2">1</td><td rowspan="2">熔体质量流动速率 MFR</td><td>标称值 M</td><td rowspan="2">g/10 min</td><td colspan="2">0.20～1.4</td><td colspan="2">0.20～0.50</td></tr>
<tr><td>偏差</td><td colspan="4">±20%M 或±0.1</td></tr>
<tr><td>2.1</td><td colspan="2">基础树脂的密度 ρ(D法)</td><td>g/cm^3</td><td colspan="4">≥0.930</td></tr>
<tr><td>2.2</td><td colspan="2">专用料的密度 ρ(D法)</td><td>g/cm^3</td><td>0.940～0.950</td><td>≥0.950</td><td>0.940～0.955</td><td>≥0.955</td></tr>
<tr><td>3.1</td><td colspan="2">拉伸屈服应力 σ_y</td><td>MPa</td><td>≥16</td><td>≥18</td><td>≥19</td><td>≥21</td></tr>
<tr><td>3.2</td><td colspan="2">拉伸断裂标称应变 ε_{tB}</td><td>%</td><td colspan="4">≥350</td></tr>
<tr><td>4</td><td colspan="2">弯曲模量 E_f</td><td>MPa</td><td colspan="4">由供方提供数据</td></tr>
<tr><td>5</td><td colspan="2">简支梁缺口冲击强度 a_{cA}(23 ℃)</td><td>kJ/m^2</td><td colspan="4">由供方提供数据</td></tr>
<tr><td>6</td><td colspan="2">氧化诱导时间 OIT(210 ℃,Al)</td><td>min</td><td colspan="4">>20</td></tr>
<tr><td>7</td><td colspan="2">挥发分含量</td><td>mg/kg</td><td colspan="4">≤350</td></tr>
<tr><td>8</td><td colspan="2">水分含量[a]</td><td>mg/kg</td><td colspan="4">≤300</td></tr>
<tr><td>9</td><td colspan="2">炭黑含量[b](质量分数)</td><td>%</td><td colspan="4">2.0～2.5</td></tr>
<tr><td>10</td><td colspan="2">炭黑分散</td><td>级</td><td colspan="4">≤3</td></tr>
<tr><td></td><td colspan="7">以挤出管材为试验样品</td></tr>
<tr><td>11</td><td colspan="2">耐气体组分</td><td>h</td><td colspan="4">80 ℃,环应力 2 MPa,≥20 h 不破裂,不渗漏</td></tr>
<tr><td>12</td><td colspan="2">耐慢速裂纹增长</td><td>h</td><td colspan="2">80 ℃,试验压力 0.80 MPa,165 h 不破裂,不渗漏</td><td colspan="2">80 ℃,试验压力 0.92 MPa,165 h 不破裂,不渗漏</td></tr>
<tr><td>13</td><td colspan="2">S_4 试验:管材试样壁厚≥15 mm</td><td>MPa</td><td colspan="2">$P_{c,s4}$(0 ℃)≥0.26</td><td colspan="2">$P_{c,s4}$(0 ℃)≥0.34</td></tr>
<tr><td rowspan="3">14</td><td rowspan="3" colspan="2">短期静液压强度</td><td rowspan="3">h</td><td colspan="2">80 ℃,环应力 4.5 MPa,165 h 不破裂,不渗漏</td><td colspan="2">80 ℃,环应力 5.4 MPa,165 h 不破裂,不渗漏</td></tr>
<tr><td colspan="2">80 ℃,环应力 4.0 MPa,1 000 h不破裂,不渗漏</td><td colspan="2">80 ℃,环应力 5.0 MPa,1 000 h 不破裂,不渗漏</td></tr>
<tr><td colspan="2">20 ℃,环应力 9.0 MPa,100 h 不破裂,不渗漏</td><td colspan="2">20 ℃,环应力 12.4 MPa,100 h 不破裂,不渗漏</td></tr>
<tr><td colspan="8">[a] 当测量的挥发分含量不符合要求时才测量水分含量。仲裁时,应以水分含量的测量结果作为判定依据。
[b] 仅适用于黑色专用料。</td></tr>
</table>

6　试验方法

所有试验结果的判定按 GB/T 8170—2008 标准中全数值比较法规定进行。

6.1 试样制备

6.1.1 压塑试样的制备

根据 GB/T 1845.2—2006 标准，压塑试片的制备按 GB/T 9352—2008 规定进行，并按表 3 规定的压塑条件。

表 3 试片的压塑条件

模塑温度 ℃	热压				冷却		
	预热		热压(全压)		平均冷却速率 ℃/min	全压压力[a] MPa	开模温度 ℃
	压力 MPa	时间 min	压力[a] MPa	时间 min			
180	接触	15	5/10	5±1	15	5/10	≤40

[a] 溢料式模具使用 5 MPa，不溢料式模具使用 10 MPa 压力。

使用冲切或机加工的方法从压塑试片上制备试样。

6.1.2 管材试验样品的制备

6.1.2.1 管材试样制备的基本条件

a) 挤出机：有四个以上温度控制点的普通式螺杆或屏障式螺杆挤出机。螺杆直径 ϕ(60～150) mm，长径比(L/D)大于 24；

b) 模头：能挤出下列三种规格的管材试验样品：

公称外径(d_n)	SDR11 公称壁厚(e_n)
32 mm	3.0 mm
110 mm	10.0 mm
180 mm	16.4 mm

c) 带有真空定径设备、冷却槽及牵引机。

6.1.2.2 制备管材试验样品的工艺条件

熔体温度：180 ℃～240 ℃，可根据专用料熔体质量流动速率选择。

6.2 试样的状态调节和试验的标准环境

试样的状态调节和试验的标准环境为 GB/T 2918—1998 规定的标准环境(23/50)，即温度 23 ℃±2 ℃，相对湿度 50%±10%。状态调节调节时间至少 40 h 但不超过 96 h。

6.3 熔体质量流动速率

熔体质量流动速率按 GB/T 3682—2000 中 A 法规定进行，试验条件为 T(温度：190.0 ℃、负荷：5 kg)。

6.4 密度

按 6.1.1 规定制备压塑试片，试片厚度为 4.0 mm±0.2 mm。

从压塑试片上裁取试样，试样应符合 GB/T 1033—1986 中 4.4.2.1 的要求，光滑、无毛边。

裁取试样后按 6.2 规定进行状态调节。

试验按 GB/T 1033—1986 中方法 D 的规定进行。

6.5 拉伸性能

试样为按 6.1.1 规定制备的 1B 型试样。

试样的状态调节按 6.2 规定进行。

试验按 GB/T 1040.2—2006 规定进行。测定拉伸性能时，试验速度为 50 mm/min。

6.6 弯曲模量

试样为按 6.1.1 规定制备的 80 mm×10 mm×4 mm 长条试样。

试样的状态调节按 6.2 规定进行。

试验按 GB/T 9341—2000 规定进行，试验速度为 2 mm/min。

6.7 简支梁缺口冲击强度(23 ℃)

按 6.1.1 规定制备的 80 mm×10 mm×4 mm 长条样条。样条应在制备后 1 h～4 h 内加工缺口，缺口类型为 GB/T 1043.1—2008 中的 A 型。

试样的状态调节按 6.2 规定进行。

试验按 GB/T 1043.1—2008 规定进行。

6.8 氧化诱导时间 OIT

试样制备按 GB/T 19466.6—2009 中 6.2 规定进行，试样厚度为 650 μm±100 μm。

试验按 GB/T 19466.6—2009 规定进行，采用铝坩埚，试验温度 210 ℃。

6.9 挥发分含量

试验按 GB 15558.1—2003 附录 C 规定进行。干燥烘箱温度 105 ℃±2 ℃。

6.10 水分含量

水分含量的测定按 SH/T 1758—2007 附录 A 进行。

注：根据水分含量的测定数据，管材加工前可能需要对专用料进行干燥。

6.11 炭黑含量

试验按 GB/T 13021—1991 规定进行。试验前先将样品舟加热至红色，然后冷却 15 min 以上，热降解的温度为 600 ℃。

6.12 炭黑分散或颜料分散

试样制备按 GB/T 18251—2000 中的切片法进行，试样厚度：15 μm±5 μm。

试验按 GB/T 18251—2000 规定进行。

6.13 耐气体组分

试验按 GB 15558.1—2003 附录 D 规定进行。

6.14 管材静液压强度

6.14.1 试样

从按 6.1.2 制备的管材试验样品上截取管材试样。试样规格见表 4，试样数量：每个条件至少 3 个。

表 4 静液压强度试验样品规格

单位为 mm

公称外径 d_n	最小平均外径 $d_{em,min}$	最大平均外径 $d_{em,max}$	任一点壁厚 最小壁厚 $e_{y,min}$	自由长度 L
32	32.0	32.3	>3.0～<4.0	$\geq 3d_{em,max}$

6.14.2 状态调节、试验环境和试验条件

试验按 GB/T 6111—2003 规定进行，密封接头类型：A 型；试验介质：水-水(管内-管外)；试验条件见表 5。

表 5 管材静液压强度试验条件

PE 管料级别	试验温度 ℃	环应力 MPa	试验时间 h
PE100	80±1	5.4	≥165
PE80		4.5	
PE100		5.0	≥1 000
PE80		4.0	
PE100	20±1	12.4	≥100
PE80		9.0	

6.15 耐慢速裂纹增长

6.15.1 试样

从按 6.1.2 制备的管材试验样品上截取管材试样。试样规格见表 6，试样数量：至少 3 个。

表 6 耐慢速裂纹增长试验样品规格

单位为 mm

公称外径 d_n	最小平均外径	最大平均外径	任一点壁厚	自由长度 L
	$d_{em,min}$	$d_{em,max}$	最小壁厚 $e_{y,min}$	
110	110.0	111.0	$>10.0 \sim <11.1$	$\geqslant 3d_{em,max}$

6.15.2 试样状态调节

按 GB/T 18476—2001 中第 6 章的规定进行。

6.15.3 试验

耐慢速裂纹增长试验按 GB/T 18476—2001 规定进行。密封接头类型：A 型；试验介质：水-水（管内-管外）；切口类型：V 型。

表 7 管材耐慢速裂纹增长试验条件

PE 管料级别	试验温度 ℃	试验压力 MPa	试验时间 h
PE100	80±1	0.92	165
PE80		0.80	

6.16 耐快速裂纹扩展（S4 试验）

从按 6.1.2 制备的管材试验样品上截取管材试样。按 GB/T 19280—2003 的规定进行，试样壁厚大于 15 mm，SDR 为 11。

7 检验规则

7.1 检验分类与检验项目

7.1.1 检验分类

第 4 章通用要求中的项目只需在产品确定牌号时检验。

燃气管道系统用聚乙烯专用料产品的检验可分为型式检验和出厂检验两类。

7.1.2 检验项目

第 5 章中 5.2 和表 2 中的所有试验项目为型式检验项目。

出厂检验项目至少应该包括表 2 中的熔体质量流动速率、密度、拉伸屈服应力、拉伸断裂标称应变、氧化诱导时间、挥发分含量、炭黑含量和炭黑分散。

7.2 组批规则与抽样方案

7.2.1 组批规则

燃气管道系统用聚乙烯专用料，以同一生产线上、相同原料、相同工艺所生产的同一牌号的产品组批。生产厂可按一定生产周期或贮存料仓为一批对产品进行组批。

产品以批为单位进行检验。

7.2.2 抽样方案

燃气管道系统用聚乙烯专用料可在贮存料仓取样口抽样，也可在产品包装生产流水线上随机抽样。

包装后的抽样按 GB/T 2547—2008 规定进行。

7.3 判定规则和复验规则

7.3.1 判定规则

燃气管道系统用聚乙烯专用料应由生产厂的质量检验部门按照本标准规定的试验方法进行检验，依据本标准技术要求对该批产品作出质量判定，并提出证明。

7.3.2 复验规则

检验结果若某项指标不符合本标准技术要求时，应按 7.2.2 包装后的抽样规定重新取样，对该项目进行复验。以复验结果作为该批产品的质量判定依据。

8 标志

燃气管道系统用聚乙烯专用料产品的外包装袋上应有明显的标志。标志内容包括：商标、生产厂名称和地址、标准号、产品名称、牌号、生产批号和净含量等。

9 包装、运输和贮存

9.1 包装

燃气管道系统用聚乙烯专用料可用重包装袋、聚丙烯复合编织袋或其他包装形式。包装材料应保证在运输、码放、贮存时不污染和漏料。

每袋产品净含量可为 25 kg 或其他。

9.2 运输

燃气管道系统用聚乙烯专用料为非危险品。在运输和装卸过程中严禁使用铁钩等锐利工具，切忌抛掷。运输工具应保持清洁、干燥并备有厢棚或苫布。运输时不得与沙土、碎金属、煤炭及玻璃等混合装运，更不可与有毒及腐蚀性或易燃物混装；严禁在阳光下暴晒或雨淋。

9.3 贮存

燃气管道系统用聚乙烯专用料应贮存在通风、干燥、清洁并保持有良好消防设施的仓库内。贮存时，应远离热源，并防止阳光直接照射，严禁在露天堆放。

贮存期从生产之日起，一般不超过 12 个月。

ICS 11.040.20
C 31

YY

中华人民共和国医药行业标准

YY/T 0114—2008
代替YY 0114—1993

医用输液、输血、注射器具用聚乙烯专用料

Polyethylene material for manufacture of infusion, transfusion and injection equipments for medical use

2008-10-17 发布　　2010-01-01 实施

国家食品药品监督管理局　发布

前　言

本标准代替 YY 0114—1993《医用输液、输血、注射器具用聚乙烯专用料》。

本标准与 YY 0114—1993 相比主要差异如下：

——由强制性标准调整为推荐性标准；

——增加了“颗粒外观”要求；

——修改了“熔体质量流动速率”要求；

——修改了“悬臂梁缺口冲击强度”单位和要求；

——增加了“紫外吸光度”要求；

——修改了“重金属含量”要求。

本标准由全国医用输液器具标准化技术委员会提出。

本标准由国家食品药品监督管理局济南医疗器械质量监督检验中心归口。

本标准起草单位：中国石化股份有限公司齐鲁分公司研究院、山东省医疗器械产品质量检验中心。

本标准主要起草人：刘少成、张广明、程志凌、苑东兴、李晶、刘莉莉。

本标准于 1993 年 4 月首次发布。

医用输液、输血、注射器具用聚乙烯专用料

1 范围

本标准规定了医用输液、输血、注射器具用聚乙烯专用料的要求、试验方法、检验规则、标志、包装、运输和贮存。

本标准适用于医用输液、输血、注射器具用聚乙烯专用料(以下简称“医用聚乙烯专用料”)。

2 规范性引用文件

下列文件中的条款通过本标准的引用而成为本标准的条款。凡是注日期的引用文件,其随后所有的修改单(不包括勘误的内容)或修订版均不适用于本标准,然而,鼓励根据本标准达成协议的各方研究是否可使用这些文件的最新版本。凡是不注日期的引用文件,其最新版本适用于本标准。

GB/T 1033—1986 塑料密度和相对密度试验方法(eqv ISO/DIS 1183:1984)

GB/T 1040.1—2006 塑料 拉伸性能的测定 第1部分:总则(ISO 527-1:1993,IDT)

GB/T 1040.2—2006 塑料 拉伸性能的测定 第2部分:模塑和挤塑塑料的试验条件(ISO 527-2:1993,IDT)

GB/T 1250—1989 极限数值的表示方法和判定方法

GB/T 1843—1996 塑料悬臂梁冲击试验方法(eqv ISO 180:1993)

GB/T 1845.2—2006 塑料 聚乙烯(PE)模塑和挤出材料 第2部分:试样制备和性能测定

GB/T 2547 塑料树脂取样方法

GB/T 2918—1998 塑料试样状态调节和试验的标准环境(idt ISO 291:1997)

GB/T 3682—2000 热塑性塑料熔体质量流动速率和熔体体积流动速率的测定(idt ISO 1133:1997)

GB/T 9341—2000 塑料弯曲性能试验方法(idt ISO 178:1993)

GB/T 9352—1988 热塑性塑料压塑试样的制备(neq ISO 293:1986)

GB/T 14233.1—1998 医用输液、输血、注射器具检验方法 第1部分:化学分析方法

GB/T 14233.2—2005 医用输液、输血、注射器具检验方法 第2部分:生物学试验方法

GB/T 16886.1 医疗器械生物学评价 第1部分:评价与试验(GB/T 16886.1—2001,idt ISO 10993-1:1997)

GB/T 17037.1—1997 热塑性塑料材料注塑试样的制备 第1部分:一般原理及多用途试样和长条试样的制备

YY 0466 医疗器械 用于医疗器械标签、标记和提供信息的符号(YY 0466—2003,ISO 15223:2000,IDT)

SH/T 1541—2006 热塑性塑料颗粒外观试验方法

3 要求

3.1 颗粒外观

医用聚乙烯专用料为本色颗粒。

3.2 医用聚乙烯专用料的物理机械性能、化学性能

医用聚乙烯专用料的物理机械性能、化学性能见表1。

表 1 医用聚乙烯专用料的物理机械性能、化学性能技术要求

性能	序号	项目		单位	指标
物理机械性能	1	颗粒外观	色粒	个/kg	≤10
	2	熔体质量流动速率		g/10 min	$M\pm0.2M$ （M 为标称值）
	3	密度		g/cm^3	标称值±0.003
	4	拉伸屈服应力		MPa	密度≤0.940 g/cm^3：≥8 密度>0.940 g/cm^3：≥20
	5	弯曲模量		MPa	密度≤0.940 g/cm^3：≥150 密度>0.940 g/cm^3：≥900
	6	悬臂梁缺口冲击强度，23 ℃		kJ/m^2	密度≤0.940 g/cm^3：— 密度>0.940 g/cm^3：≥3
化学性能	7	酸碱度(与空白对照液之差)		—	≤1.0
	8	重金属含量		μg/mL	≤1.0
	9	镉含量		μg/mL	<0.1
	10	紫外吸光度		—	≤ 0.10

3.3 耐辐射性

聚乙烯专用料经 25 kGy 的辐射后外观应无变化，其悬臂梁缺口冲击强度应符合表 1 要求。

3.4 生物学性能

按 GB/T 16886.1 对医用聚乙烯专用料进行生物学评价，评价结果应表明无毒性。

4 试验方法

4.1 极限数值的判定

所有试验结果的判定按 GB/T 1250—1989 标准中 5.2 修约值比较法进行。

4.2 试样制备

4.2.1 注塑试样制备

注塑试样的制备按 GB/T 1845.2—2006 中 3.2 规定进行。

用 GB/T 17037.1—1997 标准中的 A 型模具制备的 A 型试样为 GB/T 1040.2—2006 中 1A 型试样，B 型模具制备的 B 型试样为 80 mm×10 mm×4 mm 的长条试样。

4.2.2 压塑试样的制备

压塑试样的制备按 GB/T 1845.2—2006 中 3.3 规定进行。

4.3 试样的状态调节和试验的标准环境

试样的状态调节按 GB/T 2918—1998 的规定进行，状态调节的条件为 2 级标准环境(23/50)，调节时间至少 40h 但不超过 96 h。

所有试验都应在 GB/T 2918—1998 规定的 2 级标准环境(23/50)下进行。

4.4 物理机械性能

4.4.1 颗粒外观

按 SH/T 1541—2006 规定进行。

4.4.2 熔体质量流动速率

按 GB/T 3682—2000 中 A 法或 B 法规定进行。选用 B 法测定熔体质量流动速率时，熔体密度值

为 0.7636 g/cm^3。试验条件为 D(温度:190 ℃、负荷:2.16 kg)或 G(温度:190 ℃、负荷:21.6 kg)。

注:试验前,使用相应有证标准样品可保证试验数据的可靠性。

4.4.3 密度

按 GB/T 1845.2—2006 规定,在注塑或压塑样试样的中间部分截取,在常压下经 200 mL 蒸馏水煮沸 30 min,待自然冷却至室温后进行测试。

按 GB/T 1033—1986 中 D 法进行。

4.4.4 拉伸屈服应力

试样的制备按照 4.2 规定进行注塑或压塑。

注塑采用 GB/T 17037.1—1997 标准中的 A 型模具试样。压塑采用机加工制备 GB/T 1040.2—2006 中的 1B 型试样。

试样的状态调节按 4.3 规定进行。

测试按 GB/T 1040.2—2006 规定进行,试验速度为 50 mm/min。

4.4.5 弯曲模量

试样的制备按照 4.2 规定进行注塑或压塑。

注塑采用 GB/T 17037.1—1997 标准中的 B 型模具制备 80 mm×10 mm×4 mm 的长条试样。压塑采用机加工制备 80 mm×10 mm×4 mm 的长条试样。

试样的状态调节按 4.3 规定进行。

测试按 GB/T 9341—2000 规定进行,试验速度为 2 mm/min。

4.4.6 悬臂梁缺口冲击强度

试样按照 4.2 规定进行注塑或压塑,试样为 GB/T 1843—1996 规定的 1 型。样条应在注塑后的 1 h~4 h内加工缺口,缺口类型为 GB/T 1843—1996 中规定的 A 型。加工缺口后的样条为悬臂梁缺口冲击试验的试样。

试样的状态调节按 4.3 规定进行。

测试按 GB/T 1843—1996 规定进行测试。

4.5 化学性能

4.5.1 试样制备

试样按 4.2.2 规定进行压塑,试样厚度为(0.45 ±0.05)mm。

4.5.2 供试液制备

将 4.5.1 制备的试样按 GB/T 14233.1—1998 中 4.3 规定的方法 3 制备供试液及空白对照液。

4.5.3 酸碱度

取按 4.5.2 制备的供试液和对照液,按 GB/T 14233.1—1998 中 5.4.1 进行。

4.5.4 重金属含量

取按 4.5.2 制备的供试液,按 GB/T 14233.1—1998 中 5.6.1 进行。镉含量测定按GB/T 14233.1—1998 中 5.9.1 进行。

4.5.5 紫外吸光度

取 4.5.2 制备的供试液,按 GB/T 14233.1—1998 中 5.7 规定在 220 nm~350 nm 波长范围内进行。

4.6 耐辐射性能

试样按 4.2 规定进行注塑或压塑,然后按 4.4.6 规定加工缺口。

使试样经受 25 kGy 的辐射剂量。辐射两周后按 4.4.6 进行试验。

4.7 生物学性能

按 GB/T 16886 或 GB/T 14233.2 规定的生物学试验方法进行。

注:GB/T 16886 系列试验方法标准见参考文献。

5 检验规则

5.1 组批规则与抽样方案

5.1.1 组批规则

医用聚乙烯专用料应成批提交检验，检验分为型式检验和出厂检验。以同一生产线上、相同原料、相同工艺所生产的同一牌号的产品组批，或以一个料仓经掺合后的产品或一定生产周期的产品为一批。

5.1.2 抽样方案

生产厂可在料仓的取样口抽样。包装后的产品应按 GB/T 2547 规定进行。

5.2 型式检验

5.2.1 在下列情况下应进行型式检验：

a) 新产品投产时；

b) 工艺有重大改变时；

c) 连续生产中每年不少于一次；

d) 停产半年以上恢复生产时；

e) 合同规定要求时。

5.2.2 第 3 章规定的所有项目为型式检验项目。生物学相容性评价应按 GB/T 16886.1 规定的基本原则进行。

5.2.3 全部检验项目符合第 3 章中规定时判定合格，若有任一项不合格时判定该批产品型式检验不合格。

5.3 出厂检验

出厂检验项目包括：密度、熔体质量流动速率、拉伸屈服应力、弯曲模量、悬臂梁缺口冲击强度和化学性能。

若化学性能有任一项不合格时判该批产品不合格。物理机械检验结果有不合格时，应重新自该批产品中取双倍采样单元数，对不合格项目进行复验，复验结果仍不合格，则判定该批产品为不合格品。

6 标志

医用聚乙烯专用料产品外包装袋上标志应包括下列内容：

a) 产品名称、厂名、厂址；

b) 产品牌号、批号；

c) 标准号；

d) 净重(kg)；

e) “怕晒”、“怕雨”等符合 YY 0466 的标志或文字。

7 包装、贮存

7.1 包装

医用聚乙烯专用料应至少采用双层包装，包装应保证在产品运输、贮存时不被污染。

7.2 贮存

医用聚乙烯专用料应贮存在通风、干燥、清洁并保持有良好消防设施的仓库内。贮存时远离热源，并防止阳光直射。

参 考 文 献

[1] GB/T 16886.3—2008 医疗器械生物学评价 第3部分:遗传毒性、致癌性和生殖毒性试验(ISO 10993-3:2003,IDT)

[2] GB/T 16886.4—2003 医疗器械生物学评价 第4部分:与血液相互作用试验选择(ISO 10993-4:2002,IDT)

[3] GB/T 16886.5—2003 医疗器械生物学评价 第5部分:体外细胞毒性试验(ISO 10993-5:1999,IDT)

[4] GB/T 16886.6—1997 医疗器械生物学评价 第6部分:植入后局部反应试验(ISO 10993-6:1994,IDT)

[5] GB/T 16886.9—2001 医疗器械生物学评价 第9部分:潜在降解产物的定性和定量框架(ISO 10993-9:1999,IDT)

[6] GB/T 16886.10—2005 医疗器械生物学评价 第10部分:刺激与迟发型超敏反应试验(ISO 10993-10:2002,IDT)

[7] GB/T 16886.11—1997 医疗器械生物学评价 第11部分:全身毒性试验(ISO 10993-11:1993,IDT)

[8] GB/T 16886.12—2005 医疗器械生物学评价 第12部分:样品制备与参照样品(ISO 10993-12:2002,IDT)

[9] GB/T 16886.13—2001 医疗器械生物学评价 第13部分:聚合物医疗器械的降解产物的定性与定量(ISO 10993-13:1998,IDT)

[10] GB/T 16886.16—2003 医疗器械生物学评价 第16部分:降解产物和可溶出物的毒带动力学研究设计(ISO 10993-16:1997,IDT)

[11] GB/T 16886.17—2005 医疗器械生物学评价 第17部分:可沥滤物允许限量的建立(ISO 10993-17:2002,IDT)

三、助剂及添加剂标准

ICS 77.150.99
H 62

中华人民共和国国家标准

GB/T 4062—2013
代替 GB/T 4062—1998

三氧化二锑

Antimony trioxide

2013-12-17 发布　　2014-09-01 实施

中华人民共和国国家质量监督检验检疫总局
中国国家标准化管理委员会　发布

前　言

本标准按照 GB/T 1.1—2009 给出的规则起草。

本标准代替 GB/T 4062—1998《三氧化二锑》，本标准与 GB/T 4062—1998 相比，主要技术内容变化如下：

——增加了一个 $Sb_2O_3$99.90 牌号；

——化学成分做了部分调整，同时增加了铋和镉两项杂质要求；

——物理性能方面增加了立方晶型指标、EG 溶解透光率和 b^* 值(色值)。

本标准由全国有色金属标准化技术委员会(SAC/TC 243)归口。

本标准负责起草单位：锡矿山闪星锑业有限责任公司。

本标准主要起草人：李志强、刘新春、宋应球、吴少华、宋如泽、戴永俊。

本标准所代替标准的历次版本发布情况为：

——GB/T 4062—1998、GB/T 4062—1983。

三 氧 化 二 锑

1 范围

本标准规定了三氧化二锑(俗称锑白)的要求、试验方法、检验规则及标志、包装、运输、贮存和质量证明书及合同(或订货单)。

本标准适用于锑精矿生产的三氧化二锑。三氧化二锑产品主要用于塑料、树脂、橡胶、纺织物、油漆等易燃物的阻燃剂中作阻燃协效剂和石油化工、合成纤维的催化剂。三氧化二锑产品广泛应用于汽车、家电、计算机、电力、电器、通信、石油化工、机械制造、航天航空和军事工业等部门。

2 规范性引用文件

下列文件对于本文件的应用是必不可少的。凡是注日期的引用文件，仅注日期的版本适用于本文件。凡是不注日期的引用文件，其最新版本(包括所有的修改单)适用于本文件。

GB/T 3253 (所有部分) 锑及三氧化二锑化学分析方法

GB/T 5211.16 白色颜料消色力的比较

GB/T 5211.17 白色颜料对比率(遮盖力)的比较

YS/T 324 三氧化二锑物理检测方法

3 要求

3.1 产品分类

三氧化二锑按化学成分及物理性能分为 $Sb_2O_3$99.90、$Sb_2O_3$99.80、$Sb_2O_3$99.50、$Sb_2O_3$99.00 四个牌号。

3.2 化学成分

3.2.1 三氧化二锑的化学成分及物理性能应符合表 1 的规定。

表 1 三氧化二锑的化学成分及物理性能

牌号			$Sb_2O_3$99.90	$Sb_2O_3$99.80	$Sb_2O_3$99.50	$Sb_2O_3$99.00
化学成分(质量分数)/%	Sb_2O_3 不小于		99.90	99.80	99.50	99.00
	杂质不大于	As	0.004 0	0.045 0	0.045 0	0.150
		Pb	0.009 0	0.074 0	0.093 0	0.186
		Fe	0.003 0	0.003 5	0.004 2	—
		Cu	0.001 5	0.002 0	0.002 5	—
		Se	0.004 0	0.004 0	0.005 0	—
		Bi	0.001 0	0.002 0	0.002 0	—
		Cd	0.000 5	0.001 0	0.001 5	—

表 1（续）

牌号		$Sb_2O_3$99.90	$Sb_2O_3$99.80	$Sb_2O_3$99.50	$Sb_2O_3$99.00
物理性能	白度/%　　不小于	97	93	93	91
	平均粒度/μm	0.0～0.3 0.3～0.9 0.9～1.6	0.3～0.9 0.9～1.6 1.6～2.5	0.3～0.9 0.9～1.6 1.6～2.5	—
	立方晶型/%　　不小于	95	90	90	—
	EG溶解透光率/%　不小于	97	—	—	—
	b^*值(色值)　　不大于	1.2	—	—	—

3.2.2　需方对三氧化二锑中的杂质、物理性能有特殊要求时，可与供方协商确定。

3.2.3　需方要求时，供方可测定三氧化二锑中的吸油量、消色力、遮盖力。

3.3　表面质量

三氧化二锑为白色粉末，不应有可见的外来夹杂物。

4　试验方法

4.1　三氧化二锑化学成分的仲裁分析方法按 GB/T 3253 进行。

4.2　平均粒度的测定按 YS/T 324 的规定进行。

4.3　白度和 b^* 值的测定按 YS/T 324 的规定进行。

4.4　吸油量的测定按 YS/T 324 的规定进行。

4.5　消色力的测定按 GB/T 5211.16 的规定进行。

4.6　遮盖力的测定按 GB/T 3211.17 的规定进行。

4.7　立方晶型含量的测定按附录 A 的规定进行。

4.8　EG 溶解透光率的测定按附录 B 的规定进行。

4.9　表面质量采用目视法。

5　检验规则

5.1　检查和验收

5.1.1　产品由供方质量监督部门进行检验。保证产品质量符合本标准的规定，并填写质量证明书。

5.1.2　需方可对收到的产品按本标准及合同(或订货单)的规定进行检验。如果检验结果与本标准及合同(或订货单)的规定不符时，应在收到产品之日起 60 d 内(出口产品为半年)向供方提出，由供需双方协商解决。如需仲裁，取样在需方共同进行。

5.2　组批

产品应成批提交检验，每批应由同一牌号组成，每批重量不超过 20 t。

5.3　检验项目

每批产品应按表 1 所列项目进行化学成分、物理性能的检验。

5.4 取样和制样

5.4.1 在同一批产品中每10袋取一袋为样品袋。如果一批产品少于10袋时，则每一袋都作为样品袋。

5.4.2 以不锈钢取样管在每个样品袋中心插取样品，每袋取样量不少于40 g。样品取出后应迅速装入干燥、洁净、气密性好的容器内。

5.4.3 将样品于洁净处充分混匀，用四分法缩分至300 g～500 g，再分成两份，一份作送验试样，一份作备查试样。

5.4.4 如需方有质量异议，经供需双方协商，若需重新取样时，可从该批产品中每5袋取一袋作为样品袋，再按5.4.2和5.4.3制备仲裁送验试样，送交双方认可的检测机构检验，作为仲裁分析结果。

5.4.5 检验结果判定

5.4.5.1 检验结果如有一项指标不符合本标准或(订货合同)要求，则判该批产品为不合格。

5.4.5.2 供需双方对三氧化二锑产品的理化分析结果有异议时，按仲裁分析结果判定产品。

6 标志、包装、运输、贮存和质量证明书

6.1 标志

三氧化二锑包装袋上应涂刷不易脱落的标志：

a) 生产厂家名称；

b) 产品名称和牌号；

c) 商标；

d) 批号；

e) 净重。

6.2 包装

产品用双层袋包装，外层用纸袋，内层用塑料薄膜袋。每袋净重25 kg。包装材料应保证强度，并且不能影响产品质量。

根据用户要求可打托成吨包装或半吨包装。

根据用户要求可以改变包装材料和包装重量。

6.3 运输和贮存

6.3.1 产品搬运时应有可靠的防护措施，防止产品破损和污染。雨天搬运时，必须有可靠的防雨措施。

6.3.2 产品运输车辆和贮存地点必须保持清洁、干燥，不得接触酸、碱及其他污染物品。由于运输和贮存过程引起的产品变质和损坏，由责任方负责。

6.4 质量证明书

每批产品应附有质量证明书，注明：

a) 供方名称；

b) 产品名称和牌号；

c) 批号；

d) 净重和袋数；

e) 分析检验结果和质量监督部门印记；

f) 本标准编号；

g) 出厂日期。

7 合同(或订货单)内容

本标准所列三氧化二锑的合同(或订货单)应包括下列内容:

a) 产品名称;

b) 牌号;

c) 杂质含量的特殊要求;

d) 数量 ;

e) 包装要求;

f) 本标准标号;g) 其他。

附　录　A
（规范性附录）
三氧化二锑立方晶型含量测定方法

A.1　范围

本附录规定了用X衍射仪法测定三氧化二锑立方晶型含量的方法。

本附录适用于三氧化二锑中立方晶型含量的测定。立方晶型含量测定范围为60%～100%。

A.2　方法提要

三氧化二锑样品制成样块后，在测角仪中经由X光管发射的X射线衍射后，其衍射谱线被记录。测定立方相衍射峰（2θ为13.727°）和斜方相衍射峰（2θ为19.389°）的衍射强度，根据多晶物质中各相的含量与其衍射强度计算公式就可计算出立方、斜方相的含量。

A.3　仪器及测试条件

A.3.1　仪器：X射线衍射仪。

A.3.2　环境条件：工作环境温度10 ℃～35 ℃，环境相对湿度30%～80%。

A.3.3　仪器测试条件：Cu靶，波长1.541 78 Å，X光管管压35 kV、管流30 mA，θ、2θ联合驱动方式，扫描范围（2θ）12°～22°连续扫描，镍滤波片，扫描速度0.04°/s，取样时间1 s，发散狭缝0.5°，散射狭缝0.5°，接收狭缝0.4 mm。

A.4　试样制备与要求

A.4.1　试样要求

试样应干燥，当受潮时，应在烘箱中于100 ℃～110 ℃时烘1 h，冷却至室温后制样。

A.4.2　试样制备

通孔样品板的衍射面向下置于一块光滑的玻璃上，向孔中加入适量样品，将样品压实、压平，使衍射面的样品表面平整、疏密度相同，且衍射面与样品面在同一平面。

A.5　测定步骤

A.5.1　接通主机和微机系统的电源，使主机预热30 min。

A.5.2　在测试条件下按仪器操作规程进行操作。

A.5.3　扫描完毕后，计算立方和斜方相两选测峰的积分强度I_C、I_O。

A.6　结果的计算与表达

按式（A.1）计算立方晶型含量，数值以%表示：

$$w_c = \frac{1}{1 + I_O/(1.62 \times I_C)} \times 100 \qquad \cdots\cdots\cdots\cdots(A.1)$$

式中：

I_C ——立方相衍射峰(2θ 为 13.727°)积分强度；

I_O ——斜方相衍射峰(2θ 为 19.389°)积分强度。

所得结果保留至一位小数。

A.7 允许差

实验室间测定结果的差值应不大于表 A.1 所列允许差。

表 A.1 实验室间测定结果允许差

%

w_c	允许差
≥90.0	2.5
<90.0	3.0

附　录　B
（规范性附录）
三氧化二锑 EG 溶解透光率测定方法

B.1　范围

本附录规定了三氧化二锑 EG 溶解透光率的测定方法。

本附录适用于三氧化二锑 EG 溶解透光率的测定。测定范围：EG 溶解透光率 90%～100%。

B.2　方法提要

试料置于乙二醇中，于 170 ℃的油浴中回流 1 h，溶液冷却后，用分光光度计在 460 nm 处以乙二醇为参比，测其透光率。

B.3　试剂

乙二醇（分析纯）

B.4　仪器和器具

B.4.1　分光光度计。

B.4.2　恒温油浴锅（带磁力搅拌）。

B.4.3　比色皿（1 cm）。

B.5　分析步骤

B.5.1　称取试料 2.00 g 于 250 mL 磨口锥形瓶中，加入 100 mL 乙二醇，在锥形瓶口插入空气冷凝管，将其放入油浴中，于 170 ℃磁力搅拌水冷回流 1 h 时使试料溶解完全，取下冷却至室温。

B.5.2　移取部分试液于 1 cm 比色皿中，以乙二醇为参比，于分光光度计波长 460 nm 处测量其透光率。

B.6　结果表示

所得结果表示至一位小数。

B.7　允许差

实验室间测定结果的差值应不大于 1.5% 。

ICS 77.150.10
H 61

中华人民共和国国家标准

GB/T 4294—2010
代替 GB/T 4294—1997

氢 氧 化 铝

Aluminium hydroxide

2011-01-14 发布　　2011-11-01 实施

中华人民共和国国家质量监督检验检疫总局
中国国家标准化管理委员会　发布

前　言

本标准代替 GB/T 4294—1997《氢氧化铝》。

本标准与 GB/T 4294—1997 相比，主要变化如下：

——取消了 AH-3 牌号；

——牌号 AH-1 标注了用作干法氟化铝的生产原料的要求，即“水分(附着水)≤6%，小于 45 μm 粒度的质量分数≤15%”；

——牌号 AH-2 中的 Fe_2O_3 含量由≤0.03%改为≤0.02%，Na_2O 含量由≤0.5%改为≤0.40%；

——烧失量(灼减)由≤35%改为(34.5±0.5)%；

——水分(附着水)由≤14%改为≤12%；

——增加重金属元素定期监控分析要求，即 $w(Cd+Hg+Pb+Cr^{6+}+As)\leq 0.010\%$。

本标准由中国有色金属工业协会提出。

本标准由全国有色金属标准化技术委员会归口。

本标准负责起草单位：中国铝业股份有限公司山东分公司、河南未来铝业有限公司。

本标准主要起草人：李林海、钟沂姝、蒋涛、杨开国、李福强、李红、高洁。

本标准所代替版本的历次发布情况为：

——GB/T 4294—1984；

——GB/T 4294—1997。

氢 氧 化 铝

1 范围

本标准规定了氢氧化铝[$Al(OH)_3$]的要求、试验方法、检验规则及标志、包装、运输、贮存。

本标准适用于生产无机铝盐、阻燃填料及生产其他特种氧化铝制品用原料氢氧化铝。

2 规范性引用文件

下列文件中的条款通过本标准的引用而成为本标准的条款。凡是注日期的引用文件，其随后所有的修改单(不包括勘误的内容)或修订版均不适用于本标准，然而，鼓励根据本标准达成协议的各方研究是否可使用这些文件的最新版本。凡是不注日期的引用文件，其最新版本适用于本标准。

GB/T 6609.22 氧化铝化学分析方法和物理性能测定方法 取样

GB/T 6609.23 氧化铝化学分析方法和物理性能测定方法 试样的制备和贮存

GB/T 6609.28 氧化铝化学分析和物理性能测定方法 小于 60 μm 的细粉末粒度分布的测定 湿筛法

GB/T 8170 数值修约规则与极限数值的表示和判定

YS/T 534(所有部分) 氢氧化铝化学分析方法

YS/T 667.1 化学品氧化铝化学分析方法 第 1 部分:填料用氢氧化铝及拟薄水铝石中镉、铬、钒含量的测定 电感耦合等离子体发射光谱法

YS/T 667.2 化学品氧化铝化学分析方法 第 2 部分:填料用氢氧化铝及拟薄水铝石中砷、汞、铅含量的测定 氢化物发生-电感耦合等离子体发射光谱法

3 要求

3.1 产品牌号

氢氧化铝按化学成分和物理性能分为两个牌号:AH-1、AH-2。

3.2 化学成分和物理性能

氢氧化铝的化学成分和物理性能应符合表 1 的规定。表中数值按 GB/T 8170 的规定进行修约和判定。

表 1

牌号	化学成分(质量分数)[b]/%					物理性能
	Al_2O_3[c] 不小于	杂质含量,不大于			烧失量(灼减)	水分(附着水)/% 不大于
		SiO_2	Fe_2O_3	Na_2O		
AH-1[a,d]	余量	0.02	0.02	0.40	34.5±0.5	12
AH-2[d]	余量	0.04	0.02	0.40	34.5±0.5	12

a 用作干法氟化铝的生产原料时，要求水分(附着水)不大于 6%，小于 45 μm 粒度的质量分数≤15%。

b 化学成分按在 110 ℃±5 ℃下烘干 2 h 的干基计算。

c Al_2O_3 含量为 100%减去表中所列杂质含量总和以及灼减后的余量。

d 重金属元素 $w(Cd+Hg+Pb+Cr^{6+}+As)\leqslant 0.010\%$，供方可不做常规分析，但应监控其含量。

3.3 外观质量

氢氧化铝为白色粉状或砂状晶体，不应有夹杂物。

3.4 其他要求

需方有特殊要求时由供需双方协商。

4 试验方法

4.1 化学成分

4.1.1 氢氧化铝中 SiO_2、Fe_2O_3、Na_2O、烧失量(灼减)按 YS/T 534.2～534.5 的规定进行测定。

4.1.2 氢氧化铝中重金属元素 Pb、Cd、Hg、Cd、Cr^{6+}、As 按 YS/T 667.1～667.2 的规定进行检验。

4.2 物理性能

4.2.1 水分(附着水)按 YS/T 534.1 的规定进行检验。

4.2.2 小于 45 μm 粒度的质量分数按 GB/T 6609.28 的规定进行检验，但试料烘干温度改为 110 ℃±5 ℃。

4.3 外观质量

外观质量采用目视法检验。

5 检验规则

5.1 检查和验收

5.1.1 氢氧化铝应由供方技术监督部门进行检验，保证产品质量符合本标准的规定，并填写产品质量证明书。

5.1.2 需方应对收到的产品按本标准的规定进行检验。如检验结果与本标准的规定不符时，应在收到产品之日起 1 个月内向供方提出，由供需双方协商解决。如需仲裁，仲裁取样在需方共同进行。

5.2 组批

氢氧化铝应成批提交检验，每批应由同一牌号的产品组成，每批重量不应超过 2 000 t。

5.3 检验项目

每批氢氧化铝应进行化学成分、物理性能及外观质量的检验。

5.4 取样

5.4.1 生产取样

供方可在生产过程中选取代表性样品，并作为出厂检验依据。

5.4.2 仲裁取样

氢氧化铝仲裁取样和制样按 GB/T 6609.22 和 GB/T 6609.23 的规定进行。

5.5 检验结果的判定

5.5.1 化学成分、物理性能检验结果与本标准的规定不符时，判定该批不合格。

5.5.2 外观质量不合格时由供需双方协商。

6 标志、包装、运输和贮存

6.1 标志

包装袋上应标明：

a) 产品名称；

b) 标准编号；

c) 产品批号；

d) 净重；

e) 生产厂名称及地址。

6.2 **包装**

包装袋用复合塑料编织袋。需方对产品包装有特殊要求时，可由供需双方协商确定。

6.3 **运输**

产品发运时，车厢内应清扫干净并铺衬防污染材料。不同牌号的产品不得混装。

6.4 **贮存**

产品应分批堆放在清洁、干燥的仓库内，不得污染。

6.5 **质量证明书**

每批产品应附质量证明书，其上注明：

a) 生产厂名称；

b) 产品名称和牌号；

c) 批号、净重；

d) 分析检验结果及技术监督部门印记；

e) 本标准编号；

f) 生产日期。

7 合同内容

本标准所列材料的订货合同应包括下列内容：

a) 产品名称；

b) 牌号；

c) 净重；

d) 本标准编号；

e) 其他。

ICS 71.080.40
Y 44

中华人民共和国国家标准

GB/T 9103—2013
代替 GB/T 9103—1988

工业硬脂酸

Industrial stearic acids

2013-12-31 发布 2014-12-01 实施

中华人民共和国国家质量监督检验检疫总局
中国国家标准化管理委员会 发布

前　言

本标准按照 GB/T 1.1—2009 给出的规则起草。

本标准代替 GB/T 9103—1988《工业硬脂酸》。本标准与 GB/T 9103—1988 相比主要变化如下：

——修改了产品的分类，硬脂酸由原来的 200 型、400 型、800 型修改为 1840 型、1850 型、1865 型和橡塑级四种类型(见第 3 章，1988 年版第 2 章)；

——修改了皂化值、酸值、碘值、凝固点、水分、色泽技术指标(见 4.2，1988 年版 3.2)；

——增加了十八烷酸含量指标(见 4.2)；

——取消了无机酸指标(1988 年版 3.2)；

——修改了检验规则(见第 6 章，1988 年版第 5 章)；

——修改了标志、包装、运输、贮存(见第 7 章，1988 年版第 6 章)。

本标准由中国轻工业联合会提出。

本标准由全国表面活性剂和洗涤用品标准化技术委员会(SAC/TC 272)归口。

本标准起草单位：中国日用化学工业研究院、博兴华润油脂化学有限公司、邹平福海集团(有限)公司、浙江嘉化能源化工股份有限公司、表面活性剂和洗涤剂行业生产力促进中心。

本标准主要起草人：柳建学、李晓辉、叶建泉、徐文凯、毛锦生、童年、齐玉焕、程宁。

本标准所代替标准的历次版本发布情况为：

——GB/T 9103—1988。

工 业 硬 脂 酸

1 范围

本标准规定了工业硬脂酸的产品分类、技术要求、试验方法、检验规则和标志、包装、运输、贮存和保质期。

本标准适用于由动植物油脂经水解后加工精制而得到的工业硬脂酸(主要成分为十八烷酸和十六烷酸)。工业硬脂酸广泛应用于橡胶、塑料、纺织印染、日用化工和精密铸造等行业。

2 规范性引用文件

下列文件对于本文件的应用是必不可少的。凡是注日期的引用文件,仅注日期的版本适用于本文件。凡是不注日期的引用文件,其最新版本(包括所有的修改单)适用于本文件。

GB/T 8170 数值修约规则与极限数值的表示和判定

GB/T 9104—2008 工业硬脂酸试验方法

3 产品分类

工业硬脂酸按产品中十八烷酸的含量分为:1840 型、1850 型、1865 型及橡塑级。

4 要求

4.1 外观

产品根据成型方式可呈块状、片状、粉状或粒状。

4.2 理化指标

工业硬脂酸的理化指标应符合表 1 的规定。

表 1 工业硬脂酸的理化指标

项目		指标						
		1840 型		1850 型		1865 型		橡塑级
		一等品	合格品	一等品	合格品	一等品	合格品	
C_{18} 含量[a]/%		38~42	35~45	48~55	46~58	62~68	60~70	—
皂化值(以 KOH 计)/(mg/g)		206~212	203~215	206~211	203~212	202~210	200~210	190~225
酸值(以 KOH 计)/(mg/g)		205~211	202~214	205~210	202~211	201~209	200~209	190~224
碘值(以 I_2 计)/(g/100 g)	≤	1.0	2.0	1.0	2.0	1.0	2.0	8.0
色泽/Hazen	≤	100	400	100	400	100	400	400[b]

表 1 （续）

<table>
<tr><th rowspan="3">项目</th><th colspan="7">指标</th></tr>
<tr><th colspan="2">1840 型</th><th colspan="2">1850 型</th><th colspan="2">1865 型</th><th rowspan="2">橡塑级</th></tr>
<tr><th>一等品</th><th>合格品</th><th>一等品</th><th>合格品</th><th>一等品</th><th>合格品</th></tr>
<tr><td>凝固点/℃</td><td colspan="2">53.0～57.0</td><td colspan="2">54.0～58.0</td><td colspan="2">57.0～62.0</td><td>≥52.0</td></tr>
<tr><td>水分/%　　　　≤</td><td colspan="6">0.1</td><td>0.2</td></tr>
<tr><td colspan="8">[a] C_{18}含量是指十八烷酸的含量。
[b] 样品配制成 15%的无水乙醇溶液。</td></tr>
</table>

5 试验方法

除非另有说明，在分析中仅使用确认为分析纯的试剂和蒸馏水或去离子水或纯度相当的水。

5.1 C_{18}含量

按 GB/T 9104—2008 中第 12 章规定进行。

5.2 皂化值

按 GB/T 9104—2008 中第 5 章规定进行。

5.3 酸值

按 GB/T 9104—2008 中第 6 章规定进行。

5.4 碘值

按 GB/T 9104—2008 中第 4 章规定进行。

5.5 色泽

按 GB/T 9104—2008 中第 7 章规定进行。

5.6 凝固点

按 GB/T 9104—2008 中第 8 章规定进行。

5.7 水分

按 GB/T 9104—2008 中第 9 章规定进行。

6 检验规则

6.1 出厂检验

出厂检验项目为第 4 章中规定的外观、C_{18}含量、皂化值、酸值、碘值、色泽、凝固点、水分。

6.2 产品组批与抽样规则

6.2.1 组批

产品按批交付及抽样验收，一次交付的同一规格、同一批号的产品为一交付批。

生产单位交付的产品，应先经生产单位质量检验部门按本标准的规定检验合格，并签发产品质量检验合格证书方可出厂。产品质量检验合格证书应包括：生产者名称、产品名称、商标、采用标准编号、类型、级别、批号、批量、质量指标、生产日期等。

收货方凭产品质量检验合格证书验收，必要时可按 6.2.2 规定在一个月内抽样验收或仲裁。

6.2.2 抽样

根据批量大小，按表 2 确定样本大小，从批中随机抽取单位样本。

表 2 产品批量和样本大小

单位为件

批量	≤30	31～50	51～100	>100
样本大小	3	5	6	7

从每个单位样本的任意部位等量采取 300 g～750 g，使总量约 2 kg。充分混匀，分装于 3 个洁净干燥的密闭容器中，贴上标签，注明产品名称、类型、级别、批号、生产单位、取样日期、取样人。交收双方各持一份进行检验，第三份由交货方保管，备仲裁检验用，保管期为一个月。

6.3 判定规则

检验结果按 GB/T 8170 修约值比较法判定合格与否。如理化指标有一项不合格，可重新取两倍样本，对不合格项进行复检，复检结果仍不合格，则判该批产品不合格。

6.4 仲裁

交收双方因检验结果不同，如不能协商一致时，可商请仲裁检验，以仲裁结果为最终依据。

7 标志、包装、运输、贮存和保质期

7.1 标志

产品包装印刷的标志(图案及文字)应清晰、不脱色，并标明：

a) 产品名称、商标、类型、级别、采用标准编号；

b) 生产日期或产品批号；

c) 毛重和净含量；

d) 防水防潮等文字或标识；

e) 可燃标志；

f) 生产企业名称、地址和联系电话等。

7.2 包装

产品可使用聚丙烯编制袋(内衬塑料袋)或纸箱(内衬一层洁净的牛皮纸)或根据客户要求进行包装，所有包装方式应扎牢紧固，包装口处紧密缝合。

包装净含量可选择 25 kg、50 kg 或根据客户需求，包装净含量应符合标称质量。

7.3 运输

运输时应轻装轻卸，不得倒置；防止日晒、雨淋、受潮，避免包装破损；勿与碱性及其他腐蚀性物品混放。

7.4 贮存

工业硬脂酸属可燃化学品，应贮存于通风良好的库房中，避免暴晒，远离火源。

7.5 保质期

在本标准规定的包装、运输、贮存条件下，自生产之日起产品保质期为1年。

ICS 73.080
Q 64

GB

中华人民共和国国家标准

GB/T 15342—2012
代替 GB 15342—1994

滑石粉

Talc powder

2012-12-31 发布　　2013-09-01 实施

中华人民共和国国家质量监督检验检疫总局
中国国家标准化管理委员会　发布

前　言

本标准按照GB/T 1.1—2009给出的规则起草。

本标准代替GB 15342—1994《滑石粉》，与GB 15342—1994相比，主要技术变化如下：

——将标准属性由强制性修改为推荐性；

——在范围中增加了“适用于由天然产出的滑石经机械加工而制成的滑石粉体”的表述(见第1章，1994年版的第1章)；

——规范性引用文件中取消了“GB 1.3、GB 5211.15、JC/T 542”、增加了“GB/T 17749—2008、GB/T 23263、中华人民共和国卫生部《化妆品卫生规范》”(见第2章，1994年版的第2章)；

——增加了五个术语和定义(见第3章)；

——将“产品分类、分级”修改为“分类与标记”；将“磨细滑石粉和微细滑石粉两类”修改为“磨细滑石粉、微细滑石粉和超细滑石粉三类”；产品品种中取消了“微细滑石粉”，增加了“通用滑石粉”，并将“级”改为“用”；产品分级由“优等品、一等品、合格品”修改为“一级品、二级品、三级品”；取消了产品规格划分；产品标记重新作了规定，标记示例作了修改(见第4章，1994年版的第3章)；

——除防水材料用滑石粉外，其他品种增加了微细滑石粉和超细滑石粉，其细度要求“小于明示粒径的含量≥90.0%”；除造纸用滑石粉和防水材料用滑石粉外，其他品种的磨细滑石粉的细度要求均由具体筛孔的通过率统一修改为“明示粒径相应试验筛通过率≥98.0%”(见表2、表3、表4、表5、表6、表7、表8、表10，1994年版的表2、表4、表5、表6、表7、表8、表9)；

——取消化妆品用滑石粉的分等，其理化性能指标按1994版的合格品确定，增加了酸碱性要求，取消了砷、铅含量要求和细菌要求，修改为“砷、铅、汞、细菌等卫生指标应符合化妆品卫生规范的要求”，将“闪石类石棉矿物X射线衍射分析不得发现”修改为“石棉矿物不得检出”(见5.1、表2，1994年版的表2)；

——取消了医药-食品用滑石粉品种和指标(1994年版的表3)；

——将“涂料级滑石粉”修改为“涂料-油漆用滑石粉”，取消了“粒度分布累积含量”要求、pH值要求和吸油量指标；水分指标由统一“≤0.5%～1.0%”修改为一级品和二级品“≤0.5%”、三级品“≤1.0%”；烧失量指标三级品由“≤28.0%”修改为“≤18.0%”；增加了“其他质量要求，如刮板细度、吸油量等，由供需双方商定”的表注(见表3，1994年版的表4)；

——在造纸用滑石粉的要求中，取消了三级品中低碳酸盐滑石和高碳酸盐滑石的区分，指标按高碳酸盐滑石确定，取消了碳酸钙、酸溶铁、磨耗度、吸油量四个要求，水萃取液pH值指标一级品和二级品由“8.0～9.0”修改为“8.0～10.0”，烧失量指标二级品、三级品分别由“≤8.0%、≤22.0%”修改为“≤10.0%、≤18.0%”，增加了“其他质量要求，如沉降速度等，由供需双方商定”的表注(见表4，1994年版的表5)；

——在塑料用滑石粉的要求中，三级品白度指标由“≥80.0%”修改为“≥75.0%”，取消了“粒度分布累积含量”要求，一级品、二级品、三级品的二氧化硅指标分别由“≥61.0%、≥58.0%、≥55.0%”修改为“≥60.0%、≥57.0%、≥45.0%”、氧化镁指标分别由“≥31.0%、≥29.0%、≥27.0%”修改为“≥30.0%、≥29.0%、≥23.0%”、烧失量指标由“≤6.0%、≤8.0%、≤9.0%”分别修改为“≤7.0%、≤9.0%、≤18.0%”，将“三氧化二铁”修改为“全铁(以Fe_2O_3计)”，一级品指标由“≤0.50%”修改为“≤0.80%”，氧化钙一级品指标由“≤0.50%”修改为“≤1.00%”，体积密度一级品和三级品指标统一按二级品指标要求，增加了“其他质量要求，如

湿白度、吸油量等,由供需双方商定”的表注(见表 5,1994 年版的表 6);

——在橡胶用滑石粉要求中,二级品水分指标由“≤0.7%”修改为“≤0.5%”,三级品烧失量指标由“≤24.0%”修改为“≤18.0%”(见表 6,1994 年版的表 7);

——在电缆用滑石粉要求中,二级品水分指标由“≤1.0%”修改为“≤0.50%”,一级品、二级品、三级品的烧失量指标分别由“≤6.00%、≤8.00%、≤10.00%”分别修改为“≤7.00%、≤9.00%、≤18.0%”(见表 7,1994 年版的表 8);

——在陶瓷用滑石粉要求中,一级品、二级品、三级品的白度指标分别由“≥85.0%、≥80.0%、≥80.0%”修改为“≥90.0%、≥85.0%、≥75.0%”、二氧化硅指标分别由“≥61.0%、≥60.0%、≥58.0%”修改为“≥60.0%、≥57.0%、≥45.0%”、氧化镁指标分别由“≥31.0%、≥30.0%、≥29.0%”修改为“≥30.0%、≥29.0%、≥23.0%”,将“三氧化二铁”修改为“全铁(以 Fe_2O_3 计)”,一级品指标由“≤0.30%”修改为“≤0.50%”,三级品烧失量指标由“≤8.0%”修改为“≤13.0%”(见表 8,1994 年版的表 9);

——在防水材料用滑石粉要求中,取消了密度要求,三级品的二氧化硅+氧化镁指标由“≥60.0%”修改为“≥65.0%”,烧失量指标由“≤22.0%、≤25.0%”分别修改为“≤15.0%、≤18.0%”(见表 9,1994 年版的表 10);

——取消了微细滑石粉品种和指标(1994 年版的表 11);

——增加了通用滑石粉品种和指标(见表 10);

——白度测定方法中增加了“一般情况下,按 GB/T 17749—2008 附录 A 的蓝光白度公式计算和表示。若供需双方同意,也可以按其他公式计算和表示”的规定(见 6.1,1994 年版的 5.2);

——增加了“当供需双方同意时,微细滑石粉和超细滑石粉的细度,也可用其他方法测定”的规定(见 6.2,1994 年版的 5.4);

——修改了石棉矿物检验依据(见 6.3,1994 年版的 5.4);

——化学成分测定中增加了“当供需双方同意时,滑石粉化学成分也可用 ICP-AES 方法、XRF 方法等其他方法测定”的规定(见 6.4);

——增加了卫生指标检验(见 6.5);

——具体列出了型式检验的条件(见 7.1.2);

——将基本批量由“50 t(50 kg 以下小包装)、100 t(1 t 级大包装)”分别修改为“60 t、120 t”(见 7.2.2,1994 年版的 6.2.2);

——取消关于使用方复检的规定和仲裁要求(1994 年版的 6.4.4);

——标志内容进行了适当调整(见 8.1,1994 年版的 7.1);

——将一吨级涂塑集装袋的包装允许误差由“±2.0 kg”修改为“±2.5 kg”,同时增加了“整批供货产品不得少于规定量”的规定和“其他包装方法、净重及允许误差,由供需双方商定”的表注(见 8.2.2,1994 年版的 7.2.1);

——取消了包装袋反面印刷规定(1994 年版的 7.2.2);

——增加了“运输过程中应防污染”的规定(见 8.3.1);

——贮存期由“6 个月”修改为“36 个月”(见 8.4.4,1994 年版的 7.4.4)。

本标准由中国建筑材料联合会提出。

本标准由全国非金属矿产品及制品标准化技术委员会(SAC/TC 406)归口。

本标准起草单位:山东省平度市滑石矿业有限公司、桂林桂广滑石开发有限公司、辽宁艾海滑石有限公司、广西龙广滑石开发有限公司、广西龙胜华美滑石开发有限公司、咸阳非金属矿研究设计院、莱州市滑石工业有限责任公司。

本标准主要起草人:尚兴春、于忠章、卢德云、齐颖、杨德明、赵承建、于洪军。

滑 石 粉

1 范围

本标准规定了滑石粉的术语和定义、分类与标记、要求、试验方法、检验规则以及标志、包装、运输、贮存。

本标准适用于由天然产出的滑石经机械加工而制成的滑石粉体产品。

2 规范性引用文件

下列文件对于本文件的应用是必不可少的。凡是注日期的引用文件,仅注日期的版本适用于本文件,凡是不注日期的引用文件,其最新版本(包括所有的修改单)适用于本文件。

GB/T 5950 建筑材料与非金属矿产品白度测量方法

GB/T 15343 滑石化学分析方法

GB/T 15344 滑石物理检验方法

GB/T 17749—2008 白度的表示方法

GB/T 23263 制品中石棉含量测定方法

JC/T 534 滑石粉包装用袋

中华人民共和国卫生部《化妆品卫生规范》

3 术语和定义

下列术语和定义适用于本文件。

3.1

滑石 talc(talcum)

一种含水的镁硅酸盐矿物,质软,具滑腻感。理论化学式为 $Mg_3(Si_4O_{10})(OH)_2$ 或 $3MgO \cdot 4SiO_2 \cdot H_2O$。

3.2

滑石粉 talc powder

滑石矿石经机械加工而成的一定细度的粉体产品。

3.3

磨细滑石粉 general talc powder

用试验筛筛分,试验筛孔径在 1 000 μm～38 μm 范围内、通过率在 95%以上的滑石粉。

3.4

微细滑石粉 micronized talc powder

用仪器测定,粒径在 30 μm 以下的累积含量在 90%以上的滑石粉。

3.5

超细滑石粉 ultrafine particle size talc powder

用仪器测定,粒径在 10 μm 以下的累积含量在 90%以上的滑石粉。

4 分类与标记

4.1 产品分类

滑石粉依其粉碎粒度的大小，划分为磨细滑石粉、微细滑石粉和超细滑石粉三类。

4.2 产品品种

滑石粉按其用途，分为 9 个品种，详见表 1。

表 1 滑石粉产品品种及用途

代号	产品品种	用途
HZ	化妆品用滑石粉	用于各种润肤粉、美容粉、爽身粉等
TL	涂料-油漆用滑石粉	用于白色体质颜料和各类水基、油基、树脂基工业涂料，底漆、保护漆等
ZZ	造纸用滑石粉	用于各类纸张和纸板的填料，木沥青控制剂
SL	塑料用滑石粉	用于聚丙烯、尼龙、聚氯乙烯、聚乙烯、聚苯乙烯和聚酯类等塑料的填料
XJ	橡胶用滑石粉	用于橡胶填料和橡胶制品防粘剂
DL	电缆用滑石粉	用于电缆橡胶增强剂、电缆隔离剂
TC	陶瓷用滑石粉	用于制造电瓷、无线电瓷、各种工业陶瓷、建筑陶瓷、日用陶瓷和瓷釉等
FS	防水材料用滑石粉	用于防水卷材、防水涂料、防水油膏等
TY	通用滑石粉	用于各种工业产品的填料、隔离剂、补强剂等

4.3 产品分级

化妆品用滑石粉不分级，其他工业用滑石粉按理化性能划分为一级品、二级品、三级品三个等级，分别用英文字母 A、B、C 表示。

4.4 产品标记

滑石粉的产品标记，由产品名称、本标准代号、用途代号、白度数值、细度数值、等级字母组成。

标记示例

例 1：白度 90％以上、细度 45 μm 筛通过率为 98％以上的化妆品用磨细滑石粉

　　产品标记为：滑石粉 GB 15342-HZ90-45

例 2：白度 85％以上、细度小于 20 μm 的产率大于或等于 90％的二级通用微细滑石粉

　　产品标记为：滑石粉 GB 15342-TY85-20-B

例 3：白度 75％以上、细度小于 2.5 μm 的产率大于或等于 90％的三级涂料-油漆用超细滑石粉

　　产品标记为：滑石粉 GB 15342-TL75-2.5-C

5 要求

5.1 化妆品用滑石粉性能要求

化妆品用滑石粉理化性能应符合表 2 规定，砷、铅、汞、细菌等卫生指标应符合化妆品卫生规范的要求。

表 2　化妆品用滑石粉的性能要求

性能名称		性能指标
白度/% ≥		80
细度	磨细滑石粉	明示粒径相应试验筛通过率≥98.0%
	微细滑石粉和超细滑石粉	小于明示粒径的含量≥90.0%
水分/% ≤		1.00
铁盐		不即时显蓝色
酸碱性		石蕊试纸呈中性反应
水溶物/% ≤		0.10
酸溶物/% ≤		4.00
烧失量(1 000 ℃)/% ≤		7.00
石棉矿物		不得检出

5.2　涂料-油漆用滑石粉性能要求

涂料-油漆用滑石粉的理化性能应符合表 3 的规定

表 3　涂料-油漆用滑石粉的理化性能要求

理化性能		一级品	二级品	三级品
白度/% ≥		80.0	75.0	70.0
细度	磨细滑石粉	明示粒径相应试验筛通过率≥98.0%		
	微细滑石粉和超细滑石粉	小于明示粒径的含量≥90.0%		
水分/% ≤		0.50		1.00
烧失量(1 000 ℃)/% ≤		7.00	8.00	18.00
水溶物/% ≤		0.50		
注：其他质量要求，如刮板细度、吸油量等，由供需双方商定。				

5.3　造纸用滑石粉性能要求

造纸用滑石粉的理化性能应符合表 4 的规定。

表 4　造纸用滑石粉的理化性能要求

理化性能		一级品	二级品	三级品
白度/% ≥		90.0	85.0	80.0
细度	磨细滑石粉(45 μm 通过率)/% ≥	98.0	96.0	95.0
	微细滑石粉和超细滑石粉	小于明示粒径的含量≥90.0%		
水分/% ≤		0.5		1.0
尘埃/(mm^2/g) ≤		0.4	0.6	1.0

表 4 （续）

理化性能		一级品	二级品	三级品
水萃取液 pH 值		8.0～10.0		
烧失量(800 ℃)/%	≤	6.0	10.0	18.0
注：其他质量要求，如沉降速度等，由供需双方商定。				

5.4 塑料用滑石粉性能要求

塑料用滑石粉的理化性能应符合表 5 的规定。

表 5 塑料用滑石粉的理化性能要求

理化性能			一级品	二级品	三级品
白度/%		≥	90.0	85.0	75.0
细度	磨细滑石粉		明示粒径相应试验筛通过率≥98.0%		
	微细滑石粉和超细滑石粉		小于明示粒径的含量≥90.0%		
水分/%		≤	0.50		1.00
二氧化硅/%		≥	60.0	57.0	45.0
氧化镁/%		≥	30.0	29.0	23.0
全铁(以 Fe_2O_3 计)/%		≤	0.80	1.00	1.50
三氧化二铝/%		≤	1.00	2.00	3.00
氧化钙/%		≤	1.00	1.50	4.50
烧失量(1 000 ℃)/%		≤	7.00	9.00	18.0
松体积密度/(g/mL)		≤	0.55		
表观密度/(g/mL)		≤	0.95		
注：其他质量要求，如湿白度、吸油量等，由供需双方商定。					

5.5 橡胶用滑石粉性能要求

橡胶用滑石粉的理化性能应符合表 6 的规定。

表 6 橡胶用滑石粉理化性能要求

理化性能			一级品	二级品	三级品
细度	磨细滑石粉		明示粒径相应试验筛通过率≥98.0%		
	微细滑石粉和超细滑石粉		小于明示粒径的含量≥90.0%		
水分/%		≤	0.50		1.00
烧失量(1 000 ℃)/%		≤	7.00	9.00	18.0
水萃取液 pH 值			8.0～10.0		

表 6（续）

理化性能		一级品	二级品	三级品
酸溶物/%	≤	6.0	15.0	20.0
酸溶性铁(以 Fe_2O_3 计)/%	≤	1.00	2.00	3.00
铜/(mg/kg)	≤	50		
锰/(mg/kg)	≤	500		

5.6 电缆用滑石粉性能要求

电缆用滑石粉的理化性能应符合表 7 的规定。

表 7　电缆用滑石粉理化性能要求

理化性能			一级品	二级品	三级品
细度	磨细滑石粉		明示粒径相应试验筛通过率≥98.0%		
	微细滑石粉和超细滑石粉		小于明示粒径的含量≥90.0%		
水分/%		≤	0.50		1.00
盐酸不溶物/%		≥	90.0	87.0	85.0
酸溶性铁(以 Fe_2O_3 计)/%		≤	0.20	0.50	1.00
烧失量(1 000 ℃)/%		≤	7.00	9.00	18.0
磁铁吸出物/%		≤	0.04	0.07	0.10

5.7 陶瓷用滑石粉性能要求

陶瓷用滑石粉的理化性能应符合表 8 的规定。

表 8　陶瓷用滑石粉的理化性能要求

理化性能			一级品	二级品	三级品
白度/%		≥	90.0	85.0	75.0
细度	磨细滑石粉		明示粒径相应试验筛通过率≥98.0%		
	微细滑石粉和超细滑石粉		小于明示粒径的含量≥90.0%		
二氧化硅/%		≥	60.0	57.0	45.0
氧化镁/%		≥	30.0	29.0	23.0
三氧化二铝/%		≤	1.00	2.00	4.00
氧化钙/%		≤	0.50	1.00	1.50
全铁(以 Fe_2O_3 计)/%		≤	0.50	1.00	1.50
氧化钾+氧化钠/%		≤	0.40		0.50
烧失量(1 000 ℃)/%		≤	6.00	7.00	13.0
酸溶钙(以 CaO 计)/%		≤	1.00		

5.8 防水材料用滑石粉性能要求

防水材料用滑石粉的理化性能应符合表9的规定。

表9 防水材料用滑石粉的理化性能要求

理化性能		二级品	三级品
白度/%	≥	75.0	60.0
细度(75 μm通过率)/%	≥	98.0	95.0
水分/%	≤	0.50	1.00
二氧化硅+氧化镁/%	≥	77.0	65.0
烧失量(1 000 ℃)/%	≤	15.0	18.0
水萃取液pH值	≤	10.0	—

5.9 通用滑石粉性能要求

通用滑石粉的理化性能应符合表10的规定。

表10 通用滑石粉理化性能要求

理化性能			一级品	二级品	三级品
白度/%		≥	90.0	85.0	75.0
细度	磨细滑石粉		明示粒径相应试验筛通过率≥98.0%		
	微细滑石粉和超细滑石粉		小于明示粒径的含量≥90.0%		
水分/%		≤	0.50	1.00	
二氧化硅+氧化镁/%		≥	90.0	80.0	65.0
全铁(以 Fe_2O_3 计)/%		≤	1.50	2.00	—
三氧化二铝/%		≤	1.50	3.00	—
氧化钙/%		≤	1.00	1.80	—
烧失量(1 000 ℃)/%		≤	7.00	10.0	20.0

6 试验方法

6.1 白度测定

按GB/T 5950进行测定。一般情况下,按GB/T 17749—2008附录A的蓝光白度公式计算和表示。若供需双方同意,也可以按其他公式计算和表示。

6.2 物理性能测定

细度、水分、吸油量、松体积密度、表观密度、尘埃、水萃取液pH值、磁铁吸出物、刮板细度、沉降速度、湿白度等按GB/T 15344进行测定。

当并列几种试验方法时,以A法为仲裁法。

当供需双方同意时，微细滑石粉和超细滑石粉的细度，也可用其他方法测定。

6.3 石棉矿物检验

按 GB/T 23263 进行检验。

6.4 化学成分测定

二氧化硅、三氧化二铝、氧化钙、氧化镁、三氧化二铁、二氧化钛、氧化钾、氧化钠、烧失量、盐酸不溶物、酸溶物、水溶物及酸碱性、酸溶性铁、铁盐、酸溶钙、铜、锰等按 GB/T 15343 进行测定。

当并列几种试验方法时，以 A 法为仲裁法。

当供需双方同意时，滑石粉化学成分也可用 ICP-AES 方法、XRF 方法等其他方法测定。

6.5 卫生指标检验

砷、铅、汞、细菌等卫生指标按化妆品卫生规范进行检验。

7 检验规则

7.1 检验分类

7.1.1 滑石粉检验分为出厂检验与型式检验两类。出厂检验项目见表 11。型式检验项目为本标准规定的所有项目。

表 11 滑石粉出厂检验项目

产品名称	出厂检验项目
化妆品用滑石粉	白度、细度、水分、酸碱度、水溶物、烧失量
涂料-油漆用滑石粉	白度、细度、水分、烧失量
造纸用滑石粉	白度、细度、尘埃、水分
塑料用滑石粉	白度、细度、烧失量、水分、三氧化二铁
橡胶用滑石粉	细度、烧失量、水分、酸溶铁
电缆用滑石粉	细度、水分、烧失量、磁铁吸出物
陶瓷用滑石粉	细度、二氧化硅、氧化镁、三氧化二铁
防水材料用滑石粉	细度、密度、水分、水萃取液 pH 值
通用滑石粉	白度、细度、烧失量、水分

7.1.2 有下列情况之一时，应进行型式检验：

——产品正式投产或定型时；

——正常生产时，每 6 个月进行一次；

——矿山资源、生产工艺等发生较大变化，可能影响产品性能时；

——出厂检验结果与上次型式检验结果有较大差异时；

——产品停产 6 个月以上恢复生产时。

7.2 组批规则

7.2.1 批的构成原则

由同一产地的同一批滑石原料，在同一工艺条件下生产的同一品种、同一规格、同一等级的滑石粉，可以组成一批，否则不能组成同一批。

不同时期或间断生产的同一产品，不能混批。

同一批的包装方法应保持一致。

7.2.2 批量

滑石粉的批量大小，应按生产能力、包装方法和实际销售情况而定。50 kg 以下小包装，一般以 60 t 为一个基本批量。1 t 级大包装，一般以 120 t 为一个基本批量。

当实际批量大于基本批量时，可划分为若干个小批，逐批检验；当实际批量小于基本批量时，视为一批。

7.3 抽样

7.3.1 抽样方法

袋装滑石粉采用等间距抽样。抽样间距用批量的总袋数 N 除以样本大小 n，取其整数部分表示，记为(N/n)。将批量总袋数顺序编号，从第 2 袋到第(N/n)袋随机抽取第一个子样，然后每隔$(N/n)-1$袋抽一个子样。

7.3.2 样本数、总样量

7.3.2.1 50 kg 以下小包装的样本数不应少于 40 袋，依次从每一抽样袋中采取 0.1 kg 子样。合并全部子样组成该检验批的样本，总样量不少于 4 kg。样本经充分混合，分成相等的两份，一份送检，一份备查。

当 N 少于 40 袋时，应在每袋中抽取子样。

7.3.2.2 1 t 级大包装的样本大小不应少于 10 袋，依次从每一抽样袋中采取 0.4 kg 子样。合并全部子样组成该检验批的样本，总样量不少于 4 kg。样本经充分混合，分成相等的两份，一份送检，一份备查。

当 N 少于 10 袋时，须从每袋中抽取子样。

7.3.3 取样点

50 kg 以下小包装取样时，宜在装袋过程中一次接取子样。当在袋内取样时，可用小型取样器从袋的中心部位采取子样。

1 t 级大包装取样时，宜在装料口(或在卸料口)分 2～3 次接取相等的物料，合成一个子样本。当在袋内取样时，应使用大型取样器从上部装料口直到袋的中心部位连续采取粉料，作为一个子样本。

7.4 判定规则

7.4.1 批的全部理化性能指标都符合本标准要求时，判定批合格。

7.4.2 批的任何一项理化性能指标不符合本标准要求时，应重新抽取二倍子样数，对不合格项进行复验。若复验结果符合本标准要求，仍判定批合格；若复验结果仍不符合本标准要求，则判定批不合格。

7.4.3 如果检验批中，仅水分一项指标不合格，而不影响滑石粉使用性能时，经需方同意，从批量中扣除多余的水分量后，可以判定批合格。

8 标志、包装、运输、贮存

8.1 标志

滑石粉的标志,应使用耐久性的颜色印刷在包装袋的正面上,至少应包括如下内容:
——产品标记;
——净重;
——生产批号和/或日期;
——生产单位全称、地址、电话。

8.2 包装

8.2.1 滑石粉包装用袋应符合JC/T 534的规定。
8.2.2 滑石粉的包装应符合下述要求:
——包装袋应干燥,清洁卫生,无泥砂、杂质污染;
——化妆品用滑石粉包装用袋,应作灭菌预处理;
——包装方法、净重及允许误差,应符合表12的规定。整批供货产品不得少于规定量。

表12 滑石粉包装方法、净重及误差表

单位为千克

包装方法	净重	允许误差
食品袋(20袋~30袋装一个纸箱)	1	±0.01
三层纸袋	10	±0.1
四层纸袋或二层纸袋外套塑编袋	25	±0.5
五层纸袋或三层纸袋外套塑编袋	50	±0.5
一吨级涂塑集装袋	1 000	±2.5
注:其他包装方法、净重及允许误差,由供需双方商定。		

8.3 运输

8.3.1 运输工具的车厢或船舱,应清洁卫生。运输过程中应防污染。
8.3.2 装卸过程中,严禁直接钩包或摔包。

8.4 贮存

8.4.1 贮存场所:滑石粉一般应入库贮存。露天或堆棚只适宜短期存放。
8.4.2 贮存条件:库存滑石粉应注意开窗通风;露天存放,底部应垫隔潮板,顶部遮盖雨蓬。
8.4.3 贮存方式:滑石粉小包装袋一律平卧堆放,层高不超过20袋;吨包装集装袋,应单层立放。
8.4.4 贮存期限:滑石粉贮存期为36个月。

ICS 71.060.50
G 12

中华人民共和国国家标准

GB/T 19590—2011
代替 GB/T 19590—2004

纳米碳酸钙

Nanoscale Calcium carbonate
(powdered form)

2011-07-29 发布 2011-12-01 实施

中华人民共和国国家质量监督检验检疫总局
中国国家标准化管理委员会 发布

前　言

本标准按照 GB/T 1.1—2009 给出的规则起草。

本标准是对 GB/T 19590—2004《超细微碳酸钙》的修订。

本标准与 GB/T 19590—2004 相比主要差异如下：

——描述了产品的晶型、形貌(本版第 4 章)。

——要求中突出纳米核心指标，特殊用途建议指标在相应附录中列出(本版第 5 章)。

——进一步完善了试验方法(本版第 6 章)。

本标准代替 GB/T 19590—2004《超微细碳酸钙》。

本标准由中国石油和化学工业联合会提出。

本标准由全国化学标准化技术委员会无机化工分会(SAC/TC 63/SC 1)和全国纳米技术标准化技术委员会材料分委员会(SAC/TC 279/SC 1)共同归口。

本标准起草单位：中海油天津化工研究设计院、常州碳酸钙有限公司、福建省三农碳酸钙有限责任公司、福建省万旗非金属材料有限公司、浙江省建德市正发实业公司、河南科力新材料股份有限公司、建德市天石碳酸钙有限责任公司。

本标准主要起草人：范国强、郭永欣、吴荣忠、张有祥、肖品东、林积梁、谢启祥、王初哲、周新民。

纳 米 碳 酸 钙

1 范围

本标准规定了纳米碳酸钙(又名超微细碳酸钙)的范围、要求、试验方法、检验规则、标志和标签、包装、运输和贮存。

本标准适用于纳米碳酸钙粉体材料。该产品主要用于橡胶、塑料、密封胶、胶粘剂、涂料和油墨等。

2 规范性引用文件

下列文件对于本文件的应用是必不可少的。凡是注日期的引用文件,仅注日期的版本适用于本文件。凡是不注日期的引用文件,其最新版本(包括所有的修改单)适用于本文件。

GB/T 191—2008 包装储运图示标志(ISO 780:1997,MOD)

GB/T 6678 化工产品采样总则

GB/T 6682—2008 分析实验室用水规格和试验方法(ISO 3696:1987,MOD)

GB/T 8170 数值修约规则与极限数值的表示和判定

GB/T 19281—2003 碳酸钙分析方法

GB/T 19587—2004 气体吸附 BET 法测定固态物质比表面积(ISO 9277:1995,NEQ)

GB/T 23413—2009 纳米材料晶粒尺寸及微观应变的测定 X射线衍射线宽化法

HG/T 3696.1 无机化工产品化学分析用标准滴定溶液的制备

HG/T 3696.2 无机化工产品化学分析用杂质标准溶液的制备

HG/T 3696.3 无机化工产品化学分析用制剂及制品的制备

3 分子式和相对分子质量

分子式:$CaCO_3$。

相对分子质量:100.09(按 2007 年国际相对原子质量)

4 外观、晶型和形貌

4.1 外观:白色粉末。

4.2 晶型:纳米碳酸钙晶型分为:方解石、文石和球霰石及非晶态。

4.3 形貌:电镜下产品形貌分为:立方形、近球形、纺锤形、棒形、链状、针状等。

5 要求

纳米碳酸钙应符合表 1 要求。

表 1 要求

项　　目		指　　标
主含量($CaCO_3$)(干基)w/%	≥	80
平均粒径(TEM/SEM)/nm	≤	100
晶粒度(XRD 线宽化法)/nm	≤	100
比表面积(BET)/(m^2/g)	≥	18
团聚指数		协议

纳米碳酸钙用于橡胶、塑料、涂料、油墨和胶粘剂等应用的要求分别见附录 A、附录 B、附录 C 和附录 D。

6 试验方法

6.1 安全提示

本试验方法中使用的部分试剂具有毒性或腐蚀性,操作时须小心谨慎!如溅到皮肤或眼睛上应立即用水冲洗,严重者应立即就医。

6.2 一般规定

本标准所用试剂和水,在没有注明其他要求时,均指分析纯试剂和 GB/T 6682—2008 中规定的三级水。试验中所用标准滴定溶液、杂质标准溶液、制剂及制品,在没有注明其他要求时,均按 HG/T 3696.1、HG/T 3696.2、HG/T 3696.3 之规定制备。

6.3 碳酸钙含量的测定

加少量乙醇润湿试样,以下按 GB/T 19281—2003 的 3.4 进行测定。

6.4 电镜平均粒径的测定

6.4.1 试剂

乙醇:95%或无水乙醇。

6.4.2 仪器、设备

6.4.2.1 超声波振荡器:超声功率大于 250 W。

6.4.2.2 透射电子显微镜(TEM):点分辨率小于或等于 0.3 nm;照相机(CCD)像素≥1 024×1 024。

6.4.2.3 扫描电子显微镜(SEM):点分辨率小于或等于 0.3 nm;照相机(CCD)像素≥1 024×1 024。

6.4.3 分析步骤

取适量试样,置于 50 mL 烧杯中,加入 10 mL～20 mL 乙醇。将烧杯置于超声波振荡仪中,250 W 功率下,超声分散 5 min～15 min 后,取 1 滴～2 滴分散液于电子显微镜的制样铜网(已制膜和喷碳)上,自然干燥后,置于透射电子显微镜的样品架上。在约(1～5)万放大倍数下,用照相机摄下样品的电子显微镜照片;或取 1 滴～2 滴分散液于小块载玻片,自然干燥后,喷金处理。在扫描电子显微镜约(1～5)万放大倍数下用照相机摄下样品的电子显微镜照片,在照片上对棒形、链状、针状仅对短径进行测量统计。用纳米标尺测量不少于100个颗粒中每个颗粒的长径和短径(可用计算机软件进行统计处理),取算术平均值。分析结果应注明何种电子显微镜下获得。

6.4.4 结果计算

平均粒径 d 按式(1)计算:

$$d=\frac{\sum(d_l+d_s)}{2n} \qquad \cdots\cdots(1)$$

式中:

d_l——微粒的长径,单位为纳米(nm);

d_s——微粒的短径,单位为纳米(nm);

n——量取颗粒的个数。

6.5 晶粒度(XRD线宽化法)的测定

6.5.1 仪器

X射线衍射仪:综合稳定度优于1%,测角仪精度优于0.001°,能自动记录衍射谱。

6.5.2 分析步骤

将样品按XRD射线衍射仪要求制样后进行衍射测定,扫描角度范围为25.0°~35.0°用标准硅板同样条件进行衍射测定;以标准硅板28.4°处的衍射峰的半峰宽作基准半峰宽,通过测定样品29.3°处的衍射峰的半峰宽,按照GB/T 23413—2009扣除非晶粒尺寸宽化因素,用谢乐公式计算平均晶粒度。

6.6 比表面积的测定

称取约0.6 g试样,精确至0.01 g,以下按GB/T 19587—2004规定的方法测定。

6.7 团聚指数的测定

注1:纳米碳酸钙团聚特性一般通过测量一个基准的基本颗粒分布并获得平均值与特定条件下测定结果的比值,基准的基本颗粒分布通常应该是完全分散的条件下的结果。实践中这种理想条件一般是不存在的,一般采用一些受条件影响相对较小的方法进行替代。本标准规定了两个典型条件下的团聚指数表达,分别称为团聚指数和硬团聚指数。

6.7.1 团聚指数

注2:本方法团聚指数仅为测定团聚特性的典型条件之一,供需双方可以指定其他分散条件或其他反映团聚特性的方法。

取约0.05 g试样,置于50 mL烧杯中,加2滴~3滴20 g/L的十二烷基苯磺酸钠或其他分散剂,用玻璃棒搅匀润湿分散,再加10 mL~20 mL水,搅匀。按激光粒度仪(测量范围:0.02 μm~10 μm)进样要求测定体积平均粒径 D;由6.5获得的平均晶粒度作为一次平均粒径 d;计算团聚指数。

团聚指数 T 按式(2)计算:

$$T=\frac{D}{d} \qquad \cdots\cdots(2)$$

式中:

D——分散后激光粒度分析仪得出团聚颗粒平均值,单位为纳米(nm);

d——6.5条获得的平均晶粒度作为一次平均粒径,单位为纳米(nm)。

6.7.2 硬团聚指数

一种硬团聚指数(T_H)按式(3)、式(4)计算：

$$T_H = \frac{k \cdot S_0}{S_W} \qquad \cdots\cdots(3)$$

$$S_0 = \frac{6}{\rho \cdot d} \qquad \cdots\cdots(4)$$

式中：

k——颗粒形貌系数(近球形时取 $k=1$)；

S_0——理想分散状态下试样比表面积(在此由条款 6.5 获得的平均晶粒度计算)，单位为平方米每克(m^2/g)；

ρ——试样真密度，单位为克每立方厘米(g/cm^3)；

d——条款 6.5 获得的平均晶粒度，单位为微米(μm)；

S_W——条款 6.6 实测 BET 比表面积，单位为平方米每克(m^2/g)。

6.8 吸油值的测定

称取 1.0 g～1.5 g 试样，按 GB/T 19281—2003 的 3.21 进行测定。

6.9 白度的测定

按 GB/T 19281—2003 的 3.24 进行测定。

6.10 pH 值的测定

按 GB/T 19281—2003 的 3.19 进行测定。

6.11 水分的测定

按 GB/T 19281—2003 的 3.14 进行测定。

6.12 盐酸不溶物含量的测定

按 GB/T 19281—2003 的 3.16 进行测定。

6.13 镁含量的测定

按 GB/T 19281—2003 的 3.5 进行测定。

7 检验规则

7.1 本标准采用型式检验和出厂检验。

7.1.1 型式检验

本标准规定的所有要求为型式检验项目，在正常生产情况下，每 3 个月至少进行一次型式检验。有下列情况之一时，必须进行型式检验：

a) 更新关键生产工艺；

b) 主要原料有变化；

c) 停产又恢复生产；

d) 与上次型式检验有较大差异；

e) 合同规定。

本标准未规定的试验方法按供需双方协议方法进行试验。

7.1.2 出厂检验

主含量、比表面积、吸油值、白度、水分和 pH 为出厂检验项目，应逐批检验。

7.2 生产企业用相同材料，基本相同的生产条件，连续生产或同一班组生产的纳米碳酸钙为一批，每批产品不超过 60 t。

7.3 按 GB/T 6678 的规定确定采样单元数。采样时，将采样器自包装袋的上方斜插至料层深度的 3/4 处采样。将采得的样品混匀后，按四分法缩分至不少于 500 g，分装于两个清洁干燥的具塞广口瓶中，密封。瓶上粘贴标签，注明：生产厂名、产品名称、等级、批号、采样日期和采样者姓名。一瓶用于检验，另一瓶保存备查。生产厂可在包装线上自动取样或包装封口前采样。

7.4 生产厂应保证所有出厂的纳米碳酸钙都符合本标准的要求。

7.5 检验结果如有指标不符合本标准要求时，应重新自两倍量的包装袋中采样进行复验，复验的结果即使只有一项指标不符合本标准要求时，则整批产品为不合格。

7.6 采用 GB/T 8170 数值修约规则与极限数值的表示和判定检验结果是否符合标准。

8 标志、标签

8.1 纳米碳酸钙包装上应有牢固清晰的标志，内容包括：生产厂名、厂址、产品名称、净含量、批号或生产日期和 GB/T 191—2008 中规定的"怕雨"标志。

8.2 每批出厂的纳米碳酸钙都应附有质量证明书，内容包括：生产厂名、厂址、产品名称、净含量、批号或生产日期、产品质量符合本标准的证明和本标准编号。

9 包装、运输、贮存

9.1 纳米碳酸钙采用复合编织袋或纸塑复合包装袋，袋口严密封口，每袋净含量为 12.5 kg、20 kg 和 25 kg。

9.2 纳米碳酸钙在运输过程中应有遮盖物，轻装、轻卸，防止包装损坏，防止雨淋、受潮，不得与酸混运。

9.3 纳米碳酸钙应贮存于干燥、阴凉通风的仓库内，在贮存和运输过程中应防止受潮，不得与酸混贮。

附 录 A
（资料性附录）
橡胶塑料用纳米碳酸钙推荐指标

橡胶塑料用纳米碳酸钙推荐指标见表 A.1。

表 A.1 橡胶塑料用纳米碳酸钙推荐指标

项　　目		指　　标		
		Ⅰ型	Ⅱ型	Ⅲ型
平均粒径/nm	≤	<50	50～70	<100
BET 比表面积/(m^2/g)	≥	18	18	18
碳酸钙($CaCO_3$)(干基)质量分数/%	≥	95	95	95
镁质量分数(以 MgO 计)/%	≤	0.8	0.8	0.8
水分/%	≤	0.4	0.4	0.5
白度	≥	95	95	94
pH	≤	9.0	9.0	9.5
吸油值/(g/100 g)	≤	30	30	40
表面活性剂		脂肪酸类		

附 录 B
（资料性附录）
密封胶、胶粘剂用纳米碳酸钙推荐指标

密封胶、胶粘剂用纳米碳酸钙推荐指标见表B.1。

表 B.1 密封胶、胶粘剂用纳米碳酸钙推荐指标

项 目		指 标	
		Ⅰ型	Ⅱ型
平均粒径/nm	≤	40～60	61～90
BET 比表面积/(m^2/g)	≥	25	18～25
碳酸钙($CaCO_3$)(干基)质量分数/%	≥	90	90
镁质量分数(以 MgO 计)/%	≤	0.8	0.8
水分/%	≤	0.5	0.5
白度[a]	≥	94(90)	92(90)
pH		7.5～10	7.5～10
稠度/cm		9～11	8～12
表面活性剂		脂肪酸类	
[a] 黑色密封胶白度达到括号内数值视为合格。			

附 录 C
(资料性附录)
胶印油墨用纳米碳酸钙推荐指标

胶印油墨用纳米碳酸钙推荐指标见表 C.1。

表 C.1 胶印油墨用纳米碳酸钙推荐指标

项 目		指 标		
		Ⅰ型	Ⅱ型	滤饼
平均粒径/nm		20～60	60～90	20～90
BET 比表面积/(m^2/g)		30～36	24～30	24～36
碳酸钙($CaCO_3$)(干基)质量分数/%	≥	85	90	40～60[a]
镁质量分数(以 MgO 计)/%	≤	0.8	0.8	0.8
水分/%	≤	0.6	1.0	40～60
pH	≤	8.8	9.5	—
流动度/mm		32～40	28～36	—
透明度		基本透明	微透明	
光泽度		协议		
细度/μm	≤	15	20	15
表面活性剂		树脂酸		
注：作充淡剂可协议白度要求。				
[a] 滤饼碳酸钙以湿基计。				

附 录 D
（资料性附录）
涂料用纳米碳酸钙推荐指标

涂料用纳米碳酸钙推荐指标见表D.1。

表D.1 涂料用纳米碳酸钙推荐指标

项目		指标
平均粒径/nm	≤	60～90
BET比表面积/(m^2/g)	≥	20
碳酸钙($CaCO_3$)(干基)质量分数/%	≥	95
镁质量分数(以MgO计)/%	≤	0.8
水分/%	≤	0.5
pH	≤	9.5
吸油值/(g/100 g)		30～50
白度	≥	93
屈服值/(Pa·s)		100～200
表面活性剂		脂肪酸类

ICS 83.040.20
G 71

中华人民共和国国家标准

GB/T 21841—2008

防老剂 6PPD

Antioxidant 6PPD

2008-05-15 发布　　2008-11-01 实施

中华人民共和国国家质量监督检验检疫总局
中国国家标准化管理委员会　发布

前　　言

本标准与日本工业标准 JIS K 6220-3:2001《橡胶用配合剂　试验方法　第3部分:防老剂》的一致性程度为非等效。

本标准与 JIS K 6220-3:2001 的主要差异如下:

——本标准控制指标采用 JIS K 6220-3:2001 附表3的部分内容;

——本标准采用测定结晶点控制产品质量,而 JIS K 6220-3:2001 则采用熔点(本版的第3章;JIS K 6220-3:2001的附表3);

——纯度测定选择气相色谱法,操作条件略有差异。

本标准代替 HG/T 3644—1999《防老剂　4020》,HG/T 3644—1999《防老剂　4020》同时作废。

本标准由中国石油和化学工业协会提出。

本标准由全国橡胶与橡胶制品标准化技术委员会化学助剂分技术委员会(SAC/TC 35/SC 12)归口。

本标准起草单位:中石化南京化学工业有限公司、山东圣奥化工股份有限公司、山西化工研究院。

本标准主要起草人:钱迎春、范秀莉、杜建国。

防老剂 6PPD

1 范围

本标准规定了 *N*-(1,3-二甲基丁基)-*N*′-苯基对苯二胺(防老剂 6PPD)的要求、试验方法、检验规则以及标志、包装、运输和贮存。

本标准适用于由 4-氨基二苯胺(RT 培司)与甲基异丁基甲酮缩合还原而制得的防老剂 6PPD。

化学名称:*N*-(1,3-二甲基丁基)-*N*′-苯基对苯二胺

分子式:$C_{18}H_{24}N_2$

结构式:

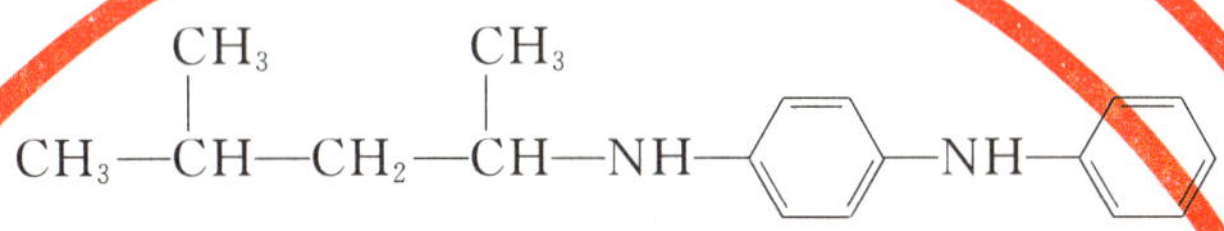

相对分子质量:268.40(按 2005 年国际相对原子质量)

2 规范性引用文件

下列文件中的条款通过本标准的引用而成为本标准的条款。凡是注日期的引用文件,其随后所有的修改单(不包括勘误的内容)或修订版均不适用于本标准,然而,鼓励根据本标准达成协议的各方研究是否可使用这些文件的最新版本。凡是不注日期的引用文件,其最新版本适用于本标准。

GB/T 191 包装储运图示标志(GB/T 191—2008,ISO 780:1997,MOD)

GB/T 1250 极限数值的表示方法和判定方法

GB/T 6679 固体化工产品采样通则

GB/T 11409.2 橡胶防老剂、硫化促进剂结晶点测定方法

GB/T 20646 橡胶配合剂 对苯二胺(PPD)防老剂 试验方法(GB/T 20646—2006,ISO 11236:2000,MOD)

3 要求

防老剂 6PPD 应符合表 1 所示的技术要求。

表 1 防老剂 6PPD 的技术要求

项 目		指 标	
		优等品	合格品
外观		紫褐色至黑褐色颗粒或片状	
纯度的质量分数/%(面积归一)	≥	96.0	95.0
结晶点/℃	≥	46.0	45.0
加热减量的质量分数/%	≤	0.50	0.50
灰分的质量分数/%	≤	0.10	0.20

4 试验方法

除非另有说明，在分析中仅使用确认为分析纯的试剂。

检验结果的判定按 GB/T 1250 中修约值比较法进行。

4.1 外观

用目视法判断。

4.2 纯度的测定

4.2.1 方法提要

用气相色谱法进行测定，检测器用氢火焰离子化检测器，计算方法采用面积归一法。

4.2.2 分析方法

按 GB/T 20646 的规定进行测定。

其中：色谱柱：毛细管色谱柱，含 5%苯基的甲基硅氧烷，如 SE-54。

测试样品浓度：15 g/L。

进样量：1 μL。

根据不同仪器，选取其最佳操作条件。本色谱操作条件如表 2 所示。

表 2 色谱操作条件

柱子尺寸，长度×内径×膜厚		30 m×0.32 mm×1 μm
载气		氢气
载气流量/(mL/min)		1.9
检测器温度/℃		300
汽化室温度/℃		300
燃烧气(氢气)流量/(mL/min)		30
助燃气(空气)流量/(mL/min)		300
补偿气		氮气
补偿气流量/(mL/min)		29
分流比		30：1
升温程序	初始柱温/℃	90
	保持时间/min	0
	升温速率/(℃/min)	9
	最终温度/℃	280
	终温保持时间/min	10
定量方法		面积归一法
积分参数设置		最小峰面积的设置需低于主峰的 0.1%

4.2.3 允许差

两次平行测定结果之差不大于 0.5%，取其算术平均值作为测定结果。

4.2.4 色谱图(见图 1)

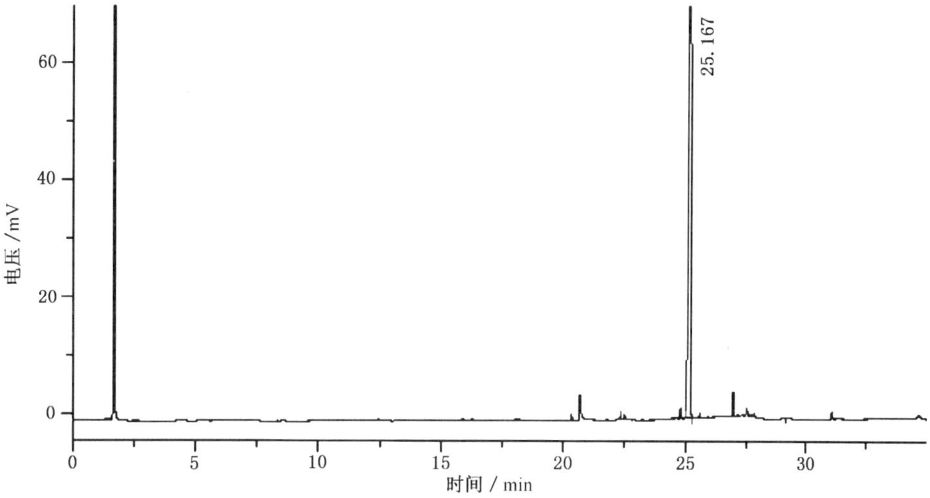

图 1 防老剂 6PPD 的色谱图

4.3 加热减量的测定

按 GB/T 20646 的规定进行测定。电热恒温干燥箱的温度控制在 65℃～70℃,试料量约 5 g(精确至 0.000 1 g),干燥时间 3 h。

4.4 结晶点的测定

按 GB/T 11409.2 的规定进行测定。其中,试料量约 50 g,熔化温度在 65℃～70℃。熔化后的试料在冷却浴(必要时可用冰水)中搅拌降温,至试料黏稠时取出倒入结晶管中测定。

两次平行测定结果之差不大于 0.2℃,取其算术平均值作为测定结果。

4.5 灰分的测定

按 GB/T 20646 的规定测定。高温炉的温度控制在(750±25)℃,试料量 1.5 g～2 g(精确至 0.000 1 g),灼烧时间 2 h。

5 检验规则

5.1 检验分类

本标准第 3 章中规定的全部项目为出厂检验项目。

5.2 出厂检验

防老剂 6PPD 应由生产厂的质量检验部门进行检验。生产厂应保证所有出厂的防老剂 6PPD 均符合本标准的要求。

5.3 组批规则

本产品以一次混合均匀的产品为一批。

5.4 采样

按 GB/T 6679 的规定采样。以批为单位采样,所采产品的包装必须完好,采样时勿使外界杂物落入产品中。将选取具有代表性的试样混匀,采样量不少于 1 000 g,分装两个清洁、干燥的塑料袋或磨口瓶中,粘贴标签,注明:生产厂名称、产品名称、批号、采样日期及采样人姓名,一份由检验部门检验,一份密封保存备查。

5.5 复检

检验结果中若有一项指标不符合本标准要求时,应从同批产品中重新自两倍量的包装件中采样进行复检,复检结果即使只有一项指标不符合本标准的要求,则判该批产品为不合格产品。

6 标志、包装、运输和贮存

6.1 标志

防老剂6PPD包装容器上应涂刷牢固的、明显的标志，其内容包括：生产厂名称、厂址、产品名称、商标、净含量等，并按GB/T 191的规定，标明“禁用手钩”、“怕雨”标志。包装件上应附有标签，标明批号、生产日期、净含量、等级及标准编号等。与包装袋上重复的内容，可以省略。

6.2 包装

6.2.1 本产品用内衬塑料袋的编织袋或纸塑复合袋包装，每袋净含量20 kg或25 kg。

6.2.2 根据客户要求采取其他包装方式。

6.3 运输

应装于清洁、有顶篷的车辆内运输，防止日晒、雨淋。

6.4 贮存

装有防老剂6PPD的包装袋应贮存在阴凉、通风、干燥的库房内。

ICS 59.080.99
W 59

中华人民共和国国家标准

GB/T 28461—2012

碳纤维预浸料

Carbon fiber prepreg

2012-06-29 发布　　　　2012-12-01 实施

中华人民共和国国家质量监督检验检疫总局
中国国家标准化管理委员会　发布

前　言

本标准按照GB/T 1.1—2009给出的规则起草。

本标准由中国纺织工业联合会提出。

本标准由全国纺织品标准化技术委员会(SAC/TC 209)归口。

本标准起草单位:威海光威集团有限责任公司、哈尔滨玻璃钢研究院。

本标准主要起草人:林凤森、张淑萍、段长兵、夏向欣、李书乡、李盛林、高赫、商伟辉、丁新静。

碳纤维预浸料

1 范围

本标准规定了碳纤维预浸料的术语和定义、分类和标记、要求、检验规则、包装和标识、贮运及其他要求。

本标准适用于单向碳纤维和碳纤维织物增强环氧树脂预浸料。

2 规范性引用文件

下列文件对于本文件的应用是必不可少的。凡是注日期的引用文件，仅注日期的版本适用于本文件。凡是不注日期的引用文件，其最新版本(包括所有的修改单)适用于本文件。

GB/T 1447 纤维增强塑料拉伸性能试验方法

GB/T 1448 纤维增强塑料压缩性能试验方法

GB/T 1449 纤维增强塑料弯曲性能试验方法

GB/T 1450.1 纤维增强塑料层间剪切强度试验方法

GB/T 3354 定向纤维增强塑料拉伸性能试验方法

GB/T 3356 单向纤维增强塑料弯曲性能试验方法

GB/T 3856 单向纤维增强塑料平板压缩性能试验方法

HB 7736.2 复合材料预浸料物理性能试验方法 第2部分：面密度的测定

HB 7736.3 复合材料预浸料物理性能试验方法 第3部分：纤维面密度的测定

HB 7736.4 复合材料预浸料物理性能试验方法 第4部分：挥发份含量的测定

HB 7736.5 复合材料预浸料物理性能试验方法 第5部分：树脂含量的测定

HB 7736.7 复合材料预浸料物理性能试验方法 第7部分：凝胶时间的测定

JC/T 773 单向纤维增强塑料层间剪切强度试验方法

3 术语和定义

下列术语和定义适用于本文件。

3.1

贫树脂区 staved resin areas

明显可见的预浸料中含有未被树脂浸渍的区域。

3.2

富树脂区 execessive resin areas

明显可见树脂含量超过预浸料平均厚度的区域。

3.3

纱毛团 yarn feathers

纤维的断纱、毛丝聚集在一起，形成夹杂在预浸料中的毛团或疏松丝束。

4 分类和标记

4.1 分类

碳纤维预浸料分为两类：

——A 类：单向碳纤维预浸料；

——C 类：碳纤维织物预浸料。

4.2 标记

碳纤维预浸料按名称、代号（包括纤维牌号、树脂牌号、类别、纤维面密度）和本标准编号进行标记，表示如下。

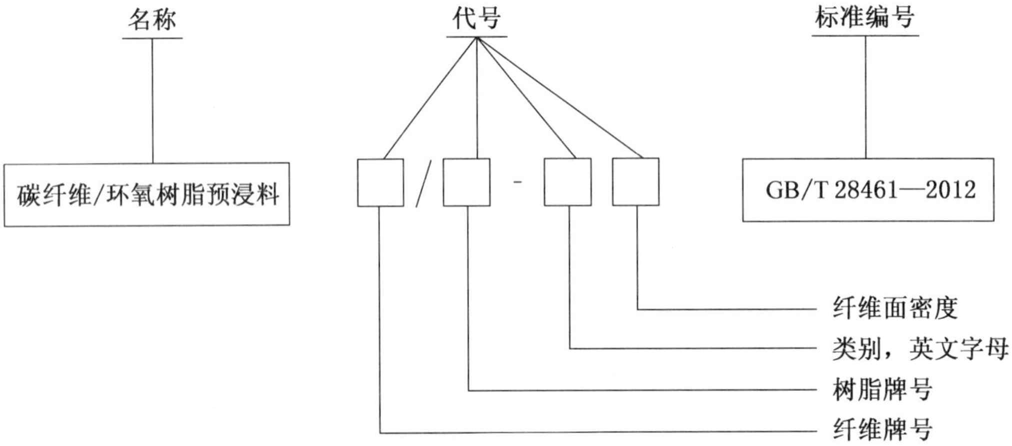

示例：碳纤维为 CCF300，环氧树脂为 5884，纤维面密度为 150 g/m^2，按本标准生产的单向碳纤维预浸料标记为：碳纤维/环氧树脂预浸料 CCF300/5884-A150 GB/T 28461—2012。

5 要求

5.1 原材料

5.1.1 碳纤维

碳纤维的性能应满足表 1 的要求。

表 1 碳纤维的主要性能指标

类别	项目	单位	指标
碳纤维	拉伸强度	MPa	≥3 530
	拉伸弹性模量	GPa	≥230

5.1.2 基体树脂

满足最终产品的性能要求，适合于预浸工艺的环氧树脂。

5.2 外观质量

预浸料的外观质量应符合表 2 的规定。

表 2　预浸料的外观质量

类别	外　观　要　求
A 类	1. 外观平整，厚度均匀，不应有对使用、操作不利的明显缺陷。 2. 纤维应连续，不应有明显的交叉变形、起皱或松散。 3. 树脂应浸透纤维，分布均匀，不应有明显可见干纱及明显的贫、富树脂区。 4. 不应有任何外来杂质。 5. 不应有损伤纤维的永久性折叠、褶皱。 6. 纤维的间隙：在每平方米内允许有不多于 3 处的长度小于 300 mm、宽度小于 1 mm 的空隙。 7. 纱毛团：在每平方米内纱毛团累积面积小于 0.02 m^2，纱毛团的存在未使纤维产生变形
C 类	1. 外观平整，厚度均匀，不应有对使用、操作不利的明显缺陷。 2. 树脂应浸透纤维，分布均匀，不应有明显可见干纱及明显的贫、富树脂区。 3. 不应有任何外来杂质。 4. 不应有损伤纤维的永久性折叠、褶皱。 5. 织物无稀密路，经、纬纱无明显变形及断经、断纬现象，经纱与纬纱应相互垂直，经纱与经纱、纬纱与纬纱相互平行

5.3　规格尺寸

预浸料以卷状形式供应。每卷长度为 100 m，宽度为 1 000 mm，宽度偏差不大于 10 mm。

5.4　物理性能

物理性能应符合表 3 的规定。

表 3　物理性能

类型	物　理　性　能					
	纤维面密度/(g/m^2)	纤维面密度偏差/%	树脂含量/%	预浸料面密度/(g/m^2)	预浸料面密度偏差/%	挥发分含量/%
	54		40±3	90		
	75		38±3	121		
	100			149		
	125	±5		186	±5	
A 类	150			224		
	175			262		≤1.5
	200		33±3	298		
	225			336		
	250	±8		373	±8	
	300			448		
	600			896		

表 3（续）

类型	物理性能					
	纤维面密度/(g/m²)	纤维面密度偏差/%	树脂含量/%	预浸料面密度/(g/m²)	预浸料面密度偏差/%	挥发分含量/%
C类	125	±5	40±3	209	±5	≤1.5
	160			267		
	200			333		
	220			367		
	280			467		
	330			550		
	370			617		
	640			1 067		

5.5 层合板力学性能

碳纤维预浸料层合板力学性能应符合表 4 的规定。

表 4 层合板力学性能

性能	类型	
	A类	C类
0°(或经向)拉伸强度/MPa	≥1 700	≥400
0°(或经向)拉伸弹性模量/GPa	≥120	≥40
90°(或纬向)拉伸强度/MPa	≥15	≥350
90°(或纬向)拉伸弹性模量/GPa	≥8	≥30
0°(或经向)弯曲强度/MPa	≥1 100	—
0°(或经向)弯曲弹性模量/GPa	≥100	—
0°(或经向)压缩强度/MPa	≥850	≥300
层间剪切强度/MPa	≥65	≥15

6 检验规则

6.1 检验分类

本标准规定的检验分为出厂检验和型式检验。有下列情况之一时应进行型式检验：

a) 新产品或老产品转厂的试制定型鉴定；

b) 正常生产后，如产品结构、材料、工艺等有较大改变；

c) 停产一段时间，又恢复生产；

d) 当发生质量争议或质量仲裁时。

6.2 组批规则

以同批原料、按相同工艺在同一生产周期内连续生产的产品为一批。

6.3 抽样方案

从每批产品中随机抽取预浸料进行检验。规格尺寸和外观质量应逐件检验，取样数量应根据批量范围按表5的抽样方案进行。

表5 抽样方案

每批预浸料卷数	取样卷数
1～3	1
4～10	2
11～30	3
31～75	4
75以上	5

6.4 检验项目

按表6的检验项目进行检验。

表6 检验项目

		出厂检验	型式检验	要求章节号	检验方法章节号
外观质量		√	√	5.2	6.6.1
规格尺寸		√	√	5.3	6.6.2
物理性能	预浸料面密度	√	√	5.4	6.6.3.1
	纤维面密度	√	√	5.4	6.6.3.2
	挥发分含量	√	√	5.4	6.6.3.3
	树脂含量	√	√	5.4	6.6.3.4
	凝胶时间	√	√	5.4	6.6.3.5
层合板力学性能	0°(或经向)拉伸强度	—	√	5.5	6.6.4.1
	0°(或经向)拉伸弹性模量	—	√	5.5	6.6.4.1
	90°(或纬向)拉伸强度	—	√	5.5	6.6.4.1
	90°(或纬向)拉伸弹性模量	—	√	5.5	6.6.4.1
	0°(或经向)压缩强度	—	√	5.5	6.6.4.2
	0°(或经向)弯曲强度	—	√	5.5	6.6.4.3
	0°(或经向)弯曲弹性模量	—	√	5.5	6.6.4.3
	层间剪切强度	—	√	5.5	6.6.4.4

6.5 判定

生产企业应逐批进行出厂检验，符合本标准的为出厂检验合格。

在检验结果中，若有一项或一项以上不符合本标准要求，应加倍抽样复验，经复验后仍有一项不符合本标准要求，则判定该批产品不合格。

6.6 检验方法

6.6.1 外观

目测并配以分度值为 1 mm 的钢直尺检测。

6.6.2 尺寸

用最小刻度 1 mm、长度大于 1 m 的钢直尺测量预浸料的宽度，用数字记录仪测量预浸料的长度。

6.6.3 物理性能

6.6.3.1 预浸料面密度

预浸料面密度的检测，按 HB 7736.2 的规定执行。

6.6.3.2 纤维面密度

纤维面密度的检测，按 HB 7736.3 的规定执行。

6.6.3.3 挥发分含量

挥发分含量的检测，按 HB 7736.4 的规定执行。

6.6.3.4 树脂含量

树脂含量的检测，按 HB 7736.5 的规定执行。

6.6.3.5 凝胶时间

凝胶时间的检测，按 HB 7736.7 的规定执行。

6.6.4 层合板力学性能

6.6.4.1 拉伸性能

A 类：拉伸强度、拉伸模量按 GB/T 3354 的规定执行。

C 类：拉伸强度、拉伸模量按 GB/T 1447 的规定执行。

6.6.4.2 压缩性能

A 类：压缩强度按 GB/T 3856 的规定执行。

C 类：压缩强度按 GB/T 1448 的规定执行。

6.6.4.3 弯曲性能

A 类：弯曲强度、弯曲模量按 GB/T 3356 的规定执行。

C 类：弯曲强度、弯曲模量按 GB/T 1449 的规定执行。

6.6.4.4 层间剪切性能

A类:层间剪切强度按 JC/T 773 的规定执行。

C类:层间剪切强度按 GB/T 1450.1 的规定执行。

7 包装和标识

7.1 包装

预浸料两面使用聚乙烯压花薄膜(或平膜),亦可以一面用薄膜,另一面用离型纸,收卷在直径为 250 mm～300 mm 的硬纸芯筒上,然后将预浸料封装于清洁、气密性好的塑料袋中。

所选择聚乙烯薄膜的颜色与产品应有明显差异。

预浸料外包装应使用硬纸箱。预浸料与箱体应隔开,防止碰撞。

7.2 标识

7.2.1 在每件产品上应标识下列内容:

a) 产品名称、规格型号;

b) 生产日期、批号;

c) 规格尺寸;

d) 树脂含量。

7.2.2 产品外包装应标识下列内容:

a) 生产企业名称、地址;

b) 产品名称、规格型号;

c) 生产日期、批号及保质期;

d) 规格尺寸;

e) 注意小心轻放、防潮、冷冻贮存、方向及箱号等字样或图标。

8 贮运

8.1 贮存

预浸料产品应低温贮存。在室温(25 ℃)下,产品贮存期为 1 个月;在－5 ℃～0 ℃条件下,产品贮存期为 3 个月;在－18 ℃以下条件下,产品贮存期为 6 个月。

8.2 运输

预浸料应冷藏运输,避免受潮、日光曝晒,装卸时要小心轻放,不可翻滚或竖放,不可损伤包装。

9 其他要求

供需双方如另有要求,可按合同或协议执行。

ICS 71.100.40
G 71

中华人民共和国国家标准

GB/T 30309—2013

多硫化物硅烷偶联剂

Polysulfide silane coupling agent

2013-12-31 发布　　2014-09-01 实施

中华人民共和国国家质量监督检验检疫总局
中国国家标准化管理委员会　发布

前言

本标准按照 GB/T 1.1—2009 给出的规则起草。

本标准由中国石油和化学工业联合会提出。

本标准由全国橡胶与橡胶制品标准化技术委员会化学助剂分技术委员会(SAC/TC 35/SC 12)归口。

本标准负责起草单位:南京曙光硅烷化工有限公司。

本标准参加起草单位:荆州市江汉精细化工有限公司。

本标准主要起草人:陶再山、梅宁、徐娟、李春华、甘书官。

多硫化物硅烷偶联剂

1 范围

本标准规定了多硫化物硅烷偶联剂的分类、型号、标记、要求、试验方法、检验规则、标志、包装、运输和贮存。

本标准适用于以 γ-氯丙基三乙氧基硅烷和多硫化钠为主要原料经反应制得的液体多硫化物硅烷偶联剂、以液体多硫化物硅烷偶联剂与载体(N330 炭黑或沉淀水合二氧化硅)复配成的固体多硫化物硅烷偶联剂。

2 规范性引用文件

下列文件对于本文件的应用是必不可少的。凡是注日期的引用文件,仅注日期的版本适用于本文件。凡是不注日期的引用文件,其最新版本(包括所有的修改单)适用于本文件。

GB/T 191—2008 包装储运图示标志
GB/T 601—2002 化学试剂 标准滴定溶液的制备
GB/T 603—2002 化学试剂 试验方法中所用制剂及制品的制备
GB/T 1671—2008 增塑剂闪点的测定 克利夫兰开口杯法
GB/T 3051—2000 无机化工产品中氯化物含量测定的通用方法 汞量法
GB/T 4472—2011 化工产品密度、相对密度的测定
GB/T 5561—2012 表面活性剂 用旋转式黏度计测定 黏度和流动性质的方法
GB/T 6488—2008 液体化工产品 折光率的测定(20 ℃)
GB/T 6679—2003 固体化工产品采样通则
GB/T 6680—2003 液体化工产品采样通则
GB/T 6682—2008 分析实验室用水规格和试验方法
GB/T 8170—2008 数值修约规则与极限数值的表示和判定
GB/T 9722—2006 化学试剂 气相色谱法通则
GB/T 11409—2008 橡胶防老剂、硫化促进剂试验方法

3 分类、型号和标记

3.1 分类

多硫化物硅烷偶联剂根据产品形态的不同分为液体和固体两类。

3.2 型号

3.2.1 液体产品的型号

液体产品按二硫化物含量的不同分为以下四种型号:

a) 17 型 表示双-(丙基三乙氧基硅烷)多硫化物的二硫化物含量为(17.0±3.0)%;
b) 56 型 表示双-(丙基三乙氧基硅烷)多硫化物的二硫化物含量为(56.0±5.0)%;

c) 75 型 表示双-(丙基三乙氧基硅烷)多硫化物的二硫化物含量为(75.0±5.0)%；

d) 85 型 表示双-(丙基三乙氧基硅烷)多硫化物的二硫化物含量为(85.0±5.0)%(不包含二硫化物含量为 80%)。

注：17 型多硫化物硅烷偶联剂俗称 Si69。

3.2.2 固体产品的型号

固体产品按四种型号的液体产品分别以 N330 炭黑、沉淀水合二氧化硅为载体复配成的产品分为八个型号。

3.3 标记

多硫化物硅烷偶联剂的型号标记如下：

Si □-□

载体代号(液体产品无此标记，N330 炭黑用 B 表示，沉淀水合二氧化硅用 S 表示)

二硫化物含量代号

产品代号

示例：

二硫化物含量为(56.0±5.0)%、无载体，产品标记为：Si56；

二硫化物含量为(56.0±5.0)%、载体为 N330 炭黑，产品标记为：Si56-B；

二硫化物含量为(56.0±5.0)%、载体为沉淀水合二氧化硅，产品标记为：Si56-S。

4 要求

多硫化物硅烷偶联剂的技术要求及相应的试验方法应符合表 1 和表 2 的规定。

表 1 液体多硫化物硅烷偶联剂的技术要求和相应的试验方法

项目	指标				试验方法
	Si17	Si56	Si75	Si85	
外观	黄色透明液体				5.2
密度(20 ℃)/(g/cm^3)	1.070～1.090	1.030～1.050	1.025～1.045	1.020～1.040	5.3
折光率，n_D^{20}	1.480 0～1.495 0	1.460 0～1.475 0	1.455 0～1.470 0	1.450 0～1.465 0	5.4
黏度(20 ℃)/(mPa·s) ≤	15.0	12.0			5.5
闪点/℃ ≥	100				5.6
氯含量/% ≤	0.40				5.7
杂质含量/% ≤	4.0				5.8
二硫化物含量/%	14.0～20.0	51.0～61.0	70.0～80.0	80.0～90.0 (不含 80.0)	5.9
平均硫链长	3.60～3.90	2.45～2.75	2.20～2.50	2.05～2.35	5.10
总硫含量/%	21.7～23.7	15.1～17.5	13.5～15.9	13.4～15.8	5.11

表 2 固体多硫化物硅烷偶联剂的技术要求和相应的试验方法

项目	指标								试验方法
	Si17-B	Si56-B	Si75-B	Si85-B	Si17-S	Si56-S	Si75-S	Si85-S	
外观	黑色颗粒				白色粉末				5.2
加热减量/% ≤	2.0								5.12
灰分/%	10.5～12.5	11.3～13.3	11.4～13.4	11.5～13.5	52.0～62.0	53.0～63.0	54.0～64.0	55.0～65.0	5.13
丁酮不溶物/%	49.0～55.0								5.14
总硫含量/%	10.8～12.3	7.5～9.0	7.0～8.5	6.5～8.0	10.8～12.3	7.5～9.0	7.0～8.5	6.5～8.0	5.11

5 试验方法

5.1 一般规定

除非另有说明，分析中所用标准溶液、制剂及制品，均按 GB/T 601—2002、GB/T 603—2002 规定制备，分析中仅使用确认为分析纯的试剂和符合 GB/T 6682—2008 中规定的三级水。

本标准中试验数据的表示方法和修约规则应符合 GB/T 8170—2008 中 4.3.3 修约值比较法的有关规定。

5.2 外观的测定

在自然光下目测。

5.3 密度的测定

按 GB/T 4472—2011 中 4.3.3 密度计法的规定进行测定。

5.4 折光率的测定

按 GB/T 6488—2008 的规定进行测定。

5.5 黏度的测定

按 GB/T 5561—1994 的规定进行测定。

5.6 闪点的测定

按 GB/T 1671—2008 的规定进行测定。

5.7 氯含量的测定

5.7.1 试样的制备

称取试样 0.013 g～0.015 g(精确至 0.000 1 g)于小胶囊中的滤纸条上，小胶囊用透明的胶带(宽 12 mm～13 mm)制成，然后用滤纸包裹好，具体制法见附录 A。

5.7.2 试样的处理

在500 mL燃烧瓶中加入质量分数为1%的氢氧化钠水溶液10 mL、30%的过氧化氢溶液3～6滴，通入氧气约30 s，点燃滤纸尾部后立即插入燃烧瓶中，按紧瓶塞，小心倾斜燃烧瓶；燃烧示意图见附录A。此时样品与滤纸在铂催化下充分燃烧(燃烧温度可达1 000 ℃以上)，燃烧完毕后，充分振摇燃烧瓶，水封，放置30 min至烟消失，然后打开瓶塞，用少量蒸馏水冲洗瓶塞及铂丝，加热溶液浓缩到5 mL～10 mL。

5.7.3 试样的测定

按GB/T 3051—2000的规定进行测定。

5.7.4 允许差

两次平行测定结果的绝对差值不得大于0.1%，取其算术平均值为测定结果。

5.8 杂质含量的测定

5.8.1 原理

在选定的色谱操作条件下，试样汽化后通过色谱柱各组分分离，用氢火焰离子化检测器检测，采用内标法计算，得到杂质的含量。

5.8.2 试剂及材料

5.8.2.1 十一烷[1120-21-4](内标物)，分析纯。

5.8.2.2 乙醇[64-17-5](标准样)，色谱纯。

5.8.2.3 丙基三乙氧基硅烷[2550-02-9](标准样)，含量≥99%。

5.8.2.4 γ-氯丙基三乙氧基硅烷[5089-70-3](标准样)，含量≥99%。

5.8.2.5 环己烷[110-82-7]，色谱纯。

5.8.2.6 氮气，含量≥99.99%。

5.8.2.7 氢气，含量≥99.99%。

5.8.2.8 空气，经活性炭和分子筛净化。

5.8.3 仪器

5.8.3.1 气相色谱仪：灵敏度和稳定性符合GB/T 9722—2006的规定，带分流/不分流进样口。

5.8.3.2 气相色谱柱：长度30 m、内径0.25 mm、膜厚0.25 μm的毛细管柱，固定液为5%苯基+95%聚二甲基硅氧烷。

5.8.3.3 FID检测器。

5.8.3.4 气相色谱工作站。

5.8.3.5 微量进样器：10 μL。

5.8.3.6 10 mL样品瓶。

5.8.4 操作条件

气相色谱操作条件见表3。

表 3　气相色谱操作条件

项目	操作条件
氮气流速/(mL/min)	2.0
氢气流速/(mL/min)	30
空气流速/(mL/min)	300
分流比	1∶100
进样口温度/℃	250
检测器温度/℃	320
初始温度/℃	70
程序升温速度/(℃/min)	10
终止温度/℃	260
终止时间/min	10
进样体积/μL	1.0
注：此系典型操作参数，可根据不同仪器特点、环境条件，对给定操作参数作适当调整。	

5.8.5　**分析步骤**

5.8.5.1　**校正因子的确定**

5.8.5.1.1　校准试样的制备

分别称量约 0.1 g(精确至 0.000 1 g)标准物质乙醇、丙基三乙氧基硅烷、γ-氯丙基三乙氧基硅烷和内标物十一烷于同一个 10 mL 样品瓶中，并根据各物质的实际含量计算有效质量，准确吸取 5 mL 环己烷加入到该样品瓶中，摇匀得到校准试样。

5.8.5.1.2　校准试样的测定

按照表 3 给出的色谱操作条件调整仪器，基线稳定后，用微量进样器吸取 1.0 μL 校准试样注入气相色谱仪中，待程序完成后得到一个气相色谱图，记录除环己烷以外的所有组分的峰面积。

5.8.5.1.3　在相同的条件下，按 5.8.5.1.1 和 5.8.5.1.2 步骤的规定，平行测定两次。

5.8.5.1.4　校正因子的计算

各组分的校正因子以 f_i 表示，按式(1)计算：

$$f_i = \frac{A_{std} W_i}{A_i W_{std}} \qquad (1)$$

式中：

f_i ——组分 i 的校正因子；

W_i ——校准试样中组分 i 的有效质量，单位为克(g)；

A_i ——校准试样中组分 i 的峰面积；

W_{std}——校准试样中内标物十一烷的有效质量，单位为克(g)；

A_{std}——校准试样中内标物十一烷的峰面积。

5.8.5.1.5　允许差

各组分的校正因子两次平行测定结果的绝对差值不得大于 0.1，取其算术平均值为校正因子。

5.8.5.2 试样的分析

5.8.5.2.1 试样的制备

分别称量约1.0 g(精确至0.000 1 g)的试样和0.1 g(精确至0.000 1 g)的内标物十一烷置于同一个10 mL样品瓶中,准确吸取5 mL环己烷加入到样品瓶中,摇匀。

5.8.5.2.2 试样的测定

在相同的条件下,按5.8.5.2.1和5.8.5.1.2步骤的规定,平行测定两次。

5.8.6 典型气相色谱图

液体多硫化物硅烷偶联剂的典型气相色谱图见图1～图4。

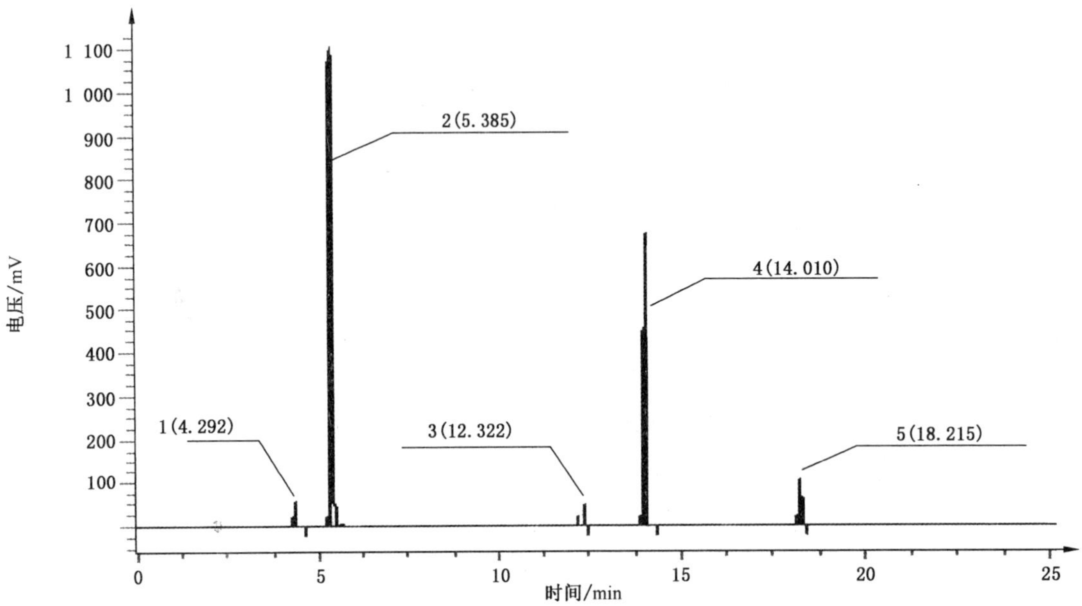

说明见图4。

图1 Si17气相色谱图

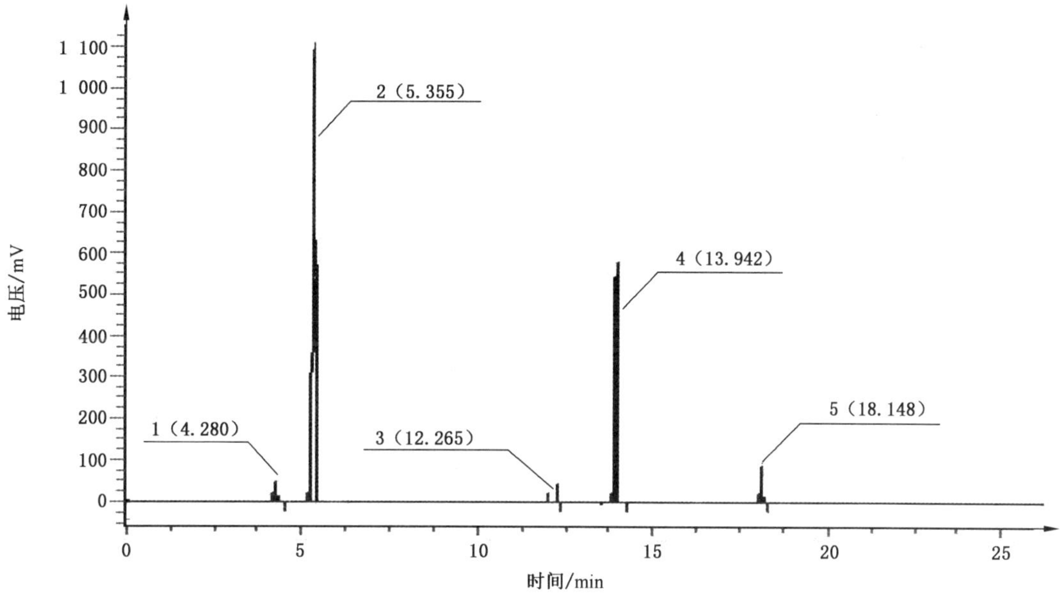

说明见图4。

图2　Si56 气相色谱图

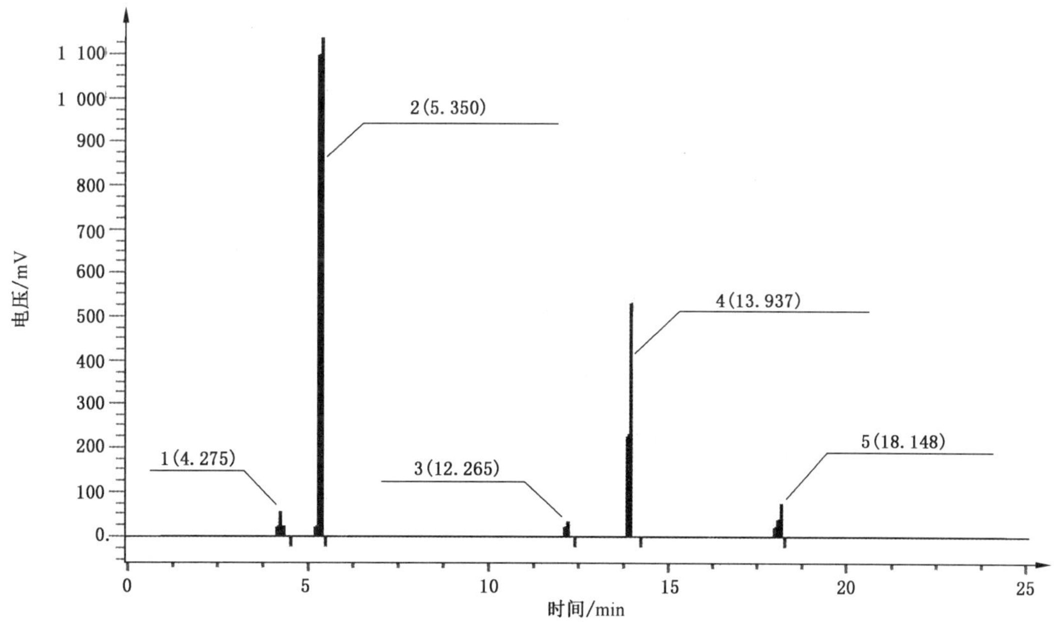

说明见图4。

图3　Si75 气相色谱图

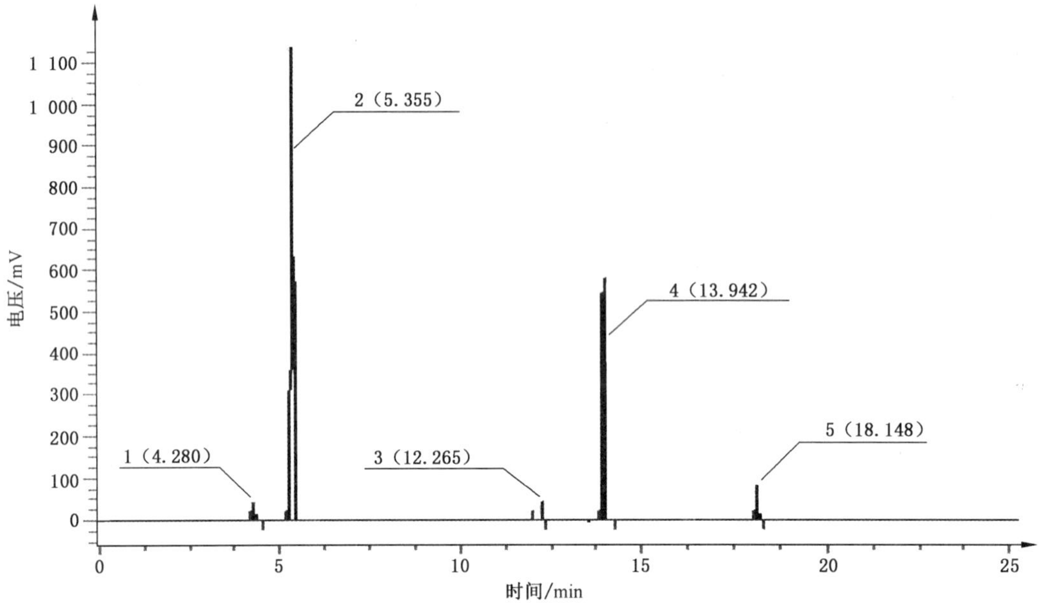

说明：

1——乙醇峰(杂质)；

2——环己烷峰(溶剂)；

3——丙基三乙氧基硅烷峰(杂质)；

4——十一烷峰(内标物)；

5——γ-氯丙基三乙氧基硅烷峰(杂质)。

图 4 Si85 气相色谱图

5.8.7 结果计算

杂质含量为试样中乙醇、丙基三乙氧基硅烷、γ-氯丙基三乙氧基硅烷三种物质含量之和，以质量分数 w_1 计，按式(2)计算：

$$w_1=\sum\frac{m_s f_i A_{i,试}}{A_s m}\times 100\% \qquad \cdots\cdots(2)$$

式中：

m_s ——试样中内标物十一烷的质量，单位为克(g)；

f_i ——组分 i 的校正因子；

$A_{i,试}$ ——试样中组分 i 的峰面积；

A_s ——试样中内标物十一烷的峰面积；

m ——试样的质量，单位为克(g)。

5.8.8 允许差

两次平行测定结果的绝对差值不得大于 0.3%，取其算术平均值为测定结果。

5.9 二硫化物含量的测定

5.9.1 原理

试样用环己烷溶解，以四正丁基溴化胺的水溶液、甲醇、乙醇混合液为流动相，在液相色谱柱上进行高效分离，以确定试样中二硫化物的含量。

5.9.2 试剂和溶液

5.9.2.1 环己烷[110-82-7],色谱纯。
5.9.2.2 甲醇[67-56-1],色谱纯。
5.9.2.3 乙醇[64-17-5],色谱纯。
5.9.2.4 四正丁基溴化胺[1643-19-2],分析纯。
5.9.2.5 去离子水,色谱纯。
5.9.2.6 四正丁基溴化胺水溶液:称取约 0.4 g(精确至 0.000 1 g)四正丁基溴化胺溶解到 1 000 mL 水中。
5.9.2.7 流动相:分别量取 80 mL 四正丁基溴化胺水溶液、90 mL 乙醇、530 mL 甲醇置于同一容器中混合均匀。

5.9.3 仪器

5.9.3.1 高效液相色谱仪:带紫外可见分光检测器。
5.9.3.2 液相色谱工作站。
5.9.3.3 微量进样器:25 μL。

5.9.4 操作条件

液相色谱操作条件见表 4。

表 4 液相色谱操作条件

项目	操作条件
液相色谱柱	C8 柱子,粒径 5 μm、内径 4.6 mm、长度 150 mm
柱温/℃	25±2
检测波长/nm	254
流速/(mL/min)	0.8
进样体积/μL	10
注: 此系典型操作参数,可根据不同仪器特点、环境条件,对给定操作参数作适当调整。	

5.9.5 分析步骤

5.9.5.1 试样溶液的制备

称取约 0.16 g(精确至 0.000 1 g)试样置于 10 mL 容量瓶中,用环己烷稀释至刻度,盖紧瓶塞,充分摇匀。

5.9.5.2 试样的测定

按照表 4 给出的色谱操作条件调整仪器,基线稳定后,用微量进样器吸取 10 μL 试样注入液相色谱仪中,待程序完成后得到一个液相色谱图,记录各组分的峰面积。

5.9.5.3 在相同的条件下,按 5.9.5.1 和 5.9.5.2 步骤的规定,平行测定两次。

5.9.6 典型液相色谱图

液体多硫化物硅烷偶联剂的典型液相色谱图见图 5~图 8。

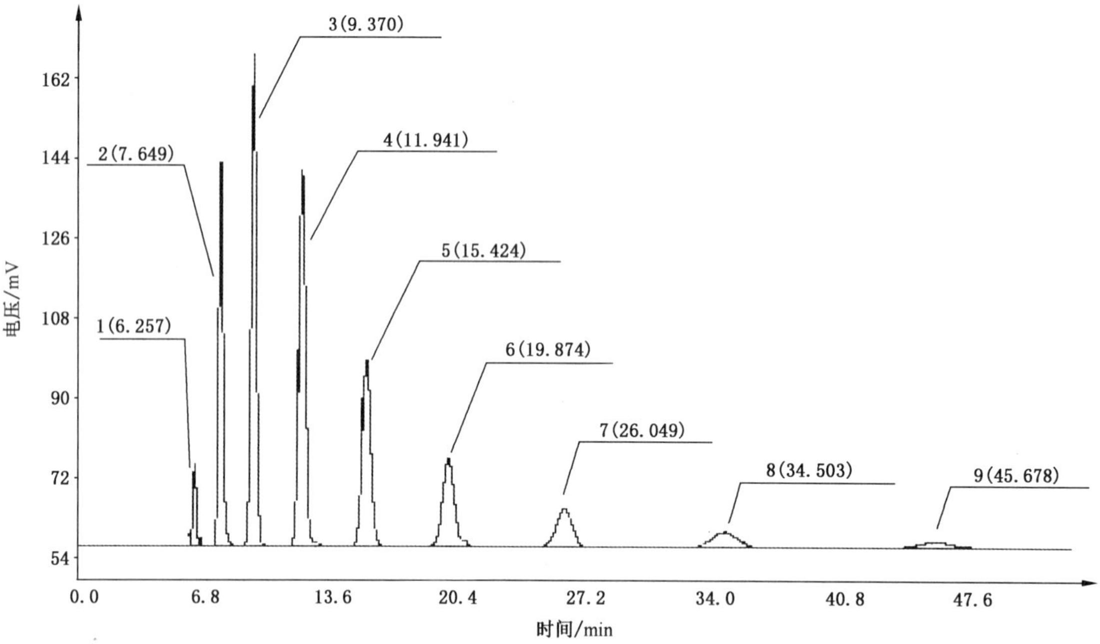

说明见图8。

图5 Si17液相色谱图

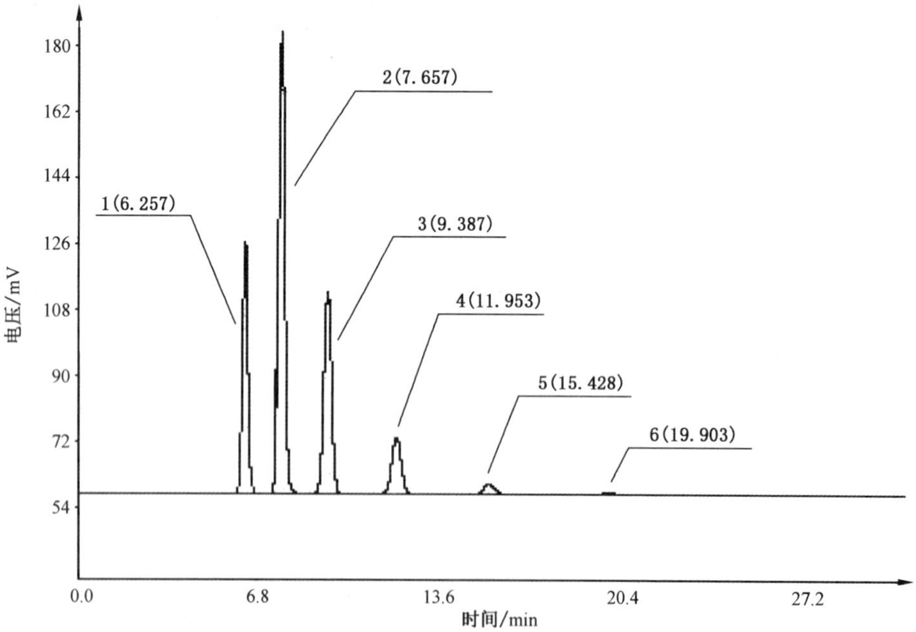

说明见图8。

图6 Si56液相色谱图

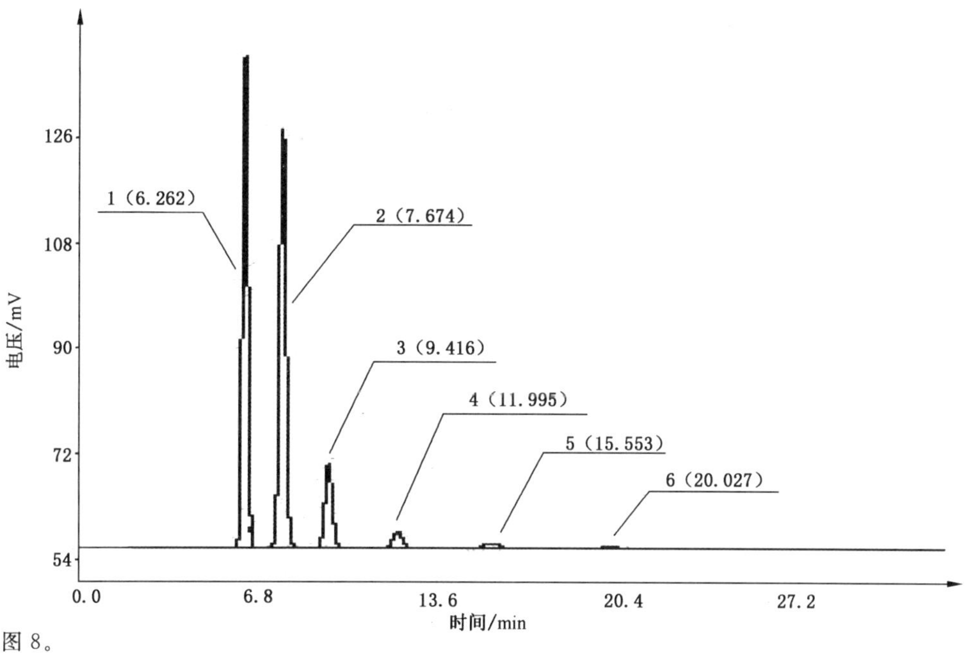

说明见图 8。

图 7　Si75 液相色谱图

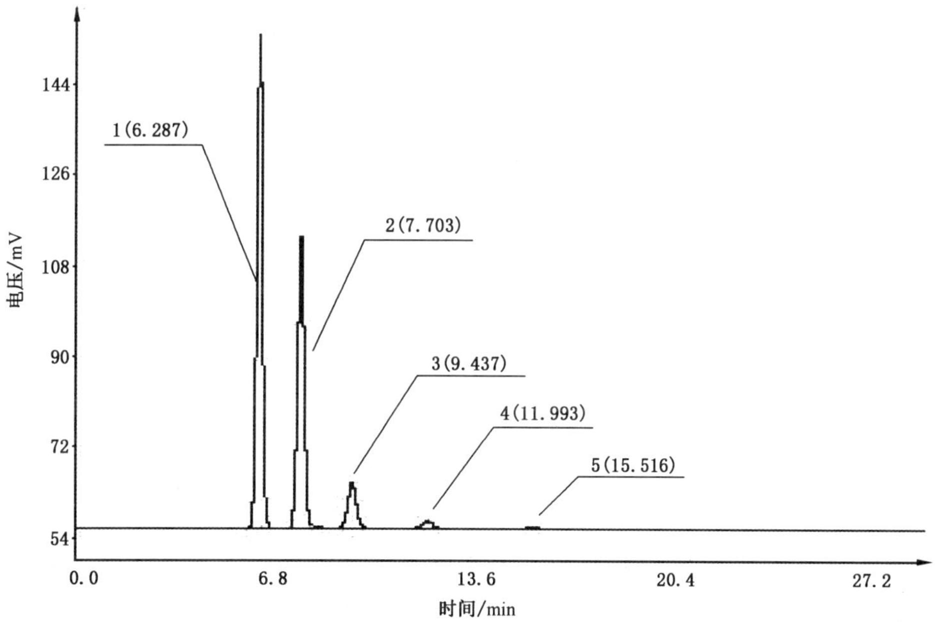

说明：

1——S_2 峰：双-(丙基三乙氧基硅烷)二硫化物峰；

2——S_3 峰：双-(丙基三乙氧基硅烷)三硫化物峰；

3——S_4 峰：双-(丙基三乙氧基硅烷)四硫化物峰；

4——S_5 峰：双-(丙基三乙氧基硅烷)五硫化物峰；

5——S_6 峰：双-(丙基三乙氧基硅烷)六硫化物峰；

6——S_7 峰：双-(丙基三乙氧基硅烷)七硫化物峰；

7——S_8 峰：双-(丙基三乙氧基硅烷)八硫化物峰；

8——S_9 峰：双-(丙基三乙氧基硅烷)九硫化物峰；

9——S_{10} 峰：双-(丙基三乙氧基硅烷)十硫化物峰。

图 8　Si85 液相色谱图

5.9.7 结果计算

二硫化物含量以二硫化物的质量分数 w_2 计，利用表 5 中不同硫链长硅烷的响应因子，按式(3)计算：

表 5 不同硫链长硅烷的响应因子

硫链长	分子量	响应因子
S_2	474.8	31.30
S_3	506.9	8.87
S_4	539.0	4.88
S_5	571.0	3.24
S_6	603.1	2.36
S_7	635.2	1.82
S_8	667.2	1.46
S_9	699.3	1.19
S_{10}	731.4	1.00

$$w_2 = \frac{A_2 RF_2}{\sum_{i=2}^{10} A_i RF_i} \times 100\% \quad \cdots\cdots(3)$$

式中：

A_2 ——二硫化物硅烷的峰面积；

RF_2——二硫化物硅烷的响应因子；

A_i ——有 i 个硫原子硅烷的峰面积；

RF_i——有 i 个硫原子硅烷的响应因子。

5.9.8 允许差

两次平行测定结果的绝对差值不得大于 0.5%，取其算术平均值为测定结果。

5.10 平均硫链长的测定

5.10.1 测定步骤

按 5.9 的测定步骤进行。

5.10.2 结果计算

平均硫链长以 $\overline{S}$ 表示，按式(4)计算：

$$\overline{S} = \frac{\sum i A_i RF_i / M_i}{\sum A_i RF_i / M_i} \quad \cdots\cdots(4)$$

式中：

i ——硅烷中硫原子的个数；

M_i——有 i 个硫原子硅烷的相对分子质量。

5.10.3 允许差

两次平行测定结果的绝对差值不得大于 0.02，取其算术平均值为测定结果。

5.11 总硫含量的测定

按方法 A 或方法 B 进行，方法 A 为仲裁法。

5.11.1 方法 A——高温燃烧后容量法

5.11.1.1 试剂和溶液

5.11.1.1.1 无水乙醇[64-17-5]：分析纯。

5.11.1.1.2 对氨基苯磺酸[121-57-3]：基准试剂。

5.11.1.1.3 过氧化氢[7722-84-1]水溶液，1%：将 1 体积 30%的过氧化氢用水稀释至 30 体积。

5.11.1.1.4 钍试剂溶液，0.2%：溶解 0.2 g 钍试剂于 100 mL 水中。

5.11.1.1.5 氯化钡[10326-27-9]标准滴定溶液：0.02 mol/L。

a) 配制：称取 5 g 氯化钡[$BaCl_2 \cdot 2H_2O$]溶解在 1 L 水中。

b) 标定：准确称取 0.01 g 对氨基苯磺酸(精确至 0.000 1 g)。按照 5.11.1.3 中固体试样的制备方法进行制备，按照 5.11.1.4 的规定进行处理，按照 5.11.1.5 的规定进行滴定。

c) 计算：

氯化钡标准滴定溶液的浓度 c，数值以摩尔每升(mol/L)表示，按式(5)计算：

$$c = \frac{18.51 \times m_0 \times 10}{(V_1 - V_0)M} \qquad \cdots\cdots (5)$$

式中：

18.51——对氨基苯磺酸中硫元素的质量分数，%；

m_0 ——对氨基苯磺酸的质量，单位为克(g)；

V_1 ——滴定对氨基苯磺酸消耗氯化钡标准滴定溶液的体积，单位为毫升(mL)；

V_0 ——空白消耗氯化钡标准滴定溶液的体积，单位为毫升(mL)；

M ——硫元素的摩尔质量，单位为克每摩尔(g/mol)(M=32.06)。

5.11.1.2 仪器

5.11.1.2.1 氧燃烧瓶：500 mL 烧瓶，在烧瓶磨口塞下末端连接一段铂丝，见附录 A 中所示的燃烧瓶。

5.11.1.2.2 微量滴定管：容量为 5 mL 或 10 mL，分度值为 0.01 mL。

5.11.1.3 试样的制备

5.11.1.3.1 液体试样：称取试样 0.013 g～0.015 g(精确至 0.000 1 g)于小胶囊中的滤纸条上；固体试样：称取试样 0.02 g～0.03 g(精确至 0.000 1 g)包入小胶囊中。

5.11.1.3.2 小胶囊用透明的胶带(宽 12 mm～13 mm)制成，然后用滤纸包裹好，制法见附录 A。

5.11.1.4 试样的处理

按 5.7.2 的操作步骤进行，其中，将“质量分数为 1%的氢氧化钠水溶液 10 mL、30%的过氧化氢溶液 3～6 滴”换成“质量分数为 1%的过氧化氢溶液 10 mL”。

5.11.1.5 分析步骤

将浓缩液冷却后，分别加入乙醇 20 mL、钍试剂 2 滴，用氯化钡标准滴定溶液滴定，溶液自黄色转变为樱红色即为终点。同时做空白实验。

5.11.1.6 结果计算

总硫含量以硫的质量分数 w_3 计，按式(6)计算：

$$w_3=\frac{(V_3-V_2)cM\times10^{-3}}{m_1}\times100\% \qquad (6)$$

式中：

V_3——滴定试样消耗氯化钡标准滴定溶液的体积，单位为毫升(mL)；

V_2——滴定空白试样消耗氯化钡标准滴定溶液的体积，单位为毫升(mL)；

c ——氯化钡标准滴定溶液的浓度，单位为摩尔每升(mol/L)；

m_1——试样的质量，单位为克(g)；

M ——硫元素的摩尔质量，单位为克每摩尔(g/mol)(M=32.06)。

5.11.1.7 允许差

两次平行测定结果的绝对差值不得大于0.3%，取其算术平均值为测定结果。

5.11.2 方法B——管式炉燃烧后红外吸收法

按附录B的规定进行测定。

5.12 加热减量的测定

按GB/T 11409—2008中3.4的规定进行测定。干燥箱温度为(105±2)℃。

5.13 灰分的测定

称取试样2 g(精确至0.000 1 g)，置于已在(1 000±25)℃灼烧至恒量的坩埚内，加入5 mL浓盐酸浸泡4 h，将装有试样的坩埚放在电炉上加热除去过量的盐酸，然后转移至马弗炉中，缓慢加热到(1 000±25)℃。其余按GB/T 11409—2008中3.7的规定进行测定。

5.14 丁酮不溶物的测定

5.14.1 试剂

丁酮[78-93-3]，分析纯。

5.14.2 仪器

5.14.2.1 离心机：3 000 r/min，配备适用的离心试管。

5.14.2.2 调速多用振荡器。

5.14.2.3 电热恒温烘箱。

5.14.2.4 干燥器。

5.14.3 分析步骤

5.14.3.1 称取约2.5 g试样(精确至0.000 1 g)，置于已在(105±2)℃干燥至恒量的离心试管中，加入50 mL丁酮，用振荡器进行回旋摇动(转速50 r/min～80 r/min)30 min，使充分混合，然后在离心机上离心旋转10 min，轻轻倒出上层清液。

5.14.3.2 再加 20 mL 丁酮，用振荡器进行回旋摇动（转速 100 r/min～120 r/min）10 min，再在离心机上离心旋转 10 min，倒出清液。重复上述操作一次。

5.14.3.3 将离心试管连同残渣一起置于（105±2）℃的电热恒温烘箱中干燥 2 h，取出，置于干燥器中冷却至室温，称量（精确至 0.000 1 g）。

5.14.4 结果计算

丁酮不溶物以丁酮不溶物的质量分数 w_4 计，按式（7）计算：

$$w_4=\frac{m_4-m_3}{m_2}\times 100\% \qquad \cdots\cdots(7)$$

式中：

m_2——试样的质量，单位为克（g）；

m_3——离心试管的质量，单位为克（g）；

m_4——离心试管和残渣的质量，单位为克（g）。

5.14.5 允许差

两次平行测定结果的绝对差值不得大于 0.3%，取其算术平均值为测定结果。

6 检验规则

6.1 检验分类

表 1 中规定的项目全部为液体多硫化物硅烷偶联剂的出厂检验项目，表 2 中规定的项目全部为固体多硫化物硅烷偶联剂的出厂检验项目。

6.2 生产厂检验

多硫化物硅烷偶联剂应由生产厂的质量检验部门按本标准检验合格后方可出厂，并附有一定格式的质量证明书，其内容包括：产品名称、型号、生产厂名、批号、生产日期、本标准编号、检验结论等。

6.3 组批规则

多硫化物硅烷偶联剂以同等质量的均匀产品为一批。

6.4 采样

6.4.1 液体多硫化物硅烷偶联剂以批为单位按 GB/T 6680—2003 的规定采样；取样量不少于 500 g，分装于两个清洁干燥的塑料瓶中，密封；瓶上粘贴标签，注明：产品名称、型号、批号、采样日期、采样人等，一瓶供检验部门检验，另一瓶保存备查。

6.4.2 固体多硫化物硅烷偶联剂以批为单位按 GB/T 6679—2003 的规定采样；取样量不少于 500 g，分装于两个清洁干燥的塑料瓶中，密封；瓶上粘贴标签，注明：产品名称、型号、批号、采样日期、采样人等，一瓶供检验部门检验，另一瓶保存备查。

6.5 复检

出厂检验结果中如有一项指标不符合本标准要求时，应从同批产品中重新自两倍量的包装件中采样进行复检，复检结果中即使只有一项指标不符合本标准要求，也判该批产品为不合格品。

7 标志、包装、运输和贮存

7.1 标志

7.1.1 液体多硫化物硅烷偶联剂的每个包装件上应有牢固而清晰的标志，其内容包括：生产厂名、厂址、产品名称、型号等，并按 GB/T 191—2008 的规定标明“怕晒”“怕雨”等标识。包装件上应附有标签，标明：批号、生产日期、净含量、标准编号等。

7.1.2 固体多硫化物硅烷偶联剂的每个包装件上应有牢固而清晰的标志，其内容包括：生产厂名、厂址、产品名称、型号等，并按 GB/T 191—2008 的规定标明“禁用手钩”“怕晒”“怕雨”等标识。包装件上应附有标签，标明：批号、生产日期、净含量、标准编号等。

7.2 包装

液体产品采用桶包装，固体产品采用纸塑复合袋或内有塑料袋的纸箱包装。每件净含量按用户要求确定。也可根据用户要求采取其他包装方式。

7.3 运输

多硫化物硅烷偶联剂可采用一般运输工具运输，运输时要避免日晒、雨淋，在搬运时轻装轻卸。

7.4 贮存

多硫化物硅烷偶联剂应贮存在通风、干燥的仓库中，防止雨淋、受潮、日晒。

多硫化物硅烷偶联剂在符合本标准规定的包装、运输、贮运条件下，自生产之日起未开封产品的贮存期为 12 个月。

附 录 A
（规范性附录）
称取试样用滤纸的制作方法、小胶囊的制作方法和燃烧分解示意图

A.1 滤纸的制作方法

滤纸的制作方法见图 A.1。

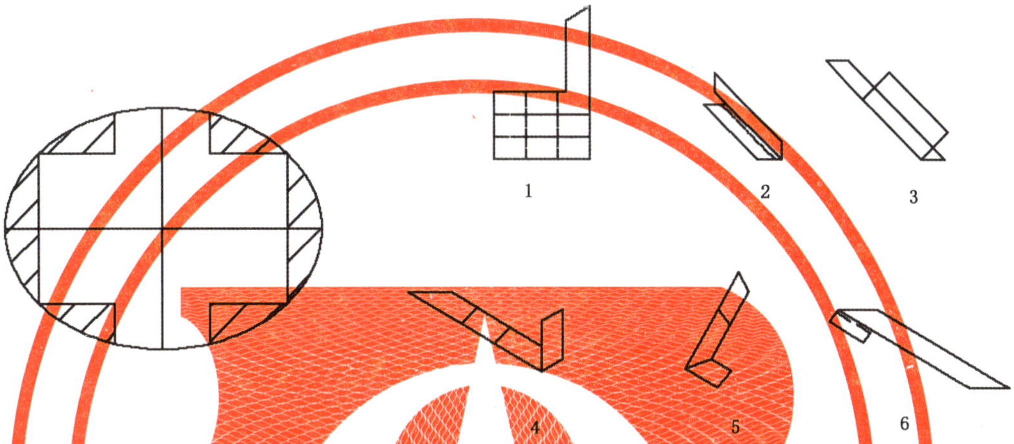

图 A.1 滤纸的制作方法

A.2 小胶囊的制作方法

液体试样称样用小胶囊的制法见图 A.2，固体试样称样用小胶囊的制作方法见图 A.3。

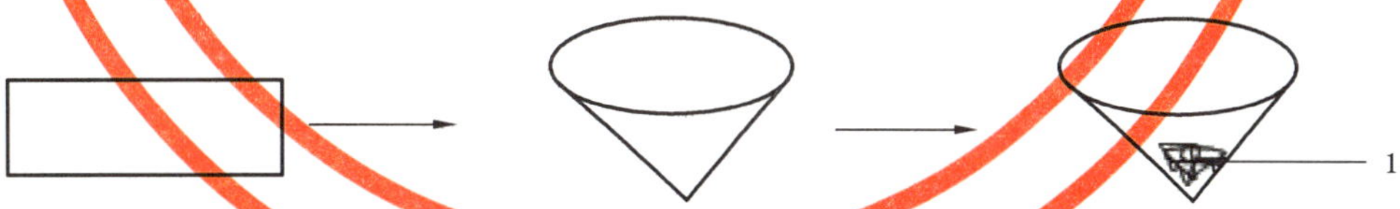

说明：
1——滤纸。

图 A.2 液体试样称样用小胶囊的制作方法

图 A.3 固体试样称样用小胶囊的制作方法

A.3 燃烧分解示意图

燃烧分解示意图见图 A.4。

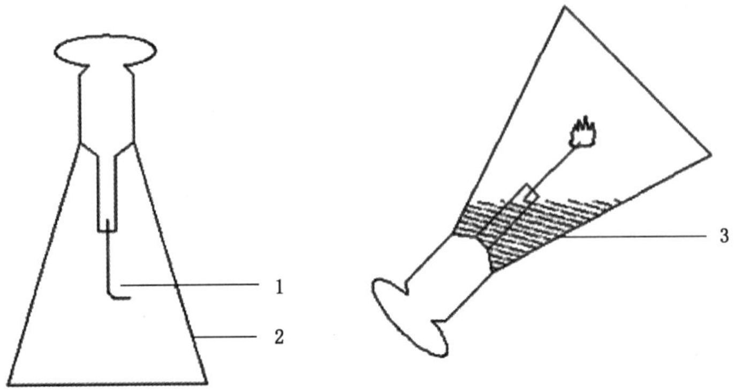

说明：

1——铂金丝 ϕ0.5 mm；

2——燃烧瓶；

3——分解时示意图。

图 A.4 燃烧分解示意图

A.4 称样方法

A.4.1 液体试样：称取试样 0.013 g～0.015 g(精确至 0.000 1 g)于小胶囊中的滤纸条上。

A.4.2 固体试样：称取试样 0.020 g～0.030 g(精确至 0.000 1 g)包入小胶囊中。

附 录 B
（规范性附录）
硫含量的测定方法 B——管式炉燃烧后红外吸收法

B.1 方法提要

管式炉内通入氧气流，使试样在高温下燃烧，试样中的硫元素转化为二氧化硫气体进入红外吸收池，仪器自动测量二氧化硫对红外能的吸收，自动计算并显示出试样的硫含量结果。

B.2 试剂和材料

B.2.1 无水高氯酸镁[10034-81-8]，ACS 级。
B.2.2 液体阻燃剂：氧化铝[1302-74-5]，纯度 99.0%～99.6%，粉末状固体。
B.2.3 固体阻燃剂：氧化铝[1302-74-5]，纯度 99.0%～99.6%，小颗粒状固体。
B.2.4 标准样：胱氨酸[56-89-3]，硫含量 26.69%。
B.2.5 玻璃棉。
B.2.6 高纯氧气，含量≥99.9%。
B.2.7 燃烧舟，符合所用仪器厂商的规定，在 1 385 ℃高温炉中灼烧不产生含硫的化学物质。
B.2.8 拉舟杆。

B.3 仪器

红外吸收定硫仪：灵敏度 1×10^{-6}。

B.4 分析步骤

B.4.1 调试

按说明书调试检查仪器，使仪器处于正常稳定状态。

B.4.2 分析条件

B.4.2.1 红外输出范围 7.5 V～9.5 V。
B.4.2.2 恒温箱温度(48±1)℃。
B.4.2.3 炉温 1 385 ℃。
B.4.2.4 炉温上限 1 500 ℃。
B.4.2.5 氧气流量 3.5 L/min。
B.4.2.6 检测流量 2.5 L/min。

注：此系典型操作参数，可根据不同仪器特点、环境条件，对给定操作参数作适当调整。

B.4.3 校正试验

准确称量约 0.08 g(精确至 0.000 1 g)标准样于燃烧舟内，用固体阻燃剂完全覆盖，再用拉舟杆将燃烧舟推入管式炉内，按照仪器说明书进行操作。重复上述操作三次，测得结果的波动范围应在仪器允许差范围内,确认系统的线性,否则应按仪器说明书调节仪器。

当分析条件发生变化时,需要重新进行校正。

B.4.4 试样分析

B.4.4.1 称量

液体试样:将约 1.5 g 液体阻燃剂放在燃烧舟中间位置,称量定量(Si17 称量约 0.08 g,其他液体试样称量约 0.13 g)(精确至 0.000 1 g)的液体试样均匀滴在液体阻燃剂上面,再用液体阻燃剂完全覆盖试样。

固体试样:准确称量 0.16 g(精确至 0.000 1 g)的固体试样于燃烧舟中,用固体阻燃剂完全覆盖试样。

B.4.4.2 测定

根据红外吸收定硫仪的规定进行操作。

B.4.5 结果计算

试样的硫含量结果由数据处理机自动给出。

B.4.6 允许差

两次平行测定结果的绝对差值不大于 0.3%,取其算术平均值为测定结果。

ICS 71.100.40
G 71

中华人民共和国国家标准

GB/T 35493—2017

钛酸酯偶联剂

Titanate coupling agents

2017-12-29 发布　　2018-07-01 实施

中华人民共和国国家质量监督检验检疫总局
中国国家标准化管理委员会　发布

前　言

本标准按照GB/T 1.1—2009给出的规则起草。

本标准由中国石油和化学工业联合会提出。

本标准由全国橡胶与橡胶制品标准化技术委员会化学助剂分技术委员会(SAC/TC 35/SC 12)归口。

本标准负责起草单位:南京曙光硅烷化工有限公司。

本标准参加起草单位:山东和瑞东精细化学有限公司。

本标准主要起草人:陶再山、李春华、李玥、刘兰香。

钛酸酯偶联剂

警示——使用本标准的人员应有正规实验室工作的实践经验。本标准并未指出所有可能的安全问题。使用者有责任采取适当的安全和健康措施,并保证符合国家有关法规规定的条件。

1 范围

本标准规定了钛酸酯偶联剂的分类、技术要求、试验方法、检验规则、标志、包装、运输、贮存和安全。

本标准适用于以四氯化钛和醇为主要原料经反应制得的钛酸酯;以钛酸酯、含磷类异辛酯(或脂肪酸)等为主要原料制得的钛酸酯偶联剂。

2 规范性引用文件

下列文件对于本文件的应用是必不可少的。凡是注日期的引用文件,仅注日期版本适用于本文件。凡是不注日期的引用文件,其最新版本(包括所有的修改单)适用于本文件。

GB 190—2009 危险货物包装标志

GB/T 191—2008 包装储运图示标志

GB/T 601 化学试剂 标准滴定溶液的制备

GB/T 603 化学试剂 试验方法中所用制剂及制品的制备

GB/T 618 化学试剂 结晶点测定通用方法

GB/T 3050 无机化工产品中氯化物含量测定的通用方法 电位滴定法

GB/T 4472—2011 化工产品密度、相对密度的测定

GB/T 5561 表面活性剂 用旋转式粘度计测定粘度和流动性质的方法

GB/T 6488 液体化工产品 折光率的测定(20 ℃)

GB/T 6679 固体化工产品采样通则

GB/T 6680 液体化工产品采样通则

GB/T 6682—2008 分析实验室用水规格和试验方法

GB/T 8170—2008 数值修约规则与极限数值的表示和判定

GB/T 9104—2008 工业硬脂酸试验方法

GB/T 11409—2008 橡胶防老剂、硫化促进剂试验方法

GB 12268—2012 危险货物品名表

GB 12463 危险货物运输包装通用技术条件

GB 15603 常用化学危险品贮存通则

GB/T 27501—2011 pH 值测定用缓冲溶液制备方法

3 分类

根据产品结构不同分为钛酸酯、烷氧基含磷钛酸酯偶联剂、烷氧基脂肪酸钛酸酯偶联剂和烷基苯磺酸钛酸酯偶联剂四类。

3.1 钛酸酯

钛酸酯产品见表 1。

表 1 钛酸酯产品

化学名称	分子式	结构式	相对分子质量（按 2016 年国际相对原子质量）
钛酸四异丙酯（CAS RN:546-68-9）	$C_{12}H_{28}O_4Ti$	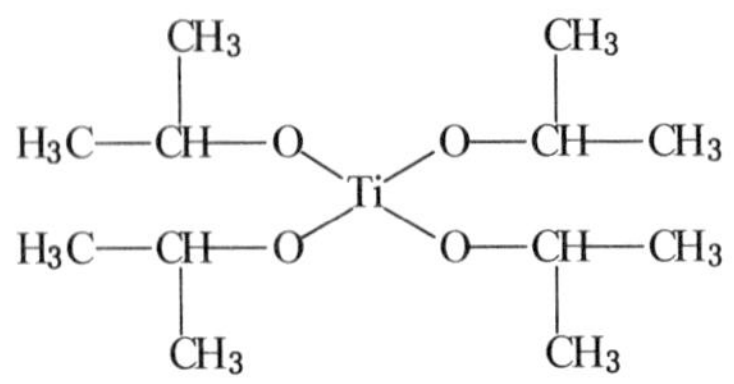	284.22
钛酸四正丙酯（CAS RN:3087-37-4）	$C_{12}H_{28}O_4Ti$	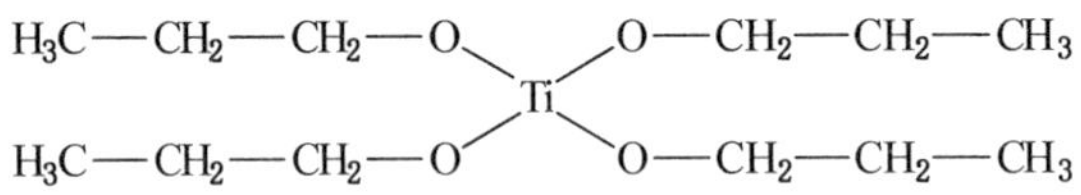	284.22
钛酸四正丁酯（CAS RN:5593-70-4）	$C_{16}H_{36}O_4Ti$	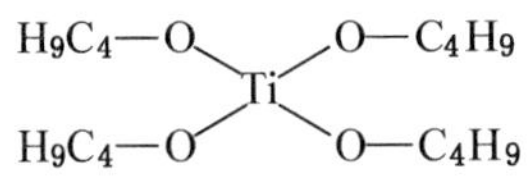	340.32
聚钛酸正丁酯（CAS RN:9022-96-2）	$C_8H_{18}O(TiO_3C_8H_{18})_n$ （n=4～7）	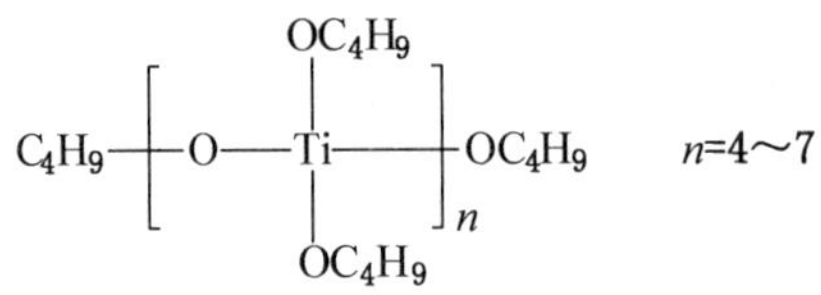	
钛酸四异辛酯（CAS RN:1070-10-6）	$C_{32}H_{68}O_4Ti$	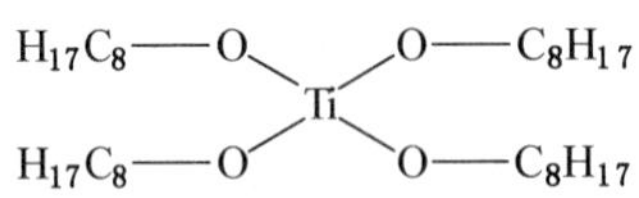	564.75
钛酸四(2-乙基-3-羟基己酯)（CAS RN:5575-43-9）	$C_{32}H_{68}O_8Ti$	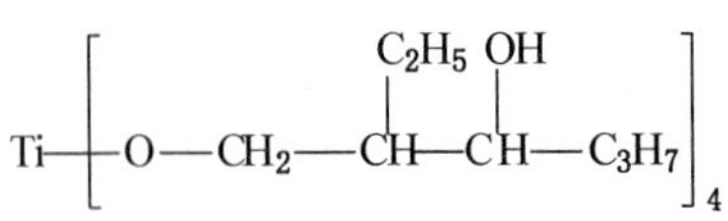	628.74

3.2 烷氧基含磷钛酸酯偶联剂

烷氧基含磷钛酸酯偶联剂产品见表 2。

表 2 烷氧基含磷钛酸酯偶联剂产品

化学名称	分子式	结构式	相对分子质量（按 2016 年国际相对原子质量）
异丙基二油酸酰氧基(二异辛基磷酸酰氧基)钛酸酯	$C_{35}H_{107}O_9PTi$	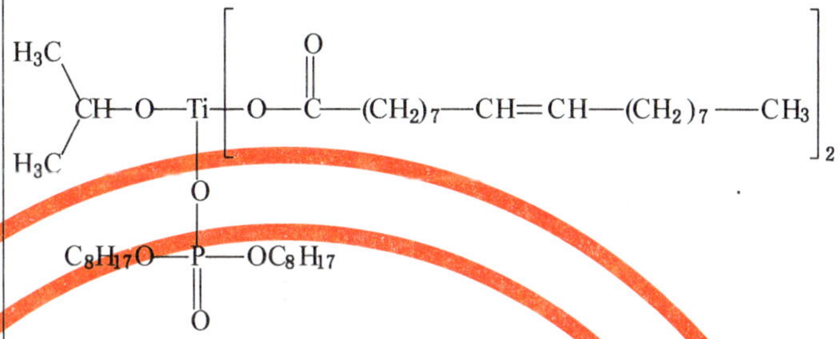	991.20
异丙基三(二异辛基磷酸酰氧基)钛酸酯（CAS RN：65345-34-8）	$C_{51}H_{109}O_{13}P_3Ti$	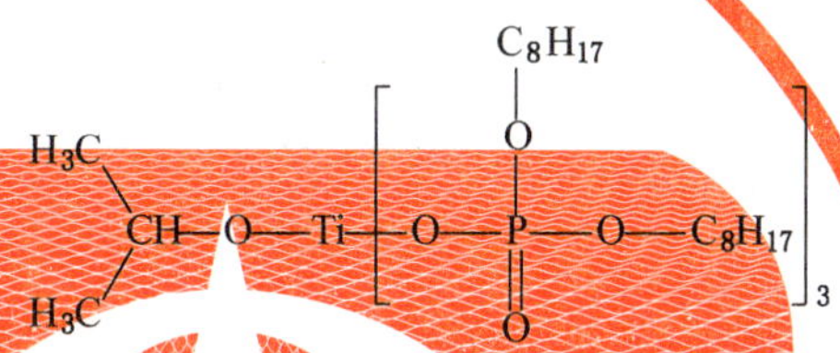	1 071.10
异丙基三(二异辛基焦磷酸酰氧基)钛酸酯（CAS RN：67691-13-8）	$C_{51}H_{112}O_{22}P_6Ti$	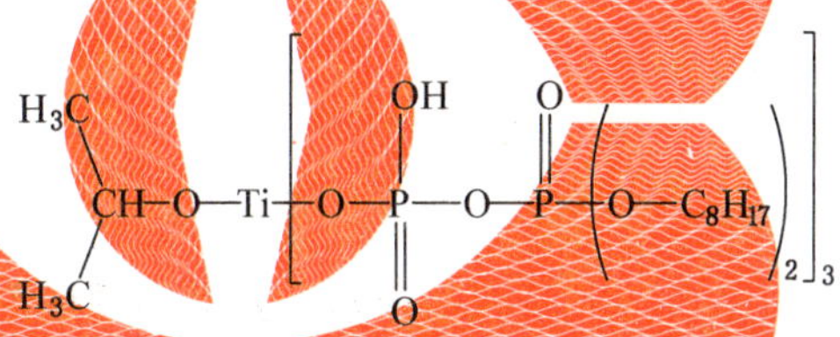	1 310.99
双(二异辛基焦磷酸酰氧基)亚乙基钛酸酯（CAS RN：65467-75-6）	$C_{34}H_{73}O_{16}P_4Ti$	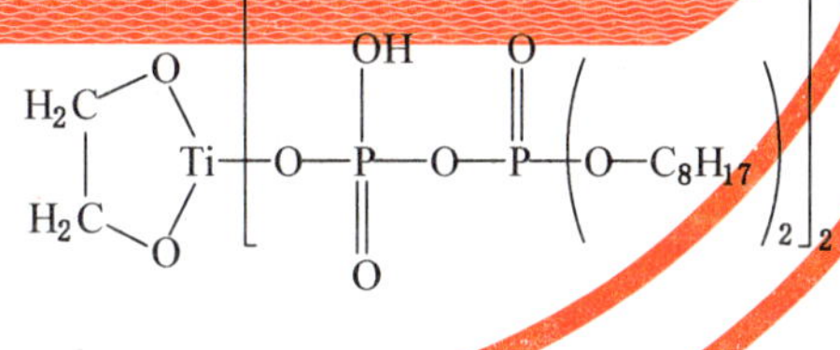	910.60
四异丙基二(二异辛基亚磷酸酰氧基)钛酸酯（CAS RN：65460-52-8）	$C_{44}H_{98}O_{10}P_2Ti$	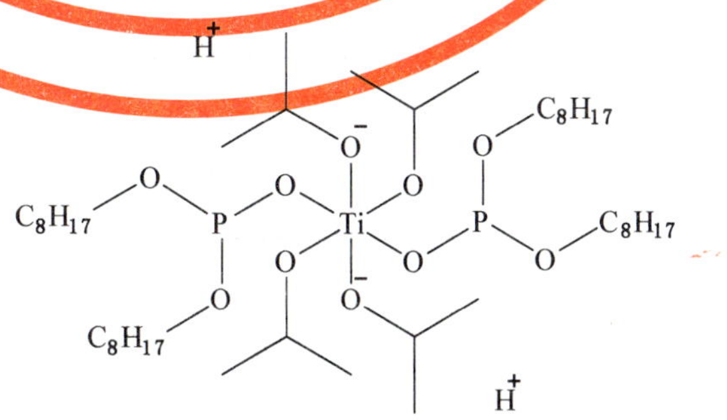	896.98

3.3 烷氧基脂肪酸钛酸酯偶联剂

烷氧基脂肪酸钛酸酯偶联剂产品见表 3。

表 3　烷氧基脂肪酸钛酸酯偶联剂产品

化学名称	分子式	结构式	相对分子质量（按 2016 年国际相对原子质量）
异丙基三油酸酰氧基钛酸酯（CAS RN：136144-62-2）	$C_{57}H_{106}O_7Ti$	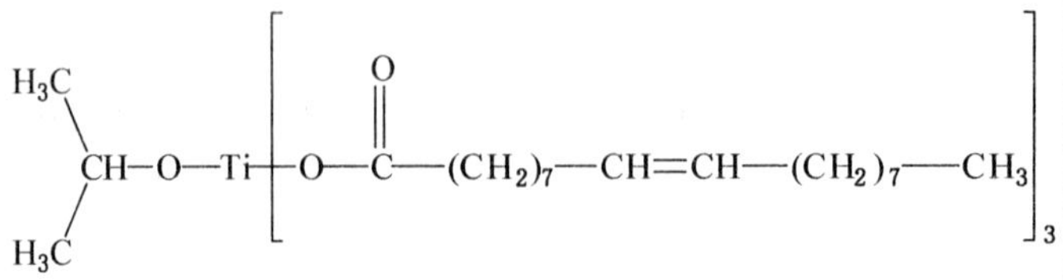	951.25
异丙基三正硬脂酸酰氧基钛酸酯	$C_{57}H_{112}O_7Ti$	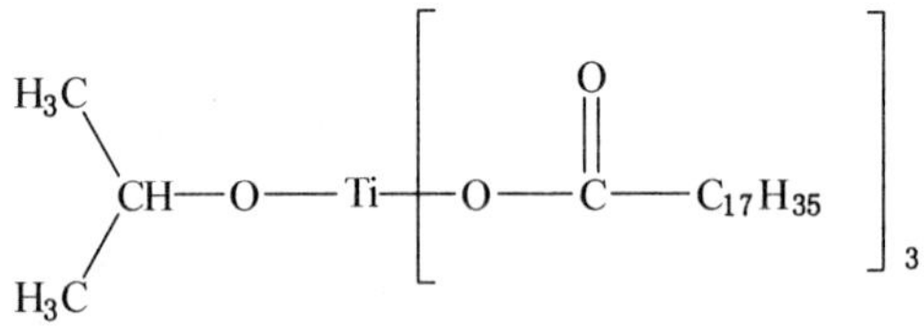	957.30

3.4　烷基苯磺酸钛酸酯偶联剂

烷基苯磺酸钛酸酯偶联剂产品见表 4。

表 4　烷基苯磺酸钛酸酯偶联剂产品

化学名称	分子式	结构式	相对分子质量（按 2016 年国际相对原子质量）
异丙基三(十二烷基苯磺酰基)钛酸酯（CAS RN：61417-55-8）	$C_{57}H_{94}O_{10}S_3Ti$	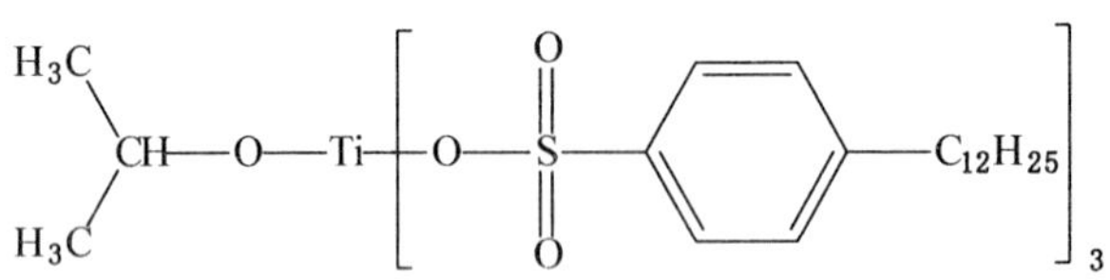	1 083.34

4　技术要求

钛酸酯偶联剂的技术要求及相应的试验方法应符合表 5、表 6、表 7 和表 8 的规定。

表 5　钛酸酯的技术要求和相应的试验方法

项目	指标						试验方法
	钛酸四异丙酯	钛酸四正丙酯	钛酸四正丁酯	聚钛酸正丁酯	钛酸四异辛酯	钛酸四(2-乙基-3-羟基己酯)	
外观	无色至淡黄色透明液体	淡黄色至黄色透明液体	无色至淡黄色透明液体	淡黄色至黄色透明液体	淡黄色至黄色透明液体	淡黄色至黄色透明液体	5.2
密度(20 ℃)/(g/cm³)	0.950～0.970	1.040～1.060	0.990～1.010	1.100～1.170	0.927～0.947	1.025～1.045	5.3
折光率,n_D^{20}	1.460 0～1.470 0	1.490 0～1.510 0	1.485 0～1.495 0	—	1.475 0～1.490 0	—	5.4
黏度(20 ℃)/mPa·s	—	—	—	2 000～6 000	—	3 000～4 000	5.5
氯含量/(mg/kg)　　≤	50	100	50	100	150	50	5.6
钛含量/%	16.3～17.2	16.3～17.2	13.5～14.4	19.5～21.4	8.1～9.0	7.2～8.1	5.7
结晶点/℃　　≥	15.0	—	—	—	—	—	5.8

表 6　烷氧基含磷钛酸酯偶联剂的技术要求和相应的试验方法

项目	指标					试验方法
	异丙基二油酸酰氧基(二异辛基磷酸酰氧基)钛酸酯	异丙基三(二异辛基磷酸酰氧基)钛酸酯	异丙基三(二异辛基焦磷酸酰氧基)钛酸酯	双(二异辛基焦磷酸酰氧基)亚乙基钛酸酯	四异丙基二(二异辛基亚磷酸酰氧基)钛酸酯	
外观	黄色至红色透明液体	黄色至棕黄色透明液体	黄色透明液体			5.2
密度(20 ℃)/(g/cm³)	0.955～0.970	1.005～1.020	1.060～1.075	1.060～1.085	0.930～0.945	5.3
折光率,n_D^{20}	1.475 0～1.485 0	1.461 5～1.467 5	1.459 0～1.469 0	1.467 0～1.475 0	1.455 0～1.465 0	5.4
黏度(20 ℃)/mPa·s	60～90	1 800～2 500	800～1 800	1 000～2 500	15～30	5.5
氯含量/(mg/kg)　　≤	—	50	100	50	100	5.6
pH 值	3.0～4.0	3.0～4.0	2.0～4.0	3.0～5.0	4.0～6.0	5.9

表 7　烷氧基脂肪酸钛酸酯偶联剂的技术要求和相应的试验方法

项目	指标		试验方法
	异丙基三油酸酰氧基钛酸酯	异丙基三正硬脂酸酰氧基钛酸酯	
外观	黄色至红色透明液体	乳白色至粉红色蜡状固体	5.2
密度(20 ℃)/(g/cm³)	0.930～0.945		5.3
折光率,n_D^{20}	1.470 0～1.485 0	—	5.4

表 7（续）

项目	指标		试验方法
	异丙基三油酸酰氧基钛酸酯	异丙基三正硬脂酸酰氧基钛酸酯	
黏度(20 ℃)/mPa·s	40～60	—	5.5
钛含量/%	4.2～5.4	4.2～5.4	5.7
pH 值	3.0～5.0	—	5.9
皂化值/(mg/g)	—	180～240	5.10

表 8　烷基苯磺酸钛酸酯偶联剂的技术要求和相应的试验方法

项目	指标	试验方法
	异丙基三(十二烷基苯磺酰基)钛酸酯	
外观	褐色至红褐色透明液体	5.2
密度(20 ℃)/(g/cm^3)	1.070～1.090	5.3
黏度(20 ℃)/mPa·s	6 000～10 000	5.5
pH 值	1.0～3.0	5.9

5　试验方法

5.1　一般规定

除非另有说明，分析中所用标准溶液、制剂及制品，均按 GB/T 601、GB/T 603 的规定制备，分析中仅使用确认为分析纯的试剂和符合 GB/T 6682—2008 中规定的三级水。

本标准中试验数据的表示方法和修约规则应符合 GB/T 8170—2008 中 4.3.3 修约值比较法的有关规定。

5.2　外观检验

在自然光线下目测。

5.3　密度的测定

异丙基三(十二烷基苯磺酰基)钛酸酯的密度按 GB/T 4472—2011 中 4.3.2 韦氏天平法的规定进行测定，其余产品的密度按 GB/T 4472—2011 中 4.3.3 密度计法的规定进行测定。

5.4　折光率的测定

按 GB/T 6488 的规定进行测定。

5.5　黏度的测定

按 GB/T 5561 的规定进行测定。其中样品温度 20 ℃±0.5 ℃，旋转黏度计的试验条件按表 9 规定。

表 9 旋转黏度计的试验条件

产品名称	转子	转速/(r/min)
聚钛酸正丁酯	4#	30
钛酸四(2-乙基-3-羟基己酯)	3#	30
异丙基二油酸酰氧基(二异辛基磷酸酰氧基)钛酸酯	1#	60
异丙基三(二异辛基磷酸酰氧基)钛酸酯	3#	30
异丙基三(二异辛基焦磷酸酰氧基)钛酸酯	3#	60
双(二异辛基焦磷酸酰氧基)亚乙基钛酸酯	3#	30
四异丙基二(二异辛基亚磷酸酰氧基)钛酸酯	1#	60
异丙基三油酸酰氧基钛酸酯	1#	60
异丙基三(十二烷基苯磺酰基)钛酸酯	4#	30
注：此表系典型操作参数，可根据不同仪器特点对给定操作参数作适当调整。		

5.6 氯含量的测定

5.6.1 试剂和溶液

5.6.1.1 无水乙醇[64-17-5]。

5.6.1.2 异丙醇[67-63-0]。

5.6.1.3 乙酸[64-19-7]。

5.6.1.4 硫酸[7664-93-9]：1+1。

5.6.1.5 硝酸钠[7631-99-4]：5 g/L 水溶液。

称取 5 g 硝酸钠，精确至 0.01 g，置于 1 000 mL 容量瓶中，加水稀释至刻度，摇匀。

5.6.2 样品处理

5.6.2.1 钛酸酯

称取样品 10.0 g，精确至 0.000 1 g，置于 150 mL 烧杯中，加入 20 mL 水搅拌成糊状，静置 5 min～10 min，使其充分水解，再加入 10 mL 硫酸溶液，搅拌至固体全部溶解，再加入 10 mL 硝酸钠溶液和 50 mL 无水乙醇，搅拌均匀。

5.6.2.2 烷氧基含磷钛酸酯偶联剂

称取样品 10.0 g，精确至 0.000 1 g，置于 150 mL 烧杯中，加入 50 mL 异丙醇和 10 mL 乙酸，搅拌使之全部溶解。

5.6.3 样品测定

按 GB/T 3050 的规定进行测定。

5.6.4 允许差

平行测定两个结果的绝对差值不大于 10 mg/kg，取平行测定两个结果的算术平均值作为测定结果。

5.7 钛含量的测定

5.7.1 试剂

盐酸[7647-01-0]。

5.7.2 仪器设备

5.7.2.1 铂金坩埚或陶瓷坩埚:高形、30 mL。
5.7.2.2 可调式封闭式电炉。
5.7.2.3 马弗炉:可保持温度 900 ℃±25 ℃。
5.7.2.4 干燥器:内盛变色硅胶。

5.7.3 试验步骤

称取样品 2 g,精确至 0.000 1 g,置于已在 900 ℃±25 ℃灼烧至恒量的坩埚内,加入 5 mL 水(烷氧基脂肪酸钛酸酯偶联剂需要另外加 1 mL 盐酸),将装有样品的坩埚放在可调式封闭电炉上缓慢加热烘干,然后转移至马弗炉中,缓慢加热到 900 ℃±25 ℃。其余按 GB/T 11409—2008 中 3.7 的规定进行操作。

5.7.4 结果计算

钛含量以质量分数 w 计,数值以%表示,按式(1)计算:

$$w=\frac{(m_2-m_1)M_1}{mM_2}\times 100 \qquad \cdots\cdots (1)$$

式中:

m_2——灼烧后坩埚和灰分质量的数值,单位为克(g);
m_1——坩埚质量的数值,单位为克(g);
M_1——钛的摩尔质量的数值(M_1=47.87),单位为克每摩尔(g/mol);
m ——样品质量的数值,单位为克(g);
M_2——二氧化钛的摩尔质量的数值(M_2=79.86),单位为克每摩尔(g/mol)。

5.7.5 允许差

两次平行测定结果的绝对差值不大于 0.3%,取两次平行测定结果的算术平均值为分析结果。

5.8 结晶点的测定

按 GB/T 618 的规定进行测定。

5.9 pH 值的测定

5.9.1 溶液

pH=4.0 标准缓冲溶液:0.05 mol/kg 邻苯二甲酸氢钾溶液。
按照 GB/T 27501—2011 中 5.3.2c)规定配制。

5.9.2 仪器设备

5.9.2.1 pH 计。
5.9.2.2 磁力搅拌器。

5.9.3 样品处理

将 20 mL 样品和 80 mL 水加入 250 mL 烧杯中，用磁力搅拌器搅拌 3 h，待测。

5.9.4 样品测定

将用去离子水清洗过的电极插入 pH＝4.0 的缓冲溶液中进行校准。将 pH 计的电极浸入待测溶液中，测量上层水溶液的 pH 值，当 pH 值稳定后，直接读取 pH 计上的数值即为测定结果。

5.10 皂化值的测定

按 GB/T 9104—2008 中第 5 章的规定进行测定。

6 检验规则

6.1 出厂检验

表 5～表 8 中规定的全部项目为出厂检验项目。

6.2 组批规则

钛酸酯偶联剂均以同一储罐同一次灌装为一批。

6.3 采样

以批为单位，并按 GB/T 6679 和 GB/T 6680 的规定采样；取样量不少于 500 g，分装于两个清洁干燥的塑料瓶中，密封；瓶上粘贴标签，注明产品名称、批号、采样日期、采样人等，一瓶供检验部门检验，另一瓶保存备查。

6.4 合格判定

6.4.1 钛酸酯出厂检验结果全部符合表 5 的要求时，判定该批产品合格。该批产品检验结果若有一项指标不符合表 5 要求时，应重新从同批产品两倍量的包装件中采样进行全项目复检，复检结果即使只有一项指标不符合表 5 的要求，则判定该批产品不合格。

6.4.2 烷氧基含磷钛酸酯偶联剂出厂检验结果全部符合表 6 的要求时，判定该批产品合格。该批产品检验结果若有一项指标不符合表 6 要求时，应重新从同批产品两倍量的包装件中采样进行全项目复检，复检结果即使只有一项指标不符合表 6 的要求，则判定该批产品不合格。

6.4.3 烷氧基脂肪酸钛酸酯偶联剂出厂检验结果全部符合表 7 的要求时，判定该批产品合格。该批产品检验结果若有一项指标不符合表 7 要求时，应重新从同批产品两倍量的包装件中采样进行全项目复检，复检结果即使只有一项指标不符合表 7 的要求，则判定该批产品不合格。

6.4.4 烷基苯磺酸钛酸酯偶联剂出厂检验结果全部符合表 8 的要求时，判定该批产品合格。该批产品检验结果若有一项指标不符合表 8 要求时，应重新从同批产品两倍量的包装件中采样进行全项目复检，复检结果即使只有一项指标不符合表 8 的要求，则判定该批产品不合格。

7 标志、包装、运输和贮存

7.1 标志

钛酸酯偶联剂所有产品的包装件上应有清晰的、牢固的标志，其内容包括：生产厂名称、地址、产品名称、生产日期、批号、标准号、净含量和符合 GB/T 191—2008 规定的"怕晒""怕雨"标志。

其中钛酸四异丙酯和钛酸四正丙酯的外包装上还应有符合 GB 190—2009 规定的"易燃液体"标志。

7.2 包装

7.2.1 钛酸酯偶联剂中的液体产品采用铁塑桶包装，每件净含量 200 kg。也可根据用户要求采取其他包装方式。

7.2.2 钛酸酯偶联剂中的固体产品采用编织袋或内有塑料袋的纸箱包装，每件净含量 25 kg。也可根据用户要求采取其他包装方式。

7.2.3 钛酸酯偶联剂中的钛酸四异丙酯和钛酸四正丙酯的包装应符合 GB 12463 的有关规定。

7.2.4 钛酸酯偶联剂每批出厂产品都应附有一定格式的质量证明书，其内容包括：产品名称、标准号、生产厂名称、批号、生产日期以及 6.1 规定检验项目的检验数据等。

7.3 运输

运输过程中应防止日晒和雨淋，严防倒置，轻装轻卸，防止碰撞破损。

7.4 贮存

钛酸酯偶联剂中所有产品应贮存在通风、干燥的仓库中，防止雨淋、受潮、日晒。

钛酸酯偶联剂中钛酸四异丙酯和钛酸四正丙酯还应符合 GB 15603 的有关规定。

钛酸酯偶联剂在符合本标准规定的包装、运输、贮运条件下，自生产之日起贮存期为 12 个月。

8 安全

根据 GB 12268—2012 的规定，钛酸酯中的钛酸四异丙酯和钛酸四正丙酯属于第 3 类易燃液体。

试验过程中应密闭操作，全面通风。远离火种、热源，工作场所严禁吸烟。使用防爆型的通风系统和设备。防止蒸气泄漏到工作场所空气中。避免与氧化剂、酸类接触。配备相应品种和数量的消防器材及泄漏应急处理设备。

操作人员应经过专门培训，严格遵守操作规程。建议操作人员佩戴自吸过滤式防毒面具(半面罩)，戴化学安全防护眼镜，穿防静电工作服，戴橡胶耐油手套。

ICS 71.060.50
G 12
备案号:30085—2011

HG

中华人民共和国化工行业标准

HG/T 2226—2010
代替 HG/T 2226—2000

普通工业沉淀碳酸钙

Ordinary precipitated calcium carbonate for industrial use

2010-11-22 发布　　2011-03-01 实施

中华人民共和国工业和信息化部　发布

前　言

本标准代替 HG/T 2226—2000《工业沉淀碳酸钙》。

本标准与 HG/T 2226—2000 的主要技术差异如下：

——更改了原标准的名称；

——取消了原标准中的等级，根据产品用途分为三类：橡胶和塑料用、涂料用、造纸用，每类分两个等级：优等品、一等品(本版 4)；

——提高 105 ℃下挥发物含量、筛余物含量、锰含量、铁含量、白度几项指标的要求，增加了吸油值、黑点、铅、铬、镉、汞、砷七项指标项目(2000 年版的 3.2，本版的 5.2)；

——增加了吸油值、黑点、铅、铬、镉、汞、砷七项指标的分析方法(本版的 6.13、6.14、6.15、6.16、6.17、6.18)；

——删除了水溶物的指标项目及检测方法(2000 年版的 3.2，4.10)。

本标准的附录 A 为资料性附录。

本标准由中国石油和化学工业协会提出。

本标准由全国化学标准化技术委员会无机化工分会(SAC/TC63/SC1)归口。

本标准起草单位：福建省三农碳酸钙公司、常州碳酸钙有限公司、湖北科隆粉体有限公司、中海油天津化工研究设计院、建德市天石碳酸钙有限责任公司、建德市正发实业公司。

本标准主要起草人：张有祥、邵桂英、李奇洪、王莹、周新民、谢启祥。

本标准所代替标准的历次版本发布情况为：

——HG/T 2226—1991、HG/T 2226—2000。

普通工业沉淀碳酸钙

1 范围

本标准规定了普通工业沉淀碳酸钙的分类、要求、试验方法、检验规则、标志、标签、包装、运输和贮存。

本标准适用于普通工业沉淀碳酸钙。该产品主要用于以石灰石为原料，用沉淀法制得的普通工业沉淀碳酸钙。本产品主要用于橡胶、塑料、造纸和涂料等工业中的填充剂。

2 规范性引用文件

下列文件中的条款通过本标准的引用而成为本标准的条款。凡是注日期的引用文件，其随后所有的修改单(不包括勘误的内容)或修订版均不适用于本标准，然而，鼓励根据本标准达成协议的各方研究是否可使用这些文件的最新版本。凡是不注日期的引用文件，其最新版本适用于本标准。

GB/T 191—2008 包装储运图示标志(eqv ISO 780：1997)

GB/T 3049—2006 工业用化工产品 铁含量测定的通用方法 1,10-菲啰啉分光光度法(idt ISO 6685：1982)

GB/T 5009.76—2003 食品添加剂中砷的测定

GB/T 5950—2008 建筑材料与非金属矿产品白度测定方法

GB/T 6003.1—1997 金属丝编织网试验筛(eqv ISO 3310-1：1990)

GB/T 6678 化工产品采样总则

GB/T 6682—2008 分析实验室用水规格和试验方法(eqv ISO 3696：1987)

GB/T 8170 数值修约规则与极限数值的表示和判定

GB/T 19281—2003 碳酸钙分析方法

GB/T 23769—2009 无机化工产品水溶液中 pH 值测定通用方法

GB/T 23774—2009 无机化工产品白度测定通用方法

HG/T 3696.1 无机化工产品化学分析用标准滴定溶液的制备

HG/T 3696.2 无机化工产品化学分析用杂质标准溶液的制备

HG/T 3696.3 无机化工产品化学分析用制剂及制品的制备

3 分子式和相对分子质量

分子式：$CaCO_3$

相对分子质量：100.09(按 2007 年国际相对原子质量)

4 分类

4.1 按产品用途分为三类：橡胶和塑料用、涂料用、造纸用；

4.2 每类分为两个等级：优等品、一等品。

5 要求

5.1 外观：白色或灰白色粉末。

5.2 普通沉淀碳酸钙应符合表 1 要求。

表 1 要求

项目		指标					
		橡胶和塑料用		涂料用		造纸用	
		优等品	一等品	优等品	一等品	优等品	一等品
碳酸钙($CaCO_3$)w/% ≥		98.0	97.0	98.0	97.0	98.0	97.0
pH 值(10 %悬浮物) ≤		9.0～10.0	9.0～10.5	9.0～10.0	9.0～10.5	9.0～10.0	9.0～10.5
105 ℃挥发物 w/% ≤		0.4	0.5	0.4	0.6	1.0	
盐酸不溶物 w/% ≤		0.10	0.20	0.10	0.20	0.10	0.20
沉降体积/(mL/g) ≥		2.8	2.4	2.8	2.6	2.8	2.6
锰(Mn)w/% ≤		0.005	0.008	0.006	0.008	0.006	0.008
铁(Fe)w/% ≤		0.05	0.08	0.05	0.08	0.05	0.08
细度(筛余物)w/% ≤	125 μm	全通过	0.005	全通过	0.005	全通过	0.005
	45 μm	0.2	0.4	0.2	0.4	0.2	0.4
白度/度 ≥		94.0	92.0	95.0	93.0	94.0	92.0
吸油值/(g/100 g) ≤		80	100	—	—	—	—
黑点/(个/g) ≤		5					
铅(Pb)w/%[a] ≤		0.001 0					
铬(Cr)w/%[a] ≤		0.000 5					
汞(Hg)w/%[a] ≤		0.000 2					
镉(Cd)w/% ≤		0.000 2					
砷(As)w/%[a] ≤		0.000 3					
[a] 使用在食品包装纸、儿童玩具和电子产品填料生产上时需控制这些指标。							

6 试验方法

6.1 安全提示

本试验方法中使用的部分试剂具有毒性或腐蚀性，操作者须小心谨慎！如溅到皮肤上应立即用水冲洗，严重者应立即治疗。使用易燃品时，严禁使用明火加热。

6.2 一般规定

本标准所用试剂和水，在没有注明其他要求时，均指分析纯试剂和 GB/T 6682—1992 中规定的三级水。试验中所需标准滴定溶液、杂质标准溶液、制剂及制品，在没有注明其他要求时，均按 HG/T 3696.1、HG/T 3696.2、HG/T 3696.3 的规定制备。

6.3 外观的检验

在自然光下，以目视法判别所取样品的外观。

6.4 碳酸钙含量的测定

按 GB/T 19281—2003 第 3.4 条规定的方法进行测定。

6.5 pH 值的测定

6.5.1 试剂

不含二氧化碳的水。

6.5.2 仪器、设备

6.5.2.1 酸度计：分度值为 0.02 pH 单位，配有玻璃电极和饱和甘汞电极；

6.5.2.2 磁力搅拌器和搅拌子。

6.5.3 分析步骤

称取 10.0 g±0.1 g 试样,置于 150 mL 烧杯中,再加入 25 ℃ 100 mL 不含二氧化碳的蒸馏水,充分搅拌 10 min 后,以下按 GB/T 23769—2009 的分析步骤测定 pH 值。

取平行测定结果的算术平均值为测定结果,两次平行测定结果的绝对差值不大于 0.2 pH。

6.6　105 ℃挥发物的测定

按 GB/T 19281—2003 第 3.14 条规定的方法进行测定。

6.7　盐酸不溶物含量的测定

按 GB/T 19281—2003 第 3.16 条规定的方法进行测定。

6.8　沉降体积的测定

按 GB/T 19281—2003 第 3.23 条规定的方法进行测定。

6.9　锰含量的测定

按 GB/T 19281—2003 第 3.9 条规定的方法进行测定。

6.10　铁含量的测定

6.10.1　方法提要

同 GB/T 3049—2006 第 3 章。

6.10.2　试剂

6.10.2.1　盐酸溶液:1+1;

6.10.2.2　其他试剂同 GB/T 3049—2006 第 4 章。

6.10.3　仪器、设备

分光光度计:配有 4 cm 或 5 cm 的比色皿。

6.10.4　分析步骤

6.10.4.1　工作曲线的绘制

按 GB/T 3049—2006 第 6.3 条的规定,使用 4 cm 或 5 cm 比色皿,绘制铁含量为 0.01 mg～0.1 mg 的工作曲线。

6.10.4.2　测定

称取 1 g 试样,精确至 0.000 2 g,置于 100 mL 烧杯中,加 10 mL 水、5 mL 盐酸溶液,加热煮沸 2 min,取下冷却至室温。全部转移至 100 mL 容量瓶中,用水稀释至刻度,摇匀。干过滤,弃去 20 mL 初始滤液,保留滤液。

用移液管移取 10 mL 滤液,置于 100 mL 容量瓶中,以下按 GB/T 3049—2006 第 6.4 条从"必要时,加水至 60 mL……"开始进行操作。同时同样处理空白试验溶液。从工作曲线上查出相应的铁的质量。

6.10.5　结果计算

铁含量以铁(Fe)的质量分数 w_1 计,数值以%表示,按式(1)计算:

$$w_1=\frac{(m_1-m_0)\times 10^{-3}}{m\times 10/100}\times 100 \qquad (1)$$

式中:

m_1——从工作曲线上查出的试验溶液中铁的质量的数值,单位为毫克(mg);

m_0——从工作曲线上查出的空白试验溶液中铁的质量的数值,单位为毫克(mg);

m——试料的质量的数值,单位为克(g)。

取平行测定结果的算术平均值为测定结果,两次平行测定结果的绝对差值优等品不大于 0.005 %;一等品不大于 0.01 %。

6.11　细度的测定

6.11.1　仪器、设备

6.11.1.1　试验筛:R 20/3 系列,ϕ 200×50—0.045/0.032;ϕ 200×50—0.125/0.90　GB/T 6003.1—1997;

6.11.1.2 玻璃砂坩埚:5 μm～15 μm;

6.11.1.3 电热恒温干燥箱:可控温度在 105 ℃±5 ℃。

6.11.2 分析步骤

称取 20.0 g 试样,精确至 0.1 g,置于 800 mL 烧杯中,先加适量的水,用带橡皮头的玻璃棒搅动助其分散,把分散的悬浮液倒至筛中,将留在筛上的剩余物用水冲回至烧杯中,并再次用同样数量的水进行分散,如前所述倒至筛子中,再重复此操作两次。用水冲出烧杯全部的剩余物,直至洗液澄清为止,将剩余物洗至预先于 105 ℃±5 ℃的电热恒温干燥箱内干燥至质量恒定的玻璃砂坩埚中抽滤,于 105 ℃±5 ℃的电热恒温干燥箱内干燥至质量恒定。

6.11.3 结果计算

细度以筛余物的质量分数 w_2 计,数值以%表示,按式(2)计算:

$$w_2=\frac{m_1}{m}\times 100 \qquad (2)$$

式中:

m_1——试验中筛余物质量的数值,单位为克(g);

m——试料质量的数值,单位为克(g)。

取平行测定结果的算术平均值为测定结果。两次平行测定结果的绝对差值不大于:125 μm 试验筛为 0.000 5 %;45 μm 试验筛为 0.03 %。

6.12 白度的测定

6.12.1 方法提要

同 GB/T 5950—2008 第 4 章。

6.12.2 仪器、设备

6.12.2.1 白度仪;

6.12.2.2 工作白板:符合 GB/T 23774—2009 规定的工作标准白板。

6.12.3 分析步骤

取一定量的试样放入压样器中,压制成表面平整、无纹理、无疵点、无污点的试样板。每批产品需压制 3 件试样板。

按仪器的使用说明预热稳定仪器,调零,用工作白板调校仪器。将试样板置于仪器上测定试样的蓝反白度。

6.12.4 结果计算

按 GB/T 23774—2009 中的 6.1 条读出白度值。

取平行测定结果的算术平均值为测定结果,平行测定结果的绝对差值不大于 1。

6.13 吸油值的测定

6.13.1 试剂

同 GB/T 19281—2003 第 3.21.1 条。

6.13.2 仪器

同 GB/T 19281—2003 第 3.21.2 条。

6.13.3 分析步骤

称取约 5 g 试样,精确至 0.01 g,置于玻璃板或釉面瓷板上,用已知质量的邻苯二甲酸二辛酯(DOP)滴瓶滴加 DOP,边滴加边用调刀不断进行翻动研磨,起初试样呈分散状,后逐渐成团直至全部被 DOP 所润湿,并刚好形成一整团即为终点。称取滴瓶质量,精确至 0.01 g。整个测定要求在 20 min 中内完成(DOP 的温度在整个滴定过程与称量过程中需保持不变)。

6.13.4 结果计算

吸油值以 w_3 计,数值以每 100 g 碳酸钙所吸收 DOP 的质量(g)表示,按式(3)计算:

$$w_3=\frac{m_1-m_2}{m/100} \quad \cdots\cdots (3)$$

式中：

m_1——滴加 DOP 之前滴瓶和 DOP 的质量的数值，单位为克(g)；

m_2——滴加 DOP 之后滴瓶和 DOP 的质量的数值，单位为克(g)；

m——试料质量的数值，单位为克(g)。

取平行测定结果的算术平均值为测定结果，两次平行测定结果的绝对差值不大于 1.0 g/100 g。

6.14 黑点的测定

称取 1 g 试样，置于两片清洁干燥的 100 mm×100 mm 载玻片上，轻轻碾压至试料平铺，用 10 倍放大镜数取试料中深于白色的颗粒。每克样品中不得超过 5 个黑点。

6.15 铅含量的测定

6.15.1 方法提要

将样品溶解并酸化，采用原子吸收分光光度法在 283.3 nm 波长下测定铅含量。

6.15.2 试剂和溶液

6.15.2.1 盐酸溶液：1+1。

6.15.2.2 铅标准溶液：1 mL 溶液含铅(Pb)0.10 mg。

用移液管移取 10 mL 按 HG/T 3696.2 配制的铅标准溶液置于 100 mL 容量瓶中，用水稀释至刻度，摇匀。

6.15.3 仪器、设备

原子吸收分光光度计：配有铅空心阴极灯。

6.15.4 分析步骤

6.15.4.1 试验溶液的制备

称取四份约 4.00 g±0.01 g 试样，分别置于 250 mL 烧杯中，加水润湿，滴加 20 mL 盐酸溶液，小心加热溶解，蒸发至近干。冷却后，加 4 mL 盐酸溶液、50 mL 水，加热煮沸 5 min，冷却。全部移入 4 个 100 mL 容量瓶中，用移液管分别移入 0.00 mL、1.00 mL 、2.00 mL 、4.00 mL 铅标准溶液，用水稀释至刻度，摇匀。

6.15.4.2 测定

使用乙炔-空气火焰，以铅空心阴极灯为光源，在波长 283.3 nm 处将原子吸收分光光度计调至最佳工作状态，以水为参比，测量吸光度。以每个标准参比液的吸光度为纵坐标，以铅的质量为横坐标，绘制曲线，用外推法查出试料溶液中铅的质量。

6.15.5 结果计算

铅含量以铅(Pb)的质量分数 w_4 计，数值以%表示，按式(4)计算：

$$w_4=\frac{m_1\times10^{-3}}{m}\times100 \quad \cdots\cdots (4)$$

式中：

m_1——从工作曲线上查得的试验溶液中铅的含量的数值，单位为毫克(mg)；

m——试料质量的数值，单位为克(g)。

取平行测定结果的算术平均值为测定结果，两次平行测定结果的绝对差值不大于 0.000 1 %。

6.16 铬含量的测定

6.16.1 方法提要

调节试验溶液为酸性，加入二苯卡巴肼与六价铬离子反应生成玫瑰红色铬合物，用分光光度计在一定波长下测定其吸光度从而求得铬含量。

6.16.2 试剂

6.16.2.1 95 %乙醇。

6.16.2.2 氢氧化钠溶液：160 g/L。

6.16.2.3 高锰酸钾溶液：20 g/L。

6.16.2.4 硫酸溶液：0.5 mol/L。

量取 28 mL 浓硫酸，边搅拌边滴加到约 400 mL 水中，待滴加时不发生激烈反应后，再徐徐加入，待溶液冷却至室温，全部转移至 1 000 mL 容量瓶中，用水稀释至刻度，摇匀。

6.16.2.5 硫酸溶液：1+6。

量取 100 mL 浓硫酸，以上述方法加入到 600 mL 水中，并加入 1 滴 2 %高锰酸钾溶液，使溶液呈粉红色。

6.16.2.6 二苯卡巴肼溶液：

称取 0.5 g 二苯卡巴肼，溶解于 100 mL 丙酮中。

6.16.2.7 铬标准储备液：1 mL 溶液含铬(Cr)0.100 mg。

称取 0.283 0 g 经 100 ℃～110 ℃烘至质量恒定的重铬酸钾用水溶解，移入 1 000 mL 容量瓶中，用水稀释至刻度，摇匀。

6.16.2.8 铬标准溶液：1 mL 溶液含铬(Cr)0.002 mg。

移取 1.00 mL 铬标准储备液置于 50 mL 容量瓶中，用水稀释至刻度，摇匀。此溶液即用即配。

6.16.3 仪器、设备

分光光度计：配有 1 cm 比色皿，可在 540 nm 处测量吸光度。

6.16.4 分析步骤

称取约 3 g 样品，精确到 0.000 1 g，置于 250 mL 锥形瓶中，加入 15 mL 硫酸溶液(6.15.2.4)，在电炉上微沸，加入 1.5 mL 氢氧化钠溶液，再加入 2 滴高锰酸钾溶液，加水使瓶内溶液总体积约为 60 mL～70 mL，摇匀，溶液呈紫红色，在电炉上加热煮沸 20 min(在煮沸过程中，如紫红色消褪，应及时补加高锰酸钾溶液，使溶液保持紫红色)，然后沿壁加入 3 mL 95 %乙醇，摇匀，趁热过滤，滤液置于 100 mL 容量瓶中，并用少量的热水洗涤锥形瓶和滤纸 3 次～4 次，洗涤液并入容量瓶中，控制溶液体积，此滤液即为试样溶液，备用。同时制备空白试验溶液。

空白试验溶液除不加试样外，其他操作和加入的试剂与试验溶液相同。

6.16.5 工作曲线的绘制

移取铬标准溶液(6.16.2.8)0.00 mL、2.00 mL、4.00 mL、6.00 mL、8.00 mL、10.00 mL，分别置于 100 mL 容量瓶中，加入适量水稀释，依次加入 4 mL(1+6)硫酸溶液、2.0 mL 二苯卡巴肼溶液，用水稀释至刻度，摇匀，静置 30 min，以水作为参比，用 1 cm 比色皿，在波长 540 nm 处用分光光度计测量其吸光度，从每个标准溶液的吸光度中减去空白溶液的吸光度，以铬的质量为横坐标，对应的吸光度为纵坐标绘制工作曲线。

6.16.6 测定

在装有试样溶液的 100 mL 容量瓶中，依次加入 4 mL 硫酸溶液(6.16.2.5)和 2.0 mL 二苯卡巴肼溶液，用水稀释至刻度，摇匀，静置 30 min，按 6.16.5 条中的要求从“以水作为参比……”开始测定。从工作曲线上查出试验溶液和空白试验溶液中铬的质量。

6.16.7 结果计算

铬含量以铬(Cr)的质量分数 w_5 计，数值以%表示，按式(5)计算：

$$w_5=\frac{(m_1-m_2)\times 10^{-3}}{m}\times 100 \qquad (5)$$

式中：

m_1——从工作曲线上查得的试验溶液中铬的质量的数值，单位为毫克(mg)；

m_2——从工作曲线上查得的空白试验溶液中铬的质量的数值，单位为毫克(mg)；

m——试料质量的数值，单位为克(g)。

取平行测定结果的算术平均值为测定结果，两次平行测定结果的绝对差值不大于0.000 05 %。

6.17 汞含量的测定

6.17.1 方法提要

样品溶解在酸性溶液中，所含的汞化合物呈离子状态存在，加入还原剂还原成原子态(元素汞蒸气)。通过气流带出汞，进入石英管内在波长为253.7 nm处测定汞，在一定浓度范围其吸收值与汞质量成正比，在标准曲线工作曲线上查得汞质量。

6.17.2 试剂

6.17.2.1 硝酸溶液：1+4。

6.17.2.2 硝酸-重铬酸钾溶液：

称取5.0 g重铬酸钾溶于水中，加入5 mL硝酸，用水稀释至100 mL。

6.17.2.3 氯化亚锡溶液：100 g/L。

6.17.2.4 汞标准储备溶液：1 mL溶液含汞(Hg)1.0 mg。

称取0.135 4 g预先在硫酸干燥器中干燥24 h的氯化汞，置于100 mL烧杯中，用硝酸-重铬酸钾溶液溶解，全部转移至100 mL容量瓶中，用硝酸-重铬酸钾溶液稀释至刻度，摇匀，置于冰箱内保存，有效期一年。

6.17.2.5 汞标准溶液：1 mL溶液含汞(Hg)0.001 mg。

用移液管移取10 mL汞标准储备液，置于100 mL容量瓶中，用硝酸-重铬酸钾溶液稀释至刻度，摇匀。此溶液应在使用当天配置。

6.17.3 仪器、设备

测汞仪或原子吸收分光光度计：配有汞空心阴极灯、冷原子蒸气发生装置、消解器。

6.17.4 测定步骤

6.17.4.1 试验溶液和空白试验溶液的制备

称取1.00 g±0.01 g样品置于150 mL烧杯中，用水润湿(盖上表面皿)，滴加硝酸溶液至溶解，加热沸腾，冷却。全部移入50 mL容量瓶中，用水稀释至刻度，摇匀。同时制备空白试验溶液。

6.17.4.2 标准曲线工作曲线的绘制

用移液管移取0.00 mL、1.00 mL、2.00 mL、4.00 mL汞标准溶液(6.17.2.5)，分别置于4个50 mL容量瓶中，此系列溶液为汞标准工作溶液。用移液管分别移取汞标准工作溶液各5.00 mL，置于仪器的汞蒸气发生器的还原瓶中，连接抽气装置，沿壁迅速加入3 mL氯化亚锡溶液，并立即盖紧还原瓶，通入载气，从仪器读取显示的最高吸收值。以汞质量为横坐标，吸收值为纵坐标，绘制工作曲线。

6.17.4.3 测定

用移液管分别移取试验溶液和空白试验溶液各5.00 mL，以下按6.17.4.2条从“置于仪器的汞蒸气发生器的还原瓶中……”开始进行操作，测得其吸收值，从工作曲线上查出汞的质量。

注：每次测定以后用水彻底清洗粘在石英管上的$SnCl_2$，必要时可用$K_2Cr_2O_7$溶液(5 g/L)清洗一次石英管，再用水洗净。含汞废液按照附录A处理。

6.17.5 结果计算

汞含量以汞(Hg)的质量分数w_6计，数值以%表示，按式(6)计算：

$$w_6=\frac{(m_1-m_0)/10^{-3}}{m}\times 100 \qquad (6)$$

式中：

m_1——从工作曲线上查出的试验溶液中汞的质量的数值，单位为毫克(mg)；

m_0——从工作曲线上查出的空白试验溶液中汞的质量的数值，单位为毫克(mg)；

m——试料的质量的数值，单位为克(g)。

取平行测定结果的算术平均值为测定结果，两次平行测定结果的绝对差值不大于 0.000 02 %。

6.18 镉含量的测定

6.18.1 方法提要

试样经处理后，在酸性溶液中镉离子导入原子吸收仪中，原子化以后，吸收 228.8 nm 共振线，其吸收量与镉含量成正比，与标准系列比较定量。

6.18.2 试剂

6.18.2.1 盐酸溶液：1+4。

6.18.2.2 镉标准溶液：1 mL 溶液含镉(Cd)0.002 mg。

用移液管吸取 1 mL HG/T 3696.2 中所配置的镉标准溶液，移入 100 mL 容量瓶中，加水至刻度，摇匀。用移液管吸取 20 mL，移入 100 mL 容量瓶中，加水至刻度，摇匀。使用前配制。

6.18.3 仪器

原子吸收分光光度计：配有镉空心阴极灯。

6.18.4 测定步骤

6.18.4.1 试验溶液和空白试验溶液的制备

称取(1.00±0.01) g 样品置于 150 mL 烧杯中，用水润湿(盖上表面皿)，滴加盐酸溶液至溶解，加热沸腾，冷却。全部移入 50 mL 容量瓶中，用水稀释至刻度。同时制备空白试验溶液。

空白试验溶液除不加试样外，其他操作和加入的试剂与试验溶液相同。

6.18.4.2 标准工作曲线的绘制

用移液管移取 0.00 mL、2.00 mL、4.00 mL、8.00 mL 镉标准溶液，分别置于 4 个 50 mL 容量瓶中，用移液管分别加入 5 mL 盐酸溶液，用水稀释至刻度，摇匀，此系列溶液为镉标准工作溶液。使用乙炔-空气火焰，以镉空心阴极灯为光源，在波长 228.8 nm 处将原子吸收分光光度计调至最佳工作状态，以水为参比，测量吸光度。以镉质量为横坐标，吸收值为纵坐标，绘制工作曲线。

6.18.4.3 测定

试验溶液和空白试验溶液，按 6.18.4.2 条“使用乙炔-空气火焰……测量吸光度”进行操作，测得其吸收值，从工作曲线上查出镉的质量。

6.18.4.4 结果计算

镉含量以镉(Cd)的质量分数 w_7 计，数值以%表示，按式(7)计算：

$$w_7=\frac{(m_1-m_0)/10^{-3}}{m}\times 100 \quad \cdots\cdots (7)$$

式中：

m_1——从工作曲线上查出的试验溶液中镉的质量的数值，单位为毫克(mg)；

m_0——从工作曲线上查出的空白试验溶液中镉的质量的数值，单位为毫克(mg)；

m——试料的质量的数值，单位为克(g)。

取平行测定结果的算术平均值为测定结果，两次平行测定结果的绝对差值不大于 0.000 02 %。

6.19 砷含量的测定

6.19.1 方法提要

同 GB/T 5009.76—2003 第 8 条。

6.19.2 试剂

同 GB/T 5009.76—2003 第 9 条。

6.19.3 仪器

同 GB/T 5009.76—2003 第 10 条。

6.19.4 分析步骤

称取 0.25 g±0.01 g 试样，置于锥形瓶中，用水润湿。用移液管移取 0.75 mL 砷标准溶液[1 mL

溶液含砷(As)0.001 mg]作为标准,置于另一只锥形瓶中。各加入 5 mL 盐酸溶液(1+3),使试样完全溶解。然后按照 GB/T 5009.76—2003 的第二法　砷斑法中第 11 章测定进行操作。

7　检验规则

7.1　本标准分出厂检验和型式检验。

7.1.1　本标准所有项目为型式检验项目,正常生产情况下每六个月进行一次型式检验;在下列情况下必须进行型式检验:

a)　更新关键设备和生产工艺;

b)　主要原料有变化;

c)　停产又恢复生产;

d)　与上次型式检验有较大的差异;

e)　合同规定。

7.1.2　本标准规定碳酸钙含量、pH 值、105 ℃挥发物、盐酸不溶物、沉降体积、锰、铁、细度、白度、黑点、吸油值为出厂检验项目,应逐批检验。

7.2　生产企业用相同材料,基本相同的生产条件,连续生产或同一班组生产的普通工业沉淀碳酸钙为一批,每批产品不超过 60 t。

7.3　按 GB/T 6678 的规定确定采样单元数。采样时将采样器自包装袋的上方垂直插入至料层深度的 3/4 处采样。每袋所取试样不少于 50 g;将所采的样品混匀,用四分法缩分至约 500 g,分装入两个干燥、清洁的广口瓶或塑料袋中,密封,粘贴标签,注明:生产厂名、产品名称、等级、批号和采样日期、采样者姓名。一瓶(袋)用于检验,另一瓶(袋)保存备查,保存时间由生产厂根据实际情况确定。

7.4　生产厂应保证每批出厂的普通工业沉淀碳酸钙产品都符合本标准的要求。

7.5　检验结果如有指标不符合本标准要求时,应重新自两倍量的包装中采样进行复验,复验结果即使只有一项指标不符合本标准的要求时,则整批产品为不合格。

7.6　采用 GB/T 8170 数值修约规则与极限数值的表示和判定检验结果是否符合标准。

8　标志、标签

8.1　普通工业沉淀碳酸钙包装上应有牢固清晰的标志,内容包括:生产厂名、厂址、产品名称、类别、等级、净含量、批号或生产日期、本标准编号和 GB/T 191—2008 中规定的"怕雨"标志。

8.2　每批出厂的普通工业沉淀碳酸钙产品都应附有质量证明书,内容包括:生产厂名、厂址、产品名称、类别、等级、净含量、批号或生产日期、产品质量符合本标准的证明和本标准编号。

9　包装、运输、贮存

9.1　普通工业沉淀碳酸钙包装采用单层包装或双层包装。单层包装为覆膜包装袋。内包装采用聚乙烯塑料薄膜袋,内袋用维尼龙绳或其他质量相当的绳人工扎口,或用与其相当的其他方式封口;外包装采用塑料编织袋,外袋用维尼龙绳或其他质量相当的线牢固缝口。或内外袋袋口对齐,折边缝合,用维尼龙绳或其他质量相当的线牢固缝口。或根据用户要求协商决定。每袋净含量为 25 kg 或根据用户要求协商决定。

9.2　普通工业沉淀碳酸钙在运输过程中应有遮盖物,防止日晒、雨淋、受潮。不得与有毒有害物品混运。

9.3　普通工业沉淀碳酸钙应贮存在干燥库房中,防止雨淋、受潮、日晒。不得与有毒有害物品混贮。

9.4　普通工业沉淀碳酸钙在符合本标准规定的包装、运输、贮存条件下,自生产之日起保质期至少为 1 年。

附 录 A
（资料性附录）
处理汞废液的方法

为了防止含汞废液的污染，建议将汞测定后所得的废液进行处理。

A.1 方法提要

在碱性介质中，用过量的硫化钠沉淀汞，用过氧化氢氧化过量的硫化钠，防止汞以多硫化物的形式溶解。

A.2 试剂和溶液

A.2.1 氢氧化钠溶液：400 g/L；

A.2.2 硫化钠（$Na_2S \cdot 9H_2O$）；

A.2.3 过氧化氢溶液：30 %。

A.3 处理步骤

将汞废液收集于约 50 L 的容器中，当汞废液达约 40 L 时，依次加入 400 mL 氢氧化钠溶液、100 g 硫化钠，摇匀。10 min 后缓慢加入过氧化氢溶液 400 mL，充分混合，放置 24 h 后将上部清液排入废水中，沉淀物转入另一容器中，由专人进行汞的回收。

上述操作中所用药剂均为工业级。

ICS 71.100.40
G 71
备案号：23781—2008

HG

中华人民共和国化工行业标准

HG/T 2423—2008
代替 HG/T 2423—1993

工业对苯二甲酸二辛酯

Dioctyl terephthalate for industrial use

2008-04-23 发布　　2008-10-01 实施

中华人民共和国国家发展和改革委员会　发布

前　　言

本标准代替 HG/T 2423—1993《对苯二甲酸二辛酯》。

本标准与 HG/T 2423—1993 的主要差异如下：

——酯含量技术指标项目改为纯度技术指标项目(1993 年版的 4.2;本标准的 4.3)；

——酸度技术指标项目改为酸值技术指标项目(1993 年版的 4.4;本标准的 4.5)；

——加热减量技术指标项目改为水分技术指标项目(1993 年版的 4.5;本标准的 4.6)。

本标准由中国石油和化学工业协会提出。

本标准由全国橡胶与橡胶制品标准化技术委员会化学助剂分技术委员会(SAC/TC 35/SC 12)归口。

本标准主要起草单位:河南庆安化工高科技股份有限公司。

本标准主要起草人:司天喜、宋广勋、王心振、王艳丽、杨建伟。

本标准于 1993 年首次发布,本次修订为第一次修订。

工业对苯二甲酸二辛酯

1 范围

本标准规定了工业对苯二甲酸二辛酯(缩写 DOTP)的技术要求、试验方法、检验规则、标志、包装、运输和贮存。

本标准适用于对苯二甲酸和 2-乙基己醇为原料制得的对苯二甲酸二辛酯。本产品主要用作聚氯乙烯产品的增塑剂。

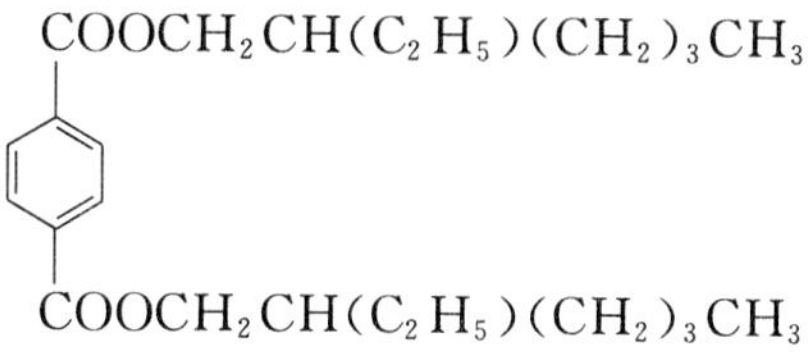

分子式:$C_{24}H_{38}O_4$

结构式:

相对分子质量:390.52(按 2005 年国际相对原子质量)

2 规范性引用文件

下列文件中的条款通过本标准的引用而成为本标准的条款。凡是注日期的引用文件,其随后所有的修改单(不包括勘误的内容)或修订版均不适用于本标准,然而,鼓励根据本标准达成协议的各方研究是否可使用这些文件的最新版本。凡是不注日期的引用文件,其最新版本适用于本标准。

GB/T 601 化学试剂 标准滴定溶液的制备

GB/T 603 化学试剂 试验方法中所用制剂及制品的制备(GB/T 603—2002,ISO 6353-1:1982,NEQ)

GB/T 1250 极限数值的表示方法和判定方法

GB/T 1664 增塑剂外观色度的测定

GB/T 1668 增塑剂酸值及酸度的测定

GB/T 1672 液体增塑剂体积电阻率的测定

GB/T 4472 化工产品密度、相对密度测定通则

GB/T 6489 工业用邻苯二甲酸酯类闪点的测定 克利夫兰德开口杯法

GB/T 6680 液体化工产品采样通则

GB/T 6682 分析实验室用水规格和试验方法(GB/T 6682—1992,neq ISO 3696:1987)

GB/T 9722 化学试剂 气相色谱法通则

GB/T 11133 液体石油产品水含量测定法(卡尔·费休法)

3 要求

工业对苯二甲酸二辛酯应符合表 1 的技术要求。

表 1 工业对苯二甲酸二辛酯的技术要求

项目		指标		
		优等品	一等品	合格品
外观		透明、无可见杂质的油状液体		
色度/(Pt-Co)号	≤	30	50	100
纯度/%	≥	99.5	99.0	98.5
密度(20 ℃)/(g/cm³)		0.981～0.985		
酸值/(mgKOH/g)	≤	0.02	0.03	0.04
水分/%	≤	0.03	0.05	0.10
闪点(开口杯法)/℃	≥	210		205
体积电阻率[a]/Ω·m	≥	2×10^{10}	1×10^{10}	0.5×10^{10}
[a] 根据用户要求检测项目。				

4 试验方法

除非另有说明，在分析中所用标准溶液、制剂和制品，均按 GB/T 601、GB/T 603 规定制备。分析中仅使用确认为分析纯的试剂和符合 GB/T 6682 中规定的三级水。

检验结果的判定按 GB/T 1250 中修约值比较法进行。

4.1 外观

在自然光下目测。

4.2 色度的测定

按 GB/T 1664 规定进行测定。

4.3 纯度的测定

4.3.1 原理

取适量样品注入气相色谱仪，由载气带入色谱柱进行分离，流出物以氢火焰离子化检测器检测，以面积归一法计算结果。

4.3.2 试剂与材料

载气和辅助气

4.3.2.1 氮气：纯度不小于 99.999%，载气。

4.3.2.2 氢气：纯度不小于 99.999%，助燃气。

4.3.2.3 助燃空气。

4.3.3 仪器和设备

4.3.3.1 气相色谱仪检测器：氢火焰离子化检测器。

4.3.3.2 色谱柱

a) 石英毛细管柱：SE-30，0.53 mm×15 m×1.0 μm。

b) 石英毛细管柱老化：将毛细管柱装在色谱仪柱箱中，检查密闭性后，自柱温 100 ℃时开始通氮气分段老化，升温到 270 ℃时，老化 7 h 以上，直至基线稳定。

4.3.3.3 进样器：1 μL 微量玻璃注射器。

4.3.3.4 色谱工作站。

4.3.4 操作步骤

4.3.4.1 按下列条件调整仪器，允许根据不同仪器作适当变动，应得到合适的分离度。

a) 柱温：采用程序升温，初温 150 ℃，持续 2 min，然后以 10 ℃/min 的速度升至 240 ℃，持续 10 min。初始温度规定如下。

b) 汽化室温度:260 ℃。

c) 检测室温度:260 ℃。

d) 氮气流速:30 mL/min。

e) 氢气流速:30 mL/min。

f) 空气流速:300 mL/min。

4.3.4.2 分析步骤:按上述规定调整仪器,待基线稳定后,用微量注射器进样 0.1 μL,同时启动色谱工作站,由仪器自动给出各组分面积百分比,仪器的线性范围应满足归一化法定量分析的要求。

4.3.4.3 色谱图及保留时间

色谱图见图 1。

保留时间见表 2。

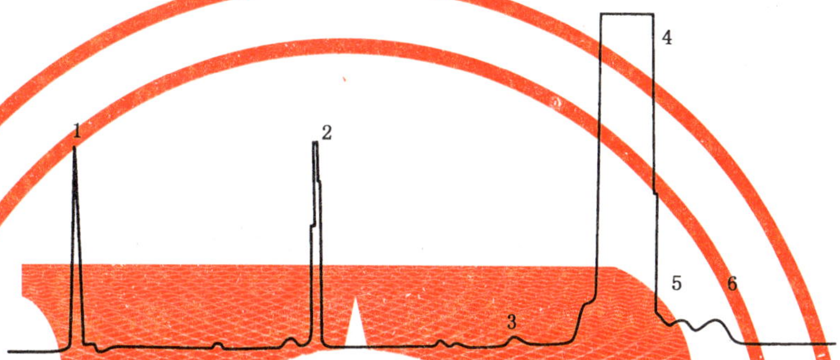

1——2-乙基己醇;
2——对苯二甲酸二丁酯;
3——未知峰;
4——对苯二甲酸二辛酯;
5——未知峰;
6——未知峰。

图 1 工业对苯二甲酸二辛酯气相色谱图

表 2 各组分在色谱柱上的保留时间

峰 序	组 分	保留时间/min
1	2-乙基己醇	2.753
2	对苯二甲酸二丁酯	7.008
3	未知峰	10.504
4	对苯二甲酸二辛酯	13.004
5	未知峰	13.343
6	未知峰	13.543

4.3.5 允许差

取两次平行测定结果的算术平均值为测定结果,计算结果表示到小数点后两位。两次平行测定结果之差不得大于 0.15%。

4.4 密度的测定

按 GB/T 4472—1984 中 2.3.2 韦氏天平法之规定进行测定。

允许差:取两次平行测定结果的算术平均值为测定结果,计算结果表示到小数点后四位。两次平行测定结果之差不得大于 0.000 5。

4.5 酸值的测定

按 GB/T 1668 规定进行测定。

允许差：取两次平行测定结果的算术平均值为测定结果，计算结果表示到小数点后三位。两次平行测定结果之差不得大于0.003%。

4.6 水分的测定

按GB/T 11133规定进行测定。

允许差：取两次平行测定结果的算术平均值为测定结果，计算结果表示到小数点后三位。两次平行测定结果之差不得大于0.003%。

4.7 闪点的测定

按GB/T 6489规定进行测定。

允许差：取两次平行测定结果的算术平均值为测定结果，计算结果表示到整数。两次平行测定结果之差不得大于5 ℃。

4.8 体积电阻率的测定

按GB/T 1672规定进行测定。

5 检验规则

5.1 检验分类

表1中规定的体积电阻率为根据用户要求检测项目，其他全部项目为出厂检验项目。

5.2 生产厂检验

本产品应由生产厂的质量监督检验部门按本标准检验合格后方可出厂，并附有一定格式的质量证明书。

5.3 组批规则

本产品以同等质量的均匀产品为一批。

5.4 采样

按GB/T 6680进行采样。用清洁干燥的取样管伸入包装容器上、中、下均匀取样，取样量不得少于1 000 mL，混合均匀后，装入清洁干燥的磨口瓶中，瓶口加封并注明生产厂名、产品名称、批号、采样日期及采样人姓名，一瓶由检验部门进行检验，另一瓶保留三个月，以备复查。

5.5 复检

出厂检验结果中如有一项指标不符合本标准的要求时，应重新自两倍量的包装件中采样进行复检。复检结果中即使只有一项指标不符合本标准的要求，则该批产品为不合格。

6 标志、包装、运输和贮存

6.1 标志

本产品的每个包装件上应有清晰、牢固的标志，其内容包括：产品名称、标准编号、生产厂名称、地址、联系电话、注册商标、净含量、生产日期、批号等。

6.2 包装

本产品应用清洁、干燥、牢固、内无机械杂质的200 L容量的镀锌铁桶或铁桶包装。桶内应加聚乙烯或无色橡胶的垫圈密封，内附质量证明书。也可根据用户需求采用其他包装。

6.3 运输

本产品运输时要避免日晒、雨淋。在搬运时轻装轻卸，防止猛烈撞击。

6.4 贮存

本产品应贮存在干燥、通风的库房内，贮存期从生产之日起为6个月。本产品超过贮存期后，按本标准规定检验合格后仍可使用。

ICS 71.060.50
G 12
备案号：18148—2006

HG

中华人民共和国化工行业标准

HG/T 2567—2006
代替 HG/T 2567—1994

工业活性沉淀碳酸钙

Activated precipitated calcium carbonate for industrial use

2006-07-26 发布　　2007-03-01 实施

中华人民共和国国家发展和改革委员会　发布

前　言

本标准代替 HG/T 2567—1994《工业活性沉淀碳酸钙》。

本标准与 HG/T 2567—1994 的主要技术差异如下：

——提高了pH 值、105 ℃下挥发物含量、盐酸不溶物含量、筛余物含量、铁含量、白度、吸油量、活化度几项指标的要求(1994 年版 3.2，本版 3.2)。

——筛余物指标中，将 125 μm 试验筛改为了 75 μm 试验筛(1994 年版 3.2，本版 3.2)。

——吸油量计量单位改为 mL/100 g(1994 年版 3.2，本版 3.2)。

——主含量的酸碱滴定法改为了络合滴定法(1994 年版 4.1，本版 4.3)。

——铁含量、锰含量的测定增加了原子吸收分光光度法(1994 年版 4.6 和 4.7，本版 4.8 和 4.9)。

本标准由中国石油和化学工业协会提出。

本标准由全国化学标准化技术委员会无机化工分会(SAC/TC 63/SC 1)归口。

本标准起草单位：天津化工研究设计院、常州碳酸钙有限公司、广西桂林金山化工有限责任公司、浙江菱化集团有限公司。

本标准主要起草人：郭凤鑫、邵桂英、秦光福、孙学芳。

本标准所代替标准的历次版本发布情况为：

——HG/T 2567—1994。

工业活性沉淀碳酸钙

1 范围

本标准规定了工业活性沉淀碳酸钙的要求、试验方法、检验规则、标志、标签、包装、运输、贮存。

本标准适用于采用干法或湿法对沉淀碳酸钙进行表面活化处理生产的工业活性沉淀碳酸钙。该产品主要用作塑料、橡胶、有机树脂等工业的填充剂。

分子式：$CaCO_3$

相对分子质量：100.09(按 2001 年国际相对原子质量)

2 规范性引用文件

下列文件中的条款通过本标准的引用而成为本标准的条款。凡是注日期的引用文件，其随后所有的修改单(不包括勘误的内容)或修订版均不适用于本标准，然而，鼓励根据本标准达成协议的各方研究是否可使用这些文件的最新版本。凡是不注日期的引用文件，其最新版本适用于本标准。

GB/T 191—2000 包装储运图示标志(eqv ISO 780:1997)

GB/T 1250 极限数值的表示方法和判定方法

GB/T 3049—1986 化工产品中铁含量测定的通用方法 邻菲啰啉分光光度法(eqv ISO 6685:1982)

GB/T 5950—1996 建筑材料与非金属矿产品白度测量方法

GB/T 6003.1—1997 金属丝编织网试验筛(eqv ISO 3310-1:1990)

GB/T 6678 化工产品采样总则

GB/T 6682—1992 分析实验室用水规格和试验方法(eqv ISO 3696:1987)

GB/T 8946 塑料编织袋

GB/T 8947 复合塑料编织袋

GB/T 19281—2003 碳酸钙分析方法

HG/T 3696.1 无机化工产品化学分析用标准滴定溶液的制备

HG/T 3696.2 无机化工产品化学分析用杂质标准溶液的制备

HG/T 3696.3 无机化工产品化学分析用制剂及制品的制备

3 要求

3.1 外观：白色粉末。

3.2 工业活性沉淀碳酸钙应符合表 1 要求。

表 1 要求

项目		指标	
		一等品	合格品
碳酸钙质量分数(以干基计)/%	≥	96.0	95.0
pH 值(100 g/L 悬浮液)		8.0～10.0	8.0～11.0
105 ℃下挥发物质量分数/%	≤	0.40	0.60
盐酸不溶物质量分数/%	≤	0.15	0.30

表 1（续）

项目		指标	
		一等品	合格品
筛余物质量分数/%	75 μm 试验筛 ≤	0.005	0.01
	45 μm 试验筛 ≤	0.2	0.3
铁(Fe)质量分数/% ≤		0.08	
锰(Mn)质量分数/% ≤		0.006	0.008
白度 ≥		92.0	90.0
吸油量/(mL/100 g) ≤		60	70
活化度质量分数/% ≥		96	90

4 试验方法

4.1 安全提示

本试验方法中使用的部分试剂具有毒性或腐蚀性，操作者须小心谨慎！如溅到皮肤上应立即用水冲洗，严重者应立即治疗。使用易燃品时，严禁使用明火加热。

4.2 一般规定

本标准所用试剂和水，在没有注明其他要求时，均指分析纯试剂和 GB/T 6682—1992 中规定的三级水。试验中所需标准滴定溶液、杂质标准溶液、制剂及制品，在没有注明其他要求时，均按 HG/T 3696.1、HG/T 3696.2、HG/T 3696.3 之规定制备。

4.3 碳酸钙含量的测定

按 GB/T 19281—2003 第 3.4 条规定的方法进行测定。

4.4 pH 值的测定

按 GB/T 19281—2003 第 3.19 条规定的方法进行测定。

4.5 105 ℃下挥发物含量的测定

按 GB/T 19281—2003 第 3.14 条规定的方法进行测定。

4.6 盐酸不溶物含量的测定

按 GB/T 19281—2003 第 3.16 条规定的方法进行测定。

4.7 筛余物的测定

4.7.1 仪器

4.7.1.1 试验筛：R40/3 系列，ϕ200×50—0.075/0.05 和 ϕ200×50—0.045/0.032 GB/T 6003.1—1997。

4.7.1.2 软毛刷：毛长约 3 cm，刷宽约 3 cm～5 cm。

4.7.2 分析步骤

按 GB/T 19281—2003 第 3.22 条规定的干筛方法进行测定。

4.7.3 结果计算

按 GB/T 19281—2003 的公式(18)进行结果计算。

取平行测定结果的算术平均值为测定结果，两次平行测定结果的绝对差值，75 μm 试验筛不大于 0.002%，45 μm 试验筛不大于 0.03%。

4.8 铁含量的测定

4.8.1 邻菲啰啉分光光度法(仲裁法)

4.8.1.1 方法提要

同 GB/T 3049—1986 第 2 章。

4.8.1.2 **试剂**

4.8.1.2.1 95%乙醇。

4.8.1.2.2 盐酸溶液:1+1。

其余同 GB/T 3049—1986 第 3 章。

4.8.1.3 **仪器**

同 GB/T 3049—1986 第 4 章。

4.8.1.4 **分析步骤**

4.8.1.4.1 **工作曲线的绘制**

按 GB/T 3049—1986 第 5.3 条操作,选用 1 cm 吸收池及对应的铁标准溶液用量,绘制工作曲线。

4.8.1.4.2 **试验溶液 A 的制备**

称取约 2 g 试样,精确至 0.01 g,置于 250 mL 烧杯中。加 2 mL 95%乙醇润湿试料,加少量水,盖上表面皿,滴加 9 mL 盐酸溶液(4.8.1.2.2)溶解试料,小火加热煮沸 2 min。冷却后转移至 250 mL 容量瓶中,用水稀释至刻度,摇匀。此溶液为试验溶液 A,保留此溶液用于铁含量、锰含量的测定(原子吸收分光光度法)。

4.8.1.4.3 **测定**

将试验溶液 A 进行干过滤,弃去初滤液 20 mL,用移液管移取 25 mL 过滤后的试验溶液,置于 100 mL烧杯中,同时取 1 mL 盐酸溶液(4.8.1.2.2)置于另一烧杯中作空白试验。以下操作按 GB/T 3049—1986第 5.4 条从“用盐酸溶液或氨水调整 pH 约为 2……”开始,至“……测定试液和试剂空白溶液的吸光度。”为止。从工作曲线上查出试验溶液和空白试验溶液中铁的质量。

4.8.1.5 **结果计算**

铁含量以铁(Fe)的质量分数 w_1 计,数值以%表示,按公式(1)计算:

$$w_1 = \frac{(m_1 - m_0)/1\,000}{m \times 25/250} \times 100 = \frac{m_1 - m_0}{m} \qquad \cdots\cdots(1)$$

式中:

m_1——从工作曲线上查得的试验溶液中铁的质量的数值,单位为毫克(mg);

m_0——从工作曲线上查得的空白试验溶液中铁的质量的数值,单位为毫克(mg);

m——试料质量的数值,单位为克(g)。

取平行测定结果的算术平均值为测定结果,两次平行测定结果的绝对差值不大于 0.01%。

4.8.2 **原子吸收分光光度法**

4.8.2.1 **方法提要**

在酸性介质中,采用原子吸收分光光度法,在 248.3 nm 波长下测定试样中的铁含量。

4.8.2.2 **试剂**

铁标准溶液:1 mL 溶液含铁(Fe)0.1 mg。

用移液管移取 10 mL 按 HG/T 3696.2 配制的铁标准溶液,置于 100 mL 容量瓶中,用水稀释至刻度,摇匀。

4.8.2.3 **仪器、设备**

原子吸收分光光度计:配有铁空心阴极灯。

4.8.2.4 **分析步骤**

4.8.2.4.1 **工作曲线的绘制**

在四个 100 mL 容量瓶中,用移液管分别移入 0.00 mL、0.50 mL、1.00 mL、1.50 mL 铁标准溶液,用水稀释至刻度,摇匀。

将原子吸收分光光度计调整至最佳工作状态,用波长 248.3 nm 线,使用空气-乙炔火焰,以水调零,测量上述溶液的吸光度。从每个标准溶液的吸光度中减去空白溶液的吸光度，以铁的质量为横坐标，对应的吸光度为纵坐标，绘制工作曲线。

4.8.2.4.2 测定

用移液管移取 25 mL 过滤后的试验溶液 A，置于 100 mL 容量瓶中，同时取 1 mL 盐酸溶液(4.8.1.2.2)置于另一容量瓶中作空白试验，分别用水稀释至刻度，摇匀。

将原子吸收分光光度计调整至最佳工作状态，用波长 248.3 nm 线，使用空气-乙炔火焰，以水调零，测量上述溶液的吸光度。从工作曲线上查出试验溶液和空白试验溶液中铁的质量。

4.8.2.5 结果计算

铁含量以铁(Fe)的质量分数 w_1 计，数值以%表示，按公式(2)计算：

$$w_1=\frac{(m_1-m_0)/1\,000}{m\times 25/250}\times 100=\frac{m_1-m_0}{m} \qquad \cdots\cdots(2)$$

式中：

m_1——从工作曲线上查得的试验溶液中铁的质量的数值，单位为毫克(mg)；

m_0——从工作曲线上查得的空白试验溶液中铁的质量的数值，单位为毫克(mg)；

m——试料质量的数值，单位为克(g)。

取平行测定结果的算术平均值为测定结果，两次平行测定结果的绝对差值不大于 0.01%。

4.9 锰含量的测定

4.9.1 分光光度法(仲裁法)

4.9.1.1 方法提要

同 GB/T 19281—2003 第 3.9.1 条。

4.9.1.2 试剂

95%乙醇。

其余同 GB/T 19281—2003 第 3.9.2 条。

4.9.1.3 仪器

同 GB/T 19281—2003 第 3.9.3 条。

4.9.1.4 分析步骤

4.9.1.4.1 工作曲线的绘制

同 GB/T 19281—2003 第 3.9.4.1 条。

4.9.1.4.2 空白试验溶液的制备

同 GB/T 19281—2003 第 3.9.4.2 条。

4.9.1.4.3 测定

称取约 2 g 试样，精确至 0.01 g，置于 250 mL 高型烧杯中，加入少量 95%乙醇润湿试样，再加少量水。滴加 7 mL 硝酸溶液溶解试料，加热煮沸 2 min。用中速定量滤纸过滤，用 80 mL 热水分 5 次洗涤，滤液和洗液一并收集于 250 mL 烧杯中，作为试验溶液。

另取 6 mL 硝酸溶液于另一烧杯中，用氨水溶液调至中性后(用 pH 试纸检验)，再加 1 mL 硝酸溶液作为空白试验溶液。

将试验溶液和空白试验溶液同时按 GB/T 19281—2003 第 3.9.4.1 条规定进行操作，从“加入 10 mL磷酸溶液……”开始，至“……测量其吸光度”为止。从工作曲线上查出试验溶液和空白试验溶液中锰的质量。

4.9.1.5 结果计算

锰含量以锰(Mn)的质量分数 w_2 计，数值以%表示，按公式(3)计算：

$$w_2=\frac{(m_1-m_0)/1\,000}{m}\times 100=\frac{0.1(m_1-m_0)}{m} \qquad \cdots\cdots(3)$$

式中：

m_1——从工作曲线上查得的试验溶液中锰的质量的数值，单位为毫克(mg)；

m_0——从工作曲线上查得的空白试验溶液中锰的质量的数值，单位为毫克(mg)；

m——试料质量的数值，单位为克(g)。

取平行测定结果的算术平均值为测定结果，两次平行测定结果的绝对差值不大于0.001%。

4.9.2 **原子吸收分光光度法**

4.9.2.1 **方法提要**

在酸性介质中，采用原子吸收分光光度法，在279.5 nm波长下测定试样中的锰含量。

4.9.2.2 **试剂**

4.9.2.2.1 95%乙醇。

4.9.2.2.2 盐酸溶液：1+1。

4.9.2.2.3 锰标准溶液：1 mL溶液含锰(Mn)0.1 mg。

用移液管移取10 mL按HG/T 3696.2配制的锰标准溶液，置于100 mL容量瓶中，用水稀释至刻度，摇匀。

4.9.2.3 **仪器、设备**

原子吸收分光光度计：配有锰空心阴极灯。

4.9.2.4 **分析步骤**

4.9.2.4.1 **工作曲线的绘制**

在四个100 mL容量瓶中，用移液管分别移入0.00 mL、0.50 mL、1.00 mL、1.50 mL锰标准溶液，用水稀释至刻度，摇匀。

将原子吸收分光光度计调整至最佳工作状态，用波长279.5 nm线，使用空气-乙炔火焰，以水调零，测量上述溶液的吸光度。从每个标准溶液的吸光度中减去空白溶液的吸光度，以锰的质量为横坐标，对应的吸光度为纵坐标，绘制工作曲线。

4.9.2.4.2 **测定**

将过滤后的试验溶液A直接作为试验溶液，另取1 mL盐酸溶液置于100 mL容量瓶中，用水稀释至刻度，摇匀，作为空白试验溶液。

将原子吸收分光光度计调整至最佳工作状态，用波长279.5 nm线，使用空气-乙炔火焰，以水调零，测量试验溶液和空白试验溶液的吸光度。从工作曲线上查出试验溶液和空白试验溶液中锰的质量。

4.9.2.5 **结果计算**

锰含量以锰(Mn)的质量分数 w_2 计，数值以%表示，按公式(4)计算：

$$w_2=\frac{(m_1-m_0)/1\,000}{m}\times 100=\frac{0.1(m_1-m_0)}{m} \qquad \cdots\cdots(4)$$

式中：

m_1——从工作曲线上查得的试验溶液中锰的质量的数值，单位为毫克(mg)；

m_0——从工作曲线上查得的空白试验溶液中锰的质量的数值，单位为毫克(mg)；

m——4.8.1.4.2中试料质量的数值，单位为克(g)。

取平行测定结果的算术平均值为测定结果，两次平行测定结果的绝对差值不大于0.001%。

4.10 **白度的测定**

4.10.1 **仪器、设备**

4.10.1.1 白度仪。

4.10.1.2 工作标准白板：符合GB/T 5950—1996第6章规定的标准白板。

4.10.2 **分析步骤**

取一定量的试样放入压样器中，压制成表面平整、无纹理、无疵点、无污点的试样板。每批产品需压制3件试样板。

按仪器的使用说明预热稳定仪器，调零，用工作标准白板调校仪器。将试样板置于仪器上测定试样的蓝光白度。

4.10.3 结果计算

取平行测定结果的算术平均值为测定结果，平行测定结果的绝对差值不大于1。

4.11 吸油量的测定

4.11.1 试剂

同GB/T 19281—2003第3.21.1条。

4.11.2 仪器

同GB/T 19281—2003第3.21.2条。

4.11.3 分析步骤

称取约5 g试样，精确至0.01 g，置于玻璃板或釉面瓷板上。将邻苯二甲酸二辛酯(DOP)置于50 mL滴定管中，调零。在试料中滴加DOP，在滴加时用调刀不断进行翻动研磨，起初试样呈分散状，后逐渐成团直至全部被DOP所润湿，并形成一整团即为终点，等待5 min后读取滴定管的体积数。

4.11.4 结果计算

吸油量以W计，数值以每100 g碳酸钙所吸收DOP的体积(mL)表示，按公式(5)计算：

$$W=\frac{V}{m}\times 100 \qquad (5)$$

式中：

V——滴加DOP体积的数值，单位为毫升(mL)；

m——试料质量的数值，单位为克(g)。

取平行测定结果的算术平均值为测定结果，两次平行测定结果的绝对差值不大于2.0 mL/100 g。

4.12 活化度的测定

按GB/T 19281—2003中3.20规定的方法进行测定。

5 检验规则

5.1 本标准要求中规定的所有指标项目为出厂检验项目，应逐批检验。

5.2 生产企业用相同材料，基本相同的生产条件，连续生产或同一班组生产的同一级别的工业活性沉淀碳酸钙为一批。每批产品不超过40 t。

5.3 按GB/T 6678的规定确定采样单元数。采样时，将采样器自包装袋的上方垂直插入至料层深度的四分之三处采样。将所采的样品混匀，用四分法缩分至约500 g，分装入两个干燥、清洁的广口瓶中，密封，粘贴标签，注明：生产厂名、产品名称、等级、批号和采样日期、采样者姓名。一瓶用于检验，另一瓶保存备查，保存时间由生产厂根据实际情况确定。

5.4 工业活性沉淀碳酸钙由生产厂的质量监督检验部门按本标准的规定进行检验。生产厂应保证每批出厂的产品都符合本标准的要求。

5.5 检验结果中如有指标不符合本标准要求时，应重新自两倍量的包装袋中采样进行复验，复验结果即使只有一项指标不符合本标准要求时，则整批产品为不合格。

5.6 采用GB/T 1250规定的修约值比较法判定检验结果是否符合标准。

6 标志、标签

6.1 工业活性沉淀碳酸钙包装袋上要有牢固清晰的标志，内容包括：生产厂名、厂址、产品名称、商标、等级、净含量、批号或生产日期、本标准编号及GB/T 191—2000规定的“怕雨”标志。

6.2 每批出厂的工业活性沉淀碳酸钙都应附有质量证明书，内容包括：生产厂名、厂址、产品名称、商标、等级、净含量、批号或生产日期、产品质量符合本标准的证明和本标准编号。

7 包装、运输、贮存

7.1 工业活性沉淀碳酸钙采用两种包装方式。

7.1.1 双层包装:内包装采用聚乙烯塑料薄膜袋。外包装为塑料编织袋,其性能和检验方法应符合GB/T 8946的规定。每袋净含量25 kg或40 kg。

7.1.2 单层包装:采用复合塑料编织袋,其性能和检验方法应符合GB/T 8947的规定。每袋净含量25 kg或40 kg。

7.2 工业活性沉淀碳酸钙在包装时,将内袋中空气排出,内袋用维尼龙绳或其他质量相当的绳扎紧,或用与其相当的其他方式封口;外袋用维尼龙绳线或其他质量相当的线缝口,缝线整齐,针距均匀,无漏缝或跳线现象。

7.3 工业活性沉淀碳酸钙在运输中应有遮盖物,防止包装损坏,防止雨淋、受潮、曝晒。不得与酸混运。

7.4 工业活性沉淀碳酸钙应贮存于阴凉、通风、干燥处,防止雨淋、受潮。不得与酸混贮。

ICS 71.060.50
G 12
备案号:30088—2011

HG

中华人民共和国化工行业标准

HG/T 2776—2010
代替 HG/T 2776—1996

工业微细沉淀碳酸钙和工业微细活性沉淀碳酸钙

Fine precipitated calcium carbonate and fine activated precipitated calcium carbonate for industrial use

2010-11-22 发布　　2011-03-01 实施

中华人民共和国工业和信息化部 发布

前　　言

本标准代替 HG/T 2776—1996《工业超细碳酸钙和工业超细活性碳酸钙》。

本标准与 HG/T 2776—1996 的主要技术差异如下：

——更改了原标准的名称；

——取消了原标准中合格品指标，增加工业微细沉淀碳酸钙中优等品的指标(1996 年版的 3.2，本版的 5.2)；

——删除了氧化钙、氧化镁、灼烧减量的指标要求和测定方法(1996 年版的 3.2、5.4、5.5、5.15)；

——提高了盐酸不溶物、pH、105 ℃下挥发物含量、铁含量、白度、比表面积、密度、粒径八项指标的要求，增加了黑点、铅、铬、镉、汞五项指标项目(1996 年版的 3.2，本版的 5.2)；

——增加了黑点、铅、铬、汞、镉五项指标的分析方法(本版的 6.11、6.15、6.16、6.17、6.18)。

本标准的附录为资料性附录。

本标准由中国石油和化学工业协会提出。

本标准由全国化学标准化技术委员会无机化工分会(SAC/TC63/SC1)归口。

本标准起草单位：建德市天石碳酸钙有限责任公司、常州碳酸钙有限公司、福建省三农碳酸钙公司、湖北科隆粉体有限公司、中海油天津化工研究设计院、建德市正发实业公司、建德市兴隆钙粉有限公司。

本标准主要起草人：周新民、章文光、张有祥、李奇洪、王莹、谢启祥、詹根松。

本标准所代替标准的历次版本发布情况为：

——HG/T 2776—1996。

工业微细沉淀碳酸钙和工业微细活性沉淀碳酸钙

1 范围

本标准规定了工业微细沉淀碳酸钙和工业微细活性沉淀碳酸钙的要求、试验方法、检验规则、标志、标签、包装、运输、贮存和安全。

本标准适用于以石灰石为原料，沉淀法生产的工业微细沉淀碳酸钙和采用活性剂进行表面处理、特殊加工而成的工业微细活性沉淀碳酸钙。这些产品主要用于塑料、橡胶、纸张等填充剂。

2 规范性引用文件

下列文件中的条款通过本标准的引用而成为本标准的条款。凡是注日期的引用文件，其随后所有的修改单（不包括勘误的内容）或修订版均不适用于本标准，然而，鼓励根据本标准达成协议的各方研究是否可使用这些文件的最新版本。凡是不注日期的引用文件，其最新版本适用于本标准。

GB/T 191—2008 包装储运图示标志(mod ISO 780：1997)

GB/T 3049—2006 工业用化工产品 铁含量测定的通用方法 1,10-菲啰啉分光光度法(idt ISO 6685：1982)

GB/T 5009.76—2003 食品添加剂中砷的测定

GB/T 5950—2008 建筑材料与非金属矿产品白度测定方法

GB/T 6678 化工产品采样总则

GB/T 6682—2008 分析实验室用水规格和试验方法(mod ISO 3696：1987)

GB/T 8170 数值修约规则与极限数值的表示和判定

GB/T 19281—2003 碳酸钙分析方法

GB/T 19587—2004 气体吸附 BET 法测定固态物质比表面积(neq ISO 9277：1995)

GB/T 23769 无机化工产品水溶液中 pH 值测定通用方法

GB/T 23774—2009 无机化工产品白度测定通用方法

HG/T 3696.1 无机化工产品化学分析用标准滴定溶液的制备

HG/T 3696.2 无机化工产品化学分析用杂质标准溶液的制备

HG/T 3696.3 无机化工产品化学分析用制剂及制品的制备

3 分子式和相对分子质量

分子式：$CaCO_3$

相对分子质量：100.09（按 2007 年国际相对原子质量）

4 分类

4.1 本标准分为工业微细沉淀碳酸钙和工业微细活性沉淀碳酸钙两类。

4.2 每类分为两个等级：优等品和一等品。

5 要求

5.1 外观：白色粉末，无味、无臭。

5.2 工业微细沉淀碳酸钙和工业微细活性沉淀碳酸钙应符合表 1 要求。

表1 要求

项目		指标			
		工业微细沉淀碳酸钙		工业微细活性沉淀碳酸钙	
		优等品	一等品	优等品	一等品
碳酸钙($CaCO_3$)w/%	≥	98.0	97.0	95.0	94.0
pH值(10%悬浮物)		8.0～10.0			
105 ℃挥发物 w/%	≤	0.4	0.6	0.3	0.5
盐酸不溶物 w/%	≤	0.1	0.2	0.1	0.2
铁(Fe)w/%		0.05	0.08	0.05	0.08
白度 w/%		94.0	92.0	94.0	92.0
吸油值/(g/100 g)	≤	100		70	
黑点/(个/g)	≤	5			
堆积密度(松密度)/(g/cm^3)		0.3～0.5			
比表面积/(m^2/g)	≥	12	6	12	6
平均粒径/μm		0.1～1.0	1.0～3.0	0.1～1.0	1.0～3.0
铅[a](Pb)w/%	≤	0.001 0			
铬[a](Cr)w/%	≤	0.000 5			
汞[a](Hg)w/%	≤	0.000 1			
镉(Cd)w/%	≤	0.000 2			
砷[a](As)w/%	≤	0.000 3			
活化度 w/%	≥	—		96	
[a] 在作为食品包装纸、儿童玩具和电子产品填料时需控制这些指标。					

6 试验方法

6.1 安全提示

本试验方法中使用的部分试剂具有毒性或腐蚀性，操作者须小心谨慎！如溅到皮肤上应立即用水冲洗，严重者应立即治疗。使用易燃品时，严禁使用明火加热。

6.2 一般规定

本标准所用试剂和水，在没有注明其他要求时，均指分析纯试剂和GB/T 6682—2008中规定的三级水。试验中所需标准滴定溶液、杂质标准溶液、制剂及制品，在没有注明其他要求时，均按HG/T 3696.1、HG/T 3696.2、HG/T 3696.3的规定制备。

6.3 外观检验

在自然光下，以目视法判别所取样品的外观。

6.4 碳酸钙含量的测定

按GB/T 19281—2003第3.4条规定的方法进行测定。

6.5 pH值的测定

6.5.1 试剂

6.5.1.1 无二氧化碳的蒸馏水；

6.5.1.2 乙醇溶液：95 %的中性溶液。

6.5.2 仪器、设备

6.5.2.1 酸度计：分度值为0.02 pH单位，配有玻璃电极和饱和甘汞电极；

6.5.2.2 磁力搅拌器和搅拌子。

6.5.3 分析步骤

称取 10.0 g±0.1 g 试样，置于 150 mL 烧杯中（活性产品需加入 5 mL 乙醇溶液润湿），再加入 25 ℃ 100 mL 无二氧化碳的蒸馏水，充分搅拌 10 min 后，以下按 GB/T 23769 的分析步骤测定 pH 值。

取平行测定结果的算术平均值为测定结果，两次平行测定结果的绝对差值不大于 0.2 pH。

6.6 105 ℃挥发物的测定

按 GB/T 19281—2003 第 3.14 条规定的方法进行测定。

6.7 盐酸不溶物含量的测定

按 GB/T 19281—2003 第 3.16 条规定的方法进行测定。

6.8 铁含量的测定

6.8.1 方法提要

同 GB/T 3049—2006 第 3 章。

6.8.2 试剂

6.8.2.1 盐酸溶液：1+1；

6.8.2.2 其他试剂同 GB/T 3049—2006 第 4 章。

6.8.3 仪器、设备

分光光度计：配有 4 cm 或 5 cm 的比色皿。

6.8.4 分析步骤

6.8.4.1 工作曲线的绘制

按 GB/T 3049—2006 第 6.3 条的规定，使用 4 cm 或 5 cm 比色皿，绘制铁含量为 0.01 mg～0.1 mg 的工作曲线。

6.8.4.2 测定

称取 1 g 试样，精确至 0.000 2 g，置于 100 mL 烧杯中，加 10 mL 水、5 mL 盐酸溶液，加热煮沸 2 min，取下冷却至室温。全部转移至 100 mL 容量瓶中，用水稀释至刻度，摇匀。干过滤，弃去 20 mL 初始滤液，保留滤液。

用移液管移取 10 mL 滤液，置于 100 mL 容量瓶中，以下按 GB/T 3049—2006 第 6.4 条从“必要时，加水至 60 mL……”开始进行操作。同时同样处理空白试验溶液。从工作曲线上查出相应的铁的质量。

6.8.5 结果计算

铁含量以铁(Fe)的质量分数 w_1 计，数值以%表示，按式(1)计算：

$$w_1=\frac{(m_1-m_0)\times10^{-3}}{m\times10/100}\times100 \qquad (1)$$

式中：

m_0——从工作曲线上查出的空白试验溶液中铁的质量的数值，单位为毫克(mg)；

m_1——从工作曲线上查出的试验溶液中铁的质量的数值，单位为毫克(mg)；

m——试料的质量的数值，单位为克(g)。

取平行测定结果的算术平均值为测定结果，两次平行测定结果的绝对差值优等品不大于 0.005 %。

6.9 白度的测定

6.9.1 方法提要

同 GB/T 5950—2008 第 4 章。

6.9.2 仪器、设备

6.9.2.1 白度仪；

6.9.2.2 工作白板：符合 GB/T 23774—2009 中规定的工作标准白板。

6.9.3 分析步骤

取一定量的试样放入压样器中，压制成表面平整、无纹理、无疵点、无污点的试样板。每批产品需压制 3 件试样板。

按仪器的使用说明预热稳定仪器，调零，用工作白板调校仪器。将试样板置于仪器上，测定试样的蓝反白度。

6.9.4 结果计算

按 GB/T 23774—2009 中 6.1 条读出白度值。

取平行测定结果的算术平均值为测定结果，平行测定结果的绝对差值不大于 0.5。

6.10 吸油值的测定

6.10.1 试剂

同 GB/T 19281—2003 第 3.21.1 条。

6.10.2 仪器

同 GB/T 19281—2003 第 3.21.2 条。

6.10.3 分析步骤

称取约 5 g 试样，精确至 0.01 g，置于玻璃板或釉面瓷板上，用已知质量的邻苯二甲酸二辛酯(DOP)滴瓶滴加 DOP，边滴加边用调刀不断进行翻动研磨，起初试样呈分散状，后逐渐成团直至全部被 DOP 所润湿，并刚好形成一整团即为终点。称取滴瓶质量，精确至 0.01 g。整个测定要求在 20 min 中内完成(DOP 的温度在整个滴定与称量过程中需保持不变)。

6.10.4 结果计算

吸油值以 w_2 计，数值以每 100 g 碳酸钙所吸收 DOP 的质量(g)表示，按式(2)计算：

$$w_2=\frac{m_1-m_2}{m}\times 100 \qquad (2)$$

式中：

m_1——滴加 DOP 之前滴瓶和 DOP 的质量的数值，单位为克(g)；

m_2——滴加 DOP 之后滴瓶和 DOP 的质量的数值，单位为克(g)；

m——试料质量的数值，单位为克(g)。

取平行测定结果的算术平均值为测定结果，两次平行测定结果的绝对差值不大于 1.0 g/100 g。

6.11 黑点的测定

称取 1 g 试样，置于两片清洁干燥的 100 mm×100 mm 载玻片上，轻轻碾压至试料平铺，用 10 倍放大镜数取试料中深于白色的颗粒。每克样品中不得超过 5 个黑点。

6.12 堆积密度(松密度)的测定

6.12.1 方法提要

一定量的试料通过圆锥形漏斗，进入一已知容积的圆柱形料罐中，测定装满料罐所需试料的质量。

6.12.2 仪器、设备

堆积密度的测定：将料罐洗净、晾干，盖上玻璃片，称得料罐和玻璃片的质量。小心将水倒入料罐中，近满时用滴管加水至全满，盖上玻璃片，用滤纸吸干料罐及玻璃片外部的水，玻璃片与料罐中水之间应无气泡，再称量料罐和玻璃片的质量。装置如图 1 所示。

料罐体积 V，数值以毫升(mL)表示，按式(3)计算：

$$V=\frac{m_1-m_2}{\rho_{水}} \qquad (3)$$

式中：

m_1——灌满水的料罐及玻璃片的质量的数值，单位为克(g)；

m_2——未灌水的料罐及玻璃片的质量的数值，单位为克(g)；

$\rho_{水}$——测定温度下纯水密度的数值，单位为克每毫升(g/mL)，近似为 1 g/mL。

料罐体积每年至少校准一次。

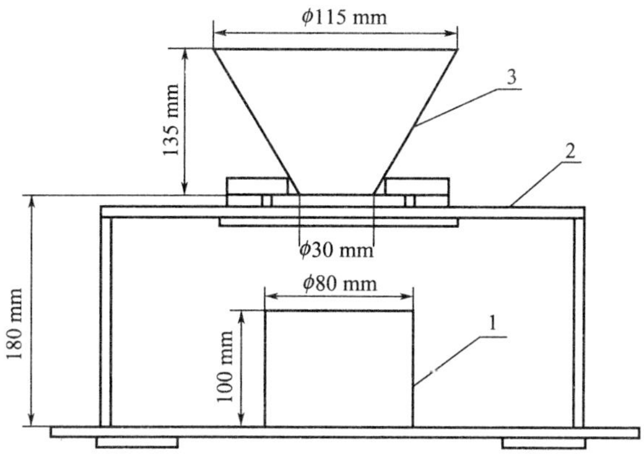

1——料罐(500 mL 或 250 mL);

2——支架;

3——漏斗。

图 1　堆积密度测定装置图

6.12.3　分析步骤

按图 1 安装好堆积密度测定装置。

称取料罐质量,精确至 1 g。

关好漏斗下底,将试样自然倒满,用直尺刮去高出部分,放好已知质量的料罐,打开漏斗下底,使试料全部自动流入料罐中,用直尺刮去高出部分(刮平前勿移动料罐),称量试料和料罐的质量,精确至 1 g。

6.12.4　结果计算

堆积密度以单位体积的质量 ρ 计,数值以克每毫升(g/mL)表示,按式(4)计算:

$$\rho=\frac{m_1-m_2}{V} \quad \cdots\cdots(4)$$

式中:

m_1——料罐和试料的质量的数值,单位为克(g);

m_2——料罐的质量的数值,单位为克(g);

V——料罐的体积的数值,单位为毫升(mL)。

取平行测定结果的算术平均值为测定结果,两次平行测定结果的绝对差值不大于 0.02 g/mL。

6.13　比表面积的测定

按 GB/T 19587—2004 规定的方法进行测定。

6.14　平均粒径的测定

6.14.1　仪器

6.14.1.1　激光粒径分析仪:

量程:0.02 μm～2000 μm;

精度:±1 %;

检测角度:0°～135°。

6.14.1.2　超声波分散仪。

6.14.2　分析步骤

根据激光粒径分析仪的要求称取一定量的试样,加入 100 mL 水,加入 1.0 mL～1.5 mL 六偏磷酸钠溶液。将试样溶液置于超声波分散仪上超声分散 15 min。按激光粒径分析仪操作步骤测定试样的平均粒径。

6.15 铅含量的测定

6.15.1 方法提要

将样品溶解并酸化，采用原子吸收分光光度法在283.3 nm波长下测定铅含量。

6.15.2 试剂和溶液

6.15.2.1 盐酸。

6.15.2.2 硝酸。

6.15.2.3 铅标准溶液：1 mL溶液含铅(Pb)0.020 mg。

用移液管移取2 mL按HG/T 3696.2配制的铅标准溶液置于100 mL容量瓶中，用水稀释至刻度，摇匀。

6.15.3 仪器、设备

原子吸收分光光度计：配有铅空心阴极灯。

6.15.4 分析步骤

6.15.4.1 试验溶液的制备

称取四份约2.00 g±0.01 g试样，分别置于250 mL烧杯中，加入10 mL硝酸、15 mL盐酸，小心加热溶解，蒸发至近干。冷却后，加4 mL盐酸、50 mL水，加热煮沸5 min，冷却。全部移入4个100 mL容量瓶中，用移液管分别移入0.00 mL、2.00 mL、4.00 mL、8.00 mL铅标准溶液，用水稀释至刻度，摇匀。

6.15.4.2 测定

使用乙炔-空气火焰，以铅空心阴极灯作为光源，在283.3 nm波长处将原子吸收分光光度计调至最佳工作状态，以水为参比，测量吸光度。以铅的质量为横坐标，对应的吸光度为纵坐标，绘制曲线，用外推法查出试料溶液中铅的质量。

6.15.5 结果计算

铅含量以铅(Pb)的质量分数w_3计，数值以%表示，按式(5)计算：

$$w_3=\frac{m_1\times 10^{13}}{m}\times 100 \qquad (5)$$

式中：

m_1——从工作曲线上查得的试验溶液中铅的含量的数值，单位为毫克(mg)；

m——试料质量的数值，单位为克(g)。

取平行测定结果的算术平均值为测定结果，两次平行测定结果的绝对差值不大于0.000 1 %。

6.16 铬含量的测定

6.16.1 方法提要

调节试验溶液为酸性，加入二苯卡巴肼与六价铬离子反应生成玫瑰红色铬合物，用分光光度计在一定波长下测定其吸光度从而求得铬含量。

6.16.2 试剂

6.16.2.1 95 %乙醇。

6.16.2.2 氢氧化钠溶液：160 g/L。

6.16.2.3 高锰酸钾溶液：20 g/L。

6.16.2.4 硫酸溶液：0.5 mol/L。

量取28 mL浓硫酸，边搅拌边滴加到约400 mL水中，待滴加时不发生激烈反应后，再徐徐加入，待溶液冷却至室温，全部转移至1 000 mL容量瓶中，用水稀释至刻度，摇匀。

6.16.2.5 硫酸溶液：1+6。

量取100 mL浓硫酸，以上述方法加入到600 mL水中，并加入1滴2 %高锰酸钾溶液，使溶液呈粉红色。

6.16.2.6 二苯卡巴肼溶液。

称取 0.5 g 二苯卡巴肼，溶解于 100 mL 丙酮中。

6.16.2.7 铬标准储备液：1 mL 溶液含铬(Cr)0.100 mg。

称取 0.283 0 g 经 100 ℃～110 ℃烘至质量恒定的重铬酸钾用水溶解，移入 1 000 mL 容量瓶中，用水稀释至刻度，摇匀。

6.16.2.8 铬标准溶液：1 mL 溶液含铬(Cr)0.002 mg。

移取 1.00 mL 铬标准储备液置于 50 mL 容量瓶中，用水稀释至刻度，摇匀。此溶液即用即配。

6.16.3 仪器、设备

分光光度计：配有 1 cm 比色皿，可在 540 nm 处测量吸光度。

6.16.4 分析步骤

称取约 3 g 样品，精确到 0.000 1 g，置于 250 mL 锥形瓶中，用少量水润湿，加入 15 mL 硫酸溶液(6.16.2.4)，在电炉上微沸，加入 1.5 mL 氢氧化钠溶液，再加入 2 滴高锰酸钾溶液，加水使瓶内溶液总体积约为 60 mL～70 mL，摇匀，溶液呈紫红色，在电炉上加热煮沸 20 min(在煮沸过程中，如紫红色消褪，应及时补加高锰酸钾溶液，使溶液保持紫红色)，然后沿壁加入 3 mL 95 %乙醇，摇匀，趁热过滤，滤液置于 100 mL 容量瓶中，并用少量的热水洗涤锥形瓶和滤纸 3 次～4 次，洗涤液并入容量瓶中，控制溶液体积，此滤液即为试样溶液，备用。

同时制备空白试验溶液，除不加入试样外，其他操作和加入的试剂量与试验溶液相同。

6.16.5 工作曲线的绘制

移取铬标准溶液 0.00 mL、2.00 mL、4.00 mL、6.00 mL、8.00 mL、10.00 mL，分别置于 100 mL 容量瓶中，加入适量水稀释，依次加入 4 mL 硫酸溶液(6.16.2.4)、2.0 mL 二苯卡巴肼溶液，用水稀释至刻度，摇匀，静置 30 min，以水作为参比，用 1 cm 比色皿，在波长 540 nm 处用分光光度计测量其吸光度，从每个标准溶液的吸光度中减去空白溶液的吸光度。以铬的质量为横坐标，对应的吸光度为纵坐标，绘制工作曲线。

6.16.6 测定

在装有试样溶液的 100 mL 容量瓶中，依次加入 4 mL 硫酸溶液(6.16.2.4)和 2.0 mL 二苯卡巴肼溶液，用水稀释至刻度，摇匀，静置 30 min，按 6.16.5 的要求从“以水作为参比……”开始测定。从工作曲线上查出试验溶液和空白试验溶液中铬的质量。

6.16.7 结果计算

铬含量以铬(Cr)的质量分数 w_4 计，数值以%表示，按式(6)计算：

$$w_4=\frac{(m_1-m_2)\times 10^{-3}}{m}\times 100 \qquad (6)$$

式中：

m_1——从工作曲线上查得的试验溶液中铬的质量的数值，单位为毫克(mg)；

m_2——从工作曲线上查得的空白试验溶液中铬的质量的数值，单位为毫克(mg)；

m——试料质量的数值，单位为克(g)。

取平行测定结果的算术平均值为测定结果，两次平行测定结果的绝对差值不大于 0.000 05 %。

6.17 汞含量的测定

6.17.1 方法提要

样品溶解在酸性溶液中，所含的汞化合物呈离子状态存在，加入还原剂还原成原子态(元素汞蒸气)。通过气流带出汞，进入石英管内，在波长为 253.7 nm 处测定汞，在一定浓度范围内其吸收值与汞的质量成正比，在标准工作曲线上查得汞的质量。

6.17.2 试剂

6.17.2.1 硝酸溶液：1+4。

6.17.2.2 硝酸-重铬酸钾溶液。

称取 5.0 g 重铬酸钾溶于水中，加入 5 mL 硝酸，用水稀释至 100 mL。

6.17.2.3 氯化亚锡溶液：100 g/L。

6.17.2.4 汞标准储备溶液：1 mL 溶液含汞(Hg)1.0 mg。

称取 0.135 4 g 预先经硫酸干燥器中干燥 24 h 的氯化汞，置于 100 mL 烧杯中。用硝酸-重铬酸钾溶液溶解，全部转移至 100 mL 容量瓶中，用硝酸-重铬酸钾溶液稀释至刻度，摇匀。置于冰箱内保存，有效期一年。

6.17.2.5 汞标准溶液：1 mL 溶液含汞(Hg)0.001 mg。

用移液管移取 10 mL 汞标准储备液，置于 100 mL 容量瓶中，用硝酸-重铬酸钾溶液稀释至刻度，摇匀。再移取 1 mL，置于 100 mL 容量瓶中，用水稀释至刻度，此溶液应在使用当天配置。

6.17.3 仪器、设备

测汞仪或原子吸收分光光度计：配有汞空心阴极灯、冷原子蒸气发生装置、消解器。

6.17.4 测定步骤

6.17.4.1 试验溶液和空白试验溶液的制备

称取 1.00 g±0.01 g 样品置于 150 mL 烧杯中，用水润湿(盖上表面皿)，滴加硝酸溶液至溶解，加热沸腾，冷却。全部移入 50 mL 容量瓶中，用水稀释至刻度，摇匀。同时制备空白试验溶液。

6.17.4.2 标准工作曲线的绘制

用移液管移取 0.00 mL、0.50 mL、1.00 mL、2.00 mL 汞标准溶液，分别置于 4 个 50 mL 容量瓶中，此系列溶液为汞标准工作溶液。用移液管分别移取汞标准工作溶液各 5.00 mL，置于仪器的汞蒸气发生器的还原瓶中，连接抽气装置，沿壁迅速加入 3 mL 氯化亚锡溶液，并立即盖紧还原瓶，通入载气，以汞空心阴极灯为光源测定，从仪器读取显示的最高吸收值。以汞质量为横坐标，吸收值为纵坐标，绘制工作曲线。

6.17.4.3 测定

用移液管分别移取试验溶液和空白试验溶液各 5.00 mL，以下按 6.17.4.2 条从“置于仪器的汞蒸气发生器的还原瓶中……”开始进行操作，测得其吸收值，从工作曲线上查出汞的质量。

注：每次测定以后用水彻底清洗粘在石英管上的 $SnCl_2$，必要时可用 $K_2Cr_2O_7$ 溶液(5 g/L)清洗一次石英管，再用水洗净。含汞废液按照附录 A 处理。

6.17.5 结果计算

汞含量以汞(Hg)的质量分数 w_5 计，数值以%表示，按式(7)计算：

$$w_5=\frac{(m_1-m_0)\times10^{-3}}{m}\times100 \qquad (7)$$

式中：

m_1——从工作曲线上查出的试验溶液中汞的质量的数值，单位为毫克(mg)；

m_0——从工作曲线上查出的空白试验溶液中汞的质量的数值，单位为毫克(mg)；

m——试料的质量的数值，单位为克(g)。

取平行测定结果的算术平均值为测定结果，两次平行测定结果的绝对差值不大于 0.000 05 %。

6.18 镉含量的测定

6.18.1 方法提要

试样经处理后，在酸性溶液中镉离子导入原子吸收仪中，原子化以后，吸收 228.8 nm 共振线，其吸收量与镉含量成正比，与标准系列比较定量。

6.18.2 试剂

6.18.2.1 盐酸溶液：1+4。

6.18.2.2 镉标准溶液：1 mL 溶液含镉(Cd)0.001 mg。

用移液管吸取 1 mL HG/T 3696.2 中所配置的镉标准溶液，移入 100 mL 容量瓶中，加水至刻度，摇匀。用移液管吸取 10 mL，移入 100 mL 容量瓶中，加水至刻度，摇匀。使用前配制。

6.18.3 仪器

原子吸收分光光度计：配有镉空心阴极灯。

6.18.4 测定步骤

6.18.4.1 试验溶液和空白试验溶液的制备

称取 2.00 g±0.01 g 样品置于 150 mL 烧杯中，用水润湿（盖上表面皿），滴加盐酸溶液至溶解，加热沸腾，冷却。全部移入 50 mL 容量瓶中，用水稀释至刻度。同时制备空白试验溶液。

6.18.4.2 标准工作曲线的绘制

用移液管移取 0.00 mL、2.00 mL、4.00 mL、8.00 mL 镉标准溶液，分别置于 4 个 50 mL 容量瓶中，用移液管分别加入 5 mL 盐酸溶液，用水稀释至刻度，摇匀，此系列溶液为镉标准工作溶液。使用乙炔-空气火焰，在 228.8 nm 波长处将原子吸收分光光度计调至最佳工作状态，以水为参比，测量吸光度。以镉质量为横坐标，吸收值为纵坐标，绘制工作曲线。

6.18.4.3 测定

试验溶液和空白试验溶液，按 6.18.4.2 条“使用乙炔-空气火焰……测量吸光度”进行操作，测得其吸收值，从工作曲线上查出镉的质量。

6.18.4.4 结果计算

镉含量以镉(Cd)的质量分数 w_6 计，数值以%表示，按式(8)计算：

$$w_6=\frac{(m_1-m_0)/10^3}{m}\times 100 \qquad (8)$$

式中：

m_1——从工作曲线上查出的试验溶液中镉的质量的数值，单位为毫克(mg)；

m_0——从工作曲线上查出的空白试验溶液中镉的质量的数值，单位为毫克(mg)；

m——试料的质量的数值，单位为克(g)。

取平行测定结果的算术平均值为测定结果，两次平行测定结果的绝对差值不大于 0.000 02 %。

6.19 砷含量的测定

6.19.1 方法提要

同 GB/T 5009.76—2003 第 8 条。

6.19.2 试剂

同 GB/T 5009.76—2003 第 9 条。

6.19.3 仪器

同 GB/T 5009.76—2003 第 10 条。

6.19.4 分析步骤

称取 0.5 g±0.01 g 试样，置于锥形瓶中，用水润湿。用移液管移取 1.5 mL 砷标准溶液[1 mL 溶液含砷(As)0.001 mg]作为标准，置于另一只锥形瓶中。各加入 5 mL 盐酸溶液(1+3)，使试样完全溶解。然后按照 GB/T 5009.76—2003 的第二法砷斑法中第 11 章测定进行操作。

6.20 活化度的测定

按 GB/T 19281—2003 第 3.20 条规定的方法进行测定。

7 检验规则

7.1 本标准分出厂检验和型式检验。

7.1.1 本标准所有项目为型式检验项目，正常生产情况下每六个月进行一次型式检验；在下列情况下必须进行型式检验：

a) 更新关键设备和生产工艺；

b) 主要原料有变化；

c) 停产又恢复生产；

d) 与上次型式检验有较大的差异；

e) 合同规定。

7.1.2 本标准规定碳酸钙含量、pH 值、105 ℃挥发物、盐酸不溶物、铁、白度、黑点、松密度(堆积密度)、比表面积、平均粒径、吸油值、活化度为出厂检验项目，应逐批检验。

7.2 生产企业用相同材料，基本相同的生产条件，连续生产或同一班组生产的工业微细沉淀碳酸钙和工业微细活性沉淀碳酸钙为一批，每批产品不超过 30 t。

7.3 按 GB/T 6678 的规定确定采样单元数。采样时将采样器自包装袋的上方垂直插入至料层深度的 3/4 处采样，每袋所取试样不少于 50 g；将所采的样品混匀，用四分法缩分至约 500 g，分装入两个干燥、清洁的广口瓶或塑料袋中，密封，粘贴标签，注明：生产厂名、产品名称、等级、批号和采样日期、采样者姓名。一瓶(袋)用于检验，另一瓶(袋)保存备查，保存时间由生产厂根据实际情况确定。

7.4 生产厂应保证每批出厂的工业微细沉淀碳酸钙和工业微细活性沉淀碳酸钙产品都符合本标准的要求。

7.5 检验结果如有指标不符合本标准要求时，应重新自两倍量的包装中采样进行复验，复验结果即使只有一项指标不符合本标准的要求时，则整批产品为不合格。

7.6 采用 GB/T 8170 数值修约规则与极限数值的表示和判定检验结果是否符合标准。

8 标志、标签

8.1 工业微细沉淀碳酸钙和工业微细活性沉淀碳酸钙包装上应有牢固清晰的标志，内容包括：生产厂名、厂址、产品名称、等级、净含量、批号或生产日期、本标准编号和 GB/T 191—2008 中规定的“怕雨”标志。

8.2 每批出厂的工业微细沉淀碳酸钙和工业微细活性沉淀碳酸钙产品都应附有质量证明书，内容包括：生产厂名、厂址、产品名称、等级、净含量、批号或生产日期、产品质量符合本标准的证明和本标准编号。

9 包装、运输、贮存

9.1 工业微细沉淀碳酸钙和工业微细活性沉淀碳酸钙包装采用单层包装或双层包装。单层包装为覆膜包装袋。内包装采用聚乙烯塑料薄膜袋，内袋用维尼龙绳或其他质量相当的绳人工扎口，或用与其相当的其他方式封口；外包装采用塑料编织袋，外袋用维尼龙绳或其他质量相当的线牢固缝口。或内外袋袋口对齐，折边缝合，用维尼龙绳或其他质量相当的线牢固缝口。或根据用户要求协商决定。每袋净含量为 25 kg 或根据用户要求协商决定。

9.2 工业微细沉淀碳酸钙和工业微细活性沉淀碳酸钙在运输过程中应有遮盖物，防止日晒、雨淋、受潮。不得与有毒有害物品混运。

9.3 工业微细沉淀碳酸钙和工业微细活性沉淀碳酸钙应贮存在干燥库房中，防止雨淋、受潮、日晒。不得与有毒有害物品混贮。

9.4 工业微细沉淀碳酸钙和工业微细活性沉淀碳酸钙在符合本标准规定的包装、运输、贮存条件下，自生产之日起保质期不少于 1 年。

附 录 A
（资料性附录）
处理汞废液的方法

为了防止含汞废液的污染，建议将汞测定后所得的废液进行处理。

A.1 方法提要

在碱性介质中，用过量的硫化钠沉淀汞，用过氧化氢氧化过量的硫化钠，防止汞以多硫化物的形式溶解。

A.2 试剂和溶液

A.2.1 氢氧化钠溶液：400 g/L；

A.2.2 硫化钠（$Na_2S \cdot 9H_2O$）；

A.2.3 过氧化氢溶液：30 %。

A.3 处理步骤

将汞废液收集于约 50 L 的容器中，当汞废液达约 40 L 时，依次加入 400 mL 氢氧化钠溶液、100 g 硫化钠，摇匀。10 min 后缓慢加入过氧化氢溶液 400 mL，充分混合，放置 24 h 后将上部清液排入废水中，沉淀物转入另一容器中，由专人进行汞的回收。

上述操作中所用药剂均为工业级。

ICS 71.060.50
G 12
备案号:41807—2013

HG

中华人民共和国化工行业标准

HG/T 3249.3—2013
代替 HG/T 3249.3—2008

塑料工业用重质碳酸钙

Heavy calcium carbonate for plastic industrial use

2013-10-17 发布 2014-03-01 实施

中华人民共和国工业和信息化部 发布

前　言

本标准按照 GB/T 1.1—2009 给出的规则起草。

本标准代替 HG/T 3249.3—2008《塑料工业用重质碳酸钙》，与 HG/T 3249.3—2008 相比，除编辑性修改外主要技术变化如下：

——修改了Ⅰ类和Ⅱ类白度的指标(2008 年版的 5.2，本版的 5.2)。

——修改了Ⅰ类和Ⅱ类吸油值的指标(2008 年版的 5.2，本版的 5.2)。

——修改了Ⅰ类和Ⅱ类比表面积的指标(2008 年版的 5.2，本版的 5.2)。

——修改了Ⅰ类和Ⅱ类的粒度的指标(2008 年版的 5.2，本版的 5.2)。

——汞含量测定方法由原来的双硫腙比色法修改为冷原子吸收分光光度法(2008 年版的 6.13，本版的 6.13)。

本标准的附录 A 为资料性附录。

本标准由中国石油和化学工业联合会提出。

本标准由全国化学标准化技术委员会无机化工分会(SAC/TC 63/SC 1)归口。

本标准起草单位：建德市兴隆钙粉有限公司、中海油天津化工研究设计院、广西贺州市科隆粉体有限公司、东南新材料股份有限公司。

本标准主要起草人：詹根松、王莹、郑焱天、谢献娥、巫锡海。

本标准所代替标准的历次版本发布情况：

——HG/T 3249—2001、HG/T 3249.3—2008。

塑料工业用重质碳酸钙

1 范围

本标准规定了塑料工业用重质碳酸钙的分类、分型、要求、试验方法、检验规则、标志、标签、包装、运输和贮存。

本标准适用于以方解石、大理石或石灰石为原料经研磨制得的塑料工业用重质碳酸钙和经表面处理制得的塑料工业用活性重质碳酸钙。该产品在塑料工业中作填充剂。

2 规范性引用文件

下列文件对于本文件的应用是必不可少的。凡是注日期的引用文件，仅注日期的版本适用于本文件。凡是不注日期的引用文件，其最新版本(包括所有的修改单)适用于本文件。

GB/T 191—2008 包装储运图示标志

GB/T 6678 化工产品采样总则

GB/T 6682—2008 分析实验室用水规格和试验方法

GB/T 8170 数值修约规则与极限数值的表示和判定

GB/T 19281 碳酸钙分析方法

GB/T 19587 气体吸附 BET 法测定固态物质比表面积

GB/T 23774—2009 无机化工产品 白度测定通用方法

GB/T 23947.2—2009 无机化工产品中砷测定的通用方法 第2部分:砷斑法

HG/T 3696.1 无机化工产品 化学分析用标准溶液、制剂及制品的制备 第1部分:标准滴定溶液的制备

HG/T 3696.2 无机化工产品 化学分析用标准溶液、制剂及制品的制备 第2部分:杂质标准溶液的制备

HG/T 3696.3 无机化工产品 化学分析用标准溶液、制剂及制品的制备 第3部分:制剂及制品的制备

3 分子式和相对分子质量

分子式:$CaCO_3$

相对分子质量:100.09(按2011年国际相对原子质量)

4 分类、分型

塑料工业用重质碳酸钙分为两类:Ⅰ类为普通塑料工业用重质碳酸钙;Ⅱ类为经表面处理制得的塑料工业用重质碳酸钙。

每类分六种型号:分别为Ⅰ型2 500目、Ⅱ型2 000目、Ⅲ型1 500目、Ⅳ型1 250目、Ⅴ型1 000目和Ⅵ型800目。

5 要求

5.1 外观：白色或灰白色粉末。

5.2 Ⅰ类产品按本标准规定的试验方法检测应符合表1技术要求，Ⅱ类产品按本标准规定的试验方法检测应符合表2技术要求。

表1 Ⅰ类产品技术要求

指标项目		Ⅰ型 2 500 目		Ⅱ型 2 000 目		Ⅲ型 1 500 目		Ⅳ型 1 250 目		Ⅴ型 1 000 目		Ⅵ型 800 目	
		一等品	合格品	一等品	合格品	一等品	合格品	一等品	合格品	一等品	合格品	一等品	合格品
碳酸钙($CaCO_3$)(以干基计)w/% ≥		96.0	94.0	96.0	94.0	96.0	94.0	96.0	94.0	96.0	94.0	96.0	94.0
白度 ≥		94	92	94	92	93	92	93	92	93	92	92	91
粒度	D_{50}/μm ≤	2.0		2.5		3.0		3.5		4.0		4.5	
	D_{97}/μm ≤	5.5		6.0		8.0		9.0		11.0		13.0	
吸油值/(g/100 g) ≤		40		37		35		35		33		30	
比表面积/(m^2/g) ≥		5.5		5.0		3.2		3.0		2.5		2.0	
105 ℃挥发物 w/% ≤		0.5											
铅(Pb)w/% ≤		0.000 5											
六价铬[Cr(Ⅵ)]w/% ≤		0.000 3											
汞(Hg)w/% ≤		0.000 2											
砷(As)w/% ≤		0.000 2											
镉(Cd)w/% ≤		0.000 2											

表2 Ⅱ类产品技术要求

指标项目		Ⅰ型 2 500 目		Ⅱ型 2 000 目		Ⅲ型 1 500 目		Ⅳ型 1 250 目		Ⅴ型 1 000 目		Ⅵ型 800 目	
		一等品	合格品	一等品	合格品	一等品	合格品	一等品	合格品	一等品	合格品	一等品	合格品
碳酸钙($CaCO_3$)(以干基计)w/% ≥		95.0	93.0	95.0	93.0	95.0	93.0	95.0	93.0	95.0	93.0	95.0	93.0
白度 ≥		94	92	94	92	93	92	93	92	93	92	92	91
粒度	D_{50}/μm ≤	2.0		2.5		3.0		3.5		4.0		4.5	
	D_{97}/μm ≤	5.5		6.0		8.0		9.0		11.0		13.0	
活化度 w/% ≥		95	90	95	90	95	90	95	90	95	90	95	90
吸油值/(g/100 g) ≤		40		37		35		35		33		30	
比表面积/(m^2/g) ≥		5.5		5.0		3.2		3.0		2.5		2.0	

表 2（续）

指标项目		Ⅰ型 2 500 目		Ⅱ型 2 000 目		Ⅲ型 1 500 目		Ⅳ型 1 250 目		Ⅴ型 1 000 目		Ⅵ型 800 目	
		一等品	合格品	一等品	合格品	一等品	合格品	一等品	合格品	一等品	合格品	一等品	合格品
105 ℃挥发物 w/%	≤	0.5											
铅(Pb)w/%	≤	0.000 5											
六价铬[Cr(Ⅵ)]w/%	≤	0.000 3											
汞(Hg)w/%	≤	0.000 2											
砷(As)w/%	≤	0.000 2											
镉(Cd)w/%	≤	0.000 2											

6 试验方法

6.1 警告

本试验方法中所使用的部分试剂具有腐蚀性，操作者应小心谨慎，避免与皮肤接触，如接触到皮肤上应立即用水冲洗，严重者应立即治疗。

6.2 一般规定

本标准所用试剂和水，在没有注明其他要求时，均指分析纯试剂和 GB/T 6682—2008 中规定的三级水，试验中所用标准滴定溶液、杂质标准溶液、制剂及制品，在没有注明其他要求时，均按 HG/T 3696.1、HG/T 3696.2、HG/T 3696.3 的规定制备。

6.3 外观检验

在自然光下，于白色衬底的表面皿或白瓷板上用目视法判定外观。

6.4 碳酸钙含量的测定

按 GB/T 19281 中规定的方法进行测定。

6.5 白度的测定

6.5.1 方法提要

当光谱反射比均为 1 的理想完全反射漫射体的白度为 100，光谱反射比均为 0 的绝对黑体白度为 0 时，采用本标准规定的条件，测定试样的三刺激值，再用所规定的公式计算白度。

6.5.2 仪器、设备

6.5.2.1 白度仪。

6.5.2.2 工作白板：符合 GB/T 23774—2009 规定的工作标准白板。

6.5.3 分析步骤

取一定量的试样放入压样器中，压制成表面平整、无纹理、无疵点、无污点的试样板。每批产品需压制3件试样板。

按仪器的使用说明预热稳定仪器，调零，用工作白板调校仪器。将试样板置于仪器上测定试样的蓝反白度。按GB/T 23774—2009中6.1规定读出白度值。

6.6 粒度的测定

6.6.1 试剂

六偏磷酸钠：10 g/L。

6.6.2 仪器

6.6.2.1 激光粒度分析仪

量程：0.02 μm～2 000 μm。

精度：±1%。

检测角度：0°～135°。

6.6.2.2 超声波分散仪。

6.6.3 分析步骤

根据激光粒度分析仪的要求称取一定量的试样，加入200 mL水（表面改性的试样先加入少量乙醇润湿），加入1.0 mL～1.5 mL六偏磷酸钠溶液。将试样悬浮液置于超声波分散仪上进行超声分散3 min～10 min。按激光粒度分析仪操作步骤对试样进行测定（建议折射率为1.5）。

6.7 比表面积的测定

按GB/T 19587中规定的方法进行测定。

6.8 活化度的测定

按GB/T 19281中规定的方法进行测定。

6.9 吸油值的测定

按GB/T 19281中规定的方法进行测定。整个测定过程要求在20 min内完成。

6.10 105 ℃挥发物的测定

按GB/T 19281中规定的方法进行测定。

6.11 铅含量的测定

6.11.1 方法提要

将样品溶解并酸化，采用原子吸收分光光度法在283.3 nm波长下测定铅含量。

6.11.2 试剂和溶液

6.11.2.1 硝酸。

6.11.2.2 盐酸溶液：1+1。

6.11.2.3 铅标准溶液：1 mL溶液含铅(Pb)0.10 mg。

用移液管移取10 mL按HG/T 3696.2配制的铅标准溶液，置于100 mL容量瓶中，用水稀释至刻度，摇匀。

6.11.3 仪器、设备

原子吸收分光光度计:配有铅空心阴极灯。

6.11.4 分析步骤

6.11.4.1 试验溶液的制备

称取约 20 g 试样,精确至 0.01 g,置于 250 mL 烧杯中,加入 15 mL 硝酸,小心加热溶解,蒸发至近干。冷却后,加 20 mL 盐酸溶液、50 mL 水,加热煮沸 5 min,冷却。转移至 250 mL 容量瓶中,用水稀释至刻度摇匀。用移液管移取 20 mL 上述溶液分别置于 4 个 100 mL 容量瓶中,用移液管分别移入 0.00 mL、1.00 mL、2.00 mL、3.00 mL 铅标准溶液,用水稀释至刻度,摇匀。

6.11.4.2 测定

使用乙炔-空气火焰,以铅空心阴极灯为光源,在波长 283.3 nm 处将原子吸收分光光度计调至最佳工作状态,以水为参比,测量吸光度。以加入的铅的质量为横坐标,对应的吸光度为纵坐标,绘制工作曲线,用外推法查出试验溶液中铅的质量。

6.11.5 结果计算

铅含量以铅(Pb)的质量分数 w_1 计,按式(1)计算:

$$w_1=\frac{m_1\times 10^{-3}}{m\times 20/100}\times 100\% \qquad (1)$$

式中:

m_1 ——从工作曲线上查得的试验溶液中铅的质量的数值,单位为毫克(mg);

m ——试料质量的数值,单位为克(g)。

取平行测定结果的算术平均值为测定结果,两次平行测定结果的绝对差值不大于 0.000 1%。

6.12 六价铬含量的测定

6.12.1 方法提要

调节试验溶液为酸性,加入二苯碳酰二肼与六价铬离子反应生成玫瑰红色络合物,用分光光度计在 540 nm 波长下测定其吸光度从而求得铬含量。

6.12.2 试剂

6.12.2.1 95%乙醇。

6.12.2.2 氢氧化钠溶液:160 g/L。

6.12.2.3 高锰酸钾溶液:20 g/L。

6.12.2.4 硫酸溶液:0.5 mol/L。

量取 28 mL 浓硫酸,边搅拌边滴加到约 400 mL 水中,待滴加时不发生激烈反应后,再徐徐加入,待溶液冷却至室温,全部转移至 1 000 mL 容量瓶,用水稀释至刻度,摇匀。

6.12.2.5 硫酸溶液:1+6。

量取 100 mL 浓硫酸,以上述方法加入到 600 mL 水中,并加入 1 滴 2%高锰酸钾溶液,使溶液呈粉红色。

6.12.2.6 二苯碳酰二肼溶液。

称取 0.5 g 二苯碳酰二肼,溶解于 100 mL 丙酮中。

6.12.2.7　铬标准储备液：1 mL 溶液含铬(Cr)0.100 mg。

称取 0.283 0 g 经 100 ℃～110 ℃烘至质量恒定的重铬酸钾，用水溶解，移入 1 000 mL 容量瓶中，用水稀释至刻度，摇匀。

6.12.2.8　铬标准溶液：1 mL 溶液含铬(Cr)0.002 mg。

移取 1.00 mL 铬标准储备液置于 50 mL 容量瓶中，用水稀释至刻度，摇匀。此溶液即用即配。

6.12.3　仪器、设备

分光光度计：配有 1 cm 比色皿。

6.12.4　分析步骤

称取约 3 g 试样，精确到 0.000 1 g，置于 250 mL 锥形瓶中，加入 15 mL 硫酸溶液(6.12.2.4)，在电炉上微沸，加入 1.5 mL 氢氧化钠溶液，再加入 2 滴高锰酸钾溶液，加水使瓶内溶液总体积约为 60 mL～70 mL，摇匀，溶液呈紫红色，在电炉上加热煮沸 20 min(在煮沸过程中，如紫红色消褪，应及时补加高锰酸钾溶液，使溶液保持紫红色)，然后沿壁加入 3 mL 95%乙醇，摇匀，趁热过滤，滤液置于 100 mL 容量瓶中，并用少量的热水洗涤锥形瓶和滤纸 3 次～4 次，洗涤液并入容量瓶中，控制溶液体积，此滤液即为试样溶液，冷却，备用。同时制备空白试验溶液。

空白试验溶液除不加试样外，其他操作和加入的试剂与试验溶液相同。

6.12.5　工作曲线的绘制

移取铬标准溶液 0.00 mL、2.00 mL、4.00 mL、6.00 mL、8.00 mL、10.00 mL，分别置于 100 mL 容量瓶中，加入适量水稀释，依次加入 4 mL 硫酸溶液(6.12.2.5)、2.0 mL 二苯碳酰二肼溶液，用水稀释至刻度，摇匀，静置 30 min，以水作为参比，用 1 cm 比色皿，在波长 540 nm 处用分光光度计测量其吸光度，从每个标准溶液的吸光度中减去空白溶液的吸光度。以铬的质量为横坐标，对应的吸光度为纵坐标绘制工作曲线。

6.12.6　测定

在装有试验溶液的 100 mL 容量瓶中，依次加入 4 mL 硫酸溶液(6.12.2.5)和 2.0 mL 二苯碳酰二肼溶液，用水稀释至刻度，摇匀，静置 30 min，按 6.12.5 条中的要求从“以水作为参比，……”开始测定。从工作曲线上查出试验溶液和空白试验溶液中铬的质量。

6.12.7　结果计算

铬含量以铬(Cr)的质量分数 w_2 计，按式(2)计算：

$$w_2 = \frac{(m_1 - m_0) \times 10^{-3}}{m} \times 100\% \qquad \cdots\cdots(2)$$

式中：

m_1 ——从工作曲线上查得的试验溶液中铬的质量的数值，单位为毫克(mg)；

m_0 ——从工作曲线上查得的空白试验溶液中铬的质量的数值，单位为毫克(mg)；

m ——试料质量的数值，单位为克(g)。

取平行测定结果的算术平均值为测定结果，两次平行测定结果的绝对差值不大于 0.000 1%。

6.13　汞含量的测定

6.13.1　方法提要

样品溶解在酸性溶液中，所含的汞化合物成离子状态存在，加入还原剂还原成原子态(元素汞蒸气)。

通过气流带出汞，进入石英管内在波长为253.7 nm处测定汞，在一定浓度范围其吸收值与汞质量成正比，在工作曲线上查得汞质量。

6.13.2 试剂

6.13.2.1 硝酸溶液：1+4。

6.13.2.2 氯化亚锡溶液：100 g/L。

6.13.2.3 汞标准储备溶液：1 mL溶液含汞(Hg)0.020 mg。

移取2.0 mL按HG/T 3696.2配制的汞标准溶液，置于100 mL容量瓶中，加硝酸溶液(1+9)稀释至刻度，摇匀。此溶液使用期为一周。

6.13.2.4 汞标准溶液：1 mL溶液含汞(Hg)0.001 mg。

用移液管移取2.5 mL汞标准储备溶液，置于50 mL容量瓶中，用硝酸溶液(1+9)稀释至刻度，摇匀。此溶液应在使用当天配制。

6.13.3 仪器、设备

测汞仪或原子吸收分光光度计：配有汞空心阴极灯、冷原子蒸气发生装置、消解器。

6.13.4 测定步骤

6.13.4.1 试验溶液和空白试验溶液的制备

称取约1 g试样，精确至0.01 g。置于150 mL烧杯中，用水润湿，滴加硝酸溶液至溶解，加热沸腾，冷却。全部移入50 mL容量瓶中，用水稀释至刻度，摇匀。同时制备空白试验溶液。

6.13.4.2 工作曲线的绘制

用移液管移取0.00 mL、1.00 mL、2.00 mL、4.00 mL汞标准溶液(6.13.2.4)，分别置于4个50 mL容量瓶中，加水稀释至刻度，摇匀。此系列溶液为汞标准工作溶液。用移液管分别移取汞标准工作溶液各5.00 mL，置于仪器的汞蒸气发生器的还原瓶中，连接抽气装置，沿壁迅速加入3 mL氯化亚锡溶液，并立即盖紧还原瓶，通入载气，从仪器读取显示的最高吸收值。以汞质量为横坐标，吸收值为纵坐标，绘制工作曲线。

6.13.4.3 测定

用移液管分别移取试验溶液和空白试验溶液各5.00 mL，以下按6.13.4.2条从“置于仪器的汞蒸气发生器的还原瓶中，……读取显示的最高吸收值。”进行操作，测得其吸收值，从工作曲线上查出汞的质量。

注：每次测定以后用水彻底清洗粘在石英管上的氯化亚锡，必要时可用重铬酸钾溶液(5 g/L)清洗一次石英管，再用水洗净。含汞废液的处理可参见附录A。

6.13.5 结果计算

汞含量以汞(Hg)的质量分数w_3计，按式(3)计算：

$$w_3=\frac{(m_1-m_0)\times10^{-3}}{m}\times100\% \qquad (3)$$

式中：

m_1——从工作曲线上查出的试验溶液中汞的质量的数值，单位为毫克(mg)；

m_0——从工作曲线上查出的空白试验溶液中汞的质量的数值，单位为毫克(mg)；

m——试料的质量的数值，单位为克(g)。

取平行测定结果的算术平均值为测定结果，两次平行测定结果的绝对差值不大于 0.000 02%。

6.14 砷含量的测定

6.14.1 试剂和材料

同 GB/T 23947.2—2009 第 6 条。

6.14.2 仪器和设备

同 GB/T 23947.2—2009 第 7 条。

6.14.3 分析步骤

称取 1.00 g±0.01 g 试样，置于锥形瓶或广口瓶中。加 75 mL 水，加 5 mL 盐酸、1 mL 碘化钾溶液、0.2 mL 氯化亚锡溶液，摇匀，于室温放置 10 min。然后加入 2.5 g 无砷金属锌，并立即塞上预先装有乙酸铅棉花及溴化汞试纸的测砷管，于室温放置暗处 1 h。取出溴化汞试纸，所呈砷斑颜色不应深于标准。

标准是用移液管移取 2 mL 砷标准溶液[1 mL 溶液含砷(As)0.001 mg]，置于锥形瓶中，加水至 75 mL，从“加 5 mL 盐酸……”开始进行操作，与试样同时、同样处理。

6.15 镉含量的测定

6.15.1 方法提要

试样经处理后，使用原子吸收分光光度计，通过测定标准溶液和试验溶液所产生的原子蒸气，对镉元素的特定吸收波长 228.8 nm 吸光度做工作曲线，从工作曲线上查出试样溶液镉的质量，以此确定试样中镉元素的含量。

6.15.2 试剂

6.15.2.1 盐酸溶液：1+4。

6.15.2.2 镉标准溶液：1 mL 溶液含镉(Cd)0.001 mg。

用移液管吸取 1 mL 按 HG/T 3696.2 中规定所配制的镉标准溶液，移入 100 mL 容量瓶中，加水至刻度，摇匀。用移液管吸取 10 mL，移入 100 mL 容量瓶中，加水至刻度，摇匀。使用前配制。

6.15.3 仪器

原子吸收分光光度计：配有镉空心阴极灯。

6.15.4 测定步骤

6.15.4.1 试验溶液和空白试验溶液的制备

称取约 1 g 试样，精确至 0.01 g。置于 150 mL 烧杯中，用水润湿(盖上表面皿)，滴加盐酸溶液至溶解，加热沸腾，冷却。全部移入 50 mL 容量瓶中，用水稀释至刻度。同时制备空白试验溶液。

空白试验溶液除不加试样外，其他操作和加入的试剂与试验溶液相同。

6.15.4.2 工作曲线的绘制

用移液管移取 0.00 mL、1.00 mL、2.00 mL、3.00 mL 镉标准溶液，分别置于 4 个 50 mL 容量瓶中，用移液管分别加入 5 mL 盐酸溶液，用水稀释至刻度，摇匀，使用乙炔-空气火焰，以镉空心阴极灯为光源，在波长 228.8 nm 处将原子吸收分光光度计调至最佳工作状态，以水为参比，测量吸光度。以镉质量为横坐标、吸收值为纵坐标，绘制工作曲线。

6.15.5 测定

试验溶液和空白试验溶液按 6.15.4.2 从“使用乙炔-空气火焰……测量吸光度。”进行操作，测得其吸收值，从工作曲线上查出镉的质量。

6.15.6 结果计算

镉含量以镉(Cd)的质量分数 w_4 计，按式(4)计算：

$$w_4=\frac{(m_1-m_0)\times 10^{-3}}{m}\times 100\% \qquad \cdots\cdots(4)$$

式中：

m_1 ——从工作曲线上查出的试验溶液中镉的质量的数值，单位为毫克(mg)；

m_0 ——从工作曲线上查出的空白试验溶液中镉的质量的数值，单位为毫克(mg)；

m ——试料的质量的数值，单位为克(g)。

取平行测定结果的算术平均值为测定结果，两次平行测定结果的绝对差值不大于 0.000 02%。

7 检验规则

7.1 本标准要求中规定的所有指标项目为出厂检验项目，应逐批检验。

7.2 生产企业用相同材料、基本相同的生产条件、连续生产或同一班组生产的塑料工业用重质碳酸钙为一批，每批产品不超过 60 t。

7.3 按 GB/T 6678 的规定确定采样单元数。采样时将采样器自包装袋的上方垂直插入至料层深度的 3/4 处采样。每袋所取试样不少于 50 g；将所采的样品混匀，用四分法缩分至约 500 g，分装入两个干燥、清洁的广口瓶或塑料袋中，密封，粘贴标签，注明：生产厂名、产品名称、等级、批号和采样日期、采样者姓名。一瓶(袋)用于检验，另一瓶(袋)保存备查，保存时间由生产厂根据实际情况确定。

7.4 生产厂应保证每批出厂的塑料工业用重质碳酸钙产品都符合本标准的要求。

7.5 检验结果如有指标不符合本标准要求时，应重新自两倍量的包装中采样进行复验，复验结果即使只有一项指标不符合本标准的要求时，则整批产品为不合格。

7.6 采用 GB/T 8170 数值修约规则与极限数值的表示和判定检验结果是否符合标准。

8 标志、标签

8.1 塑料工业用重质碳酸钙包装上应有牢固清晰的标志，内容包括：生产厂名、厂址、产品名称、类别、类型、等级、净含量、批号或生产日期、本标准编号和 GB/T 191—2008 中规定的“怕雨”标志。

8.2 每批出厂的塑料工业用重质碳酸钙产品都应附有质量证明书。内容包括：生产厂名、厂址、产品名称、类别、类型、等级、净含量、批号或生产日期、产品质量符合本标准的证明和本标准编号。

9 包装、运输、贮存

9.1 塑料工业用重质碳酸钙采用两种包装方式。

9.1.1 双层包装：内包装采用聚乙烯塑料薄膜袋。外包装为塑料编织袋或复合纸袋(根据用户要求包装)。每袋净含量 25 kg、50 kg、吨包装或按用户需求进行包装。

9.1.2 单层包装：采用复合塑料编织袋或复合纸袋(根据用户要求包装)。每袋净含量 25 kg、40 kg、吨包装或按用户需求进行包装。

9.2 塑料工业用重质碳酸钙在包装时，将内袋中空气排出，内袋用维尼龙绳或其他质量相当的绳扎紧，或用与其相当的其他方式封口；外袋用维尼龙绳线或其他质量相当的线缝口，缝线整齐、针距均匀，无漏缝或跳线现象。

9.3 塑料工业用重质碳酸钙在运输过程中应有遮盖物，防止日晒、雨淋、受潮。不应与酸混运。

9.4 塑料工业用重质酸钙应贮存在干燥库房中，防止雨淋、受潮、日晒。不应与酸混贮。

9.5 塑料工业用重质碳酸钙在符合本标准规定的包装、运输、贮存条件下，自生产之日起保质期不少于1年。

附 录 A
（资料性附录）
含汞废液的处理

为了防止含汞废液的污染，分析用过的含汞废液均应进行处理后方可排放。

A.1 方法提要

在碱性介质中，用过量的硫化钠沉淀汞，用过氧化氢氧化过量的硫化钠，防止汞以多硫化物的形式溶解。

A.2 处理步骤

将废液收集于约 50 L 的容器中，当废液达到约 40 L 时依次加入 400 g/L 氢氧化钠溶液 400 mL、硫化钠（$Na_2S \cdot 9H_2O$）100 g，摇匀。10 min 后缓慢加入 30%过氧化氢溶液 400 mL，充分混合，放置 24 h 后将上层清液排入废水中，沉淀物转入另一容器中，由专人进行汞回收。

上述操作中所用药剂均为工业级。

ICS 71.100.40
G 71
备案号:22276—2008

HG

中华人民共和国化工行业标准

HG/T 3977—2007

烷氧基含磷钛酸酯偶联剂

Phosphorus-containing alkoxy titanate coupling agent

2007-09-22 发布　　2008-04-01 实施

中华人民共和国国家发展和改革委员会　发布

前　言

本标准是在收集国内外有关烷氧基含磷钛酸酯偶联剂信息及生产企业标准的基础上制定的，试验方法和国际通用方法相一致。

本标准由中国石油和化学工业协会提出。

本标准由全国橡胶与橡胶制品标准化技术委员会化学助剂分技术委员会归口。

本标准负责起草单位：南京曙光化工集团有限公司（全部产品）、常州市吉耐助剂有限公司（第三个产品）。

本标准主要起草人：陶再山、李春华、范秀莉。

烷氧基含磷钛酸酯偶联剂

1 范围

本标准规定了烷氧基含磷钛酸酯偶联剂(含以下五个产品)的要求、试验方法、检验规则及标志、包装、运输和贮存。

本标准适用于以正钛酸四异丙酯、2-乙基己醇、五氧化二磷或亚磷酸为主要原料合成的烷氧基含磷钛酸酯偶联剂。

分子式:异丙基二油酸酰氧基(二辛基磷酸酰氧基)钛酸酯 $C_{55}H_{107}O_9PTi$

异丙基三(二辛基磷酸酰氧基)钛酸酯 $C_{51}H_{109}O_{13}P_3Ti$

异丙基三(二辛基焦磷酸酰氧基)钛酸酯 $C_{51}H_{112}O_{22}P_6Ti$

双(二辛基焦磷酸酰氧基)亚乙基钛酸酯 $C_{34}H_{74}O_{16}P_4Ti$

四异丙基二(二辛基亚磷酸酰氧基)钛酸酯 $C_{44}H_{98}O_{10}P_2Ti$

结构式:异丙基二油酸酰氧基(二辛基磷酸酰氧基)钛酸酯 $(CH_3)_2CHOTi\{OPO[OCH_2CHC_2H_5(CH_2)_3CH_3]_2\}[OCO(CH_2)_7CH{=}CH(CH_2)_7CH_3]_2$

异丙基三(二辛基磷酸酰氧基)钛酸酯 $(CH_3)_2CHOTi\{OPO[OCH_2CHC_2H_5(CH_2)_3CH_3]_2\}_3$

异丙基三(二辛基焦磷酸酰氧基)钛酸酯 $(CH_3)_2CHOTi\{OPO(OH)OPO[OCH_2CHC_2H_5(CH_2)_3CH_3]_2\}_3$

双(二辛基焦磷酸酰氧基)亚乙基钛酸酯 $(CH_2O)_2Ti\{OPO(OH)OPO[OCH_2CHC_2H_5(CH_2)_3CH_3]_2\}_2$

四异丙基二(二辛基亚磷酸酰氧基)钛酸酯 $[(CH_3)_2CHO]_4Ti\cdot\{HOP[OCH_2CHC_2H_5(CH_2)_3CH_3]_2\}_2$

相对分子质量:异丙基二油酸酰氧基(二辛基磷酸酰氧基)钛酸酯 991.27(按 2005 年国际相对原子质量)

异丙基三(二辛基磷酸酰氧基)钛酸酯 1071.19(按 2005 年国际相对原子质量)

异丙基三(二辛基焦磷酸酰氧基)钛酸酯 1311.13(按 2005 年国际相对原子质量)

双(二辛基焦磷酸酰氧基)亚乙基钛酸酯 910.70(按 2005 年国际相对原子质量)

四异丙基二(二辛基亚磷酸酰氧基)钛酸酯 897.06(按 2005 年国际相对原子质量)

2 规范性引用文件

下列文件中的条款通过本标准的引用而成为本标准的条款。凡是注日期的引用文件,其随后所有的修改单(不包括勘误的内容)或修订版均不适用于本标准,然而,鼓励根据本标准达成协议的各方研究是否可使用这些文件的最新版本。凡是不注日期的引用文件,其最新版本适用于本标准。

GB/T 191 包装储运图示标志

GB/T 261 石油产品闪点测定法(闭口杯法)

GB/T 601 化学试剂 标准滴定溶液的制备

GB/T 603 化学试剂 试验方法中所用制剂及制品的制备(GB/T 603—2002,neq ISO 6353-1:1982)

GB/T 614 化学试剂 折光率测定通用方法

GB/T 1250 极限数值的表示方法和判定方法

GB/T 3050 无机化工产品中氯化物含量测定的通用方法 电位滴定法

GB/T 4472—1984 化工产品密度、相对密度测定通则

GB/T 6680 液体化工产品采样通则

GB/T 6682 分析实验室用水规格和试验方法(GB/T 6682—1992,neq ISO 3696:1987)

GB/T 11409.8 橡胶防老剂、硫化促进剂粘度的测定方法 旋转粘度计法

3 要求

烷氧基含磷钛酸酯偶联剂应符合表1所示的技术要求。

表1 烷氧基含磷钛酸酯偶联剂的技术要求

项目 \ 产品	异丙基二油酸酰氧基(二辛基磷酸酰氧基)钛酸酯	异丙基三(二辛基磷酸酰氧基)钛酸酯	异丙基三(二辛基焦磷酸酰氧基)钛酸酯	双(二辛基焦磷酸酰氧基)亚乙基钛酸酯	四异丙基二(二辛基亚磷酸酰氧基)钛酸酯
外观	红色透明液体	浅黄色透明或半透明液体	黄色透明液体		
密度 ρ(20 ℃)/(g/cm³)	0.955～0.970	1.005～1.020	1.060～1.080	1.060～1.085	0.930～0.960
折光率 n_D^{20}	1.475 0～1.485 0	1.461 5～1.467 5	1.459 0～1.469 0	1.467 0～1.475 0	1.455 0～1.465 0
pH 值	3～4	3～4	2～4	3～5	4～6
黏度(20 ℃)/mPa·s	60～90	1 800～2 500	800～1 800	1 000～2 500	15～30
氯化物(×10⁻⁴)/% ≤	—	50	100	50	100
闪点(闭口杯)/℃ ≥	35	50	37	30	30

4 试验方法

本标准试验方法中除特殊注明外,所用试剂均为分析纯的试剂,实验室用水应符合 GB/T 6682 三级水的规定。

检验结果的判定应符合 GB/T 1250 中修约值比较法的规定。

4.1 外观

在自然光下目测。

4.2 密度的测定

按 GB/T 4472—1984 中 2.3.3 密度计法的规定进行测定。

4.3 折光率的测定

按 GB/T 614 的规定进行测定。

4.4 pH 值的测定

4.4.1 溶液

异丙醇[67-63-0]。

4.4.2 分析步骤

量取 10 mL 试样,加入 10 mL 异丙醇,搅拌均匀。用干净的玻璃棒蘸取试样,用精密 pH 试纸测定,并与样板进行对比,读取数值。

4.5 黏度的测定

按 GB/T 11409.8 的规定进行测定。

4.6 氯化物的测定

4.6.1 试剂和溶液

4.6.1.1 异丙醇[67-63-0]。

4.6.1.2 乙酸[64-19-7]。

4.6.2 分析步骤

称取约 10.0 g 试样(精确至 0.000 1 g),加入 50 mL 异丙醇和 10 mL 乙酸,搅拌使之全部溶解。以下按 GB/T 3050 的规定进行测定。

4.7 闪点的测定

按 GB/T 261 的规定进行测定。

5 检验规则

5.1 检验分类

表 1 中规定的全部项目为出厂检验项目。

5.2 生产厂检验

本产品应由生产厂的质量检验部门按本标准检验合格后方可出厂,并应附有一定格式的质量证明书,其内容包括:产品名称、标准号、生产厂名称、注册商标、批号、检验员代号。

5.3 组批规则

本产品以同等质量的均匀产品(同一釜的产品)为一批。

5.4 采样

按 GB/T 6680 的规定采样,采样量不少于 500 g,置于两个清洁干燥的塑料瓶中,贴上标签并注明产品名称、采样日期、批号、采样人,一瓶试样用于检验,一瓶试样保存备查,备查期为一年。

5.5 复检

检验结果中如有一项指标不符合本标准要求时,应从同批产品中取两倍量的试样进行复检。复检结果中即使只有一项指标不符合本标准要求,则判该批产品为不合格产品。

6 标志、包装、运输、贮存

6.1 标志

每个外包装上应有清晰牢固的标志,内容包括:产品名称、标准号、生产厂名称、地址、联系电话、注册商标、净含量、生产日期、批号、贮存期,以及符合 GB/T 191 规定的易碎物品、向上、怕雨标识。

6.2 包装

该产品的包装方式如下:

6.2.1 聚乙烯白色塑料桶包装,每桶净含量 5 kg,每两桶用一纸箱包装。

6.2.2 铁塑桶包装,净含量 50 kg、200 kg。

6.2.3 根据客户要求采取其他包装方式。

6.3 运输

在运输过程中应防止日晒和雨淋,严防倒置。

6.4 贮存

产品应存放在通风、干燥的仓库内,避免阳光直射。在符合本标准规定的运输、贮运的条件下,自生产之日起贮存期为一年。一年后按本标准检验合格后,仍可使用。

ICS 71.100.40
G 71
备案号:22277—2008

HG

中华人民共和国化工行业标准

HG/T 3978—2007

烷氧基脂肪酸钛酸酯偶联剂

Alkoxy fatty acyloxy titanate coupling agent

2007-09-22 发布　　2008-04-01 实施

中华人民共和国国家发展和改革委员会　发布

前　　言

本标准是在收集国内外有关烷氧基脂肪酸钛酸酯偶联剂信息及生产企业标准的基础上制定的，试验方法和国际通用方法相一致。

本标准由中国石油和化学工业协会提出。

本标准由全国橡胶与橡胶制品标准化技术委员会化学助剂分技术委员会归口。

本标准由南京曙光化工集团有限公司负责起草。

本标准主要起草人：陶再山、李春华、范秀莉。

烷氧基脂肪酸钛酸酯偶联剂

1 范围

本标准规定了烷氧基脂肪酸钛酸酯偶联剂（包括异丙基三油酸酰氧基钛酸酯、异丙基三硬脂酸酰氧基钛酸酯、异丙基三硬脂酸酰氧基钛酸酯和硬脂酸的复配物）的要求、试验方法、检验规则及标志、包装、运输和贮存。

本标准适用于以正钛酸酯四异丙酯和油酸或硬脂酸为主要原料合成的烷氧基脂肪酸钛酸酯偶联剂。

分子式：异丙基三油酸酰氧基钛酸酯 $C_{57}H_{106}O_7Ti$

异丙基三硬脂酸酰氧基钛酸酯 $C_{57}H_{112}O_7Ti$

结构式：异丙基三油酸酰氧基钛酸酯 $(CH_3)_2CHO—Ti—[OCO(CH_2)_7CH═CH(CH_2)_7CH_3]_3$

异丙基三硬脂酸酰氧基钛酸酯 $(CH_3)_2CHO—Ti—[OCO(CH_2)_{16}CH_3]_3$

相对分子质量：异丙基三油酸酰氧基钛酸酯：951.32（按2005年国际相对原子质量）

异丙基三硬脂酸酰氧基钛酸酯：957.36（按2005年国际相对原子质量）

2 规范性引用文件

下列文件中的条款通过本标准的引用而成为本标准的条款。凡是注日期的引用文件，其随后所有的修改单（不包括勘误的内容）或修订版均不适用于本标准，然而，鼓励根据本标准达成协议的各方研究是否可使用这些文件的最新版本。凡是不注日期的引用文件，其最新版本适用于本标准。

GB/T 191 包装储运图示标志

GB/T 261 石油产品闪点测定法（闭口杯法）

GB/T 601 化学试剂 标准滴定溶液的制备

GB/T 603 化学试剂 试验方法中所用制剂及制品的制备（GB/T 603—2002，neq ISO 6353-1：1982）

GB/T 614 化学试剂 折光率测定通用方法

GB/T 1250 极限数值的表示方法和判定方法

GB/T 4472—1984 化工产品密度、相对密度测定通则

GB/T 6679 固体化工产品采样通则

GB/T 6680 液体化工产品采样通则

GB/T 6682 分析实验室用水规格和试验方法（GB/T 6682—1992，neq ISO 3696：1987）

GB/T 9104.2 工业硬脂酸试验方法 皂化值的测定

GB/T 11409.8 橡胶防老剂、硫化促进剂粘度的测定方法 旋转粘度计法

3 要求

烷氧基脂肪酸钛酸酯偶联剂应符合表1所示的技术要求。

表 1 烷氧基脂肪酸钛酸酯偶联剂的技术要求

项目 \ 产品	异丙基三油酸酰氧基钛酸酯	异丙基三硬脂酸酰氧基钛酸酯	异丙基三硬脂酸酰氧基钛酸酯和硬脂酸的复配物
外观	红色透明液体	乳白色至浅红色蜡状固体	
密度 ρ(20 ℃)/(g/cm^3)	0.930～0.945	—	—
折光率 n_D^{20}	1.480 0～1.486 0	—	—
pH 值	3～5	—	—
黏度(20 ℃)/mPa·s	40～60	—	—
闪点(闭口杯)/℃ ≥	35	—	—
TiO_2 含量 /%	7.0～9.0	7.0～9.0	5.0～7.0
皂化值/(mgKOH/g)	—	180～240	190～250

4 试验方法

本标准试验方法中除非另有说明，在分析中仅使用确认为分析纯的试剂，实验室用水应符合 GB/T 6682三级水的规定。

检验结果的判定应符合 GB/T 1250 中修约值比较法的规定。

4.1 外观

在自然光下目测。

4.2 密度的测定

按 GB/T 4472—1984 中 2.3.3 密度计法的规定进行测定。

4.3 折光率的测定

按 GB/T 614 的规定进行测定。

4.4 pH 值的测定

4.4.1 试剂和溶液

异丙醇[67-63-0]。

4.4.2 分析步骤

量取 10 mL 试样，加入 10 mL 异丙醇，搅拌均匀。用干净的玻璃棒蘸取试样，用精密 pH 试纸测定，并与样板进行对比，读取数值。

4.5 黏度的测定

按 GB/T 11409.8 的规定进行测定。

4.6 闪点的测定

按 GB/T 261 的规定进行测定。

4.7 TiO_2 含量的测定

4.7.1 仪器和设备

4.7.1.1 铂金坩埚或瓷坩埚：高形、30 mL。

4.7.1.2 封闭式电炉。

4.7.1.3 高温炉：可保持温度(800±25) ℃。

4.7.1.4 干燥器：内盛变色硅胶。

4.7.2 试剂和溶液

盐酸[7647-01-0]。

4.7.3 分析步骤

称取约 2.0 g 试样(精确至 0.000 1 g),置于已在(800±25) ℃的高温炉中灼烧至恒重的坩埚中,加水 5 mL 及 1 mL 盐酸,在封闭式电炉上缓慢烘干、灰化后,再将装有试样的坩埚放入高温炉中,缓慢加热,待温度达到(800±25) ℃以后,灼烧 3h 至恒重。取出装有试样的坩埚置于干燥器中冷至室温后,称量,精确至 0.000 1 g。

4.7.4 结果计算

TiO_2 含量以质量分数 W_1 计,数值以(%)表示,按公式(1)计算:

$$W_1=\frac{m_2-m_1}{m}\times 100 \qquad \cdots\cdots(1)$$

式中:

m_2——灼烧后坩埚和灰分质量的数值,单位为克(g);

m_1——坩埚质量的数值,单位为克(g);

m——试样质量的数值,单位为克(g)。

4.7.5 允许差

两次平行测定结果之差应小于 0.6 %,取两次平行测定结果的算术平均值为分析结果。

4.8 皂化值的测定

按 GB/T 9104.2 的规定进行测定。

5 检验规则

5.1 检验分类

表 1 中规定的全部项目为出厂检验项目。

5.2 生产厂检验

本产品应由生产厂的质量检验部门按本标准检验合格后方可出厂,并应附有一定格式的质量证明书,其内容包括:产品名称、标准号、生产厂名称、注册商标、批号、检验员代号。

5.3 组批规则

本产品以同等质量的均匀产品(同一釜的产品)为一批。

5.4 采样

按 GB/T 6679 和 GB/T 6680 的规定采样,采样量不少于 500 g,置于两个清洁干燥的塑料瓶中,贴上标签并注明产品名称、采样日期、批号、采样人,一瓶试样用于检验,一瓶试样保存备查,备查期为一年。

5.5 复检

检验结果中如有一项指标不符合本标准要求时,应从同批产品中取两倍量的试样进行复检。复检结果中即使只有一项指标不符合本标准要求,则判该批产品为不合格产品。

6 标志、包装、运输、贮存

6.1 标志

每个外包装上应有清晰牢固的标志,内容包括:产品名称、标准号、生产厂名称、地址、联系电话、注册商标、净含量、生产日期、批号、贮存期,以及符合 GB/T 191 规定的易碎物品、向上、怕雨标志。

6.2 包装

该产品的包装方式如下:

6.2.1 聚乙烯白色塑料桶包装,每桶净含量 5 kg,每两桶用一纸箱包装。

6.2.2 铁塑桶包装,净含量 50 kg、200 kg。

6.2.3 根据客户要求采取其他包装方式。

6.3 运输

在运输过程中应防止日晒和雨淋，严防倒置。

6.4 贮存

产品应存放在通风、干燥的仓库内，避免阳光直射。在符合本标准规定的运输、贮运的条件下，自生产之日起贮存期为一年。一年后按本标准检验合格后，仍可使用。

ICS 71.100.40
G 71
备案号:23785—2008

HG

中华人民共和国化工行业标准

HG/T 4071—2008

工业邻苯二甲酸二异丁酯

Diisobutyl phthalate for industrial use

2008-04-23 发布　　2008-10-01 实施

中华人民共和国国家发展和改革委员会　发布

前　言

本标准由中国石油和化学工业协会提出。

本标准由全国橡胶与橡胶制品标准化技术委员会化学助剂分技术委员会归口。

本标准主要起草单位：河南庆安化工高科技股份有限公司。

本标准主要起草人：司俊杰、刘冰、张祖礼、刘卫丽、郝晓栋。

工业邻苯二甲酸二异丁酯

1 范围

本标准规定了工业邻苯二甲酸二异丁酯(缩写 DIBP)的要求、试验方法、检验规则、标志、包装、运输和贮存。

本标准适用于以邻苯二甲酸酐与异丁醇经酯化法制得的 DIBP。

分子式:$C_{16}H_{22}O_4$

结构式:

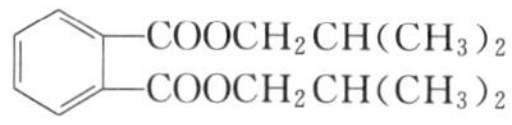

相对分子质量:278.32(按 2005 年国际相对原子质量)

2 规范性引用文件

下列文件中的条款通过本标准的引用而成为本标准的条款。凡是注日期的引用文件,其随后所有的修改单(不包括勘误的内容)或修订版均不适用于本标准,然而,鼓励根据本标准达成协议的各方研究是否可使用这些文件的最新版本。凡是不注日期的引用文件,其最新版本适用于本标准。

GB/T 601 化学试剂 标准滴定溶液的制备

GB/T 603 化学试剂 试验方法中所用试剂及制品的制备(GB/T 603—2002,neq ISO 6353-1:1982)

GB/T 1250 极限数值的表示方法和判定方法

GB/T 1664 增塑剂外观色度的测定

GB/T 1668 增塑剂酸值及酸度的测定

GB/T 4472 化工产品密度、相对密度测定通则

GB/T 6489 工业用邻苯二甲酸酯类闪点的测定 克利夫兰德开口杯法

GB/T 6678 化工产品采样总则

GB/T 6680 液体化工产品采样通则

GB/T 6682 分析实验室用水规格和试验方法(GB/T 6682—1992,neq ISO 3696:1987)

GB/T 9722 化学试剂 气相色谱法通则

GB/T 11133 液体石油产品水含量测定法(卡尔·费休法)

3 要求

工业邻苯二甲酸二异丁酯应符合表 1 的技术要求。

表1 工业邻苯二甲酸二异丁酯的技术要求

项目	指标		
	优等品	一等品	合格品
外观	透明、无可见杂质的油状液体		
色度/(Pt-Co)号 ≤	25	35	60
纯度/% ≥	99.5	99.0	98.5
密度(20 ℃)/(g/cm³)	1.037～1.044		
酸值/(mgKOH/g) ≤	0.06	0.12	0.20
水分/% ≤	0.10	0.15	0.20
闪点(开口杯法)/℃ ≥	160	155	155

4 试验方法

除非另有说明，在分析中所用标准溶液、制剂和制品，均按 GB/T 601、GB/T 603 规定制备。分析中仅使用确认为分析纯的试剂和符合 GB/T 6682 中规定的三级水。

检验结果的判定按 GB/T 1250 中修约值比较法进行。

4.1 外观

在自然光下目测。

4.2 色度的测定

按 GB/T 1664 规定进行测定。

4.3 纯度的测定

4.3.1 原理

取适量样品注入气相色谱仪，由载气带入色谱柱进行分离，流出物以氢火焰离子化检测器检测，以面积归一法计算结果。

4.3.2 材料

4.3.2.1 氮气：纯度不小于 99.999 %，载气。

4.3.2.2 氢气：纯度不小于 99.999 %，助燃气。

4.3.2.3 助燃空气。

4.3.3 仪器和设备

4.3.3.1 气相色谱仪检测器：氢火焰离子化检测器。

4.3.3.2 色谱柱

a) 石英毛细管柱：SE-30，0.53 mm×15 m×1.0 μm。

b) 石英毛细管柱老化：将毛细管柱装在色谱仪柱箱中，检查密闭性后，自柱温 100 ℃时开始通氮气分段老化，升温到 270 ℃时，老化 7 h 以上，直至基线稳定。

4.3.3.3 进样器：1 μL 微量玻璃注射器。

4.3.3.4 色谱工作站。

4.3.4 操作步骤

4.3.4.1 操作条件

按下列条件调整仪器，允许根据不同仪器作适当变动，应得到合适的分离度。

a) 柱温：采用程序升温，初温 135 ℃，持续 2 min，然后以 10 ℃/min 的速度升至 220 ℃，持续 10 min；初始温度。

b) 汽化室温度：260 ℃。

c) 检测室温度:260 ℃。

d) 氮气流速:30 mL/min。

e) 氢气流速:30 mL/min。

f) 空气流速:300 mL/min。

4.3.4.2 分析步骤

按上述规定调整仪器,待基线稳定后,用微量注射器进样 0.1 μL,同时启动色谱工作站,由仪器自动给出各组分面积百分比,仪器的线性范围应满足归一化法定量分析的要求。

4.3.4.3 色谱图及保留时间

色谱图见图1。

保留时间见表2。

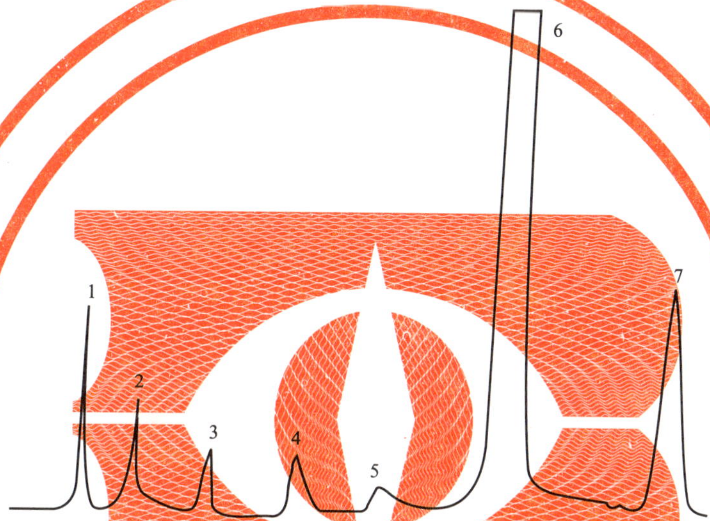

1——异丁醇;
2——异丁醚;
3——未知峰;
4——未知峰;
5——未知峰;
6——邻苯二甲酸二异丁酯;
7——邻苯二甲酸二丁酯。

图1 工业邻苯二甲酸二异丁酯气相色谱图

表2 各组分在色谱柱(SE-30)上的保留时间

峰 序	组 分	保留时间/min
1	异丁醇	0.385
2	异丁醚	0.710
3	未知峰	1.401
4	未知峰	2.302
5	未知峰	2.940
6	邻苯二甲酸二异丁酯	3.657
7	邻苯二甲酸二丁酯	4.398

4.3.5 允许差

取两次平行测定结果的算术平均值为测定结果，计算结果表示到小数点后两位。两次平行测定结果之差不得大于0.15 %。

4.4 密度的测定

按GB/T 4472—1984中2.3.2韦氏天平法之规定进行测定。

允许差：取两次平行测定结果的算术平均值为测定结果，计算结果表示到小数点后四位。两次平行测定结果之差不得大于0.000 5。

4.5 酸值的测定

按GB/T 1668规定进行测定。

允许差：取两次平行测定结果的算术平均值为测定结果，计算结果表示到小数点后三位。两次平行测定结果之差不得大于0.003。

4.6 水分的测定

按GB/T 11133规定进行测定。

允许差：取两次平行测定结果的算术平均值为测定结果，计算结果表示到小数点后三位。两次平行测定结果之差不得大于0.003 %。

4.7 闪点的测定

按GB/T 6489规定进行测定。

允许差：取两次平行测定结果的算术平均值为测定结果，计算结果表示到整数。两次平行测定结果之差不得大于5 ℃。

5 检验规则

5.1 检验分类

表1中规定的全部项目为出厂检验项目。

5.2 生产厂检验

本产品应由生产厂的质量监督检验部门按本标准检验合格后方可出厂，并附有一定格式的质量证明书。

5.3 组批规则

本产品以同等质量的均匀产品为一批。

5.4 采样

按GB/T 6678中要求确定采样单元数，按GB/T 6680规定采样。用清洁干燥的取样管伸入包装容器上、中、下均匀取样，取样量不得少于1 000 mL，混合均匀后，装入清洁干燥的磨口瓶中，瓶口加封并注明生产厂名、产品名称、批号、采样日期及采样人姓名，一瓶由检验部门进行检验，另一瓶保留三个月，以备复查。

5.5 复检

出厂检验结果中如有一项指标不符合本标准的要求时，应重新自两倍量的包装件中采样进行复检。复检结果即使只有一项指标不符合本标准的要求，则该批产品为不合格。

6 标志、包装、运输和贮存

6.1 标志

本产品的每个包装件上应有清晰、牢固的标志，其内容包括：产品名称、标准编号、生产厂名称、地址、联系电话、商标、净含量、生产日期、批号等。

6.2 包装

本产品应用清洁、干燥、牢固、内无机械杂质的200 L容量的镀锌铁桶或铁桶包装。桶内应加聚乙烯或无色橡胶的垫圈密封，内附质量合格证。也可根据用户需求采用其他包装。

6.3 运输

本产品运输时要避免日晒、雨淋。在搬运时轻装轻卸，防止猛烈撞击。

6.4 贮存

本产品应贮存在通风、干燥的库房内，贮存期从生产之日起为6个月。本产品超过贮存期后，按本标准规定检验合格后仍可使用。

ICS 71.060.40
G 11
备案号：41848—2013

HG

中华人民共和国化工行业标准

HG/T 4530—2013

氢氧化铝阻燃剂

Flame retardant—Aluminum hydroxide

2013-10-17 发布　　2014-03-01 实施

中华人民共和国工业和信息化部　发布

前　　言

本标准按照GB/T 1.1—2009给出的规则起草。

本标准由中国石油和化学工业联合会提出。

本标准由全国化学标准化技术委员会无机化工分会(SAC/TC 63/SC 1)归口。

本标准起草单位:中海油天津化工研究设计院、济南泰星精细化工有限公司、合肥中科阻燃新材料有限公司。

本标准主要起草人:陈德英、杨裴、王立贵、范国强、肖学文、朱军。

氢氧化铝阻燃剂

1 范围

本标准规定了氢氧化铝阻燃剂的分型、要求、试验方法、检验规则、标志、标签、包装、运输和贮存。

本标准适用于以铝土矿为原料制得的氢氧化铝阻燃剂，该产品用于橡胶、塑料、化工、电线电缆、建材等领域。

2 规范性引用文件

下列文件对于本文件的应用是必不可少的。凡是注日期的引用文件，仅注日期的版本适用于本文件。凡是不注日期的引用文件，其最新版本(包括所有的修改单)适用于本文件。

GB/T 191—2008 包装储运图示标志

GB/T 6678 化工产品采样总则

GB/T 6682—2008 分析实验室用水规格和试验方法

GB/T 8170 数值修约规则与极限数值的表示和判定

GB/T 23774—2009 无机化工产品白度测定通用方法

HG/T 3696.1 无机化工产品 化学分析用标准溶液、制剂及制品的制备 第1部分：标准滴定溶液的制备

HG/T 3696.3 无机化工产品 化学分析用标准溶液、制剂及制品的制备 第3部分：制剂及制品的制备

YS/T 534.4—2007 氢氧化铝化学分析方法 第4部分 三氧化二铁含量的测定 邻二氮杂菲光度法

YS/T 534.5—2007 氢氧化铝化学分析方法 第5部分 氧化钠含量的测定

YS/T 667.1 化学品氧化铝化学分析方法 第1部分 填料用氢氧化铝及拟薄水铝石中镉、铬、钒含量的测定 电感耦台等离子体发射光谱法

YS/T 667.2 化学品氧化铝化学分析方法 第2部分 填料用氢氧化铝及拟薄水铝石中砷、汞、铅含量的测定 氢化物发生-电感耦合等离子体发射光谱法

3 分子式和相对分子质量

分子式：$Al(OH)_3$

相对分子质量：77.99(按2011年国际相对原子质量)

4 分型

氢氧化铝阻燃剂根据产品的粒径不同分为四型：ATH-1、ATH-2、ATH-3、ATH-4。

5 要求

5.1 外观：白色粉末。

5.2 氢氧化铝阻燃剂按本标准规定的试验方法检测应符合表1技术要求。

表1 技术要求

项目		指标							
		ATH-1		ATH-2		ATH-3		ATH-4	
		一等品	合格品	一等品	合格品	一等品	合格品	一等品	合格品
氧化铝(Al_2O_3)w/%	≥	64.0	63.5	64.0	63.5	64.0	63.5	64.0	63.5
三氧化二铁(Fe_2O_3)w/%	≤	0.02							
氧化钠(Na_2O)w/%	≤	0.4							
灼烧失量 w/%		34.0～35.0							
附着水 w/%	≤	0.3	0.8	0.3	0.8	0.3	0.8	0.3	0.8
白度/度	≥	93	90	93	90	93	90	93	90
pH(100 g/L 悬浮液)		8.5～10.5							
重金属($Cd+Hg+Pb+Cr^{6+}+As$)w/%	≤	0.010							
粒径(D_{50})/μm		1～4		5～10		11～15		16～20	

6 试验方法

6.1 警告

本试验方法中使用的部分试剂具有腐蚀性，操作时须小心谨慎！如溅到皮肤上应立即用水冲洗，严重者应立即就医。

6.2 一般规定

本标准所用的试剂和水，在没有注明其他要求时，均指分析纯试剂和GB/T 6682—2008中规定的三级水。试验中所用的标准滴定溶液、制剂和制品，在没有注明其他规定时，均按HG/T 3696.1、HG/T 3696.3的规定制备。

6.3 外观检验

在自然光下，于白色衬底的表面皿或白瓷板上用目视法判定外观。

6.4 氧化铝含量的测定

6.4.1 方法提要

在试液中先加入已知过量的乙二胺四乙酸二钠标准滴定溶液，与被测组分络合完全，剩余的乙二胺四乙酸二钠用硝酸铅标准滴定溶液滴定，根据硝酸铅标准滴定溶液的消耗量，即可求得氧化铝的含量。

6.4.2 试剂和材料

6.4.2.1 盐酸。

6.4.2.2 乙醇。

6.4.2.3 氨水溶液：1+10。

6.4.2.4 盐酸溶液：1+100。

6.4.2.5 乙酸-乙酸钠缓冲溶液:pH≈5.5;

称取200 g乙酸钠,溶于水,加入10 mL冰乙酸,稀释至1 000 mL。

6.4.2.6 乙二胺四乙酸二钠标准滴定溶液:$c(\mathrm{EDTA})\approx 0.05$ mol/L。

6.4.2.7 硝酸铅标准滴定溶液:$c(\mathrm{Pb(NO_3)_2})\approx 0.05$ mol/L。

6.4.2.8 二甲酚橙指示液:2 g/L。

6.4.3 分析步骤

称取约0.5 g试样,精确至0.000 2 g,置于100 mL烧杯中,加入50 mL盐酸,煮沸,直至试样全部溶解,溶液清澈(约25 min),趁热过滤。滤液置于250 mL容量瓶中,用热水洗涤,洗液并入容量瓶,冷却后用水稀释到刻度,摇匀。移取50 mL试液至250 mL锥形瓶中,加氨水溶液中和,析出白色沉淀,再滴加盐酸溶液至沉淀恰好消失。加入10 mL乙酸-乙酸钠缓冲溶液、50 mL乙二胺四乙酸二钠标准滴定溶液,煮沸10 min,冷却。加入相当于溶液体积二分之一的乙醇和2滴~3滴二甲酚橙指示液,用硝酸铅标准滴定溶液进行滴定,至溶液由黄色变为酒红色即为终点。

同时进行空白试验,空白试验溶液除不加试样外,其他操作和加入的试剂与试验溶液相同。

6.4.4 结果计算

氧化铝的含量以氧化铝(Al_2O_3)的质量分数w_1计,按式(1)计算:

$$w_1=\frac{(V_0-V_1)cM\times 10^{-3}}{m\times 50/250}\times 100\% \qquad (1)$$

式中:

V_0 ——滴定空白试验溶液所消耗的硝酸铅标准确定溶液的体积的数值,单位为毫升(mL);

V_1 ——滴定试验溶液所消耗的硝酸铅标准滴定溶液的体积的数值,单位为毫升(mL);

c ——硝酸铅标准滴定溶液的浓度的准确数值,单位为摩尔每升(mol/L);

m ——试料的质量的数值,单位为克(g);

M ——氧化铝($1/2Al_2O_3$)的摩尔质量的数值,单位为克每摩尔(g/mol)(M=50.97)。

取平行测定结果的算术平均值为测定结果,两次平行测定结果的绝对差值不大于0.30%。

6.5 三氧化二铁含量、氧化钠含量的测定

6.5.1 三氧化二铁含量的测定——分光光度法(仲裁法)

按YS/T 534.4的规定进行测定。

6.5.2 氧化钠含量的测定——原子吸收光谱法(仲裁法)

按YS/T 534.5规定的方法二:火焰原子吸收光谱法进行测定。

6.5.3 三氧化二铁含量、氧化钠含量的测定——电感耦合等离子体发射光谱法

6.5.3.1 方法提要

试样用硝酸溶解后,用电感耦合等离子体光谱仪测定试样中铁、钠的含量,再换算成三氧化二铁和氧化钠。

6.5.3.2 试剂和材料

6.5.3.2.1 盐酸:优级纯。

6.5.3.2.2 硝酸:优级纯。

6.5.3.2.3 硝酸溶液:1+1。

6.5.3.2.4 铁标准贮备液,铁标准溶液(有证标准物质),1 mL 溶液含铁(Fe)1 mg。

6.5.3.2.5 铁标准溶液:1 mL,溶液含铁(Fe)0.1 mg;

用移液管移取 5 mL 铁标准贮备液于 50 mL 容量瓶中,用水稀释至刻度,摇匀。

6.5.3.2.6 钠标准溶液:钠标准溶液(有证标准物质),1 mL 溶液含钠(Na)1 mg。

6.5.3.2.7 二级水:符合 GB/T 6682—2008 规定。

6.5.3.3 仪器、设备

6.5.3.3.1 电感耦合等离子体发射光谱仪。

6.5.3.3.2 调压电热板。

6.5.3.4 分析步骤

6.5.3.4.1 容器的清洗

所有容器均需用硝酸溶液浸泡 24 h 后,倒出硝酸溶液,用水充分洗净,待用。

6.5.3.4.2 试验溶液的配制

称取约 0.5 g 试样,精确到 0.000 2 g,置于烧杯中,加入 2 mL 硝酸溶液,盖上表面皿,在带调压电热板上低温加热 15 min,冷却,加入 5 mL 盐酸,盖上表面皿在电热板上低温消解,至试样完全溶解(约 2 h～3 h),冲洗表面皿,洗液并入烧杯,在电热板上浓缩至约 1.5 mL,加入少量水,加热至残余物溶解,冷却,转移至 25 mL 容量瓶中,稀释至刻度,摇匀,得到试验溶液,此溶液用于铁、钠的测定。

同时进行空白试验,空白试验溶液除不加试样外,其他操作和加入的试剂与试验溶液相同。

6.5.3.4.3 工作曲线的绘制

在一系列 100 mL 的容量瓶中,分别移入 0.00 mL、1.00 mL、2.00 mL、3.00 mL、4.00 mL 的铁标准溶液,再分别移入 0.00 mL、2.00 mL、4.00 mL、6.00 mL、8.00 mL 钠标准溶液,加入 4 mL 盐酸,以二级水稀释至刻度,摇匀。

在电感耦合等离子体光谱仪上,选择最佳仪器工作条件,根据表 2 中给出的元素测定波长,以二级水调零,测定元素的吸光度。以元素标准溶液的质量浓度为横坐标,对应的响应值为纵坐标,绘制工作曲线。

表 2 元素测定波长

元　素	铁	钠
测定波长/nm	238.204	589.592

6.5.3.4.4 测定

取制备的试验溶液和空白试验溶液,使用电感耦合等离子体光谱仪,以水为参比,分别在各元素的测定波长处测量其响应值,从工作曲线上查出元素的质量浓度值。

6.5.3.5 结果计算

氢氧化铝阻燃剂中三氧化二铁或氧化钠的含量以质量分数 w_2 计,按式(2)计算:

$$w_2=\frac{(\rho_1-\rho_0)\times 25\times 10^{-6}\times k}{m}\times 100\% \qquad \cdots\cdots(2)$$

式中:

ρ_1 ——从工作曲线上查得的试验溶液中测定元素的质量浓度的数值,单位为毫克每升(mg/L);

ρ_0 ——从工作曲线上查得的空白试验溶液中测定元素的质量浓度的数值，单位为毫克每升(mg/L)；
m ——试料的质量的数值，单位为克(g)；
k ——测定元素换算成氧化物的系数，其中铁换算成三氧化二铁的系数 $k_1=1.430$；钠换算成氧化钠的系数 $k_2=1.348$。

取平行测定结果的算术平均值为测定结果，两次平行测定结果的绝对差值三氧化二铁不大于0.002%、氧化钠不大于0.01%。

6.6 灼烧失量的测定

6.6.1 方法提要

试样在高温下灼烧至质量恒定，根据试样减少的质量，确定灼烧失量。

6.6.2 仪器、设备

高温炉：温度能控制在900 ℃±20 ℃。

6.6.3 分析步骤

称取约5 g试样，精确至0.000 2 g，置于预先于900 ℃±20 ℃的高温炉中灼烧至质量恒定的瓷坩埚中，置于高温炉中在900 ℃±20 ℃下灼烧至质量恒定。

6.6.4 结果计算

灼烧失量以质量分数 w_3 计，按式(3)计算：

$$w_3=\frac{m_1-m_2}{m}\times100\% \qquad \cdots\cdots(3)$$

式中：
m_1 ——瓷坩埚和试料灼烧前的质量的数值，单位为克(g)；
m_2 ——瓷坩埚和试料灼烧后的质量的数值，单位为克(g)；
m ——试料质量的数值，单位为克(g)。

取平行测定结果的算术平均值为测定结果，两次平行测定结果的绝对差值不大于0.1%。

6.7 附着水的测定

6.7.1 方法提要

试样在105 ℃±2 ℃的电热恒温干燥箱中干燥至质量恒定，根据试样干燥前后的质量变化确定附着水。

6.7.2 仪器、设备

电热恒温干燥箱：温度能控制在105 ℃±2 ℃。

6.7.3 分析步骤

用已于105 ℃±2 ℃条件下干燥至质量恒定的称量瓶，称取约5 g试样，精确至0.000 2 g，置于电热恒温干燥箱中，在105 ℃±2 ℃条件下干燥至质量恒定。

6.7.4 结果计算

附着水以质量分数 w_4 计，按式(4)计算：

$$w_4=\frac{m_1-m_2}{m}\times 100\% \quad \cdots\cdots(4)$$

式中：

m_1 ——干燥前试料和称量瓶质量的数值，单位为克(g)；

m_2 ——干燥后试料和称量瓶质量的数值，单位为克(g)；

m ——试料质量的数值，单位为克(g)。

取平行测定结果的算术平均值为测定结果，两次平行测定结果的绝对差值不大于 0.03%。

6.8 白度的测定

6.8.1 仪器

6.8.1.1 白度计。

6.8.1.2 工作白板：符合 GB/T 23774—2009 规定的工作标准白板。

6.8.2 分析步骤

取一定量的试样放入压样器中，压制成表面平整、无纹理、无疵点、无污点的试样板。每批产品需压制 3 件试样板。

按仪器的使用说明预热稳定仪器，调零，用工作白板调校仪器。将试样板置于仪器上测定试样的 R457 白度。

6.8.3 结果计算

按 GB/T 23774—2009 中 6.1 规定读出白度值。

6.9 pH 的测定

6.9.1 方法提要

试样置于水中，经搅拌加热形成悬浮液，用配有复合电极或玻璃测量电极和饱和甘汞参比电极的酸度计测量试验溶液的 pH。

6.9.2 试剂和材料

无二氧化碳的水。

6.9.3 仪器

6.9.3.1 酸度计：分度值为 0.02，配有复合电极或玻璃测量电极和饱和甘汞参比电极。

6.9.3.2 电磁搅拌器：带有加热功能。

6.9.4 测定步骤

称取约 10 g 试样，精确至 0.01 g，置于 250 mL 烧杯中，加无二氧化碳的水至 100 mL，置于电磁搅拌器上搅拌并加热 30 min，静置，冷却至室温，用酸度计测量悬浮液的 pH。

取平行测定结果的算术平均值为测定结果，两次平行测定结果的绝对差值不大于 0.2。

6.10 重金属($Cd+Hg+Pb+Cr^{6+}+As$)的测定

按 YS/T 667.1、YS/T 667.2 的规定进行测定。

6.11 粒径的测定

6.11.1 方法提要

在放有分散剂的样品池中，将试样通过超声手段分散成适当浓度，按照激光粒度测定仪的操作要求进行粒径的测定，选择 D_{50} 值作为测定结果。

6.11.2 试剂和材料

焦磷酸钠。

6.11.3 仪器

激光粒度仪：量程应满足检测的粒径范围，具备超声分散、电磁循环及数据分析处理功能。

6.11.4 分析步骤

取适量试样，置于已放入少量焦磷酸钠分散剂并确认了仪器背景的样品池中，分散剂的加入量为介质质量的 0.2%～0.5%，将试样用超声手段在分散介质中分散成适当浓度，将激光粒度仪的相关参数调整到仪器最佳使用状态，按照激光粒度仪的操作步骤测定试样的粒径（D_{50}）。

7 检验规则

7.1 本标准采用型式检验和出厂检验。

7.1.1 型式检验

要求中规定的所有指标项目为型式检验项目，在正常情况下每六个月至少进行一次型式检验。在下列情况之一时，应进行型式检验：

a) 更新关键生产工艺；

b) 主要原料有变化；

c) 停产又恢复生产；

d) 与上次型式检验有较大差异；

e) 合同规定。

7.1.2 出厂检验

要求中规定的氧化铝含量、灼烧失量、附着水、白度、pH、粒径六项指标为出厂检验项目，应逐批检验。

7.2 用相同材料，基本相同的生产条件，连续生产或同一班组生产的氢氧化铝阻燃剂为一批。每批产品不超过 500 t。

7.3 按 GB/T 6678 的规定确定采样单元数。采样时，将采样器自包装袋的上方插入至料层深度的四分之三处采样。将所采的样品混匀，用四分法缩分至约 500 g，分装入两个干燥、清洁的广口瓶（或塑料袋）中，密封，瓶（袋）上粘贴标签，注明：生产厂名称、产品名称、型号、等级、批号、采样日期和采样者姓名。一瓶（袋）用于检验，另一瓶（袋）保存备查，保存时间由生产厂根据实际情况确定。

7.4 检验结果中如有指标不符合本标准要求的，应重新自两倍量的包装袋中采样进行复验，复验结果即使只有一项指标不符合本标准要求时，则整批产品为不合格。

7.5 采用 GB/T 8170 规定的修约值比较法判定检验结果是否符合标准。

8 标志、标签

8.1 氢氧化铝阻燃剂包装袋上要有牢固清晰的标志，内容包括：生产厂名、厂址、产品名称、型号、等级、净含量、批号或生产日期和本标准编号以及 GB/T 191—2008 所规定的“怕雨”标志。

8.2 每批出厂的氢氧化铝阻燃剂应附有质量证明书，内容包括：生产厂名、厂址、产品名称、型号、等级、净含量、批号或生产日期、产品质量符合本标准的证明和本标准编号。

9 包装、运输、贮存

9.1 氢氧化铝阻燃剂产品采用双层包装，内包装采用聚乙烯塑料薄膜袋，外包装采用聚丙烯塑料编织袋。包装内袋采用热合压制或用维尼龙绳或其他质量相当的绳扎口，外包装袋应牢固缝合，无漏缝或跳线现象。每袋净含量为 20 kg 或 25 kg，也可根据用户要求进行包装。

9.2 氢氧化铝阻燃剂在运输过程中应有遮盖物，防止污染、破损，防止雨淋、受潮、暴晒。

9.3 氢氧化铝阻燃剂应贮存在通风、阴凉、干燥的库房内，防止雨淋、受潮。

ICS 71.060.40
G 11
备案号：41849—2013

HG

中华人民共和国化工行业标准

HG/T 4531—2013

阻燃剂用氢氧化镁

Magnesium hydroxide for flame retardant

2013-10-17 发布　　　　2014-03-01 实施

中华人民共和国工业和信息化部　发布

前　言

本标准按照GB/T 1.1—2009给出的规则起草。

本标准由中国石油和化学工业联合会提出。

本标准由全国化学标准化技术委员会无机化工分会(SAC/TC 63/SC 1)归口。

本标准起草单位:中海油天津化工研究设计院、合肥中科阻燃新材料有限公司、丹东松元化学有限公司。

本标准主要起草人:王立贵、范国强、杨裴、邵成刚、朱军、刘晓红。

阻燃剂用氢氧化镁

1 范围

本标准规定了阻燃剂用氢氧化镁的分类，要求，试验方法，检验规则，标志、标签，包装、运输、贮存。

本标准适用于阻燃剂用氢氧化镁。该产品主要用作阻燃剂的原料，用于橡胶、塑料、化工、电线电缆、建材等领域。

2 规范性引用文件

下列文件对于本文件的应用是必不可少的。凡是注日期的引用文件，仅所注日期的版本适用于本文件。凡是不注日期的引用文件，其最新版本(包括所有的修改单)适用于本文件。

GB/T 191—2008 包装储运图示标志

GB/T 6678 化工产品采样总则

GB/T 8170 数值修约规则与极限数值的表示和判定

GB/T 19587—2004 气体吸附 BET 法测定固态物质比表面积

HG/T 3607—2007 工业氢氧化镁

3 分子式和相对分子质量

分子式：$Mg(OH)_2$

相对分子质量：58.32(按 2011 年国际相对原子质量)

4 分类

阻燃剂用氢氧化镁产品分为两类。

MP(物理法)：以水镁石为原料，经过筛选、粉碎分级、表面处理后生产的产品。

MC(化学法)：通过含镁溶液与沉淀剂的常温合成(或氧化镁水合工艺)、水热处理、表面改性等过程生产的产品。

5 要求

5.1 外观：白色粉末。

5.2 阻燃剂用氢氧化镁按本标准规定的试验方法检测应符合表 1 技术要求。

表 1 技术要求

项目		指标									
		MP-1-3	MP-1-5	MP-1-10	MP-1-15	MP-2-3	MP-2-5	MP-2-10	MP-2-15	MC-1-2	MC-2-15
氢氧化镁[$Mg(OH)_2$]w/%	≥	94.0				91.0				98.0	95.0
干燥减量 w/%	≤	0.5				1.0				0.5	1.0
灼烧失量 w/%	≥	30.0				28.0				30.0	29.0
盐酸不溶物 w/%	≤	2.0				3.0				0.1	0.2
氧化钙(CaO)w/%	≤	1.5				2.0				0.1	0.2
氯化物(以 Cl 计)w/%	≤	—				—				0.08	0.15
铁(Fe)w/%	≤	0.15				0.25				0.005	0.02
比表面积(BET)/(m^2/g)	≤	—				—				10	20
粒径(D_{50})/μm	≤	3	5	10	15	3	5	10	15	2	15

6 试验方法

6.1 安全提示

本试验方法中使用的部分试剂具有毒性或腐蚀性，操作者须小心谨慎！如溅到皮肤上应立即用水冲洗，严重者应立即治疗。使用易燃品时，严禁使用明火加热。

6.2 外观判别

在自然光下用目视法判定外观。

6.3 氢氧化镁含量的测定

按照 HG/T 3607—2007 的 5.4 进行测定。

6.4 干燥减量的测定

按照 HG/T 3607—2007 的 5.7 进行测定。

6.5 灼烧失量的测定

按照 HG/T 3607—2007 的 5.12 进行测定。灼烧温度控制在 850 ℃～900 ℃。

6.6 盐酸不溶物的测定

按照 HG/T 3607—2007 的 5.6 进行测定。

6.7 氧化钙含量的测定

按照 HG/T 3607—2007 的 5.5 进行测定。

6.8 氯化物的测定

按照 HG/T 3607—2007 的 5.8 进行测定。

6.9 铁含量的测定

按照 HG/T 3607—2007 的 5.9 进行测定。

6.10 比表面积的测定

按照 GB/T 19587—2004 进行测定，脱气温度不超过 150 ℃。

6.11 粒径的测定

按照 HG/T 3607—2007 的 5.11 进行测定。

7 检验规则

7.1 本标准要求中规定的所有指标项目为出厂检验项目，应逐批检验。

7.2 生产企业用相同材料，基本相同的生产条件，连续生产或同一班组生产的同一类型的阻燃剂用氢氧化镁为一批。化学法每批产品不超过 50 t。物理法每批产品不超过 500 t。

7.3 按 GB/T 6678 的规定确定采样单元数。采样时，将采样器自包装袋的上方垂直插入至料层深度的四分之三处采样。将所采的样品混匀，用四分法缩分至约 500 g，分装入两个干燥、清洁的广口瓶中，密封，粘贴标签，注明：生产厂名、产品名称、类型、批号和采样日期、采样者姓名。一瓶用于检验，另一瓶保存备查，保存时间由生产厂根据实际情况确定。

7.4 检验结果中如有指标不符合本标准要求时，应重新自两倍量的包装袋中采样进行复验，复验结果即使只有一项指标不符合本标准要求时，则整批产品为不合格。

7.5 采用 GB/T 8170 规定的修约值比较法判定检验结果是否符合标准。

8 标志、标签

8.1 阻燃剂用氢氧化镁包装袋上应有牢固清晰的标志，内容包括：生产厂名、厂址、产品名称、类型、净含量、批号或生产日期、本标准编号及 GB/T 191—2008 规定的“怕雨”标志。

8.2 每批出厂的阻燃剂用氢氧化镁都应附有质量证明书，内容包括：生产厂名、厂址、产品名称、类型、净含量、批号或生产日期、产品质量符合本标准的证明和本标准编号。

9 包装、运输、贮存

9.1 净含量 20 kg 规格包装采用外三层牛皮纸，内衬聚乙烯塑料膜包装；净含量 25 kg 规格包装采用双层包装，内包装采用聚乙烯塑料薄膜袋，外包装为塑料编织袋；净含量 500 kg 规格包装内包装采用聚乙烯塑料薄膜袋，外包装为聚丙烯涂膜编织袋。上述包装其性能和检验方法应符合相关标准的规定。

9.2 阻燃剂用氢氧化镁包装时，将内袋中的空气排出，用维尼龙绳或其他质量相当的绳扎紧，或用与其相当的其他方式封口；外袋用维尼龙绳线或其他质量相当的线缝口，缝线整齐，针距均匀，无漏缝或跳线现象。

9.3 阻燃剂用氢氧化镁在运输中应有遮盖物，防止雨淋、受潮。

9.4 阻燃剂用氢氧化镁应贮存于阴凉、干燥处，防止雨淋、受潮。

ICS 71.060.50
G 12
备案号：50869—2015

HG

中华人民共和国化工行业标准

HG/T 4827—2015

硼酸锌阻燃剂

Zinc borate for flame retardant use

2015-07-29 发布

2016-01-01 实施

中华人民共和国工业和信息化部 发布

前　言

本标准按照GB/T 1.1—2009给出的规则起草。

本标准由中国石油和化学工业联合会提出。

本标准由全国化学标准化技术委员会无机化工分技术委员会（SAC/TC63/SC1）归口。

本标准起草单位：济南泰星精细化工有限公司、淄博五维实业有限公司、中海油天津化工研究设计院、山东川君化工股份有限公司、国家无机盐产品质量监督检验中心。

本标准主要起草人：张雅民、荆凯、杨裴、杨忠军、索伟、刘同军、巩晓军、王芳、成怡。

硼酸锌阻燃剂

1 范围

本标准规定了硼酸锌阻燃剂的分型，要求，试验方法，检验规则，标志、标签，包装、运输和贮存。

本标准适用于硼酸锌阻燃剂，该产品主要用于工程塑料、橡胶、线缆、涂料等领域。

2 规范性引用文件

下列文件对于本文件的应用是必不可少的。凡是注日期的引用文件，仅注日期的版本适用于本文件。凡是不注日期的引用文件，其最新版本（包括所有的修改单）适用于本文件。

GB/T 191—2008 包装储运图示标志

GB/T 6003.1—2012 试验筛 技术要求和检验 第1部分：金属丝编织网试验筛

GB/T 6678 化工产品采样总则

GB/T 6682—2008 分析实验室用水规格和试验方法

GB/T 8170 数值修约规则与极限数值的表示和判定

GB/T 23774 无机化工产品白度测定通用方法

HG/T 3696.1 无机化工产品 化学分析用标准溶液、制剂及制品的制备 第1部分：标准滴定溶液的制备

HG/T 3696.2 无机化工产品 化学分析用标准溶液、制剂及制品的制备 第2部分：杂质标准溶液的制备

HG/T 3696.3 无机化工产品 化学分析用标准溶液、制剂及制品的制备 第3部分：制剂及制品的制备

3 分子式

分子式：$x\mathrm{ZnO}\cdot y\mathrm{B_2O_3}\cdot z\mathrm{H_2O}$

4 分型

硼酸锌阻燃剂产品根据分子结构的不同分为4个型号，具体如下：

——ZB-23：分子式为 $2\mathrm{ZnO}\cdot 3\mathrm{B_2O_3}$；

——ZB-223：分子式为 $2\mathrm{ZnO}\cdot 2\mathrm{B_2O_3}\cdot 3\mathrm{H_2O}$；

——ZB-2335：分子式为 $4\mathrm{ZnO}\cdot 6\mathrm{B_2O_3}\cdot 7\mathrm{H_2O}$；

——ZB-237：分子式为 $2\mathrm{ZnO}\cdot 3\mathrm{B_2O_3}\cdot 7\mathrm{H_2O}$。

5 要求

5.1 外观：白色粉末。

5.2 硼酸锌阻燃剂按本标准规定的试验方法检测，应符合表1的技术要求。

表 1 技术要求

项目	指标				
	ZB-23	ZB-223		ZB-2335	ZB-237
		优等品	一等品		
氧化硼(B_2O_3) w/%	52.0～56.0	35.0～40.0		45.0～49.0	39.5～42.5
氧化锌(ZnO) w/%	42.0～44.0	44.0～47.0		35.5～39.5	30.5～33.5
灼烧失量 w/%	≤1.5	13.5～14.5		13.0～15.5	24.0～26.5
附着水 w/% ≤	0.5	0.5	1.0	0.8	1.0
白度 ≥	90	98	96	90	
筛余物(45 μm) w/% ≤	1.0	0.1	0.8	1.0	
铅(Pb) w/% ≤	—	0.002	0.003	—	—
镉(Cd) w/% ≤	—	0.001	0.002	—	—
粒径(D_{50})/μm	协商				

6 试验方法

警告：本试验方法中使用的部分试剂具有腐蚀性，操作时须小心谨慎！如溅到皮肤或眼睛上应立即用水冲洗，严重者应立即就医。

6.1 一般规定

本标准所用的试剂和水，在没有注明其他要求时，均指分析纯试剂和 GB/T 6682—2008 规定的三级水。试验中所用的标准滴定溶液、杂质标准溶液、制剂和制品，在没有注明其他规定时，均按 HG/T 3696.1、HG/T 3696.2、HG/T 3696.3 的规定制备。

6.2 外观检验

在自然光下，于白色衬底的表面皿或白瓷板上用目视法判定外观。

6.3 氧化硼含量的测定

6.3.1 沉淀分离法（仲裁法）

6.3.1.1 方法提要

用碳酸钙作为沉降剂去除锌离子，然后将试液在酸性条件下煮沸逸尽二氧化碳，以甘露醇强化硼酸，用氢氧化钠标准滴定溶液滴定。

6.3.1.2 试剂

6.3.1.2.1 碳酸钙。

6.3.1.2.2 甘露醇（中性）。

检验方法是称取 5.0 g 甘露醇，溶解于 50 mL 不含二氧化碳的水中，以酚酞为指示剂，用 0.02 mol/L 氢氧化钠溶液中和时，其用量应不大于 0.3 mL。

6.3.1.2.3 盐酸溶液：1+1。

6.3.1.2.4 盐酸溶液：1+10。

6.3.1.2.5 氢氧化钠标准滴定溶液：c(NaOH)≈0.1 mol/L。

6.3.1.2.6 硝酸银溶液：17 g/L。

6.3.1.2.7 甲基红指示液：1 g/L。

6.3.1.2.8 酚酞指示液：10 g/L。

6.3.1.3 分析步骤

6.3.1.3.1 试验溶液的制备

称取 1.5 g～2.0 g 试样，精确至 0.000 2g。置于 250 mL 烧杯中，加入 80 mL 水、5 mL 盐酸溶液（见 6.3.1.2.3），加热溶解，应避免沸腾。冷却至室温，移入 250 mL 容量瓶中，用水稀释至刻度，摇匀。

6.3.1.3.2 测定

移取 25 mL 试验溶液，置于 250 mL 烧杯中，加水至 50 mL。加入 1.5 g 碳酸钙，加热保持微沸 5 min（避免迸溅、烧干）。趁热过滤，沉淀物用沸水洗涤至滤液中无氯离子为止（硝酸银溶液检验）。加入 2 滴甲基红指示液，滴加盐酸溶液（见 6.3.1.2.4）至溶液变红，再过量 0.5 mL。将溶液加热微沸 2 min，使二氧化碳逸尽。冷却至室温，用氢氧化钠标准滴定溶液中和至溶液刚变为黄色，然后加入 0.5 mL 酚酞指示液、5 g 甘露醇，用氢氧化钠标准滴定溶液滴定至溶液呈微红色，再加入 2 g～3 g甘露醇，若溶液红色褪掉，继续用氢氧化钠标准滴定溶液滴定，直至加入甘露醇后溶液红色不褪即为终点。

同时同样做空白试验，空白试验溶液除不加试样外，其他加入试剂的种类和量（标准滴定溶液除外）与试验溶液相同。

6.3.1.4 结果计算

氧化硼含量以氧化硼（B_2O_3）的质量分数 w_1 计，按公式（1）计算：

$$w_1=\frac{(V_1-V_0)cM\times 10^{-3}}{m\times 25/250}\times 100\ \% \qquad \cdots\cdots\cdots\cdots (1)$$

式中：

V_1——滴定试验溶液消耗氢氧化钠标准滴定溶液的体积的数值，单位为毫升（mL）；

V_0——滴定空白试验溶液消耗氢氧化钠标准滴定溶液的体积的数值，单位为毫升（mL）；

c——氢氧化钠标准滴定溶液的浓度的准确数值，单位为摩尔每升（mol/L）；

m——试样的质量的数值，单位为克（g）；

M——氧化硼$\left(\frac{1}{2}B_2O_3\right)$的摩尔质量的数值，单位为克每摩尔（g/mol）($M$=34.81)。

取平行测定结果的算术平均值为测定结果，两次平行测定结果的绝对差值不大于 0.30 %。

6.3.2 络合掩蔽法

6.3.2.1 方法提要

定量加入乙二胺四乙酸二钠（EDTA）标准滴定溶液掩蔽锌的干扰，加入适量的甘露醇与试验溶液中的硼酸形成稳定的络合物，用氢氧化钠标准滴定溶液滴定。

6.3.2.2 试剂

6.3.2.2.1 甘露醇（中性）。

检验方法是称取 5.0 g 甘露醇，溶解于 50 mL 不含二氧化碳的水中，以酚酞为指示剂，用 0.02 mol/L 氢氧化钠溶液中和时，其用量应不大于 0.3 mL。

6.3.2.2.2 盐酸溶液：1+1。

6.3.2.2.3 氢氧化钠溶液：200 g/L。

6.3.2.2.4 氢氧化钠标准滴定溶液：c(NaOH)≈0.1 mol/L。

6.3.2.2.5 乙二胺四乙酸二钠标准滴定溶液：c(EDTA)≈0.05 mol/L。

6.3.2.2.6 溴百里香酚蓝指示液：1 g/L。

6.3.2.2.7 酚酞指示液：10 g/L。

6.3.2.3 分析步骤

移取 25 mL 试验溶液（见 6.3.1.3.1），置于 250 mL 锥形瓶中，加入 5 滴～8 滴溴百里香酚蓝指示液，再滴加 4 滴～5 滴氢氧化钠溶液，然后用氢氧化钠标准滴定溶液滴定至溶液呈黄绿色，再用滴定管准确加入与测定氧化锌所消耗的 EDTA 标准滴定溶液的体积数值相同的 EDTA 标准滴定溶液（允许过量不超过 0.1 mL），用氢氧化钠标准滴定溶液中和溶液呈黄绿色，加入 3 g 甘露醇、5 滴～8 滴酚酞指示液，用氢氧化钠标准滴定溶液滴定至溶液呈蓝紫色即为终点。

同时同样做空白试验，空白试验溶液除不加试样外，其他加入试剂的种类和量（标准滴定溶液除外）与试验溶液相同。

6.3.2.4 结果计算

氧化硼含量以氧化硼（B_2O_3）的质量分数 w_1 计，按公式（2）计算：

$$w_1=\frac{(V_1-V_0)cM\times10^{-3}}{m\times25/250}\times100\ \% \qquad \cdots\cdots\cdots\cdots(2)$$

式中：

V_1——滴定试验溶液消耗氢氧化钠标准滴定溶液的体积的数值，单位为毫升（mL）；

V_0——滴定空白试验溶液消耗氢氧化钠标准滴定溶液的体积的数值，单位为毫升（mL）；

c——氢氧化钠标准滴定溶液的浓度的准确数值，单位为摩尔每升（mol/L）；

m——试样（见 6.3.1.3.1）的质量的数值，单位为克（g）；

M——氧化硼$\left(\frac{1}{2}B_2O_3\right)$的摩尔质量的数值，单位为克每摩尔（g/mol）（$M$=34.81）。

取平行测定结果的算术平均值为测定结果，两次平行测定结果的绝对差值不大于 0.30 %。

6.4 氧化锌含量的测定

6.4.1 方法提要

用氨水溶液将试液调节至碱性，加入 pH≈10 的氨-氯化铵缓冲溶液，以铬黑 T 为指示剂，用乙二胺四乙酸二钠（EDTA）标准滴定溶液滴定。

6.4.2 试剂

6.4.2.1 氨水溶液：2+3。

6.4.2.2 氨-氯化铵缓冲溶液甲：pH≈10。

6.4.2.3 乙二胺四乙酸二钠标准滴定溶液：c(EDTA)≈0.05 mol/L。

6.4.2.4 铬黑 T 指示液：5 g/L。

6.4.3 分析步骤

移取 25 mL 试验溶液（见 6.3.1.3.1），置于 250 mL 锥形瓶中，加水至 60 mL，滴加氨水溶液至溶液的 pH≈10（用 pH 试纸检验），然后加入 10 mL 氨-氯化氨缓冲溶液甲、3 滴～5 滴铬黑 T 指示液，用乙二胺四乙酸二钠标准滴定溶液滴定溶液由紫红色变为蓝色即为终点。

同时同样做空白试验，空白试验溶液除不加试样外，其他加入试剂的种类和量（标准滴定溶液除外）与试验溶液相同。

6.4.4 结果计算

氧化锌含量以氧化锌（ZnO）的质量分数 w_2 计，按公式（3）计算：

$$w_2=\frac{(V_1-V_0)cM\times10^{-3}}{m\times25/250}\times100\ \% \qquad \cdots\cdots\cdots\cdots(3)$$

式中：

V_1——滴定试验溶液消耗乙二胺四乙酸二钠标准滴定溶液的体积的数值，单位为毫升（mL）；

V_0——滴定空白试验溶液消耗乙二胺四乙酸二钠标准滴定溶液的体积的数值，单位为毫升（mL）；

c——乙二胺四乙酸二钠标准滴定溶液的浓度的准确数值，单位为摩尔每升（mol/L）；

m——试样（见 6.3.1.3.1）的质量的数值，单位为克（g）；

M——氧化锌（ZnO）的摩尔质量的数值，单位为克每摩尔（g/mol）（M=81.38）。

取平行测定结果的算术平均值为测定结果，两次平行测定结果的绝对差值不大于 0.30 %。

6.5 灼烧失量的测定

6.5.1 方法提要

试样在高温下灼烧至质量恒定，根据试样减少的质量确定灼烧失量。

6.5.2 仪器、设备

高温炉：温度能控制在 400 ℃±10 ℃及 450 ℃±10 ℃。

6.5.3 分析步骤

称取约 5 g 试样，精确至 0.000 2 g。置于预先已在规定温度的高温炉中（ZB-23 型为 400 ℃±10 ℃，其他型号为 450 ℃±10 ℃）灼烧至质量恒定的瓷坩埚中，置于高温炉中，在规定的温度下（ZB-23 型为 400 ℃±10 ℃，其他型号为 450 ℃±10 ℃）灼烧至质量恒定。

6.5.4 结果计算

灼烧失量以质量分数 w_3 计，按公式（4）计算：

$$w_3=\frac{m_1-m_2}{m}\times 100\ \% \qquad \cdots\cdots(4)$$

式中：

m_1——灼烧前瓷坩埚和试样的质量的数值，单位为克（g）；

m_2——灼烧后瓷坩埚和试样的质量的数值，单位为克（g）；

m——试样的质量的数值，单位为克（g）。

取平行测定结果的算术平均值为测定结果，两次平行测定结果的绝对差值不大于 0.02 %。

6.6 附着水的测定

6.6.1 方法提要

试样在 105 ℃±2 ℃的电热恒温干燥箱中干燥至质量恒定，根据试样干燥前后的质量变化确定附着水。

6.6.2 仪器、设备

电热恒温干燥箱：温度能控制在 105 ℃±2 ℃。

6.6.3 分析步骤

用已于 105 ℃±2 ℃条件下干燥至质量恒定的称量瓶称取约 5 g 试样，精确至 0.000 2 g。置于电热恒温干燥箱中，在 105 ℃±2 ℃条件下干燥至质量恒定。

6.6.4 结果计算

附着水以质量分数 w_4 计，按公式（5）计算：

$$w_4=\frac{m_1-m_2}{m}\times 100\ \% \qquad \cdots\cdots(5)$$

式中：

m_1——干燥前试样和称量瓶的质量的数值，单位为克（g）；

m_2——干燥后试样和称量瓶的质量的数值，单位为克（g）；

m——试样的质量的数值，单位为克（g）。

取平行测定结果的算术平均值为测定结果，两次平行测定结果的绝对差值不大于 0.02 %。

6.7 白度的测定

按 GB/T 23774 规定的方法测定硼酸锌阻燃剂的蓝反白度。

6.8 筛余物的测定

6.8.1 仪器、设备

6.8.1.1 试验筛：ϕ200×50—0.045/0.032　GB/T 6003.1—2012。

6.8.1.2 软毛刷：毛长约 3 cm，刷宽约 3 cm～5 cm。

6.8.1.3 电热恒温干燥箱：温度能控制在 105 ℃±2 ℃

6.8.2 分析步骤

称取约 50 g 试样，精确至 0.01 g。置于已在 105 ℃±2 ℃条件下干燥至质量恒定的试验筛中，用水将试样润湿。将试验筛下部浸于水中，用软毛刷轻轻刷洗，酌情更换新水，直至水澄清且软毛刷上无试样为止，然后用水冲洗试验筛。将试验筛置于电热恒温干燥箱中，在 105 ℃±2 ℃条件下干燥至质量恒定。

6.8.3 结果计算

筛余物以质量分数 w_5 计，按公式（6）计算：

$$w_5=\frac{m_1-m_0}{m}\times 100\ \% \qquad \cdots\cdots (6)$$

式中：

m_1——试验筛和筛余物的质量的数值，单位为克（g）；

m_0——试验筛的质量的数值，单位为克（g）；

m——试样的质量的数值，单位为克（g）。

取平行测定结果的算术平均值为测定结果，两次平行测定结果的绝对差值 ZB-223 型不大于 0.02 %、其他型号不大于 0.05 %。

6.9 铅含量的测定

6.9.1 方法提要

试样用硝酸溶液溶解，在原子吸收分光光度计上，在波长 217.0 nm 处，用空气-乙炔火焰，标准曲线法测定试样中的铅含量。

6.9.2 试剂

6.9.2.1 硝酸溶液：1+1。

6.9.2.2 铅标准溶液：1 mL 溶液含铅（Pb）0.10 mg。

用移液管移取 10 mL 按 HG/T 3693.2 配制的铅标准贮备溶液，置于 100 mL 容量瓶中，用二级水稀释至刻度，摇匀。

6.9.2.3 二级水：符合 GB/T 6682—2008 的规定。

6.9.3 仪器、设备

原子吸收分光光度计：配备有铅空心阴极灯。

6.9.4 分析步骤

6.9.4.1 试验溶液的制备

称取约 3 g 试样，精确至 0.000 2 g。置于 100 mL 烧杯中，加入 50 mL 二级水，滴加 10 mL 硝酸溶液溶解试样，然后全部转移至 100 mL 容量瓶中，用二级水稀释至刻度，摇匀，得试验溶液。保留此溶液用于镉含量的测定。

6.9.4.2 工作曲线的绘制

用移液管移取 0.00 mL、1.00 mL、2.00 mL、3.00 mL 铅标准溶液，分别置于 4 个 100 mL 容量瓶中。加入 2 mL 硝酸溶液，用二级水稀释至刻度，摇匀。在 217.0 nm 波长下，用空气-乙炔火焰，选择最佳的仪器工作条件，以试剂空白调零，以铅的质量浓度为横坐标、对应的吸光度为纵坐标绘制工作曲线。

6.9.4.3 测定

在原子吸收分光光度计上，于波长 217.0 nm 处，用空气-乙炔火焰测定试验溶液的吸光度，根据吸光度从工作曲线上查得相应的铅的质量浓度。

6.9.5 结果计算

铅含量以铅（Pb）的质量分数 w_6 计，按公式（7）计算：

$$w_6=\frac{\rho\times 100\times 10^{-6}}{m}\times 100\ \% \qquad \cdots\cdots\cdots\cdots\cdots (7)$$

式中：

ρ——从工作曲线上查出的试验溶液中铅的质量浓度的数值，单位为微克每毫升（μg/mL）；

m——试样的质量的数值，单位为克（g）。

取平行测定结果的算术平均值为测定结果，两次平行测定结果的绝对差值不大于 0.000 2 %。

6.10 镉含量的测定

6.10.1 方法提要

试样用硝酸溶液溶解，在原子吸收分光光度计上，在波长 228.8 nm 处，用空气-乙炔火焰，标准曲线法测定试样中的镉含量。

6.10.2 试剂

6.10.2.1 硝酸溶液：1+1。

6.10.2.2 镉标准溶液：1 mL 溶液含镉（Cd）0.010 mg。

用移液管移取 1 mL 按 HG/T 3693.2 配制的镉标准贮备溶液，置于 100 mL 容量瓶中，用二级水稀释至刻度，摇匀。

6.10.2.3 二级水：符合 GB/T 6682—2008 的规定。

6.10.3 仪器、设备

原子吸收分光光度计：配备有镉空心阴极灯。

6.10.4 分析步骤

6.10.4.1 工作曲线的绘制

用移液管移取 0.00 mL、2.50 mL、5.00 mL、10.00 mL 镉标准溶液，分别置于 4 个 100 mL 容量瓶中。加入 2 mL 硝酸溶液，用二级水稀释至刻度，摇匀。在 228.8 nm 波长下，用空气-乙炔火焰，选择最佳的仪器工作条件，以试剂空白调零，以镉的质量浓度为横坐标、对应的吸光度为纵坐标绘制工作曲线。

6.10.4.2 测定

在原子吸收分光光度计上，于波长 228.8 nm 处，用空气-乙炔火焰测定试验溶液（见 6.9.4.1）的吸光度，根据吸光度从工作曲线上查得相应的镉的质量浓度。

6.10.5 结果计算

镉含量以镉（Cd）的质量分数 w_7 计，按公式（8）计算：

$$w_7=\frac{\rho\times 100\times 10^{-6}}{m}\times 100\ \% \qquad \cdots\cdots\cdots\cdots\cdots (8)$$

式中：

ρ——从工作曲线上查出的试验溶液中镉的质量浓度的数值，单位为微克每毫升（μg/mL）；

m——试样（见 6.9.4.1）的质量的数值，单位为克（g）。

取平行测定结果的算术平均值为测定结果，两次平行测定结果的绝对差值不大于 0.000 1 %。

6.11 粒径的测定

6.11.1 方法提要

在放有分散剂的样品池中，将试样通过超声手段分散，按照激光粒度测定仪的操作要求测定 D_{50} 值。

6.11.2 仪器、设备

激光粒度仪：量程应满足检测的粒径范围，具备超声分散、电磁循环及数据分析处理功能。

6.11.3 分析步骤

取适量试样，置于已确认了仪器背景的样品池中，将试样用超声手段在分散介质中分散成适当的浓度，将激光粒度仪的相关参数调整到仪器最佳使用状态，按照激光粒度仪的操作步骤测定试样的粒径（D_{50}）。

7 检验规则

7.1 本标准规定的所有指标项目为出厂检验项目。

7.2 用相同材料，基本相同的生产条件，连续生产或同一班组生产的同一型号、同一等级的硼酸锌阻燃剂产品为一批。每批产品不超过 20 t。

7.3 按 GB/T 6678 的规定确定采样单元数。采样时，将采样器自包装袋的上方插入至料层深度的 3/4 处采样。将所采的样品混匀，用四分法缩分至约 500 g。分装入两个干燥、清洁的广口瓶（或塑料袋）中，密封。瓶（袋）上粘贴标签，注明生产厂名称、产品名称、型号、等级、批号、采样日期和采样者姓名。一瓶（袋）用于检验，另一瓶（袋）保存备查。

7.4 检验结果如果有指标不符合本标准要求，应重新自两倍量的包装袋中采样进行复验，复验结果即使只有一项指标不符合本标准要求时，则整批产品为不合格。

7.5 采用 GB/T 8170 规定的修约值比较法判定检验结果是否符合标准。

8 标志、标签

8.1 硼酸锌阻燃剂包装袋上要有牢固清晰的标志，内容包括：生产厂名、厂址、产品名称、型号、等级、净含量、批号或生产日期、本标准编号以及 GB/T 191—2008 规定的“怕雨”标志。

8.2 每批出厂的硼酸锌阻燃剂应附有质量证明书，内容包括：生产厂名、厂址、产品名称、型号、等级、净含量、批号或生产日期、产品质量符合本标准的证明和本标准编号。

9 包装、运输和贮存

9.1 硼酸锌阻燃剂产品可采用双层包装，内包装采用聚乙烯塑料薄膜袋，外包装可采用聚丙烯塑料编织袋或牛皮纸袋；也可采用聚乙烯（PE）、聚丙烯（PP）阀口袋，每袋净含量为 25 kg；或采用柔性集装袋包装，每袋净含量 500 kg 或 1 000 kg；也可根据用户要求的规格进行包装。

9.2 硼酸锌阻燃剂在运输过程中应有遮盖物，防止污染、破损，防止雨淋、受潮、暴晒。

9.3 硼酸锌阻燃剂应贮存在通风、阴凉、干燥的库房内，防止雨淋、受潮。

四、检测方法标准

ICS 83.120
Q 23

中华人民共和国国家标准

GB/T 1447—2005
代替 GB/T 1447—1983

纤维增强塑料拉伸性能试验方法

Fiber-reinforced plastics composites—Determination of tensile properties

(ISO 527-4:1997,Test conditions for isotropic and orthotropic fiber-reinforced plastics composites,NEQ)

2005-05-18 发布　　　　2005-12-01 实施

中华人民共和国国家质量监督检验检疫总局
中国国家标准化管理委员会　发布

前　言

本标准对应于ISO 527-4:1997《各向同性和正交各向异性纤维增强塑料试验条件》(英文版),与ISO 527-4的一致性程度为非等效。

本标准代替GB/T 1447—1983《玻璃纤维增强塑料拉伸性能试验方法》。

本标准与GB/T 1447—1983相比主要变化如下:

——标题由《玻璃纤维增强塑料拉伸性能试验方法》改为《纤维增强塑料拉伸性能试验方法》;

——扩大了适用范围;

——增加了规范性引用文件一章(见第2章);

——增加了部分术语和定义(见第3章);

——增加了试验原理一章(见第4章);

——增加了拉伸弹性模量的计算方法(见第9章);

——采用国际单位制。

本标准附录A为资料性附录。

本标准由中国建筑材料工业协会提出。

本标准由全国纤维增强塑料标准化技术委员会归口。

本标准由北京玻璃钢研究设计院负责起草,渤海船舶重工责任有限公司、中国兵器工业集团第五三研究所参加起草。

本标准主要起草人:李艳华、郳友英、胡中永、张荣琪、郑会保。

本标准于1979年5月首次发布,1983年第一次修订,本次为第二次修订。

纤维增强塑料拉伸性能试验方法

1 范围

本标准规定了测定拉伸性能的试样、试验设备、试验条件、试验步骤及结果计算等。

本标准适用于测定纤维增强塑料的拉伸应力、拉伸弹性模量、泊松比、断裂伸长率和绘制应力-应变曲线等。

2 规范性引用文件

下列文件中的条款通过本标准的引用而成为本标准的条款。凡是注日期的引用文件，其随后所有的修改单(不包括勘误的内容)或修订版均不适用于本标准，然而，鼓励根据本标准达成协议的各方研究是否可使用这些文件的最新版本。凡是不注日期的引用文件，其最新版本适用于本标准。

GB/T 1446—2005 纤维增强塑料性能试验方法总则

3 术语和定义

下列术语和定义适用于本标准。

3.1

拉伸应力 tensile stress

在试样的标距范围内，拉伸载荷与初始横截面积之比。

3.1.1

拉伸屈服应力 tensile stress at yield

试样在拉伸试验过程中，出现应变增加而应力不增加的初始应力，该应力可能低于试样能达到的最大应力。

3.1.2

拉伸断裂应力 tensile stress at break

在拉伸试验中，试样断裂时的拉伸应力。

3.1.3

拉伸强度 tensile strength

材料拉伸断裂之前所承受的最大应力。

注：当最大应力发生在屈服点时称为屈服拉伸强度，当最大应力发生在断裂时称为断裂拉伸强度。

[GB/T 2035—1996，定义 2.0997]

3.2

拉伸应变 tensile strain

在拉伸载荷的作用下，试样标距范围内产生的长度变化率。

3.2.1

拉伸屈服应变 tensile strain at yield

拉伸试验中出现屈服现象的试样在屈服点处的拉伸应变。

3.2.2

拉伸断裂应变 tensile strain at break

试样在拉伸载荷作用下，出现断裂时的拉伸应变。

3.3

拉伸弹性模量　modulus of elasticity in tension

材料在弹性范围内拉伸应力与拉伸应变之比。

注：使用电脑控制的设备时，可以将线性回归方程应用于两个明显的应力/应变点间的曲线，来计算模量。

3.4

泊松比　Poisson's ratio

在材料的比例极限范围内，由均匀分布的轴向应力引起的横向应变与相应的轴向应变之比的绝对值。

注：对于各向异性材料，泊松比随应力的施加方向而改变。超过比例极限，该比值随应力变化且不应是泊松比。如果仍报告该比值，应说明测定的应力值。

[GB/T 2035—1996，定义 2.0676]

3.5

应力-应变曲线　stress-strain diagram

由应力与应变的对应值绘制的关系图。

注：通常，以应力值作纵坐标（垂直），应变值作横坐标（水平）。

[GB/T 2035—1996，定义 2.0954]

3.6

断裂伸长率　elongation rate at break

在拉力作用下，试样断裂时标距范围内所产生的相对伸长率。

4　试验原理

沿试样轴向匀速施加静态拉伸载荷，直到试样断裂或达到预定的伸长，在整个过程中，测量施加在试样上的载荷和试样的伸长，以测定拉伸应力（拉伸屈服应力、拉伸断裂应力或拉伸强度）、拉伸弹性模量、泊松比、断裂伸长率和绘制应力-应变曲线等。

5　试样

5.1　试样型式和尺寸

5.1.1　测定拉伸应力、拉伸弹性模量、断裂伸长率和应力-应变曲线试样型式和尺寸见图 1、图 2、表 1 和图 3。

单位为毫米

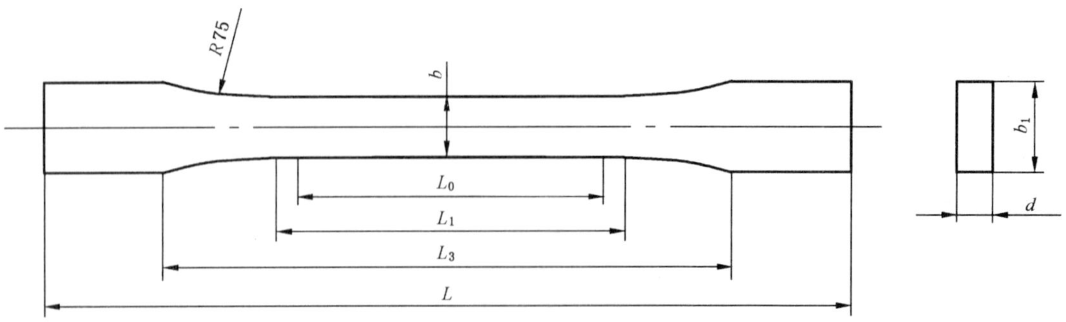

图 1　Ⅰ型试样型式

单位为毫米

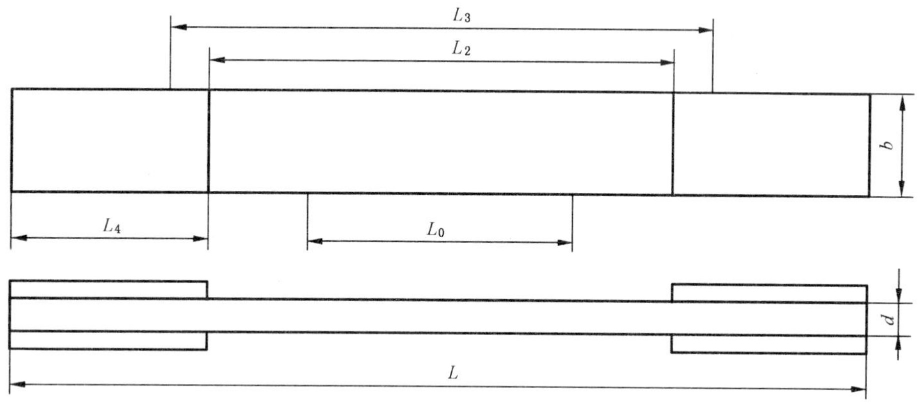

图 2 Ⅱ型试样型式

表 1 Ⅰ型、Ⅱ型试样尺寸

单位为毫米

符号	名称	Ⅰ型	Ⅱ型
L	总长(最小)	180	250
L_0	标距	50±0.5	100±0.5
L_1	中间平行段长度	55±0.5	—
L_2	端部加强片间距离	—	150±5
L_3	夹具间距离	115±5	170±5
L_4	端部加强片长度(最小)	—	50
b	中间平行段宽度	10±0.2	25±0.5
b_l	端头宽度	20±0.5	—
d[a]	厚度	2～10	2～10

[a] 厚度小于 2 mm 的试样可参照本标准执行。

5.1.2 Ⅰ型试样适用于纤维增强热塑性和热固性塑料板材；Ⅱ型试样适用于纤维增强热固性塑料板材。Ⅰ、Ⅱ型仲裁试样的厚度为 4 mm。

5.1.3 Ⅲ型试样只适用于测定模压短切纤维增强塑料的拉伸强度。其厚度为 3 mm 和 6 mm 两种。仲裁试样的厚度为 3 mm。测定短切纤维增强塑料的其他拉伸性能可以采用Ⅰ型或Ⅱ型试样。

单位为毫米

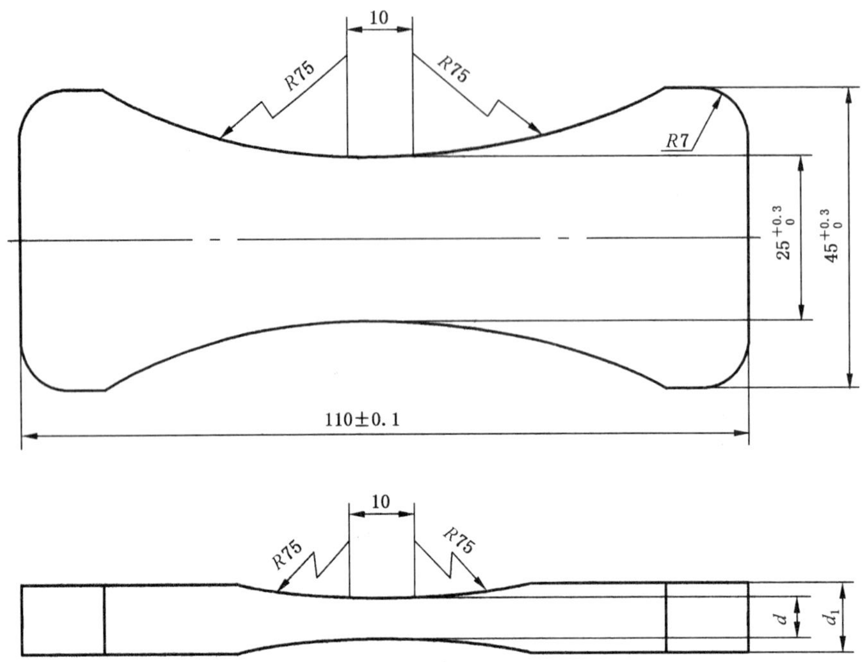

注：试样厚度为 6 mm 时，厚度 d 为(6±0.5)mm，d_1 为(10±0.5)mm；试样厚度为 3 mm 时，厚度 d 为(3±0.2)mm，d_1 为(6±0.2)mm。

图 3 Ⅲ型试样型式

5.1.4 测定泊松比试样型式和尺寸见图 4。

单位为毫米

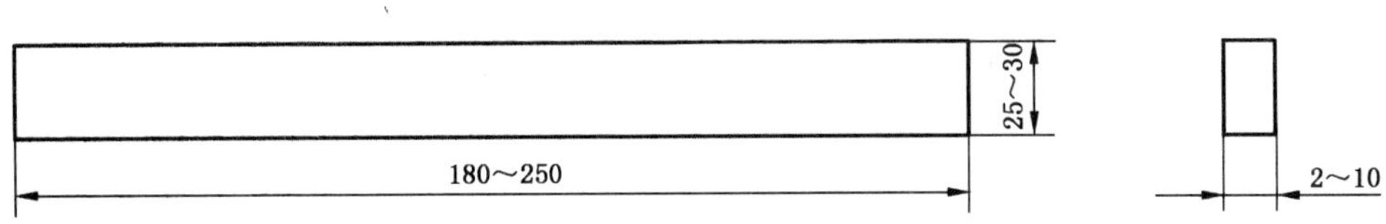

图 4 泊松比试样

5.2 试样制备

5.2.1 Ⅰ、Ⅱ型及泊松比试样采用机械加工法制备。Ⅲ型试样采用模塑法制备。

5.2.2 Ⅱ型试样加强片材料、尺寸及粘结工艺参见附录 A。

5.3 试样数量

试样数量应符合 GB/T 1446—2005 中 4.3 的规定。

6 试验设备

6.1 试验机

试验机应符合 GB/T 1446—2005 中第 5 章的规定。

6.2 夹具

Ⅲ型试样使用的夹具见图 5。夹具与试验机相连时，要确保试样受拉时对中。

单位为毫米

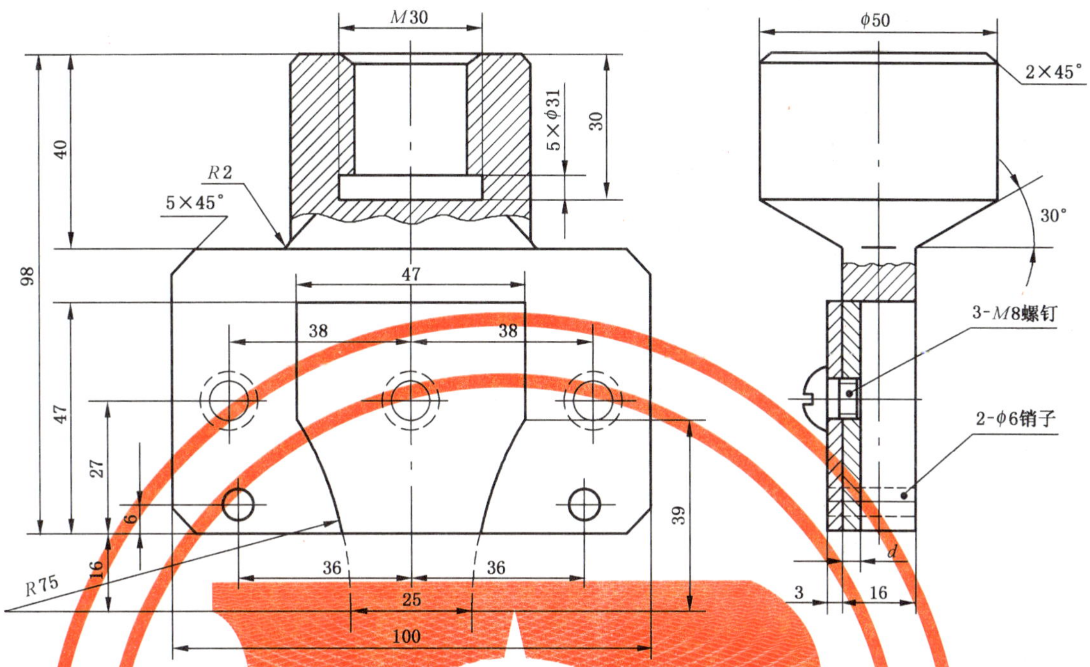

注：试样厚度为 6 mm 时，间隙板厚度 d_2 为 3 mm；试样厚度为 3 mm 时，间隙板厚度 d_2 为 5 mm。

图 5　Ⅲ型试样使用的夹具

7　试验条件

7.1　试验环境条件

按 GB/T 1446—2005 第 3 章的规定。

7.2　加载速度

7.2.1　测定拉伸弹性模量、泊松比、断裂伸长率和绘制应力-应变曲线时，加载速度一般为 2 mm/min。

7.2.2　测定拉伸应力(拉伸屈服应力、拉伸断裂应力或拉伸强度)时：

a)　常规试验中，Ⅰ型试样的加载速度为 10 mm/min；Ⅱ、Ⅲ型试样的加载速度为 5 mm/min；

b)　仲裁试验中，Ⅰ、Ⅱ和Ⅲ型试样的加载速度均为 2 mm/min。

8　试验步骤

8.1　试样外观检查按 GB/T 1446—2005 中 4.2 的规定。

8.2　试样状态调节按 GB/T 1446—2005 中 4.4 的规定。

8.3　将合格试样进行编号、划线和测量试样工作段任意三处的宽度和厚度，取算术平均值。测量精度按 GB/T 1446—2005 中 4.5.1 的规定。

8.4　夹持试样，使试样的中心线与上、下夹具的对准中心线一致。

8.5　加载速度按 7.2 的规定。

8.6　在试样工作段安装测量变形的仪表。施加初载(约为破坏载荷的 5%)，检查并调整试样及变形测量仪表，使整个系统处于正常工作状态。

8.7　测定拉伸应力时连续加载直至试样破坏，记录试样的屈服载荷、破坏载荷或最大载荷及试样破坏形式。

8.8　测定拉伸弹性模量、泊松比时，无自动记录装置可采用分级加载，级差为破坏载荷的 5%～10%，至少分五级加载，施加载荷不宜超过破坏载荷的50%。一般至少重复测定三次，取其两次稳定的变形增量，记录各级载荷和相应的变形值。

8.9　测定拉伸弹性模量、泊松比、断裂伸长率和绘制应力-应变曲线时，有自动记录装置，可连续加载。

8.10　若试样出现以下情况应予作废：

a）　试样破坏在明显内部缺陷处；

b）　Ⅰ型试样破坏在夹具内或圆弧处；

c）　Ⅱ型试样破坏在夹具内或试样断裂处离夹紧处的距离小于10 mm。

8.11　同批有效试样不足五个时，应重作试验。

8.12　Ⅲ型试样破坏在非工作段时，仍用工作段横截面积来计算拉伸强度。且应记录试样断裂位置。

9　计算

9.1　拉伸应力（拉伸屈服应力、拉伸断裂应力或拉伸强度）按式(1)计算：

$$\sigma_t = \frac{F}{b \cdot d} \qquad \cdots\cdots(1)$$

式中：

σ_t——拉伸应力（拉伸屈服应力、拉伸断裂应力或拉伸强度），单位为兆帕（MPa）；

F——屈服载荷、破坏载荷或最大载荷，单位为牛顿（N）；

b——试样宽度，单位为毫米（mm）；

d——试样厚度，单位为毫米（mm）。

9.2　试样断裂伸长率按式(2)计算：

$$\varepsilon_t = \frac{\Delta L_b}{L_0} \times 100 \qquad \cdots\cdots(2)$$

式中：

ε_t——试样断裂伸长率，%；

ΔL_b——试样拉伸断裂时标距 L_0 内的伸长量，单位为毫米（mm）；

L_0——测量的标距，单位为毫米（mm）。

9.3　拉伸弹性模量采用分级加载时按式(3)计算：

$$E_t = \frac{L_0 \cdot \Delta F}{b \cdot d \cdot \Delta L} \qquad \cdots\cdots(3)$$

式中：

E_t——拉伸弹性模量，单位为兆帕（MPa）；

ΔF——载荷-变形曲线上初始直线段的载荷增量，单位为牛顿（N）；

ΔL——与载荷增量 ΔF 对应的标距 L_0 内的变形增量，单位为毫米（mm）。

其余同式(1)、(2)。

9.4　采用自动记录装置测定时，对于给定的应变 $\varepsilon''=0.0025$ 和 $\varepsilon'=0.0005$，拉伸弹性模量按式(4)计算：

$$E_t = \frac{\sigma'' - \sigma'}{\varepsilon'' - \varepsilon'} \qquad \cdots\cdots(4)$$

式中：

E_t——拉伸弹性模量，单位为兆帕（MPa）；

σ''——应变 $\varepsilon''=0.0025$ 时测得的拉伸应力值，单位为兆帕（MPa）；

σ'——应变 $\varepsilon'=0.0005$ 时测得的拉伸应力值，单位为兆帕（MPa）。

注：如材料说明或技术说明中另有规定，ε''和ε'可取其他值。

9.5 泊松比按式(5)计算：

$$\mu = -\frac{\varepsilon_2}{\varepsilon_1} \quad \cdots\cdots(5)$$

式中：

μ——泊松比；

ε_1、ε_2——分别为与载荷增量 ΔP 对应的轴向应变和横向应变。

$$\varepsilon_1 = \frac{\Delta L_1}{L_1}$$

$$\varepsilon_2 = \frac{\Delta L_2}{L_2}$$

式中：

L_1、L_2 —分别为轴向和横向的测量标距，单位为毫米(mm)；

ΔL_1、ΔL_2——分别为与载荷增量 ΔF 对应的标距 L_1 和 L_2 的变形增量，单位为毫米(mm)。

9.6 绘制应力-应变曲线。

10 试验结果

拉伸应力和拉伸弹性模量按 GB/T 1446—2005 第 6 章的规定，断裂伸长率和泊松比取两位有效数字。

11 试验报告

按 GB/T 1446—2005 第 7 章的规定。

附 录 A
（资料性附录）
Ⅱ型试样加强片材料、尺寸及粘结工艺

A.1 加强片材料

采用与试样相同的材料或比试样弹性模量低的材料。

A.2 加强片尺寸

a) 厚度：1 mm～3 mm；

b) 宽度：采用单根试样粘结时为试样的宽度；若采用整体粘结后再加工成单根试样时，则宽度要满足所要加工试样数量的要求。

A.3 加强片的粘结

a) 用系砂纸打磨（或喷砂）粘结表面。注意不要损伤材料强度；

b) 用溶剂（如丙酮）清晰粘结表面；

c) 用韧性较好的室温固化粘结剂（如环氧胶粘剂）粘结；

d) 对试样粘结部位加压一定时间直至完成固化。

参 考 文 献

[1] GB/T 2035—1996 塑料术语及其定义
[2] GB/T 1040—1992 塑料拉伸性能试验方法
[3] GB 3100—1993 国际单位值及其应用(eqv ISO 1000:1992)
[4] GB 3101—1993 有关量、单位和符号的一般原则(eqv ISO 31-0:1992)
[5] GB 3102.3—1993 力学的量和单位(eqv ISO 31-3:1992)
[6] ISO 527-1:1993 Plastics—Determination of tensile properties—Part 1:General principles

ICS 83.120
Q 23

中华人民共和国国家标准

GB/T 1448—2005
代替 GB/T 1448—1983

纤维增强塑料压缩性能试验方法

Fiber-reinforced plastics composites—Determination of compressive properties

2005-05-18 发布　　2005-12-01 实施

中华人民共和国国家质量监督检验检疫总局
中国国家标准化管理委员会　发布

前　　言

本标准参考了美国 ASTM D695-96《刚性塑料压缩性能测试方法》和 ISO 604:2002《塑料压缩性能的测定》。

本标准代替 GB/T 1448—1983《玻璃纤维增强塑料压缩性能试验方法》。

本标准与 GB/T 1448—1983 相比主要变化如下：

——标题由《玻璃纤维增强塑料压缩性能试验方法》改为《纤维增强塑料压缩性能试验方法》；

——扩大了适用范围；

——增加了规范性引用文件一章(见第 2 章)；

——增加了术语和定义(见第 3 章)；

——增加了试验原理(见第 4 章)；

——扩大了试验速度范围(见 7.2.1)；

——增加了压缩弹性模量的计算方法(见第 9 章)；

——采用国际单位制。

本标准由中国建筑材料工业协会提出。

本标准由全国纤维增强塑料标准化技术委员会归口。

本标准由北京玻璃钢研究设计院负责起草，渤海船舶重工责任有限公司、中国兵器工业集团第五三研究所参加起草。

本标准主要起草人：张荣琪、邬友英、胡中永、李艳华、郑会保。

本标准于 1979 年 5 月首次发布，1983 年第一次修订，本次为第二次修订。

纤维增强塑料压缩性能试验方法

1 范围

本标准规定了测定压缩性能的试样、试验设备、试验条件、试验步骤及结果计算等。

本标准适用于测定纤维增强塑料的压缩应力和压缩弹性模量。

2 规范性引用文件

下列文件中的条款通过本标准的引用而成为本标准的条款。凡是注日期的引用文件，其随后所有的修改单(不包括勘误的内容)或修订版均不适用于本标准，然而，鼓励根据本标准达成协议的各方研究是否可使用这些文件的最新版本。凡是不注日期的引用文件，其最新版本适用于本标准。

GB/T 1446—2005 纤维增强塑料性能试验方法总则

3 术语和定义

下列术语和定义适用于本标准。

3.1

压缩应力 compressive stress

由垂直于作用面施加的压缩力所产生的法向应力。

3.2

法向应力 normal stress

垂直于试样原始工作面的作用力与该工作面的截面积之比。

3.3

压缩应变 compressive strain

在压缩应力下，试样减少的高度与其初始高度之比。

3.4

压缩强度 compressive strength

压缩试验中，试样能承受的最大压缩应力。

3.5

压缩弹性模量 compressive modulus of elasticity

材料在弹性范围内压缩应力与相应的压缩应变之比。

3.6

高径比(长细比) length/diameter ratio

λ

等截面柱状体的高度与其最小惯性半径之比。对等截面的矩形试样，惯性半径是横截面最小尺寸0.289倍；等截面的圆形试样，惯性半径是直径的0.25倍。

4 试验原理

以恒定速率沿试样轴向进行压缩，使试样破坏或高度减小到预定值。在整个过程中，测量施加在试样上的载荷和试样高度或应变，测定压缩应力和压缩弹性模量等。

5 试样

5.1 试样型式和尺寸见图1、表1。

单位为毫米

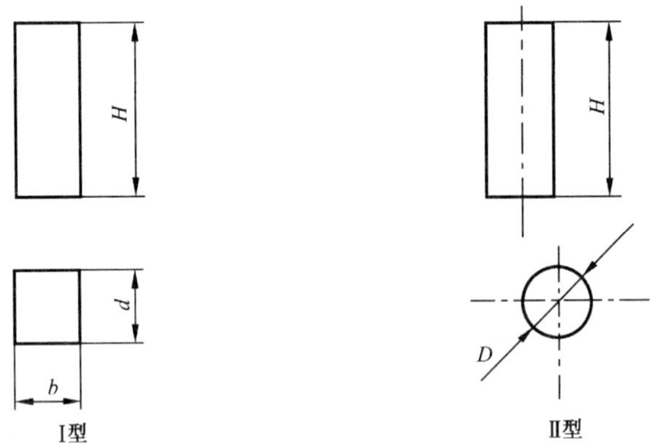

图 1　试样型式

表 1　试样尺寸

单位为毫米

尺寸符号	Ⅰ 型		尺寸符号	Ⅱ 型	
	一般试样	仲裁试样		一般试样	仲裁试样
宽度 b	10～14	10±0.2	—	—	—
厚度 d	4～14	10±0.2	直径 D	4～16	10±0.2
高度 H	$\frac{\lambda}{3.46}d$	30±0.5	高度 H	$\frac{\lambda}{4}D$	25±0.5

5.1.1　Ⅰ型试样厚度 d 小于 10 mm 时，宽度 b 取(10±0.2) mm；试样厚度 d 大于 10 mm 时，宽度 b 取厚度尺寸。

5.1.2　测定压缩强度时，λ 取 10。若试验过程中有失稳现象，λ 取 6。

5.1.3　测定压缩弹性模量时，λ 取 15 或根据测量变形的仪表确定。

5.2　Ⅰ型试样采用机械加工法制备，Ⅱ型试样采用模塑法制备或其他成型方法制备。

5.3　试样数量按 GB/T 1446—2005 中 4.3 的规定。

5.4　试样上下端面要求相互平行，且与试样中心线垂直。不平行度应小于试样高度的 0.1%。

6　试验设备

6.1　试验机

应符合 GB/T 1446—2005 中第 5 章的规定。

6.2　夹具

试验机的加载压头应平整、光滑，并具有可调整上下压板平行度的球形支座。

7　试验条件

7.1　试验环境条件

按 GB/T 1446—2005 中第 3 章的规定。

7.2　试验速度

7.2.1　测定压缩强度时，加载速度为(1～6) mm/min，仲裁试验速度为 2 mm/min。

7.2.2　测定压缩弹性模量时，加载速度一般为 2 mm/min。

8　试验步骤

8.1　试样外观检查按 GB/T 1446—2005 中 4.2 的规定。

8.2　试样状态调节按 GB/T 1446—2005 中 4.4 的规定。

8.3 将合格试样编号，测量试样任意三处的宽度和厚度，取算术平均值。测量精度按 GB/T 1446—2005 中 4.5.1 的规定。

8.4 安放试样，使试样的中心线与试验机上、下压板的中心对准。

8.5 加载速度按 7.2 的规定。

8.6 测定压缩应力时加载直至试样破坏，记录试样的屈服载荷、破坏载荷或最大载荷及试样破坏形式。

8.7 测定压缩弹性模量时，在试样高度中间位置安放测量变形的仪表，施加初载（约 5% 的破坏载荷），检查并调整试样及变形测量系统，使整个系统处于正常工作状态以及使试样两侧压缩变形比较一致。

8.8 测定压缩弹性模量时，无自动记录装置可采用分级加载，级差为破坏载荷的 5%～10%，至少分五级加载，所施加的载荷不宜超过破坏载荷的 50%。一般至少重复测定三次，取其两次稳定的变形增量，记录各级载荷和相应的变形值。

8.9 测定压缩弹性模量时，有自动记录装置，可连续加载。

8.10 有明显内部缺陷或端部挤压破坏的试样，应予作废。同批有效试样不足五个时，应重做试验。

9 计算

9.1 压缩应力（压缩屈服应力、压缩断裂应力或压缩强度）按式(1)计算：

$$\sigma_C = \frac{P}{F} \quad \cdots\cdots(1)$$

Ⅰ型试样 $F=b \cdot d$

Ⅱ型试样 $F=\frac{\pi}{4}D^2$

式中：

σ_C——压缩应力（压缩屈服应力、压缩断裂应力或压缩强度），单位为兆帕（MPa）；

P——屈服载荷、破坏载荷或最大载荷，单位为牛顿（N）；

F——试样横截面积，单位为平方毫米（mm^2）；

b——试样宽度，单位为毫米（mm）；

d——试样厚度，单位为毫米（mm）；

D——试样直径，单位为毫米（mm）。

9.2 压缩弹性模量采用分级加载时按式(2)计算：

$$E_C = \frac{L_0 \cdot \Delta P}{b \cdot d \cdot \Delta L} \quad \cdots\cdots(2)$$

式中：

E_C——压缩弹性模量，单位为兆帕（MPa）；

ΔP——载荷—变形曲线上初始直线段的载荷增量，单位为牛顿（N）；

ΔL——与载荷增量 ΔF 对应的标距 L_0 内的变形增量，单位为毫米（mm）；

L_0——仪表的标距，单位为毫米（mm）。

b、d 同式(1)。

9.3 采用自动记录装置测定时，对于给定的 $\varepsilon''=0.0025$、$\varepsilon'=0.0005$ 压缩弹性模量按式(3)计算：

$$E_C = \frac{\sigma'' - \sigma'}{\varepsilon'' - \varepsilon'} \quad \cdots\cdots(3)$$

式中：

E_C——压缩弹性模量，单位为兆帕（MPa）；

σ''——$\varepsilon''=0.0025$ 时测得的压缩应力，单位为兆帕（MPa）；

σ'——$\varepsilon'=0.0005$ 时测得的压缩应力，单位为兆帕（MPa）。

注：如材料说明或技术说明中另有规定，ε'' 和 ε' 可取其他值。

10 试验结果

按 GB/T 1446—2005 中第 6 章的规定。

11 试验报告

按 GB/T 1446—2005 中第 7 章的规定。

ICS 83.120
Q 23

中华人民共和国国家标准

GB/T 1449—2005
代替 GB/T 1449—1983

纤维增强塑料弯曲性能试验方法

Fibre-reinforced plastic composites—Determination of flexural properties

(ISO 14125:1998, Fibre-reinforced plastic composites—Determination of flexural properties, NEQ)

2005-05-18 发布　　　　2005-12-01 实施

中华人民共和国国家质量监督检验检疫总局
中国国家标准化管理委员会　发布

前　言

本标准对应于ISO 14125:1998《纤维增强塑料复合材料—弯曲性能的测定》，与ISO 14125:1998的一致性程度为非等效，主要技术差异如下：

——ISO 14125:1998 采用三点和四点弯曲二种方法，本标准采用三点弯曲。

本标准代替GB/T 1449—1983《玻璃纤维增强塑料弯曲性能试验方法》。与GB/T 1449—1983相比主要变化如下：

——标题"玻璃纤维增强塑料弯曲性能试验方法"改为"纤维增强塑料弯曲性能试验方法"；

——适用范围由"适用于玻璃纤维增强塑料"改为"适用于纤维增强塑料"（见第1章）；

——增加术语和定义（见第3章）；

——增加了原理（见第4章）；

——增加了应变的计算方法以及模量的计算方法（见第9章）；

——采用国际单位制。

本标准由中国建筑材料工业协会提出。

本标准由全国纤维增强塑料标准化技术委员会归口。

本标准主要起草单位：北京玻璃钢研究设计院、中国兵器工业集团第五三研究所、渤海船舶重工有限责任公司。

本标准主要起草人：胡中永、邬友英、李艳华、张林文、郑会保。

本标准于1979年5月首次发布，1983年第一次修订，2003年第二次修订。

纤维增强塑料弯曲性能试验方法

1 范围

本标准规定了弯曲性能试验的试样、试验设备、试验条件、试验步骤及结果计算等。

本标准适用于测定纤维增强塑料的弯曲强度、弯曲弹性模量、规定挠度下的弯曲应力以及弯曲载荷-挠度曲线。

2 规范性引用文件

下列文件中的条款通过本标准的引用而成为本标准的条款。凡是注日期的引用文件，其随后所有的修改单(不包括勘误的内容)或修订版不适用于本标准，然而，鼓励根据本标准达成协议的各方研究是否可使用这些文件的最新版本。凡是不注日期的引用文件，其最新版本适用于本标准。

GB/T 1446—2005 纤维增强塑料试验方法总则

3 原理

采用无约束支撑，通过三点弯曲，以恒定的加载速率使试样破坏或达到预定的挠度值。在整个过程中，测量施加在试样上的载荷和试样的挠度，确定弯曲强度、弯曲弹性模量以及弯曲应力与应变的关系。

4 术语和定义

下列术语和定义适用于本标准。

4.1

弯曲应力 flexural stress

跨距中点试样外表面层的公称应力。

4.2

弯曲强度 flexural strength

试样在弯曲破坏下，破坏载荷或最大载荷时的弯曲应力。

4.3

挠度 deflection

跨距中点试样表面在弯曲过程中距初始位置的距离。

4.4

破坏挠度 deflection at break

试样破坏时的挠度。

4.5

弯曲应变 flexural strain

跨距中点试样外表面层的长度变化率。

4.6

弯曲弹性模量 flexural modulus

材料在弹性范围内，弯曲应力与相应的弯曲应变之比。

5 试样

5.1 试样型式和尺寸见图1、表1。

图 1

表 1

单位为毫米

厚度	纤维增强热塑性塑料 宽度(b)	纤维增强热固性塑料 宽度(b)	最小长度(L_{min})
1<h≤3	25±0.5	15±0.5	20h
3<h≤5	10±0.5	15±0.5	
5<h≤10	15±0.5	15±0.5	
10<h≤20	20±0.5	30±0.5	
20<h≤35	35±0.5	50±0.5	
35<h≤50	50±0.5	80±0.5	

5.2 仲裁试样尺寸见表 2。

表 2

单位为毫米

材　　料	长度(L)	宽度(b)	厚度(h)
纤维增强热塑性塑料	≥80	10±0.5	4±0.2
纤维增强热固性塑料	≥80	15±0.5	4±0.2
短切纤维增强塑料	≥120	15±0.5	6±0.2

5.3 试样制备 GB/T 1446—2005 中 4.1 的规定，试样数量按 GB/T 1446—2005 中 4.3 的规定。

6 仪器设备

6.1 试验机应符合 GB/T 1446—2005 第 5 章的规定。

6.2 弯曲试验装置示意图见图 2。

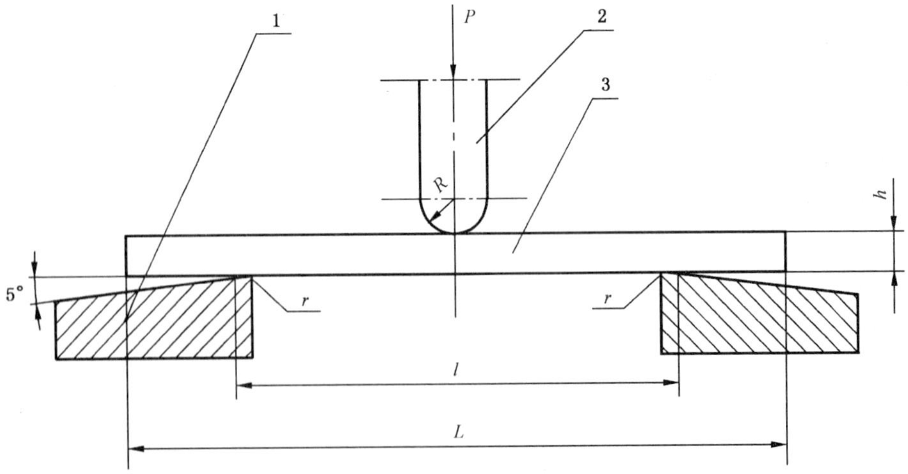

1——试样支座；
2——加载上压头；
3——试样；
l——跨距；
P——载荷；
L——试样长度；
h——试样厚度；
R——加载上压头圆角半径；
r——支座圆角半径。

图 2

6.2.1 加载上压头应为圆柱面，其半径 $R=(5\pm0.1)$mm。

6.2.2 支座圆角半径 r：

a) 试样厚度 $h>3$ mm 时，$r=(2\pm0.2)$mm；

b) 试样厚度 $h\leqslant3$ mm 时，$r=(0.5\pm0.2)$mm，若试样出现明显支座压痕，r 应改为 2 mm。

7 试验条件

7.1 试验环境条件

按 GB/T 1446—2005 第 3 章的规定。

7.2 试验速度

7.2.1 测定弯曲强度时，试验速度 V 为：

a) 常规试验速度为 10 mm/min；

b) 仲裁试验速度 $V=\frac{h}{2}$ mm/min，h 为试样厚度。

7.2.2 测定弯曲弹性模量及载荷-挠度曲线时，试验速度一般为 2 mm/min。

8 试验步骤

8.1 试样外观检查按 GB/T 1446—2005 中 4.2 的规定。

8.2 试样状态调节按 GB/T 1446—2005 中 4.4 的规定。

8.3 将合格试样编号、划线，测量试样中间的 1/3 跨距任意三点的宽度和厚度，取算术平均值。测量精度按 GB/T 1446—2005 中 4.5。

8.4 调节跨距 l 及上压头的位置，准确至 0.5 mm。加载上压头位于支座中间，且使上压头和支座的圆柱面轴线相平行。

跨距 l 可按试样厚度 h 换算而得：

$$l=(16\pm1)h$$

注 1：对很厚的试样，为避免层间剪切破坏，跨厚比 l/h 可取大于 16，如 32、40。

注 2：对很薄的试样，为使其载荷落在试验机许可的载荷容量范围内，跨厚比 l/h 可取小于 16，如 10。

8.5 标记试样受拉面，将试样对称地放在两支座上。必要时，在试样上表面与加载压头间放置薄片或簿垫块，防止试样受压失效。

8.6 将测量变形的仪表置于跨距中点处，与试样下表面接触。施加初载（约为破坏载荷的 5%），检查和调整仪表，使整个系统处于正常状态。

8.7 加载速度按 7.2 的规定。

8.8 测定弯曲强度时，连续加载。在挠度或等于 1.5 倍试样厚度下呈现破坏的材料，记录最大载荷或破坏载荷。在挠度等于 1.5 倍试样厚度下不呈现破坏的材料，记录该挠度下的载荷。

8.9 测定弯曲弹性模量及载荷-挠度曲线时，无自动记录装置可分级加载，级差为破坏载荷的(5－10)%（测定弯曲弹性模量时，至少分五级加载，所施加的最大载荷不宜超过破坏载荷的 50%。一般至少重复三次，取其二次稳定的变形增量）。记录各级载荷及相应的挠度。

8.10 测定弯曲弹性模量及载荷-挠度曲线时，有自动记录装置可连续加载。

8.11 试样呈层间剪切破坏，有明显内部缺陷或在试样中间三分之一以外破坏的应予作废。同批有效试样不足 5 个时，应重做试验。

9 计算

9.1 弯曲强度 σ_f（或挠度为 1.5 倍试样厚度时的弯曲应力）按式(1)计算：

$$\sigma_f=\frac{3P\cdot l}{2b\cdot h^2} \qquad (1)$$

式中：

σ_f——弯曲强度(或挠度为 1.5 倍试样厚度时的弯曲应力)，单位为兆帕(MPa)；

P——破坏载荷(或最大载荷，或挠度为 1.5 倍试样厚度时的载荷)，单位为牛顿(N)；

l——跨距，单位为毫米(mm)；

h——试样厚度，单位为毫米(mm)；

b——试样宽度，单位为毫米(mm)。

注：若考虑挠度 S 作用下支座水平分力引起弯矩的影响，可按下式计算弯曲强度：

$$\sigma_f = \frac{3P \cdot l}{2b \cdot h^2}[1+4(S/l)^2]$$

式中：

S——试样跨距中点处的挠度，单位为毫米(mm)。

其余同式(1)。

9.2　弯曲弹性模量按式(2)或(3)计算：

9.2.1　采用分级加载时，弯曲弹性模量按式(2)计算：

$$E_f = \frac{l^3 \cdot \Delta P}{4b \cdot h^3 \cdot \Delta S} \qquad \cdots\cdots(2)$$

式中：

E_f——弯曲弹性模量，单位为兆帕(MPa)；

ΔP——载荷-挠度曲线上初始直线段的载荷增量，单位为牛顿(N)；

ΔS——与载荷增量 ΔP 对应的跨距中点处的挠度增量，单位为毫米(mm)。

b、h 同式(1)。

9.2.2　采用自动记录装置时，对于给定的应变 $\varepsilon''=0.0025$、$\varepsilon'=0.0005$，弯曲弹性模量按式(3)计算：

$$E_f = 500(\sigma'' - \sigma') \qquad \cdots\cdots(3)$$

式中：

E_f——弯曲弹性模量，单位为兆帕(MPa)；

σ''——应变 $\varepsilon'=0.0005$ 时测得的弯曲应力，单位为兆帕(MPa)；

σ'——应变为 $\varepsilon''=0.0025$ 时测得的弯曲应力，单位为兆帕(MPa)。

注：如材料说明或技术说明中另有规定，ε'、ε''可取其他值。

9.3　试样外表面层的应变按式(4)计算：

$$\varepsilon = \frac{6S \cdot h}{l^2} \qquad \cdots\cdots(4)$$

式中：

ε——应变，%；

S、h、l 同式(1)。

10　试验结果

弯曲强度和弯曲模量按 GB/T 1446—2005 第 6 章的规定，应变取二位有效数字。

11　试验报告

按 GB/T 1446—2005 第 7 章的规定。

ICS 83.120
Q 23

中华人民共和国国家标准

GB/T 1450.2—2005
代替 GB/T 1450.2—1983

纤维增强塑料冲压式剪切强度试验方法

**Fibre-reinforced plastic composites—
Determination of the punch-type shear strength**

2005-05-18 发布　　2005-12-01 实施

中华人民共和国国家质量监督检验检疫总局
中国国家标准化管理委员会　发布

前　言

本标准代替 GB/T 1450.2—1983《玻璃纤维增强塑料冲压式剪切强度试验方法》。与 GB/T 1450.2—1983相比主要变化如下：

——标题“玻璃纤维增强塑料冲压式剪切强度试验方法”改为“纤维增强塑料冲压式剪切强度试验方法”；

——增加了原理(见第 3 章)；

——采用国际单位制。

本标准由中国建筑材料工业协会提出。

本标准由全国纤维增强塑料标准化技术委员会归口。

本标准主要起草单位：北京玻璃钢研究设计院、中国兵器工业集团第五三研究所、渤海船舶重工有限责任公司。

本标准主要起草人：胡中永、邬友英、李艳华、张荣琪、郑会保。

本标准于 1979 年首次发布，1983 年第一次修订，2003 年第二次修订。

纤维增强塑料冲压式剪切强度试验方法

1 范围

本标准规定了冲压式剪切强度试验的试样、试验设备、试验条件、试验步骤及结果计算等。

本标准适用于测定纤维增强塑料板材的断纹剪切强度及短纤维增强塑料的剪切强度。

注：断纹剪切强度指垂直于铺层方向的剪切强度。

2 规范性引用文件

下列文件中的条款通过本标准的引用而成为本标准的条款。凡是注日期的引用文件，其随后所有的修改单(不包括勘误的内容)或修订版不适用于本标准，然而，鼓励根据本标准达成协议的各方研究是否可使用这些文件的最新版本。凡是不注日期的引用文件，其最新版本适用于本标准。

GB/T 1446—2005 纤维增强塑料试验方法总则

3 原理

将试样置于特定夹具中，对其匀速加载，使其沿厚度方向剪切破坏，测定剪切强度。

4 试样

4.1 纤维增强塑料板材试样形状和尺寸见图 1。试样采用机械加工法制备。当板厚大于 6 mm 时，单面加工至(6±0.1)mm。

单位为毫米

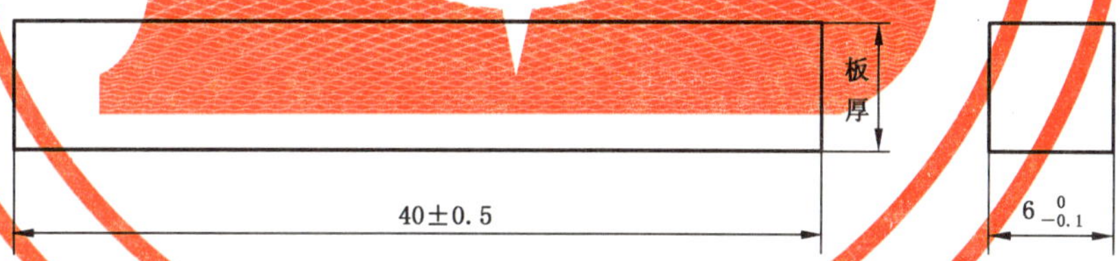

图 1 纤维增强塑料板材试样

4.2 短切纤维增强塑料剪切试样形式和尺寸见图 2。试样可直接模塑或从与试样同厚度的模塑板材上加工。

单位为毫米

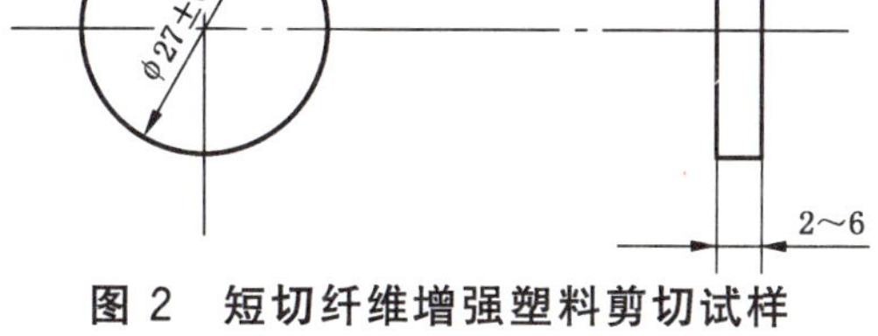

图 2 短切纤维增强塑料剪切试样

4.3 短切纤维增强塑料剪切仲裁试样的厚度为 4 mm。

4.4 试样制备按 GB/T 1446—2005 中 4.1 的规定。

4.5 试样数量按 GB/T 1446—2005 中 4.3 的规定。

5 试验设备

5.1 试验机

应符合 GB/T 1446—2005 第 5 章的规定。

5.2 剪切夹具

5.2.1 圆柱冲头剪切夹具见图 3。圆柱冲头与上压块为间隙配合，底座有矩形槽。圆柱冲头和底座边缘应保持锋利。

单位为毫米

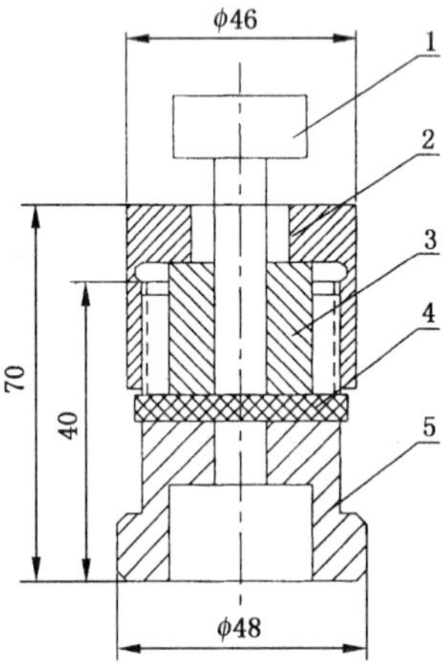

[移去1、2、3、4]

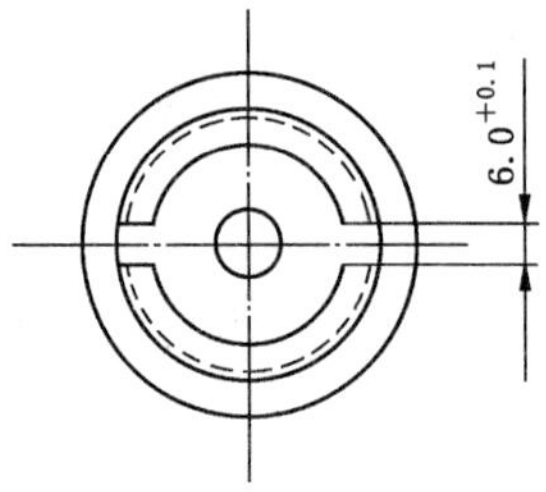

1——圆柱冲头；

2——上压盖；

3——上压块；

4——试样；

5——底座。

图 3 圆柱冲头剪切夹具

5.2.2 测定断纹剪切强度时，也可采用方柱冲头剪切夹具，方柱冲头剪切夹具见图 4。

6 试验条件

6.1 试验环境条件按 GB/T 1446—2005 第 3 章的规定。

6.2 加载速度为(1.5～5)mm/min。仲裁试验速度为 2 mm/min。

7 试验步骤

7.1 试样外观检查按 GB/T 1446—2005 中 4.2 的规定。

7.2 试样状态调节按 GB/T 1446—2005 中 4.4 的规定。

7.3 将合格试样编号。对矩形试样，测量试样受剪面二处的宽度和厚度，取算术平均值；对圆形试样，测量试样受剪面三处的厚度，取算术平均值。测量精度按 GB/T 1446—2005 中 4.5 的规定。

7.4　将试样放入剪切夹具的底座中，装上压块，拧紧上压盖，确保试样与其接触的上压块及底座之间没有间隙，最后安上冲头。

单位为毫米

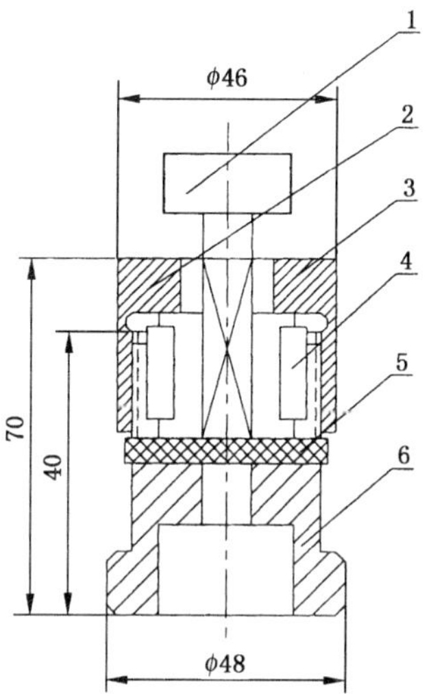

［移去1、2、3、4、5］

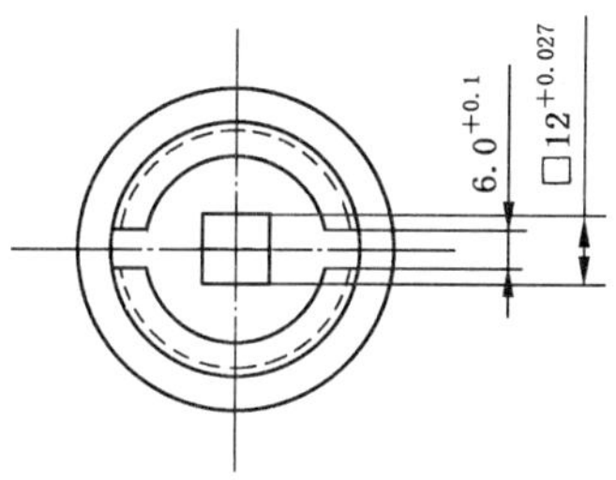

1——方柱冲头；

2——上压块；

3——上压盖；

4——键；

5——试样；

6——底座。

图 4　方柱冲头剪切夹具

7.5　将安装好试样的剪切夹具放在试验机上，使冲头的中心对准试验机上压板的中心。压板的表面必须平整光滑。

7.6　加载速度按 6.2 的规定。

7.7　通过冲头对试样施加均匀、连续的载荷，直至破坏。记录破坏载荷。

7.8　有明显内部缺陷或不沿剪切面破坏的试样，应予作废。同批有效试样不足 5 个时，应重作试验。

7.9　记录试验过程中载荷、破坏形式。

8　计算

8.1　断纹剪切强度按式(1)计算：

$$\tau_s = \frac{P_b}{2b \cdot h \cdot K} \qquad \cdots\cdots(1)$$

式中：

τ_s——断纹剪切强度，单位为兆帕(MPa)；

P_b——破坏载荷，单位为牛顿(N)；

b——试样受剪面宽度，单位为毫米(mm)；

h——试样受剪面厚度，单位为毫米(mm)；

K——曲面换算系数，$K=1.047$。

注：1.047 是在圆柱冲头直径为试样宽度两倍的情况下计算而得。

8.2 短切纤维增强塑料剪切强度按式(2)计算：

$$\tau_s = \frac{P_b}{\pi \cdot D \cdot h} \qquad \cdots\cdots (2)$$

式中：

τ_s——剪切强度，单位为兆帕(MPa)；

P_b——破坏载荷，单位为牛顿(N)；

h——试样受剪面厚度，单位为毫米(mm)；

D——圆柱冲头直径(D=12 mm)，单位为毫米(mm)。

8.3 当采用方柱冲头剪切夹具测定断纹剪切强度时，断纹剪切强度按式(3)计算：

$$\tau_s = \frac{P_b}{2b \cdot h} \qquad \cdots\cdots (3)$$

式中：

τ_s、b、h 同式(1)。

9 试验结果

按 GB/T 1446—2005 第 6 章的规定。

10 试验报告

按 GB/T 1446—2005 第 7 章的规定。

ICS 83.120
Q 23

中华人民共和国国家标准

GB/T 1451—2005
代替 GB/T 1451—1983

纤维增强塑料简支梁式冲击韧性试验方法

Fiber-reinforced plastics composites—Determination of charpy impact properties

2005-05-18 发布

2005-12-01 实施

中华人民共和国国家质量监督检验检疫总局
中国国家标准化管理委员会 发布

前　言

本标准代替 GB/T 1451—1983《玻璃纤维增强塑料简支梁式冲击韧性试验方法》。

本标准与 GB/T 1451—1983 相比主要变化如下：

——标题由《玻璃纤维增强塑料简支梁式冲击韧性试验方法》改为《纤维增强塑料简支梁式冲击韧性试验方法》；

——扩大了适用范围；

——增加了规范性引用文件(见第 2 章)；

——增加了试验原理(见第 3 章)；

——采用国际单位制。

本标准由中国建筑材料工业协会提出。

本标准由全国纤维增强塑料标准化技术委员会归口。

本标准由北京玻璃钢研究设计院负责起草，渤海船舶重工责任有限公司、中国兵器工业集团第五三研究所参加起草。

本标准主要起草人：李艳华、邬友英、胡中永、张荣琪、郑会保。

本标准于 1979 年 5 月首次发布，1983 年第一次修订，本次为第二次修订。

纤维增强塑料简支梁式冲击韧性试验方法

1 范围

本标准规定了采用简支梁式冲击方法测定冲击韧性的试样、试验设备、试验条件、试验步骤及结果计算等。

本标准适用于测定纤维增强塑料有缺口试样的冲击韧性，无缺口试样的冲击韧性可参照执行。

2 规范性引用文件

下列文件中的条款通过本标准的引用而成为本标准的条款。凡是注日期的引用文件，其随后所有的修改单(不包括勘误的内容)或修订版均不适用于本标准，然而，鼓励根据本标准达成协议的各方研究是否可使用这些文件的最新版本。凡是不注日期的引用文件，其最新版本适用于本标准。

GB/T 1446—2005 纤维增强塑料性能试验方法总则

3 试验原理

将开有 V 形缺口的试样两端水平放置在支撑物上，缺口背向冲击摆锤，摆锤向试样中间撞击一次，使试样受冲击时产生应力集中而迅速破坏。

4 试样

4.1 试样型式和尺寸

4.1.1 缺口方向与布层垂直的纤维织物试样型式和尺寸见图 1。

单位为毫米

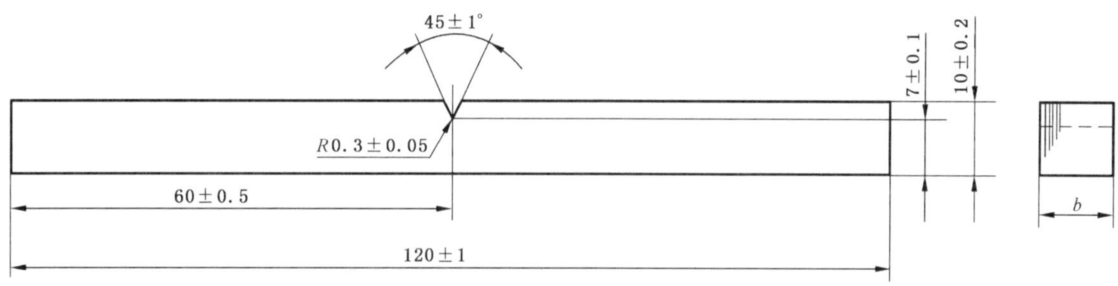

注：试样宽度 b 为板的厚度，取 6 mm～10 mm。仲裁试样的宽度为(10±0.2) mm。当板厚大于 10 mm 时，单面加工至(10±0.2) mm。

图 1

4.1.2 缺口方向与布层平行的纤维织物试样型式和尺寸见图 2。

单位为毫米

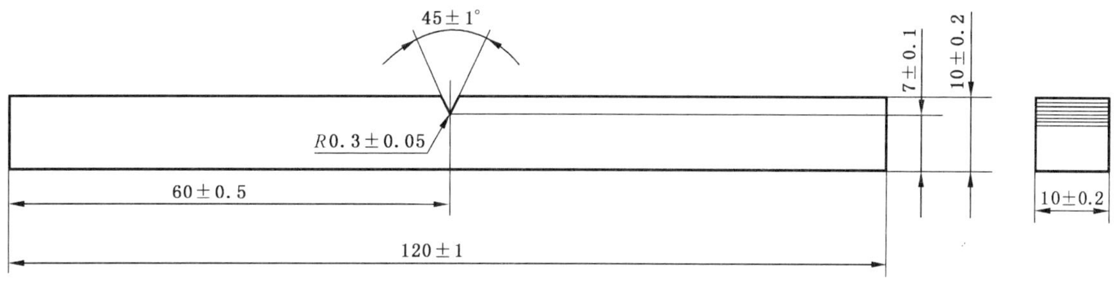

注：当试样厚度大于 10 mm 时，单面加工至(10±0.2) mm。缺口开在加工面上。

图 2

4.1.3 短切纤维增强塑料的试样型式和尺寸见图3。

单位为毫米

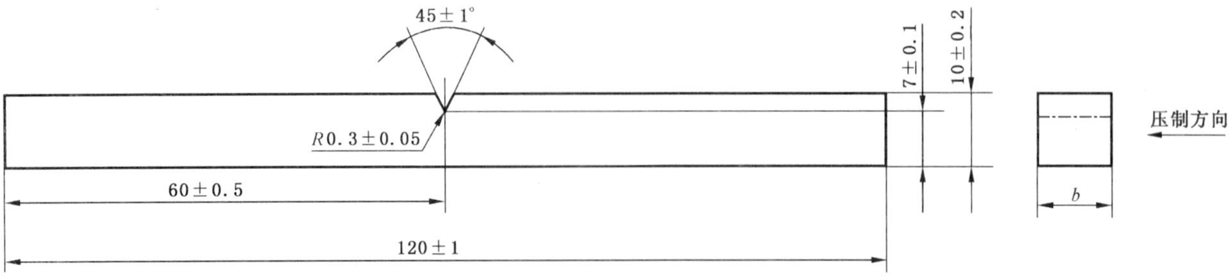

注1：试样宽度 b 为6 mm～10 mm。仲裁试样的宽度为(10±0.2) mm。

注2：缺口方向与压制方向相一致。缺口由加工而成。若缺口所在面与底面不平行，则加工缺口所在面，使其与底面相互平行。

图3

4.2 试样的制备

试样制备应符合GB/T 1446—2005中4.1的规定。

4.3 试样的数量

当离散系数小于5%时，试样的数量按照GB/T 1446—2005中4.3的规定。当离散系数大于5%时，试样的数量不得少于10个，并保证每组有10个有效试样。

5 试验设备

试验机采用简支梁式非金属材料摆锤式冲击试验机。其摆锤和支座主要尺寸见图4。

单位为毫米

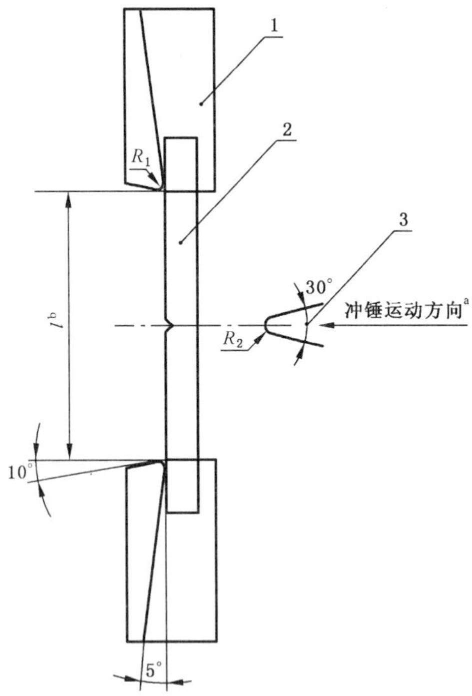

1——支座；

2——试样；

3——冲锤。

a 冲击速度3.8 m/s。

b 跨距 l 为70 mm。

图4

6 试验条件

试验环境条件按照 GB/T 1446—2005 第 3 章的规定。

7 试验步骤

7.1 试样外观检查按照 GB/T 1446—2005 中 4.2 的规定。

7.2 试样状态调节按照 GB/T 1446—2005 中 4.4 的规定。

7.3 将合格试样进行编号，测量试样缺口处的宽度，用投影仪或其他量具测量缺口处的最小厚度，测量精度按 GB/T 1446—2005 中 4.5.1 的规定。

7.4 选择合适能量的摆锤，使冲断试样所消耗的功落在满量程的 10%～85%范围内。

7.5 用标准跨距样板调节支座的跨距，使其为(70±0.5) mm。

7.6 根据试验机打击中心的位置及试样的尺寸，决定是否在支座上加垫片。垫片的尺寸应根据试验机的情况而定。

7.7 试验前，须经一次空载冲击，调整试验机读数盘的指针使其指到零点。

7.8 将试样带缺口的一面背向摆锤。用试样定位板来安放试样，使缺口中心对准打击中心。

7.9 进行冲击，记录冲断试样所消耗的功及破坏形式。

7.10 有明显内部缺陷或不在缺口处破坏的试样，应予作废。同批有效试样数量应符合 4.3 的规定，否则应重作试验。

8 计算

冲击韧性按下式计算：

$$\alpha_k = \frac{A}{b \cdot d} \times 10^3$$

式中：

α_k——冲击韧性，单位为千焦耳每平方米(kJ/m²)；

A——冲断试样所消耗的功，单位为焦耳(J)；

b——试样缺口处的宽度，单位为毫米(mm)；

d——试样缺口处的最小厚度，单位为毫米(mm)。

9 试验结果

按 GB/T 1446—2005 第 6 章的规定。

10 试验报告

按 GB/T 1446—2005 第 7 章的规定。

ICS 83.120
Q 23

中华人民共和国国家标准

GB/T 1462—2005
代替 GB/T 1462—1988

纤维增强塑料吸水性试验方法

Test methods for water absorption of fiber reinforced plastics

2005-05-18 发布　　2005-12-01 实施

中华人民共和国国家质量监督检验检疫总局
中国国家标准化管理委员会　发布

前　言

本标准对应于 ASTM D570-98《塑料吸水性标准试验方法》，与 ASTM D570-98 的一致性程度为非等效，主要技术差异如下：

——本标准中规定两种方法，即 23℃浸泡(24±0.5)h 和(100±2)℃水浸泡(30±1)min。ASTM D570-98 为(23±1)℃浸泡(24±0.5)h 或(120±4)min 或重复浸泡或长期浸泡，(50±1)℃浸泡(48±1)h，沸水浸泡(30±1)min 或(120±4)min。

本标准代替 GB/T 1462—1988《纤维增强塑料吸水性试验方法》。

本标准与 GB/T 1462—1988 相比主要变化如下：

——修改原理的表述(1988 年版的第 3 章；本版的第 3 章)；

——游标卡尺的精度改为 0.01 mm(1988 年版的 4.5；本版的 4.5)；

——增加试样制备要求(见 5.1)。

本标准由中国建筑材料工业协会提出。

本标准由全国纤维增强塑料标准化技术委员会归口。

本标准主要起草单位：中国航空第一集团航空材料研究院。

本标准主要起草人：翟全胜、叶宏军、刘俊仙。

本标准于 1978 年首次发布，1988 年第一次修订，2005 年第二次修订。

纤维增强塑料吸水性试验方法

1 范围

本标准规定了纤维增强塑料在规定尺寸、温度和浸水时间下测定吸水量的设备、试样、试验步骤、计算、试验结果和试验报告。

本标准适用于测定纤维增强塑料的吸水性，其结果仅作对比之用，而不用于表示可能吸入的最大吸水量。只有尺寸相同、物理状态尽可能相同的试样才能进行吸水性的比较。

本标准规定的两种方法的浸水温度分别是23℃和沸水温度。在沸水温度下会发生软化以至失去原来形态的纤维增强塑料，只能在23℃下试验。

注：仲裁试验时，沸水温度限于100℃±2℃。

2 规范性引用文件

下列文件中的条款通过本标准的引用而成为本标准的条款。凡是注日期的引用文件，其随后所有的修改单(不包括勘误的内容)或修订版均不适用于本标准，然而，鼓励根据本标准达成协议的各方研究是否可使用这些文件的最新版本。凡是不注日期的引用文件，其最新版本适用于本标准。

GB/T 1446　纤维增强塑料性能试验方法总则

3 原理

固体材料与液体相接触时，液体分子会向固体材料内部扩散，并以物理的或化学的方式存在于固体中，宏观表现为固体材料质量增加，质量增加的大小和速度是材料固有的性质，即材料的吸水性。

吸水性可用下列方式表示：

a) 绝对吸水量；

b) 单位表面积吸水量；

c) 相对于试样质量的吸水百分率。

4 设备

4.1 天平，精度0.001 g。

4.2 烘箱，能控制在50℃±3℃或其他商定的温度。

4.3 恒温水浴，容积要符合6.1.1规定，并能控制在规定温度范围之内。

4.4 干燥器。

4.5 游标卡尺，精度0.01 mm。

5 试样

5.1 试样制备

按GB/T 1446的规定。

5.2 试样数量

试样数量为5个。

5.3 试样尺寸

5.3.1 模压件

标准试样为直径ϕ50 mm±1 mm，厚3 mm±0.2 mm的圆片。经商定也可采用边长50 mm±

1 mm,厚 4 mm±0.2 mm 的方片或长 120 mm±1 mm,宽 15 mm±0.2 mm,厚 10 mm±0.2 mm 的长条。

5.3.2 板材

标准试样为边长 50 mm±1 mm,厚 4 mm±0.2 mm 的方片。经商定其厚度也可为板材的原厚。

5.3.3 管材

垂直管的轴向截取长 50 mm±1 mm 的管段。当管的外径大于 50 mm,允许再沿管的轴向的两个平面切取外表面弧长为 50 mm±1 mm 的两个试样。

5.3.4 棒材

垂直于轴向截取长 50 mm±1 mm 的棒段。若直径大于 50 mm,应将直径同心地加工到 50 mm±1 mm后再截取。

5.3.5 型材

长度为 50 mm±1 mm。经商定可通过加工,减小型材横截面的一个或多个尺寸,厚度可减小到 3 mm±0.2 mm。

6 试验步骤

6.1 基本规定

6.1.1 每平方厘米试样表面所需的浸泡水数量至少应为 8 mL。

6.1.2 一般情况下一个容器只浸泡一组试样。如果几组试样成分相同,则允许浸入同一个容器中。试样要完全浸没在水中,不允许试样表面与其他试样或容器壁贴合。

6.1.3 长时间浸泡时应注意以下两点:

a) 若在 23℃±2℃的水中试验,每天至少要把水搅动一次;

b) 若在沸水中试验,要适当补充沸水以维持水的体积。

6.2 方法 1

6.2.1 将试样放进 50℃±2℃的烘箱中干燥 24 h±1 h,移至干燥器中冷却至室温,取出后随即称量每个试样(m_1),精确至 0.001 g。

6.2.2 将试样浸入温度为 23℃±0.5℃的蒸馏水中。如另有商定,允许水温的偏差为±2℃。

6.2.3 浸泡 24 h±0.5 h 后,将试样从水中取出,用清洁的布或滤纸除去表面水分。在取出后的 1 分钟内再次称得试样质量(m_2),精确至 0.001 g。

6.2.4 重复 6.2.1。称得试样质量(m_3)。

6.3 方法 2

6.3.1 同 6.2.1。

6.3.2 将试样浸入煮沸的蒸馏水中。

6.3.3 浸泡 30 min±1 min 后,将试样移入室温蒸馏水中冷却 15 min±1 min。将试样从水中取出,用清洁的布或滤纸除去表面水分。在取出后的 1 分钟内再次称得试样质量(m_2),精确至 0.001 g。

6.3.4 重复 6.2.1。称得试样质量(m_3)。

7 计算

7.1 测量结果表示的标准方式(绝对吸水量)

按式(1)计算绝对吸水量:

$$m_a = m_2 - m_3 \qquad (1)$$

式中:

m_a——试样的绝对吸水量,单位为克(g);

m_2——试样浸水后的质量,单位为克(g);

m_3——试样浸水再干燥后的质量，单位为克(g)。

若 m_3 大于 m_1，绝对吸水量按式(2)计算：

$$m_a = m_2 - m_1 \quad \cdots\cdots(2)$$

式中：

m_a——试样的绝对吸水量，单位为克(g)；

m_2——试样浸水后的质量，单位为克(g)；

m_1——试样浸水前的质量，单位为克(g)。

如有需要，试样浸出物的质量可按式(3)计算：

$$m_e = m_1 - m_3 \quad \cdots\cdots(3)$$

式中：

m_e——试样浸出物的质量，单位为克(g)；

m_1——试样浸水前的质量，单位为克(g)；

m_3——试样浸水再干燥后的质量，单位为克(g)。

7.2 测量结果表示的其他方式

若材料规范要求或经有关各方商定，测量结果可用下列方式之一表示。

7.2.1 单位表面积吸水量按式(4)计算：

$$m_s = \frac{m_a}{S} \quad \cdots\cdots(4)$$

式中：

m_s——试样单位表面积吸水量，单位为克每平方厘米(g/cm^2)；

m_a——试样的绝对吸水量，单位为克(g)；

S——试样的初始总表面积，单位为平方厘米(cm^2)。

7.2.2 相对于试样质量的吸水百分率按式(5)计算：

$$m_{p1} = \frac{m_a}{m_1} \times 100 \quad \cdots\cdots(5)$$

式中：

m_{p1}——相对于试样初始质量的吸水百分率，%；

m_a——试样的绝对吸水量，单位为克(g)；

m_1——试样浸水前的质量，单位为克(g)。

如有需要，相对于试样再干燥质量的吸水百分率按式(6)计算：

$$m_{p3} = \frac{m_a}{m_3} \times 100 \quad \cdots\cdots(6)$$

式中：

m_{p3}——相对于试样再干燥质量的吸水百分率，%；

m_a——试样的绝对吸水量，单位为克(g)；

m_3——试样浸水再干燥后的质量，单位为克(g)。

8 试验结果

按 GB/T 1446 的规定。

9 试验报告

试验报告应包括下列内容：

a) 试验方法和标准号。若浸水时间另有商定，应写出浸水时间；

b) 试样材料的完整说明，包括其中的纤维排列方向；

c) 试样的类型、尺寸、初始质量、初始表面积、表面状况和制备方法；
d) 每个试样的测量结果和一组试样的算术平均值；
e) 试验室环境温度和相对湿度；
f) 试样外观上的任何观察结果，如翘曲、裂纹等；
g) 试验人员、日期及其他。

ICS 83.120
Q 23

中华人民共和国国家标准

GB/T 1463—2005
代替 GB/T 1463—1988

纤维增强塑料密度和相对密度试验方法

Test methods for density and relative density of fiber reinforced plastics

2005-05-18 发布　　2005-12-01 实施

中华人民共和国国家质量监督检验检疫总局
中国国家标准化管理委员会　发布

前　言

本标准对应于 ASTM D792-98《塑料的密度和比重(相对密度》标准试验方法—置换法》,与 ASTM D792-98 的一致性程度为非等效,主要差异如下:

——本标准在蒸馏水或去离子水中测试试样。ASTM D792-98 中方法 B 用于在水以外的其他液体中测试固态塑料;

——本标准试样状态调节按 GB/T 1446—2005 中的规定。ASTM D792-98 规定对那些要求进行状态调节的试验,在试验前根据操作规程 D618 的方法 A,在(23±2)℃和(50±5)%相对湿度的条件下调节试样状态不少于 40 小时,对试验结果有分歧的情况下,公差为 1℃和±2%相对湿度;

——本标准试验条件按 GB/T 1446—2005 中的规定。ASTM D792-98 规定在(23±2)℃和(50±5)%相对湿度的标准实验室气氛中进行试验,除非在试验方法或本规范中有其他规定,对试验结果有对试验结果有分歧的情况下,公差为 1℃和±2%相对湿度;

——本标准用于测试密度大于水的纤维增强塑料。ASTM D792-98 还可测试密度小于水的塑料。

本标准代替 GB/T 1463—1988《纤维增强塑料密度和相对密度试验方法》。

本标准与 GB/T 1463—1988 相比主要变化如下:

——修改了范围(1988 年版的第 1 章,本版的第 1 章);

——游标卡尺的精度改为 0.01 mm(1988 年版的 5.2.2,本版的 5.2.2);

——增加浮力法测量装置示意图(1988 年版的第 5 章,本版的 5.1.2);

——增加规定材料要充分脱除气泡的蒸馏水或去离子水(见第 6 章);

——增加试样制备要求(见 7.1)。

本标准由中国建筑材料工业协会提出。

本标准由全国纤维增强塑料标准化技术委员会归口。

本标准主要起草单位:中国航空第一集团航空材料研究院。

本标准主要起草人:翟全胜、叶宏军、刘俊仙。

本标准于 1978 年首次发布,1988 年第一次修订,2005 年第二次修订。

纤维增强塑料密度和相对密度试验方法

1 范围

本标准规定了采用浮力法及几何法测定纤维增强塑料密度及相对密度的设备、试样、试验步骤、计算、试验结果和试验报告。

本标准适用于纤维增强塑料的板状、棒状、管状和模压试样的密度与相对密度的测定。它包括浮力法和几何法两种试验方法。浮力法适用于吸湿性弱的材料，几何法适用于吸湿性强的材料。可按材料特点及有关各方的协议选用。

注：吸湿性弱的材料系指不因吸湿而影响浮力测量精度的材料。

本标准不适用于密度小于 1 000 kg/m^3 的材料。

2 规范性引用文件

下列文件中的条款通过本标准的引用而成为本标准的条款。凡是注日期的引用文件，其随后所有的修改单(不包括勘误的内容)或修订版均不适用于本标准，然而，鼓励根据本标准达成协议的各方研究是否可使用这些文件的最新版本。凡是不注日期的引用文件，其最新版本适用于本标准。

GB/T 1446—2005 纤维增强塑料性能试验方法总则

3 术语和定义

下列术语和定义适用于本标准。

3.1

密度 density

单位体积材料在 t℃时的质量称为 t℃时的密度。

3.2

相对密度 relative density

一定体积材料的质量与同温度等体积的参比物质量之比。

相对密度也可定义为一种物质的密度与同样条件下参比物的密度之比。

4 原理

4.1 浮力法

根据阿基米德原理，以浮力来计算试样体积。试样在空气中的质量除以其体积即为试样材料的密度。

4.2 几何法

制取具有规则几何形状的试样，称其质量，用测量的试样尺寸计算试样体积，试样质量除以试样的体积等于试样的密度。

5 设备

5.1 浮力法

5.1.1 天平，感量 0.000 1 g。

5.1.2 支架，稳固的支承架，可跨在天平托盘的上方，放置浸泡用容器，如图 1 所示。

5.1.3 容器，烧杯或其他广口容器，盛水和浸泡试样。

5.1.4 金属丝,直径小于0.125 mm,长度适当。

5.2 几何法

5.2.1 天平,感量0.001 g。

5.2.2 游标卡尺,精度0.01 mm。

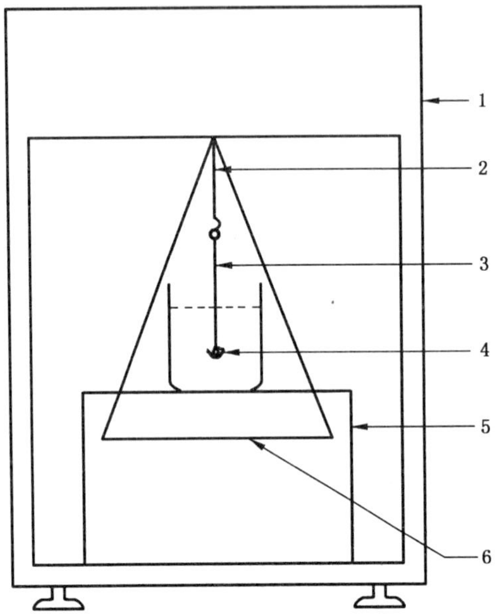

1——天平;

2——天平挂钩;

3——金属丝;

4——试样;

5——支承架(架在称量托盘之上,不与托盘及其吊线接触);

6——称量托盘。

图1 密度测量装置

6 材料

蒸馏水或去离子水,通过煮沸和冷却,充分脱除气泡。

7 试样

7.1 试样制备

按GB/T 1446—2003中的规定。

7.2 试样数量

试样数量为5个。

7.3 试样尺寸

7.3.1 浮力法

试样可为尺寸适中和任何形状,体积不小于1 cm^3,表面和边应光滑,通常试样质量为1 g～5 g。

7.3.2 几何法

试样应为规则的几何体,如长方体或圆柱体,其任一个特征方向的尺寸不得小于4 mm,试样体积必须大于10 cm^3。

8 试验步骤

8.1 浮力法

8.1.1 试样状态调节按 GB/T 1446—2005 中的规定。

8.1.2 在空气中称量试样的质量(m_1)和金属丝的质量(m_3),精确到 0.000 1 g。

8.1.3 测量和记录容器中水的温度,水的温度应为 23℃±2℃。

8.1.4 容器置于支架上,将由该金属丝悬挂着的试样全部浸入到容器内的水中。容器绝不能触到金属丝或试样。用另一根金属丝尽快除去粘附在试样和金属丝上的气泡。称量水中试样的质量(m_2),精确到 0.000 1 g。除有其他的规定,应尽可能快地称量,以减少试样吸收的水。

8.1.5 按规定的试样数量重复测定。

8.2 几何法

8.2.1 同 8.1.1。

8.2.2 在空气中称量试样的质量(m),精确到 0.001 g。

8.2.3 在试样每个特征方向均匀分布的三点上,测量试样尺寸,精确到 0.01 mm。三点尺寸相差不应超过 1%。取三点的算术平均值作为试样此方向的尺寸,从而得到试样的体积(V)。

9 计算

9.1 密度

9.1.1 浮力法

试样密度按式(1)计算:

$$\rho_t = \frac{m_1}{m_1 + m_3 - m_2} \times \rho_w \qquad \cdots\cdots(1)$$

式中:

ρ_t——试样在 t℃时的密度,单位为千克每立方米(kg/m^3);

m_1——试样在空气中的质量,单位为克(g);

m_2——试样悬挂在水中的质量,单位为克(g);

m_3——金属丝在空气中的质量,单位为克(g);

ρ_w——水在 t℃时的密度,单位为千克每立方米(kg/m^3)。在 23℃下的值为 997.6 kg/m^3。

9.1.2 几何法

试样密度按式(2)计算:

$$\rho_t = \frac{m}{V} \times 10^{-3} \qquad \cdots\cdots(2)$$

式中:

ρ_t——试样在 t℃时的密度,单位为千克每立方米(kg/m^3);

m——试样的质量,单位为克(g);

V——试样的体积,单位为立方米(m^3)。

9.2 相对密度

试样相对密度按式(3)计算:

$$d_t^t = \frac{\rho_t}{\rho_r} \qquad \cdots\cdots(3)$$

式中:

d_t^t——试样在 t℃时的相对密度;

ρ_t——试样在 t℃时的密度,单位为千克每立方米(kg/m^3);

ρ_r——参比物在 t℃时的密度,单位为千克每立方米(kg/m^3)。

10 试验结果

按 GB/T 1446—2005 中的规定。

11 试验报告

试验报告应包括以下各项内容：

a） 试验方法及标准号；

b） 试样材料的说明；

c） 试样编号、形状、尺寸、外观质量和数量；

d） 试验环境及试样状态调节；

e） 每个试样的密度值或相对密度值，以及一组试样的算术平均值；

f） 试验人员、日期及其他。

ICS 83.120
Q 23

中华人民共和国国家标准

GB/T 2573—2008
代替 GB/T 2573～2575—1989,GB/T 10703—1989

玻璃纤维增强塑料老化性能试验方法

Test method for aging properties of glass fiber reinforced plastics

2008-06-30 发布　　　　2009-04-01 实施

中华人民共和国国家质量监督检验检疫总局
中国国家标准化管理委员会　发布

前　言

本标准同时代替 GB/T 2573—1989《玻璃纤维增强塑料大气暴露试验方法》、GB/T 2574—1989《玻璃纤维增强塑料湿热试验方法》、GB/T 2575—1989《玻璃纤维增强塑料耐水性试验方法》和 GB/T 10703—1989《玻璃纤维增强塑料耐水性加速试验方法》。

本标准与 GB/T 2573～2575—1989 和 GB/T 10703—1989 相比主要变化如下：

——将 GB/T 2573～2575—1989 和 GB/T 10703—1989 合并为一个标准；

——减少部分引用文件(GB/T 2574—1989、GB/T 2575—1989 和 GB/T 10703—1989 年版的第 2 章，本版的第 2 章)；

——增加自然气候老化的定义(见第 3 章)；

——增加试验原理(见 4.1.1、4.2.1、4.3.1 和 4.4.1)；

——删去大气暴露试验设备结构示意图(GB/T 2573—1989 中的 5.1)；

——增加了测定太阳辐射仪器设备(见 4.1.2.2 和 4.1.2.3)；

——修改大气暴露方向要求，并对暴露角的规定由纬度角及 45°改为根据不同暴露目的选取不同暴露角(GB/T 2573—1989 中的 5.4，本标准的 4.1.4.1)；

——修改大气暴露地点要求，增加了气候条件(GB/T 2573—1989 中的第 4 章，本标准的 4.1.4.2 和附录 A)；

——增加大气暴露阶段要求(GB/T 2573—1989 中的 6.4，本标准的 4.1.4.3)；

——增加对大气暴露试验中气象情况的记录要求(见 4.1.5.5)。

本标准的附录 A 和附录 B 均为资料性附录。

本标准由中国建筑材料联合会提出。

本标准由全国纤维增强塑料标准化技术委员会归口。

本标准起草单位：北京玻钢院复合材料有限公司、广东省建筑科研设计所、上海玻璃钢研究院。

本标准主要起草人：张海雁、尹钊、黄勇、石勇、祝启伟、周杰、汪泽霖。

本标准所代替标准的历次版本发布情况为：

——GB/T 2573—1981、GB/T 2573—1989；

——GB/T 2574—1981、GB/T 2574—1989；

——GB/T 2575—1981、GB/T 2575—1989；

——GB/T 10703—1981、GB/T 10703—1989。

玻璃纤维增强塑料老化性能试验方法

1 范围

本标准规定了玻璃纤维增强塑料大气暴露、湿热、耐水性和耐水性加速四项老化性能试验的试验原理、试验设备、试样、试验条件、试验步骤以及结果计算等。

本标准适用于评定玻璃纤维增强塑料在无外加应力状态下大气暴露、在恒定或交变湿热条件下以及在水介质条件下对其外观、物理或力学性能的影响。

2 规范性引用文件

下列文件中的条款通过本标准的引用而成为本标准的条款。凡是注日期的引用文件,其随后所有的修改单(不包括勘误的内容)或修订版均不适用于本标准,然而,鼓励根据本标准达成协议的各方研究是否可使用这些文件的最新版本。凡是不注日期的引用文件,其最新版本适用于本标准。

GB/T 1446 纤维增强塑料性能试验方法总则

GB/T 1449 纤维增强塑料弯曲性能试验方法

3 术语和定义

下列术语和定义适用于本标准。

3.1

自然气候老化 natural weather aging

指材料安装在固定角度或随季节变化角度的实验架上,在自然环境中的长期暴露。这种暴露通常用来评定环境因素对材料各种性能的影响。

3.2

湿态极限弯曲强度 wet limit flexure strength

玻璃纤维增强塑料浸水后,湿态弯曲强度随时间延长逐渐下降,当变化率趋近于零时的弯曲强度为湿态极限弯曲强度。

4 试验方法

4.1 大气暴露试验

4.1.1 试验原理

暴露件暴露在自然日光下,经规定的暴露阶段后,从暴露架上取下,测定其外观、物理或力学性能的变化,以评价材料的自然气候老化性能。

4.1.2 试验设备

4.1.2.1 实验架

实验架由框架、支持架和其他夹持装置组成。实验架应适合暴露件的类型,可将一平直的框架装于支架上,支持架固定在框架上,试验夹持装置的倾斜角和方位角应可调整。

实验架的框架、支持架和其他夹持装置应用不影响试验结果的惰性材料制成,宜用耐腐蚀的铝合金、不锈钢或陶瓷,也可用经防腐蚀剂(如铜-铬-砷混合物)适当浸渍过的木材或那些已证明不影响暴露试验的木材。暴露件直接装在框架上,或先装在支持架上再固定在框架上,实验架的框架应能安装成所规定的倾斜角,并且暴露件的任何部分离地面或其他任何障碍物的距离都应不小于 0.5 m。夹持装置应牢固,尽量使试样处于小的应力状态,保证暴露件自由收缩、翘曲和扩张。

4.1.2.2 **测定太阳辐射的仪器设备**

a) 总日射表

总日射表应达到或超过世界气象组织(WMO)规定的二级仪器的要求。仪器应至少每年校准一次,校准因子可追溯到世界辐射测量基准(WRR)。

b) 直射日射表

直射日射表应达到或超过世界气象组织(WMO)规定的一级仪器的要求。仪器应至少每年校准一次,校准因子可追溯到世界辐射测量基准(WRR)。

c) 紫外总日射表

当用于确定暴露阶段时,紫外总日射表应有一光谱通带,该通带的最大吸收位于(300～400)nm 波段区域的辐射,并且应作余弦校正,以包括紫外天空辐射。对商品紫外总日射表要求每年校准一次。

d) 窄谱带紫外日射表

当用于确定暴露阶段时,窄谱带紫外日射表应作余弦校正并且要求每年校准一次,如果需要保证仪器常数的稳定性则应经常校准。日射表应与日射记录仪(包括积分器)配合使用。

4.1.2.3 **其他气象测定仪**

测定空气温度、样品温度、相对湿度、降雨、潮湿时间和光照时数所需的仪器应适合于暴露试验方法并经有关方面协商同意。

4.1.3 **暴露件**

4.1.3.1 大气暴露试验用暴露件包括试样、试样板及实物。

4.1.3.2 试样按 GB/T 1446 的规定,其尺寸根据所测性能,按相关标准的规定确定。试样板外观质量应符合 GB/T 1446 的规定,其尺寸根据所测性能,按相关标准的规定确定,另加边缘(20～30)mm。实物应适合暴露场要求,按实际使用要求暴露,实物上切取的试样板尺寸和数量应根据所测性能,按相关标准的规定确定。

4.1.3.3 在暴露试验前应测定暴露件初始性能,然后按投放年限、对比组数等要求,确定投放量。建议按投放暴露量的两倍计算,即其中一半作暴露试验用,另一半作室内存放试验用,经一定期龄后,两者同时取样,并在相同条件下测定性能,以作室内外性能对比。

4.1.3.4 暴露件应随机取样、分组,具有同批性。除非另有规定,每组试样不得少于 5 个。

4.1.3.5 暴露件不得改换暴露面,不带背板。

4.1.3.6 除非另有规定,用于测定颜色和力学性能变化的暴露件应以无应力状态暴露。

4.1.4 **试验条件**

4.1.4.1 **暴露方向**

暴露方向应面向正南固定,根据暴露试验的目的按下列条件之一选择一个与水平面形成的倾斜角:

a) 为得到最大的年总太阳辐射,在我国北方中纬度地区,与水平面形成的倾斜角应比纬度角小 10°;

b) 为得到最大年紫外太阳辐射的暴露,在北纬 40°以南的地区,与水平线形成的倾斜角应为 5°到10°;

c) 与水平面成 10°到 90°之间的任何其他特定的角度。

4.1.4.2 **暴露地点**

暴露试验地点应选择远离树木和建筑物的空地上。对于向南 45°倾斜角的暴露,在东、西、南方向仰角大于 20°及在北方向仰角大于 45°的范围内应无障碍物。对于小于 30°倾斜角的暴露,则在北方向仰角大于 20°的范围内应无障碍物。除非有其他要求,推荐保持自然土壤覆盖,例如,气候温和地区的草地,或沙漠地区稳定的沙地。有植物生长应割短。

对需要暴露于包括丛林或森林的阴暗地区,应评价生物生长、白蚁和腐烂草木的影响。选择这样的地区时要保证:

a) 阴暗地点真实代表了整个试验环境；

b) 暴露设施和通道不会显著影响或改变该环境。

注1：为了获得最可靠的结果，大气暴露试验应该在多个不同的环境地点进行，特别是在接近那些预期的使用条件的地点。气候条件可参见附录A。

4.1.4.3 暴露期龄

暴露件的检测期龄一般不少于5年，可按下列期龄(年)取样：0.5，1，2，3，5，7，10…

4.1.5 试验步骤

4.1.5.1 安放暴露件

用夹持装置把暴露件装在框架上或者装在支架上。确保连接件之间和板条之间留有足够的空间，为暴露后的性能测试留出一个足够尺寸的未遮盖的测试区。暴露件应按照其形状的不同(如有缺口的、带状的等)适当加以固定，确保不会因固定方法而对试样施加应力。

在每个暴露件的背面做上不易消除的记号，应避免记号划在可能影响机械测试结果的部位。为检查方便，可以保留暴露件安放的布置图。

如果需要，可在试验期间用耐老化的不透明物盖住每个暴露件的一部分，在暴露区的旁边形成一个未暴露的遮盖区以进行相互比较。这种方法可用于检查暴露试验的进程，但报告数据应以暴露件与室内存放的对比暴露件的比较为准。

注2：常用一种或多种已知性能的材料制成的暴露件，在相同时间内暴露，监控暴露的严酷程度。

4.1.5.2 安放辐射仪

安装测量太阳辐射量的仪器，如总日射表、直射日射表等。测量每个暴露阶段的总太阳辐射量、总紫外辐射量等。

4.1.5.3 测定暴露件的初始性能

暴露试验前检查暴露件初始外观(如颜色、光泽、纤维显露情况、裂痕、孔洞、气泡等)。根据所测的性能，按相关标准的规定进行初始性能的测试。

4.1.5.4 检查记录暴露期间暴露件的变化

暴露试验期间应定期检查和保养暴露地点，记录暴露件的一般状态。

暴露试验期间的前两年每月对暴露件进行一次外观检查，以后检查间隔可适当延长，但至少每半年检查一次。检查前可用毛刷或软纱团轻抹表面，如积尘太多，可用水湿纱团轻抹表面。

除非另有规定，在暴露期间不应清洗暴露件。如果需要清洗，应用蒸馏水或等效纯度的水，避免擦伤损坏暴露件表面。

4.1.5.5 测定暴露后暴露件的性能

暴露到规定期龄后，对暴露件进行外观检查，并根据所测的性能，按相关标准的规定进行测试。

从试样板或实物上加工试样应按GB/T 1446的规定。当测试与外观有关的性能时，应说明测试面的状态；测试弯曲或冲击性能时，应将试样的暴露面作为受压面或受冲击面。

不允许在雨天取样，如遇雨天，取样时间向后适当推移。暴露件从取样到测试完毕，不得超过5天，在此期间，可保存在暴露场附近的室内。

根据早期的实验结果考虑是否调整后续的试验周期。

4.1.5.6 观察记录气象情况

记录所有的气象条件及有可能影响实验结果的变化。

4.2 湿热试验

4.2.1 试验原理

试样在恒定或交变湿热条件下，经规定的湿热试验周期后，测定其外观、物理或力学性能的变化。

4.2.2 试验箱

4.2.2.1 试验箱内温度、湿度应由装在箱内工作空间的传感器加以监测和控制。

4.2.2.2 在(1.5～2.5)h 内温度变化范围应在(25±2)℃～(60±2)℃。

4.2.2.3 在温度不变或温度上升期间,相对湿度应保持在(93±3)%;在降温期间,相对湿度应保持在80%～96%。

4.2.2.4 试验箱内工作空间各处温度、湿度必须均匀,且尽量与传感器紧邻处的条件相近。箱内空气必须持续搅动,试样周围空气层内任一部位的空气流速应保持在(0.5～1.0)m/s。

4.2.2.5 试验箱在调节过程中,不得对试样产生热辐射影响。

4.2.2.6 箱壁和箱顶上的冷凝水应及时排除,不允许滴在试样上。未经纯化处理的冷凝水不得再使用。

4.2.2.7 用蒸馏水或去离子水调节箱内湿度。仲裁试验时,水的电阻率不得小于 500 Ω·m。

4.2.2.8 湿球系统用水同 4.2.2.7。每次试验前应更换湿球纱布,但纱布使用期不得超过 30 天。

4.2.3 试样

4.2.3.1 试样按 GB/T 1446 的规定。

4.2.3.2 试样尺寸根据所测的性能,按相关标准的规定确定。

4.2.3.3 试样应随机取样、分组,具有同批性。除测定初始性能的一组试样外,试样组数根据试验周期数和测试要求确定,每组试样不少于 5 个。

4.2.3.4 试样编号应清晰耐久,且不能影响试验结果。

4.2.4 试验条件

除另有规定外,可选用下列两种试验条件之一。

4.2.4.1 恒定湿热试验

4.2.4.1.1 温度(60±2)℃,相对湿度(93±3)%。

4.2.4.1.2 以 24 h 为一试验周期。

4.2.4.1.3 第一周期起算时间应从试验箱内的温度、湿度均达到规定值时算起。

4.2.4.2 交变湿热试验

4.2.4.2.1 以 24 h 为一试验周期,每一周期分为升温、高温高湿、降温和低温高湿四个连续阶段。每个阶段温度、湿度要求及控制程序如下:

a) 升温阶段

在(1.5～2.5)h 内,箱内温度应从(25±2)℃连续均匀升到(60±2)℃;相对湿度除最后 15 min 内可不低于 90%外,其余时间均应不低于 95%,在此阶段试样表面应出现凝露。

b) 高温高湿阶段

箱内温度应保持在(60±2)℃;相对湿度除初始或者最后 15 min 内可在 90%～100%外,其余时间均为(93±3)%,从循环开始算起直到(12±0.5)h 为止,a、b 两个阶段总时间为(12±0.5)h。

c) 降温阶段

在(1.5～2.5)h 内,箱内温度应从(60±2)℃连续均匀降到(25±2)℃;相对湿度除初始 15 min 内可不低于 90%外,其余时间均应不低于 95%。

d) 低温高湿阶段

箱内温度应保持在(25±2)℃;相对湿度不低于 95%,直到 24 h 循环结束,c、d 两个阶段总时间为(12±0.5)h。

4.2.4.2.2 第一周期起算时间应从试验箱内的温度达到低温值(25±2)℃,随后开始上升时算起。

4.2.5 试验步骤

4.2.5.1 根据所测的性能,按相关标准的规定进行测试。

4.2.5.2 将已清除表面灰尘和油污的试样放入箱内,试样相互间、试样与箱壁之间不得接触。在仲裁试验时,试样与箱壁、箱底和箱顶的距离不小于 15 cm。

4.2.5.3 恒定湿热试验按 4.2.4.1 进行;交变湿热试验按 4.2.4.2 进行。

4.2.5.4 在试验过程中,取放试样时,开启箱门的时间应尽可能短暂,防止试样凝结水珠。

4.2.5.5 除另有规定外,试验周期一般应从下列周期数(个)中选取:1,2,6,14,21,28。

4.2.5.6 达到规定的试验周期后,检查试样外观,测量试样尺寸,按下列两种方法之一及相关标准的规定测试力学性能:

a) 按 GB/T 1446 的规定进行试样状态调节后测试性能;

b) 试样不需状态调节,从箱中取出放在密闭的容器中,冷却至室温后进行性能测试。试样从箱中取出后应在 30 min 内测试完毕。

4.3 耐水性试验

4.3.1 试验原理

浸泡件在水介质条件下,经规定的试验浸泡周期后,测定其外观、物理或力学性能的变化。

4.3.2 试验设备

试验设备采用恒温水浴或其他适宜的恒温水装置。

4.3.3 浸泡件

4.3.3.1 浸泡件包括试样、试样板及实物。

4.3.3.2 试样按 GB/T 1446 的规定,其尺寸根据所测的性能,按相关标准的规定确定。试样板外观质量应符合 GB/T 1446 的规定,其尺寸根据所测性能,按相关标准的规定确定,同时考虑固定试样板所需面积。实物上切取的试样板尺寸和数量应根据所测性能,按相关标准的规定确定。

4.3.3.3 为测定初始性能,应事先制备与实物工艺相同的试样板。

4.3.3.4 浸泡件应随机取样、分组,具有同批性。除非另有规定,每组试样不少于 5 个。

4.3.4 试验条件

4.3.4.1 试样的浸泡条件

介质为蒸馏水,水温为(23±2)℃或(40±2)℃。仲裁试验水温应为(23±2)℃。如经有关各方同意,也可使用其他不同的试验水温。

耐水性能试验周期为 30 天,对耐水性好的材料可适当延长试验周期的天数。

测定湿态极限弯曲强度时,试验周期为 14 天。每周期取一组试样按 GB/T 1449 的规定进行测试,直至弯曲强度随时间变化率趋近零时结束。如需要,也可使用其他试验周期。

4.3.4.2 试样板的浸泡条件

将试样板固定后放入无严重污染的江、河、湖、或海中,或放入实际使用的水域中浸泡。试样板不应接触水底污泥,但应有足够深度,以避免因水位变化而露出水面。如可能和需要,定期测量水温。

试样板固定有两种方法,可任选一种:

a) 试样板用框架固定于浮船上。框架材料可采用玻璃纤维增强塑料、包覆玻璃纤维增强塑料的木材或涂防水漆的钢材。

b) 用钢材制作框架,表面涂防水漆。将试样两端(不得超过取样部位)固定在框架上,试样板相互间不接触,然后用钢丝绳将框架吊入水中。

试样板水浸泡的检测期龄一般不少于 5 年,可按下列期龄(年)取样:0.5,1,2,3,5,7,10,…

4.3.4.3 实物的浸泡条件

根据实际使用情况进行浸泡试验。当样板由实物所在地(江、河、湖、或海)取回过程中,应模拟实物浸水状态放置。如可能和需要,要定期测量水温。

除另有规定外,检测期龄同 4.3.4.2。

4.3.5 试验步骤

4.3.5.1 测试初始性能

根据所测的性能,按相关标准的规定进行测试。

4.3.5.2 放置浸泡件

a) 将已清除表面灰尘和油污的试样浸泡在水中,试样相互间、试样与容器壁之间不得接触。

b) 将试样板按浸泡条件浸泡。每隔(3～6)个月清理试样板,维护框架,观察试样板外观变化及编号有无脱落,如有脱落,应及时补齐。

c) 将实物按浸泡条件浸泡。

4.3.5.3 取样测试

a) 达到规定试验浸泡周期后,取出试样,不经状态调节,根据所测性能按相关标准的规定在30 min内测试完毕。

b) 试样板取出后随即加工测试,或先放在浸泡水的容器中,待加工时取出,加工后立即测试。试样板取出至测试完毕不超过3天。

c) 实物取出后随即加工、测试,最长不超过3天。当实物表面为单面浸水时,测弯曲强度时应使浸水面呈受压状态,或按产品使用情况确定。

4.4 耐水性加速试验

4.4.1 试验原理

试样在规定温度的水介质条件下,经规定的试验浸泡周期后,测定其外观、物理或力学性能的变化。

4.4.2 试验设备

试验设备采用恒温水浴或其他适宜的恒温水装置。

4.4.3 试样

4.4.3.1 试样按 GB/T 1446 的规定。

4.4.3.2 试样尺寸根据所测的性能,按相关标准的规定确定。

4.4.3.3 试样应随机取样、分组,具有同批性。除测定初始性能的一组试样外,试样组数根据试验周期数和测试要求确定,每组试样不少于5个。

4.4.3.4 试样编号应清晰耐久,且不能影响试验结果。

4.4.4 试验条件

4.4.4.1 介质为蒸馏水或去离子水。仲裁试验时,水的电阻率不得小于500 Ω·m。

4.4.4.2 采用(80±2)℃的水浸泡。耐温性较好的材料可采用(95±2)℃的水浸泡;耐温性较差的材料可采用(60±2)℃的水浸泡。

4.4.4.3 除另有规定,筛选试验时应采用在蒸馏水中煮沸2 h。

4.4.4.4 试样浸泡以24 h为一个周期。试样应在水温达到规定值时放入,并开始计时。

4.4.4.5 除另有规定,一般可从下列周期数(个)中选取:

a) 环氧树脂基或酚醛树脂基玻璃纤维增强塑料周期数(个)为:1,2,6;

b) 聚酯树脂基玻璃纤维增强塑料周期数(个)为:1/3,1/2,1,2,3,6。

4.4.5 试验步骤

4.4.5.1 测试初始性能

根据所测的性能,按相关标准的规定进行测试。

4.4.5.2 放置试样

已清除表面灰尘和油污的试样浸泡在规定温度的水浴装置中,试样相互间、试样与容器壁、加热管之间不得接触。

4.4.5.3 **取样测试**

达到规定试验浸泡周期后，取出试样检查其外观，按下列两种方法之一测试性能：

a) 试样按 GB/T 1446 的规定进行状态调节后，根据所测的性能，按相关标准的规定测试；

b) 试样不需状态调节，从水浴中取出放入室温蒸馏水或去离子水中冷却，水浸时间不得少于 15 min，试样从水浴中取出应在 30 min 内测试完毕。

5 结果计算

5.1 每组试样的算术平均值和标准差按 GB/T 1446 的规定。

5.2 性能保留率按式(1)计算，保留二位有效数字：

$$R_i = \frac{\overline{X_i}}{\overline{X_0}} \times 100 \qquad \cdots\cdots(1)$$

式中：

R_i——经 i 试验周期后性能保留率，%；

$\overline{X_i}$——经 i 试验周期后每组试样性能算术平均值；

$\overline{X_0}$——试样初始力学性能算术平均值。

5.3 **湿态极限弯曲强度按式(2)检验后确定：**

$$t = \frac{\overline{X_1} - \overline{X_2}}{\sqrt{\frac{(n_1-1)s_1^2 + (n_2-1)s_2^2}{N}} \cdot \sqrt{\frac{1}{n_1} + \frac{1}{n_2}}} \qquad \cdots\cdots(2)$$

式中：

t——检验计算值；

$\overline{X_1}$——前一次试样性能平均值；

$\overline{X_2}$——后一次试样性能平均值；

s_1——前一次试样性能标准值；

s_2——后一次试样性能标准值；

n_1——前一次试样数量；

n_2——后一次试样数量；

N——$n_1 + n_2 - 2$。

若 $n_1 = n_2 = n$ 时，则式(2)可简化为(3)：

$$t = \frac{\overline{X_1} - \overline{X_2}}{\sqrt{\frac{s_1^2 + s_2^2}{n}}} \qquad \cdots\cdots(3)$$

当 $t \leqslant t_{0.05}$(即显著性水平为 5%，t 检验理论值可从 t 分布表中查出，参见附录 B，则此时的性能值即为湿态极限弯曲强度。

6 试验报告

试验报告应包括下列各项中的全部或部分：

a) 按 GB/T 1446 的规定；

b) 试样编号、试验前后外观状况；

c) 采用的试验条件、试验周期和试样状态调节；

d) 每组试样的数量、单值、算术平均值、标准差和性能保留率；

e) 对于大气暴露试验还应说明以下情况：

1) 暴露件的详细说明，包括暴露件来源、制备、品种和规格；暴露件编号，试验前后及试验期间的外观；

2) 暴露试验详细情况，包括暴露方式(例如倾角和方位定向)；暴露场地的位置和详细说明(例如纬度、经度、高度、每年的气候特征等)；气候类型；遮盖物、支持架和连接物(如果使用了则应说明)；测定暴露阶段的方法；总太阳辐射量、紫外总辐射量，包括测量使用的方法；清洗细节(如果有清洗则应说明)；

3) 试验结果，包括样品投放时间、使用的暴露阶段以及从暴露架上取下样品到性能测定之间的时间间隔；气象数据。

附 录 A
（资料性附录）
气 候 条 件

A.1 气候类型

我国的气候类型主要分为六种，见表 A.1。

表 A.1 我国主要的气候类型

气候类型	特征	地区
热带气候	气候炎热，湿度大 年太阳辐射总量(5 400～5 800)MJ/m² 年积温≥1 500 ℃	雷州半岛以南 海南岛 台湾南部等地
亚热带气候	湿热程度亚于热带，阴雨天多 年太阳辐射总量(3 500～5 000)MJ/m² 年积温(8 000～4 500)℃ 年降水量(1 000～1 500)mm	长江流域以南 四川盆地 台湾北部等地
温带气候	气候温和，没有湿热月 年太阳辐射总量(4 600～5 800)MJ/m² 年积温(4 500～1 600)℃ 年降水量(600～700)mm	秦岭淮河以北 黄河流域 东北南部等地
寒温带气候	气候寒冷，冬季长 年太阳辐射总量(4 600～5 800)MJ/m² 年积温＜1 600 ℃ 年降水量(400～600)mm	东北北部 内蒙古北部 新疆北部部分地区
高原气候	气候变化大，气压低，紫外辐射强烈 年太阳辐射总量(6 700～9 200)MJ/m² 年积温＜2 000 ℃ 年降水量＜400 mm	青海、西藏等地
沙漠气候	气候极端干燥，风沙大，夏热冬冷，温差大 年太阳辐射总量(6 300～6 700)MJ/m² 年积温＜4 000 ℃ 年降水量＜100 mm	新疆南部塔里木盆地 内蒙西部等沙漠地区
注：所给出的气候分类法是根据气候条件对塑料的大气老化性能的影响来确定的，预料各种不同气候条件的影响会有明显不同。作为这个区域分类的关键影响，海洋和工业条件可能会对本区域的基本气温条件产生明显不同的影响。这些特殊条件构成了试验地点的小气候。例如，在沿海地区，那里的大气可能含有微量盐，却常常是干净的，受暴露的样品可接收到较大量的太阳辐射，其老化可能比非沙漠的内陆地区更快。在工业区内，大气污染和留在样品上的灰尘减少了太阳辐射的影响，尽管污染和灰尘同时又会使湿气的影响更为明显。		

A.2 气候的观察

地区气候一般要按类型和特殊条件作说明，还应通过以下细节的观察作补充。

A.2.1 温度

a) 日最高温度的月平均值；

b) 日最低温度的月平均值；

c) 月最高温度和月最低温度。

A.2.2 相对湿度

a) 日最大相对湿度的月平均值；

b) 日最小相对湿度的月平均值；

c) 月变化范围。

A.2.3 暴露阶段的程度(数值)

a) 经过时间(年)；

b) 太阳辐射总暴露量，用 J/m^2 表示。

A.2.4 雨量

a) 月总降雨量，用 mm 表示；

b) 凝露而成的月总潮湿时间，用 h 表示；

c) 降雨而成的月总潮湿时间，用 h 表示。

A.2.5 潮湿时间

a) 日潮湿时间百分率的月平均值；

b) 日潮湿时间百分率的月变化范围。

A.2.6 其他观察

其他观察如风速和风向，任何大气污染的影响程度和性质，总紫外辐射暴露量(如果测量过)以及任何特殊的地方特征也都应记录。

附 录 B
（资料性附录）
显著性水平5%的 t 分布表

显著性水平5%的 t 分布表，见表B.1。

表B.1 显著性水平5%的 t 分布表

N	1	2	3	4	5	6	7	8	9
$t_{0.05}$	12.71	4.30	3.18	2.78	2.57	2.45	2.37	2.31	2.26
N	10	11	12	13	14	15	16	17	18
$t_{0.05}$	2.23	2.20	2.18	2.16	2.15	2.13	2.12	2.11	2.10
N	19	20	21	22	23	24	25	26	27
$t_{0.05}$	2.09	2.09	2.08	2.07	2.07	2.06	2.06	2.06	2.05
N	28	29	30	40	60	120	∞	—	—
$t_{0.05}$	2.05	2.04	2.04	2.02	2.00	1.98	1.96	—	—

ICS 83.120
Q 23

中华人民共和国国家标准

GB/T 3139—2005
代替 GB/T 3139—1982

纤维增强塑料导热系数试验方法

Fiber-reinforced plastics composites—Determination of thermal conductivity

2005-05-18 发布　　2005-12-01 实施

中华人民共和国国家质量监督检验检疫总局
中国国家标准化管理委员会　发布

前　言

本标准代替 GB/T 3139—1982《玻璃钢导热系数试验方法》。

本标准与 GB/T 3139—1982 相比主要变化以下：

——题目由《玻璃钢导热系数试验方法》改为《纤维增强塑料导热系数试验方法》；

——增加规范性引用文件一章(见第 2 章)；

——增加术语和定义一章(见第 3 章)；

——增加试验原理一章(见第 4 章)；

——导热系数单位由卡/厘米·秒·℃改为瓦[特]每米开[尔文][W/(m·K)]；

——修改了试样预处理条件(1982 年版的 1.4，本版的 8.2)；

——增加试验设备示意图(见图 1)。

本标准由中国建筑材料工业协会提出。

本标准全国纤维增强塑料标准化技术委员会归口。

本标准起草单位：北京玻璃钢研究设计院。

本标准主要起草人：赵广福、张力平、雷国栋。

本标准于 1982 年 7 月首次发布，2005 年 5 月第一次修订。

纤维增强塑料导热系数试验方法

1 范围

本标准规定用护热板法测定纤维增强塑料导热系数的试验原理、试样、试验仪器、试验条件、试验步骤、计算结果和试验报告 。

本标准适用于测定纤维增强塑料的导热系数。

2 规范性引用文件

下列文件中的条款通过本标准的引用而成为本标准的条款。凡是标注日期的引用文件,其随后所有的修改单(不包括勘误的内容)或修订版不适用于本标准,然而鼓励根据本标准达成的协议的各方研究是否适用这些文件的最新版本。凡是不标注日期的引用文件,其最新版本适用于本标准。

GB/T 1446—2005 纤维增强塑料性能试验方法总则

3 术语和定义

下列术语和定义适用于本标准。

3.1

热流量 heat flow rate

单位时间内通过一个面内的热量。

[GB/T 3102.4—1993,定义 4-7]

3.2

热流量密度 density of heat flow rate

垂直于热流方向的单位面积热流量。

[GB/T 4132—1996,定义 6.2.3]

3.3

导热系数 thermal conductivity

材料导热特性的一个物理指标。数值上等于热流密度除以负温度梯度。

[GB/T 4132—1996,定义 6.2.5]

3.4

试样平均温度 mean temperature

稳定状态时,试样的高温面温度和低温面温度的算术平均值;也可以简称为平均温度。

3.5

试样温度差 temperature difference

稳定状态时,试样的高温面温度和低温面温度的差值。

4 试验原理

护热板法是在稳定状态下,单向热流垂直流过板状试样;通过测量在规定传热面积的一维恒定热流量,及试样冷热表面的温度差,可以计算出试样的导热系数。

5 试样

5.1 试样制备按 GB/T 1446—2005 第 4 章的规定。

5.2 试样尺寸应满足以下要求：

5.2.1 试样边长或直径应与加热板相等，通常为 100 mm。

5.2.2 试样厚度至少是 5 mm，最大不大于其边长或直径的 1/10。

5.3 试样表面应平整，表面不平度不大于 0.50 mm/m；试样两面应平行。

5.4 每组试样不少于 3 块。

6 试验仪器

试验仪器如图 1 所示。

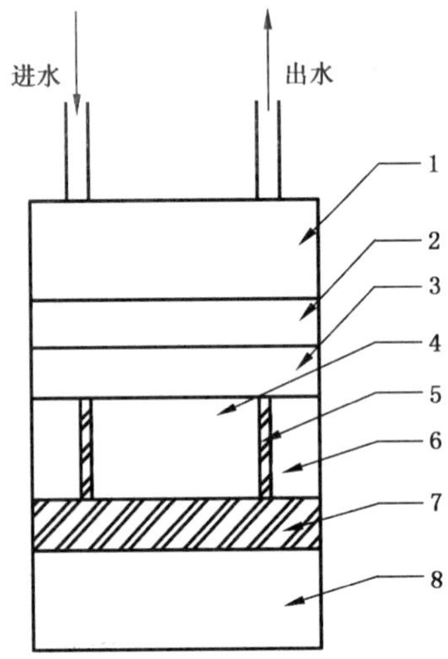

1——冷却水套；
2——冷板；
3——试样；
4——主加热板；
5——绝热材料；
6——护加热板；
7——绝热材料；
8——底加热板。

图 1 试验设备示意图

6.1 加热板

加热板由主加热板和包围主加热板并有一定间隙的护加热板以及底加热板组成，各加热板有独立的加热器和表面板。

6.1.1 加热板的边长或直径一般是 100 mm，护加热板的宽度是加热板边长或直径的 1/4，并有适当的保温措施。若有特殊措施，并保证导热系数测量值的误差在 8%以内，此值也可适当改变。

6.1.2 加热板表面各点温度差不大于稳定状态下试样两面温差的 2%，且最大不得大于 0.5℃。护加热板表面各点温度差不大于稳定状态下试样两面温差的 5%，且最大不得大于 1℃。

6.1.3 加热板表面不平度应不大于 0.25 mm/m。

6.2 冷却板

冷却板内应具有螺纹式双向液体回路；冷却板的尺寸及接触试样的表面状态同加热板，但冷却板不设间隔。

6.3 温度和功率测量精度

温度测量应精确到稳定状态下试样两面温差的 1%，但最大不大于 0.5℃。

测量主加热板的功率，应精确到 1%。

7 试验条件

7.1 试验环境

试验环境条件应符合 GB/T 1446—2005 第 3 章的规定。

7.2 试样温度及温度差

热板温度一般不超过 260℃,冷板温度从室温升至所需温度;试样两面温差不小于 10℃。

8 试验步骤

8.1 试样外观检查

试样外观检查按 GB/T 1446—2005 中 4.2 的规定,试样表面的不平度用刀形平板尺进行检验。

8.2 试样状态调节

试样状态调节按 GB/T 1446—2005 中 4.4 的规定,或按产品技术要求处理。

8.3 试样厚度测量

测量试样厚度,至少测量 4 次,精确至 0.01 mm,取算术平均值。

8.4 试样安装

安装试样时注意消除空气夹层,并对试样施加一定的压力。

8.5 调节平衡

调节主加热板与护加热板以及主加热板与底加热板之间的温差,使之达到平衡,由于不平衡所引起的导热系数测试误差不得大于 1%。

8.6 测量

达到稳定状态后,测量主加热板功率和试样两面的温差,试验即可结束。所谓稳定状态是指在主加热板功率不变的情况下,30 min 内试样表面温度波动不大于试样两面温差的 1%,且最大不得大于 1℃。

9 计算

导热系数按式(1)计算,取 2 位有效数字。

$$\lambda = \frac{\Phi \cdot d}{A \cdot (t_1 - t_2)} \quad \cdots\cdots(1)$$

式中:

λ——导热系数,单位为瓦特每米开(尔文)[W/(m·K)];

Φ——主加热板稳定时的功率,单位为瓦特(W);

d——试样厚度,单位为米(m);

A——主加热板的计算面积(对某台测试装置,该数值为固定数值),单位为平方米(m^2);

t_1——试样高温温度,单位为摄氏度(℃);

t_2——试样低温温度,单位为摄氏度(℃)。

计算出每个试样的导热系数,计算出每组试样的平均值。

10 试验报告

按照 GB/T 1446—2005 第 7 章,但试验结果只需给出每个试样的导热系数值和每组试样的算术平均值,注明试样的高温面温度或试样的平均温度。

ICS 83.120
Q 23

中华人民共和国国家标准

GB/T 3140—2005
代替 GB/T 3140—1995

纤维增强塑料平均比热容试验方法

**Fiber-reinforced plastics composites—
Determination of mean specific heat capacity**

2005-05-18 发布　　2005-12-01 实施

中华人民共和国国家质量监督检验检疫总局
中国国家标准化管理委员会　发布

前　言

本标准代替 GB/T 3140—1995《纤维增强塑料平均比热容试验方法》。

本标准与 GB/T 3140—1995 相比主要变化以下：

——测试温度范围由 100℃～20℃改为 150℃～20℃(1995 年版的第 1 章，本版的第 1 章)；

——增加规范性引用文件一章(见第 2 章)；

——增加术语和定义一章(见第 3 章)；

——对试样型式作了更清楚的规定(1995 年版的 4.1，本版的 5.1)。

本标准的附录 A 为资料性附录。

本标准由中国建筑材料工业协会提出。

本标准全国纤维增强塑料标准化技术委员会归口。

本标准起草单位：北京玻璃钢研究设计院。

本标准主要起草人：赵广福、张力平、施自强。

本标准于 1982 年 10 月首次发布，1995 年 5 月第一次修订，2005 年 5 月第二次修订。

纤维增强塑料平均比热容试验方法

1 范围

本标准规定了用混合法(采用铜块量热计)测定纤维增强塑料平均比热容的试样、试验原理、仪器设备、试验步骤、结果计算和试验报告。

本标准适用于测试平均温度约85℃(150℃～20℃),即试样被加热到150℃的纤维增强塑料的平均比热容。

本标准不适用于在150℃时发软变形的材料。

2 规范性引用文件

下列文件中的条款通过本标准的引用而成为本标准的条款。凡是标注日期的引用文件,其随后所有的修改单(不包括勘误的内容)或修订版不适用于本标准,然而鼓励根据本标准达成的协议的各方研究是否适用这些文件的最新版本。凡是不标注日期的引用文件,其最新版本适用于本标准。

GB/T 1446—2005 纤维增强塑料性能试验方法总则

3 术语和定义

下列术语和定义适用于本标准。

3.1

平均比热容 mean specific heat capacity

单位质量的物体温度升高1 K所需的热量,该热量是在规定温度范围内的平均热量。

3.2

热容 heat capacity

当一系统由于加给一微小的热量 δQ 而温度升高 $\mathrm{d}T$ 时,这个量即是热容 $\delta Q/\mathrm{d}T$。

注:除非规定变化过程,这个量是不完全确定的。

[GB/T 3102.4—1993,定义4-15]

4 试验原理

将一定质量的试样均匀加热到试验温度后,降落到温度较低的已知热容值的铜块量热计内,测定量热计的温升。当二者温度平衡时量热计所吸收的热量即等于试样放出的热量。根据公式计算出试样的平均比热容。

5 试样

5.1 试样尺寸和型式

模塑料试样尺寸和型式见图1,可以直接模塑。

板材试样尺寸和型式见图2。在试样中心钻孔,然后用同样材质的材料加工成圆棒贯穿固定。

5.2 试样数量

试样数量不少于3个。

6 仪器设备

试验设备主要由量热计、恒温水浴、加热炉和温度测量装置组成，如图3所示。

6.1 量热计

量热计由铜块量热计及其外壳组成。铜块量热计材料为紫铜（热容约为800 J/℃，尺寸见图4和图5）。热容值用电能法进行标定。

注：电能法是指对量热计进行电加热，根据所加电能和量热计温升计算量热计的热容。

6.2 恒温水浴

在试验期间水浴温度波动不超过±0.1℃。

6.3 加热炉

加热炉均温区沿纵向的长度至少是试样高度的两倍。均温区最大温差不超过1℃。

6.4 温度测量装置

量热计温度传感器用铂电阻温度计测量，精度不应低于0.01℃。

试样温度用热电偶伸入试样孔中进行测量，精确至0.2℃。

7 试验步骤

7.1 试样状态调节

试样状态调节按照GB/T 1446—2005的4.4进行。

7.2 把试样悬挂于加热炉均温区的正中处。通电加热，使其升温至约150℃。

7.3 把量热计置于水浴中，使量热计的初始温度保持在20℃左右（与标定热容值时的量热计初始温度相一致）；待量热计温度稳定后，将水浴温度调节到比量热计温度的初始温度高1℃～1.5℃。

7.4 待试样温度稳定后，保温20 min以上，保温期间温度偏差不超过0.2℃。记录落样时刻的试样温度为t。

7.5 分三个阶段测量量热计的温度值，每隔1 min读一次数。

7.5.1 第一阶段，当量热计和恒温水浴热交换稳定时，量热计温度上升速率稳定；连续记录10 min，在第10 min准时落样，同时记录此时温度值t_0。

7.5.2 第二阶段，试样放热量热计温度迅速升高，继续读数直到温度最高值t_n。

7.5.3 第三阶段，末期降温阶段，从温度下降开始记录10 min。

7.6 从量热计中取出试样。称量试样质量m，精确到0.01 g。

8 结果计算

8.1 试样的平均比热容

试样的平均比热容按式(1)计算：

$$C_p = \frac{C(t_n + t_\delta - t_0)}{m(t - t_n - t_\delta)} \quad \cdots\cdots(1)$$

式中：

C_p——试样的平均比热容，单位为焦[耳]每千克开(尔文)(J/(kg·K))；

C——量热计的热容值，单位为焦[耳]每摄氏度(J/℃)；

t_n——量热计的最高温度值，单位为摄氏度(℃)；

t_δ——量热计的温度修正值(为正时表示量热计向外散失热量，反之为从外吸收了热量)，单位为摄氏度(℃)；

t_0——落样时刻的量热计温度值，单位为摄氏度(℃)；

m——试验后的试样质量，单位为克(g)；

t——试样温度，单位为摄氏度(℃)。

8.2 量热计的温度修正

量热计的温度修正值按式(2)或式(3)计算：

$$t_\delta = \frac{V_3 - V_1}{\bar{t}_3 - \bar{t}_1}\left(\frac{t_0 + t_n}{2} + \sum_{j=1}^{n-1} t_j - n \cdot \bar{t}_1\right) + n \cdot V_1 \quad \cdots\cdots(2)$$

$$t_\delta = \frac{V_3 - V_1}{\bar{t}_3 - \bar{t}_1}\left(\frac{t_0 + t_n}{2} + \sum_{j=1}^{n-1} t_j - n \cdot \bar{t}_3\right) + n \cdot V_3 \quad \cdots\cdots(3)$$

式中：

t_δ——同式1；

V_1、V_3——分别表示第一和第三阶段量热计温度变化速率，单位为摄氏度每分钟(℃/min)；

$\bar{t}_1$、$\bar{t}_3$——分别表示第一和第三阶段量热计温度平均值，单位为摄氏度(℃)；

n——第二阶段量热计温度记录次数；

t_j——第二阶段量热计温度记录值，单位为摄氏度(℃)。

8.3 计算出三个试样的算术平均值，结果取三位有效数字。平均比热容的计算示例参见附录A。

9 试验报告

在试验报告中应包括以下部分或全部：

a) 注明本标准号；

b) 给出每个试样的平均比热容和一组试样的算术平均值；

c) 注明试验的温度范围和特殊的状态调节条件等。

单位为毫米

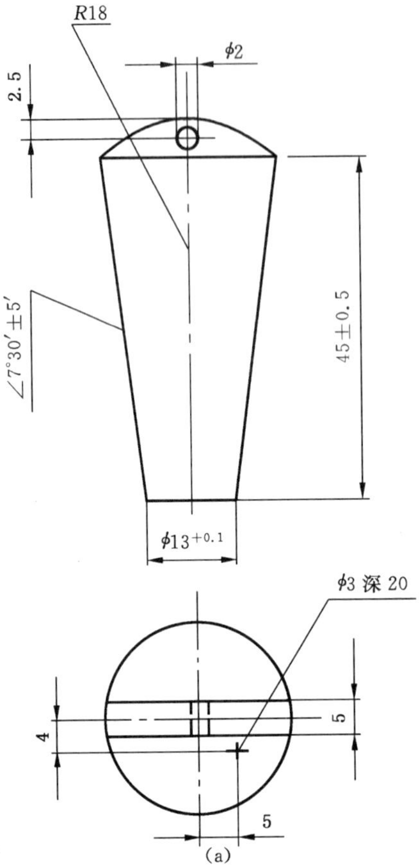

图 1　模塑料试样尺寸和型式

单位为毫米

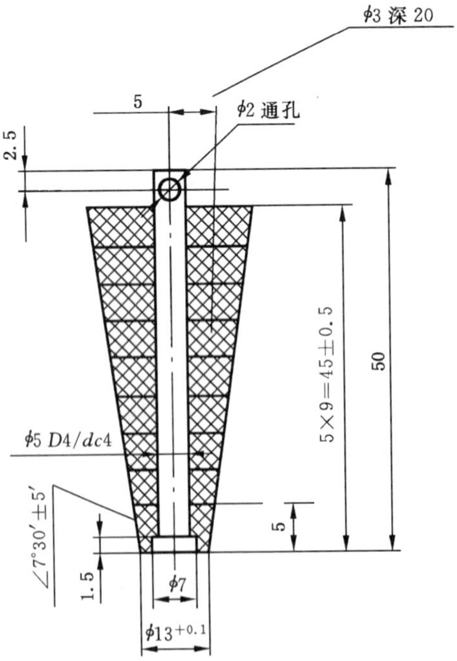

图 2　板材试样尺寸和型式

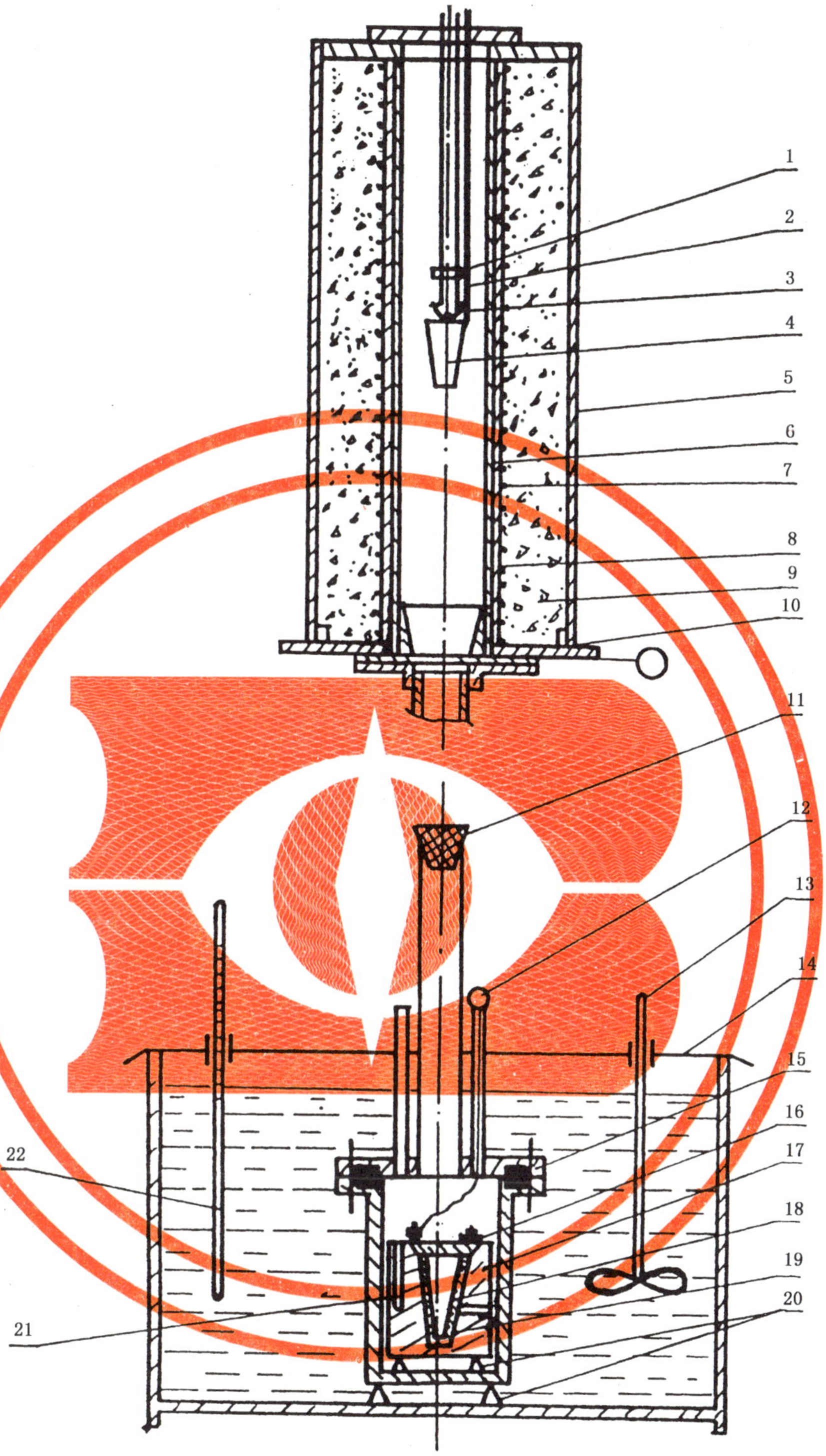

1——试样架；
2——热电偶温度计；
3——金属丝；
4——试样；
5——加热炉；
6——紫铜管；
7——加热丝；
8——绝缘材料；
9——保温材料；
10——炉门；
11——橡皮塞；
12——活动盖拉线；
13——搅拌器；
14——恒温水浴；
15——量热计外壳；
16——量热计活动盖；
17——量热计；
18——量热计标定用加热丝；
19——量热计内衬；
20——热绝缘支撑物；
21——铂温度计；
22——温度计。

图 3 测试装置

单位为毫米

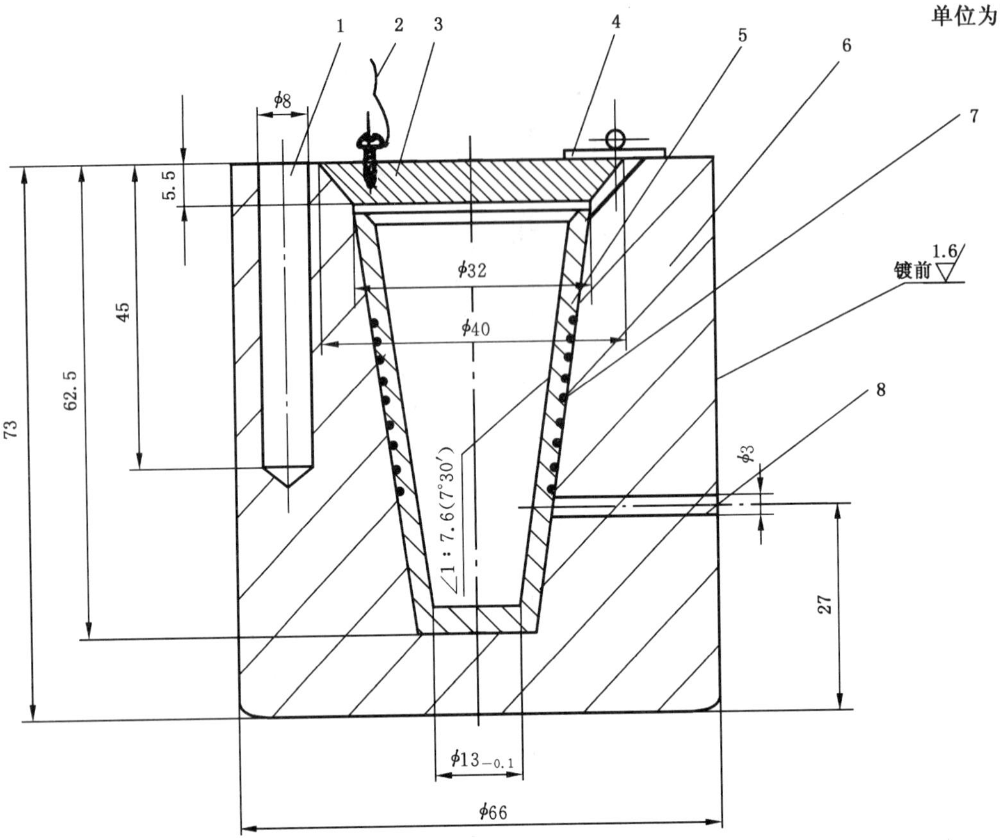

1——温度计插孔；
2——活动盖拉线；
3——活动盖；
4——合页；
5——量热计内衬；
6——铜块量热计；
7——标定热值用加热丝；
8——加热丝引线孔。

图 4　量热计

单位为毫米

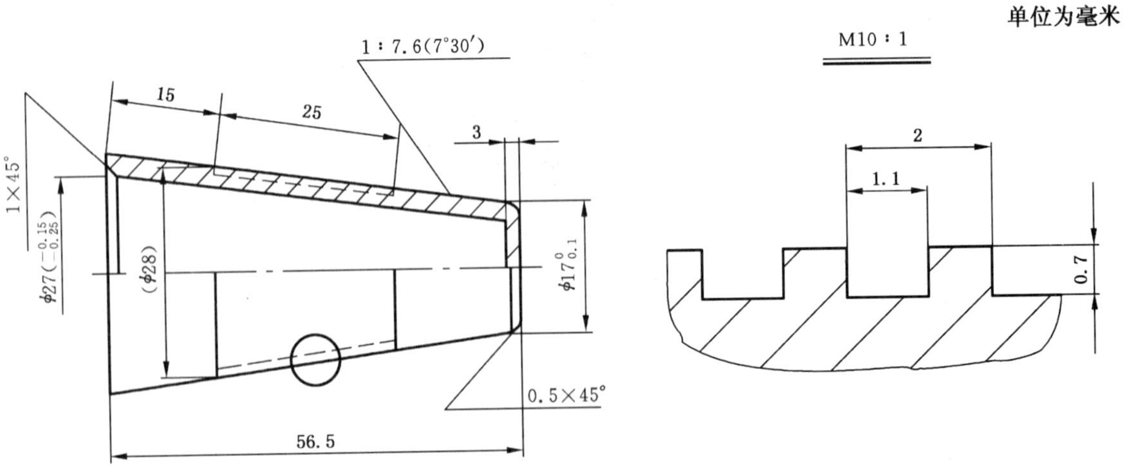

图 5　量热计内衬

附 录 A
（资料性附录）
平均比热容计算示例

A.1 试验结果

A.1.1 量热计热容量 $C=775.5\ J/K$；

A.1.2 试样温度：$t=150.1℃$；

A.1.3 试验后的试样质量：$m=23.19\times10^{-3}\ kg$；

A.1.4 量热计温度记录见表 A.1。

表 A.1 量热计温度记录表

时间/min	第一阶段温度/℃	时间/min	第二阶段温度/℃	n	时间/min	第三阶段温度/℃
0	20.21	11	21.53	1	20	24.30
1	20.22	12	22.63	2	21	24.28
2	20.24	13	23.32	3	22	24.27
3	20.25	14	22.68	4	23	24.25
4	20.26	15	23.74	5	24	24.22
5	20.28	16	24.00	6	25	24.20
6	20.30	17	24.16	7	26	24.18
7	20.31	18	24.24	8	27	24.14
8	20.32	19	24.29	9	28	24.12
9	20.34		24.31	10	29	24.10
10	20.35					
注：$t_0=20.35$；$t_n=24.31$。						

A.2 计算量热计温度修正值

$$V_1=\frac{20.21-20.35}{10}=-0.014$$

$$V_3=\frac{24.30-24.10}{10}=0.020$$

$$\bar{t}_1=\frac{20.21+20.35}{2}=20.28$$

$$\bar{t}_3=\frac{24.30+24.10}{2}=24.20$$

$$\frac{V_3-V_1}{\bar{t}_3-\bar{t}_1}=\frac{0.034}{3.92}=0.008\ 7$$

$$\frac{t_0+t_n}{2}=22.33$$

若 $n=9$：

$$\sum_{j=1}^{n-1} t_j = 21.53 + 22.63 + 23.32 + 23.74 + 24.00 + 24.16 + 24.24 + 24.29 = 187.91$$

$$n \cdot \bar{t}_1 = 9 \times 20.28 = 182.52$$

$$n \cdot V_1 = 9 \times (-0.014) = -0.126$$

代入

$$\begin{aligned} t_\delta &= \frac{V_3 - V_1}{\bar{t}_3 - \bar{t}_1}\left(\frac{t_0 + t_n}{2} + \sum_{i=1}^{n-1} t_i - n \cdot \bar{t}_1\right) + n \cdot V_1 \\ &= 0.008\,7 \times (21.68 + 187.91 - 182.52) + (-0.126) \\ &= 0.11 \end{aligned}$$

A.3 计算试样的平均比热容

$$C_p = \frac{C(t_n + t_\delta - t_0)}{M(t - t_n - t_\delta)} = \frac{775.5 \times (24.31 + 0.11 - 20.35)}{23.19 \times 10^{-3} \times (150.1 - 24.31 - 0.11)} = 1.08 \times 10^3\ \mathrm{J/(kg \cdot K)}$$

ICS 83.120
Q 23

中华人民共和国国家标准

GB/T 3854—2017
代替 GB/T 3854—2005

增强塑料巴柯尔硬度试验方法

Test method for hardness of reinforced plastics by means of a Barcol impresser

2017-09-07 发布　　2018-08-01 实施

中华人民共和国国家质量监督检验检疫总局
中国国家标准化管理委员会　发布

前　言

本标准按照GB/T 1.1—2009给出的规则起草。

本标准代替GB/T 3854—2005《增强塑料巴柯尔硬度试验方法》，与GB/T 3854—2005相比主要技术变化如下：

——将巴柯尔硬度计的结构示意图修改为附录(见附录A,2005年版的第4章)；

——规定硬度计压头损坏应更换，删除表头更换的方法(见7.1.2,2005年版的7.1.3)；

——将测试次数修改为至少测试10次(见7.2.5,2005年版的第8章)；

——试验结果按GB/T 1446的规定计算，删除算术平均值、标准差、离散系数的计算公式(见8.2,2005年版的9.2、9.3、9.4)。

本标准由中国建筑材料联合会提出。

本标准由全国纤维增强塑料标准化技术委员会(SAC/TC 39)归口。

本标准起草单位：华东理工大学、华东理工大学华昌聚合物有限公司、上海市腐蚀科学技术学会。

本标准主要起草人：刘坐镇、胡福增、吕晓平、雷浩、钱建华、刘华、黄锐。

本标准所代替标准的历次版本发布情况为：

——GB/T 3854—1983、GB/T 3854—2005。

增强塑料巴柯尔硬度试验方法

1 范围

本标准规定了用巴柯尔硬度计测试增强型硬质塑料及其制品硬度的原理、试验仪器、试样、试验条件、试验程序、试验结果和试验报告。

本标准适用于测定增强型硬质塑料及其制品的巴柯尔硬度,非增强型硬质塑料及其制品的巴柯尔硬度测定也可参照执行,但不适用于巴柯尔硬度小于20的材料。

2 规范性引用文件

下列文件对于本文件的应用是必不可少的。凡是注日期的引用文件,仅注日期的版本适用于本文件。凡是不注日期的引用文件,其最新版本(包括所有的修改单)适用于本文件。

GB/T 1446 纤维增强塑料性能试验方法总则

3 原理

使用巴柯尔硬度计测试材料的表面硬度,是以特定压头在标准载荷弹簧的压力作用下压入试样,根据压入的深浅来表征试样的相对硬度。

4 试验仪器

采用巴柯尔硬度计测试,其结构示意图参见附录A。

5 试样

5.1 试样表面应光滑平整,无缺陷及机械损伤。

5.2 试样的厚度不小于1.5 mm。其长宽应满足任一压点距试样边缘以及压点与压点之间的距离均不小于3 mm。

6 试验条件

按GB/T 1446的规定。

7 试验程序

7.1 仪器校准

7.1.1 满刻度校准

7.1.1.1 检查指示表的指针是否指在零点,若在一格以内可不予调整。

7.1.1.2 将硬度计放在平板玻璃上，加压于机壳上，使压头被迫全部退回到满度调整螺丝孔内，此时表头读数应为100，即满刻度。若读数不是100，应进行调整。打开机壳，松开下部的锁紧螺母，旋动满度调整螺丝，旋松表头指示值下降，旋紧表头指示值升高，直至满度符合100为止。

7.1.2 示值校准

经满刻度校准后，测试硬度计附带的两块高、低标准硬度片（注意应使用刻有标准值的一面），测得的读数应在硬度片标注值的范围内。若测量值与标注值不符，可旋动带有十字槽的载荷调整螺丝，旋紧时示值下降，旋松时示值上升。示值调好后不必重新检验满刻度偏差。对于压头折断或损坏的硬度计，则不能得到满意的结果。此时应更换压头。

7.2 测试步骤

7.2.1 试样放置在坚硬稳固的支撑面（如钢板、玻璃板、水泥平台等）上测试，制品可直接在其表面适当部位测试。曲面试样应支撑平稳，当施加测试压力时，应注意避免造成试样的弯曲和变形。

7.2.2 将压头套筒垂直置于试样表面上，撑脚置于同一表面或者有相同高度的其他固体材料上，并保持压头和撑脚在同一平面。

7.2.3 用手握住硬度计机壳，迅速向下均匀施加压力，直至刻度盘的读数达最大值，记录该最大读数（某些材料会出现从最大值漂回的读数，该读数与时间呈非线性关系），此值即为巴柯尔硬度值。当压头和被测表面接触时应避免滑动和擦伤。

7.2.4 压痕位置距试样边缘应大于3 mm，压痕间距也应大于3 mm。

7.2.5 至少在试样的10个不同位置测试硬度。

8 试验结果

8.1 单个测试值：$x_1, x_2, x_3, \cdots\cdots x_n$。

8.2 按GB/T 1446的规定，计算算术平均值$\overline{x}$、标准差S、离散系数C_V，结果取两位有效数字。

9 试验报告

试验报告至少应包括如下内容：

a) 试样名称、外观质量；

b) 试样送测单位；

c) 试样的状态调节及试验环境条件；

d) 巴柯尔硬度计的型号；

e) 试验结果；

f) 本标准编号；

g) 试验人员、日期。

附　录　A
（资料性附录）
巴柯尔硬度计

A.1　结构示意图

典型的巴柯尔硬度计，如 HBa-1 型或 GYZJ934-1 型，其结构示意图见图 A.1。

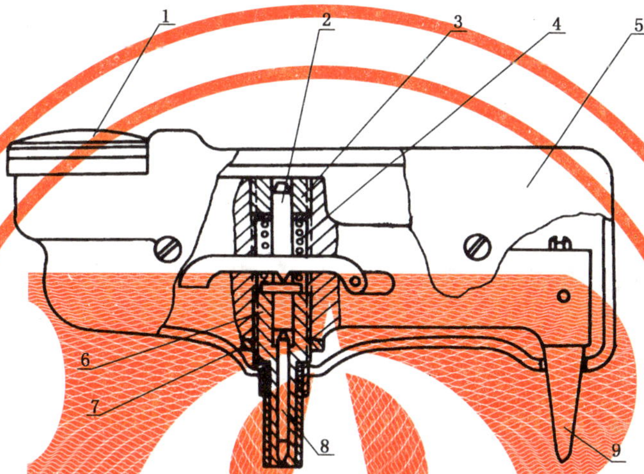

说明：

1——指示表；

2——主轴；

3——载荷调整螺丝；

4——载荷调整弹簧；

5——机壳；

6——满度调整螺丝；

7——锁紧螺母；

8——压头；

9——撑脚。

图 A.1　巴柯尔硬度计结构示意图

A.2　压头

压头是一个用淬火钢制成的截头圆锥，锥角 26°，顶端平面直径 0.157 mm，配合在一个满度调节螺丝孔内，并被一个由弹簧加载的主轴压住。

A.3　指示仪表

指示表头刻度盘有 100 分度，每一分度相当于压入 0.007 6 mm 的深度。压入深度为 0.76 mm 时，表头读数为零；压入深度为零时，表头读数为 100。读数越高，材料越硬。

ICS 83.120
Q 23

中华人民共和国国家标准

GB/T 3855—2005
代替 GB/T 3855—1983

碳纤维增强塑料树脂含量试验方法

Test method for resin content of carbon fiber reinforced plastics

2005-05-18 发布　　2005-12-01 实施

中华人民共和国国家质量监督检验检疫总局
中国国家标准化管理委员会　发布

前　　言

本标准对应于 ASTM D3171-99《复合材料组分含量测试方法》，与 ASTM D3171-99 的一致性程度为非等效。

本标准与 ASTM D3171-99 的主要区别有：

——本标准只适用于树脂基体能被硫酸和过氧化氢消化的碳纤维增强塑料；

——本标准规定了不同树脂基体的消化温度。

本标准代替 GB/T 3855—1983《碳纤维增强塑料树脂含量试验方法》。

本标准与 GB/T 3855—1983 相比主要变化如下：

——本标准增加了“方法原理”一章(见第 3 章)。

本标准的附录 A 为规范性附录。

本标准由中国建筑材料工业协会提出。

本标准由全国纤维增强塑料标准化技术委员会归口。

本标准由哈尔滨玻璃钢研究院负责起草。

本标准主要起草人：郭淑齐、侯涤洋、石建军、王荣秋、王辉。

本标准于 1981 年首次发布，1989 年第一次修订，2005 年第二次修订。

碳纤维增强塑料树脂含量试验方法

1 范围

本标准规定了碳纤维增强塑料树脂含量试验的试样、试验仪器与试剂、试验步骤、计算、试验结果及试验报告等。

本标准适用于硫酸在一定条件下能使树脂基体完全分解又不过份地腐蚀纤维的碳纤维增强塑料。

2 规范性引用文件

下列文件中的条款通过本标准的引用而成为本标准的条款。凡是注日期的引用文件，其随后所有的修改单(不包括勘误的内容)或修订版均不适用于本标准，然而，鼓励根据本标准达成协议的各方研究是否可使用这些文件的最新版本。凡是不注日期的引用文件，其最新版本适用于本标准。

GB/T 1463 纤维增强塑料密度和相对密度试验方法

3 方法原理

已知质量的试样，基体部分被热硫酸介质消化。热硫酸溶解基体后，含有增强材料的残余物经过滤、清洗、干燥、冷却和称量。计算出增强材料的质量分数。根据复合材料和增强材料两者的密度，计算纤维体积分数。

如果增强材料质量在消化过程中有变化，则需要进行校正。

4 试样

4.1 试样质量和厚度

试样质量约 0.5 g，试样厚度小于 3 mm。

4.2 试样数量

每组试样至少 3 个。

4.3 试样制备

4.3.1 试样应在整个样品有代表性部位或按技术要求选取。

4.3.2 试样质量和试样厚度按 4.1 的规定。当试样厚大于 3 mm 时应劈开，使之小于 3 mm，然后同时消化。试样形状不限，以放入容器合适即可。

4.3.3 除去试样表面油污。

4.4 试样状态调节

4.4.1 试验前，试样在试验标准环境条件下至少放置 24 h。

4.4.2 若不具备试验标准环境条件，试验前，试样可在干燥器内至少放置 24 h。

4.4.3 特殊状态调节条件按需要而定。

5 试验仪器与试剂

5.1 仪器

a) 分析天平，感量 0.1 mg；

b) 可调节温度的加热器；

c) 烧杯或烧瓶：容积 250 mL；

d) 耐酸过滤器：孔径为 4.5 μm～9.0 μm；

e) 吸滤瓶；

f) 真空泵及压力表；

g) 烘箱。

5.2 **试剂**

a) 95%～98%硫酸：分析纯；

b) 30%过氧化氢：分析纯。

6 试验步骤

6.1 称样约0.5 g，精确至0.1 mg。

6.2 试样放入烧杯或烧瓶内，注入95%～98%硫酸（硫酸用量不得少于30 mL）。插入触点温度计并设至所需温度。

6.3 在通风橱内加热装有酸和试样的容器。消化液由室温升至消化温度时间不得少于15 min。

注：“消化温度”定义为滴加过氧化氢前的温度。

6.3.1 环氧、聚酯类碳纤维增强塑料消化温度为220℃±10℃，不恒温。

6.3.2 酚醛碳纤维增强塑料消化温度为285℃±5℃，恒温1 h。

6.3.3 不同类型树脂消化温度的选择依据是：在所选定的温度条件下，按6.4滴加30%过氧化氢能使消化液澄清且纤维能全部浮至液面。

6.4 消化后的混合液用30%过氧化氢澄清。

6.4.1 将过氧化氢沿瓶壁缓慢滴加，至消化液澄清纤维浮至溶液表面为止。

6.4.2 再加热澄清后的消化液至消化温度，保温10 min，如又混浊，需再滴加、搅拌，至澄清为止。

6.5 称量洗净并恒重的过滤器，精确至0.1 mg。

6.6 用蒸馏水稀释澄清并冷却后的消化液，真空抽滤。抽滤压力以18 kPa为宜。并用蒸馏水反复抽滤，直至溶液呈中性。最后用丙酮（约30 mL）冲洗一次。

6.7 抽滤后的纤维和过滤器放入150℃±5℃烘箱内干燥2 h，再放入干燥器内冷却至室温，称量，精确至0.1 mg。此质量减6.5中过滤器质量则得消化后碳纤维的质量。

6.8 称量一束对试样有代表性的纤维，按上述同样条件做空白试验。纤维质量约等于被消化试样质量，长度与试样中纤维长度相近，然后计算空白纤维质量损失率。

7 计算

7.1 碳纤维增强塑料树脂含量按公式（1）计算：

$$M_r = \left[1 - \frac{G_2}{G_1(1 - M_1)}\right] \times 100 \qquad \cdots\cdots(1)$$

式中：

M_r——碳纤维增强塑料树脂质量含量，%；

G_1——消化前碳纤维增强塑料试样质量，单位为毫克（mg）；

G_2——消化后剩余碳纤维质量，单位为毫克（mg）；

M_1——空白试验的纤维质量损失率，%。

注：该公式计算的碳纤维增强塑料树脂含量中不包括纤维涂层和浸润剂等物质。如果要获得包括浸润剂的树脂含量，需把空白试验的纤维萃取后再消化。

7.2 碳纤维增强塑料密度按GB/T 1463测定。碳纤维增强塑料纤维体积含量换算见附录A。

8 试验结果

计算每组试样的算术平均值，取三位有效数字。

9 试验报告

包括如下全部或部分内容：

a) 本标准号；

b) 试验项目名称；

c) 试样来源和批号；

d) 试样数目；

e) 试验中异常现象；

f) 试验结果；

g) 试验人员、日期及其他。

附 录 A
(规范性附录)
碳纤维增强塑料纤维体积含量换算

A.1 碳纤维增强塑料体积含量按下列公式换算:

$$V_f=\left[\frac{G_2}{\rho_f(1-M_1)}\div\frac{G_1}{\rho_c}\right]\times 100 \qquad \cdots\cdots(A.1)$$

$$或:V_f=\frac{M_f\times\rho_c}{\rho_f}\times 100 \qquad \cdots\cdots(A.2)$$

式中:

V_f——碳纤维增强塑料纤维体积含量,%;

ρ_f——碳纤维密度,单位为克每立方厘米(g/cm^3);

ρ_c——碳纤维增强塑料试样密度,单位为克每立方厘米(g/cm^3);

M_f——碳纤维增强塑料纤维质量含量,%。

G_1、G_2、M_1 同公式(1)。

ICS 83.120
Q 23

中华人民共和国国家标准

GB/T 9979—2005
代替 GB/T 9979—1988

纤维增强塑料高低温力学性能试验准则

Guide rule of test for mechanical properties of fiber-reinforced plastics at elevated and reduced temperatures

2005-05-18 发布　　2005-12-01 实施

中华人民共和国国家质量监督检验检疫总局
中国国家标准化管理委员会　发布

前　言

本标准代替 GB/T 9979—1988《纤维增强塑料高低温力学性能试验准则》。

本标准与 GB/T 9979—1988 相比主要变化如下：

——增加规范性引用文件(见第 2 章)；

——删除“对超出第 2 章有关标准规定试样厚度及第 1.1 条规定的温度范围时，其保温时间应是试样达到热平衡为宜”(1988 年版的 5.5 注)。

本标准由中国建筑材料工业协会提出。

本标准由全国纤维增强塑料标准化技术委员会归口。

本标准由哈尔滨玻璃钢研究院负责起草。

本标准主要起草人：王兴华、张国腾、郑岩、丁新静、林国荣、杨荫萍。

本标准于 1988 年首次发布，本次为第一次修订。

纤维增强塑料高低温力学性能
试 验 准 则

1 范围

本标准规定了纤维增强塑料高低温力学性能试验的试样、试验设备、试验步骤、试验结果、试验报告。

本标准适用于单向纤维增强塑料在高低温(－150℃～200℃)下进行力学性能试验,树脂和其他增强塑料的高低温力学性能试验可参照使用,如超出上述温度范围也可参照使用。

2 规范性引用文件

下列文件中的条款通过本标准的引用而成为本标准的条款。凡是注日期的引用文件,其随后所有的修改单(不包括勘误的内容)或修订版均不适用于本标准,然而,鼓励根据本标准达成协议的各方研究是否可使用这些文件的最新版本。凡是不注日期的引用文件,其最新版本适用于本标准。

GB/T 1446 纤维增强塑料性能试验方法总则

GB/T 3354 定向纤维增强塑料拉伸性能试验方法

GB/T 3355 纤维增强塑料纵横剪切试验方法

GB/T 3356 单向纤维增强塑料弯曲性能试验方法(GB/T 3356—1999,neq ASTM D709M:1993)

GB/T 3357 单向纤维增强塑料层间剪切强度试验方法

GB/T 3856 单向纤维增强塑料平板压缩性能试验方法(GB/T 3856—2005,ASTM D3410/3410M:1994)

3 试样

3.1 试样形状及尺寸

试样形状及尺寸按 GB/T 1446,GB/T 3354～3357,GB/T 3856 的规定。

3.2 试样加工

试样加工要求符合 GB/T 1446 的规定。

3.3 加强片

3.3.1 加强片及其胶接方法符合 GB/T 3354 的规定。

3.3.2 粘接加强片的胶粘剂,应选用韧性好、固化温度低于板材成型温度的耐温结构胶粘剂,确保试样在高低温试验中加强片不脱落。

3.4 试样数量

试样数量符合 GB/T 1446,GB/T 3354～3357,GB/T 3856 的规定。

4 试验设备

4.1 试验设备符合 GB/T 1446 的规定。

4.2 试验夹具按 GB/T 3354～3357,GB/T 3856 的规定。

4.3 高低温试验箱应保证整个试样处于均温区,其控温精度为±3℃。调温介质应与试样工作段充分接触,并对试验结果无影响。

4.4 测温元件尽量靠近试样工作段表面。测温精度为±2℃。

4.5 变形测量仪表应保证在高低温下使用的精确度。变形测量误差不超过±1%。

5 试验步骤

5.1 试样外观检查符合 GB/T 1446 的规定。

5.2 试样状态的调节符合 GB/T 1446 的规定。

5.3 将试样编号、划线(勿损伤纤维)、并测量工作段内任意三点的宽度和厚度,取算术平均值。测量精度符合 GB/T 1446 的规定。

5.4 根据试验项目要求,将装好夹具的高低温试验箱调至试验温度。

5.5 安装试样,在试验温度下,保温时间如下:碳纤维增强塑料为 15 min;玻璃纤维增强塑料为 20 min。

5.6 按 GB/T 3354～3357,GB/T 3856 的规定进行试验。

5.7 在试验过程中,注意高低温下的防护及有关安全措施。

6 试验结果

6.1 按 GB/T 1446,GB/T 3354～3357,GB/T 3856 的规定,计算每个试样的性能值。

6.2 试验结果符合 GB/T 1446 的规定。

7 试验报告

试验报告的内容包括以下全部或部分:

a) 试验项目名称及执行标准号;

b) 试样来源、铺层,材料的品种、规格及成型工艺条件;

c) 试样编号、尺寸、数量及质量情况;

d) 试验方法、试样状态调节、试验温度及保温时间;

e) 调温介质;

f) 试验设备和测量仪器仪表型号、量程,加载速度;

g) 每个试样的性能值,试验结果的算术平均值、标准差和离散系数。必要时记录每个试样的破坏状况;

h) 试验人员、日期等。

ICS 83.080.01
G 31

中华人民共和国国家标准

GB/T 11546.1—2008/ISO 899-1:2003
代替 GB/T 11546—1989

塑料 蠕变性能的测定 第1部分:拉伸蠕变

Plastic—Determination of creep behaviour—Part 1:Tensile creep

(ISO 899-1:2003,IDT)

2008-08-04 发布 2009-04-01 实施

中华人民共和国国家质量监督检验检疫总局
中国国家标准化管理委员会 发布

前言

GB/T 11546《塑料 蠕变性能的测定》分为两个部分：

——第1部分：拉伸蠕变；

——第2部分：三点弯曲蠕变。

本部分为GB/T 11546的第1部分。

本部分等同采用ISO 899-1:2003《塑料——蠕变性能的测定——第1部分：拉伸蠕变》(英文版)。

本部分代替GB/T 11546—1989《塑料拉伸蠕变测定方法》。

本部分与GB/T 11546—1989相比主要变化如下：

——增加了标称伸长、标称拉伸蠕变应变、标称拉伸蠕变模量的定义和计算公式及应用领域(1.3和3.4、3.6、3.8)；

——计算总载荷时应包括预载荷(6.5.2)；

——增加温度和湿度控制记录的具体要求(6.8)；

——在结果表示中增加了三维表示的要求(7.2.4)；

——增加了附录A。

本部分的附录A为资料性附录。

本部分由中国石油和化学工业协会提出。

本部分由全国塑料标准化技术委员会(SAC/TC 15)归口。

本部分起草单位：中国石油化工股份有限公司北京燕山分公司树脂应用研究所、天津大学。

本部分参加起草单位：国家合成树脂质量监督检验中心、国家化学建筑材料测试中心(材料测试部)、国家塑料制品质检中心(福州)、国家石化有机原料合成树脂质检中心、广州金发科技股份有限公司。

本部分主要起草人：王晓丽、陈宏愿、李景庆、宋文、高雪艳、许越峥、魏若奇、王建东、李建军。

本部分于1989年首次发布。

塑料　蠕变性能的测定
第1部分:拉伸蠕变

1　范围

1.1　GB/T 11546 的本部分规定了在预处理、温度和湿度等给定条件下测定塑料标准试样拉伸蠕变的方法。

1.2　本部分规定的方法适用于硬质和半硬质的非增强、填充和纤维增强的塑料材料(定义见 GB/T 2035—2008),适用于直接模塑的哑铃形试样或从薄片或模塑制品机加工所得的试样。

1.3　本部分规定的方法可为工程设计、研究和开发提供数据。工程设计用数据需要用引伸计对试样标线间距离进行测量,研究或质量控制用数据可以依据夹具间距离变化(标称伸长)进行计算。

1.4　拉伸蠕变随着试样制备、试样尺寸和试验环境的不同将发生很大改变。试样的热历史也可对试样的蠕变行为产生深远影响(见附录 A)。因此,如需精确比较结果,应仔细控制这些因素。

1.5　如拉伸蠕变性能用于工程设计,则应在较大范围的内应力、时间和环境条件下对塑料材料进行试验。

2　规范性引用文件

下列文件中的条款通过 GB/T 11546 的本部分的引用而成为本部分的条款。凡是注日期的引用文件,其随后所有的修改单(不包括勘误的内容)或修订版均不适用于本部分,然而,鼓励根据本部分达成协议的各方研究是否可使用这些文件的最新版本。凡是不注日期的引用文件,其最新版本适用于本部分。

GB/T 1034—2008　塑料　吸水性的测定(ISO 62:2008,IDT)

GB/T 1040.1—2006　塑料　拉伸性能的测定　第1部分:总则(ISO 527-1:1993,IDT)

GB/T 1040.2—2006　塑料　拉伸性能的测定　第2部分:模塑和挤塑塑料的试验条件(ISO 527-2:1993,IDT)

GB/T 2035—2008　塑料术语及其定义(ISO 472:1999,IDT)

GB/T 2918—1998　塑料试样状态调节和试验的标准环境(idt ISO 291:1997)

GB/T 19467.1—2004　塑料　可比单点数据的获得和表示　第1部分:模塑材料(ISO 10350-1:1998,IDT)

ISO 11403-1:2001　塑料——可比多点数据的获得和表示——第1部分:力学性能

3　术语和定义

GB/T 2035—2008 确立的以及下列术语和定义适用于本部分。

3.1

蠕变　creep

恒定应力下应变随时间的增加。

3.2

初始应力　initial stress

σ

标距间单位初始横截面积上的拉伸载荷,单位为兆帕(MPa)。按式(1)计算:

$$\sigma = \frac{F}{A} \qquad (1)$$

式中：

F——载荷，单位为牛顿(N)；

A——试样标距间初始横截面积，单位为平方毫米(mm^2)。

3.3

伸长 extension

$(\Delta L)_t$

时刻 t 时标线间距离的增量，单位为毫米(mm)。按式(2)计算：

$$(\Delta L)_t = L_t - L_0 \qquad (2)$$

式中：

L_t——试验中任一给定时刻 t 时的标距，单位为毫米(mm)；

L_0——预加载后、加载前试样的初始标距，单位为毫米(mm)。

3.4

标称伸长 nominal extension

$(\Delta L^*)_t$

夹具间距离的增量，单位为毫米(mm)。按式(3)计算：

$$(\Delta L^*)_t = L_t^* - L_0^* \qquad (3)$$

式中：

L_t^*——试验中任一给定时刻 t 时的夹具间距离，单位为毫米(mm)；

L_0^*——预加载后、加载前试样的夹具间初始距离，单位为毫米(mm)。

3.5

拉伸蠕变应变 tensile-creep strain

ε_t

蠕变试验中任一给定时间由施加载荷产生的伸长与初始标距之比。无量纲或以百分数表示。按式(4)计算：

$$\varepsilon_t = \frac{(\Delta L)_t}{L_0} \qquad (4)$$

3.6

标称拉伸蠕变应变 nominal tensile-creep strain

ε_t^*

蠕变试验中任一给定时刻由于施加载荷产生的标称伸长与夹具间初始距离之比。无量纲或以百分数表示。按式(5)计算：

$$\varepsilon_t^* = \frac{(\Delta L^*)_t}{L_0^*} \qquad (5)$$

3.7

拉伸蠕变模量 tensile-creep modulus

E_t

初始应力与拉伸蠕变应变之比，计算方法见 7.1.1。

3.8

标称拉伸蠕变模量 nominal tensile-creep modulus

E_t^*

初始应力与标称拉伸蠕变应变之比，计算方法见 7.1.2。

3.9

等时应力-应变曲线　isochronous stress-strain curve

施加试验载荷后，在某规定时刻直角坐标中应力对蠕变应变的曲线。

3.10

破断时间　time to rupture

试样从加满载荷到破断所经历的时间。

3.11

蠕变强度极限　creep-strength limit

在给定温度和相对湿度下，在规定时刻 t 时刚好导致破断的初始应力($\sigma_{B,t}$)或产生规定形变的初始应力($\sigma_{\varepsilon,t}$)。

3.12

蠕变恢复　recovery from creep

试样完全卸载后，任一给定时刻应变的减小，用卸载后试样应变减小与卸载时应变之比表示。

4　仪器

4.1　夹具

夹具应尽可能保证加载轴线与试样纵轴方向一致。确保试样只承受单一应力，可认为试样受载部分所受应力均匀分布在垂直于加载方向的横截面上。

建议使用加载前就能将试样对中固定的夹具。升高载荷时，试样和夹具不允许有任何位移，自锁夹具不适合本试验。

4.2　加载系统

加载系统应保证能平稳施加载荷，不产生瞬间过载，并且施加的载荷在所需载荷的±1%以内。在蠕变破断试验中，应采取措施防止试样破断时产生的振动传递到相邻的加载系统。加载机构应能施加快速、平稳和重复性载荷。

4.3　伸长测量装置

伸长测量装置由能够测量载荷下试样标距伸长量或夹具间距离伸长量的非接触式或接触式装置构成，此装置不应通过力学效应(如不应有的变形、缺口)、其他物理效应(如加热试样)或化学效应对试样性能产生影响。

使用非接触式(光学)装置测量应变时，应使试样纵轴垂直于测量装置的光轴。为测定试样长度伸长，应使用引伸计记录夹具间距离变化。伸长测量装置的精确度应在±0.01 mm 以内。

对于蠕变破断试验，建议使用按测高仪原理制成的非接触式光学系统测量伸长。最好能自动指示试样破断时间。应采用刻有标记的(金属)夹子或者惰性耐热漆在试样上标出标距。

只有受试材料允许使用电阻应变计所用的粘接剂时，以及蠕变持续时间较短时，电阻应变计才能适用。

4.4　计时器

精确至 0.1%。

4.5　测微计

测量试样厚度和宽度，精确至 0.01 mm 或更小。

5　试样

使用相关材料标准或 GB/T 1040.2—2006 中规定的测定拉伸性能的试样。

6 步骤

6.1 状态调节和试验环境

按照材料标准的规定对试样进行状态调节。若材料标准中未规定,且相关方未协商一致,应使用 GB/T 2918—1998 中最适宜的一组状态调节条件。

蠕变性能不仅受试样的热历史影响,而且受状态调节时的温度和湿度影响。如果试样未达到湿度平衡,蠕变将会受到影响。当试样过于干燥,由于吸水会产生正应变;而当试样过于潮湿,由于脱水会产生负应变。推荐状态调节时间大于 t_{90}(见 GB/T 1034—2008)。

除非相关方协商一致,如在高温或低温下试验,则应在与状态调节相同的环境下进行试验。应保证试验时间内温度偏差在±2 ℃以内。

6.2 测量试样尺寸

按 GB/T 1040.1—2006 中 9.2 规定测量状态调节后的试样尺寸。

6.3 安装试样

将状态调节后并已测量尺寸的试样安装在夹具上,并按要求安装伸长测量装置。

6.4 选择应力值

选择与材料预期应用相当的应力值,并按 3.2 中规定的公式计算施加在试样上的载荷。

若规定初始应变值,应力值可以用材料的杨氏模量计算(见 GB/T 1040.1—2006)。

6.5 加载步骤

6.5.1 预加载

如为消除试验中传动装置的齿间偏移,可在增加试验负荷前向试样施加预载荷,但应保证预加载不对试验结果产生影响。夹好试样后,待温度和相对湿度平衡时方可预加载,再测量标距。保证预加载过程中预载荷不变。

6.5.2 加载

向试样平稳加载,加载过程应在 1 s～5 s 内完成。某种材料的一系列试验应使用相同的加载速度。

计算总载荷(包括预载荷)作为试验载荷。

6.6 测量伸长

记录试样加满载荷点作为 $t=0$ 点,若伸长测量不是自动和(或)连续记录的,则要求按下列时间间隔测量应变:

1 min,3 min,6 min,12 min,30 min;

1 h,2 h,5 h,10 h,20 h,50 h,100 h,200 h,500 h,1 000 h 等。

如认为时间点太宽,应提高读数频率。

6.7 测量时间

测量每个蠕变试验的总时间,准确至±0.1%或±2 s 以内(应小于此公差)。

6.8 控制温度和湿度

若温度和相对湿度不是自动记录的,开始试验时应记录,最初一天至少测三次。当在规定时间内试验条件是稳定的,可以不再频繁检查温度和相对湿度(至少每天一次)。

6.9 测量蠕变恢复率(可选)

试验超过预定时间而试样不破断,应迅速平稳卸去载荷。使用与蠕变测量中相同的时间间隔测量恢复率。

7 结果表示

7.1 计算法

7.1.1 拉伸蠕变模量，E_t

拉伸蠕变模量单位为兆帕(MPa)。按式(6)计算：

$$E_t=\frac{\sigma}{\varepsilon_t}=\frac{FL_0}{A(\Delta L)_t} \quad\cdots\cdots(6)$$

式中：

F——载荷，单位为牛顿(N)；

L_0——初始标距，单位为毫米(mm)；

A——试样初始横截面积，单位为平方毫米(mm^2)；

$(\Delta L)_t$——时间 t 时的伸长，单位为毫米(mm)。

7.1.2 标称拉伸蠕变模量，E_t^*

标称拉伸蠕变模量单位为兆帕(MPa)。按式(7)计算：

$$E_t^*=\frac{\sigma}{\varepsilon_t^*}=\frac{FL_0^*}{A(\Delta L^*)_t} \quad\cdots\cdots(7)$$

式中：

F——载荷，单位为牛顿(N)；

L_0^*——夹具间初始距离，单位为毫米(mm)；

A——试样初始横截面积，单位为平方毫米(mm^2)；

$(\Delta L^*)_t$——时间 t 时标称伸长，单位为毫米(mm)。

7.2 图解法

7.2.1 蠕变曲线

如果试验是在不同温度下进行的，那么原始数据将按每一温度表示为一系列拉伸蠕变应变对时间对数的蠕变曲线，每条曲线代表所用的某一初始应力(见图1)。

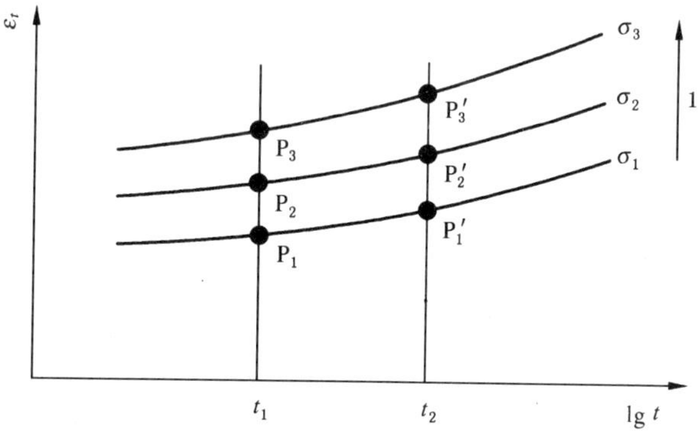

1——应力增加。

图1 蠕变曲线

数据也可用其他方式如7.2.2和7.2.3描述，可为所需的特定用途提供信息。

7.2.2 蠕变模量-时间曲线

对每一个所用的初始应力，可画出按7.1计算出的拉伸蠕变模量对时间对数的曲线(见图2)。

如果试验是在不同温度下进行的，对每一温度绘出一组曲线。

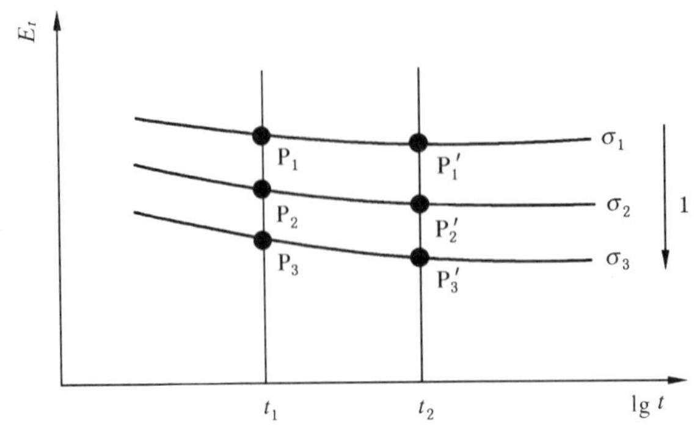

1——应力增加。

图 2 蠕变模量-时间曲线

7.2.3 等时应力-应变曲线

等时应力-应变曲线是施加试验载荷后，在某规定时刻直角坐标中应力对蠕变应变的曲线。通常绘制载荷下 1 h，10 h，100 h，1 000 h 和 10 000 h 几条曲线。由于每一蠕变试验在每一曲线上只绘出一个点，因此有必要在至少三个不同的应力下进行试验，以得到等时曲线。

要从图 1 所示的一系列蠕变曲线上得到负荷下某一特定时间（如 10 h）的等时应力-应变曲线，可从每一蠕变曲线上读出 10 h 时的应变，然后在直角坐标中标出对应于应力值（y 轴）的应变值（x 轴）。对其他时间重复这些步骤以得到一系列等时曲线（见图 3）。

如果试验是在不同温度下进行的，对每一温度绘出一组曲线。

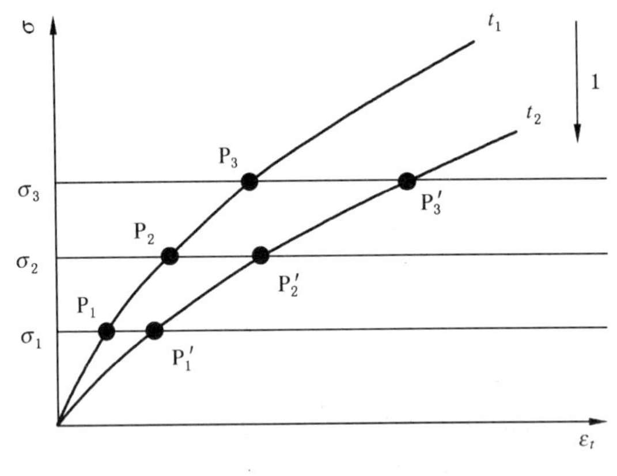

1——时间增加。

图 3 等时应力-应变曲线

7.2.4 三维表示

由原始蠕变试验数据导出的不同类型曲线（见图 1～图 3）之间存在着 $\varepsilon=f(t,\sigma)$ 关系。这种关系可用三维空间中的平面表示（见参考文献[1]）。

由原始蠕变试验数据导出的所有曲线构成该平面的要素。由于测量中存在固有的试验误差，实际测量的点通常不落在曲线上而恰好偏离这些曲线。

因此，$\varepsilon=f(t,\sigma)$ 平面可由构成它的若干曲线产生，但通常需要进行曲线回归处理，使用计算机技术更加迅速和可靠。

7.2.5 蠕变破断曲线

蠕变破断曲线可预测任何应力下发生破断的时间。这可以绘制成应力对时间对数（见图 4）或应力对数对时间对数曲线。

1——温度增加；

t——破断时间。

图 4 蠕变断裂曲线

7.3 精密度

因未获得实验室间数据，本试验方法的精密度尚不可知。待得到实验室间数据后，将在下次修订中增加有关精密度的内容。

8 试验报告

试验报告应包括如下项目：

a) 注明采用本标准；

b) 受试材料的详细说明，包括材料组成、制备、生产厂家、商品名、牌号、生产日期、模塑类型和退火的信息；

c) 试样尺寸；

d) 试样制备方法；

e) 试样主轴方向(由制品尺寸或材料取向推断出)；

f) 状态调节和试验环境条件；

g) 计算的拉伸蠕变模量 E_t 或标称拉伸蠕变模量 E_t^*；

h) 按 7.2 描述的一条或多条曲线或表格表示每一试验温度下的蠕变试验数据；

i) 如进行恢复率测定，报告试样卸荷后应变-时间关系(见 6.9)。

附　录　A
（资料性附录）
物理老化对聚合物蠕变的影响

A.1　概述

低温时聚合物分子运动较慢，其松弛时间往往长于该温度下聚合物的存放时间，而在高温条件下，聚合物分子运动较快，松弛时间会明显缩短。因此，聚合物从高温降至低温的过程中会发生物理老化，即在一个较长时间范围内，聚合物结构会相应于温度的降低而发生演变，如分子形态重构、分子有序化堆砌等，直到聚合物结构达到低温存放条件下的平衡态。在上述物理老化过程中，聚合物分子运动能力随温度降低而逐步减弱，即使当温度恒定于低温存放条件时，聚合物分子运动能力还会进一步减弱。所以，在一定应力下聚合物的蠕变形变会依赖于其物理老化过程，且物理老化越充分，蠕变越慢。

物理老化对聚合物蠕变的影响可如图 A.1 所示。图 A.1 给出了不同老化程度聚氯乙烯（PVC）试样的蠕变曲线，其中全部 PVC 试样均在施加载荷前由 85 ℃（接近玻璃化转变温度 T_g）迅速降温至 23 ℃并保温一定时间 t_e，各试样的物理老化程度即用 t_e 描述。由图 A.1 可见，PVC 试样在低温保存时间 t_e 越长，其蠕变曲线沿时间轴向长蠕变时间方向的偏移越大。

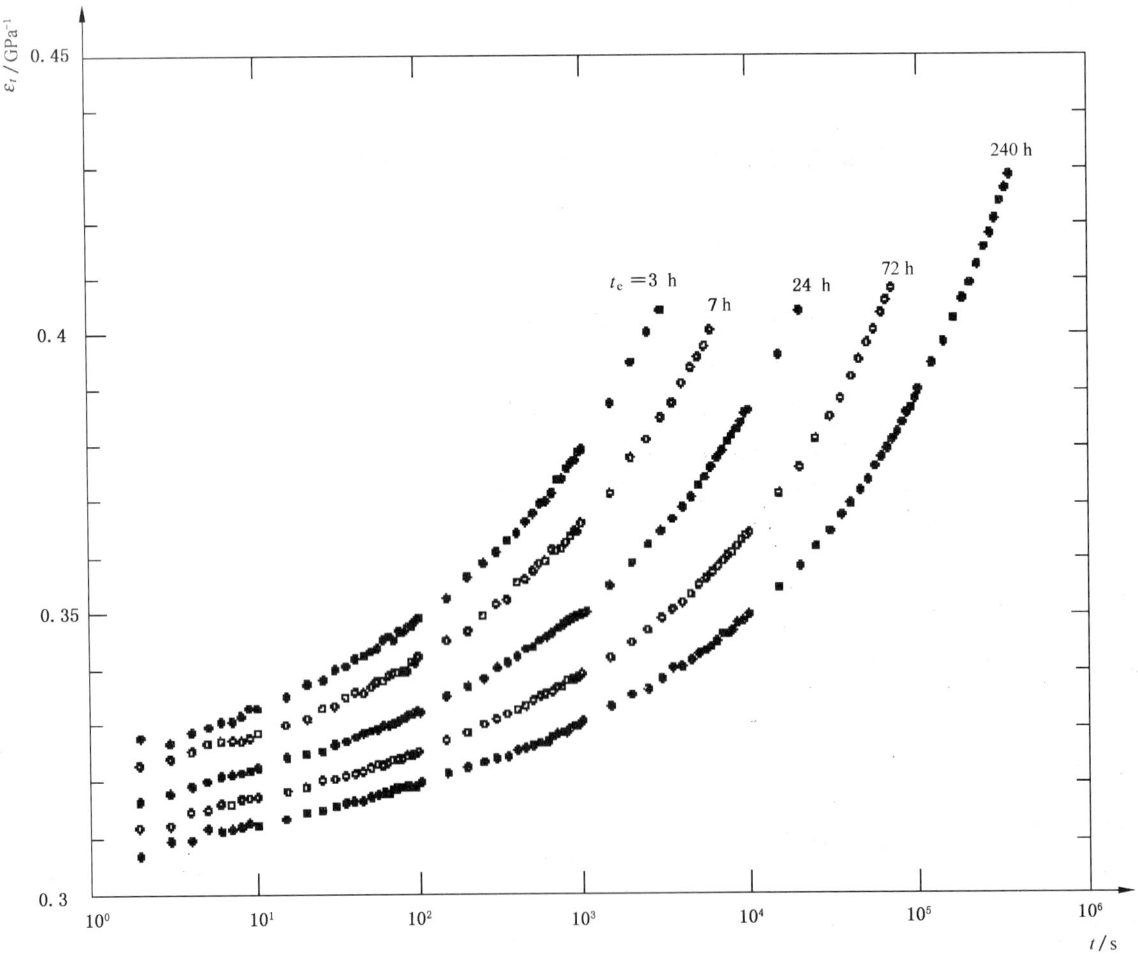

图 A.1　由 85 ℃迅速降温至 23 ℃并恒温 t_e 的 PVC 物理老化试样的蠕变曲线

A.2 高温蠕变

若将聚合物在低温条件下存放一定时间，然后再升高温度测定其蠕变行为，则物理老化对蠕变行为的影响会更加复杂。因为聚合物在低温存放过程中发生的物理老化，在升温至测试温度的过程中会发生一定程度的逆转，而逆转的程度取决于升温幅度的大小和升温过程中所发生的物理老化行为。当该升温过程中聚合物试样的表观(有效)物理老化程度降低时，高温条件会再度激活聚合物的物理老化过程。与聚合物在低温存放时发生的物理老化过程一样，该再度激活的物理老化过程所持续时间的长短，取决于所采用的测试条件。基于温度升高可引起上述聚合物物理老化状态的变化，在高于存放温度的测试温度下，聚合物的蠕变行为依赖于试样在施加载荷前于测试温度下停留时间的长短。

上述聚合物的热历史所产生对聚合物蠕变行为的影响见图 A.2 和图 A.3 所示。图 A.2 中，各试样被加热至试验温度 44 ℃前，在 23 ℃下存放时间 t_{e1} 均为 200 h，升温至 44 ℃后保温不同时间 t_{e2}，施加载荷并测定其蠕变曲线，结果发现，即便试样在环境温度下经过相对较长的存放时间 t_{e1}，其蠕变行为仍强烈依赖于测试温度下的保温时间 t_{e2}。

图 A.3 中，除了聚合物试样在 23 ℃下的存放时间 t_{e1} 为一年以上之外，所采用蠕变曲线的其他测定条件与图 A.2 中相同。随 PVC 试样在测试温度 44 ℃下保温时间 t_{e2} 的增加，蠕变曲线沿时间轴向较短蠕变时间偏移，表明试样的老化程度随 t_{e2} 增加逐步降低，这是因为，在加热升温前的低温存放过程中，试样发生物理老化时产生了更大程度上的结构改变。

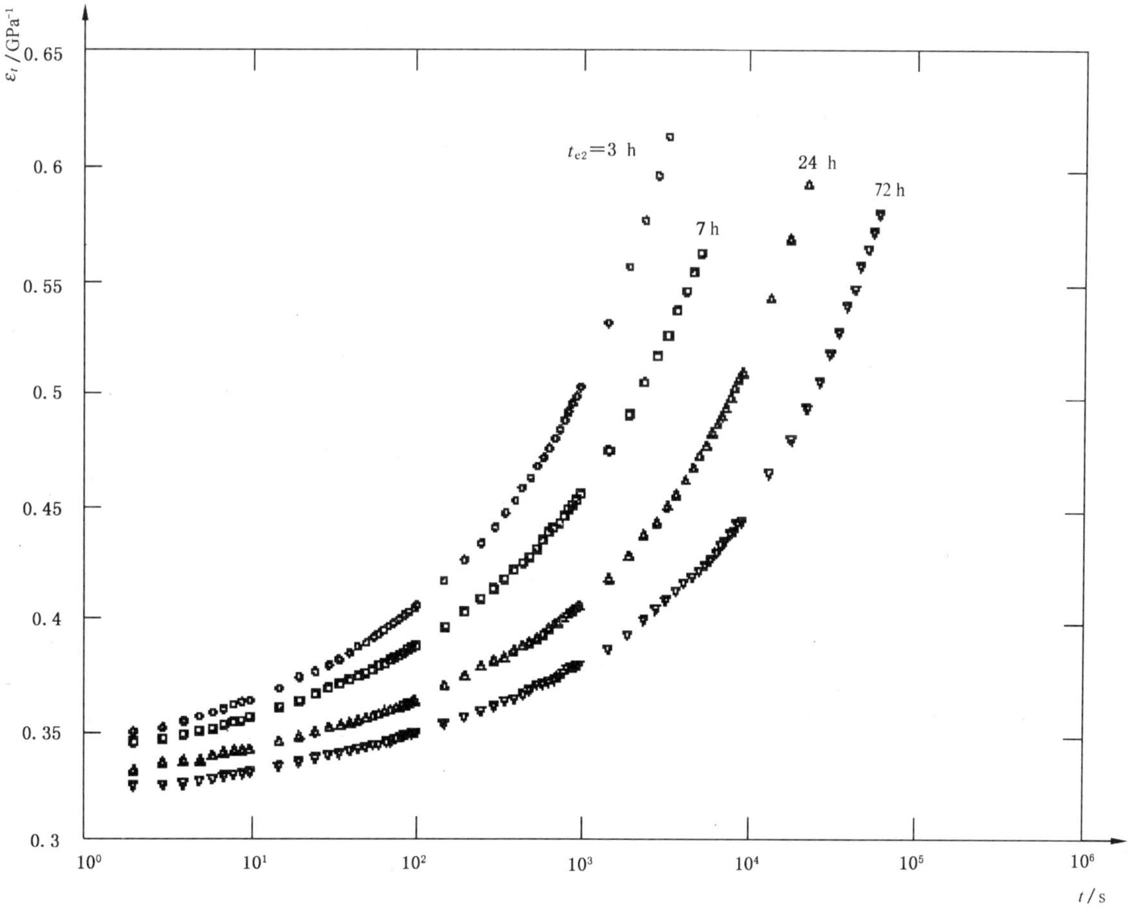

图 A.2 由 23 ℃加热至 44 ℃并保温不同时间 t_{e2} 的 PVC 试样蠕变曲线

(试样加热前已在 23 ℃下存放 200 h)

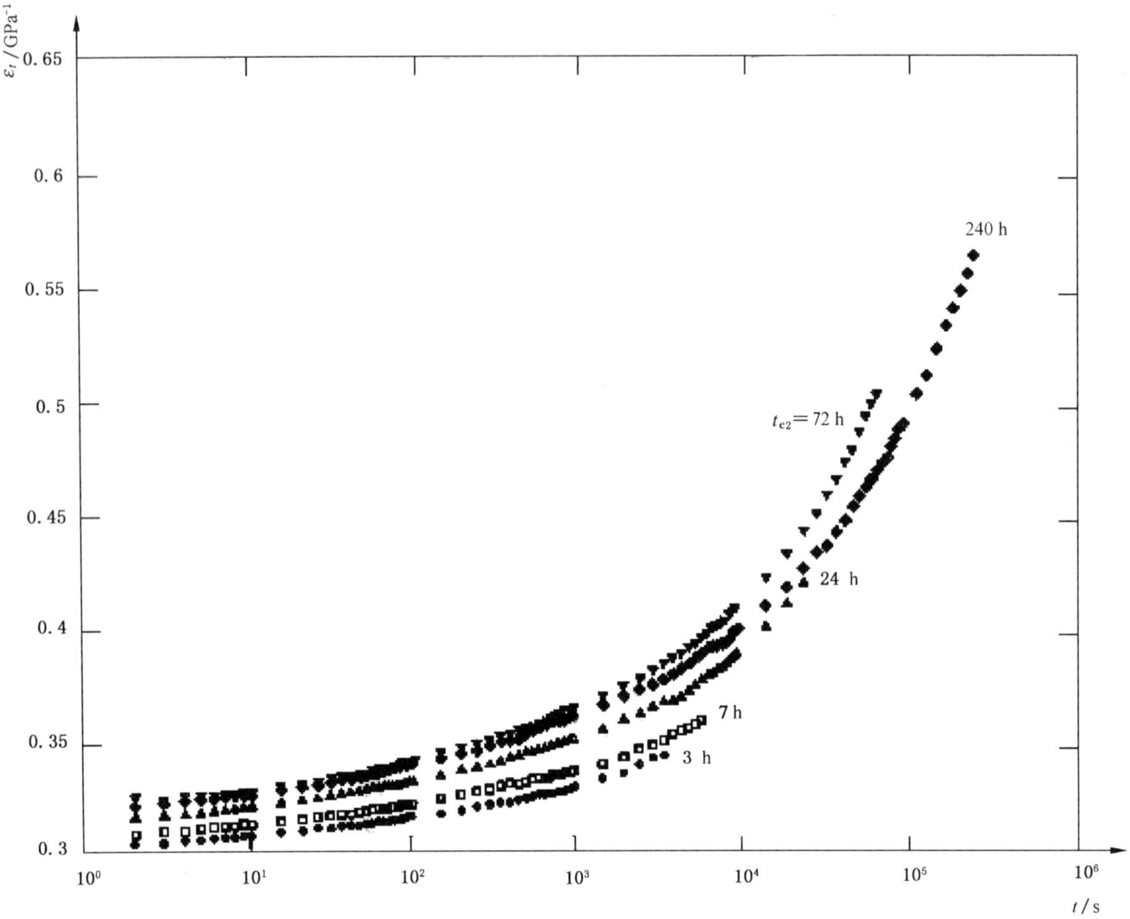

图 A.3 由 23 ℃加热至 44 ℃并保温不同时间 t_{e2}的 PVC 试样蠕变曲线

(试样加热前已在 23 ℃下存放 1 a)

参 考 文 献

[1] TURNER,S., Creep in thermoplastics—Preliminary concepts and definitions, British Plastics, June(1964),322-324.

[2] LEHMANN,J.,Zeitstandverhalten von PMMA in der Freibewitterung und im Normklima, V15 in 27. Jahrestagung der GUS,18th March 1998,ISBN 3-9806167-0-3.

ICS 83.080.01
G 31

中华人民共和国国家标准

GB/T 12000—2017/ISO 4611:2010
代替 GB/T 12000—2003

塑料 暴露于湿热、水喷雾和盐雾中影响的测定

Plastics—Determination of the effects of exposure to damp heat, water spray and salt mist

(ISO 4611:2010,IDT)

2017-12-29 发布 2018-07-01 实施

中华人民共和国国家质量监督检验检疫总局
中国国家标准化管理委员会 发布

前　言

本标准按照 GB/T 1.1—2009 给出的规则起草。

本标准代替 GB/T 12000—2003《塑料暴露于湿热、水喷雾和盐雾中影响的测定》，与GB/T 12000—2003 相比，主要技术变化如下：

——修改了“规范性引用文件”一章中的引用文件(见第 2 章，2003 年版的第 2 章)；

——修改了“试验环境和设备”一章的有关内容，章名改为“一般试验条件”(见第 4 章，2003 年版的第 4 章)；

——增加了关于试验设备要求的详细说明(见 4.1)；

——修改了关于湿热试验条件的内容(见 4.2.1，2003 年版的 4.1.1)；

——修改了关于盐雾试验条件的内容(见 4.2.3，2003 年版的 4.1.3)；

——修改了“状态调节”的有关内容，将状态调节时间改为“至少 86 h”和删除了气压条件的要求(见 4.3.1，2003 年版的 4.4)。

本标准使用翻译法等同采用 ISO 4611:2010《塑料暴露于湿热、水喷雾和盐雾中影响的测定》。

与本标准中规范性引用的国际文件有一致性对应关系的我国文件如下：

——GB/T 1034—2008 塑料 吸水性的测定(ISO 62:2008，IDT)

本标准由中国石油和化学工业联合会提出。

本标准由全国塑料标准化技术委员会老化方法分技术委员会(SAC/TC 15/SC 5)归口。

本标准起草单位：广州合成材料研究院有限公司、中蓝晨光化工研究设计院有限公司、广州特种承压设备检测研究院、北京天罡助剂有限责任公司、北京华塑晨光科技有限责任公司、同轨科技成都有限公司。

本标准主要起草人：王飞、陈敏剑、李茂东、李维义、王浩江、刘罡、张术宽、陈宏愿。

本标准所代替标准的历次版本发布情况为：

——GB/T 12000—1989、GB/T 12000—2003。

引　言

0.1　将塑料暴露于同时作用的不同侵蚀剂中的试验方法有多种，如自然气候老化。其他一些试验方法用来单独评价个别侵蚀剂的作用，如耐特定化学品和耐一定光谱范围的辐照试验。

对某些应用来说，最好的做法可能是不仅评价材料在临界饱和蒸汽压的湿热环境中的性能，而且要评价液相存在下的性能。

在这些条件下，不仅可以观察到水的吸收或复合物中某些组分的浸出，而且可以观察到由于水解作用引起的降解现象以及增塑剂的渗出等。

有时也可能需要评价材料在高腐蚀性电解质溶液存在下的性能，如氯化钠溶液(盐雾)是海洋环境中存在的主要侵蚀剂，这对于在航海方面的应用特别重要。众所周知，氯化钠溶液对塑料的基本组分聚合物没有显著的侵蚀作用，而且由于盐溶液的渗透压较高，塑料对盐溶液的吸收一般比对纯水的吸收要少，但不能就此推断盐溶液对含有填料、增强剂或颜料的复合材料没有侵蚀作用。

此外，对于主要由塑料材料组成但含有某些金属元件的成品或半成品，评价盐雾的影响作用可能是非常重要的。这些金属元件包括嵌入模件、薄的复合箔、用电镀或其他方法制成的表面涂层，或通过挤压、浸渍于塑料糊或流化床粉末等方法用塑料包覆的金属芯等。

0.2　获得上述具有重现性的侵蚀环境的方法与设备是众所周知的，并且已在有关其他材料的国际标准和有关电子元器件的IEC标准中作了描述。加以适当的维护和调整，这些标准中所述的设备和方法同样也适用于塑料。

0.3　本标准在选择合适的设备、获得上述暴露条件和试样制备方法方面以及评价性能方面仅给予一般性指导，具体细节在不同的ISO和IEC出版物有规定。

关于结果的表示，本标准尽可能遵照现行的暴露于化学品的试验方法(见ISO 175)和暴露于自然气候或人工光源的试验方法(见ISO 4582)标准要求。

0.4　这些试验可提供上述暴露对材料影响的数据，但不能以此直接推论试验结果和使用性能之间的相关性。

塑料　暴露于湿热、水喷雾和盐雾中影响的测定

1　范围

1.1　本标准规定了塑料暴露于湿热、水喷雾和盐雾的条件,以及在给定的暴露周期后一些重要性能变化的评价方法。

1.2　本标准一般适用于所有塑料标准试样、制品或部件。

1.3　本标准分别规定了以下测定方法:

——质量变化;

——尺寸和外观变化;

——其他物理性能变化。

2　规范性引用文件

下列文件对于本文件的应用是必不可少的。凡是注日期的引用文件,仅注日期的版本适用于本文件。凡是不注日期的引用文件,其最新版本(包括所有的修改单)适用于本文件。

ISO 62　塑料　水分吸收的测定(Plastics—Determination of water absorption)

3　原理

在暴露前和在规定环境条件下给定周期暴露后,测定试样的一项或几项性能,并观察外观变化。如有需要,可在暴露后先进行干燥处理或重新进行状态调节处理,以获得同原始试样相同的、与大气湿度平衡的状态,再进行性能的测定。

4　一般试验条件

4.1　设备要求

4.1.1　总则

对于有热、湿度、水喷雾或盐雾条件的稳态或者循环态暴露试验装置,应由不与试样相互影响或污染暴露试样的耐腐蚀材料制成。另外,装置应能通过编程设置各种暴露试验条件。

应在试验箱的工作区域内安装测定温度和相对湿度的传感器。

试验箱内的凝露水应持续排出,未经净化处理不得重复使用。

试验箱壁或顶部的凝露水不得滴落在试样表面。

用来维持试验箱湿度的水的电导率应不大于 20 μS/cm。

对水喷雾(见 4.2.2)和盐雾(见 4.2.3)试验,装置应满足以下附加要求。试验空间体积不应小于 0.4 m^3,经验证,较小的试验空间难以确保喷雾的均匀分布。对大体积空间,仍须保证整个空间内喷雾的均匀性。试验箱体内部应设计成使其上表面形成的喷雾水滴不滴落在试样表面。

对盐雾试验(见 4.2.3),考虑到环保因素,建议安装处理装置,在试验后,对盐雾进行处理,然后排放

到大气中，并且对盐水进行处理，然后排放到下水道系统。

对水喷雾(见4.2.2)和盐雾(见4.2.3)试验，水或盐溶液喷雾装置系统应包括压缩空气源、一个水或盐溶液存储池以及一个或多个喷雾器。压缩空气在到达喷雾器之前，应经过滤器去除油污和固体杂质，喷雾应在超过70 kPa的压力下进行。水或盐溶液水平面应自动维持。为了避免喷雾水滴的水分蒸发，压缩空气在进入喷雾器之前应通过一盛有蒸馏水或去离子水、温度高于试验温度10 ℃的浸润塔进行加湿处理。

对盐雾试验(见4.2.3)，所产生的盐雾特征取决于所用的压力以及喷雾器喷嘴的型号。应通过调节使试验箱内盐雾量大小(通过测定收集器内盐雾的沉降速率获得)和盐雾里盐的浓度维持在4.2.3所规定的范围之内。

注：ISO 9142:2003附录E中的暴露条件与本标准所用的条件相近。

4.1.2 温度

试验箱暴露室的温度应能控制在所需温度±2 ℃的范围之内。温度±2 ℃的允许偏差考虑到了任何系统测量误差、试验箱内不同点的温度漂移和变化。但是，为了维持整个试验箱内相对湿度在所需偏差范围内，有必要保持试验箱内任意两点在任意给定时间的温度差在更小的范围之内。暴露试样应避免遭受来自试验箱温度控制装置的辐照热。

应在离箱壁面至少100 mm处测定箱温。

4.2 暴露条件

4.2.1 湿热

4.2.1.1 总则

首选IEC出版物中描述的暴露条件，见4.2.1.2和4.2.1.3。但是，如相关产品规范有规定或经相关方商定，可使用不同的温度和/或湿度条件。

4.2.1.2 稳态试验

除非另行规定，试验箱在试验开始时所处于的温度和湿度状态应与周围的实验室环境一致。将状态调节后的试样(见4.3.1)放入试验箱，控制试验条件如下：

温度：40^{+2}_{-1} ℃；

相对湿度：93^{+4}_{-8} %。

在升温过程中，温度变化的平均速率不应超过1 ℃/min，温度监测周期不超过5 min。在加热过程中，样品表面不应有凝露现象产生。

当到达规定温度时，调节相对湿度使其在2 h内达到规定水平。

暴露周期应符合被测材料或产品相关的规定。当没有规定暴露周期时，应由相关方商定。建议暴露周期为12 h、16 h、24 h、48 h、96 h、240 h。

注：此条款规定的条件与IEC 60068-2-78:2001规定的一致。

4.2.1.3 循环试验

该试验需要试验箱和试样经历一定次数的24 h循环，循环期间温度应维持在一上限温度值和(25±3)℃。下面两个温度之一应选作上限温度值：

a) (40±1)℃(循环次数应为2、6、12、21或56)；

b) (55±1)℃(循环次数应为1、2或6)。

上限温度应在每个24 h循环的起始(3±0.5)h内达到。在升温期间，除最后15 min内的相对湿度可能低于95%但不低于90%外，其他时段相对湿度不应低于95%。在升温过程中，试样表面可允许凝露现象发生。

随后，温度应维持在所选的温度上限值，相对湿度应维持在(93±4)%。

24 h循环经过12 h后，温度应在3 h～6 h内降低至低温(25±3)℃。降温过程中，相对湿度不应低于80%。

在24 h循环的剩余时间里，温度应维持在(25±3)℃，相对湿度应不低于95%。

注1：此条款给出的条件与IEC 60068-2-30:2005规定的一致(在循环的温度下降过程中使用方法2)。

注2：对于混合的温度/湿度循环，伴随有零下温度的偏移，可参见IEC 60068-2-38。

4.2.2 水喷雾

水喷雾暴露条件与湿热/稳态暴露(见4.2.1.2)的主要差别是液相以小水滴的形式持续存在。

满足这些条件的合适设备与盐雾暴露试验(见4.2.3)基本相同，见相关规定。

应使用蒸馏水或去离子水代替盐溶液，pH值为6～7。

试验温度为(40±2)℃。

4.2.3 盐雾

用温度为(25±2)℃、电导率不大于20 μS/cm的蒸馏水或去离子水溶解氯化钠制备盐溶液，浓度为(50±5)g/L。该溶液在25 ℃时的比重范围为1.029～1.036。

用原子吸收分光光度法或其他相似灵敏度的分析方法检测，氯化钠中铜和镍的含量均应小于0.001%。以干盐计算，氯化钠中碘化钠含量应不超过0.1%，总杂质含量不超过0.5%。

调节盐溶液的pH值使试验箱中所收集盐雾(见下文)在(25±2)℃下的pH值在6.5～7.2之间。pH值的测定可用电位法或常规法，常规法使用可分辨0.3个或以下pH单元的精密pH试纸。必要时，加入以分析纯试剂制备的盐酸、氢氧化钠或碳酸氢钠溶液调节盐溶液的pH值。

试验箱内温度为(35±2)℃。

试验箱应至少有两个盐雾收集装置。这些装置的水平收集面积应为80 cm^2。应注意该装置的安装位置，它们只是用来收集盐雾，而不是收集从试样或暴露室其他部位流下的液体，使用该装置应确保满足如下要求：

——在至少16 h的时间内，测得的盐雾平均收集速率为1 mL/h～2 mL/h；

——在温度(25±2)℃时，所收集盐雾的pH值在6.5～7.2之间(见上文)；

——所收集盐雾里氯化钠的浓度为(50±5)g/L。

注1：此条款给出的条件与ISO 9227:2006和IEC 60068-2-11:1981规定的一致。

注2：在本试验中，使用的暴露试验温度为35 ℃，这是因为ISO 9227和大量的现行国家标准中规定了此温度，尽管在ISO 3205中并没有被推荐使用。

暴露周期应符合被测材料或产品相关的规定。当没有规定暴露周期时，应由相关方商定。建议暴露周期为2 h、6 h、24 h、48 h、96 h、168 h、240 h、480 h、720 h和1 000 h。

4.3 试样(见5.2、6.2和7.2)

4.3.1 状态调节

除非有关方面另有协议，试验前试样应在温度为(23±2)℃、相对湿度为(50±10)%的条件下状态调节至少86 h。

对于某些材料，已知其很快或者很慢达到温度和湿度(尤其是湿度的)平衡状态，可按其特定要求规定较短或较长的状态调节时间(参见附录A)。

4.3.2 暴露后的处理

4.3.2.1 总则

已暴露试样应：

a) 在暴露后直接测试；或者

b) 在暴露后进行干燥或重新状态调节后再测试。

当需要了解在材料暴露终止后含吸收水分时的状态，应采用 a)步骤。当需要测定仅由于暴露导致材料性能产生的变化，应采用 b)步骤。重新状态调节应尽可能使试样回复到暴露前的大气湿度平衡状态(见 4.3.1)。

4.3.2.2 暴露后直接试验

将暴露后的试样（如需要，用蒸馏水或去离子水冲洗后擦干）放入(23±2)℃密闭容器中，一般 4 h 即可。

4.3.2.3 暴露后经干燥或重新状态调节后的试验

试样冲洗擦干后，将其干燥或重新调节至暴露前的大气湿度平衡状态(见 4.3.1)，可参考附录 A 中 A.3.1 和 A.3.2 的程序进行。除非在有关产品标准中另有规定或有关方面另有商定，试样应在(50±2)℃烘箱中干燥 24 h，并在干燥器中冷却至(23±2)℃。

厚度超过 200 μm 的试样干燥 24 h 后湿度很难达平衡(见 ISO 62)，因此，推荐使用更长的干燥时间。若使用更长的干燥时间，应由相关方商定并在试验报告中予以说明。

5 质量变化

5.1 总则

5.1.1 在此类试验中，质量变化至少一部分原因是由于吸收了水，因此试样易受状态调节和干燥或重新状态调节的影响。

因此在有关产品说明中应该规定准确的试验条件。

通常试样在暴露、冲洗和擦干后应立即称量或按 4.3.2.2 进行处理。

如需要在干燥或重新状态调节后测定质量，则应按 4.3.2.3 规定进行干燥或重新状态调节。

注：本试验不适用于孔状材料。

5.1.2 质量的变化通常与试样的表面积成正比，而且受厚度的影响。

注意：需要强调的是用本试验比较不同塑料性能时，要求试样具有同样形状和尺寸，表面、内应力等状态也要尽可能相同。

5.2 试样

5.2.1 总则

试样可以直接由模塑或机加工制得。用机加工时，表面应光滑，无因制备不当所造成的炭化痕迹。

5.2.2 模塑和挤塑料

试样应为边长(50±1)mm、厚为(3.0±0.2)mm 的正方形状，也可以是有相同表面积(例如100 mm×25 mm，即 2 500 mm^2)的矩形试样。

试样可从具有同样厚度的板材上切取，也可按材料有关说明给出的条件或者材料供应商规定的条件经模压、注塑或挤塑制得。

模塑材料可用规定尺寸的模具直接模塑制备。

注：模塑和机械加工制备试样可参考下列标准 ISO 293、ISO 294-1、ISO 294-2，ISO 294-3、ISO 295、ISO 2818。

5.2.3 片材

试样应是(50±1)mm 的正方形或具有相同表面积的矩形，从受试片上切取。

如果受试片材的标称厚度等于或小于 25 mm，试样厚度应与该片材厚度相同。

如果标称厚度大于 25 mm，而且在有关规格中没有专门规定，则应仅在其一个表面上进行机加工，将试样厚度加工至 25 mm。

经机加工的表面不应直接暴露于水喷雾或盐雾。

如果进行机加工，则应在试验报告中详加说明。

5.2.4 半成品和成品(片材除外)

试样应与 5.2.2 中所述试样在形状和尺寸上尽可能相似，并应按产品说明或有关方面协议制备。

如果有必要进行机加工，则应在试验报告中详加说明。

5.2.5 试样数量

试样应不少于三个。

5.3 状态调节

见 4.3.1。

5.4 步骤

5.4.1 称量每一个试样的质量(m_1)，精确到 0.001 g。

5.4.2 将试样暴露在选自第 4 章的试验环境中。

5.4.3 如有需要(如经盐雾暴露)，冲洗并擦干试样。

5.4.4 立即称量每一个试样的质量(m_2)，精确到 0.001 g 。

5.4.5 如有需要，按 4.3.2.3 对试样进行干燥或重新状态调节，然后称量每一个试样的质量(m_3)，精确到 0.001 g。

5.5 结果表示

5.5.1 每单位面积的质量变化(以 g/m² 计)分别按下式计算：

$$\frac{m_2 - m_1}{S} \text{或} \frac{m_3 - m_1}{S}$$

式中：

m_1——试样初始质量，单位为克(g)；

m_2——试样暴露后立即称量的质量，单位为克(g)；

m_3——试样暴露后经干燥或重新状态调节后的质量，单位为克(g)；

S ——试样初始总表面积(包括试样侧面)，单位为平方米(m²)。

5.5.2 以百分数表示的质量变化分别按下式计算：

$$\frac{m_2 - m_1}{m_1} \times 100 \text{或} \frac{m_3 - m_1}{m_1} \times 100$$

质量变化正值表示质量增加,负值表示质量减少。

5.5.3 计算试样测试结果的平均值。

6 尺寸和外观变化

6.1 总则

尺寸变化可能是由于水分的吸收、某些组分的浸出,或者是由于模塑内应力的松弛,或者是由于上述原因共同引起的体积变化。因此在有关的产品说明中规定明确的试验条件是非常重要的。

对各向异性的材料,如压延或挤出片材、挤出棒材,在成型方向(纵向)和垂直成型方向(横向)线性尺寸的变化可能不同,因此有必要测试两个方向的变化。

为了区分模塑中应力松弛和水作用的影响,也可使用一组退火试样进行试验。

6.2 试样

按5.2的规定制备试样。对各向异性材料,各边应分别平行于纵向或横向(见6.1)。

可用测量质量变化的同一试样在称量后立即测量尺寸。

6.3 状态调节

见4.3.1。

6.4 步骤

6.4.1 使用测厚仪测量每个试样的四个标记点处的厚度,精确至0.01 mm,并计算平均值($\bar{d}_1$)。

逐一测量正方形或矩形的四边长,精确至0.1 mm,并分别计算两个互相垂直方向尺寸的平均值(长$\bar{l}_1$和宽$\bar{b}_1$)。对于不规则形状试样,例如从半成品或成品得到的试样,测量最关键的尺寸。

6.4.2 把试样暴露于选自第4章的试验环境中。

6.4.3 如有需要(如经盐雾暴露),冲洗并擦干试样。

6.4.4 按暴露前同样方式重新测量暴露后试样尺寸($\bar{l}_2$、$\bar{b}_2$和$\bar{d}_2$)。

如果试样产生严重翘曲,则应用软尺进行线性尺寸测量。

6.4.5 记录所有的外观变化。

6.4.6 如有需要,按4.3.2.3试样进行干燥或重新状态调节,然后测量试样尺寸($\bar{l}_3$、$\bar{b}_3$和$\bar{d}_3$)。

6.5 结果表示

可用下述两种方法之一表示结果:

a) 相对于原尺寸的尺寸变化百分率,用下式计算:

$$\frac{\bar{l}_2-\bar{l}_1}{\bar{l}_1}\times 100,\frac{\bar{b}_2-\bar{b}_1}{\bar{b}_1}\times 100,\frac{\bar{d}_2-\bar{d}_1}{\bar{d}_1}\times 100\text{(暴露后)}$$

或者

$$\frac{\bar{l}_3-\bar{l}_1}{\bar{l}_1}\times 100,\frac{\bar{b}_3-\bar{b}_1}{\bar{b}_1}\times 100,\frac{\bar{d}_3-\bar{d}_1}{\bar{d}_1}\times 100\text{(暴露后的试样经过干燥或重新状态调节)}$$

结果为正值表示尺寸增大,负值则表示尺寸减小。

b) 最终尺寸相对于原尺寸的百分率,用下式计算:

$$\frac{\bar{l}_2}{\bar{l}_1}\times 100,\frac{\bar{b}_2}{\bar{b}_1}\times 100,\frac{\bar{d}_2}{\bar{d}_1}\times 100$$

或者

$$\frac{\overline{l_3}}{\overline{l_1}}\times 100,\frac{\overline{b_3}}{\overline{b_1}}\times 100,\frac{\overline{d_3}}{\overline{d_1}}\times 100$$

结果为100%表示尺寸没有变化，小于100%表示尺寸减小，大于100%表示尺寸增大。

并描述试样外观变化，如翘曲、扭曲、脱层或明显的表面降解痕迹，如：

——颜色和(或)光泽的变化，银纹、裂纹的存在；

——气泡；

——增塑剂的渗出，发粘；

——固体组分的起霜；

——金属元件的腐蚀(如果有金属元件)；

如有可能，给予定性鉴定，如轻微、中等、严重等。

7 其他物理性能变化

7.1 总则

任何物理性能都可以测量，通常测定力学、光学和电学性能。在有关产品说明中规定明确的试验条件是非常重要的。

7.2 试样

试样的尺寸、形状和数量应符合相关性能测试国家标准的规定。

如果是破坏性试验，试样数量应加倍。

样品可以是片状，随后的具体试验所用试样可从中切取。由于暴露对切割边的影响，暴露前所制备的试样获得的结果可能不同于暴露后切取的试样所获得的结果，所以在试验报告中应确切说明试样制备程序。

7.3 状态调节

见4.3.1。

7.4 步骤

7.4.1 用第一组试样测量每个所需性能值(P_1)。

7.4.2 用第二组试样暴露于选自第4章的试验环境中。

7.4.3 冲洗和擦干。

7.4.4 测量暴露后每个性能值(P_2)。

7.4.5 如有需要，暴露第三组试样，暴露后按4.3.2.3对试样进行冲洗、擦干或重新状态调节，暴露后的试样擦干、重新状态调节至与测定 P_1 时试样相同的湿度平衡状态，然后测量每个性能值(P_3)。

7.5 结果表示

可用下述两种方法之一表示结果：

a) 性能变化百分率，分别用下式计算：

$$\frac{P_2-P_1}{P_1}\times 100 \text{ 或 } \frac{P_3-P_1}{P_1}\times 100$$

b) 最终性能相对于最初性能的百分数，分别用下式计算：

$$\frac{P_2}{P_1}\times 100 \text{ 或 } \frac{P_3}{P_1}\times 100$$

8 试验报告

试验报告应包括下列几项：

a) 注明参照本国家标准；

b) 材料或产品的详细描述；

c) 暴露类型；

d) 暴露前和暴露后试样的处理；

e) 所测定的性能；

f) 试样制备的详细说明，尤其要注明机加工方法；

g) 试样类型；

h) 暴露前和暴露后的性能值；

i) 按5.5、6.5、7.5中相关公式计算的相应变化，包括符号；

j) 如有可能，给出性能对暴露时间的函数曲线；

k) 暴露后试样外观变化的观察结果；

l) 测试日期。

附 录 A
（资料性附录）
塑料试样在状态调节环境中的吸湿平衡

A.1 试样在潮湿环境中状态调节，其吸湿量和吸湿速率随受试塑料性能不同而有明显差异（见 ISO 62）。

A.2 除以下情况外，本标准所规定的状态调节的条件（见 4.3.1）一般都可满足要求：

A.2.1 已知只有经很长时间才能与状态调节环境达到平衡的材料（例如某些聚酰胺）。

A.2.2 新材料或未知结构的材料，无法预测其吸湿能力或达到平衡所需时间。

A.3 在上述两种情况下，可任选下列方法之一进行状态调节：

A.3.1 在高温下干燥材料。该方法的缺点是在干燥状态下某些性能特别是力学性能不同于（23±2）℃和（50±10）%相对湿度状态调节后所获得的性能。

A.3.2 试样在（23±2）℃和（50±10）%相对湿度条件下状态调节直至达到平衡。该状态调节方法可用下列之一作为判定依据：

a) 相隔 d^2 个星期（d 是试样的厚度，以 mm 计）的两次质量测定结果变化在 0.1%以内。

b) 对于某些聚合物，以时间间隔远小于 d^2 个星期绘制质量对时间的曲线图，当以百分率表示的曲线斜率等于 0.1%时，即可认为已达所需平衡。

参 考 文 献

[1] ISO 175, Plastics—Methods of test for the determination of the effects of immersion in liquid chemicals

[2] ISO 293, Plastics—Compression moulding of test specimens of thermoplastic materials

[3] ISO 294-1, Plastics—Injection moulding of test specimens of thermoplastic materials—Part 1:General principles, and moulding of multipurpose and bar test specimens

[4] ISO 294-2, Plastics—Injection moulding of test specimens of thermoplastic materials—Part 2: Small tensile bars

[5] ISO 294-3, Plastics—Injection moulding of test specimens of thermoplastic materials—Part 3: Small plates

[6] ISO 295, Plastics—Compression moulding of test specimens of thermosetting materials

[7] ISO 2818, Plastics—Preparation of test specimens by machining

[8] ISO 3205, Preferred test temperatures

[9] ISO 4582, Plastics—Determination of changes in colour and variations in properties after exposure to daylight under glass, natural weathering or laboratory light sources

[10] ISO 9142: 2003, Adhesives—Guide to the selection of standard laboratory ageing conditions for testing bonded joints

[11] ISO 9227:2006, Corrosion tests in artificial atmospheres—Salt spray tests

[12] IEC 60068-2-11:1981, Environmental testing—Part 2: Tests. Test Ka: Salt mist

[13] IEC 60068-2-30:2005, Environmental testing—Part 2-30: Tests—Test Db: Damp heat, cyclic (12 h + 12 h cycle)

[14] IEC 60068-2-38, Environmental testing—Part 2-38: Tests—Test Z/AD: Composite temperature/humidity cyclic test

[15] IEC 60068-2-78:2001, Environmental testing—Part 2-78: Tests—Test Cab: Damp heat, steady state

ICS 83.040.01
G 31

中华人民共和国国家标准

GB/T 17603—2017
代替 GB/T 17603—1998

光解性塑料户外暴露试验方法

Standard practice for outdoor exposure testing of photodegradable plastics

2017-12-29 发布　　2018-07-01 实施

中华人民共和国国家质量监督检验检疫总局
中国国家标准化管理委员会　发布

前　言

本标准按照 GB/T 1.1—2009 给出的规则起草。

本标准代替 GB/T 17603—1998《光解性塑料户外暴露试验方法》，与 GB/T 17603—1998 相比，主要技术变化如下：

——修改了“范围”一章的有关内容(见第 1 章，1998 年版的第 1 章)；

——修改了“规范性引用文件”一章中的引用文件，将有关文件用我国最新文件代替(见第 2 章，1998 年版的第 2 章)；

——将“日光”修改为“太阳”，“暴露期”修订为“暴露周期”；

——将术语“保存试样”修改为“存放样品”，并修改了其定义(见 3.2，1998 年版的 3.2)；

——“意义”修改为“原理”，修改了“原理”一章的有关内容(见第 4 章，1998 年版的第 4 章)，用“太阳紫外辐射量表示暴露周期”替代“日光辐射量表示暴露期”；

——修改了“试验装置”一章的有关内容(见第 5 章，1998 年版的第 5 章)；

——把“辐射仪”修改为“辐射表”，删除了关于试验装置“辐射仪”中总辐射仪的使用，“窄波段”修改为“窄带”(见 5.3，1998 年版的 5.3)；

——将“成型和制备”修改为“试样制备”，删除了“试样制备”中有关厚度尺寸的要求(见第 6 章，1998 年版的第 6 章)；

——修改了“试验步骤”一章的有关内容，增加了关于试验步骤要求的详细说明(见第 7 章，1998 年版的第 7 章)；

——修改了“试验报告”一章的有关内容(见第 8 章，1998 年版的第 8 章)。

本标准由中国石油和化学工业联合会提出。

本标准由全国塑料标准化技术委员会老化方法分技术委员会(SAC/TC 15/SC 5)归口。

本标准起草单位：广州合成材料研究院有限公司、中蓝晨光化工研究设计院有限公司、广州特种承压设备检测研究院、北京天罡助剂有限责任公司、同轨科技成都有限公司、山东天壮环保科技有限公司、北京华塑晨光科技有限责任公司。

本标准主要起草人：马玫、陈敏剑、李茂东、李维义、王浩江、刘罡、王丽红、张术宽、陈宏愿、周经纶。

本标准所代替标准的历次版本发布情况为：

——GB/T 17603—1998。

光解性塑料户外暴露试验方法

警示——本标准并未指出所有可能的安全问题,使用者有责任采取适当的安全和健康措施,并保证符合国家有关法规规定的条件。

1 范围

本标准规定了光解性塑料在进行户外暴露试验时的试验条件与方法。

本标准适用于评价光解性塑料在户外暴露条件下的降解性能。

2 规范性引用文件

下列文件对于本文件的应用是必不可少的。凡是注日期的引用文件,仅注日期的版本适用于本文件。凡是不注日期的引用文件,其最新版本(包括所有的修改单)适用于本文件。

GB/T 1040.1 塑料 拉伸性能的测定 第1部分:总则

GB/T 1040.2 塑料 拉伸性能的测定 第2部分:模塑和挤塑塑料的试验条件

GB/T 1040.3 塑料 拉伸性能的测定 第3部分:薄膜和薄片的试验条件

GB/T 2035 塑料术语及其定义

GB/T 3681 塑料 自然日光气候老化、玻璃过滤后日光气候老化和菲涅耳镜加速日光气候老化的暴露试验方法

GB/T 12936 太阳能热利用术语

GB/T 31156 太阳能资源测量 总辐射

ISO 16014(所有部分) 塑料 体积排除色谱法测定聚合物的平均分子量和分布(Plastics—Determination of average molecular mass and molecular mass distribution of polymers using size-exclusion chromatography)

3 术语和定义

GB/T 2035、GB/T 12936 界定的以及下列术语和定义适用于本文件。

3.1

参照材料 reference material

一种已知性能的材料。

3.2

存放样品 file specimen

存放在稳定的条件下,用来比较暴露前后性能变化的部分试验材料。

4 原理

4.1 当光解性塑料制品被作为废弃物丢弃时,会受到太阳(特别是太阳紫外辐射)、氧、热和水的作用。

本标准使用的5°暴露角代表废弃物经历降解的典型条件。

4.2 本标准要求以太阳紫外辐射量来表示暴露周期。由于在不同地方和不同时期的辐射量差异较大，光解性塑料达到规定降解程度所需的时间会因此而不同。实验证明[1]含一种铁盐降解剂的同批次聚乙烯材料在同一地点的不同时期暴露时，平均每个分子产生断链所需时间相差超过130%。另有实验证明[2]：当采用太阳总辐射量、太阳紫外辐射量或两者同时来表示暴露周期，可显著减少这种差异。

4.3 在不同地点之间、不同年份或在同一年份同一地点不同时段，除了太阳总辐射和太阳紫外辐射水平不一样外，温度、湿度也会明显不同。因此由试验结果不能预测光解性塑料的绝对光降解率，只可用于比较材料在同时同地进行暴露试验的相对光降解率。如果同批光解性塑料在不同地点经过若干年不同季节的多次暴露试验，其结果可用于比较材料在各地的相对光降解率。

注：采用太阳辐射量作为测量条件的内在局限是不能反映暴露温度和湿度变化的影响(暴露温度、湿度通常与太阳辐射同样重要)。因此，在不同暴露地点，同等增量的太阳紫外辐射量不一定能引起试样性能的等量变化。本试验结果仅可表示降解程度的一般趋势，而且要考虑暴露地点的特性。

4.4 在无法测量太阳紫外总辐射量的地方，暴露周期可用时间(天、周、月)表示。使用本方法时，一种已知降解性能的参照材料(由有关方面商定)应与试验材料同时暴露，由此可比较各种材料同时暴露达到一定降解程度的时间。采用参照材料的方式同样适用于用太阳总辐射量或太阳紫外辐射量确定暴露周期的试验。

注：参照材料可以是经多次暴露均表示出一致结果的单批材料。其成分和性能无需专门机构的鉴定和证明。

5 试验装置

5.1 使用的暴露架应符合GB/T 3681的要求。除非另有规定，暴露架朝南(赤道方向)与水平面成5°角。若暴露架安装为其他朝向或角度，则应在试验报告中说明。

5.2 使用下列一种方式固定暴露试样：

a) 暴露架A：它主要由可定位的试样安装棒和金属网组成。安装棒由耐腐蚀的6061T6铝或未经处理的木条制成，排列在网状展开的金属(铝或不锈钢)背衬上。推荐使用金属网丝径1.2 mm～1.6 mm，网孔约12.5 mm～13.2 mm。图1是典型的暴露架结构俯视图。

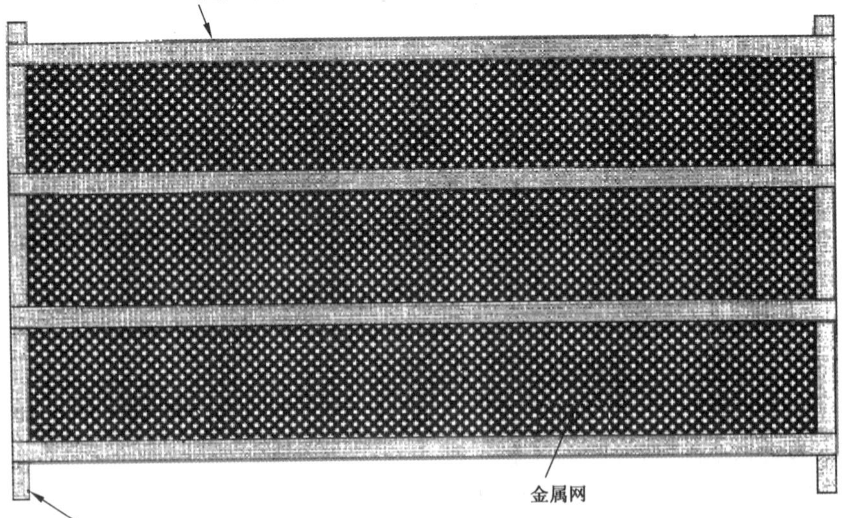

图1 光解性塑料户外暴露试验暴露架A结构

b) 暴露架B：由未经涂漆的室外用胶合板构成暴露架的表面，试样可直接固定其上。若胶合板出现分层或纤维分离迹象，可能产生锐利边缘损伤试样时，应更换胶合板。中密度或高密度贴面胶合板与无贴面胶合板相比是理想的背板材料，不需要经常更换。

注：当使用B架进行暴露试验时，由于试样周围空气流动较少，试样温度较高，导致其降解速率比使用A架时快。材料对比试验需同时进行，并使用相同类型的暴露架。

5.3 紫外辐射表：除非另有说明，使用全波段紫外辐射表测量 280 nm～400 nm 的紫外辐射。经相关方商定，也可使用窄带紫外辐射表(例如 20 nm 带通)。可参照 GB/T 31156 操作辐射表。

注：窄带紫外辐射表对光谱敏感度有选择性，它并非对所有的紫外辐射都敏感。监测窄带(如 20 nm 带通)辐射可能与塑料光降解无关，因为光降解是许多因素的复杂相互作用的结果，包括在很宽波长范围内的敏感性。

6 试样

6.1 试样制备

6.1.1 试样应经有关各方同意，采用合理的步骤制备。所有对比试样建议以相同厚度进行试验。

6.1.2 试样也可用制品直接进行暴露试验。

6.1.3 试样的制备方法应在试验报告中说明。

6.2 试样数量

6.2.1 试样的数量由暴露试验后的性能测试方法确定。由于经大气老化后试样的力学性能数据较离散，每组测试试样的数量应为测试标准要求的两倍。

6.2.2 当进行破坏性测试时，试样总数决定于暴露周期数和存放试样的数量。

7 试验步骤

7.1 将光解性塑料试样两端固定在可定位的试样安装棒或胶合板架上。薄膜或其他平整试样可用耐用带衬垫的压敏胶带或钉子(书钉、图钉)固定。异型试样可用非铁螺钉、垫圈或其他适当方法直接固定在金属网或胶合板上。确保试样刻有或标有可识别的数字、字母或符号。每种材料在每个暴露周期至少需暴露三个平行试样。

注：已发现铝箔背衬的压敏胶带和丙烯酸压敏胶适用于平整薄膜和试样的固定。建议材料对比试验使用相同类型的固定方式。

7.2 固定辐射表，使其朝南(赤道方向)与水平面成 5°角。如试样使用其他暴露角度，辐射表也应安装在同一角度。

7.3 将试样安装在暴露架上，使其暴露时间达到产生预设的全波段太阳紫外辐射量水平所需时间。建议对每种受试材料使用一系列递增的暴露周期以确定光降解率随太阳总辐射或太阳紫外辐射的能量剂量变化的关系。

7.4 如采用全波段太阳紫外辐射量来确定暴露周期，应使用 5.3 要求的仪器进行辐射量暴露周期的测定，其单位为焦耳每平方米(J/m^2)，结果保留 4 位有效数字。如经有关各方同意，也可用接近塑料最敏感光谱区的特定窄波长区间(或窄带)的紫外辐射量表示暴露周期。

7.5 试样经过预定的太阳紫外辐射量暴露后，测定其一个或多个性能。典型的性能测试指标为分子量(按 ISO 16014 进行测定)、拉伸强度和断裂拉伸应变(或断裂标称应变)(按 GB/T 1040.1、GB/T 1040.2、GB/T 1040.3 进行测定)。聚烯烃的氧化程度可用至少三个试样羰基指数的平均值表征，羰基指数是试样在 1 715 cm^{-1} 附近的羰基红外吸收峰与固定特征吸收峰(例如在接近 3 000 cm^{-1}～2 840 cm^{-1} 处的 C-H 伸缩振动)的吸收强度之比。每种受试材料，应对未经暴露的试样进行相同的性能测试。如使用参照材料，测定其性能，表示所有受试材料的降解时间随参照材料产生规定降解程度的时间变化的关系。

注：可参考 ASTM G169 比较已暴露的与未经暴露试样性能的统计分析方法。

8 试验报告

每种暴露材料的试验报告应包括以下信息：

a) 受试材料完整的识别与描述(如：尺寸、制样方法)；

b) 暴露地点和暴露架类型；

c) 暴露角度；

d) 暴露试验开始和结束日期；

e) 总暴露时间(用天、周或月表示)；

f) 太阳紫外辐射量用 J/m^2 表示，记录所用紫外辐射表的生产厂家、型号、最近校准日期和校准实验室；

g) 每种受试材料的未经暴露试样的外观和性能测试结果；

h) 各暴露周期试样的外观和性能测试结果，报告每次测定平行试样的平均值和标准偏差；

i) 完整地描述或引用用于评价材料性能的表征试验。

9 精密度和偏差

9.1 由于本方法的试验步骤的精密度是由性能测试方法决定的，所以对其进行确定是不实际的。各测试方法的精密度和误差可在评价材料差异的试验中用于分析试验数据。

9.2 由于不同地点、同一地点不同时间的太阳辐射、温度、湿度等条件不同，本试验结果只可比较材料暴露于同时、同地、使用相同类型暴露架时的相对光降解率。

参 考 文 献

[1] Daro, A.,et al, Degradation of Polymer Blends Ⅳ,Natural Weathering of Low Density and Linear Low Density Polyethylene,European Polymer Journal [J].Vol 26,No.1,1990,pp.47-52.

[2] Zerlaut, G. L.,and Anderson,T.A.,Ultraviolet Radiation as a Timing Technique for Ourdoor Weathering of Materials,Society of Automotive Engineers[J]. SAE Technical Paper Number 850348,1985.

[3] ASTM G169 Standard guide for application of basic statistical methods to weathering tests.

ICS 83.080.20
G 32

中华人民共和国国家标准

GB/T 21060—2007/ISO 6186:1998

塑料　流动性的测定

Plastics—Determination of pourability

(ISO 6186:1998,IDT)

2007-08-13 发布　　2008-02-01 实施

中华人民共和国国家质量监督检验检疫总局
中国国家标准化管理委员会　发布

前　　言

本标准等同采用ISO 6186:1998《塑料　流动性的测定》(英文版)(2003年10月3日确认)。

为便于使用,本标准作了下列编辑性修改:

a) "本国际标准"一词改为"本标准";

b) 用小数点"."代替作为小数点的逗号",";

c) 删除了国际标准的前言。

本标准由中国石油和化学工业协会提出。

本标准由全国塑料标准化技术委员会聚氯乙烯树脂产品分会(SAC/TC15/SC7)归口。

本标准起草单位:锦西化工研究院、云南盐化股份有限公司、内蒙古三联化工股份有限公司、青岛海晶化工集团有限公司、南通江山农药化工股份有限公司。

本标准主要起草人:陈沛云、孙丽娟、郝晶、张英民、姚锦余、胡云波、裴登泰。

本标准为首次发布。

请注意本标准的某些内容有可能涉及专利,本标准的发布机构不应承担识别这些专利的责任。

塑料　流动性的测定

1　范围

本标准规定了两种方法，即方法 A 和方法 B。是通过测量粉末或粒状塑料流出漏斗的时间来测定其流动性。

由方法 A 可获得与加工性能相关的信息，而方法 B 则是专为生产期间过程控制而设计的。

注：描述的方法不适用于所有粉末和粒状塑料。

2　规范性引用文件

下列文件中的条款通过本标准的引用而成为本标准的条款。凡是注日期的引用文件，其随后所有的修改单(不包括勘误的内容)或修订版均不适用于本标准，然而，鼓励根据本标准达成协议的各方研究是否可使用这些文件的最新版本。凡是不注日期的引用文件，其最新版本适用于本标准。

GB/T 2918—1998　塑料试样状态调节和试验的标准环境(idt ISO 291:1997)

3　术语和定义

下列术语和定义适用于本标准。

3.1

流出时间　flow time

一定质量或体积的试料流出规定尺寸的漏斗所用的时间，以秒表示。

4　原理

测量一定质量或体积的试料流出规定尺寸漏斗所用的时间。

5　仪器

5.1　漏斗，漏斗的形状和尺寸列于图 1 和表 1 中，可使用普通的试验漏斗或带有可转换接口的试验漏斗，漏斗应由金属制成(如不锈钢)，内表面应细致抛光，应装配可关闭出口的装置(例如一个金属片)，漏斗应接地线以消除静电。

5.2　漏斗支架，用以保持漏斗的轴线垂直，例如一个安装在垂直支架上的金属环。

5.3　秒表，准确至 0.1 s，或者选择具有同样准确度的其他测量时间的方法。

5.4　天平，准确至 0.1 g。

6　状态调节

除非另有规定，收到样品后，应在室温环境下进行测试。如果试验环境可能影响测试结果，应根据 GB/T 2918—1998 规定，在(23±1)℃、相对湿度(50±5)%条件下调节 24 h，并在同样的环境下测试。

7　步骤

7.1　通则

根据方法 A 或方法 B 进行操作时，首先使用 $d=10$ mm 漏斗，如果试料没有完全流出或根本不流出，根据需要用 $d=15$ mm 或 $d=25$ mm 的漏斗重新测试。

单位为毫米

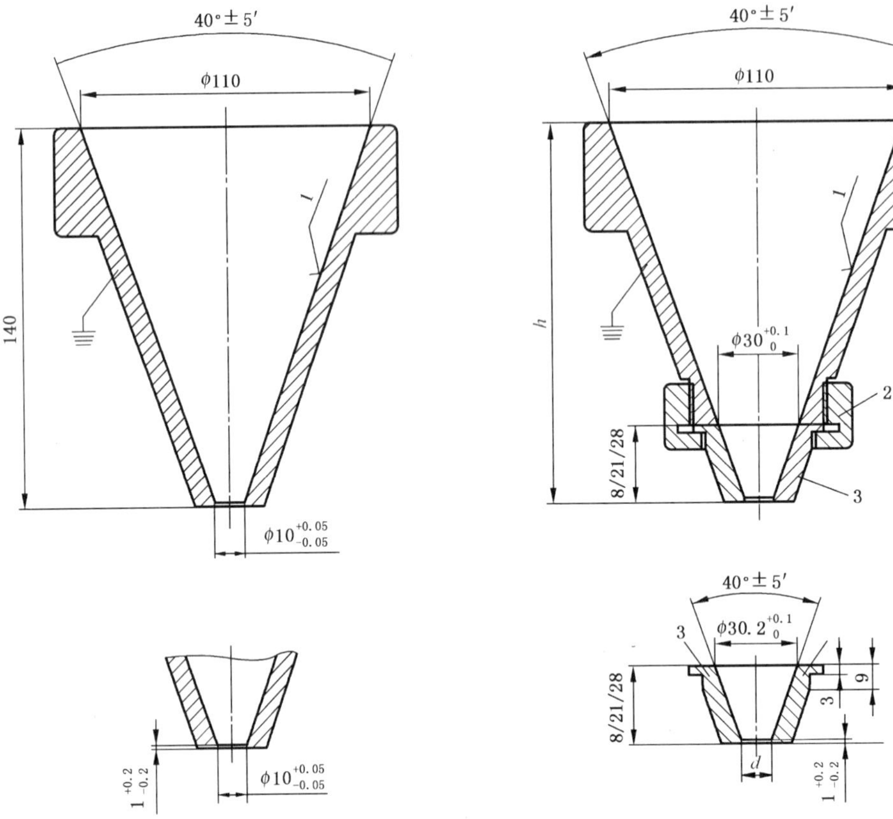

a） 简单的试验漏斗　　　　b） 带可转换接口的试验漏斗

1——经抛光；

2——连接螺套；

3——接口。

图 1　试验漏斗

表 1　漏斗的尺寸

出口直径(d)/mm	漏斗高(h)/mm
10.00±0.05	140
15.00±0.05	133
25.00±0.05	120

7.2　方法 A

用关闭装置封闭漏斗出口，向漏斗内倒入(150±1) g 试料，试料应沿漏斗内壁倒入，以防压实。

迅速打开关闭装置，但不要引起振动，同时开始计时，当漏斗空了的时候，即从漏斗的顶部一看到漏斗的出口就停止计时，读取流出时间，精确至 0.1 s。

在同样条件下用新试料做三次测定，每次测定后，清除漏斗内表面粘附的残余树脂。

如果由于静电原因使材料不能流出，应加入经相关方认可的适量的抗静电剂重新进行测试，并在测试报告中记录。

7.3　方法 B

用关闭装置封闭漏斗出口，倒入试料，直至漏斗加满为止，然后用直尺刮平，试料应沿漏斗内壁倒入，以防止压实。

迅速打开关闭装置，但不要引起振动，同时开始计时，当漏斗空了的时候，即从漏斗的顶部一看到漏斗的出口就停止计时，读取流出时间，精确至0.1 s。

在同样条件下用新试料做三次测定，每次测定后，清除漏斗内表面粘附的残余树脂。

如果由于静电原因使材料不能流出，应加入经相关方认可的适量的抗静电剂重新进行测试，并在测试报告中记录。

8 结果表述

计算三次测定的平均值，取整数，表示流经时间 t，按下列方式表述：

$$t_{A10} = 22 \text{ s} \text{ 或 } t_{B15} = 22 \text{ s}$$

式中：

A——方法A；

B——方法B；

10——10 mm出口；

15——15 mm出口。

使用以下术语表示材料流出的方式：

——均匀流出；

——间断流出；

——在试验条件下不流出。

9 精密度

测试方法A的精密度是通过室间测试建立的，数据如下：

一般的悬浮PVC树脂的 t_{A10}：

同一实验室：变异系数3.5%；

不同实验室：变异系数5.0%。

一般的乳液PVC树脂的 t_{A15}：

同一实验室：变异系数2.5%；

不同实验室：变异系数11.5%。

一般的乳液PVC树脂的 t_{A25}：

同一实验室：变异系数4.0%；

不同实验室：变异系数25%。

基于操作过程在原理上与方法A相同且使用同样的设备，方法B的精密度应与之相似。

10 试验报告

a) 采用本标准方法A或方法B；

b) 试验材料的完整标识；

c) 单独结果和它们的平均值，材料流出方式和漏斗出口直径；

d) 如果使用了抗静电剂，应记录其类型和加入数量；

e) 试验日期。

ICS 83.080
G 31

中华人民共和国国家标准

GB/T 24128—2009

塑料防霉性能试验方法

Method for testing resistance of plastics to mold

2009-06-15 发布　　2010-02-01 实施

中华人民共和国国家质量监督检验检疫总局
中国国家标准化管理委员会　发布

前　言

本标准修改采用 ASTM G21:1996(2002)《合成聚合物材料防霉性能测定标准惯例》(英文版)。

本标准根据 ASTM G21:1996(2002)重新起草。

考虑到我国国情,在采用 ASTM G21:1996(2002)时,本标准做了一些修改。有关技术性差异已编入正文中,并在附录 A 中给出了这些技术性差异及其原因一览表以供参考。

为便于使用,对于 ASTM G21:1996(2002)还做了下列编辑性修改:

a) “ASTM 标准”一词改为“国家标准”;

b) 删除了 ASTM G21:1996(2002)的说明;

c) 删除了 ASTM G21:1996(2002)的出版注释;

d) 删除了 ASTM G21:1996(2002)的引用标准注释;

e) 增加了国家标准的前言;

f) 删除了 ASTM G21:1996(2002)的英寸、华氏(℉)等单位;

g) 删除了关键词。

本标准的附录 A 为资料性附录。

本标准由中国石油和化学工业协会提出。

本标准由全国塑料标准化技术委员会老化方法分技术委员会(SAC/TC 15/SC 5)归口。

本标准负责起草单位:广东省微生物研究所、金发科技股份有限公司、北京加成助剂研究所、广州合成材料研究院有限公司、浙江金海三喜空调网业有限公司、上海环谷新材料科技发展有限公司、珠海市远康企业有限公司、北京崇高纳米科技有限公司。

本标准参加起草单位:上海市工业微生物研究所。

本标准主要起草人:欧阳友生、彭红、王浩江、宁凯军、李杰、洪贤良、陶志清、谢振平、陈仪本、朱艳静、李毕忠。

本标准为首次发布。

塑料防霉性能试验方法

1 范围

1.1 本标准规定了塑料材料及其管、棒、片和薄膜等制品的防霉性能测试，本标准适用于测定霉菌生长引起的塑料光学、机械及电性能变化的影响。

1.2 本标准不涉及相关安全问题，使用本标准之前由使用人员事先制定合适的安全与健康规程，并确定适用和限制范围。

2 规范性引用文件

下列文件中的条款通过本标准的引用而成为本标准的条款。凡是注日期的引用文件，其随后所有的修改单(不包括勘误的内容)或修订版均不适用于本标准。然而，鼓励根据本标准达成协议的各方研究是否可使用这些文件的最新版本。凡是不注日期的引用文件，其最新版本适用于本标准。

GB/T 2918—1998　塑料试样状态调节和试验的标准环境(idt ISO 291:1997)

3 概要

本标准包含有下列程序：选择合适的样品；给样品接种合适的霉菌；把接种后的样品暴露于适合霉菌生长的环境中，检测并评价霉菌的生长等级；取出样品，经状态调节后进行后续试验。

注：由于测试过程涉及到使用霉菌，建议由受过微生物学培训的人员使用霉菌和接种样品。

4 用途和意义

4.1 塑料中聚合物成分不具有霉菌生长所需的碳源，对霉菌生长有抑制作用。而塑料中的其他成分如增塑剂、纤维填充剂、润滑剂、稳定剂和着色剂等往往是造成霉菌侵染的主要原因。在材料最易遭受霉菌侵染的环境下(温度 2 ℃～38 ℃和相对湿度 60%～100%)，验证其抵抗霉菌侵染的能力是很重要的。

4.2 预期影响如下：

a) 塑料及其制品受霉菌侵染后，可观察到塑料及其制品表面被腐蚀、褪色和透光性下降等现象。

b) 除去材料中的增塑剂、改性剂和润滑剂，会导致塑料的模量(刚性)增加，重量、尺寸和其他物理性能发生变化，以及电性能如绝缘性能、介电常数、功率因数和绝缘强度降低。

4.3 通常电性能变化主要取决于塑料表面霉菌生长以及由于霉菌分泌代谢产物引起的湿度、pH 值改变，因增塑剂、润滑剂和其他加工助剂的分布不均引起的霉菌优势生长也对电性能变化有影响。霉菌侵蚀材料后经常会留下离子导电通道。显著的物理变化从薄膜产品上的变化可以观测到，因为薄膜的比表面积大，当表面的营养物质如增塑剂和润滑剂被霉菌利用后，能够持续从薄膜内部迁移出来。

4.4 霉菌在材料表面局部生长或受抑制的几率大，引起检测结果的重现性很低。为了保证评价结果的可靠，宜以观察到的最大损坏程度作为试验结果。

4.5 经过水淋、自然老化和热处理等条件作用后，样品的防霉性能会受到影响，本标准不包括这些影响的测试。

5 仪器设备

5.1 主要仪器设备

5.1.1 恒温恒湿培养箱

温度能保持在 28 ℃±2 ℃，相对湿度能保持在 90%+5%。

5.1.2 **高压蒸汽灭菌锅**

温度设定 105 ℃～126 ℃，压力达到 0.145 MPa～0.165 MPa。

5.1.3 **干热灭菌箱**

温度能保持在 162 ℃±2 ℃。

5.1.4 **天平**

精度 0.000 1 g。

5.1.5 **pH 计**

精度 0.1。

5.1.6 **离心机**

转速能达到 4 000 r/min。

5.1.7 **霉菌孢子液接种箱**

5.1.8 **显微镜**

普通光学显微镜。

5.1.9 **二级生物安全柜(也允许用超净工作台)**

5.1.10 **冰箱**

温度能保持在 2 ℃～10 ℃。

5.1.11 **雾化器**

压力能达到 110 kPa。

5.2 **培养器皿**

宜采用玻璃或塑料培养皿盛放样品。根据样品的尺寸，作如下建议：

a) 直径小于 75 mm 的样品，用 100 mm×100 mm 的塑料盒或者 ϕ150 mm 有盖培养皿。

b) 直径不小于 75 mm 或更大的样品，如可拉伸的和坚硬的样条，可用尺寸为 400 mm×500 mm 大小的器皿。

6 试剂和材料

6.1 **试剂纯度**

除另有规定，所有试验均使用化学纯的试剂，在使用其他纯度级别的试剂时，确保该纯度的试剂不会降低测试的精确性。

6.2 **水**

除另有规定，所用的水应为蒸馏水或与之纯度相当的水。

6.3 **营养盐培养基(供培养样品使用)**

6.3.1 组分

磷酸二氢钾(KH_2PO_4)	0.7 g
硫酸镁($MgSO_4 \cdot 7H_2O$)	0.7 g
硝酸铵(NH_4NO_3)	1.0 g
氯化钠(NaCl)	0.005 g
硫酸亚铁($FeSO_4 \cdot 7H_2O$)	0.002 g
硫酸锌($ZnSO_4 \cdot 7H_2O$)	0.002 g
硫酸锰($MnSO_4 \cdot H_2O$)	0.001 g
磷酸氢二钾(K_2HPO_4)	0.7 g
琼脂	15.0 g
水	1 000 mL

6.3.2 制法

将 6.3.1 组分加热溶解，用 0.01 mol·L^{-1} NaOH 溶液调 pH 达到 6.0～6.5，分装，121 ℃高压灭菌 20 min。

6.3.3 为试验需要准备充足的培养基。

6.4 营养盐溶液(稀释孢子液用)

除不加琼脂外营养盐溶液与 6.3.1 的其他组分相同，加热溶解，用 0.01 mol·L^{-1} NaOH 溶液调 pH 达到 6.0～6.5，分装，121 ℃高压灭菌 20 min。

6.5 马铃薯-蔗糖培养基(培养霉菌用)

6.5.1 组分

马铃薯	200 g
蔗糖	20 g
琼脂	20 g
水	1 000 mL

6.5.2 制法

取新鲜无霉烂的马铃薯，去皮切片，在蒸馏水中煮沸 20 min 后过滤，取汁，按 6.5.1 要求加入其余组分，定容，试管分装，121 ℃高压灭菌 20 min，趁热取出试管并倾斜摆放，自然凝固成斜面后，存放备用。

6.6 混合霉菌孢子悬浮液

6.6.1 试验所用霉菌见表 1。

表 1 塑料防霉试验菌种名称

序号	中文名称	拉丁名	菌株号
1	黑曲霉	*Aspergillus niger*	AS3.315
2	绿粘帚霉	*Gliocladium virens*	AS3.3987
3	球毛壳霉	*Chaetomium globosum*	AS3.3601
4	出芽短梗霉	*Aureobasidium pullulans*	AS3.837
5	绳状青霉	*Penicillium funiculosum*	AS3.3875

注：根据产品的使用要求或客户意见，也可适当增加其他菌种作为检测菌种。所有菌种来源于国家级微生物菌种保藏中心的典型菌种。
AS 为中国科学院微生物研究所的菌种缩写。

在合适的培养基如马铃薯葡萄糖琼脂培养基上分别将这些霉菌进行连续培养，培养好的霉菌在 3 ℃～10 ℃ 条件下保存，时间不能超过 4 个月。孢子悬浮液应使用 28 ℃～30 ℃下经 7 d～20 d 再次培养的霉菌制备。

6.6.2 向每种再次培养的霉菌菌种中倒入 10 mL 无菌水或含有 0.05 g/L 的无毒润湿剂(如硫化丁二酸钠)无菌液，用接种环在无菌操作条件下轻轻地刮取霉菌培养物表面的孢子，制成孢子悬浮液，备用。

注：在制备霉菌孢子悬浮液前，不能取下装有菌种的试管塞子，一支打开的菌种试管应只制备一次孢子悬浮液。

6.6.3 将孢子液倒入 125 mL 带有塞子的无菌锥形瓶中，瓶内装有 45 mL 无菌水和 10 个～15 个直径 5 mm 的玻璃珠。用力振荡锥型瓶以打散孢子团并使孢子从子实体中释放出来。

6.6.4 将带有无菌玻璃棉的玻璃漏斗置于无菌锥形瓶上，把振荡后的孢子悬浮液倒入漏斗内过滤，以除去菌丝碎片。

6.6.5 无菌条件下以 4 000 r/min 的速度离心已过滤的孢子悬浮液，去掉上清液，将孢子沉淀物用 50 mL 无菌水重新制作悬浮液并再离心。

6.6.6 用上述方法清洗孢子 3 次，将清洗离心之后的孢子沉淀物用营养盐溶液稀释，使悬浮液中含有孢子 8×10^5 cfu/mL～1.2×10^6 cfu/mL(可用计数器计算)。

6.6.7 试验中用到的每种霉菌均重复以上操作，并等量混合，获得混合的孢子悬浮液。
6.6.8 每次试验都要准备新鲜的孢子悬浮液，或者将孢子悬浮液在 3 ℃～10 ℃保存不超过 4 d。

7 孢子活力检查

裁剪边长为 25 mm 正方形大小的 3 片滤纸，灭菌后，分别将滤纸平放在装有营养盐培养基的平皿中，再用灭菌的喷雾器将混合孢子悬浮液(6.6)均匀向滤纸表面喷洒，使混合孢子悬浮液湿润整个滤纸表面(喷雾压力≥110 kPa)，并将已接种的平皿置于 28 ℃～30 ℃，相对湿度不低于 85%的条件下培养到 14 d 后检测，在 3 片滤纸上均应有明显可见霉菌生长，如果没有生长，重新试验。

8 试验样品

8.1 样品可以是 50 mm×50 mm 的方片，或直径 50 mm 的圆片，或者从被试验的材料上切取不小于 76 mm 长的片(杆或管)，整个产品材料或者其上的一部分均可作为检测的样品。样品试验结果仅限于观测其外观、菌生长密度、光的反射或透射，或硬度等物理性能变化的评估。
8.2 薄膜材料以 50 mm×25 mm 的尺寸作为样品进行试验。
8.3 目测评估需要接种 3 个平行样品，如果样品的正反面不同，样品的正反面都要进行试验。

注：设计一个用于检测霉菌作用期间和作用后定量变化的试验程序，确定一个有效的数据评价样品的初始性能需足量的样品。如确定一种薄膜材料的拉伸强度需要 5 个平行的样品，那么每个暴露周期均需选择相同数量的样品。在霉菌作用的各阶段材料的物理性能的期望值是不同的，而最大降解的数值是最有效的(4.4)。

9 试验步骤

9.1 接种

向灭菌的平皿中倒入厚度约 3 mm～6 mm 营养盐培养基，当培养基凝固后，将样品放置在该培养基表面。

用灭菌后的喷雾器混合孢子悬浮液(6.6)均匀向样品表面喷洒，使混合孢子悬浮液湿润整个样品表面(喷雾压力≥110 kPa)。

9.2 培养控制

9.2.1 培养

盖好已接种的试验样品的平皿，并将它置于温度 28 ℃～30 ℃，相对湿度≥85%的条件下培养。

注：将营养琼脂的器皿盖上盖子是为了保持所需要的湿度，大的器皿必要时加用封条密封。

9.2.2 培养时间

试验标准的培养时间为 28 d，当试样表面生长的霉菌达到 2 级或更高等级时，也可少于 28 d 终止试验。最终的报告应详述培养的持续时间。

9.3 可见效果观察

如试验仅为检测可见效果，可以将样品从培养箱中拿出，直接进行如下评级(表 2)。

表 2 样品上霉菌的生长情况及评价

样品上霉菌的生长情况	等级
不生长	0
痕量生长(在显微镜观察，长霉面积<10%)	1
少量生长(长霉面积≥10%，并<30%)	2
中度生长(长霉面积≥30%，并<60%)	3
重度生长(长霉面积≥60%，并≤100%)	4
确定痕量生长或不生长(1 级或 0 级)应通过显微镜观测证实，因为在没有形成孢子情况下，不借助显微镜很难判断。报告应记录使用显微镜的放大倍数以证实观测有效。	

痕量生长(1级)可定义为分散的、稀少的霉菌生长,如霉菌培养物中有一定量的孢子萌发,或含有外部的污物如指纹、昆虫的粪便等。连续的网状的生长延伸到整个样品,但未覆盖整个样品,应评价为2级。

9.4 物理性能、光学性能、电性能的影响

将样品上的霉菌洗掉,浸入氯化汞溶液(体积比1∶1 000)中5 min,再用自来水清洗,室温干燥8 h~12 h。按GB/T 2918—1998中规定,在温度23 ℃±1 ℃,相对湿度50%±5%的试验条件下进行状态调节。对照样品的状态调节也按GB/T 2918—1998中规定进行。

注:对于某些电性能的测试,如绝缘和耐电弧性,样品可以不经过清洗,在使之润湿的情况下进行测试。其测试值会受到表面霉菌生长和其湿度的影响。

10 试验报告

试验报告应包括以下内容:

a) 使用的霉菌;

b) 培养的时间(如果提前结束试验,在报告中注明);

c) 可见霉菌生长等级(见9.3);

d) 列出物理、光学及电性能随着培养时间的变化,给出观测的样品数量及其相关性能变化的平均值和最大值。

11 不确定度

因未得到实验室间的试验数据,因此还未得到试验方法的不确定度。当获得实验室间数据后,将在下次修订版本给出不确定度的说明。

附 录 A
（资料性附录）
本标准与 ASTM G21:1996(2002)技术性差异及其原因

表 A.1 给出了本标准与 ASTM G21:1996(2002)技术性差异及其原因一览表。

表 A.1 本标准与 ASTM G21:1996(2002)技术性差异及原因

本标准的章条编号	技术性差异	原 因
2	用 GB/T 2918—1998 代替 ASTM D618 塑料测试的试验条件的操作	使用方便
4.3	删除了涂料的相关性能描述	本标准不涉及涂料
5.1	强调了如下几种仪器设备： 恒温恒湿培养箱、湿热蒸汽灭菌锅、干热灭菌箱、pH 计、天平、离心机、霉菌孢子液喷雾箱、显微镜、生物安全柜、冰箱、雾化器、玻璃或塑料密闭容器	对一些仪器参数进行相应规定，更具操作性
6.4	增加的该条款对营养液(稀释孢子液用)进行了具体规定	更具体、明确
6.5	增加的该条款对马铃薯-蔗糖培养基(培养霉菌用)作了具体规定	更具体、明确
6.6.1	试验所用霉菌 AS 级别。国家标准中增加了与相应的国际标准条款同等地位的条款，作为对该国际标准条款的另一种选择	符合我国国情
6.6.2	增加了“注”	对操作人员起提示作用
6.6.5	规定离心机的转速为：4 000 r/min	对转速进行明确规定，更具操作性
8.2	删除了涂料的制备及其制备内容	本标准不涉及涂料
9.4	室温干燥 8 h～12 h	更具体、更明确
参考文献	用国家标准代替相应的 ASTM 标准	使用方便
	删除了以下 3 个标准 TAPPI 标准： T 451-CM-484 纸的弯曲性能试验方法 美国联邦政府(FED)标准： FED 标准 191 方法 5204 织物的刚性，定向，悬臂梁自重法 FED 标准 191 方法 5206 织物的皱折和褶曲的刚性，悬臂弯曲法	这些标准与塑料无关

参 考 文 献

GB/T 1037—1988 塑料薄膜和片材透水蒸气性试验方法 杯式法

GB/T 1040.1—2006 塑料 拉伸性能的测定 第1部分:总则(ISO 527-1:1993,IDT)

GB/T 1040.2—2006 塑料 拉伸性能的测定 第2部分:模塑和挤塑塑料的试验条件(ISO 527-2:1993,IDT)

GB/T 1040.3—2006 塑料 拉伸性能的测定 第3部分:薄膜和薄片的试验条件(ISO 527-3:1993,IDT)

GB/T 1408.1—2006 绝缘材料电气强度试验方法 第1部分:工频下试验(ISO 60243.1:1998,IDT)

GB/T 1411—2002 固体绝缘材料 耐高电压、小电流电弧放电的试验(ISO 61621:1997,IDT)

GB/T 1693—2007 硫化橡胶 介电常数和介质损耗角正切值的测定方法

GB/T 1695—2005 硫化橡胶 工频击穿电压强度和耐电压的测定方法

GB/T 2410—1980 透明塑料透光率和雾度的测定

GB/T 9341—2008 塑料 弯曲性能的测定(ISO 178:1993,IDT)

GB/T 9342—1988 塑料洛氏硬度试验方法(eqv ISO 2039.2:1981)

GB/T 10064—2006 测定固体绝缘材料绝缘电阻的试验方法(ISO 60167:1964,IDT)

GB/T 20146—2006 色度学用CIE标准照明体(CIE S 005:1999,IDT)

HG/T 3840—2006 塑料弯曲性能小试样试验方法

ICS 83.080.01
G 31

中华人民共和国国家标准

GB/T 31402—2015/ISO 22196:2007

塑料 塑料表面抗菌性能试验方法

Plastics—Measurement of antibacterial activity on plastics surfaces

(ISO 22196:2007,IDT)

2015-05-15 发布　　2015-10-01 实施

中华人民共和国国家质量监督检验检疫总局
中国国家标准化管理委员会　发布

前　言

本标准按照 GB/T 1.1—2009 给出的规则起草。

本标准使用翻译法等同采用 ISO 22196:2007《塑料　塑料表面抗菌性能试验方法》。

为了便于使用，本标准还做了下列编辑性修改：

——4.1 中用注的形式说明了与测试菌种等同的国内菌株号。

本标准由中国石油和化学工业联合会提出。

本标准由全国塑料标准化技术委员会老化方法分技术委员会(SAC/TC 15/SC 5)归口。

本标准起草单位：广东省微生物研究所、广州合成材料研究院有限公司、北京崇高纳米科技有限公司、海信容声(广东)冰箱有限公司、松下家电研究开发(杭州)有限公司、晋大纳米科技(厦门)有限公司、成都交大晶宇科技有限公司、海尔科化工程塑料国家工程研究中心股份有限公司、全国卫生产业企业管理协会抗菌产业分会。

本标准主要起草人：谢小保、欧阳友生、王浩江、李毕忠、吴继贤、李维义、周祚万、胡哲、李文东、贾春耕。

塑料
塑料表面抗菌性能试验方法

警告:处理和操作具有潜在危险的微生物需要很高的技术能力,必须遵守现行国家法律和条例。只有经过微生物学技术培训的人员才能进行这些检测工作。并应严格执行相关的消毒、灭菌和个人卫生规范程序。

1 范围

本标准规定了经抗菌处理的塑料制品(包括半成品)的抗菌性能的评价方法。

注:本标准也适用于经抗菌处理的其他无孔材料的抗菌性能检测。

本方法不适用于未经抗菌处理塑料上细菌作用和繁殖的评价。ISO 846 描述了不同于本标准所覆盖方法的一些评价塑料上细菌作用及其繁殖的试验方法。感兴趣者可以参阅 ISO 846:1997 方法 C。

本标准不涉及因抗菌处理而带来的次生效应,如预防塑料的生物腐蚀和异味,也不适用于评价塑料的生物降解性能。生物降解试验可参考 ISO 14851、ISO 14852、ISO 14855(见参考文献)及其他相关标准。

本标准并不涉及建筑用塑料,如 PVC 或复合材料,除非将其以相同方式进行抗菌处理。

根据本标准所得到的任何结果均需参照本标准及其试验条件。利用本标准所得到的结果是在本标准的实验条件下得到的抗菌性能,而不代表在其他温度、湿度、菌种和营养等条件下的抗菌性能。利用本方法进行抗菌试验需要最低剂量的抗菌剂(化学品)溶入到接种菌液中。

建议试验人员查阅 ISO 7218 进行微生物操作。

2 规范性引用文件

下列文件对于本文件的应用是必不可少的。凡是注日期的引用文件,仅注日期的版本适用于本文件。凡是不注日期的引用文件,其最新版本(包括所有的修改单)适用于本文件。

ISO 7218 食品和动物饲料的微生物学 微生物检验通用要求和指南(Microbiology of food and animal feeding stuffs—General requirements and guidance for microbiological examinations)。

3 术语和定义

下列术语和定义适用于本文件。

3.1

抗菌 antibacterial

制品表面抑制细菌生长的状态或药剂抑制制品表面细菌生长的效果。

3.2

抗菌剂 antibacterial agent

通过表面抗菌处理或添加到制品而抑制细菌在制品表面生长的药剂。

3.3

抗菌性能　antibacterial activity

经过抗菌处理后的制品和未经抗菌处理后的制品在接种细菌培养后，得到的活菌数的对数的差值。

3.4

抗菌效果　antibacterial effectiveness

使用抗菌剂的制品表面抑制细菌生长繁殖的能力，由计算得到的抗菌性能值决定。

4　材料

4.1　试验细菌

采用以下两种细菌：

a)　金黄色葡萄球菌(*Staphylococcus aureus*)；

b)　大肠杆菌(*Escherichia coli*)。

根据需要也可采用其他菌种。使用其他菌种时，应在检测报告中注明并说明理由。

试验所用菌株如表1所示。如从表1以外的机构获取菌株，则该机构应是世界菌种保藏联合会(WFCC)的成员或日本菌种保藏协会(JSCC)的成员，并且菌株应和表1相同，根据供应商的使用说明制备菌种。

表1　试验所用菌株

菌种名称	菌株号
金黄色葡萄球菌	ATCC 6538P CIP 53.156 DSM 346 NBRC 12732 NCIB 8625
大肠杆菌	ATCC 8739 CIP 53.126 DSM 1576 NBRC 3972 NCIB 8545

注：中国普通微生物菌种保藏管理中心(CGMCC)是WFCC成员，与金黄色葡萄球菌ATCC 6538P等同的国内菌株号为CGMCC 1.2910，与大肠杆菌ATCC 8739等同的国内菌株号为CGMCC 1.2463。

4.2　试剂、培养基与溶液

所使用的水都应是蒸馏水或去离子水，电导率小于1 μS/cm。

所有试剂都应是分析纯或微生物实验试剂。

4.2.1　非离子表面活性剂

——聚氧乙烯山梨醇酐单油酸酯(吐温80)。

4.2.2 生物材料

以下是需要的生物材料：

——卵磷脂；

——D-葡萄糖；

——酵母膏；

——牛肉膏(见附录 A)；

——蛋白胨(见附录 A)；

——酪蛋白胨；

——大豆蛋白胨；

——胰蛋白胨。

4.2.3 培养基

4.2.3.1 概述

应用下述专用培养基。如采用商品培养基,应按照制造商的说明书制备。

4.2.3.2 悬浮液—1/500 营养肉汤(1/500 NB)

将 3.0 g 牛肉膏、10.0 g 蛋白胨和 5.0 g 氯化钠溶入 1 000 mL 蒸馏水或去离子水中。用蒸馏水或去离子水稀释至 500 倍体积,并用氢氧化钠溶液或盐酸将 pH 值调整至 6.8～7.2。用高压蒸汽灭菌(见 6.2)。如不立即使用,于 5 ℃～10 ℃保藏。不得使用存放一个星期或以上的 1/500 营养肉汤。

4.2.3.3 营养琼脂

将 5.0 g 牛肉膏、10.0 g 蛋白胨、5.0 g 氯化钠、15.0 g 琼脂粉加入 1 000 mL 蒸馏水或去离子水中。将容器放在电炉上或浸入沸水水浴锅中加热搅拌,直到琼脂溶解。用氢氧化钠溶液或盐酸将 pH 值调整至 7.0～7.2(25 ℃)。用高压蒸汽灭菌(见 6.2)。如不立即使用,于 5 ℃～10 ℃保藏。不得使用存放一个月或以上的营养琼脂。

4.2.3.4 平板计数琼脂

将 2.5 g 酵母膏、5.0 g 胰蛋白胨、1.0 g 葡萄糖、15.0 g 琼脂粉加入 1 000 mL 蒸馏水或去离子水中。将容器放在电炉上或浸入沸水水浴锅中加热搅拌,直到琼脂溶解。用氢氧化钠溶液或盐酸将 pH 值调整至 7.0～7.2(25 ℃)。用高压蒸汽灭菌(见 6.2)。如不立即使用,于 5 ℃～10 ℃保藏。不得使用存放一个月或以上的平板计数琼脂。

4.2.3.5 斜面培养基

将 6 mL～10 mL 加热溶解的营养琼脂加入旋盖的试管中,用高压蒸汽灭菌(见 6.2)。灭菌后将试管置于倾角约 15°的位置,让培养基凝固。如不立即使用,于 5 ℃～10 ℃保藏。不得使用存放一个月或以上的斜面培养基。

4.2.3.6 卵磷脂吐温大豆酪蛋白培养液(SCDLP 培养液)

将 17.0 g 酪蛋白胨、3.0 g 大豆蛋白胨、5.0 g 氯化钠、2.5 g 磷酸氢二钠、2.5 g 葡萄糖与 1.0 g 卵磷脂溶入 1 000 mL 蒸馏水或去离子水中。搅拌均匀后加入 7.0 g 非离子型表面活性剂吐温 80,用氢氧化钠溶液或盐酸将 pH 值调整至 6.8～7.2(25 ℃),高压蒸汽灭菌(见 6.2)。如不立即使用,于 5 ℃～10 ℃保藏。不得使用存放一个月或以上的 SCDLP 培养液。

注：在大多数的情况下 SCDLP 是默认的中和剂，在 ASTM E 1054 和 EN 1040 中规定了替代的中和剂选择和评价方法。

4.2.3.7 磷酸盐缓冲液

将 34.0 g 磷酸二氢钾放入 1 000 mL 容量瓶中，加入 500 mL 去离子水或蒸馏水，搅拌溶解后，用氢氧化钠溶液调整 pH 值至 6.8～7.2(25 ℃)。加入去离子水或蒸馏水至 1 000 mL，高压蒸汽灭菌(见 6.2)。不得使用存放一个月或以上的磷酸盐缓冲液。

4.2.3.8 磷酸盐缓冲生理盐水

将 8.5 g 氯化钠加入 1 000 mL 去离子水或蒸馏水中，搅拌均匀，制成生理盐水。以生理盐水稀释磷酸盐缓冲液(见 4.2.3.7)至 800 倍体积。高压蒸汽灭菌(见 6.2)。如不立即使用，于 5 ℃～10 ℃保藏。不得使用存放一个月或以上的磷酸盐缓冲生理盐水。

5 仪器

如无特别说明，使用以下器具和材料：

5.1 干热灭菌箱：能保持 160 ℃～180 ℃的温度，温度波动不超过±2 ℃。

5.2 高压蒸汽灭菌锅：能保持(121±2)℃的温度，保持(103±5)kPa 压力。

5.3 带搅拌的加热电炉或水浴锅。

5.4 pH 计：精度±0.2。

5.5 天平：精度±0.01 g。

5.6 移液器：带有 1 000 μL 的枪头，灭菌后使用。

5.7 培养箱：在设定温度下，温度精度±1 ℃。

5.8 漩涡搅拌器。

5.9 超声波清洗器。

5.10 接种环：直径 4 mm，灭菌后使用。

5.11 覆盖膜：不影响细菌生长并且不吸水的材料(以聚乙烯、聚丙烯或聚酯如聚对苯二甲酸乙二醇酯制成)。建议膜厚度在 0.05 mm～0.10 mm 之间。

注：均质袋(Stomacher bags)切下的膜也适用。

5.12 带螺盖试管。

5.13 培养皿：直径 90 mm～100 mm，灭菌后使用。

5.14 纱布或脱脂棉。

5.15 1 000 mL 容量瓶。

5.16 制备培养基用的加塞锥形瓶或三角瓶。

6 仪器灭菌和菌种保藏

6.1 干热灭菌

将物品放入干热灭菌器，灭菌温度和时间如下：

温度	最短灭菌时间
180 ℃	30 min
170 ℃	60 min
160 ℃	120 min

6.2 高压蒸汽灭菌

将物品放入高压蒸汽灭菌锅，于(121±2)℃灭菌 15 min 或以上。

6.3 玻璃器皿的准备

以碱性或中性清洁剂清洗，然后用蒸馏水或去离子水冲洗干净。使用前用干热灭菌箱或高压蒸汽灭菌锅灭菌。

6.4 菌种的保藏

菌种接种于适当的培养基上，存放在 5 ℃～10 ℃条件下，每月转种一次。不得使用转种超过 5 次或转种间隔超过 1 个月的菌种，应从相关菌种保藏机构获取新的菌种进行试验。

7 检测步骤

7.1 细菌预培养

用无菌接种环将细菌从保藏菌种的培养基上转移到斜面培养基(见 4.2.3.5)上并在(35±1)℃培养 16 h～24 h。再用无菌接种环将此细菌转移至新鲜的斜面培养基上，在(35±1)℃培养 16 h～20 h。

7.2 试样的制备

每种经过抗菌处理的材料至少准备 3 片试样，未经抗菌处理的材料至少准备 6 片试样。3 片未经抗菌处理试样用于接种后立即测量活的细菌数，另 3 片用于测量接种后 24 h 的活细菌数。

注：使用 3 个以上的经过抗菌处理的试样有助于减少误差，尤其对于抗菌效果较差的材料是这样。

在对同一材料进行一系列不同抗菌处理时，若所有抗菌试样都同时采用相同菌液进行检测，则每种抗菌处理只需一组未经抗菌处理的试样作为对照。

制备抗菌处理和未经抗菌处理的试样，试样尺寸为(50±2)mm×(50±2)mm，试样厚度不超过 10 mm。如果不能切割成这样大小的样片，只要样品能够被面积为 400 mm^2～1 600 mm^2 薄膜覆盖即可。优先考虑从制品上制备试样。如果不能从制品上制备上述大小的试样，则利用相同原料和工艺单独制备试样。如果试样尺寸不同于 50 mm×50 mm，则应在试验报告中写明实际的试样尺寸。

在制样时，注意避免试样被微生物或有机物污染。同时，试样不能互相接触。如果使用金属器具防止交叉污染，应保证该金属不含有抗菌效果。必要时，试样可以在测试前进行清洗、消毒或杀菌(如以 70%酒精擦洗)。

清洗试样可能导致表面软化、表面涂层溶解或者组分洗脱等，所以应避免清洗。如果因严重污染需要清洗，清洗方法应在试验报告中注明。

7.3 接种液的制备

使用无菌的接种环，转移一环预培养好的细菌(见 7.1)到少量的 1/500 NB(见 4.2.3.2)中。确保细菌分散均匀，并采用显微镜观测及计数板或利用其他合适的方法(如分光光度计法)测定细菌数量。用 1/500 NB 稀释菌悬液，使细菌的浓度在 2.5×10^5 CFU/mL～10×10^5 CFU/mL 之间，最佳浓度为 6.0×10^5 CFU/mL，用作接种液。如果接种液不立即使用，将其放置于冰块上(0 ℃)并在 2 h 内使用。

7.4 试样接种

制品的外表面作为测试表面，制品的横切面不需要测试。将试样(见 7.2)分别放入无菌的培养皿中，测试面朝上。用移液管吸取 0.4 mL 接种液(见 7.3)，滴到每个试样表面。并将制备好的 40 mm×

40 mm 薄膜(见 5.11)盖于接种好的菌液上,并向下轻轻按压薄膜使菌液向四周扩散,确保菌液不要从薄膜边缘溢出。在试样接种完并盖上薄膜后,盖上培养皿盖(见图 1)。

单位为毫米

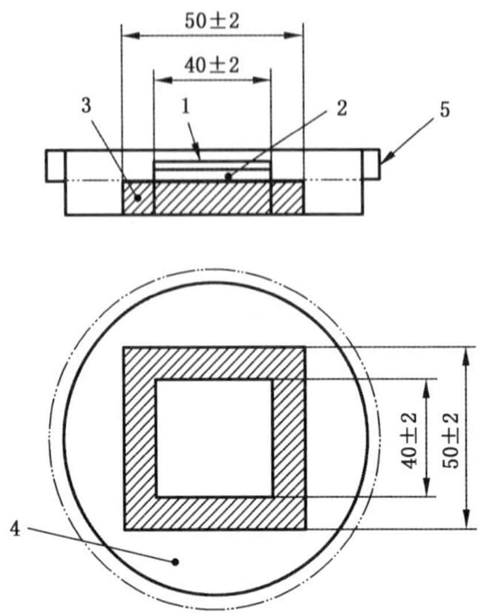

说明:

1——覆盖膜;

2——接种液(0.4 mL);

3——试样;

4——培养皿;

5——培养皿盖。

图 1 试样接种与覆盖膜放置

除特别说明外,覆盖膜的标准尺寸为(40±2)mm×(40±2)mm,而试样尺寸为 50 mm×50 mm。如果试样不是标准尺寸,则根据试样的大小按比例减小覆盖膜的尺寸,但覆盖膜尺寸不应小于 400 mm^2,并且覆盖膜边缘距试样边缘 2.5 mm～5.0 mm 之间。如果覆盖膜的尺寸不是 40 mm×40 mm,应在试验报告中说明其实际尺寸。所使用的接种液体积应按覆盖膜面积变化的比例相应调整并在试验报告中记录。

接种液不能从覆盖膜边缘溢出。有些表面(如亲水性非常强的表面)很难防止菌液溢出。可采用选项 1 防止溢出。如果采用选项 1 仍发生溢出,则选用选项 2。如果某选项能抑制溢出,应在试验报告中记录。

——选项 1:减少菌液体积以适应试样表面。但菌液体积不小于 0.1 mL。当菌液体积减少时,应增加接种液细菌的浓度,以保证测试时与标准规定的细菌数相同。

——选项 2:通过增加惰性增稠剂以增加菌液的粘度,如琼脂或其他材料。

7.5 接种试样的培养

除特别说明外,含有接种试样(包括 3 片未经抗菌处理制品的接种试样)的培养皿,在(35±1)℃、相对湿度不小于 90%的条件下培养(24±1)h。根据在培养温度下检测所得到的抗菌性能值来确定制品的抗菌效果。在相关方同意的条件下,也可采用其他培养温度。如使用的不是(35±1)℃,应在试验报告中记录。

注:若培养温度低于 35 ℃,活菌总数将会减少。这将使所测得的抗菌性能值与 35 ℃下所测得的结果不同。

7.6 试样上的细菌回收

7.6.1 试样接种后即时测试

接种后，立即对已接种的3片未做抗菌处理试样进行菌种回收，在各培养皿中加入10 mL SCDLP培养液(见4.2.3.6)或其他适宜而有效的中和剂。以此种方法得到试样上细菌的回收率。应对试样进行充分冲洗，即用移液管吸取和释放SCDLP培养液，冲洗试样4次以上。

需特别注意的是，需要达到足够的菌液回收量。尤其是如试验中采用了7.4中的选项2，导致菌液的粘度增大。在此种情况下就需要采用机械搅拌，如均质、旋动和超声波振动等。若采用这些方法后回收率能达到或超过冲洗法，则可以采用。若变更回收方法，则应在报告中说明。由于试样的尺寸和性质的关系，采用10 mL中和剂回收细菌有困难，则可增加中和剂溶液用量。若中和剂的体积不等于10 mL，则在报告中注明，并在计算抗菌效果时予以考虑。

其他冲洗方法将影响所测得的抗菌性能结果，因而应充分证实其有效性才可使用。

7.6.2 试样接种培养后的测试

根据7.5的程序培养后，按照7.6.1处理试样，然后立即对试样上的活菌进行计数(见7.7)。

7.7 平板培养法测定活菌数

用磷酸盐生理盐水缓冲液(见4.2.3.8)对SCDLP回收液进行10倍梯度稀释，以计算活菌。将试样上的回收液及其10倍稀释液各取1 mL，分别放入无菌培养皿中，每个稀释度做2个培养皿。每个培养皿中注入15 mL平板计数琼脂(见4.2.3.4)，轻轻搅拌以分散细菌。倒置培养皿，并于(35±1)℃培养40 h～48 h。

培养后，对培养皿中菌落数在30～300之间的菌落进行计数。记下每个稀释度培养皿上的菌落数并保留2位有效数字，记录稀释倍数。若1 mL洗脱液中的菌落数小于30，则对该培养皿直接计数。如所有培养皿中均没有菌落，则记录为<1。

8 试验结果

8.1 活菌数测定

对于每个试样，都按照式(1)来计算活菌数。

$$N=(100\times C\times D\times V)/A \qquad \cdots\cdots(1)$$

式中：

N ——每个试样每平方厘米的活菌数；

C ——两个培养皿的平均菌落数；

D ——稀释倍数；

V ——用于洗脱的SCDLP培养液的体积，单位为毫升(mL)；

A ——覆盖膜的表面积，单位为平方毫米(mm^2)。

计算每组试样回收活菌数的几何平均数并记录菌数时取2位有效数字，若某一稀释倍数的所有琼脂平板上都没有菌落，则将活菌计作<V(用于洗脱的SCDLP培养液的体积mL)。计算平均数时，如各稀释度均没有菌数，则记录为V。

例如：V=10 mL，计算所得平均菌数为10。

8.2 试验有效的条件

8.2.1 当8.2.2、8.2.3、8.2.4中给定的3个条件均得到满足时，试验才被认定为有效。反之，则试验无效,应重新进行试验。

8.2.2 未经抗菌处理试样接种后即时测得的细菌数的对数值应满足式(2)的要求:

$$(L_{max}-L_{min})/(L_{mean})\leqslant 0.2 \qquad \cdots\cdots(2)$$

式中:

L_{max}——试样上最大活菌数的对数值;

L_{min}——试样上最小活菌数的对数值;

L_{mean}——试样上几何平均活菌数的对数值。

8.2.3 未经抗菌处理的试样接种后即时测得的平均活菌数应在 6.2×10^3 CFU/cm^2～2.5×10^4 CFU/cm^2 范围内。

8.2.4 每个未经抗菌处理试样接种后培养 24 h 的活菌数不应小于 62 CFU/cm^2。

注:若 7.5 中接种温度低于 35 ℃,那么未经抗菌处理试样测得的活菌数可能达不到这个标准。

8.3 抗菌性能的计算

在试验被认为有效的情况下,用式(3)计算抗菌性能值,结果保留到小数点后 1 位。

$$R=(U_t-U_0)-(A_t-U_0)=U_t-A_t \qquad \cdots\cdots(3)$$

式中:

R ——抗菌性能值;

U_0 ——未经抗菌处理试样接种后即时菌数的对数平均值,单位为细菌数每平方厘米(CFU/cm^2);

U_t ——未经抗菌处理试样接种后 24 h 的菌数的对数平均值,单位为细菌数每平方厘米(CFU/cm^2);

A_t ——经抗菌处理试样接种后 24 h 的菌数的对数平均值,单位为细菌数每平方厘米(CFU/cm^2)。

8.4 抗菌剂的效果

抗菌性能值可以用于描述抗菌效果。

9 重复性与再现性

重复性和再现性在附录 B 中进行了定量讨论。

10 试验报告

试验报告应包括以下信息:

a) 注明采用本标准;
b) 经抗菌处理和未经抗菌处理试样所用的塑料材质、尺寸、形状和厚度;
c) 覆盖膜的聚合物类型、尺寸、形状和厚度;
d) 试验用菌种和菌株号,如采用其他菌种需说明原因;
e) 接种菌液的体积;
f) 接种菌液中的活菌数;
g) 8.3 中 U_0、U_t 和 A_t 值;
h) 抗菌性能值;
i) 若采用了不同于本标准的一些操作,如试样清洗方法的变更、惰性增稠剂的使用、所用中和剂的种类和体积有变化、菌液回收方法变更及培养温度不同时,均应详细说明;
j) 实验室的名称等识别资料及实验室负责人的姓名和签字;
k) 试验开始日期;
l) 试验报告日期。

附 录 A
（规范性附录）
生物材料的质量要求

A.1 总则

根据来源的不同，用于接种液制备的材料的质量会有所差异，从而对结果产生重大影响，因而其组成需要加以专门规范。

A.2 1/500 营养肉汤（1/500 NB）的化学成分

牛肉膏和蛋白胨是控制 1/500 营养肉汤质量差异的关键成分。以下是本标准对商品化材料中总氮和 α-氨基氮化物要求，蛋白胨要求是酪蛋白的酶消解产物。

牛肉膏

总氮　　6.0%～15.0%；

α-氨基氮　　2.0%～5.0%。

蛋白胨（酪蛋白的酶消解产物）

总氮　　12.0%～16.0%；

α-氨基氮　　3.0%～6.0%。

附 录 B
（资料性附录）
重复性和再现性

B.1 背景

本附录内容是基于大量研究结果所获得的本试验的重复性和再现性。该研究于2000年至2004年由日本国家技术与评价研究所完成，其目的一方面是采纳ISO/IEC 17025:2000作为实验室认可体系的一部分，另一方面是测定JIS Z 2801:2000的不确定度，该方法是本试验标准制定的依据。

B.2 概述

本方法的重复性和再现性是根据ISO 5725-2的统计分析得到的。对两种经处理过的测试样品在5个实验室进行，从而得出抗菌性能的试验结果。在剔除一个实验室的数据后，根据其他实验室的数据分析，得到以下结果：

同一实验室相同测试项目的重复性为0.087；

不同实验室相同测试项目的再现性为0.304。

这些数据是用本方法获得的重复性和再现性的实例，但不能用于判定不同实验室的测试结果。

B.3 试验

实验室间测试所用的材料和应用的试验条件如表B.1。

表B.1 材料与试验条件

经抗菌处理的试样	PET膜，40 mm×40 mm，厚度0.055 mm Ⅰ类试样：丙烯酸树脂涂层，混合350 μg/g银化合物 Ⅱ类试样：丙烯酸树脂涂层，混合450 μg/g银化合物
未经抗菌处理对照试样	PET膜同上，但涂层中不加银化合物
覆盖膜	PE膜，50 mm方块0.09 mm厚
菌种	金黄葡萄球菌CGMCC 1.291 0（见注3）
接种菌液体积	0.4 mL

参加实验室间测试的5个实验室都对两种样品进行了重复性测试。用于各个阶段的样品数均遵照本标准要求。样品、菌种和培养基等，都在测试前提供给各个实验室。

注1：样品包含涂了水溶性丙烯酸树脂涂层的PET薄膜。在涂涂料前混入一定量的银系抗菌剂，以确保试验样品上的抗菌剂均匀分布。

注2：由于丙烯酸树脂涂层是水溶性的，接种菌液容易扩散到涂层以外的区域。样品/涂层的结构与本标准的样品有所不同，所以，应先在薄膜上接种，然后将样品覆盖在其上。

注3：仅用金黄色葡萄球菌是因为它比大肠杆菌表现更大的变异性。

B.4 结果与讨论

经初步分析，采用裂区分析计算得到一个实验室的 Z 值大于 2.0，因此，该实验室的数据结果被弃用，数据分析仅采用剩余 4 个实验室的测试结果。表 B.2 列出了抗菌性能的平均值和每种抗菌处理试样的标准差。重复性试验显示为下表第一组和第二组。

表 B.2 平均抗菌性能和标准差

样品种类（见表 B.1）	平均抗菌性能(括号内为标准差)	
	第一组	第二组
Ⅰ类试样	1.72(0.42)	1.78(0.26)
Ⅱ类试样	2.29(0.45)	2.42(0.41)

每个实验室对两种类型样品均做了 2 次重复实验。每种类型样品采用 3 个相同的试样。考虑分析结果的变异性来源包括重复试验变异性 V_R(即结果或来自第一组或来自第二组)，实验室间变异性 V_L 和 3 种被测试样之间的变异性 V_S。因为 V_R 和 V_L 不是随机的，每组都要单独分析。

表 B.3 列出了方差分析结果和不确定度。

表 B.3 方差分析表与不确定度

变异性来源	平方和	自由度	平方平均值	F-比率	$F(p=0.05)$	$F(p=0.01)$	F(测试)
重复,V_R	0.120 0	1	0.120 0	0.40	10.13	34.12	
实验室,V_L	4.656 9	3	1.552 3	5.18	9.28	29.46	
$V_R \times V_L$(一阶误差 e_1)	0.899 1	3	0.229 7	13.84	2.90	4.46	[a]
试样,V_S	4.440 8	1	4.440 8	205.12	4.15	7.50	[a]
$V_L \times V_S$	0.388 7	3	0.129 6	5.98	2.90	4.46	[a]
$V_R \times V_S$	0.013 3	1	0.013 3	0.62	4.15	7.50	
$V_R \times V_L \times V_S$	0.116 0	3	0.038 7	1.79	2.90	4.46	
二阶误差 e_2	0.692 8	32	0.021 7				
总计	11.327 7	47					

[a] 1%显著差异水平。

如表 B.3 所示，主要区组误差 $V_R V_L$(一阶误差 e_1) 比二阶误差 e_2 在 1%水平时差异性更显著。另一方面，与 e_2 相比，$V_R \times V_S$ 和 $V_R \times V_L \times V_S$ 没有统计学意义。所以这两个量的影响就被合并于二阶误差 e_2 中，表 B.4 列出了合并非显著性差异后的方差分析结果。

表 B.4 方差分析表和不确定度(合并了非显著性差异)

变异性来源	平方和	自由度	平方平均值	F-比率	$F(p=0.05)$	$F(p=0.01)$	F(测试)
重复,V_R	0.120 0	1	0.120 0	0.40	10.13	34.12	
实验室,V_L	4.[illegible]	3	1.552 3	5.18	9.28	29.46	
$V_R \times V_L$(一阶误差 e_1)	0.899 1	3	0.229 7	13.84	2.90	4.46	[a]

表 B.4（续）

变异性来源	平方和	自由度	平方平均值	F-比率	F(p=0.05)	F(p=0.01)	F(测试)
试样，V_S	4.440 8	1	4.440 8	194.46	4.11	7.50	[a]
$V_L \times V_S$	0.388 7	3	0.129 6	5.67	2.87	4.46	[a]
二阶误差 e'_2	0.822 1	36	0.022 8				
总计	11.327 7	47					

[a] 1%显著差异水平。

上述结果证明，V_R 来源于重复性试验的差异；V_L 来源于实验室之间的差异，相互独立并无统计意义。

本实验结果可得出下列结论：

——重复性：在 3 个重复性测试中，可重复性条件下的标准不确定度可由上述数据计算如下：

$$\sigma(e_2)=[V(e'_2)/3]^{1/2}=(0.022\ 8/3)^{1/2}=0.087$$

——再现性：在再现性条件下的标准不确定度可由上述数据计算如下：

$$\sigma(e_1)=\{[V(e_1)-V(e'_2)]/3\}^{1/2}=[(0.229\ 7-0.022\ 8)/3]^{1/2}=0.304$$

参 考 文 献

[1] JIS Z 2801:2000,Antimicrobial products—Test for antimicrobial activity and efficacy.

[2] Suzuki,S.,IMAI,S.,and KoURAI,H. Background and evidence leading to the establishment of the JIS standard for antimicrobial products ,Biocontrol Science,19(2006),pp. 135-145.

[3] Establishment of traceability and estimation of uncertainty in evaluation methods using bacteria,International Accreditation Japan/National Institute of Technology and Evaluation (IA Japan/NITE) report,March 2004.

[4] ASTM E 1054,Standard test methods for evaluation of inactivators of antimicrobial agents.

[5] EN 1040,Chemical disinfectants and antiseptics—Quantitative suspension test for the evaluation of basic bactericidal activity of chemical disinfectants and antiseptics—Test method and requirements (phase 1).

[6] ISO 846:1997,Plastics—Evaluation of the action of microorganisms.

[7] ISO 4833,Microbiology of food and animal feeding stuffs—Horizontal method for the enumeration of microorganisms—Colony-count technique at 30 ℃.

[8] ISO 5725-2,Accuracy (trueness and precision) of measurement methods and results—Part 2:Basic method for the determination of repeatability and reproducibility of a standard measurement method.

[9] ISO 6887-1,Microbiology of food and animal feeding stuffs—preparation of test samples,initial suspension and decimal dilutions for microbiological examination—Part 1:General rules for the preparation of the initial suspension and decimal dilutions.

[10] ISO 14851,Determination of the ultimate aerobic biodegradability of plastic materials in an aqueous medium—Method by measuring the oxygen demand in a closed respirometer.

[11] ISO 14852,Determination of the ultimate aerobic biodegradability of plastic materials in an aqueous medium—Method by analysis of evolved carbon dioxide.

[12] ISO 14855 (both parts),Determination of the ultimate aerobic biodegradability of plastic materials under controlled composting conditions—Method by analysis of evolved carbon dioxide.

[13] ISO/IEC 17025:2000,General requirements for the competence of testing and calibration laboratories.

ICS 83.080.01
G 31

中华人民共和国国家标准

GB/T 33061.1—2016

塑料 动态力学性能的测定 第1部分:通则

Plastics—Determination of dynamic mechanical properties—Part 1:General principles

(ISO 6721-1:2011,MOD)

2016-10-13 发布 2017-05-01 实施

中华人民共和国国家质量监督检验检疫总局
中国国家标准化管理委员会 发布

前 言

GB/T 33061《塑料　动态力学性能的测定》分为以下 12 个部分：

——第 1 部分：通则；

——第 2 部分：扭摆法；

——第 3 部分：弯曲振动　共振曲线法；

——第 4 部分：拉伸振动　非共振法；

——第 5 部分：弯曲振动　非共振法；

——第 6 部分：剪切振动　非共振法；

——第 7 部分：扭转振动　非共振法；

——第 8 部分：纵向剪切振动　波传导法；

——第 9 部分：拉伸振动　声速脉冲传播法；

——第 10 部分：使用平行平板振荡流变仪测定复数剪切黏度；

——第 11 部分：玻璃化转变温度；

——第 12 部分：压缩振动　非共振法。

本部分为 GB/T 33061 的第 1 部分。

本部分按照 GB/T 1.1—2009 给出的规则起草。

本部分使用重新起草法修改采用 ISO 6721-1:2011《塑料　动态力学性能的测定　第 1 部分：通则》。

本部分与 ISO 6721-1:2011 的技术性差异如下：

——关于规范性引用文件，本部分做了具有技术性差异的调整，以适应我国的技术条件，调整的情况集中反映在第 2 章“规范性引用文件”中，具体调整如下：

- 删除了未引用的 ISO 6721-3；
- 增加引用等同采用国际标准的 GB/T 2035。

本部分还做了下列编辑性修改：

——将规范性引用文件中的 ISO 294(所有部分)和 ISO 1268(所有部分)展开。

本部分由中国石油和化学工业联合会提出。

本部分由全国塑料标准化技术委员会(SAC/TC 15)归口。

本部分起草单位：中蓝晨光成都检测技术有限公司、广州合成材料研究院有限公司、中国石油化工股份有限公司北京燕山分公司树脂应用研究所。

本部分主要起草人：赵平、刘力荣、王浩江、陈宏愿、谢鹏。

塑料　动态力学性能的测定
第1部分:通则

1　范围

GB/T 33061的各部分规定了各种在线性黏弹行为范围内测定刚性塑料动态力学性能的方法。本部分为介绍部分,包括了其后各分部分试验方法中通用的定义和各方面内容。

不同形变模式产生的结果不可直接比较。例如,拉伸振动中作用在样品整个厚度上的应力一致,而在弯曲测定方法中试样的表面性能是主要的影响因素。

只有在样品的结构均匀,并且应力-应变呈线性关系的应变范围内,弯曲试验与拉伸试验所得到的数据才具有可比性。

2　规范性引用文件

下列文件对于本文件的应用是必不可少的。凡是注日期的引用文件,仅注日期的版本适用于本文件。凡是不注日期的引用文件,其最新版本(包括所有的修改单)适用于本文件。

GB/T 2035　塑料术语及其定义(GB/T 2035—2008,ISO 472:1999,IDT)

GB/T 2918—1998　塑料试样状态调节和试验的标准环境(ISO 291:1997,IDT)

GB/T 9352—2008　塑料　热塑性塑料材料试样的压塑(ISO 293:2004,IDT)

GB/T 17037.1—1997　热塑性材料注塑试样的制备　第1部分:一般原理及多用途试样和长条试样的制备(ISO 294-1:1996,IDT)

GB/T 17037.3—2003　塑料　热塑性塑料材料注塑试样的制备　第3部分:小方试片(ISO 294-3:2002,IDT)

GB/T 17037.4—2003　塑料　热塑性塑料材料注塑试样的制备　第4部分:模塑收缩率的测定(ISO 294-4:2001,IDT)

GB/T 27797.1—2011　纤维增强塑料　试验板制备方法　第1部分:通则(ISO 1268-1:2001,IDT)

GB/T 27797.2—2011　纤维增强塑料　试验板制备方法　第2部分:接触和喷射模塑(ISO 1268-2:2001,IDT)

GB/T 27797.3—2011　纤维增强塑料　试验板制备方法　第3部分:湿法模塑(ISO 1268-3:2000,IDT)

GB/T 27797.4—2013　纤维增强塑料　试验板制备方法　第4部分:预浸料模塑(ISO 1268-4:2005,IDT)

GB/T 27797.5—2011　纤维增强塑料　试验板制备方法　第5部分:缠绕成型(ISO 1268-5:2001,IDT)

GB/T 27797.6—2011　纤维增强塑料　试验板制备方法　第6部分:拉挤模塑(ISO 1268-6:2002,IDT)

GB/T 27797.7—2011　纤维增强塑料　试验板制备方法　第7部分:树脂传递模塑(ISO 1268-7:2001,IDT)

GB/T 27797.9—2011　纤维增强塑料　试验板制备方法　第9部分:GMT/STC模塑(ISO 1268-9:2003,IDT)

GB/T 27797.10—2011 纤维增强塑料 试验板制备方法 第10部分：BMC和其他长纤维模塑料注射模塑 一般原理和通用试样模塑(ISO 1268-10:2005,IDT)

GB/T 27797.11—2011 纤维增强塑料 试验板制备方法 第11部分：BMC和其他长纤维模塑料注射模塑 小方片(ISO 1268-11:2005,IDT)

ISO 294-2:1996 塑料 热塑性塑料材料注塑试样的制备 第2部分：小拉棒(Plastics—Injection moulding of test specimens of thermoplastic materials—Part 2:Small tensile bars)

ISO 294-5:2011 塑料 热塑性塑料材料注塑试样的制备 第5部分：研究用各向异性标准样品的制备(Plastics—Injection moulding of test specimens of thermoplastic materials—Part 5:Preparation of standard specimens for investigating anisotropy)

ISO 295 塑料 热固性塑料试样的压塑(Plastics—Compression moulding of test specimens of thermosetting materials)

ISO 1268-8:2004 纤维增强塑料 试验板制备方法 第8部分：SMC和BMC的压塑(Fibre-reinforced plastics—Methods of producing test plates—Part 8:Compression moulding of SMC and BMC)

ISO 2818 塑料 机械加工试样的准备(Plastics—Preparation of test specimens by machining)

ISO 4593 塑料 膜和片材 通过机械扫描测定厚度(Plastics—Film and sheeting—Determination of thickness by mechanical scanning)

ISO 6721-2:2008 塑料 动态力学性能的测定 第2部分：扭摆法(Plastics—Determination of dynamic mechanical properties—Part 2:Torsion-pendulum method)

3 术语和定义

GB/T 2035界定的以及下列术语和定义适用于本文件。

注：这里定义的大部分术语在GB/T 2035也有定义，与GB/T 2035中的定义如非严格相同，也是基本等同的。

3.1

复数模量 complex modulus

$\boldsymbol{M^*}$

对黏弹性材料施加正弦振荡时其动态应力与动态应变的比值。动态应力由公式 $\sigma(t)=\sigma_A\exp(i2\pi ft)$ 给出；动态应变由公式 $\varepsilon(t)=\varepsilon_A\exp[i(2\pi ft-\delta)]$ 给出。式中 σ_A 和 ε_A 分别为交变应力、应变的振幅；f 为频率；δ 为应力与应变之间的相位角(见3.5及图1)；t 为时间。

注1：用帕斯卡(Pa)表示。

注2：根据形变的模式，复数模量可以分为下列几种类型之一：E^*、G^*、K^* 或 L^*(见表3)。

$$M^*=M'+iM'' \quad (\text{见 3.2 和 3.3}) \qquad (1)$$

式中：

$i=(-1)^{1/2}=\sqrt{-1}$

不同类型的复数模量之间的相互关系见表1。

注3：对各向同性的黏弹材料，弹性参数 G^*、E^*、K^*、L^* 和 μ^* 中只有两个量是不相关的(μ^* 是复数泊松比，由 $\mu^*=\mu'+i\mu''$ 给出)。

注4：表中包含泊松比 μ 的最主要项目是"体积项"$(1-2\mu)$，对于 μ 为0.5～0.3时，$(1-2\mu)$ 为0～0.4，表1中包含的"体积项"$(1-2\mu)$ 的关系只有在已知该项具有足够的准确度时才能使用。

由表1可看出，体积项 $(1-2\mu)$ 只能由已知的体积模量 K 或单轴向应变模量 L，以及 E 或 G 的可信度来估计。这是因为当体积应变的成分相对大时，K 和 L 的测量包括形变。

注5：迄今为止，没有测量动态机械体积模量 K 的方法，并且仅有少数文献提到了与测量 $K(t)$ 的松弛试验相关的结果。

注6：单轴向应变模量 L 是根据一个具有高流体静力学应力成分的载荷而来。因此 L 值补偿了 K 值的损失，并且基于模量组合(G，L)和(E，L)可以估出足够准确的"体积项"$(1-2\mu)$ 的值。由于 G 是基于无流体静力

学成分的载荷，故更常使用模量组合（G，L）进行计算。

注 7：对于复数模量，表 1 中给出的关系和其数值同样是适用的(见 3.4)。

注 8：GB/T 33061 的其他部分给出的计算模量的大部分关系一定范围内是接近的，不考虑如由夹样品造成的“末端效应”，并且其他部分也有所简化。所以使用表 1 中的关系经常要求做附加校准。(见参考文献中的[1]和[2])。

注 9：对于线性黏弹行为，复数柔量 C^* 为复数模量 M^* 的倒数，即

$$M^* = (C^*)^{-1} \qquad \cdots\cdots(2)$$

因而有：

$$M' + iM'' = \frac{C' - iC''}{(C')^2 + (C'')^2} \qquad \cdots\cdots(3)$$

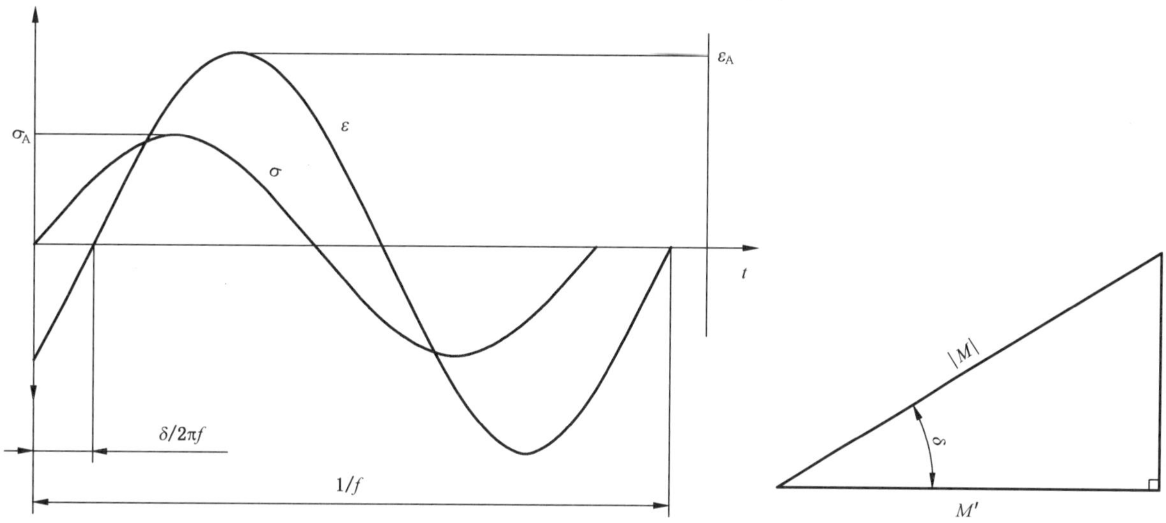

a)

对某种线性黏弹材料施加正弦振荡，其应力 σ 与应变 ε 之间的移动相位 $\delta/2\pi f$(σ_A 和 ε_A 分别为各自的振幅，f 为频率)

b)

储能模量 M'、损耗模量 M'' 之间关系，相位角 δ 和复数模量 $M*$ 的模 $|M|$

图 1　相位角和复数模量

表 1　各向同性材料的模量间相互关系

	G 与 μ	E 与 μ	K 与 μ	G 与 E	G 与 K	E 与 K	G 与 L[a]
泊松比 μ $1-2\mu=$[b]				$3-\frac{E}{G}$	$\frac{G/K}{1+G/3K}$	$\frac{E}{3K}$	$\frac{E}{L/G-1}$
剪切模量 $G=$		$\frac{E}{2(1+\mu)}$	$\frac{3K(1-2\mu)}{2(1+\mu)}$			$\frac{E}{3-E/3K}$	
拉伸模量 $E=$	$2G(1+\mu)$		$3K(1-2\mu)$		$\frac{3G}{1+G/3K}$		$\frac{3G(1-4G/3L)}{1-G/L}$
体积模量 $K=$[c]	$\frac{2G(1+\mu)}{3(1-2\mu)}$	$\frac{E}{3(1-2\mu)}$		$\frac{G}{3(3G/E-1)}$			$L-\frac{4G}{3}$
单轴应变或 纵向模量 $L=$	$\frac{2G(1-\mu)}{1-2\mu}$	$\frac{E(1-\mu)}{(1+\mu)(1-2\mu)}$	$\frac{3K(1-\mu)}{1+\mu}$	$\frac{G(4G/E-1)}{3G/E-1}$	$K+\frac{4G}{3}$	$\frac{K(1+E/3K)}{1-E/9K}$	

[a] 见 3.1 的注 6。
[b] 见 3.1 的注 4。
[c] 见 3.1 的注 5。

3.2

储能模量　storage modulus

***M*′**

为复数模量 M^* 的实数部分[见图 1b)]。

注 1：用帕斯卡(Pa)表示。

注 2：储能模量与一个加载周期中最大储存能量成正比，代表了黏弹材料的刚性。

注 3：与不同模式形变相关的不同类型的储能模量分别是：E'_t 拉伸储能模量，E'_f 弯曲储能模量，G'_s 剪切储能模量，G'_{to} 扭转储能模量，K' 体积储能模量，L'_c 单轴向应变和 L'_w 纵波储能模量。

3.3

损耗模量　loss modulus

***M*″**

为复数模量的虚数部分[见图 1b)]。

注 1：用帕斯卡(Pa)表示。

注 2：同储能模量(见 3.2)一样，损耗模量与一个加载周期中耗散(损失)的能量成正比。形变模式如表 3 所示，如 E''_t 为拉伸损耗模量。

3.4

复数模量的模　magnitude of the complex modulus

|*M*|

如式(4)，储能模量和损耗模量的平方和为复数模量的平方值。

$$|M|^2=(M')^2+(M'')^2=(\sigma_A/\varepsilon_A)^2 \qquad\cdots\cdots(4)$$

式中：

σ_A，ε_A ——分别为交变应力和应变的振幅。

注 1：复数模数用帕斯卡(Pa)表示。

注 2：储能模量 M'、损耗模量 M''、相位角 δ 和复数模数 $|M|$ 之间的相互关系见图 1b)，同储能模量一样，其形变模式规定在表 3 中，如 $|E_t|$ 为拉伸复数模量的值。

3.5

相位角　phase angle

δ

在黏弹材料上施加正弦振动时，动态应力和动态应变之间的相位差(见图 1)。

注 1：相位角用弧度(rad)表示。

注 2：同储能模量(见 3.2)一样，其形变模式如表 3 中规定，如 δ_t 为拉伸相位角。

3.6

损耗因子　loss factor

tan*δ*

损耗模量与储能模量的比值，由式(5)给出。

$$\tan\delta=M''/M' \qquad\cdots\cdots(5)$$

这里 δ 为应力与应变间的相位差(见 3.5)。

注 1：损耗因子 $\tan\delta$ 为无量纲的量。

注 2：通常作为黏弹体系阻尼的度量，同储能模量(见 3.2)一样，其形变模式如表 3 中规定，如 $\tan\delta_t$ 为拉伸损耗因子。

3.7

应力-应变滞后回线　stress-strain hysteresis loop

黏弹性材料在正弦振动作用下，应力表示为应变的函数。

注：通常若材料呈线性黏弹性，此曲线是椭圆的(见图 2)。

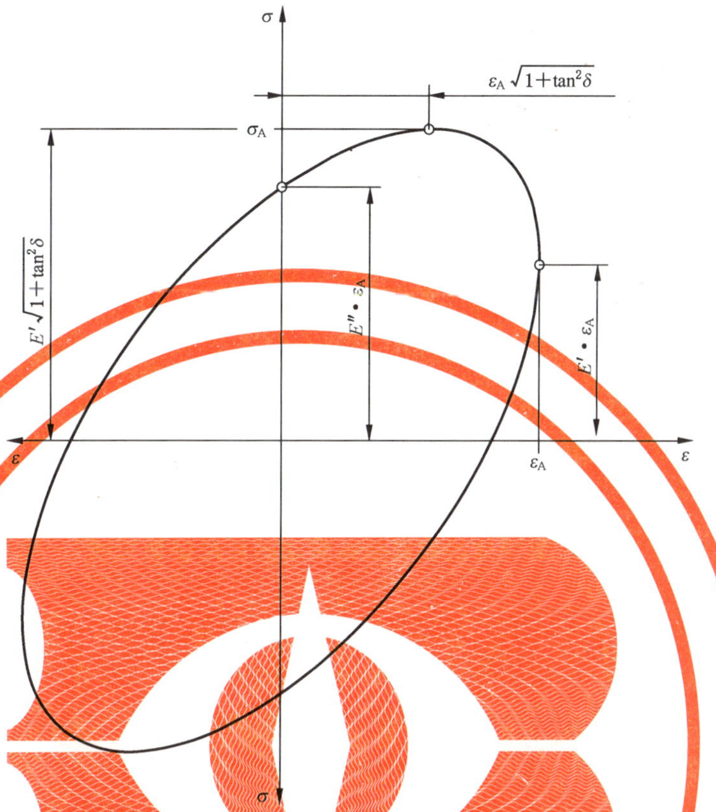

图 2　线性黏弹材料受正弦振动作用的动态应力-应变滞后回线

3.8

阻尼振动　damped vibration

黏弹体系经过自由衰减振动，形变或形变速率 $X(t)$ 随时间变化(见图 3)，由式(6)给出。

$$X(t)=X_0\exp(-\beta t)\times\sin 2\pi f_d t \quad \cdots\cdots(6)$$

式中：

X_0——循环振幅包迹在零时刻的值；

f_d——阻尼体系的频率；

β　——衰减常数(见 3.9)。

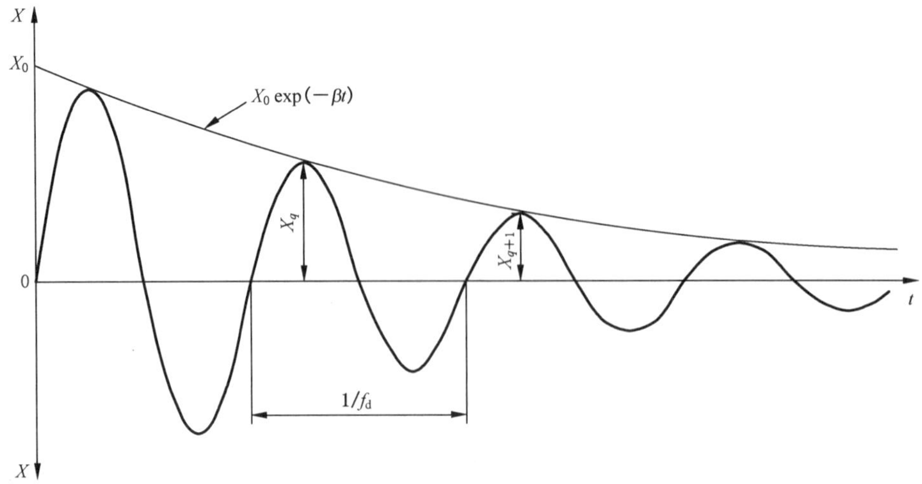

说明：

X ——依赖于时间的形变或形变率；

X_q——第 q 周期的振幅，用 X_0 和 β 来表示周期振幅衰减的包迹，见式(6)。

图 3 黏弹体经自由衰减振动的阻尼振动曲线

3.9

衰减常数 decay constant

β

测定自由振动阻尼随时间衰减的系数，如形变或形变速率的振幅 Xq 随时间变化(见图 3 和式 6)。

注：β 用秒的倒数(s^{-1})表示。

3.10

对数衰减率 logarithmic decrement

Λ

在黏弹体系自由振动的衰减中，在同一方向上任意两个相邻振动振幅之比的自然对数。由式(7)给出。

$$\Lambda = \ln(X_q/X_{q+1}) \quad \cdots\cdots (7)$$

式中：

X_q，X_{q+1}——同一方向上形变或形变速率的两个相邻振幅。

注 1：对数衰减率为无量纲的量。

注 2：它是黏弹体阻尼的度量。

注 3：术语中的衰减常数 β、频率 f_d、对数衰减率 Λ 的关系如式(8)所示。

$$\Lambda = \beta/f_d \quad \cdots\cdots (8)$$

注 4：损耗因子与 Λ 的关系用式(9)近似表示。

$$\tan\delta \approx \Lambda/\pi \quad \cdots\cdots (9)$$

注 5：阻尼自由衰减振动特别适用于分析试验条件下材料阻尼的类型(如黏弹行为是线性的还是非线性的)，以及设备的动件和定件之间的摩擦(参见附录 B)。

3.11

共振曲线 resonance curve

对某种惰性黏弹体系施加受迫振动，在恒定加载(张力)振幅和近乎共振频率下，其形变振幅 D_A 或形变速率振幅 R_A 与频率的曲线，以及所包含的共振(见图 4 和附录 A)。

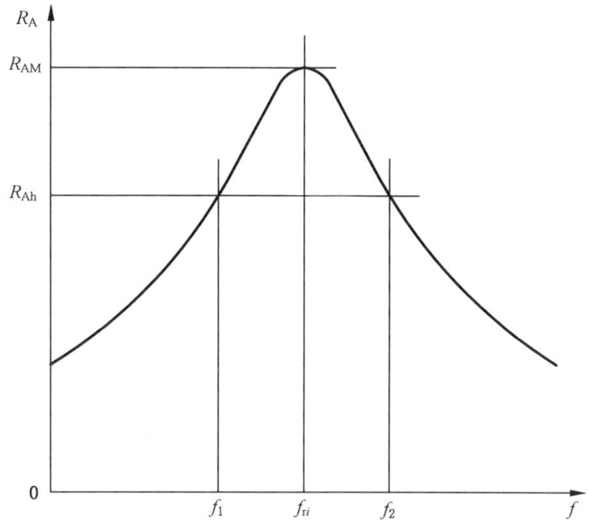

图 4 进行受迫振动的黏弹体的振动曲线

(恒定张力振幅时形变速率振幅 R_A 与频率 f 的关系,对数频率刻度)

3.12

共振频率 resonance frequencies

f_{ri}

在共振曲线上,振幅峰值时的频率。

注 1:角标 i 指振动的次序。

注 2:共振频率用赫兹(Hz)表示。

注 3:对于黏弹材料,由测量位移振幅得到的共振频率与由测量位移速率得到的共振频率略有不同,材料的差别越大损耗越多(大)(参见附录 A)。可用简单的关系式,将储能模量和损耗模量准确地与从位移速率曲线上获得的共振频率相关联。当试样损耗很高时,基于转换测量所使用的共振频率会导致较大误差。在这些情况下共振试验是不适用的。

3.13

共振峰宽度(用半宽频率表示) width of a resonance peak

Δf_i

在第 i 个共振峰中频率 f_1 和 f_2 之差,这里 f_1 和 f_2 的高度 R_{Ah} 与共振曲线上第 i 个共振峰高 R_{AMi} 的关系见式(10)。

$$R_{Ah}=2^{-1/2}R_{AM}=0.707R_{AM} \qquad \cdots\cdots(10)$$

(见图 4)

注 1:Δf_i 用赫兹(Hz)表示。

注 2:共振峰宽度与损耗因子 $\tan\delta$ 的关系由式(11)给出。

$$\tan\delta=\Delta f_i/f_{ri} \qquad \cdots\cdots(11)$$

若在 Δf_i 的频率范围内,损耗因子变化不十分明显,当共振曲线基于形变速率振幅时,式(11)保持精确(参见附录 A)。

4 原理

对已知形状尺寸大小的试样进行机械扫描,可采用两种特征扫描:振动模式和形变模式。

根据振动模式是否为非共振、自然共振或近似共振，有 4 种振动模式 Ⅰ～Ⅳ。具体描述见表 2。模量的特定类型根据形变的模式而定(见表 3)。

表 4 指出了通常测定各种类型的模量的方法。表 5 给出了 GB/T 33061 的各部分所包括的所有方法的一个概述。

表 2 扫描模式

<table>
<tr><td rowspan="3">扫描模式</td><td>Ⅰ</td><td>Ⅱ</td><td>Ⅲ</td><td>Ⅳ[a]</td></tr>
<tr><td colspan="3">受迫振动</td><td rowspan="2">阻尼，自由衰减振幅</td></tr>
<tr><td>恒定频率</td><td>共振频率</td><td>共振曲线</td></tr>
<tr><td>频率</td><td>非共振</td><td>共振(自由)</td><td>扫描，近共振</td><td>近似共振</td></tr>
<tr><td>张力(负荷)振幅</td><td rowspan="2">恒定一个或
两个参数，测定其他</td><td>恒定[b]</td><td>恒定</td><td rowspan="2">激发脉冲</td></tr>
<tr><td>应变振幅</td><td>被测</td><td>被测</td></tr>
<tr><td>惯量</td><td>无</td><td colspan="3">样品和/或附加质量，依赖于频率范围</td></tr>
<tr><td colspan="5">注：表中粗体字型的术语给出的是指定类型，而正常字体为附加信息。</td></tr>
<tr><td colspan="5">[a] 扭摆类型由增加相关字母来标明，A 或 B(见 ISO 6721-2:2008，图 1 和图 2)。
[b] 负荷必须与应变速率同相。</td></tr>
</table>

表 3 模量的类型(形变模式)

模量名称	模量类型
E_t	拉伸
E_f	弯曲
G_s	剪切
G_{to}	扭转
K	体积压缩
L_c	单轴向压缩(薄片的)
L_w	纵向体积波

表 4 常用试验

<table>
<tr><td>测试方式</td><td colspan="2">模量类型和扫描类型</td><td>GB/T 33061 的相应部分</td><td>惯量</td><td>典型频率
Hz</td></tr>
<tr><td>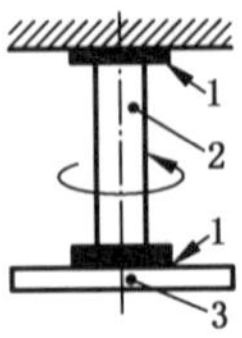
</td><td>G_{to}</td><td>Ⅳ</td><td>第 2 部分</td><td>惯量</td><td>0.1～10</td></tr>
</table>

表 4（续）

测试方式	模量类型和扫描类型		GB/T 33061 的相应部分	惯量	典型频率 Hz
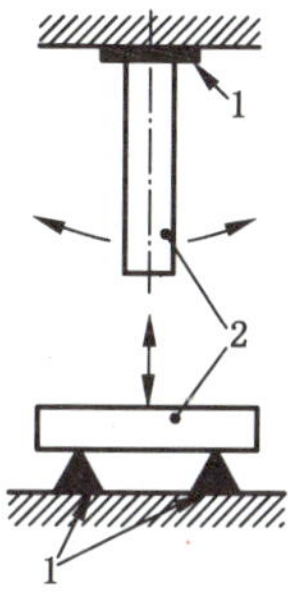	E_t	Ⅲ	第 3 部分	试样	10～1 000
	E_t	Ⅰ	第 5 部分		
	G_{to}	Ⅰ	第 7 部分		
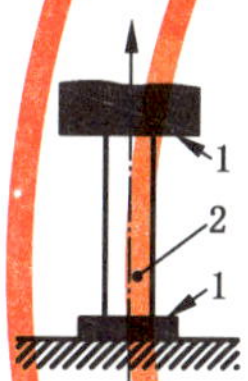	E_t	Ⅰ	第 4 部分	无	10^{-3}～100
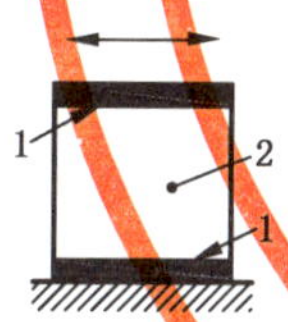	G_s	Ⅰ	第 6 部分		
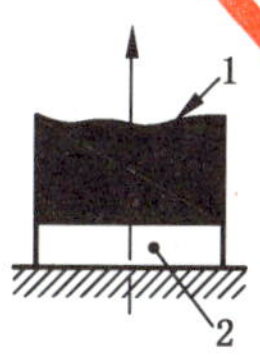	L_c	Ⅰ	—		
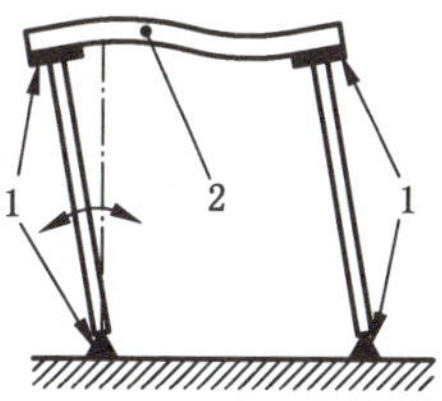	E_f	Ⅰ	—		10^{-3}～10
	E_f	Ⅱ	—	试样和臂	3～60
图中关键符号：1——夹子、轴或支撑物；2——试样；3——惯量部分。					

表 5 GB/T 33061 的不同部分所包含的方法

扫描模式（见表 2）	模量类型						
	E_t	E_f	G_s	G_{to}	K	L_c	L_w
Ⅰ	第 4 部分	第 5 部分	第 6 部分	第 7 部分			第 8 部分
Ⅱ							
Ⅲ		第 3 部分					
Ⅳ				第 2 部分			

5 仪器

5.1 类型

所用设备在 GB/T 33061 的相应部分有详细规定(见第 4 章)。

5.2 机械、电子和记录系统

见 GB/T 33061 的相应部分。

5.3 温控箱

试样、夹具和支撑物被封闭在一个温控箱内,箱内有空气或适当的惰性气体。

试验用箱应满足试验材料在测试条件下有一个足够的温度变化范围(如－100 ℃～300 ℃),箱体宜安装具有程序控温能力的装置。

箱内温度应均匀,沿试样长度方向控制在±1 ℃内。如果使用恒温程序(见 9.5),试验期间温度需恒定在±1 ℃内;当使用恒率升温(或降温)时(见 9.4),升温速率不应大于 120 ℃/h,且在单次测量(如开始脉冲后的一系列自由振动或共振曲线)时,温度随时间的变化不应大于±0.5 ℃。

5.4 气源

供给空气或适当的净化惰性气体。

5.5 温度测量装置

测量试样周围空气温度的装置应精确到±0.5 ℃。推荐使用有低惯性传感器的温度计。

5.6 测量样品尺寸的仪器

针对于 GB/T 33061 的各部分,用于计算模量的试验试样尺寸只能在室温下测量,由于模量依赖于温度测量,因此,不考虑热膨胀的影响。

用于测量试样长、宽、高的仪器(见 ISO 4593)测量精度应达到±0.5%。

6 试样

6.1 总则

使用该方法测得的参数对样品的非均匀性和物性状态十分敏感(如结晶度、取向或内应力),在选择试样尺寸和允差、对于特殊材料试样制备方法和状态调节方式的时候应考虑这些因素。

在测量温度范围内，试样(均匀的试样、压条或棒)的收缩或扭曲可以忽略不计。

6.2 形状和大小

见 GB/T 33061 的相关部分。

6.3 制备

本方法可采用原料或制品作为试样，但应根据相关材料规范制备试样。可以从压塑片材(见 GB/T 9352、GB/T 27797.1—2011、GB/T 27797.2—2011、GB/T 27797.3—2011、GB/T 27797.4—2013、GB/T 27797.5—2011、GB/T 27797.6—2011、GB/T 27797.7—2011、GB/T 27797.9—2011、GB/T 27797.10—2011、GB/T 27797.11—2011、ISO 1268-8:2004 或 ISO 295)或制品上机加工(见 ISO 2818)得到，也可以直接注塑成型(见 GB/T 17037.1—1997、GB/T 17037.3—2003、GB/T 17037.4—2003、ISO 294-2:1996、ISO 294-5:2011)。

7 数量

单点测量，即单个温度和频率的测量，至少应使用三个试样。若用于质量控制，温度和频率在较宽范围内是变化的，一个试样就足够，其他情况下，至少需要两个试样。

8 状态调节

试样应根据材料相关规定进行状态调节。如果缺乏这方面信息，从 GB/T 2918 中选择最接近的状态条件，除非由有关方面协商。

9 步骤

9.1 试验环境

试验温度(或温度随时间变化)、气源(空气或惰性气体)以及相对湿度应根据规定的试验类型和试验目的而进行选择。

9.2 试样横截面的测量

试验前测量每个试样的厚度、宽度，精确到±0.5%，沿试样长度方向测五个点。

应废弃有明显缺陷的试样，如缩痕、厚度和/或宽度大于平均值的3%，对于厚度不均匀的试样，如制品，仅能测得损耗因子。

测量其他形状试样尺寸的步骤应由有关方面协商。

9.3 安装试样

见 GB/T 33061 的相关部分。

9.4 温度(变温试验)

测定材料黏弹性能时，如果温度为独立变量，试样的温度应从最低温度到最高温度。可以固定振动频率(扫描模式Ⅰ)或随温度增加，频率自然降低(扫描模式Ⅱ和Ⅳ)或步阶扫描(扫描模式Ⅲ)(见表2)。

温度范围内进行的试验应确保温度步阶增加或温度变化速率很慢以便使整个样品完全达到温度平

衡。达平衡所需时间将根据特定材料的质量和所用仪器来定。推荐采用连续升温速率为 1 ℃/min～2 ℃/min 或步阶升温速率为 2 ℃/min～5 ℃/min(每一步阶间隔时间为 3 min～5 min)。对于扫描模式Ⅲ,要求每步间隔 10 min。

通常聚合物的动态模量受测量时样品的老化状态影响。老化状态依赖于样品的热历史和在温度低于 θ_α 时其随时间的变化。温度 θ_α 为 α 松弛范围的中心点。α 松弛是最高温度的力学弛豫,并且对于非晶聚合物是玻璃态到橡胶态转换。物态的变化影响了分子运动,进而影响了聚合物对时间依赖性负荷或应变的响应。

在试验的时间范围内,测量随着温度增加,至接近 θ_α 时物态开始发生转变。然后降温得到一个不同的物态。进一步测量其动态特性,不再得到原始值。所以高精度的测量要求记录试样的热历史和升温试验中的升温速率。

9.5 变换频率

当测量黏弹性质时,如果振动频率为独立变量,试验温度应固定在要求的温度,变换样品的振动频率。

9.6 变换动态-应变幅度

若试验方法允许应变幅度是在一定范围内,对于研究用储能模量随着动态应变幅度 ε_A 变化来表示线性黏弹行为的应变极限是个很好的方法。为了保证测量精度,测试的起始点应为最低应变点,并由最低应变点升至高应变值。这类测试应在低频率下进行,推荐频率为 1 Hz 左右。

注:在动态载荷作用下,由于黏弹材料的机械能耗散作用,会使得黏弹体系的温度有明显增加。若温度增加显著,材料性能在载荷作用下会随着时间而发生变化。温升会随着材料的损耗模量、动态应变幅度和频率的增加而上升。在初始的几个循环内进行数据分析,将使得温度升高对结果的影响最小化。随着温度的持续升高,随后的测试将会发生变化,对于结果的解释和数据显示需谨慎。

10 结果表示

按表 3 中选定的相关形变模式类型和表 2 中的扫描模式,准备一张结果表。

E''_f(Ⅲ)——使用共振曲线测定的弯曲损耗模量。

如果要求和可能,储能模量和损耗模量的平均值和标准偏差要分别报告在两张图中。

若允许测试在一定应变幅度范围内变化,则报告储能模量-应变幅度曲线。

在不同频率下,储能模量和损耗模量-温度曲线,或在不同温度下,储能模量和损耗模量-频率曲线,模量和频率座标轴使用对数刻度。

更多的细节见 GB/T 33061 的相关部分。

11 精密度

见 GB/T 33061 的相关部分。

12 试验报告

试验报告包括以下信息:

a) GB/T 33061 的相关部分的参考;

b) 填写完整关于试验材料的所有必需的细节,包括型号、来源、制造商信息、形态、预处理历史等所有已知的信息；
c) 对于片状试样来说，片的厚度和能体现其特征的试样主轴的取向；
d) 试验数据；
e) 试样的形状和尺寸；
f) 试样的制备；
g) 试样状态调节；
h) 试验试样的数量；
i) 试验环境的细节(非空气环境下)；
j) 试验所用仪器的相关信息；
k) 试验的温度程序，包括初始温度和最终温度以及温度线性变化速率，或者温阶的大小和持续时间；
l) 按照第10章的规定列出数据；
m) 按照第10章的规定做模量-温度曲线或模量-频率曲线的图；
n) 若可能，如第10章规定，在单一频率下储能模量-动态应变幅度的图。

附 录 A
（资料性附录）
共 振 曲 线

A.1 如果一个惰性黏弹体系受到一个变频而恒定振幅的振动力作用，它显示出单一或多阶共振行为。该行为可用系统的形变的振幅 D_A 和形变速率的振幅 R_A 来描述。

A.2 在振动试验中，常常用形变振幅 D_A-频率 f 曲线来表示系统的共振行为，A.2.1～A.2.4 中给出了这种共振振幅 $D_A(f)$ 的特征。

A.2.1 当沿两轴皆使用相同的对数比例时，对于单一振动，D_A 在低频率下趋于一个（极限）定值 $D_{A0}(f=0)$，而在高频率下趋于一个极限斜率－2（－40 dB/decade）（见图 A.1）。

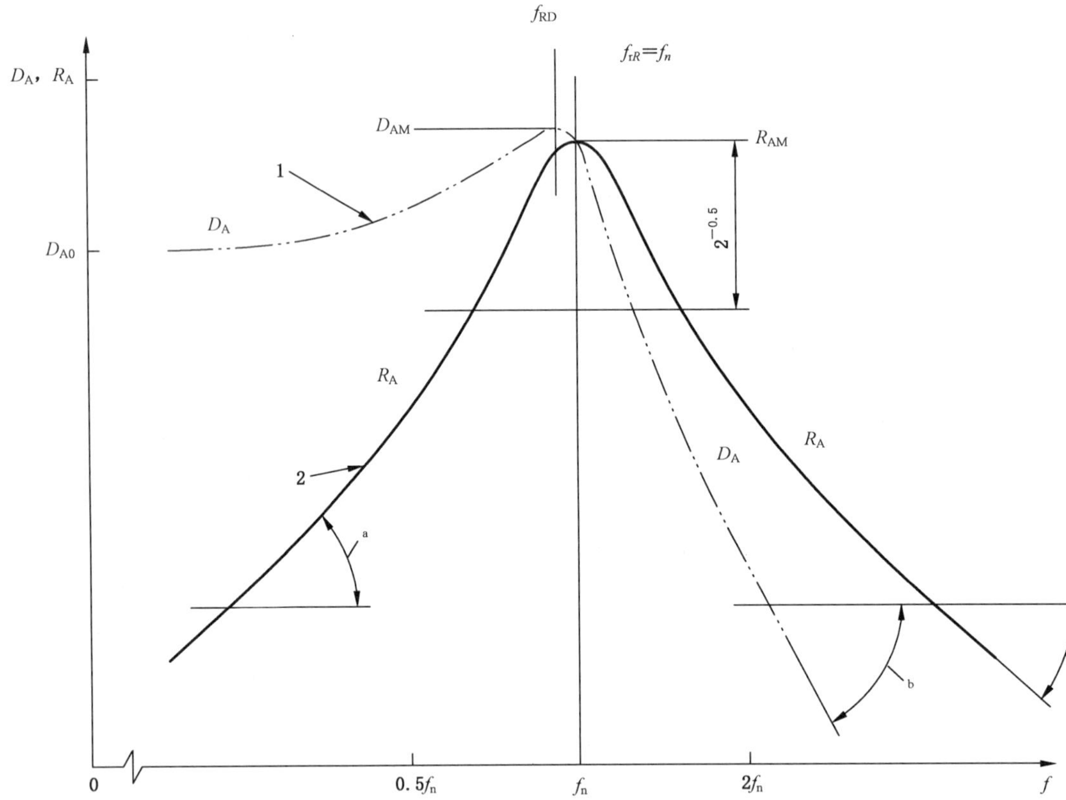

说明：

1 ——形变振幅 D_A-频率 f 曲线；

2 ——形变速率振幅 R_A-频率 f 曲线。

对于一级振动的双对数座标图，假设损耗因子 $\tan\delta$ 为 0.6，D_{AM} 和 R_{AM} 为共振振幅，f_{RD} 和 f_{rR} 为相应的峰频率，f_n 是固有频率（$\tan\delta=0$ 时的无阻尼峰频率）。

[a] 斜率＋1。

[b] 斜率－2。

[c] 斜率－1。

图 A.1 共振曲线

A.2.2 峰振幅 D_{AM} 下的共振频率 f_{RD} 不同于固有频率 f_n（无阻尼相同体系下），然而 f_n 是决定复数模量的储能模量 M' 的最终参量，只能根据 $D_A(f)$ 曲线近似计算 M'。

A.2.3 第 i 级振动的振幅为 $D_{\mathrm{AM}i}$，它在一系列振动中的变化是迅速减小的趋势，近似与 $(f_{\mathrm{R}i})^{-2}$ 成比例。

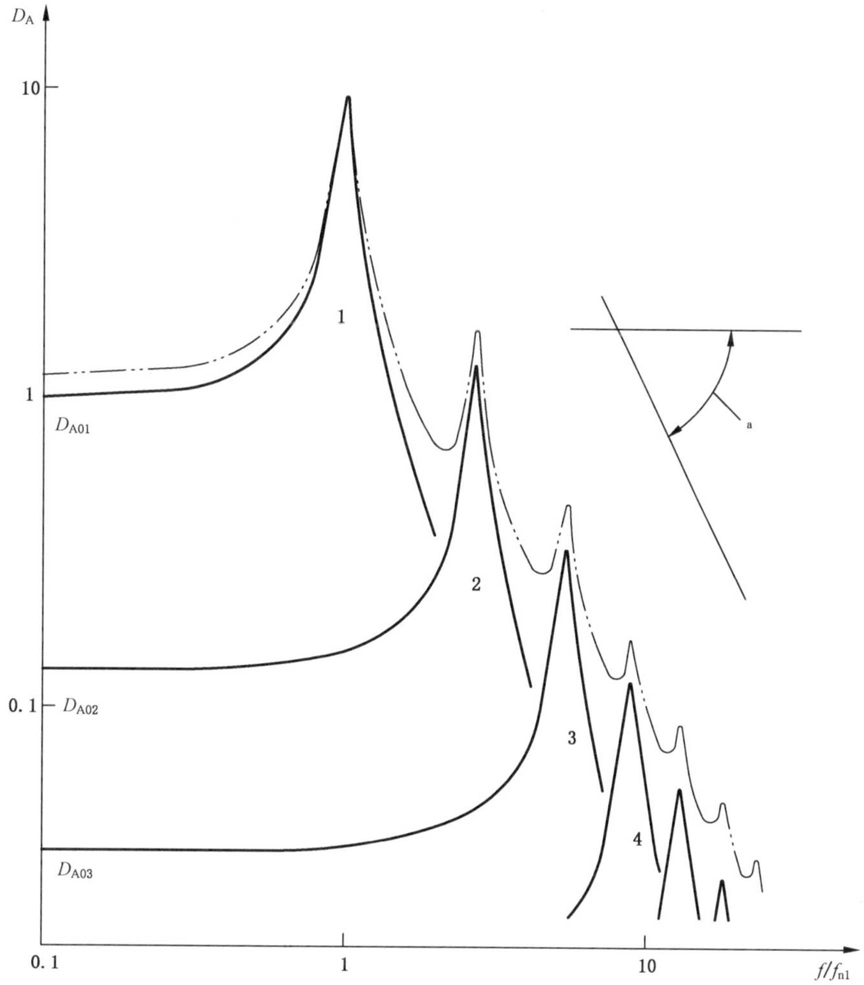

实线：单级振动(单线序号)$i=1,2,3\cdots$。

虚线：单级振动的总和(多级共振曲线)。

f_n是第一级振动的固有频率。

[a] 斜率-2。

图 A.2 共振曲线图

两端自由试样的弯曲振动中，振动级次为 $i=1,2,3\cdots\cdots\tan\delta=0.1$ 的形变振幅 D_A。

A.2.4 $D_A(f)$共振曲线的频率宽度 Δf（见 3.13）仅能根据损耗因子 $\tan\delta$ 近似估算。

表 A.1 包含形变共振的 $\boldsymbol{D}_A(f)$和形变速率共振的 $\boldsymbol{R}_A(f)$的公式(单级振动)

	形变振幅 $D_A(f)$	形变速率振幅 $R_A(f)$
共振曲线等式，其中 $x=f/f_n$	$\left(\frac{D_{AM}}{D_A}\right)^2=\frac{(1-x^2)^2/\tan^2\delta+x^2}{1-\frac{1}{4}\tan^2\delta}$	$\left(\frac{R_{AM}}{R_A}\right)^2=1+(x+x^{-1})^2/\tan^2\delta$
固有频率，其中 $M'\propto f_n^2$	$f_n=f_{RD}\left(1-\frac{1}{2}\tan^2\delta\right)^{-1/2}$	$f_n=f_{rR}$

表 A.1（续）

	形变振幅 $D_A(f)$	形变速率振幅 $R_A(f)$
峰宽 Δf 和 Δf^2，其中 α 是相关减量（衰减）[a]	$\frac{\Delta f^2}{2(f_{RD})^2}=\tan\delta\times(\alpha^2-1)^{1/2}\times\left(1+\frac{1}{4}\tan^2\delta\right)^{1/2}\times\left(1-\frac{1}{2}\tan^2\delta\right)^{1/2}$	$\Delta f/f_n=\tan\delta\ (\alpha^2-1)^{1/2}$
[a] α 的推荐值是 $\sqrt{2}$（≈ 3 dB），例如 $(\alpha-1)^{1/2}=1$，这种情况下 Δf 通常指半宽。		

A.3　共振曲线也常以形变速率振幅 $R_A(f)$ 图来表示，与上述 $D_A(f)$ 图相比，这种图表现出许多优点，在 A.3.1～A.3.4 中给出。

A.3.1　对于一个单级振动，当图中沿两轴使用相同的对数比例时，$R_A(f)$ 共振曲线形状对称，并且在低和高频率下斜率分别接近＋1 和－1（±20 dB/decade）。

A.3.2　峰振幅处 R_{AM}（下）的共振频率 f_{rR} 与固有频率 f_n 相一致，给出了相关于复数模量的储能部分 M' 的一个确切的等式（见定义 3.12 的注 3）。

A.3.3　在一系列振动级次中，共振振幅 R_{AMi} 仅与 $(f_{ni})^{-1}$ 成比例下降，这给出了更宽的振动级次范围（见图 A.3）。对于高阻尼材料，在高振动级次下给出了更好的分辨率（见图 A.4）。

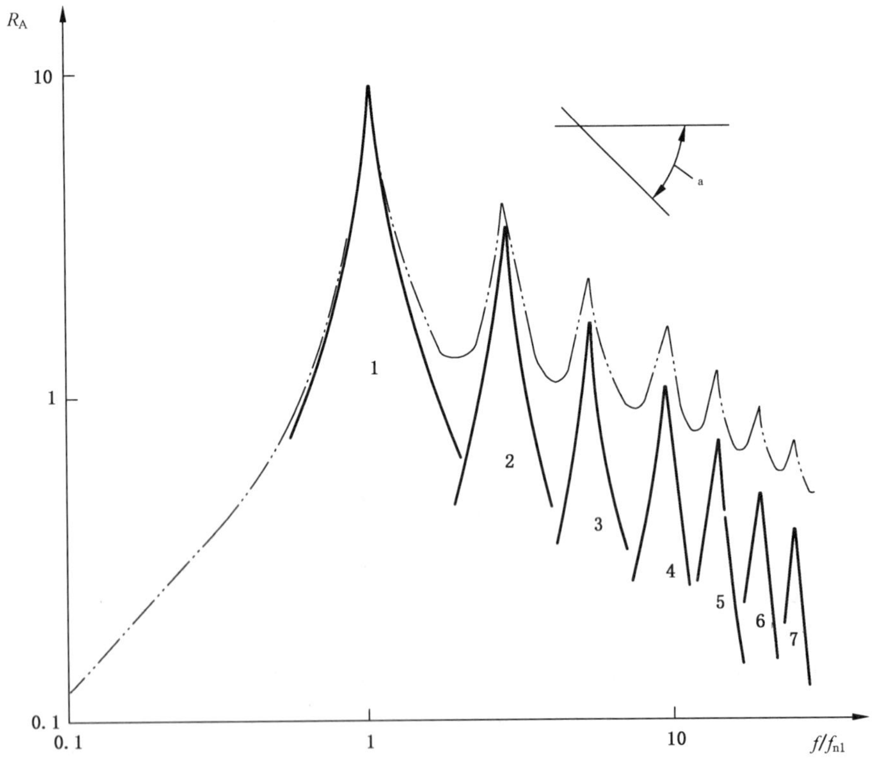

[a] 斜率－1。

图 A.3　以形变速率振幅 R_A 为函数转化图 A.2 中的共振曲线

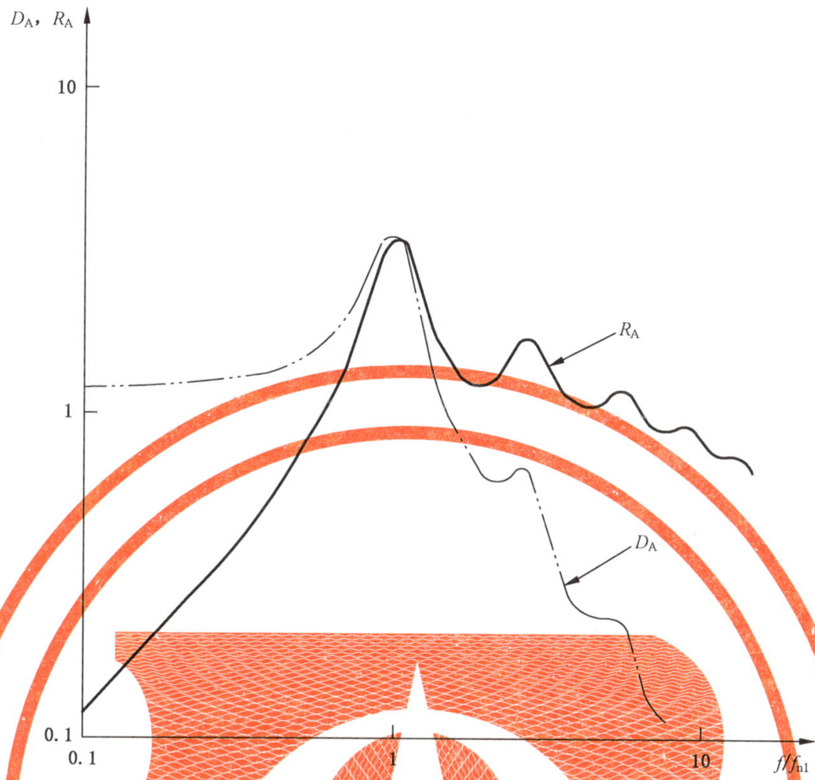

图 A.4　tanδ=0.6 时图 A.2 和图 A.3 的多级共振

A.3.4　频率宽度 Δf 和损耗因子 tanδ 之间简单明确的关系(见表 A.1 和 3.13)。

A.4　对大多数设备来说,可通过振动感应器来记录形变速率振幅(带有载频系统的设备,可测量形变振幅)。

A.5　从表 A.1 的等式中可以看出,在损耗因子小于 0.1 时,形变-共振曲线和形变速率-共振曲线间的区别可以忽略。

附　录　B
（资料性附录）
非线性行为

图 B.1 为自由衰减振幅 X_q-时间 t 的半对数图。这张图呈现了较好的线性阻尼性能。超出线性黏弹范围之外的起始振幅，表现出高指数衰减(图 B.1 中交叉)。若试样本身的阻尼很低，以及周围环境引起的阻尼效果更显著，也可观察到类似的行为。三角形表示的曲线，给出了相反的趋势，它趋向是一个相对于时间线性振幅图而非指数函数图。这种图表现了试验设备动件和定件之间存在摩擦力。两种类型都背离线性黏弹行为，只能由自由衰减振动测量法检测。受迫振动下只有极微弱的不均匀形变发生。

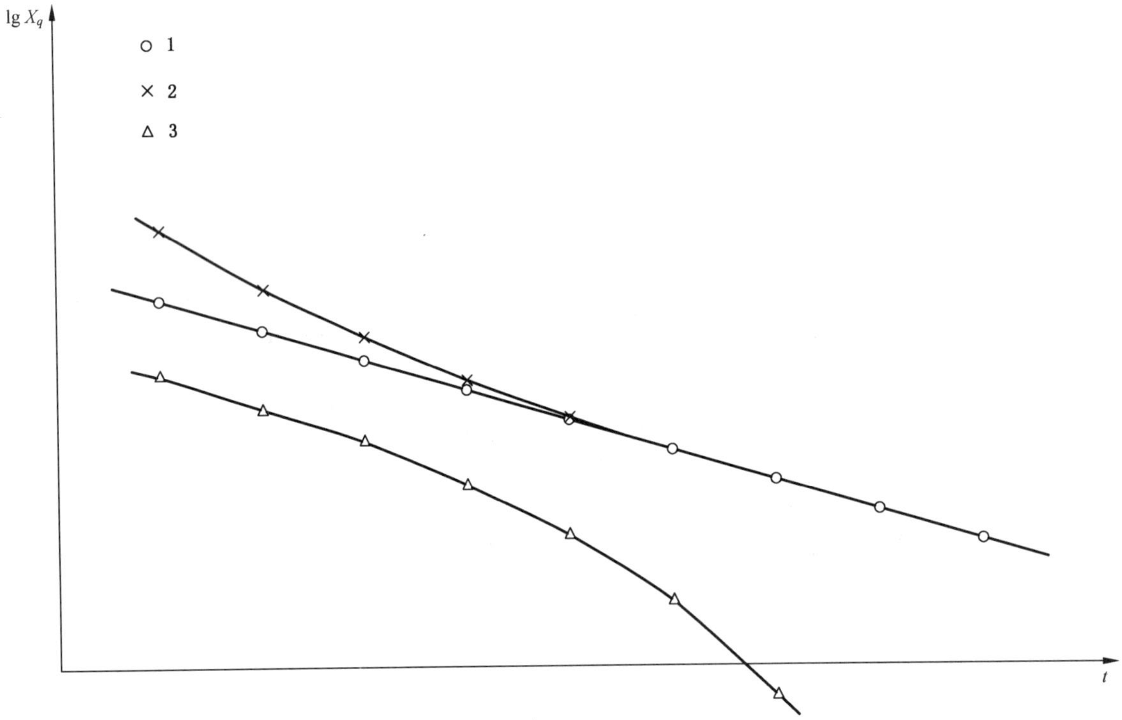

说明：
1——具有指数衰减的线性黏弹行为；
2——非线性黏弹行为(高指数衰减)；
3——设备动件和固定件间存在摩擦力。

图 B.1　自由衰减振幅 X_q-时间 t 曲线

参考文献

[1] NEDERVEEN,C.J.,and VAN DER WAL,C.W.Rheol.Acta 6 (4),p.316 (1967).

[2] READ,B.E.,and DEAN,G.D."The Determination of Dynamic Properties of Polymers and Composites",Adam Hilger,Bristol,1978.

[3] GRADIN, P., HOWGATE, P. G., and SELDEN, R. in Comprehensive Polymer Science, Vol. 2, C.Booth and C.Price Eds.

[4] MCCRUM,N.G.,READ,B.E.,and WILLIAMS,G."Anelastic and Dielectric Effects in Polymer Solids",Wiley and Sons,London,1967.

[5] NIELSEN,L.E."Mechanical Properties of Polymers and Composites",Marcel Dekker,New York,1974.

[6] WARD,I.M."Mechanical Properties of Solid Polymers",Wiley and Sons,New York,1983.

ICS 83.080.01
G 31

中华人民共和国国家标准

GB/T 33061.10—2016

塑料　动态力学性能的测定
第10部分:使用平行平板振荡流变仪测定复数剪切黏度

Plastics—Determination of dynamic mechanical properties—
Part 10:Complex shear viscosity using a parallel-plate oscillatory rheometer

(ISO 6721-10:1999,MOD)

2016-10-13 发布　　2017-05-01 实施

中华人民共和国国家质量监督检验检疫总局
中国国家标准化管理委员会　发布

前　言

GB/T 33061《塑料　动态力学性能的测定》分为以下12个部分：

——第1部分：通则；

——第2部分：扭摆法；

——第3部分：弯曲振动　共振曲线法；

——第4部分：拉伸振动　非共振法；

——第5部分：弯曲振动　非共振法；

——第6部分：剪切振动　非共振法；

——第7部分：扭转振动　非共振法；

——第8部分：纵向剪切振动　波传导法；

——第9部分：拉伸振动　声速脉冲传播法；

——第10部分：使用平行平板振荡流变仪测定复数剪切黏度；

——第11部分：玻璃化转变温度；

——第12部分：压缩振动　非共振法。

本部分为GB/T 33061的第10部分。

本部分按照GB/T 1.1—2009给出的规则起草。

本部分使用重新起草法修改采用ISO 6721-10:1999《塑料　动态力学性能的测定　第10部分：使用平行平板振荡流变仪测定复数剪切黏度》。

在标准结构上，做了如下调整：

——第5章标题"5 仪器"改为"5 仪器和校准"；

——"5.1 测试仪器"改为"5.1 仪器"和"5.1.1 测试仪器"；

——"5.2"改为"5.1.2"；

——"5.3"改为"5.1.3"；

——"5.4"改为"5.1.4"；

——"5.5"改为"5.2"；

——将ISO 6721-10:1999的精密度改为本部分的附录A，ISO 6721-10:1999原附录A改为本部分的附录B。

本部分与ISO 6721-10:1999相比，主要技术性差异及其原因如下：

——关于规范性引用文件，本部分做了具有技术性差异的调整，以适应我国的技术条件，调整的情况集中反映在第2章"规范性引用文件"中，具体调整如下：

- 用等同采用国际标准的GB/T 2035—2008代替ISO 472:1999；
- 用等同采用国际标准的GB/T 6379.1—2004代替ISO 5725-1:1994；
- 用修改采用国际标准的GB/T 33061.1—2016代替ISO 6721-1:1994。

本部分由中国石油和化学工业联合会提出。

本部分由全国塑料标准化技术委员会(SAC/TC 15)归口。

本部分起草单位：中国石油化工股份有限公司北京燕山分公司树脂应用研究所、广州合成材料研究院有限公司、中蓝晨光成都检测技术有限公司、中国科学院化学研究所、天津大学。

本部分主要起草人：郑慧琴、杨黎黎、王浩江、刘力荣、刘琛阳、李景庆、周学元。

塑料　动态力学性能的测定
第10部分：使用平行平板振荡流变仪
测定复数剪切黏度

1　范围

GB/T 33061的本部分规定了用平行平板振荡流变仪测定聚合物熔体动态流变性能试验方法的通则。其典型的角频率范围为0.01 rad/s～100 rad/s，也可使用此范围外的角频率(见注1)。用于测定以下动态流变性能参数：复数剪切黏度η^*、动态剪切黏度η'、复数剪切黏度中的异相部分η''、复数剪切模量G^*、剪切损耗模量G''和剪切储能模量G'。

本部分适用于测定的复数剪切黏度典型值不低于10 MPa·s(见注2)。

注1：角频率的测量范围受限于测量仪器的规格和样品响应。由于单次测量所用时间与角频率的倒数成比例，试验角频率低于0.1 rad/s时，试验时间会有较大的增加，因此低频试验时，试样更有可能发生降解或聚合，从而对试验结果造成影响；而高频时试样边缘可能发生扭曲或破裂，从而使试验结果无效。

注2：复数剪切黏度值的可测量范围依赖于试样的尺寸以及测量仪器的规格。对于已知尺寸的试样，黏度范围的上限受到仪器扭矩大小、角位移分辨率及仪器附件柔量的限制，但柔量的影响可以进行校准。

2　规范性引用文件

下列文件对于本文件的应用是必不可少的。凡是注日期的引用文件，仅注日期的版本适用于本文件。凡是不注日期的引用文件，其最新版本(包括所有的修改单)适用于本文件。

GB/T 2035—2008　塑料术语及其定义(ISO 472:1999，IDT)

GB/T 6379.1—2004　测量方法与结果的准确度(正确度与精密度)　第1部分：总则与定义(ISO 5725-1:1994，IDT)

GB/T 33061.1—2016　塑料　动态力学性能的测定　第1部分：通则(ISO 6721-1:2011，MOD)

3　术语和定义

GB/T 2035—2008、GB/T 6379.1—2004和GB/T 33061.1界定的以及下列术语和定义适用于本文件。

3.1

应变控制模式　controlled-strain mode

施加固定振幅正弦角位移的试验。

3.2

应力控制模式　controlled-stress mode

施加固定振幅正弦扭矩的试验。

3.3

复数剪切黏度　complex shear viscosity

η^*

对黏弹性材料施加正弦振荡时，其动态应力与动态应变速率之比，其中应力$\sigma(t)$等于$\sigma_0 \exp i\omega t$，剪

切应变 $\gamma(t)$ 等于 $\gamma_0 \exp i(\omega t-\delta)$，这里 σ_0 和 γ_0 分别为应力周期的振幅和应变周期的振幅，ω 为角频率，δ 为应力与应变之间的相位角，t 为时间。

复数剪切黏度单位为帕斯卡秒。

3.4

动态剪切黏度　dynamic shear viscosity

η'

复数剪切黏度的实数部分，单位为帕斯卡秒。

3.5

复数剪切黏度的异相位　out-of-phase component of the complex shear viscosity

η''

复数剪切黏度的虚数部分，单位为帕斯卡秒。

4　原理

试样放在两个同心的圆形平行平板中间(见图 1)，其厚度与板直径相比很小。

固定角频率下，对试样施加正弦扭矩或正弦角位移，分别对应“应力控制”或“应变控制”的试验模式。当使用应力控制模式时，试验结果为位移测量值以及扭矩和位移之间的相位差；当使用应变控制模式时，试验结果为扭矩测量值以及位移和扭矩之间的相位差。

复数剪切模量 G^*、剪切储能模量 G'、剪切损耗模量 G''、相位角 δ 以及对应的剪切黏度(见第 3 章)可由扭矩、位移的测量值以及试样尺寸来确定。为得到这些数据，试样应呈现线性黏弹响应。

所使用的振荡模式指定为振荡模式Ⅰ(见 GB/T 33061.1—2016，第 4 章)。

5　仪器和校准

5.1　仪器

5.1.1　测试仪器

测试仪器包含两块同心的刚性圆形平行平板，试样放在两板之间(见图 1)。其中一块板以固定角频率振荡，而另一块则保持不动。

要求仪器在固定角频率下对某个试样进行正弦扭矩或正弦角位移试验，可测量扭矩和角位移的振幅以及两者之间的相位差。

扭矩测量装置与其中一板相连，可测量克服试样的黏弹阻力所需扭矩。

角位移测量装置与动板相配，可测定角位移和角频率。

仪器扭矩的测量精度应在测定动态力学性能采用的最小扭矩振幅的±2%之内。

仪器角位移的测量精度应在 $\pm 20\times10^{-6}$ rad 之内。

仪器角频率的测量精度应在绝对值的±2%之内。

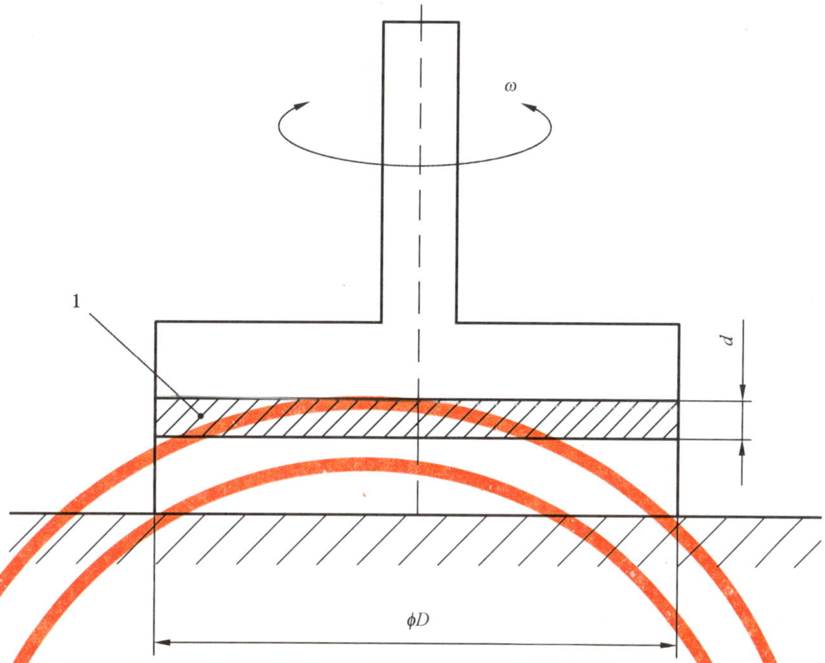

说明：
1 ——试样；
ω ——角频率；
d ——样品厚度；
D ——板直径。

图 1 平行平板的几何形状

5.1.2 温控单元

可使用强制对流、射频加热或其他适当的方法进行加热。

环境箱能够在平行平板和试样组件的周围提供规定的试验氛围，如 N_2。

检查箱体确保其未接触到平行平板和试样组件。

5.1.3 温度测量及控制

应使用连接或内嵌在固定板上的适当装置来测量试验温度。

设定温度 200 ℃以下时，试验温度应精确至设定温度的±0.5 ℃；设定温度为 200 ℃～300 ℃时，应精确至±1.0 ℃；设定温度 300 ℃以上，应精确至±1.5 ℃。

温度测量装置的分辨率应为 0.1 ℃，且应使用精确至±0.1 ℃的仪器来校准该装置。

5.1.4 平行平板和试样组件

平行平板和试样组件由两块同心的圆形平行平板组成，试样放在两板之间。平行平板接触试样的表面应抛光，其最大粗糙度 Ra＝0.25 μm，且不应有明显的缺陷。

试验结果可能依赖于用于形成平行平板表面的材料类型，这可以通过测试所用不同表面材料的平行平板来确定。

平行平板的典型直径范围为 20 mm～50 mm，其测量精度应在±0.01 mm 之内。

试样的厚度 d 由平行平板间距而定，测量精度±0.01 mm。为了在性能测定中减少误差，推荐试样厚度在 0.5 mm～3 mm 范围内，并且平行平板直径与试样厚度之比在 10～50。对于低黏度聚合物流体,使用上述推荐范围以外的尺寸。由于板不平行引起的板间距总变化量应少于±0.01 mm,试验期间板间距的变化应少于±0.01 mm。

5.2 校准

应根据仪器厂家的指导,通过测定仪器的扭矩、角位移、角频率响应进行校准,或使用已知复数黏度的标准液体定期校准流变仪的使用状态。用于校准流变仪的标准液体的复数黏度最好与所测试样的黏度在相同范围内。

校准更适于在试验温度下进行。

6 取样

取样步骤包括试样制备和装载的特定方法,应根据相关材料标准或其他协议的规定进行。

由于试验样品很少,一般为 3 g～5 g,取样应有代表性。

如果样品或试样易吸湿或含有可挥发成分,应在防止黏度变化或使黏度变化最小的条件下贮存。试样制备前需对样品进行干燥。

试样应采用注塑、模压或从片材上切取的方式制备成圆片状。也可以把小片、液体或熔融的聚合物样品放在平行平板之间。只有不易氧化或不易挥发的试样才能直接以熔融态加载。

试样不应含有明显杂质或气泡,试验前后不应有明显的变色。

7 试验步骤

7.1 试验温度

通常,由于黏度对温度有依赖性,因此以对比为目的的测试应在相同的温度下进行,详见相关材料标准或其他协议的规定。

7.2 间隙归零

在要求的试验温度下使仪器达到热平衡,建议平衡 15 min～30 min,使两平行平板接触,设定间隙指示器到零。

7.3 样品加载

按第 6 章规定将试样以固态或熔融态加载到仪器中,两板间隙应完全填满试样,试验开始前,应去除板周边多余的材料。试样在修整后还需轻挤一下,以达到良好的接触,但注意不应使试样因这样的挤压而流到板边缘外面。

之后,使试样和平行平板在试验温度下达到热平衡,这段时间为预热时间。对于特定的仪器、板和试样组件几何尺寸、聚合物类型、样品厚度、加样步骤和试验温度,预热时间应通过重复测量确定,两次重复试验的预热时间相差 10%以上时(见注),如果复数剪切模量 G^*、剪切储能模量 G'、剪切损耗模量 G''的测量值没有变化,则为足以达到热平衡的预热时间。

注：这一检验可合并到测定样品热稳定性的时间扫描试验中去(见 7.6)。

当仪器和试样达到试验温度时,测定样品厚度 d,厚度等于两板间距(见 5.1.4),这一厚度值将用于所有计算中。

7.4 试样的状态调节

试验前,在试验温度下通过规定时间内保持零剪切状态和/或通过预剪切对试样进行状态调节。

7.5 试验模式(应力控制或应变控制)

用应变控制模式或应力控制模式进行测试。

在应变控制模式中,施加一定角频率的正弦位移,测量正弦扭矩以及扭矩和位移间的相位差。

在应力控制模式中,施加一定角频率的正弦扭矩,测量正弦位移以及扭矩和位移间的相位差。

根据本部分,试样动态流变性能测量仅限于试样在线性黏弹范围内的流变行为。为此本部分将线性黏弹行为定义为黏度和模量独立于所施加的应力或应变的行为,这一前提条件对分析试验数据十分必要。因此,在应力控制或应变控制模式下,控制振荡振幅使试样的变形保持在线性黏弹范围内是必要的。

测定线性黏弹范围的方法见 7.7。

7.6 样品材料热稳定性的测定

对一种特定材料,试验前应在试验温度下先进行时间扫描以确定材料的热稳定性。时间扫描试验与后续试验使用相同的板和试样组件、角频率、扭矩或角位移。必要时进行不止一个角频率下的时间扫描(见注 1)。热稳定时间定义为从扫描开始到 G^*、G'和G''中任一测量值变化达到初始值 5%时所用的时间(见注 2),它以在给定温度和角频率下的时间值表示,例如在 250 ℃和 1 rad/s 下的热稳定时间为 500 s。随后用新试样在同样温度下对同一样品进行测试,试验应在较热稳定时间更短的时间内完成。

注 1:试样降解对流变性能的影响通常在低频率时更容易被检测到。

注 2:当测定初始模量值时,舍弃不真实的初始结果是必要的。

由于快速降解或交联,某些材料可能在热稳定时间内得不到上述结果。这种情况下,试验报告中应说明测试过程中模量变化的百分比,百分比在试验时同步测定。

7.7 线性黏弹行为的测定

7.7.1 在应变控制模式下

进行应变控制模式试验时,先通过应变扫描确定振荡所允许的最大振幅。应变扫描使用与后续试验相同的试样几何尺寸、角频率和温度条件。必要时进行不止一个角频率下的测试,以检查线性黏弹范围对角频率的依赖关系。通过在一定范围内不断增加振荡振幅来测试样品,更适于从低于 1%的应变开始扫描。

测量复数剪切模量 G^*、剪切储能模量 G'和剪切损耗模量 G''与振荡振幅的函数关系以确定在线性黏弹范围内测量的最大允许振荡振幅。

实际测试时使用的最大应变值应小于当任一参数值 G^*、G'或G''与相应线性黏弹范围内数值相比出现 5%差异时的最低应变值。如果无法确定线性黏弹范围,应在试验报告中说明。

注:对某些材料,线性黏弹范围仅限于极小的应变,相关的仪器测量误差使这一范围内的测量不再可靠。

7.7.2 在应力控制模式下

进行应力控制模式试验时,通过应力扫描确定线性黏弹行为范围。应力扫描采用与后续试验相同的试样几何尺寸、角频率和温度条件。必要时进行不止一个角频率下的测试,以检查线性黏弹范围对角频率的依赖关系。通过在一定范围内不断增加扭矩来测试样品,更适于从低于 1%的扭矩开始扫描。

测量复数剪切模量 G^*、剪切储能模量 G'和剪切损耗模量 G''与扭矩的函数关系以确定在线性黏弹范围内测量的最大允许扭矩。

实际试验时使用的最大扭矩值应小于当任一参数值 G^*、G'或G''与相应线性黏弹范围内数值相比出现 5%差异时的最低扭矩值。如果无法确定线性黏弹范围,应在试验报告中注明(见 7.7.1 的注)。

7.7.3 线性黏弹范围的确定

可以进行进一步的验证以确定试验是在线性黏弹范围内完成的。假定试样具有线性黏弹行为，施加正弦位移或扭矩后分别得到扭矩或位移的输出也将是正弦的。非正弦的输出表明其行为是非线性的。这种情况下，试验数据分析中使用的假设无效，因此测得的模量和黏度值是不正确的。如果进行了这样的验证，应在试验报告中注明。

7.8 频率扫描

进行频率扫描时，有必要检查试样的降解情况，尤其是低频试验中可能发生的降解，以及试样在高频下可能发生的扭曲或破裂。

试样因降解、交联或熔体破裂等造成的变化会影响测试结果，这些变化的影响可以通过在一次测试结束时，对同一试样使用与初始测试相同的条件进行重复测试，然后比较前后测试结果来进行确认。

如果在平行平板边缘试样发生扭曲变形，通常认为是熔体破裂，这样的测量是无效的。然而在试样扭曲变形前所获得的结果仍然有效。

7.9 温度扫描

从低温到高温进行温度扫描时，有必要确保试样与平行平板之间良好的物理接触，尽量在测试前将两板间试样完全熔融，需要时冷却到初始试验温度。

进行温度扫描时，对热膨胀引起的组件尺寸变化应考虑予以校准，一些系统带有利用夹具的线膨胀系数做自动修正的软件。

有关试样的降解和边缘扭曲变形见 7.8。

8 结果表示

8.1 所用符号

D：平行平板直径，单位为米(m)；

d：平行平板间距离，单位为米(m)；

T：扭矩，单位为牛顿米(N·m)；

θ：角位移，单位为弧度(rad)；

ω：(振荡的)角频率，单位为弧度每秒(rad/s)($\omega=2\pi f$，这里 f 为以赫兹表示的频率)；

σ：剪切应力，单位为帕斯卡(Pa)；

γ：剪切应变，无量纲；

G'：剪切储能模量，单位为帕斯卡(Pa)；

G''：剪切损耗模量，单位为帕斯卡(Pa)；

G^*：复数剪切模量，单位为帕斯卡(Pa)；

η'：动态剪切黏度，单位为帕斯卡秒(Pa·s)；

η''：剪切黏度中的虚数部分，单位为帕斯卡秒(Pa·s)；

η^*：复数剪切黏度，单位为帕斯卡秒(Pa·s)；

δ：相位角或损耗角，单位为弧度(rad)；

t：时间，单位为秒(s)。

8.2 复数剪切模量和复数剪切黏度的计算

对于线性黏弹性流体，受到谐应力 $\sigma(t)$ 作用时

$$\sigma(t)=\sigma_0 \exp i\omega t \quad \cdots\cdots (1)$$

产生谐应变 $\gamma(t)$

$$\gamma(t)=\gamma_0 \exp i(\omega t-\delta) \quad \cdots\cdots (2)$$

式中：

σ_0——应力的振幅；

γ_0——应变的振幅；

ω——角频率；

δ——应力与应变之间的相位角或损耗角。

定义以下参数：

——剪切储能模量

$$G'=\sigma_0\cos(\delta)/\gamma_0 \quad \cdots\cdots (3)$$

——剪切损耗模量

$$G''=\sigma_0\sin(\delta)/\gamma_0 \quad \cdots\cdots (4)$$

——复数剪切模量

$$G^*=G'+iG'' \quad \cdots\cdots (5)$$

——动态剪切黏度

$$\eta'=G''/\omega \quad \cdots\cdots (6)$$

——复数剪切黏度中的虚数部分

$$\eta''=G'/\omega \quad \cdots\cdots (7)$$

——复数剪切黏度

$$\eta^*=\eta'-i\eta'' \quad \cdots\cdots (8)$$

式中 i 定义为 $i=(-1)^{1/2}$。

此外，又可表示为

$$G^*=i\omega\eta^* \quad \cdots\cdots (9)$$

对于平行平板组件的强制振荡，并假定试样线性黏弹响应，控制流动的运动公式由式(10)给出。

$$T_0=(\pi D^4/32d)[G'(\omega)+iG''(\omega)]\theta_0\exp(-i\delta) \quad \cdots\cdots (10)$$

式中：

T_0——扭矩的振幅；

θ_0——角位移的振幅。

式(10)假设平行平板动板的惯量和柔量很小。当测量聚合物熔体时，尤其是在低角频率下且试样的刚度低于仪器的刚度时(见注)，通常进行这样的假设所造成的误差很小。

注：如 Marin[1]、Walters[2]、Whorlow[3]等人提出了对惯量和柔量项进行不同校准的方法。

这样，对于一给定角频率 ω，剪切储能模量 G' 和剪切损耗模量 G'' 可由式(11)和式(12)给出。

$$G'=32dT_0\cos(\delta)/\theta_0\pi D^4 \quad \cdots\cdots (11)$$

$$G''=32dT_0\sin(\delta)/\theta_0\pi D^4 \quad \cdots\cdots (12)$$

相位差 δ 可试验确定。

由以上给出的剪切模量和黏度的关系，可导出式(13)和式(14)。

$$\eta'=32dT_0\sin(\delta)/\omega\theta_0\pi D^4 \quad \cdots\cdots (13)$$

$$\eta''=32dT_0\cos(\delta)/\omega\theta_0\pi D^4 \quad \cdots\cdots (14)$$

对于一角位移 θ，试样在平行平板边缘处的应变为：

$$\gamma=\theta D/2d \quad \cdots\cdots (15)$$

通常，商用仪器采用软件由原始数据确定复数剪切模量及其实数和虚数部分，不同仪器获取扭矩和角位移振幅以及扭矩和角位移正弦函数间相位差的方法可能不同。同样，如果它们对平行平板动板的惯量和柔量影响进行了校准，所采用的方法也可能不同。关于这些内容的具体细节已超出本部分的范围。如果测试时采用的方法与上述方法不同，应在试验报告中说明仪器确定模量和黏度数值的基本原理。

9 精密度

由于未获得实验室间的数据，本试验方法的精密度尚不知。当获得实验室间数据时，在以后的修订中将加上精密度的说明。ISO 6721-10:1999 的精密度数据参见附录 A。

测量不确定度的评定方法可参见附录 B。

10 试验报告

试验报告应包括以下信息：

a) 标注 GB/T 33061 的本部分；

b) 试验标准号；

c) 试验日期；

d) 操作者的所有必要信息；

e) 试验材料的所有必要信息；

f) 试样制备以及加载于平行平板的信息；

g) 所用流变仪的描述，包括平行平板直径、板间隙以及板表面的材质；

h) 试验温度，单位为摄氏度(℃)；

i) 预热时间，单位为秒(s)；

j) 平衡时间和预剪切条件的描述；

k) 热稳定时间，单位为秒(s)；

l) 试验周期，单位为秒(s)；

m) 对于应力控制模式试验，在板边缘处的应力值，以帕斯卡表示；或对于应变控制模式试验，在板边缘处的应变值，为无量纲的数；

n) 如果需要，下列表示为应变振幅、角频率、温度或时间的函数的各参数：

——剪切储能模量 G'，单位为帕斯卡(Pa)；

——剪切损耗模量 G''，单位为帕斯卡(Pa)；

——复数剪切模量 G^*，单位为帕斯卡(Pa)；

——动态剪切黏度 η'，单位为帕斯卡秒(Pa·s)；

——复数剪切黏度中的虚数部分 η''，单位为帕斯卡秒(Pa·s)；

——复数剪切黏度 η^*，单位为帕斯卡秒(Pa·s)；

——相位差或损耗角 δ，单位为弧度(rad)；

——损耗因子 $\tan\delta$；

——对数据进行任何修正的描述；

——任何可见的试样熔体破裂或降解；

——任何允许的不同于 GB/T 33061 本部分的试验条件。

附 录 A
（资料性附录）
精密度数据

下面的精密度数据是1995年在十个实验室间进行的三个角频率下的试验中得到的（见表A.1）。s_r 和 s_R 分别为重复性和再现性的标准偏差，r 和 R 分别为重复性和再现性的极限（见ISO 5725-1），m 为给定角频率下的平均模量值。

表 A.1　未填充 PE-HD 和未填充 PP 材料的精密度

PE 190 ℃，G'					
角频率	平均模量值 m	重复性		再现性	
rad·s^{-1}	Pa	s_r/%	r/%	s_R/%	R/%
1	6 130	3.0	8.4	9.4	26.4
10	25 500	2.0	5.5	8.9	24.8
100	91 300	1.6	4.4	7.9	22.2
PE 190 ℃，G''					
角频率	平均模量值 m	重复性		再现性	
rad·s^{-1}	Pa	s_r/%	r/%	s_R/%	R/%
1	8 320	1.6	4.5	8.5	23.9
10	28 900	1.3	3.7	8.4	23.4
100	79 600	1.2	4.3	7.5	21.0
PP 210 ℃，G'					
角频率	平均模量值 m	重复性		再现性	
rad·s^{-1}	Pa	s_r/%	r/%	s_R/%	R/%
1	1 590	3.4	9.4	11.3	31.7
10	12 000	2.5	6.9	10.5	29.3
100	47 800	2.5	7.1	9.3	26.1
PP 210 ℃，G''					
角频率	平均模量值 m	重复性		再现性	
rad·s^{-1}	Pa	s_r/%	r/%	s_R/%	R/%
1	3 880	2.4	6.6	10.3	28.8
10	15 400	2.4	6.8	9.5	26.7
100	36 000	2.7	7.7	9.1	25.6

循环试验中采用了两种材料：未填充的高密度聚乙烯（PE-HD）和未填充的聚丙烯（PP）。PE-HD试样采用模塑制备，PP试样采用注塑制备。所有样品由循环测试的组织者提供给各参与者，所用仪器包括应变控制和应力控制两类流变仪。

附　录　B
（资料性附录）
测量不确定度的评定

储能模量和损耗模量由式(B.1)和式(B.2)给出：

$$G' = \frac{32dT_0\cos\delta}{\theta_0 \pi D^4} \qquad \text{(B.1)}$$

$$G'' = \frac{32dT_0\sin\delta}{\theta_0 \pi D^4} \qquad \text{(B.2)}$$

相应的不确定度分数分别由式(B.3)和式(B.4)给出：

$$\underline{G'} = [\underline{d}^2 + \underline{T_0}^2 + (\underline{\cos\delta})^2 + \underline{\theta_0}^2 + 4\,\underline{D}^2]^{0.5} \qquad \text{(B.3)}$$

$$\underline{G''} = [\underline{d}^2 + \underline{T_0}^2 + (\underline{\sin\delta})^2 + \underline{\theta_0}^2 + 4\,\underline{D}^2]^{0.5} \qquad \text{(B.4)}$$

式中下划线表示每一测量项的不确定度分数。不确定度分数定义为不确定度在测量值中占的比率，例如因校准和/或分辨率对测量值引起的不确定度。例如，测量 20×10^{-4} rad 的角位移，假定精确度为 $\pm20\times10^{-6}$ rad，则其测量不确定度分数为 0.01。

要包含由测量时的角频率、温度依赖性和降解效应以及非线性黏弹性引起的对不确定度的贡献，则重新给出上述 G' 和 G'' 的测量不确定度计算公式，见式(B.5)和式(B.6)：

$$\underline{G'} = [\underline{d}^2 + \underline{T_0}^2 + (\underline{\cos\delta})^2 + \underline{\theta_0}^2 + 4\,\underline{D}^2 + \underline{F}^2 + \underline{\phi}^2 + \underline{DE}^2 + \underline{SL}^2]^{0.5} \qquad \text{(B.5)}$$

$$\underline{G''} = [\underline{d}^2 + \underline{T_0}^2 + (\underline{\sin\delta})^2 + \underline{\theta_0}^2 + 4\,\underline{D}^2 + \underline{F}^2 + \underline{\phi}^2 + \underline{DE}^2 + \underline{SL}^2]^{0.5} \qquad \text{(B.6)}$$

式中：

$\underline{F}$ ——角频率误差引起的不确定度分数；

$\underline{\phi}$ ——温度对黏度的影响引起的不确定度分数；

$\underline{DE}$ ——降解效应引起的不确定度分数；

$\underline{SL}$ ——非线性黏弹行为引起的不确定度分数。

每个参数的不确定度分数由下面规定的每个参数值及其偏差来确定：

a) 平行平板直径，D	25 mm
b) 样品厚度，d	1.5 mm
c) 平行平板边缘的应变	5%
d) 转矩	绝对值的±2%
e) 角位移	$\pm20\times10^{-6}$ rad
f) 板直径	±0.01 mm
g) 板间隙	±0.01 mm
h) 板不排列在同一直线上(板不对中)	±0.01 mm
i) 角频率	绝对值的±2%
j) 温度，θ	$\theta\leqslant200$ ℃，±0.5 ℃ 200 ℃$<\theta\leqslant300$ ℃，±1.0 ℃ $\theta>300$ ℃，±1.5 ℃

在 G' 和 G'' 的测量不确定度评定中，通常有以下假设：

——对于损耗角 δ，在 17°～73°范围内，$\cos\delta$ 和 $\sin\delta$ 项有最大 3%的不确定度[4]；

——测量中 2%的角频率误差影响会对 G' 和 G'' 的测量值有 2%的影响，即 $\log(G')$ 和 $\log(G'')$ 与 log(角频率)是斜率为 1 的线性关系；

——样品材料的降解和非线性黏弹行为引起的误差(与确定线性黏弹性测量的极限应变有关)对

G'和G''的测量值分别有 0%或 5%的影响,代表了两种极端状况。

规定了以上假设后,进行G'和G''的不确定度测量时黏度对温度的依赖性和温度误差的各个量在表 B.1 中给出。对循环中使用的 PE-HD 和 PP 样品,从温度扫描的数据估计出模量的温度依赖性大约为 1%/℃。

表 B.1 储能模量G'和损耗模量G''的测量不确定度

黏度的温度依赖性 %/℃	温度误差 ℃	G'和G''的测量不确定度 %	
		假设降解和非线性黏弹行为的影响均为 0%	假设降解和非线性黏弹行为的影响均为 5%
0	—	4.2	8.2
1	±0.5	4.2	8.2
1	±1.0	4.3	8.3
3	±1.0	5.2	8.8

以上不确定度未考虑由试样惯性、平行平板不平行和轴向不对中等与仪器相关的因素、边缘效应、仪器惯量和仪器柔量等引起的误差,这些因素都会增大测量不确定度的程度。

参 考 文 献

[1] MARIN,G.:Rheological Measurement,edited by COLLYER,A.A.,and CLEGG,D.W.,Elsevier Applied Science,London,1988.

[2] WALTERS,K.:Rheometry,Chapman and Hall Ltd,London,1975.

[3] WHORLOW,R.W.:Rheological Techniques,Second Edition,Ellis Horwood series in physics and its applications,1992.

[4] RIDES,M.,and ALLEN,C.R.G.:Round robin for parallel plate oscillatory rheometry using polyethylene and polypropylene melts,NPL Report CMMT(A)11,January 1996(National Physical Laboratory,Teddington,Middlesex,TW11 0 LW,United Kingdom).

[5] DEALY,J.M.,and WISBRUN,K.:Melt rheology and its role in plastics processing,Chapman and Hall,1995.

[6] MACOSKO,C.:Rheology—Principles,Measurements and Applications,VCH Publishers,NY,1994.

ICS 83.040.30
G 31
备案号：47112—2014

HG

中华人民共和国化工行业标准

HG/T 4670—2014

改性塑料用阻燃剂黑点和异色点的测定

Determination of black speck and impurity in flame retardant for plastic modification

2014-10-29 发布　　2015-04-01 实施

中华人民共和国工业和信息化部　发布

前　言

本标准按照 GB/T 1.1—2009 给出的规则起草。

本标准由中国石油和化学工业联合会提出。

本标准由全国塑料标准化技术委员会改性塑料分会（SAC/TC15/SC10）归口。

本标准负责起草单位：金发科技股份有限公司、天津金发新材料有限公司、江苏金发科技新材料有限公司。

本标准参加起草单位：上海金玺实验室有限公司、聚赛龙工程塑料有限公司、上海金发科技发展有限公司。

本标准主要起草人：薄文海、欧阳晓岳、杨燕、叶南飚、刘奇祥、袁绍彦、陈广强、郝源增、石鑫、刘文志。

改性塑料用阻燃剂黑点和异色点的测定

1 范围

本标准规定了改性塑料用粉体阻燃剂原料中黑点和异色点的两种测定方法。

——方法 A：湿筛法，适用于黏性粉体阻燃剂；

——方法 B：干筛法，适用于非黏性粉体阻燃剂。

本标准适用于改性塑料用粉体阻燃剂中黑点和异色点的测定。

2 规范性引用文件

下列文件对于本文件的应用是必不可少的。凡是注日期的引用文件，仅注日期的版本适用于本文件。凡是不注日期的引用文件，其最新版本（包括所有的修改单）适用于本文件。

GB/T 6003.1 试验筛 技术要求和检验 第1部分：金属丝编织网试验筛

3 术语和定义

下列术语和定义适用于本文件。

3.1

黏性粉体阻燃剂 adhesive powder flame retardant

70目筛网干筛通过率<90%的粉体阻燃剂。

3.2

非黏性粉体阻燃剂 nonadhesive powder flame retardant

70目筛网干筛通过率≥90%的粉体阻燃剂。

3.3

黑点 black speck

粉体阻燃剂中用肉眼能观测到的黑色颗粒。

3.4

异色点 impurity

粉体阻燃剂中与主色调有明显差异的杂色点（黑点除外）。

4 仪器和材料

4.1 振筛机：振击幅数1.0 mm～4.0 mm。

4.2 试验筛：筛框直径200 mm，规格分别为40目、50目、70目、150目，符合GB/T 6003.1的要求。

4.3 工业天平：精度0.1 g。

4.4 秒表：精度1/5 s。

4.5 玻璃棒：长度300 mm。

4.6 烧杯：容量250 mL。

4.7 毛刷：宽度25 mm。

4.8 乙醇：分析纯。

5 试验步骤

5.1 A法：湿筛法

将筛网按照40目、50目、70目、150目的顺序从上至下组合放置，底部放置筛底。

取干燥的50 g±1 g阻燃剂样品置于烧杯中，在烧杯中加入40 mL乙醇和100 mL蒸馏水，用玻璃棒搅匀，得到混合液。

将混合液从组合筛的最上部倒入试验筛中，用适量蒸馏水或乙醇冲净玻璃棒上与烧杯中残留的样品并倒入筛中，然后用适量蒸馏水或乙醇逐层冲洗筛网上的粉体，同时用毛刷逐层刷净每层筛网上的粉体，最后用适量乙醇冲净毛刷上面的粉体至筛网上并冲净筛网。

待筛网干燥后，在自然光或日光灯下150 mm距离内，目视测定每层筛网上筛余物中的黑点数和异色点数。

5.2 B法：干筛法

将筛网按照40目、50目、70目、150目的顺序从上至下组合放置，底部放置筛底。

取干燥的50 g±1 g样品置于试验筛中，轻轻摇动，使样品均匀铺在筛网上，盖上筛盖，将试验筛放到振筛机架上并固定。

开动振筛机，振击幅数3.0 mm，同时按下秒表计时，筛至5 min时停止筛分。

将试验筛组从振筛机上取出，用毛刷将筛盖上黏附的粉体扫入对应的筛网上，然后用适量蒸馏水或乙醇逐层冲洗筛网上的粉体，同时用毛刷逐层刷净每层筛网上的粉体，最后用适量乙醇冲净毛刷上面的粉体至筛网上并冲净筛网。

待筛网干燥后，在自然光或日光灯下150 mm距离内，目视测定每层筛网上筛余物中的黑点数和异色点数。

5.3 试验结果

黑点数和异色点数为两次试验数据的算术平均值。

5.4 允许差

70目筛网的两次试验数值之差的绝对值不得超过较小值的2倍，否则应重新取样测试。

6 试验报告

试验报告至少包含以下内容：

a) 注明按照本标准；

b) 样品名称、牌号和批次号；

c) 试验方法；

d) 每层筛网上黑点和异色点数。

五、设备标准

ICS 65.060.99
B 91

中华人民共和国国家标准

GB/T 25412—2010

残地膜回收机

Mulch film residue collector

2010-11-10 发布　　2011-03-01 实施

中华人民共和国国家质量监督检验检疫总局
中国国家标准化管理委员会　发布

前　言

本标准由中国机械工业联合会提出。

本标准由全国农业机械标准化技术委员会(SAC/TC 201)归口。

本标准起草单位:新疆维吾尔自治区农牧业机械试验鉴定站、新疆维吾尔自治区农牧业机械管理局、北京市农业机械试验鉴定推广站。

本标准主要起草人:马惠玲、沙得尔·木沙、高燕、裴新民、胡龙、张京开。

残地膜回收机

1 范围

本标准规定了残地膜回收机产品的要求、试验方法、检验规则、标志、包装、运输和贮存。

本标准适用于残地膜回收机(以下简称回收机)。

2 规范性引用文件

下列文件中的条款通过本标准的引用而成为本标准的条款。凡是注日期的引用文件,其随后所有的修改单(不包括勘误的内容)或修订版均不适用于本标准,然而,鼓励根据本标准达成协议的各方研究是否可使用这些文件的最新版本。凡是不注日期的引用文件,其最新版本适用于本标准。

GB/T 2828.1 计数抽样检验程序 第1部分:按接收质量限(AQL)检索的逐批检验抽样计划(GB/T 2828.1—2003,ISO 2859-1:1999,IDT)

GB/T 5262 农业机械试验条件 测定方法的一般规定

GB/T 5667 农业机械 生产试验方法

GB/T 9480 农林拖拉机和机械、草坪和园艺动力机械 使用说明书编写规则(GB/T 9480—2001,eqv ISO 3600:1996)

GB 10395.1—2009 农林机械 安全 第1部分:总则(ISO 4254-1:2008,MOD)

GB 10396—2006 农林拖拉机和机械、草坪和园艺动力机械 安全标志和危险图形 总则(ISO 11684:1995,MOD)

GB/T 13306 标牌

JB/T 9832.2—1999 农林拖拉机及机具漆膜附着性能试验方法 压切法

NY/T 1227 残地膜回收机 作业质量

3 术语和定义

NY/T 1227 中确立的术语和定义适用于本标准。

4 要求

4.1 一般技术要求

4.1.1 回收机应符合本标准的要求,并按经规定程序批准的产品图样和技术文件制造,所有零部件须经检验合格。

4.1.2 回收机的维修、保养应方便。

4.1.3 焊接件焊缝应平整均匀、牢固。不得有烧穿、漏焊和脱焊缺陷。

4.1.4 钣金件、冲压件应光滑平整,无毛刺、飞边、裂纹和明显折皱。

4.1.5 回收机运输间隙应不小于300 mm。

4.1.6 涂层表面色泽应均匀不得有锈蚀、飞溅、碰伤、漏底、起皮和剥落等缺陷。

4.1.7 涂层附着力应不低于JB/T 9832.2—1999 中规定的Ⅱ级。

4.2 作业性能

在铺覆地膜厚度≥0.007 mm,所选用地膜状况、土质以及地块大小在当地应具有一定代表性时,其作业性能指标应符合表1的规定。

表 1 作业性能指标

序号	项 目	指 标	作业方式
1	表层拾净率（地表及土层深度 0 mm～100 mm）/%	≥80	耕前及播前残地膜回收机作业
2	深层拾净率[a]（土层深度 100 mm～150 mm）/%	≥70	耕前及播前残地膜回收机作业
3	苗期拾净率/%	≥85	苗期残地膜回收机作业
4	伤苗率/%	≤2	苗期残地膜回收机作业
5	缠膜率/%	≤2	
[a] 残地膜回收机具有捡拾土层深度 100 mm～150 mm 残地膜功能时，方对深层拾净率进行检测和评定。			

4.3 有效度

回收机的有效度应不小于 90%。

4.4 整机装配要求

4.4.1 各转动部件转动灵活，运转应平稳，无卡阻现象及异常响声。

4.4.2 各功能部件上的螺栓副不得松动，防松措施可靠。

4.4.3 各调整部位应调节灵活，操作方便。

4.5 安全要求

4.5.1 产品使用说明书应提示操作和维护保养的安全注意事项，并按 GB/T 9480 的规定进行编写。

4.5.2 产品应按 GB 10395.1 规定设计合理，保证操作人员按产品使用说明书操作和保养时不发生危险。

4.5.3 使用说明书应对涉及安全方面的内容给出安全警告。

4.5.4 使用说明书中应重现机器上安全标志，并指出安全标志的固定位置。使用无文字安全标志时，使用说明书中应用文字解释安全标志的意义。

4.5.5 宽度大于 2.1 m 的回收机应安装示廓反射器。

4.5.6 动力输入轴防护罩及其他防护装置应符合 GB 10395.1 的规定。

4.6 安全标志

在对操作者存在或有危险的部位（如正常操作时必须外露的功能件，防护装置的开口处和维修保养有危险的部位），应在其附近固定永久醒目的安全标志，安全标志应符合 GB 10396 的规定。每台回收机至少应有以下安全标志：

a) 机器前部万向节传动轴可能缠绕身体部位，机器作业或万向节传动轴转动时，人与机器保持安全距离的警告标志；

b) 小心挤压和剪切危险的安全标志（如：悬挂提升系统附近，存在压碎和剪切危险；机器悬挂起落时远离机具等安全标志）；

c) 机器运转时，不得打开或拆下安全防护罩的警告标志。

5 试验方法

5.1 一般要求

5.1.1 回收机的焊接质量、外观质量用目测检验。

5.1.2 运输间隙的测量，应将回收机处于运输状态，停放在干硬、平直的路面上，用钢直尺测量机器最低点与地面的距离。

5.1.3 按 JB/T 9832.2 的规定测定漆膜附着力。

5.2 性能试验

5.2.1 试验条件和准备

5.2.1.1 试验地选择

耕前残地膜回收机作业的试验地残茬不高于 12 cm。播前残地膜回收机作业的试验地整地深度不小于 15 cm,碎土率不小于 75%。

5.2.1.2 配套动力及驾驶员

按使用说明书明示的动力范围选择配套拖拉机,拖拉机技术状态应良好。驾驶员的驾驶技术应熟练。试验过程中不应随意更换拖拉机和驾驶员。

5.2.1.3 田间调查

试验前对试验地状况进行调查测定,调查测定内容为:地形及地势、土壤类型、土壤含水率、土壤坚实度、前茬作物、地表处埋情况等,测定方法按 GB/T 5262 规定进行。

5.2.2 测区和测点位置的确定

5.2.2.1 测区长度应不少于 100 m,宽度应满足机具 3 个往返行程的工作宽度。

5.2.2.2 测点采用五点法,从测区四个地角沿对角线,在四分之一至八分之一对角线长度范围内随机确定四个测点的位置,再加上该对角线的交点,作为作业前的五个测点。然后在作业前的五个测点附近但不重叠的区域再选取五个测点,作为作业后的五个测点。

5.2.2.3 测点长度 5 m、宽度为一个膜幅(苗期和耕前作业方式时,需选在作业幅上或作业行上)。

5.2.3 表层(深层)残膜回收率的测定

分别将两个测区内作业前、后的各五个测点,按地表及土层深度 0 mm～100 mm、土层深度 100 mm～150 mm 两个层面的分别取出残地膜。将各测点按层取出的残地膜去除尘土和水分后称其质量,求其平均值。按式(1)分别计算表层拾净率和深层拾净率。

$$J=\left(1-\frac{W}{W_0}\right)\times 100 \qquad \cdots\cdots(1)$$

式中:

J——拾净率,%;

W——作业后的表层或深层残地膜质量,单位为克(g);

W_0——作业前的表层或深层残地膜质量,单位为克(g)。

5.2.4 苗期残地膜回收作业

分别将两个测区内作业前、后各五个测点的当年残地膜取出,将各测点残地膜去除尘土和水分后称其质量。按式(1) 计算苗期拾净率。

5.2.5 缠膜率的测定

分别测定两个行程,将通过测定区时在集膜箱内残地膜与机器上缠绕的地膜收集,分别洗净后称其质量,按式(2)计算回收机缠膜率。

$$C=\frac{m_1}{m_1+m_2}\times 100 \qquad \cdots\cdots(2)$$

式中:

C——缠膜率,%;

m_1——测区内缠绕在机器上地膜的质量,单位为克(g)。

m_2——测区内集膜箱内残地膜的质量,单位为克(g)。

5.2.6 伤苗率测定

分别测定作业后测区各测点内总株数及残地膜回收作业造成的伤苗株数,按式(3)计算每个测点的伤苗率,然后求出五个测点伤苗率的平均值,作为该测区的伤苗率。

$$Z=\frac{Y}{Y_0}\times 100 \qquad \cdots\cdots(3)$$

式中：

Z——伤苗率，%；

Y——伤苗株数之和，单位为个；

Y_0——苗株总数之和，单位为个。

5.3 有效度

5.3.1 可靠性试验的作业量不少于 25 hm^2/m 幅宽。

5.3.2 可靠性试验期间详细记录机具的安全性、性能稳定性、适应性、调整保养方便性和故障情况。按 GB/T 5667 的规定准确测定各类时间，精确到分钟。按式(4)计算有效度。

$$K=\frac{\sum T_z}{\sum T_z+\sum T_g}\times 100 \qquad (4)$$

式中：

K——有效度，%；

T_z——班次作业时间，单位为小时(h)；

T_g——班次故障时间，单位为小时(h)。

5.4 整机装配质量

目测检验。

5.5 安全检查

5.5.1 用目测方法，根据 4.5 的要求进行检验。

5.5.2 安全标志检验：先用沾水的湿布擦拭标志 15 s，然后再用浸过汽油的布擦拭 15 s，擦拭后的安全标志应清晰、不易揭去、无卷边现象。

6 检验规则

6.1 出厂检验

6.1.1 每台总装完毕的回收机应进行出厂检验。经制造厂质量检验部门检验合格后，附合格证方可入库或出厂。

6.1.2 出厂检验项目应包括 4.1、4.4、4.5 中规定的项目，并检查整机的完整性，不得有错装和漏装现象。如有不合格项目，需修复后重检，如仍有不合格则为不合格产品，不可出厂。

6.2 型式检验

6.2.1 在正常批量生产时，每三年进行一次型式检验。除此有下列情况之一时，应进行型式检验：

a) 新产品定型鉴定及老产品转厂生产；

b) 正式生产后如结构、工艺、材料等有较大的改变，可能影响产品性能时；

c) 工装、模具的磨损可能影响产品性能时；

d) 产品长期停产后，恢复生产时；

e) 国家质量监督机构提出进行型式试验要求时。

6.2.2 抽样方案

6.2.2.1 抽样检查按 GB/T 2828.1 规定的正常检验一次抽样方案。检查批量 9 台～15 台，整机抽 2 台，抽样时还可考虑增抽一台备用样机，备用机只有在因非机器本身质量问题导致无法正确判断时使用。

6.2.2.2 订货方抽验产品时，抽查批和接收质量可由供需双方协商确定。

6.2.3 检验项目分类

按其产品质量特性的重要程度分为 A 类、B 类。被检项目凡不符合第 4 章规定要求的均称为不合格。检验项目分类见表 2。

表 2　检验项目分类表

项目分类		项目名称	耕前或播前残地膜回收作业	苗期残地膜回收作业
类	项			
A	1	安全要求	√	√
	2	可靠性	√	√
	3	表层拾净率	√	—
	4	苗期拾净率	—	√
B	1	缠膜率	√	√
	2	伤苗率	—	√
	3	运输间隙	√	√
	4	焊接质量	√	√
	5	外观质量	√	√
	6	涂层附着力	√	√
	7	紧固件装配质量	√	√
	8	深层拾净率	√	—
注：“√”表示型式检验需要检测的项目。				

6.2.4　样机抽取封存至试验结束(可靠性试验除外)，除按使用说明书规定进行保养和调整外，不应进行任何再调整、修理和更换。

6.2.5　判定规则

采用逐项考核，样本中各类不合格项数小于或等于接收数 Ac 时，判定为合格，否则为不合格，抽样判定见表 3。

表 3　抽样判定表

不合格分类	A	B
样本	2	
项目数	3	7
检验水平	S-1	
接收质量限(AQL)	6.5	25
Ac　　Re	0　　1	1　　2

7　标志、包装、运输和贮存

7.1　每台回收机应在明显的位置固定产品标牌，标牌应符合 GB/T 13306 的规定，并表明下列内容：

a) 产品型号、名称；

b) 主要技术参数；

c) 产品商标；

d) 出厂编号；

e) 制造日期；

f) 制造厂名称；

g) 制造厂地址；

h) 产品执行标准编号。

7.2　回收机可以总装或部件包装出厂。部件包装应牢固、可靠，应保证各部件在不经修理的情况下即能进行总装。

7.3　回收机随机技术文件应用防水袋包装，文件包括：

a)　装箱清单；

b)　产品质量合格证；

c)　产品使用说明书；

d)　备件、附件和随机工具清单。

7.4　回收机运输应符合交通部门的有关规定，装卸时应保证产品不受损坏，用包装箱发运的回收机应固定牢靠，不得窜动。包装箱应采取防雨措施。

7.5　产品在室内存放时应保证干燥、通风和无腐蚀气体，露天存放时应有防雨、防潮的措施。

ICS 71.120;83.200
G 95

中华人民共和国国家标准

GB/T 32662—2016

废橡胶废塑料裂解油化成套生产装备

Complete set of pyrolysis equipment for waste rubber and waste plastic to oil

2016-04-25 发布 2016-11-01 实施

中华人民共和国国家质量监督检验检疫总局
中国国家标准化管理委员会 发布

前　言

本标准按照 GB/T 1.1—2009 给出的规则起草。

本标准由中国石油和化学工业联合会提出。

本标准由全国橡胶塑料机械标准化技术委员会(SAC/TC 71)归口。

本标准起草单位:济南友邦恒誉科技开发有限公司、青岛科技大学、济南市产品质量检验院、东莞运通环保科技有限公司、北京橡胶工业研究院、山东开元橡塑科技有限公司、卓越(滨州)环保能源有限公司。

本标准主要起草人:牛晓璐、汪传生、娄晓红、牛斌、邓裕潮、何成、赵晓港、卓寿镛、夏向秀。

废橡胶废塑料裂解油化成套生产装备

1 范围

本标准规定了废橡胶废塑料裂解油化成套生产装备的术语和定义、组成、型号与基本参数、要求、试验、检验规则、标志、包装、运输与贮存。

本标准适用于连续式和间歇式废橡胶、废塑料的裂解油化成套生产装备(以下简称成套生产装备)。

2 规范性引用文件

下列文件对于本文件的应用是必不可少的。凡是注日期的引用文件,仅注日期的版本适用于本文件。凡是不注日期的引用文件,其最新版本(包括所有的修改单)适用于本文件。

GB/T 151 热交换器

GB/T 191 包装储运图示标志

GB/T 2589 综合能耗计算通则

GB 2893 安全色

GB 2894 安全标志及其使用导则

GB 4053.1 固定式钢梯及平台安全要求 第1部分:钢直梯

GB 4053.3 固定式钢梯及平台安全要求 第3部分:工业防护栏杆及钢平台

GB 4655 橡胶工业静电安全规程

GB 5226.1—2008 机械电气安全 机械电气设备 第1部分:通用技术条件

GB/T 6388 运输包装收发货标志

GB/T 9969 工业产品使用说明书 总则

GB/T 10610 产品几何技术规范(GPS)表面结构 轮廓法 评定表面结构的规则和方法

GB/T 13306 标牌

GB/T 13384 机电产品包装通用技术条件

GB/T 13452.2 色漆和清漆 漆膜厚度的测定

GB/T 16157 固定污染源排气中颗粒物测定与气态污染物采样方法

GB 16297—1996 大气污染物综合排放标准

GB 50058 爆炸危险环境电力装置设计规范

GBZ 1—2010 工业企业设计卫生标准

HG/T 2108 橡胶机械噪声声压级的测定

HG/T 3120 橡胶塑料机械外观通用技术条件

HG/T 3228—2001 橡胶塑料机械涂漆通用技术条件

NB/T 47003.1—2009 钢制焊接常压容器

SH 3009 石油化工可燃性气体排放系统设计规范

SY 6503 石油天然气工程可燃气体检测报警系统安全技术规范

3 术语和定义

下列术语和定义适用于本文件。

3.1

废橡胶废塑料裂解油化成套生产装备 complete set of pyrolysis equipment for waste rubber and waste plastic to oil

将破碎后的废橡胶、废塑料通过裂解产出油料、不凝可燃气及固体产物的成套生产装备。

3.2

连续式成套生产装备 continuous complete production set

将废橡胶、废塑料连续送入裂解器内进行裂解，产出油料、不凝可燃气及固体产物连续导出的成套生产装备，见图1。

3.3

间歇式成套生产装备 periodical complete production set

将废橡胶、废塑料置于裂解器内升温裂解，将油料、不凝可燃气收集完成后再降温排出固体产物，进行周期性生产的成套生产装备，见图2。

3.4

裂解器 pyrolysis reactor

废橡胶、废塑料进行裂解反应的主体设备。

3.5

供热温度 heating temperature

供热装置作用于裂解器的温度。

3.6

裂解率 pyrolysis efficiency

废橡胶、废塑料裂解程度的指标，用数值1减去裂解油化完成后固体产物中的含油率来表示。

3.7

不凝可燃气 noncondensable fuel gas

经过油气冷却系统后未能冷凝的可燃性气体。

4 组成、型号与基本参数

4.1 组成

成套生产装备主要由进料系统、裂解系统(裂解器、供热装置)、油气冷却系统(分油器、冷却器)、不凝可燃气净化系统、出料系统、烟气净化系统、循环冷却水系统、电气控制系统组成。成套生产装备可分为连续式和间歇式成套生产装备(见图1、图2)。

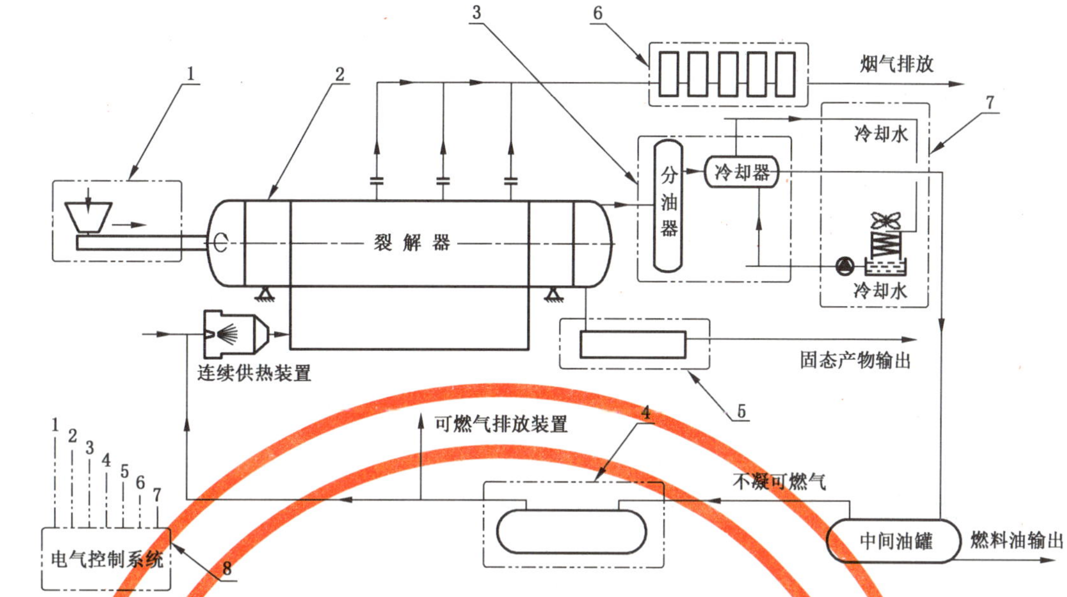

说明：

1——进料系统；
2——裂解系统；
3——油气冷却系统；
4——不凝可燃气净化系统；
5——出料系统；
6——烟气净化系统；
7——循环水冷却系统；
8——电气控制系统。

图 1 连续式成套生产装备示意图

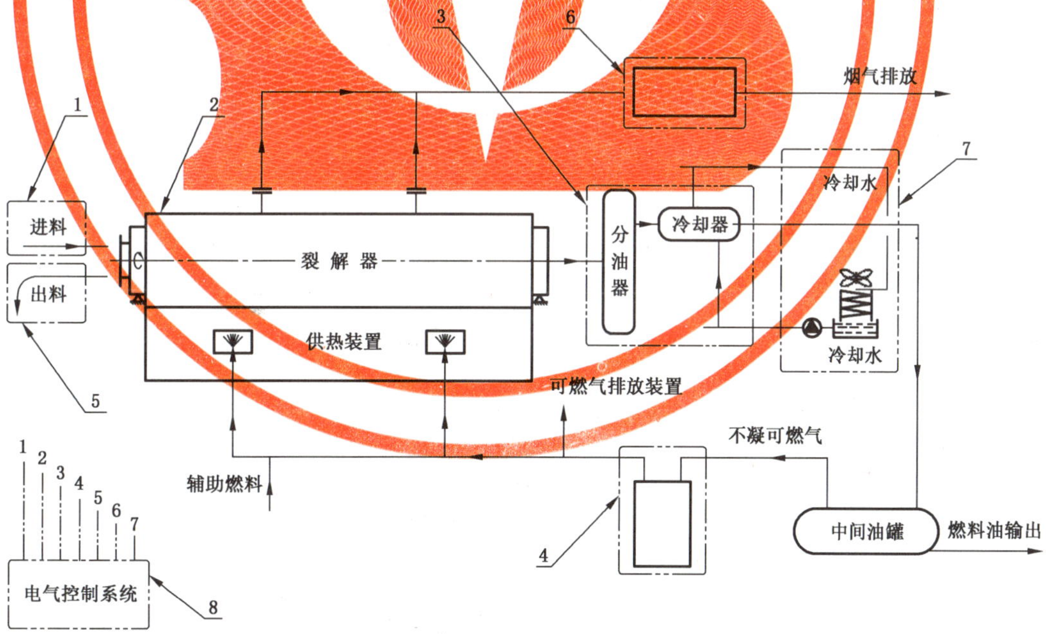

说明：

1——进料系统；
2——裂解系统；
3——油气冷却系统；
4——不凝可燃气净化系统；
5——出料系统；
6——烟气净化系统；
7——循环水冷却系统；
8——电气控制系统。

图 2 间歇式成套生产装备示意图

4.2 型号

4.2.1 成套生产装备型号及编制方法参见附录A。

4.2.2 主要设备型号及编制方法参见附录B。

4.3 基本参数

主要设备和装置的基本参数参见附录C。

5 要求

5.1 基本要求

5.1.1 成套生产装备应符合本标准的要求,并按照经过规定程序批准的图样和技术文件制造。

5.1.2 管道和阀门接头应连接可靠,无泄漏,各管路系统干净、畅通。

5.1.3 成套生产装备正常运行时应平稳,不应有异常振动,无干涉、卡阻及异常噪声。

5.1.4 供热装置应采用可控温热风对裂解器进行供热。

5.1.5 固体产物与外界空气接触时的温度不得高于60 ℃。

5.1.6 成套生产装备工作环境卫生要求应符合GBZ 1—2010中6.1的规定。

5.2 功能要求

5.2.1 成套生产装备应具有:

a) 手动或自动控制模式;

b) 在线控制和显示各设备运行状态的功能;

c) 自动记录、打印各运行参数(压力、温度、流量、电机频率)的功能;

d) 故障实时报警和自诊断的功能。

5.2.2 控制系统应具有:

a) 人机对话功能;

b) 预留信息化网络接口系统;

c) 手动控制模式与自动控制模式无扰动切换;

d) 对压力、温度、流量等数据采集、计算、处理、指令功能。

5.3 技术要求

5.3.1 裂解器

5.3.1.1 裂解器设计压力为90 kPa。

5.3.1.2 裂解器内筒体应做水压或气压试验,不应有泄漏。

5.3.1.3 裂解器动密封面表面粗糙度 $Ra \leqslant 1.6\ \mu m$。

5.3.1.4 裂解器动密封面圆跳动应不大于0.2 mm。

5.3.1.5 裂解器轮毂圆跳动应不大于0.2 mm。

5.3.1.6 裂解器轮毂工作面硬度不应低于HRC 45。

5.3.2 供热装置向裂解器输入的供热温度不得高于650 ℃。

5.3.3 分油器、中间油罐等容器类设备的制造应符合NB/T 47003.1中的有关规定。

5.3.4 冷却器等换热设备的制造、检验与验收应符合GB/T 151的有关规定。

5.3.5 负荷运转时,成套生产装备各轴承体温度不高于60 ℃。

5.3.6 成套生产装备的年处理量应不低于标称值。

5.3.7 成套生产装备的废橡胶、废塑料裂解率不应低于99%。

5.3.8 成套生产装备生产全过程综合能耗低于 18 kgce/t。

5.4 安全要求

5.4.1 成套生产装备的外露运动部件应设置固定或活动防护装置，不能设置防护装置的应在明显位置设置警示标识并应在说明书中给出。各种安全标识应符合 GB 2894 的规定。

5.4.2 成套生产装备中人体可触及的外露高温部件，应采取防护措施，使其外表面温度不大于 60 ℃。

5.4.3 成套生产装备的安全防护部位应按 GB 2893 的规定，涂以黄色安全色或黑色与黄色相间的安全色条纹。

5.4.4 成套生产装备中安装在裂解车间内的电力装置应符合 GB 50058 的规定。

5.4.5 成套生产装备的动力电路导线和保护接地电路间的绝缘电阻应符合 GB 5226.1—2008 中 18.3 的规定。

5.4.6 成套生产装备的电气设备的所有电路导线和保护接地电路之间的耐压应符合 GB 5226.1—2008 中 18.4 的规定。

5.4.7 成套生产装备的保护联结电路的连续性应符合 GB 5226.1—2008 中 8.2.3 的规定。

5.4.8 成套生产装备的电气控制系统应具有过载保护和紧急停机装置。

5.4.9 成套生产装备运转前应有声光提示信号。

5.4.10 成套生产装备的最高点应设有避雷装置。

5.4.11 成套生产装备中所有金属设备、装备外壳、金属管道、支架、构件、部件应采用防静电直接接地，静电接地体的接地电阻值不应大于 100 Ω。

5.4.12 成套生产装备的中间油罐应设置防止油品泄漏围堰，其容积应大于中间油罐容积。

5.4.13 成套生产装备中的钢梯、防护栏杆及平台应符合 GB 4053.1 和 GB 4053.3 的规定。

5.4.14 成套生产装备中应设有可燃气安全排放装置，其设计应符合 SH 3009 的规定。

5.4.15 成套生产装备生产场所内应设置可燃气体检测报警系统，可燃气体检测报警系统的设置应符合 SY 6503 的规定。

5.5 环保要求

5.5.1 成套生产装备常规大气污染物排放浓度限值见表 1。

5.5.2 成套生产装备行业特征大气污染物排放浓度限值见表 2。

表 1 成套生产装备常规大气污染物排放浓度限值

序号	供热装置类型	颗粒物 mg/m^3	二氧化硫 mg/m^3	氮氧化物（以 NO_2 计）mg/m^3	烟气黑度（林格曼级）	监控位置
1	以煤、重油、煤制气等为燃料的供热装置	50	300	300	1	车间或生产设施排放口
2	以轻油、天然气等为燃料的供热装置或电炉	20	200	200	1	

表 2 成套生产装备行业特征大气污染物排放浓度限值 单位为毫克每平方米

污染物名称	排放限值	监控位置
氟化物（以总 F 计）	6.0	车间或生产设施排放口
铅及其化合物	0.1	
汞及其化合物	0.008	
镉及其化合物	0.8	
氯化氢	50	

5.5.3 成套生产装备中进料系统、出料系统应配有除尘装置。除尘装置粉尘排放浓度不高于 20 mg/m³。

5.5.4 成套生产装备空负荷运转时的噪声声压级应不大于 70 dB(A);负荷运转时的噪声声压级应不大于 80 dB(A)。

5.6 涂漆和外观要求

5.6.1 涂漆质量应符合 HG/T 3228—2001 中 3.4.6 的规定。漆膜厚度不应小于 50 μm。

5.6.2 外观质量应符合 HG/T 3120 的规定。

6 试验

6.1 基本要求检测

6.1.1 通过空负荷试车检查、PLC 程序操作检查,对 5.1.2、5.1.3、5.1.4 进行检测。

6.1.2 对 5.1.5 的检测,用点温计进行检测。

6.1.3 对 5.1.6 的检测,按照 GBZ 1—2010 的规定检测。

6.2 功能要求检测

6.2.1 通过负荷试车、PLC 程序及操作检查,应符合 5.2.1 的规定。

6.2.2 通过空负荷试车、PLC 程序操作检查,应符合 5.2.2 的规定。

6.3 技术要求检测

6.3.1 裂解器的检测

6.3.1.1 水压或气压试验按 NB/T 47003.1—2009 中 9.7 的相关规定进行检验。

6.3.1.2 裂解器动密封面加工完成后,按 GB/T 10610 规定的方法进行检测动密封面表面粗糙度。

6.3.1.3 对 5.3.1.4～5.3.1.6 的检测见表 3。

表 3 跳动及硬度检测方法

序号	检验项目	检测方法	检测简图	检验工具
1	裂解器动密封面圆跳动	将百分表磁力表座吸附在检验方箱或环体侧面,检测头触及裂解器动密封面,旋转裂解器至少一周,测得动密封面圆跳动最大值与最小值的差值为裂解器动密封面圆跳动的误差值。(A、B、C、D 4 处为动密封面)	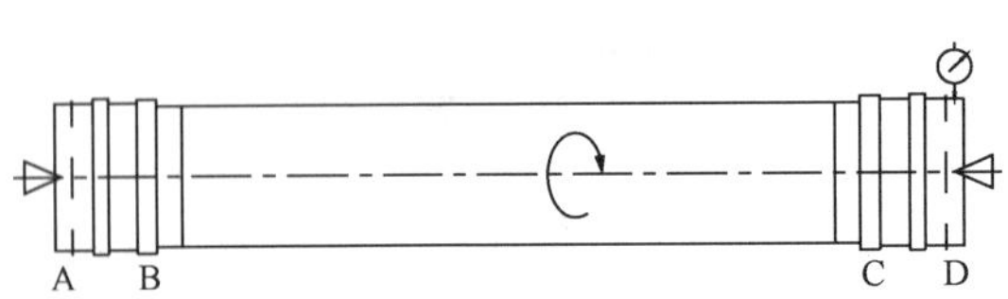	百分表

表 3（续）

序号	检验项目	检 测 方 法	检 测 简 图	检验工具
2	裂解器轮毂圆跳动	将百分表磁力表座吸附在检验方箱或环体侧面，检测头触及裂解器轮毂，旋转裂解器至少一周，测得轮毂圆跳动最大值与最小值的差值为裂解器轮毂圆跳动的误差值。 （A、B 2 处为轮毂）	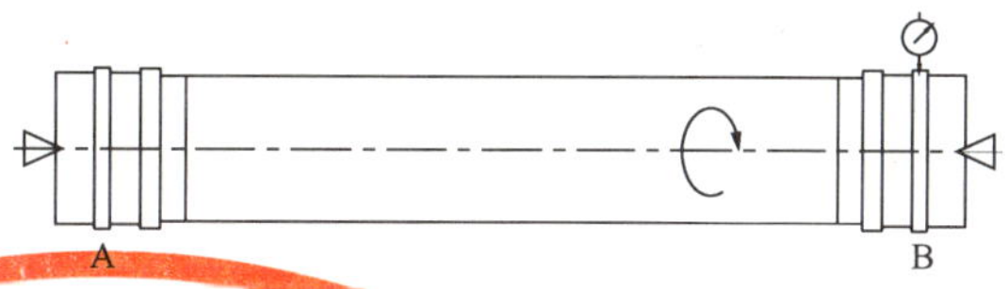	百分表
3	裂解器轮毂工作面硬度	在轮毂工作面上沿圆周方向均分 8 处，每处沿轴线方向在距离轮毂两端各 30 mm 处取 2 点，用硬度计共测 16 处，取其平均值为裂解器轮毂工作面硬度。 （A、B 2 处为轮毂）	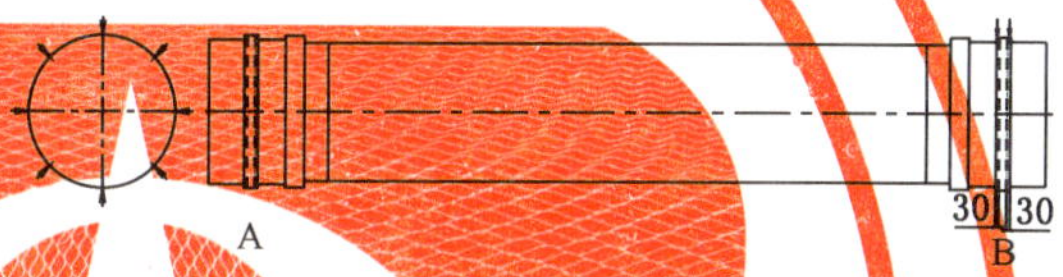	硬度计

6.3.2 供热温度的检测

通过负荷试车及 PLC 显示检测供热温度。

6.3.3 分油器、中间油罐等容器类设备的检测

分油器、中间油罐等容器设备的制造按 NB/T 47003.1 的有关规定检查和试验。

6.3.4 冷却器等换热设备的检测

冷却器等换热设备的制造按 GB/T 151 的有关规定检查和试验。

6.3.5 轴承体温度的检测

成套生产装备负荷运转 4 h 后，用温度计在每个轴承体外壳上至少测量 3 点，取其中读数最大值。

6.3.6 年处理量的检测

6.3.6.1 连续式成套生产装备年处理量的检测

负荷运转正常后，用台秤或投料计量装置和计时器，测量 8 h 的处理量，取其平均值做为每小时处理量，再按式(1)计算年处理量。

$$年处理量(t)=每小时处理量(t/h)\times 8\,000\ h \qquad (1)$$

6.3.6.2 间歇式成套生产装备年处理量的检测

用台秤或投料计量装置和计时器，测量 3 个周期的处理量和所用时间，取其平均值做为每周期处理

量和每周期处理时间，再按式(2)计算年处理量。

$$年处理量(t)=每周期处理量(t/次)\times[8\,000\ h/每周期处理时间(h/次)] \quad \cdots\cdots(2)$$

6.3.7 裂解率的检测

6.3.7.1 裂解所得固体产物取样

6.3.7.1.1 连续式成套生产装备每2 h取样一次，每次取样100 g±5 g，共取3次，混合均匀后备用。

6.3.7.1.2 间歇式成套生产装备在出料过程中总出料量约1/4、1/2、3/4时各取100 g±5 g，混合均匀后备用。

6.3.7.2 结果处理

裂解率按式(3)计算。

$$裂解率=1-裂解所得固体产物的含油率 \quad \cdots\cdots(3)$$

裂解所得固体产物的含油率的测试方法见附录D。

6.3.8 能耗检测

按GB/T 2589的要求进行。

6.4 安全检测

6.4.1 目测，对5.4.1要求的固定或活动防护装置、警示标识及安全标识进行检测。

6.4.2 成套生产装备负荷运转4 h后，用温度计在保温设备或管道的外表面至少测量6点，取其中读数最大值。

6.4.3 目测，对5.4.3要求的安全防护部位涂安全色进行检测。

6.4.4 按照GB 50058的规定对5.4.4进行检测。

6.4.5 绝缘电阻试验。

成套生产装备安装完成后，用绝缘电阻测试仪按照GB 5226.1—2008中18.3的规定进行检测。

6.4.6 耐压试验。

成套生产装备安装完成后，用耐压测试仪按照GB 5226.1—2008中18.4的规定进行检测。

6.4.7 保护联结电路的连续性试验。

成套生产装备安装完成后，按照GB 5226.1—2008中8.2.3的规定进行检测。

6.4.8 通过PLC程序及操作检查，对5.4.8进行检测。

6.4.9 通过空负荷试车检查、PLC操作检查，对5.4.9进行检测。

6.4.10 目测检查，对5.4.10进行检测。

6.4.11 对5.4.11的检测，按照GB 4655的规定。

6.4.12 目测检查，对5.4.12进行检测。

6.4.13 按照GB 4053.1和GB 4053.3的规定，对5.4.13进行检测。

6.4.14 按照SH 3009要求，对5.4.14进行检测。

6.4.15 按照SY 6503的要求，对5.4.15进行检测。

6.5 环保要求检测

6.5.1 按GB 16297—1996中第8章规定的方法，对5.5.1、5.5.2成套生产装备排放的大气污染物、行业特征大气污染物进行检测。

6.5.2 按GB/T 16157的规定的方法，对5.5.3除尘装置排放口粉尘浓度进行检测。

6.5.3 按 HG/T 2108 规定的方法,对 5.5.4 进行噪声检测。

6.6 涂漆和外观检查

6.6.1 按 HG/T 3228 规定的方法,对 5.6.1 进行涂漆质量检测。按 GB/T 13452.2 的规定对漆膜厚度进行检测。

6.6.2 按 HG/T 3120 规定的方法,对 5.6.2 进行外观质量检测。

6.7 空负荷运转前试验

空负荷运转前,应按照 5.3.1.2～5.3.1.6、5.4.1、5.4.3～5.4.15 对成套生产装备进行检查,均应符合要求。

6.8 空负荷运转试验

6.8.1 空负荷运转试验应在装配检验合格并符合 6.7 的要求后方可进行,连续空负荷运转时间不少于 4 h。

6.8.2 空负荷运转时,应按照 5.1.2～5.1.4、5.1.6、5.2、5.5.4 进行检测。

6.8.3 成套生产装备的空负荷运转试验允许在用户现场安装后进行。

6.9 负荷运转试验

6.9.1 在空负荷运转试验合格后,进行负荷运转试验。

6.9.2 负荷运转试验期间,连续式成套生产装备应连续累计负荷运转 72 h 无故障,间歇式成套生产装备应连续累计负荷运转 3 个周期无故障,若中间出现故障,故障排除时间应不超过 2 h,否则应重新进行试验。

6.9.3 负荷运转时,应按照 5.1.5、5.3.2、5.3.5、5.3.6、5.3.7、5.4.2、5.5.1、5.5.2、5.5.4 对成套生产装备进行检查,均应符合要求。

6.9.4 成套生产装备的负荷运转试验允许在用户现场进行。

7 检验规则

7.1 检验分类

成套生产装备的检验分出厂检验和型式试验。

7.2 出厂检验

7.2.1 成套生产装备出厂前应经质量检验部门检验合格并附有产品质量合格证明。

7.2.2 成套生产装备在制造厂的不可检验项目,应在用户现场做补充检验和试验。

7.2.3 成套生产装备的出厂检验项目见 5.2、5.3.1～5.3.4、5.4、5.6、6.8、6.9。

7.3 型式检验

7.3.1 有下列情况之一时,应进行型式检验:

a) 新产品试制或老产品转厂生产的定型鉴定时;

b) 正式投产后,当结构、材料、工艺有较大的改变时;

c) 产品停产两年后,恢复生产时;

d) 出厂检验结果与上次型式检验结果有较大差异时;

e) 正常生产时,每三年至少抽检一台/套;

f) 国家质量监督部门提出进行型式检验要求时。

7.3.2 型式检验的样品应是出厂检验合格的产品，每次抽取样机不少于一台。

7.3.3 型式检验项目应按本标准中的第5章规定进行。

7.3.4 型式检验项目全部符合本标准规定，则判为合格。型式检验每次抽验一台，若有不合格项时，应再抽两台进行检验，若仍有不合格项时，则应逐台进行检验。

8 标志、包装、运输与贮存

8.1 标志

成套生产装备中各单体设备应有产品铭牌、注意事项或警示标牌、有关的运动指向标牌。标牌型式及尺寸应符合 GB/T 13306 的规定。产品标牌应有下列内容：

a) 产品名称；

b) 产品型号；

c) 年处理量；

d) 生产日期；

e) 出厂编号；

f) 生产单位名称、地址、电话和企业商标；

g) 产品执行标准。

8.2 包装

8.2.1 成套生产装备包装应符合 GB/T 13384 的有关规定。包装箱内应装有下列技术文件(装入防水袋内)：

a) 产品合格证；

b) 使用说明书，其内容应符合 GB/T 9969 的规定；

c) 装箱单；

d) 安装图。

8.2.2 成套生产装备(和各系统设备)包装前，所有零部件、附件和备件的加工表面应采取可靠的防锈措施。

8.2.3 成套生产装备(和各系统设备)的敞开包装、捆扎包装和裸装部分，应有可靠的防雨防潮措施。

8.2.4 成套生产装备的包装储运图示标志应符合 GB/T 191 的规定。

8.3 运输

成套生产装备的运输应符合 GB/T 191 和 GB/T 6388 的有关规定。

8.4 贮存

成套生产装备贮存在干燥通风处，避免受潮腐蚀性气(物)体存放，露天存放应有防雨措施。

附 录 A
（资料性附录）
成套生产装备型号及编制方法

A.1 成套生产装备型号的构成及其内容

A.1.1 成套生产装备型号由成套生产装备代号、规格参数、设计代号三部分组成。

A.1.2 成套生产装备型号格式：

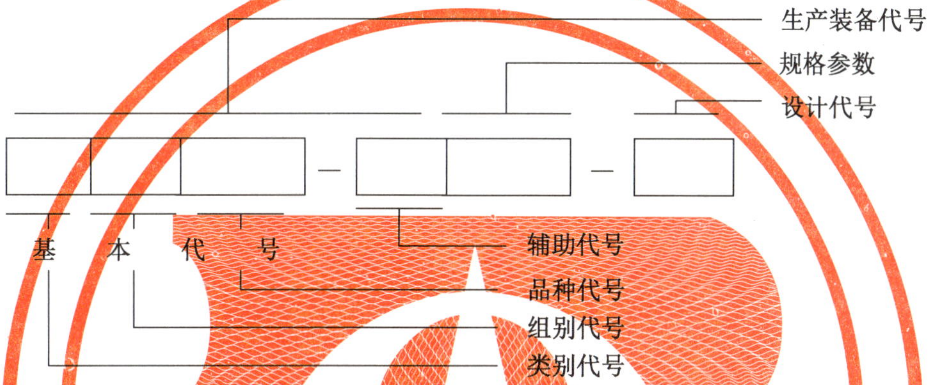

A.1.3 成套生产装备代号由基本代号和辅助代号组成，均用汉语拼音字母表示，基本代号与辅助代号之间用短横线“-”隔开。

A.1.4 基本代号由类别代号、组别代号、品种代号组成，均用大写汉语拼音字母表示。其定义为：类别代号“X”表示废橡胶裂解装备，“S”表示废塑料裂解装备；组别代号“LJ” 表示裂解；品种代号 “L” 表示连续式，“J”表示间歇式。

A.1.5 辅助代号定义：X 表示生产装备(线)。

A.1.6 规格参数用废橡胶废塑料年处理量表示。

注：废橡胶废塑料年处理量单位为吨，每年按 8 000 h 计算。

A.1.7 设计代号在必要时使用，可以用于表示制造单位的代号或产品设计的顺序代号，也可以是两者的组合代号。使用设计代号时，在规格参数与设计代号之间加短横线“-”隔开。当设计代号仅以一个字母表示时允许在规格参数与设计代号之间不加短横线。设计代号在使用字母时，一般不使用 I 和 O，以免与数字混淆。

A.2 型号示例

年处理废橡胶 10 000 t 的连续式裂解成套生产装备型号：

XLJL-X10000

附 录 B
（资料性附录）
主要设备型号及编制方法

B.1 主要设备型号格式

B.1.1 主要设备型号由产品代号、规格参数、设计代号三部分组成。

B.1.2 主要设备型号格式：

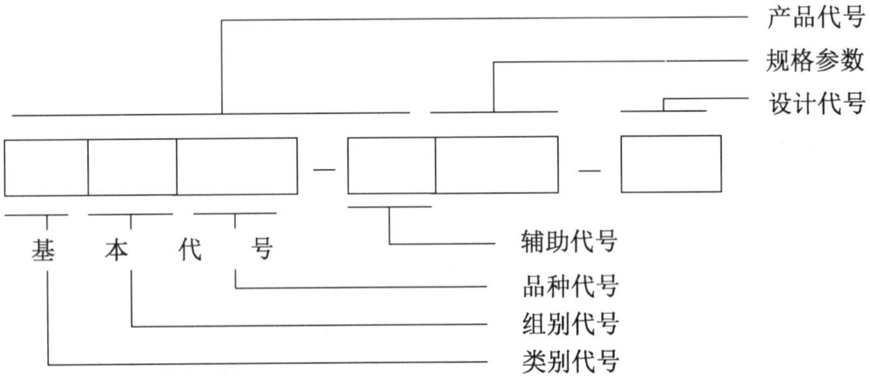

B.1.3 产品代号由基本代号和辅助代号组成，均用汉语拼音字母表示，基本代号与辅助代号之间用短横线“-”隔开。

B.1.3.1 基本代号由类别代号、组别代号、品种代号三个小节顺序组成，基本品种不标注品种代号。其定义为：类别代号“X” 表示废橡胶裂解装备，“S”表示废塑料裂解装备。

B.1.3.2 辅助代号在必要时用于表示结构形式，当无辅助代号时，可空缺。

B.1.3.3 主要设备的产品代号按表 B.1 及表 B.2 的规定。

B.1.4 规格参数的表示方法及计量单位按表 B.1 及表 B.2 的规定。

B.1.5 设计代号在必要时使用，可以用于表示制造单位的代号或产品设计的顺序代号，也可以是两者的组合代号。使用设计代号时，在规格参数与设计代号之间加短横线“-”隔开。当设计代号仅以一个字母表示时允许在规格参数与设计代号之间不加短横线。设计代号在使用字母时，一般不使用 I 和 O，以免与数字混淆。

表 B.1 废橡胶生产装备主要设备型号

组别	品种		产品代号		规格参数
	产品名称	代号	基本代号	辅助代号	
进料系统 J(进)	料仓	C(仓)	XJC		容积(m^3)
	输送机	S(输)	XJS		输送量(kg/h)
	计量秤	L(量)	XJL		最大称重量(kg)
	进料机	J(进)	XJJ		进料量(kg/h)
裂解系统 L(裂)	裂解器	J(解)	XLJ		年处理量(t/a)
	供热装置	R(热)	XLR		供热量(kW)

表 B.1（续）

组别	品种		产品代号		规格参数
	产品名称	代号	基本代号	辅助代号	
油气冷却系统 Y(油)	分油器	F(分)	XYF		直径(mm)×高度(mm)
	冷却器	L(冷)	XYL		换热面积(m^2)
	中间油罐	G(罐)	XYG		容积(m^3)
不凝可燃气净化系统 R(燃)	可燃气净化罐	J(净)	XRJ		直径(mm)×高度(mm)
	储气罐	C(储)	XRC		容积(m^3)
出料系统 C(出)	出料机	C(出)	XCC		出料量(kg/h)
	水冷输送机	S(输)	XCS		输送量(kg/h)
	磁选机	X(选)	XCX		磁感应强度(mT)
烟气净化系统 Q(气)	风冷冷却器	F(风)	XQF		换热面积(m^2)
	水冷冷却器	S(水)	XQS		换热面积(m^2)
	烟气净化装置	J(净)	XQJ		处理量(Nm^3/h)
循环冷却水系统 S(水)	冷却塔	L(冷)	XSL		循环水量(m^3/h)

表 B.2 废塑料生产装备主要设备型号

组别	品种		产品代号		规格参数
	产品名称	代号	基本代号	辅助代号	
进料系统 J(进)	料仓	C(仓)	SJC		容积(m^3)
	输送机	S(输)	SJS		输送量(kg/h)
	计量秤	L(量)	SJL		最大称重量(kg)
	进料机	J(进)	SJJ		进料量(kg/h)
裂解系统 L(裂)	裂解器	J(解)	SLJ		年处理量(t/a)
	供热装置	R(热)	SLR		供热量(kcal/h)
油气冷却系统 Y(油)	分油器	F(分)	SYF		直径(mm)×高度(mm)
	冷却器	L(冷)	SYL		换热面积(m^2)
	中间油罐	G(罐)	SYG		容积(m^3)
不凝可燃气净化系统 R(燃)	可燃气净化罐	J(净)	SRJ		直径(mm)×高度(mm)
	储气罐	C(储)	SRC		容积(m^3)
出料系统 C(出)	出料机	C(出)	SCC		出料量(kg/h)
	水冷输送机	S(输)	SCS		输送量(kg/h)
烟气净化系统 Q(气)	风冷冷却器	F(风)	SQF		换热面积(m^2)
	水冷冷却器	S(水)	SQS		换热面积(m^2)
	烟气净化装置	J(净)	SQJ		处理量(Nm^3/h)
循环冷却水系统 S(水)	冷却塔	L(冷)	SSL		循环水量(m^3/h)

B.2 主要设备型号示例

B.2.1 废橡胶年处理量为5 000 t的裂解器的型号：

XLJ-5000

B.2.2 废塑料年处理量为5 000 t的裂解器的型号：

SLJ-5000

B.2.3 废橡胶成套生产装备中进料系统进料量为700 kg/h的进料机的型号：

XJJ-700

附　录　C
（资料性附录）
主要设备和装置的基本参数

主要设备和装置的基本参数见表 C.1～表 C.5。

表 C.1　进料机基本参数

项　目	基本参数	
型号	XJJ-500	XJJ-700
最大进料量 kg/h	500	700
主电动机功率 kW	11	15

表 C.2　裂解器基本参数

项　目	基本参数		
型号	XLJ-2000	XLJ-3000	XLJ-5000
处理量 t/a	2 000	3 000	5 000
转速 r/min	0～5	0～5	0～5
工作压力 kPa	＜1.0	＜1.0	＜1.0
主电动机功率 kW	7.5	11	11

表 C.3　供热装置基本参数

项　目	基本参数		
型号	XLR-30	XLR-40	XLR-50
供热量 10^4 kW	290～350	350～465	465～580
供热温度 ℃	＜650	＜650	＜650
燃料	燃料油、可燃气		

表 C.4 出料机基本参数

项　目	基本参数		
型号	XCC-200	XCC-300	XCC-400
出料量 kg/h	200	300	400
二级出料温度 ℃	<60	<60	<60
主电动机功率 kW	5.5	7.5	7.5

表 C.5 可燃气净化罐基本参数

项　目	基本参数	
型号	XRJ-800×3000	XRJ-1000×4000
直径 mm	ϕ800	ϕ1 000
高度 mm	3 000	4 000
填料层高度 mm	800	1 000

附 录 D
(规范性附录)
裂解所得固体产物含油率的测定

D.1 方法提要

在隔绝空气的条件下,称取一定量的固体产物试样放入高温炉内加热一定时间,测定其质量损失。

D.2 仪器设备

D.2.1 高温炉,温度可控制在(450±5)℃。

D.2.2 坩埚,容积 30 cm^3,带盖。

D.2.3 秒表,精度 0.2 s。

D.2.4 分析天平,精度为 0.1 mg。

D.2.5 干燥器,装有有效干燥剂。

D.2.6 烘箱,重力对流型,可控温度为(105±2)℃或(125±2)℃。

D.3 样品制备

将采取到的试样全部破碎至 4 mm 以下,用四分法缩分至 60 g 左右,研磨后全部通过 0.25 mm 的标准筛。

D.4 试验步骤

D.4.1 将制备好的试样置于 105 ℃或 125 ℃烘箱(D.2.6)中干燥 1 h,取出移至干燥器(D.2.5)中冷却至室温备用。

D.4.2 在 450 ℃高温炉(D.2.1)中,灼烧空坩埚(D.2.2)约 0.5 h,取出,置于工作台上的石棉网上冷却 2 min~3 min 后,移入干燥器中冷却至室温并用分析天平(D.2.4)称量。

D.4.3 将干燥过的试样置于已称量过的坩埚中,将坩埚在一坚固且平坦的平板上轻轻敲击,使试样平铺坩埚内,装至离坩埚边沿约 2 mm 处,把坩埚盖盖严,称量试样和坩埚的总量。

D.4.4 将已称量过装有试样的坩埚置于镍铬丝架上,然后迅速放入 450 ℃的高温炉,立即用秒表(D.2.3)计时,灼烧 7 min。

D.4.5 取出,置于工作台上的石棉网上冷却 2 min~3 min,移入干燥器中冷却至室温并称量。

D.5 结果计算

试样含油率 Y(质量分数)按式(D.1)计算:

$$Y=\frac{m_1-m_2}{m_1-m_0}\times 100\% \qquad \text{(D.1)}$$

式中:

m_0——坩埚的质量,单位为克(g);

m_1——坩埚和试样灼烧前的质量,单位为克(g);

m_2——坩埚和试样灼烧后的质量,单位为克(g)。

D.6 结果处理

测3次,取平均值。

D.7 精密度

允许差:两次测定结果之差不超过0.8%。

ICS 71.120；83.200
G 95
备案号：44151—2014

JB

中华人民共和国机械行业标准

JB/T 5421—2013
代替 JB/T 5421—1991

塑料薄膜回收挤出造粒机组

Plastics film recycling extrusion & granulation line

2013-12-31 发布 2014-07-01 实施

中华人民共和国工业和信息化部 发布

前　言

本标准按照 GB/T 1.1—2009 给出的规则起草。

本标准代替 JB/T 5421—1991《塑料薄膜回收挤出造粒机组》，与 JB/T 5421—1991 相比主要技术变化如下：

——增加了对外观质量的具体要求；

——增加了检测要求；

——修改了检测方法；

——增加了判定规则；

——原标准的第 3 章基本参数改为资料性附录；

——增加了四个螺杆规格；

——增加和修改了其他部分基本参数。

本标准由中国机械工业联合会提出。

本标准由全国橡胶塑料机械标准化技术委员会塑料机械分技术委员会（SAC/TC71/SC2）归口。

本标准起草单位：江苏联冠科技发展有限公司、张家港市贝尔机械有限公司、苏州大云塑料回收辅助设备有限公司、大连塑料机械研究所。

本标准主要起草人：韩勇、王国龙、何德方、陈伟、马建忠、郑军、吴丹。

本标准所代替标准的历次版本发布情况为：

——JB/T 5421—1991。

塑料薄膜回收挤出造粒机组

1 范围

本标准规定了塑料薄膜回收挤出造粒机组的规格系列、型号、组成、基本参数、要求、试验及检测方法、检验规则、标志、包装、运输和贮存。

本标准适用于塑料薄膜回收的异径单螺杆塑料薄膜回收挤出造粒机组（以下简称机组），不适用于双阶单螺杆挤出造粒机组及其他用途塑料挤出机。

2 规范性引用文件

下列文件对于本文件的应用是必不可少的。凡是注日期的引用文件，仅注日期的版本适用于本文件。凡是不注日期的引用文件，其最新版本（包括所有的修改单）适用于本文件。

GB/T 191 包装储运图示标志
GB/T 6388 运输包装收发货标志
GB/T 9969 工业产品使用说明书 总则
GB/T 12783 橡胶塑料机械产品型号编制方法
GB/T 13306 标牌
GB/T 13384 机电产品包装通用技术条件
HG/T 3228 橡胶塑料机械涂漆通用技术条件
JB/T 8538 塑料机械用螺杆、机筒
JB/T 10464 拉条式塑料切粒机

3 规格系列、型号、组成、基本参数

3.1 规格系列

螺杆直径［*d*/*D*，单位为毫米（mm）］：45/100、55/110、65/120、75/130、90/150、100/160、120/180、150/200。

3.2 型号

机组的型号应符合 GB/T 12783 的规定。

3.3 组成

机组由挤出机、挤出模头、模面切粒机或拉条式切粒机及电气控制系统组成。

3.4 基本参数

机组基本参数参见附录 A。

4 要求

4.1 总则

机组应符合本标准的要求，并按照经规定程序批准的图样及技术文件制造。

4.2 主要零件技术要求

4.2.1 螺杆

螺杆的材料、表面处理、几何公差、硬度及表面粗糙度的要求应符合 JB/T 8538 的规定。

4.2.2 机筒

机筒的材料、内孔表面处理、几何公差、硬度及表面粗糙度的要求应符合 JB/T 8538 的规定。

4.3 总装技术要求

4.3.1 螺杆与机筒的间隙在圆周上应均匀，其直径间隙应符合表 1 的规定。

表 1 螺杆与机筒直径间隙

单位为毫米

螺杆直径 d		45	55	65	75	90	100	120	150
直径间隙	最大	0.30	0.32	0.35	0.38	0.40	0.40	0.43	0.46
	最小	0.15	0.16	0.18	0.20	0.22	0.22	0.25	0.26
注：表中螺杆直径（d）指螺杆小头直径。									

4.3.2 在水平放置时，单点支撑的螺杆头部允许接触机筒底部，但在加入润滑油后运转时，螺杆与机筒不能有刮伤或卡阻的现象。

4.3.3 冷却系统的管路、阀门应密封良好无渗漏。

4.3.4 润滑系统应密封良好，无渗漏现象。油泵运转应平稳无异常噪声，各润滑点应供油充分。

4.4 整机技术要求

4.4.1 机组的结构应便于装卸螺杆。

4.4.2 裸露在外对人身安全有危险的部位，如联轴器、带轮、机筒加热部分等，应设置防护罩。

4.4.3 在挤出机头后部应装有快速换网装置。

4.4.4 螺杆和切粒刀的旋转方向应正确。

4.4.5 在设计的转速范围内，螺杆应能平稳无级调速。

4.4.6 加热系统：螺杆直径不大于 120 mm，应在 2 h 内将机筒加热到 180℃；螺杆直径大于 120 mm，应在 3 h 内将机筒加热到 180℃。导热油加热除外。

4.4.7 齿轮传动箱内油的温升不超过 45℃，系统油温不得超过 65℃。其他传动箱内油的温升不应超过有关标准规定。

4.4.8 拉条式塑料切粒机应符合 JB/T 10464 的规定。

4.4.9 电气应达到以下的安全保护要求，以保证操作者和生产的安全：

a）短接的动力电路与保护电路导线（挤出机外壳体）之间的绝缘电阻不得小于 1 MΩ。

b）电热圈的冷态绝缘电阻不得小于 1 MΩ。

c）电热圈应进行耐压试验，当工作电压为 110 V 时，在 1 min 内平稳加压至 1 000 V；当工作电压为 220 V 时，在 1 min 内平稳加压至 1 500 V；当工作电压为 380 V 时，在 1 min 内平稳加压至 2 000 V，耐压 1 min，工作电流 10 mA，不得击穿。

d）外部保护导线端子与电气设备任何裸露导体零件的接地电阻不得大于 0.1 Ω。

4.4.10 整机噪声（声压级）应不大于 85 dB（A）。

4.5 外观质量

4.5.1 各外露焊接件应平整，不允许存在焊渣及明显的凹凸粗糙面。

4.5.2 非涂漆的金属及非金属表面应保持其原有本色。

4.5.3 漆膜应色泽均匀，光滑平整，不允许有杂色斑点、条纹及黏附污物、起皮、发泡及油漆剥落等影响外观质量的缺陷，并应符合 HG/T 3228 的规定。

5 试验及检测方法

5.1 抽样

产品出厂检验时，应进行全数检查。型式试验时进行抽样检查，每次抽一台。

5.2 试验条件

5.2.1 测试用原料

除了按附录 A 的表 A.1 中注明的低密度聚乙烯（LDPE）外，也可选用其他物料。试验时应记录树脂名称、配方、牌号、商品名称和熔体流动速率等参数。

5.2.2 测试用装置

测试用装置如下：

a）与挤出机相适应的辅机；

b）专用测试机头装置。

测试机头结构示意图如图 1 所示，出口直径按表 2 的规定。

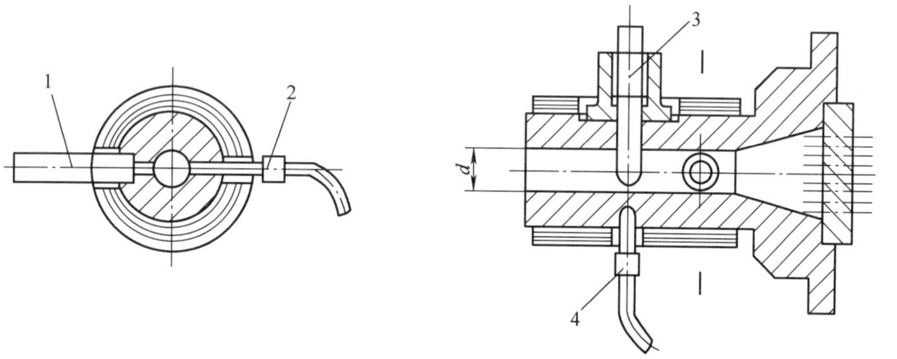

1——高温熔体压力传感器；　　3——节流阀；

2——测料温热电偶（阻）；　　4——控温热电偶（阻）。

图 1　测试机头

表 2　测试机头出口直径

产量（Q）　kg/h	≤50	＞50～150	＞150～400	＞400～700	＞700
测试机头出口直径（d）　mm	15～20	30	40	50	80

5.2.3 检测用仪器仪表

检测用仪器仪表参见附录 B。

5.3 试验时检测项目及方法

5.3.1 检测要求

在挤出机试制鉴定和批量生产抽检时，应对样机进行负荷试验，在试验中检测有关参数。

对于不同的物料，螺杆的转速要求也不同。对于 LDPE、LLDPE、HDPE、PP 等物料，按照螺杆最高转速的 60%即 0.6 n_{max}，测定产量基数；对于 HPVC，按照螺杆的最低转速即 n_{min}，测定产量基数；对 SPVC，按照螺杆最低转速的 2 倍即 $2n_{min}$ 测定产量基数。最后分别换算出单位时间［单位为小时（h）］内的产量［单位为千克（kg）］。

5.3.2 试验项目

在稳定的工艺条件下，试验挤出产量、螺杆转速、物料温度及机头压力、电动机功率等项目，并按要求记录数据。

注：稳定的工艺条件是指在一定的温度、压力和螺杆转速下，主机对物料的塑化达到要求。

5.3.3 检测方法

5.3.3.1 产量检测

主辅机联动时，在稳定的工艺条件下，对制品在相同的时间段内（60 s 或更长时间）分别取样，用衡器分别称出重量，至少进行三次，取算术平均值，换算为小时产量作为本机的产量。

当用测试机头测试时，在稳定的工艺条件下，对机头内挤出的物料，在相同的时间段内分别取样，用衡器分别称出重量，至少进行三次，取算术平均值，换算为小时产量作为本机的产量。

5.3.3.2 螺杆转速检测

用测速装置直接或间接对螺杆转速进行测量，与控制柜上的转速指示表（盘）对照，误差小于 2%。

5.3.3.3 物料温度检测

用热电偶（阻）和温度计测量塑料温度。

在螺杆转速达到最高转速的 80%时运行 30 min 以上，各区段实测温度与设定温度差应不大于±3℃。

5.3.3.4 机头压力检测

用高温熔体压力传感器检测。测试前应对仪器进行校正，传感器应有良好的稳定性。

5.3.3.5 电动机功率检测

对直流电动机，用直流电压表和直流电流表测定，对交流变速电动机，用三相功率表进行测定，并统一按式（1）进行计算。

用直流电动机时，实测输出功率：

$$P_{实测}=UI\eta_1 \quad (1)$$

式中：

$P_{实测}$——电动机实测输出功率，单位为千瓦（kW）；

U——电动机输入电压，单位为伏（V）；

I——电动机输入电流，单位为安（A）；

η_1——电动机高速时的效率。

$$\eta_1 = \frac{\text{电动机额定功率}}{\text{电动机额定电压} \times \text{电动机额定电流}}$$

用交流变速电动机时，电动机实测输出功率按式（2）计算：

$$P_{实测} = 实测输入功率 \times \eta_2 \quad (2)$$

式中：

η_2——电动机高速时的效率（以电动机的技术资料为准）。

5.4 其他主参数的计算

5.4.1 名义比功率

名义比功率按式（3）计算：

$$P' = P/Q_{max} \quad (3)$$

式中：

P'——名义比功率，单位为千瓦每（千克每小时）[kW/（kg/h）]；

P——电动机额定功率，单位为千瓦（kW）；

Q_{max}——当$P_{实测}$小于或等于P时的实测最高产量，单位为千克每小时（kg/h）。

5.4.2 比流量

比流量按式（4）计算：

$$q = Q_{实测} / n_{实测} \quad (4)$$

式中：

q——比流量，单位为（kg/h）/（r/min）；

$Q_{实测}$——实测的产量，单位为千克每小时（kg/h）；

$n_{实测}$——实测的转速，单位为转每分（r/min）。

5.5 关键件及有关检测

5.5.1 螺杆检测

螺杆应按 JB/T 8538 的规定进行检测。

5.5.2 机筒检测

机筒应按 JB/T 8538 的规定进行检测。

5.5.3 电气安全保护检测

电气安全保护检测如下：

a）短接的动力电路与保护电路导线（挤出机外壳体）之间的绝缘电阻用 500 V 绝缘电阻表（兆欧表，摇表）测量；

b）电热圈应先进行加热干燥，然后在冷态（室温）时，用 500 V 绝缘电阻表测量其绝缘电阻，

c）电热圈应先进行加热干燥，然后在冷态（室温）时进行耐压试验，并用耐压测试仪测量；

d）外部保护导线端子与电气设备任何裸露导体零件的接地电阻，用接地电阻测试仪测量。

5.5.4 噪声检测

用声级计在操作者位置（离机体 1 m 远、高 1.5 m 处）选三点测量，取平均值。

5.5.5 管路密封检测

冷却系统的管路进行 1.5 倍系统设计压力的耐压试验，持续 30 min，不得渗漏。

5.5.6 加热系统检测

用秒表检测机筒加热至 180℃所用的时间应符合 4.4.6 的要求。

5.5.7 油温检测

用温度计检测齿轮传动箱内油的温升及系统油温应符合 4.4.7 的要求。

5.5.8 外观质量检测

采用目测法检测。

6 检验规则

6.1 出厂检验

6.1.1 每台产品须经制造厂质量检验部门检验合格后，并附有产品质量合格证方能出厂。

6.1.2 每台产品出厂前应进行不少于 1 h 的连续空运转试验（抽出螺杆），其中带螺杆进行不少于 3 min 的空运转试验，并按 4.3、4.4.2、4.4.6 及 4.5 检验。

6.2 型式试验

6.2.1 型式试验应进行不少于 2 h 的负荷运转试验，并按 4.4 及附录 A 的表 A.1 检验。

6.2.2 型式试验应在下列情况之一时进行：

a）新产品或老产品转厂生产的试制定型鉴定；

b）正式生产后，如结构、材料、工艺有较大改变，可能影响产品性能；

c）正常生产时，每年最少抽试一台；

d）产品长期停产后，恢复生产；

e）出厂检验结果与上次型式试验有较大差异；

f）国家质量监督机构提出进行型式试验要求。

6.3 判定规则

经型式检验若有不合格项时，需进行复检，复检若仍有不合格项，则判定为不合格。

7 标志、包装、运输和贮存

7.1 标志

机组应在适当的明显位置固定产品标牌。标牌型式、尺寸及技术要求应符合 GB/T 13306 的规定。产品标牌应有下列内容：

a）产品名称、型号；
b）产品的主要技术参数；
c）制造厂名称和商标；
d）制造日期和产品编号。

7.2 包装

产品包装应符合 GB/T 13384 的规定。包装箱内应装有技术文件（装入防水袋内）：
a）产品合格证；
b）使用说明书，其内容应符合 GB/T 9969 的规定；
c）装箱单；
d）备件清单；
e）安装图。

7.3 运输

产品运输应符合 GB/T 191 和 GB/T 6388 的规定。

7.4 贮存

产品应放置在干燥通风处，避免受潮腐蚀，不能与有腐蚀性气（物）体一起存放，露天存放应有防雨措施。

附 录 A
（资料性附录）
基本参数

A.1 基本参数应符合表 A.1 的规定。表 A.1 以加工低密度聚乙烯为主（低密度聚乙烯薄膜的含水率≤7%，薄膜材料中低密度聚乙烯含量≥85%），目前市场上废旧薄膜种类较多，成分也比较复杂，加工其他薄膜时基本参数以此为参考。

A.2 基本参数中，主要考核合乎质量要求的产量、名义比功率及比流量。

A.3 表 A.1 中最高产量的考核，挤出机试制鉴定时，应不低于表列最高产量值；成批生产时，挤出机考核 60%最高转速时的比流量应不小于规定值。

A.4 表 A.1 中螺杆最高转速 n_{max} 及电动机功率 P，允许适当变动（选用电动机规格及其他设计原因），但名义比功率 P' 应不大于规定值，比流量 q 不小于相应值，产量不低于表列值。

表 A.1 加工低密度聚乙烯（LDPE）挤出机的基本参数

螺杆直径 mm		长径比	螺杆最高转速 r/min	产量 kg/h	主电动机功率 kW	名义比功率 kW/（kg/h）	比流量（kg/h）/（r/min）	机筒加热段数（推荐）	机筒加热功率 kW	挤出机中心高	塑化质量	切粒规格（直径×长度）mm
d	*D*											
45	100	26	130	≥32	18.5	0.58	0.252	4	≤8	1 000	塑化良好均匀无明显气孔	≤4×4
		28		≥35	22	0.61	0.291		≤10			
55	110	26		≥43	22	0.5	0.333		≤10			
		28		≥52	30	0.54	0.415		≤13			
65	120	26		≥61	30	0.5	0.501		≤14			
		28		≥71	37	0.49	0.583		≤18			
75	130	26		≥84	37	0.43	0.667		≤21			
		28		≥103	45	0.41	0.833		≤25			
90	150	28	120	≥116	45	0.37	1.000	5	≤30	1 100		
		30		≥133	55	0.39	1.300		≤30			
100	160	28		≥172	55	0.31	1.564		≤31			
		30		≥194	75	0.31	1.764		≤38			
120	180	28		≥235	90	0.34	2.136	6	≤40			
		30		≥255	90	0.34	2.319		≤50			
150	200	30	100	≥410	132	0.29	4.556	8	≤65			
		32		≥485	160	0.29	5.389		≤80			

注：如需要，螺杆规格可适当增加优选系列如：80、95、110 等。其中名义比功率及比流量按表中数值进行插入法计算。

附 录 B
（资料性附录）
检测用仪器仪表名称

检测用仪器仪表名称参见表 B.1。

表 B.1 检测用仪器仪表名称

名 称	测试项目	量程及范围	精度等级
衡器	挤出物料重	0 kg～20 kg	最小分度值 10 g
秒表	时间	0 min～30 min	分度值 0.2 s/格
测速装置	转速	0 r/min～999.9 r/min	分度值 0.1 r/ min
高温熔体压力传感器	高温熔融物料压力	0 MPa～29.4MPa，0 MPa～49 MPa	1.5%
声级计	整机噪声	25 dB（A）～140 dB（A）	±1 dB（A）
三相功率表	电动机功率	0.01 kW～600 kW	0.5 级
直流电压表	直流电动机电压	0 V～500 V	0.5 级
直流电流表	直流电动机电流	0 mA～75 mA（附 200 A 分流器）	0.5 级
绝缘电阻表	绝缘电阻	200 MΩ～1 000 MΩ	0.5 级
耐压测试仪	耐压试验		
接地电阻测试仪	接地电阻	0 Ω～25 Ω	0.5 级

六、附　录

进口可用作原料的固体废物环境保护控制标准
—废塑料
（摘自中华人民共和国生态环境部网站）

1 适用范围

本标准规定了进口废塑料的环境保护控制要求。

本标准适用于《限制进口类可用作原料的固体废物目录》中下列废塑料的进口管理。

海关商品编号	固体废物名称
3915100000	乙烯聚合物的废碎料及下脚料
3915200000	苯乙烯聚合物的废碎料及下脚料
3915300000	氯乙烯聚合物的废碎料及下脚料
3915901000	聚对苯二甲酸乙二酯废碎料及下脚料
3915909000	其他塑料的废碎料及下脚料

2 规范性引用文件

本标准引用了下列文件中的条款。凡是不注明日期的引用文件，其有效版本适用于本标准。

GB 5085.1　危险废物鉴别标准　腐蚀性鉴别

GB 5085.2　危险废物鉴别标准　急性毒性初筛

GB 5085.3　危险废物鉴别标准　浸出毒性鉴别

GB 5085.4　危险废物鉴别标准　易燃性鉴别

GB 5085.5　危险废物鉴别标准　反应性鉴别

GB 5085.6　危险废物鉴别标准　毒性物质含量鉴别

SN/T 0570　进口可用作原料的废物放射性污染检验规程

SN/T 1791.1　进口可用作原料的废物检验检疫规程　第1部分：废塑料

《国家危险废物名录》（环境保护部、国家发展和改革委员会、公安部令　第39号）

《限制进口类可用作原料的固体废物目录》（环境保护部、商务部、国家发展和改革委员会、海关总署、国家质量监督检验检疫总局公告2017年第39号）

3 术语和定义

下列术语和定义适用于本标准。

3.1

废塑料　Waste and scrap of plastics

本标准所称废塑料是指在塑料生产及塑料制品加工过程中产生的热塑性下脚料、边角料和残次品。

3.2

夹杂物　Carried-waste

在产生、收集、包装和运输过程中混入进口废塑料中的其他物质(不包括进口废塑料的包装物及在运输过程中需使用的其他物质)。

4　控制标准与要求

4.1　进口废塑料的放射性污染控制应符合下列要求:

a)　废塑料中未混有放射性废物;

b)　废塑料(含包装物)的外照射贯穿辐射剂量率不超过进口口岸所在地正常天然辐射本底值+0.25 μGy/h;

c)　废塑料的表面α、β放射性污染水平为:表面任何部分的300 cm^2 的最大检测水平的平均值α不超过0.04 Bq/cm^2,β不超过0.4 Bq/cm^2;

d)　废塑料中放射性核素比活度应低于表1的限值。

表1　放射性核素比活度限值

核素	比活度(Bq/g)
^{59}Ni	3×10^3
^{63}Ni	3×10^3
^{54}Mn	0.3
^{60}Co	0.3
^{65}Zn	0.3
^{55}Fe	300
^{90}Sr	3
^{134}Cs	0.3
^{137}Cs	0.3
^{235}U	0.3
^{238}U	0.3
^{239}Pu	0.1
^{241}Am	0.3
^{152}Eu	0.3
^{154}Eu	0.3
^{94}Nb	0.3
不明成分的β-γ混合物	0.3
不明成分的α混合物	0.1

4.2　废塑料中未混有废弃炸弹、炮弹等爆炸性武器弹药。

4.3　废塑料中应严格限制下列夹杂物的混入,总重量不应超过进口废塑料重量的0.01%。

a)　被焚烧或部分焚烧的废塑料,被灭火剂污染的废塑料;

b)　使用过的完整塑料容器;

c) 密闭容器；

d) 《国家危险废物名录》中的废物；

e) 依据 GB 5085.1～GB 5085.6 鉴别标准进行鉴别，凡具有腐蚀性、毒性、易燃性、反应性等一种或一种以上危险特性的其他危险废物。

4.4 除上述各条所列废物外，进口废塑料中应限制其他夹杂物（包括废纸、废木片、废金属、废玻璃、废橡胶/废轮胎、热固性塑料、其他含金属涂层的塑料、未经压缩处理的废发泡塑料等废物）的混入，总重量不应超过进口废塑料重量的 0.5%。

5 检验

5.1 本标准检验采取随机抽样检验的方式，对集装箱装运的进口废物采取开箱、掏箱、拆包/捆、分拣的检验方法，对散装海运的进口废物采取开舱查验和落地检验的方法，对散装陆运的进口废物采取开箱查验和落地检验的方法，必要时送实验室进行检测（包括放射性核素比活度、危险特性等）。随机抽样检验的结果作为整批货物检验结果。

5.2 本标准 4.1 条的检验按照 SN/T 0570 规定执行。

5.3 本标准 4.3e）条按照 GB 5085.1～GB 5085.6 规定的方法进行检验。

5.4 本标准其他条款的检验按照 SN/T 1791.1 规定执行。

废塑料综合利用行业规范条件

一、企业的设立和布局

（一）废塑料综合利用企业是指采用物理机械法对热塑性废塑料进行再生加工的企业，企业类型主要包括PET再生瓶片类企业、废塑料破碎清洗分选类企业以及塑料再生造粒类企业。

（二）废塑料综合利用企业所涉及的热塑性废塑料原料，不包括受到危险化学品、农药等污染的废弃塑料包装物、废弃一次性医疗用塑料制品等塑料类危险废物，以及氟塑料等特种工程塑料。

（三）新建及改造、扩建废塑料加工企业应符合国家产业政策及所在地区土地利用总体规划、城乡建设规划、环境保护、污染防治规划。企业建设应有规范化设计要求，采用节能环保技术及生产装备。

（四）在国家法律、法规、规章和规划确定或县级及以上人民政府规定的自然保护区、风景名胜区、饮用水源保护区、基本农田保护区和其他需要特别保护的区域内，不得新建废塑料综合利用企业；已在上述区域投产运营的废塑料综合利用企业，要根据该区域规划要求，依法通过搬迁、转产等方式逐步退出。

二、生产经营规模

（五）PET再生瓶片类企业：新建企业年废塑料处理能力不低于30 000吨；已建企业年废塑料处理能力不低于20 000吨。

（六）废塑料破碎、清洗、分选类企业：新建企业年废塑料处理能力不低于30 000吨；已建企业年废塑料处理能力不低于20 000吨。

（七）塑料再生造粒类企业：新建企业年废塑料处理能力不低于5 000吨；已建企业年废塑料处理能力不低于3 000吨。

（八）企业应具有与生产能力相匹配的厂区作业场地面积。

三、资源综合利用及能耗

（九）企业应对收集的废塑料进行充分利用，提高资源回收利用效率，不得倾倒、焚烧与填埋。

（十）塑料再生加工相关生产环节的综合电耗低于500千瓦时/吨废塑料。

（十一）PET再生瓶片类企业与废塑料破碎、清洗、分选类企业的综合新水消耗低于1.5吨/吨废塑料。塑料再生造粒类企业的综合新水消耗低于0.2吨/吨废塑料。

（十二）其他生产单耗需满足国家相关标准。

四、工艺与装备

（十三）新建及改造、扩建废塑料综合利用企业应采用先进技术、工艺和装备，提高废塑料再生加工过程的自动化水平。

1. PET再生瓶片类企业。应实现自动进料、自动包装与加工过程的自动控制。其中，破碎工序应采用具有减振与降噪功能的密闭破碎设备；湿法破碎、脱标、清洗等工序应实现洗涤流程自动控制和清洗液循环利用，降低耗水量与耗药量；应使用低发泡、低残留、易处理的清洗药剂。

2. 废塑料破碎、清洗、分选类企业。应采用自动化处理设备和设施。其中，破碎工序应采用具有减振与降噪功能的密闭破碎设备；清洗工序应实现自动控制和清洗液循环利用，降低耗水量与耗药量；应使用低发泡、低残留、易处理的清洗药剂；分选工序鼓励采用自动化分选设备。

3. 塑料再生造粒类企业。应具有与加工利用能力相适应的预处理设备和造粒设备。其中，造粒设备应具有强制排气系统，通过集气装置实现废气的集中处理；过滤装置的废弃过滤网应按照环境保护有关规定处理，禁止露天焚烧。

4. 鼓励废塑料综合利用企业研发和使用生产效率高、工艺技术先进、能耗物耗低的加工生产系统。

五、环境保护

（十四）废塑料综合利用企业应严格执行《中华人民共和国环境影响评价法》，按照环境保护主管部门的相关规定报批环境影响评价文件。按照环境保护“三同时”的要求建设配套的环境保护设施，编制环境风险应急预案，并依法申请项目竣工环境保护验收。

（十五）企业加工存储场地应建有围墙，在园区内的企业可为单独厂房，地面全部硬化且无明显破损现象。

（十六）企业必须配备废塑料分类存放场所。原料、产品、本企业不能利用废塑料及不可利用废物贮存在具有防雨、防风、防渗等功能的厂房或加盖雨棚的专门贮存场地内，无露天堆放现象。企业厂区管网建设应达到“雨污分流”要求。

（十七）企业对收集的废塑料中的金属、橡胶、纤维、渣土、油脂、添加物等夹杂物，应采取相应的处理措施。如企业不具备处理条件，应委托其他具有处理能力的企业处理，不得擅自丢弃、倾倒、焚烧与填埋。

（十八）企业应具有与加工利用能力相适应的废水处理设施，中水回用率必须符合环评文件的有关要求。废水处理后需要外排的废水，必须经处理后达标排放。企业应采用高效节能环保的污泥处理工艺，或交由具有处理资格的废物处理机构，实现污泥无害化处理。除具有获批建设、验收合格的专业盐卤废水处理设施，禁止使用盐卤分选工艺。

（十九）再生加工过程中产生废气、粉尘的加工车间应设置废气、粉尘收集处理设施，通过净化处理，达标后排放。

（二十）对于加工过程中噪音污染大的设备，必须采取降噪和隔音措施，企业噪声应达到《工业企业厂界环境噪声排放标准》。

六、防火安全

（二十一）企业应严格执行《中华人民共和国消防法》的各项规定。生产厂房、仓库、堆场等场所的防火设计、施工和验收应符合国家现行相关标准的要求。

（二十二）生产厂房、仓库、堆场等场所内应严禁烟火，不可存放任何易燃性物质，并应设置严禁烟火标志。

（二十三）生产与使用化学药剂的生产区域应符合相关防火、防爆的要求。

七、产品质量与职业培训

（二十四）企业应建立质量检验制度，制定完善工作流程和岗位操作规程；应设立独立的质量检验部门和专职检验人员，保证检验数据完整；鼓励企业通过ISO质量管理体系认证和环境管理体系认证。

（二十五）废塑料综合利用再生颗粒原料符合相应塑料加工制品质量标准要求。

（二十六）鼓励企业建立相应的材料、产品可追溯制度。

（二十七）企业应建立职业教育培训管理制度，对企业员工进行环境保护、污染防治、资源再生与利用等领域的相关培训，提高企业人员素质。

八、安全生产

（二十八）企业应严格遵守《中华人民共和国安全生产法》、《中华人民共和国职业病防治法》等相关法律法规规定，具备相应的安全生产、劳动保护和职业危害防治条件，建立、健全安全生产责任制，开展安全生产标准化建设，并按规定限期达标。

（二十九）加工企业的安全设施和职业危害防治设施必须与主体工程同时设计、同时施工、同时投入生产和使用；企业安全设施设计、投入生产和使用前，应依法进行审查、验收。

（三十）企业应有健全的安全生产和职业卫生管理体系，应有职工安全生产、职业卫生培训制度和安全生产、职业卫生检查制度。

（三十一）企业应有安全防护与防治措施，配备符合国家标准的安全防护器材与设备，避免在生产过程中造成机械伤害。对可能产生粉尘、烟气的作业区，应配备职业病防护设施，保证工作场所符合国家职业卫生标准。

九、监督管理

（三十二）新建和改扩建废塑料综合利用企业应当符合本规范条件要求；未满足规范条件要求的现有企业，在国家产业政策指导下，通过兼并重组、技术改造等方式，尽快达到规范条件的要求。

（三十三）县级以上工业和信息化主管部门负责对当地生产企业执行本规范条件的情况进行监督检查，联合当地工商、环保等部门加强对废塑料综合利用企业的监督管理。

（三十四）塑料再生加工利用相关行业协会要加强对行业发展情况的分析和研究；组织推广应用行业节能减排新技术、新工艺、新设备及新产品；建立符合规范条件的评估体系，科学公正地提出评估意见；协助政府有关部门做好行业监督和规范管理工作。

（三十五）根据企业自愿申请，工业和信息化部定期公告符合本规范条件的废塑料综合利用企业名单。公告管理办法由工业和信息化部另行制定。

（三十六）国家和地方相关管理部门可依据本规范条件制定相应的配套和监管办法。

十、其他规定

（三十七）本规范条件适用于中华人民共和国境内（台湾、香港、澳门地区除外）的废塑料综合利用企业。

（三十八）本规范条件涉及的法律法规、国家标准和行业政策若进行修订，按修订后的规定执行。

（三十九）本规范条件自 2016 年 1 月 1 日起施行，由工业和信息化部负责解释，并根据行业发展情况适时进行修订。

废塑料综合利用行业规范条件
公告管理暂行办法

第一章　总则

第一条　为加强废塑料综合利用行业管理工作，规范行业发展秩序，提高废塑料综合利用技术水平，依据《废塑料综合利用行业规范条件》（以下简称《规范条件》），制定本办法。

第二条　工业和信息化部及各地方工业和信息化主管部门负责对符合《规范条件》的企业实行公告管理，相关行业协会负责协助做好公告管理工作。

第二章　申请和核实

第三条　申请符合《规范条件》公告的废塑料综合利用企业，应当具备以下条件：

（一）具有独立法人资格；

（二）遵守国家有关法律法规，符合国家产业政策和行业发展规划的要求；

（三）符合《规范条件》中有关规定的要求。

第四条　符合本办法第三条所列条件的废塑料综合利用企业可向所在地县级以上工业和信息化主管部门提出符合《规范条件》申请，并如实填报《废塑料综合利用行业规范条件申请书》（以下简称《申请书》）及相关报表（附后）。

企业申请符合《规范条件》公告应当提交以下材料，并对申请材料的真实性负责：

（一）《申请书》；

（二）营业执照副本复印件；

（三）项目建设土地审批文件复印件；

（四）项目建设环境保护审批文件和竣工验收文件复印件。

第五条　同一个企业法人拥有多个位于不同地址的厂区或生产车间的，每个厂区或生产车间需要单独填写《申请书》，并在申请符合行业规范审查时同时提交。

第六条　县级以上（含县级）工业和信息化主管部门会同有关部门依照第三条、第四条有关要求，对申请公告企业的相关情况进行核实并提出具体审查意见，报经各省、自治区、直辖市工业和信息化主管部门审核后，于每年3月31日和9月30日前将符合《规范条件》要求的企业申请材料和审核意见报工业和信息化部。

第三章　复核与公告

第七条　工业和信息化部收到申请材料后，依据第三条、第四条有关要求，组织有关行业协会和相应专家对各地上报的申请材料进行复核和现场抽查核实，确定符合《规范条件》的企业名单。同一个企业法人拥有多个位于不同地址的厂区或生产车间必须均达到第四条有关要求。

第八条　经复核符合《规范条件》要求的企业，在工业和信息化部网站上进行公示。对公示内容有异议的，工业和信息化部将组织进一步核实有关情况；对公示内容无异议的，工业和信息化部在每年6月30日和12月31日前以公告方式发布。

第四章　监督管理

第九条　进入公告名单的企业要严格按照《规范条件》的要求组织生产经营活动。各省、自治区、直辖市工业和信息化主管部门及相关行业协会会同省级有关部门，对公告企业进行监督检查，并将监督检查结果于每年 4 月 30 日前报送工业和信息化部。工业和信息化部组织有关方面对公告企业进行抽查。

第十条　任何单位或个人发现申请公告企业或已公告企业有不符合《规范条件》和本办法有关规定的，可向工业和信息化部投诉或举报。

第十一条　有下列情况之一的，各省、自治区、直辖市工业和信息化主管部门责令企业限期整改，对拒不整改或整改不合格的企业，报请工业和信息化部撤销公告：

（一）不能保持《规范条件》要求的；

（二）报送的相关材料有弄虚作假行为的；

（三）拒不接受监督检查的；

（四）发生违反国家法律、法规和国家产业政策行为的；

（五）发生重大质量、安全生产和污染环境事故的。

被撤销公告的生产企业，经整改合格 2 年后方可重新提出申请。

工业和信息化撤销公告应提前告知企业，听取企业的陈述和申辩。

第五章　附则

第十二条　本办法由工业和信息化部负责解释。

第十三条　本办法自 2016 年 1 月 1 日起施行。

附

废塑料综合利用行业规范条件申请书

申请单位：________________(单位公章)

申请日期：______年______月______日

工业和信息化部制

表 1

废塑料综合利用企业基本情况表

企业名称：(单位公章)　　　　填表人：　　　　联系电话：

<table>
<tr><td colspan="4">企业名称：</td><td>邮编</td><td colspan="2"></td></tr>
<tr><td colspan="7">详细地址：</td></tr>
<tr><td colspan="7">企业网址：</td></tr>
<tr><td>传真</td><td colspan="2"></td><td colspan="2">企业邮箱</td><td colspan="2"></td></tr>
<tr><td>法定代表人</td><td colspan="2"></td><td colspan="2">手机</td><td colspan="2"></td></tr>
<tr><td>员工人数</td><td colspan="2"></td><td colspan="2">技术人员数量</td><td colspan="2"></td></tr>
<tr><td>企业类型</td><td colspan="6">内资(国有□集体□民营□)中外合资□ 港澳台□外商独资□</td></tr>
<tr><td>上市情况</td><td colspan="6">境内上市□　　境外上市□　　否□</td></tr>
<tr><td>废塑料综合生产能力(吨/年)</td><td></td><td>厂区面积(平方米)</td><td></td><td>作业场地面积(平方米)</td><td colspan="2"></td></tr>
<tr><td rowspan="3">近 3 年废塑料综合生产能力(吨/年)</td><td colspan="2">2013 年</td><td rowspan="3">近 3 年营业收入(万元)</td><td colspan="3">2013 年</td></tr>
<tr><td colspan="2">2014 年</td><td colspan="3">2014 年</td></tr>
<tr><td colspan="2">2015 年</td><td colspan="3">2015 年</td></tr>
<tr><td colspan="4">是否为废塑料综合利用行业示范基地</td><td colspan="3">是□　　否□</td></tr>
<tr><td colspan="7">补充说明(可另附页)：</td></tr>
</table>

注：纸面不敷、可另附页。

表 2

废塑料综合利用企业申请规范条件情况表

企业名称：(单位公章)　　　　填表人：　　　　联系电话：

<table>
<tr><td>序号</td><td colspan="2">名　　称</td><td>内　　容</td><td>备注</td></tr>
<tr><td>1</td><td rowspan="4">项目批复情况</td><td>工业投资主管部门核准(或备案)文件及文号</td><td></td><td rowspan="4">请提供复印件</td></tr>
<tr><td>2</td><td>土地主管部门批准文件及文号</td><td></td></tr>
<tr><td>3</td><td>环保主管部门批准文件及文号</td><td></td></tr>
<tr><td>4</td><td>安全生产主管部门批准文件及文号</td><td></td></tr>
<tr><td>5</td><td rowspan="3">产业布局</td><td>企业建设是否有规范化设计要求</td><td></td><td></td></tr>
<tr><td>6</td><td>周边是否有自然保护区、风景名胜区、饮用水源保护区、基本农田保护区和其他需要特别保护的区域</td><td></td><td></td></tr>
<tr><td>7</td><td>与居民聚集区和其他严防污染的企业距离</td><td></td><td></td></tr>
<tr><td rowspan="2">8</td><td rowspan="2">生产经营规模</td><td>废塑料年综合生产能力</td><td>万吨</td><td></td></tr>
<tr><td>年销售收入</td><td>万元</td><td></td></tr>
</table>

续表

序号	名称		内容		备注
9	工艺及装备	主要加工工艺：			
10		生产线		条	
				条	
				条	
				条	
				条	
11		机械设备		台	
				台	
				台	
				台	
				台	
				台	
				台	
				台	
				台	
12		检测设备		台	
				台	
				台	
13		是否配套有粉尘收集设施			
14		是否配套有污水处理设施			
15		是否配套有噪音控制设施			
16		是否满足国家产业政策、禁止和限制用地项目目录的有关要求			
17		是否采用节能、环保、高效的新技术、新工艺、新装备（如符合国家鼓励发展的环保产业设备目录要求）			
18	质量管理	产品质量是否达到国家及行业标准			
19		专职质量管理人员数量			
20		是否建立了质量管理制度			
21		是否通过 ISO 9000 认证			请提供复印件
22		是否通过 ISO 14000 认证			
23	能源消耗和资源综合利用	加工方法及综合能耗（千瓦时/吨）			提供计算方法
24		加工方法及综合能耗（千瓦时/吨）			
25		综合水耗（吨/吨）			提供计算方法

续表

序号	名称		内容	备注
26	环境保护	加工过程中对边角料的回收利用情况	%	
27		打磨生产线是否配套安装除尘设备		
28		废水排放是否达到《污水综合排放标准》		请提供检测报告复印件
29		粉尘排放是否达到《大气污染物综合排放标准》		
30		噪声是否达到《工业企业厂界环境噪声排放标准》		
31		专职环保管理人员数量		
32		是否有完善的安全环保制度		
33		加工设备是否有废水收集和循环利用系统		
34		是否有废气回收储存设备和相关处理措施		
35		是否有突发环境事件或污染事件应急设施和处理预案		
36		消防设施是否达到国家标准要求		
37		是否制定完善的岗位操作守则和工作流程		
38		已参加行业培训人员数量		
39	安全生产、职业教育和社会责任	是否有职业危害防护措施		
40		专职安全管理人员数量		
41		是否配备安全防护设施		
42		是否依法经过安全生产监督管理部门审查、验收		请提供验收报告复印件
43		是否有健全的安全生产组织管理体系		
44		是否有职工安全生产培训制度和安全生产检查制度		
45		用工制度是否符合《劳动合同法》规定		
46		是否通过 ISO 18000 认证		请提供复印件
47	信息化管理	是否已建立信息化管理系统		

注：纸面不敷、可另附页。

声明：以上所有材料真实有效，有据可查，如有虚假，愿意承担相应法律责任。

法定代表人(签字)：

年　　月　　日

(申请单位公章)

表 3

工业和信息化主管部门审核意见表

申请单位：　　　　（单位公章）　　　　填表人：　　　　联系电话：

<table>
<tr><td>申请企业</td><td></td></tr>
<tr><td>申请时间</td><td></td></tr>
<tr><td colspan="2">地方工业和信息化主管部门意见：

经办人签字：　　　负责人签字：　　　单位公章

年　　月　　日</td></tr>
<tr><td colspan="2">省级工业和信息化主管部门意见：

经办人签字：　　　负责人签字：　　　单位公章

年　　月　　日</td></tr>
</table>

注：纸面不敷、可另附页。

BOUNI

青島邦尼化工有限公司

青岛邦尼化工有限公司成立于1998年，在青岛莱西、广东阳山设有大型现代化厂房。并在青岛胶州里岔拥有大型仓储基地。是集生产、仓储、销售、物流一体的工贸化工企业，国内专业聚乙烯蜡供应商。公司主要产品：聚乙烯蜡，聚丙烯蜡，氧化蜡，EVA蜡，费托蜡，APP等。

我公司通过对聚乙烯蜡及聚丙烯蜡进行氧化、接枝等化学方法进行改性，开发出系列功能聚乙烯蜡及马来酸酐接枝聚丙烯蜡，接入了极性基团大大拓展了应用领域，可以满足不同应用要求。

产品	型号	软化点（℃）	粘度（CPS@140℃）	特性
改性蜡	氧化蜡	100~115	20~500	新型极性蜡，相溶性强，润滑性、分散性优于聚乙烯蜡，兼具偶联性，有效提高颜色的鲜艳度。是PE蜡的升级换代产品
	EVA蜡	95~110	100~500	
	马来酸酐共聚蜡	149	2000±1000	
聚乙烯蜡	消泡母粒|填充母粒专用蜡	90-100	20-60	分散好，稳定性好，性价比高

青岛邦尼是您品质的代表，最优的选择。我们用优良的价格，专业的服务为改性塑料行业提供保障！邦尼蜡，总有一款适合您！

公司地址：青岛市崂山区海尔路180号大荣中心B座803

电 话：0532-55760890 传真：0532-55760890

网 址：www.bouni.com.cn

分支机构：

广州分公司	地址：广州市萝岗区绿地中心广场B1-406	电话：020-82550790 8255106
济南分公司	地址：济南市华龙路399号	电话：0531-86330566 8633058
常州分公司	地址：常州长江塑化市场	电话：0519-85190056
青岛四极钛业	地址：青岛银川西路5号	电话：0532-85791728 857918
哈尔滨办事处	地址：哈尔滨市黄河路136号	电话：0451-85977797
青岛邦尼塑料	地址：青岛市东海中路18号	电话：0532-66717278
天津伟来化工	地址：天津市围堤道146号	电话：022-88238252 8823825

南京和润偶联剂有限公司

NanJing HEREN Coupling Agent Co.,LTD

南京和润偶联剂有限公司是一家专业从事偶联剂及橡塑助剂产品研发、生产、销售的中外合资企业，年生产能力达4500吨。本公司可提供钛酸酯、铝酸酯及硅烷等偶联剂系列产品，满足不同客户的需求。偶联剂被誉为“工业味精”，广泛应用于聚烯烃塑料、橡胶、涂料、电缆、油墨、木塑材料、磁性材料等，尤以各类无机矿物填料表面的处理应用最为广泛。

公司拥有完善的质量管理体系和现代化检测手段，依托全国各大高校及科研院所强大的技术力量，可满足客户的不同需求，帮助客户解决应用中遇到的各种问题，以达到双方共赢的最终目标。公司坚持“至诚至信、服务客户”的经营宗旨，产品以优异的品质赢得了客户的信赖，销售遍及全国，并出口到东南亚及欧洲国家。

竭诚欢迎广大客商朋友莅临指导，洽谈合作，携手发展，共创未来！

固体偶联剂

液体偶联剂

实验室

电话：025-84363535　　传真：025-84363536

地址:南京市红山创意工厂产业园　　邮编：210037

通乐新材料
ONGDELE NEW MATRIAL
扬匠人精神 创百年基业

STAR 实达 福建南安实达橡塑机械有限公司

Fujian Nan`an STAR Rubber & Plastic Machinery Co.,Ltd.

实达CM系列连续密炼机组，经过二十年研发，在橡塑行业及高分子材料加工的生产实践中不断提升而发明出来的新型高效节能环保生产线。它的工作原理类似密炼机，结构类似双阶双螺杆机组。

实达CM连续密炼机组的优点：

1. 高产量、低能耗、节能环保。2. 自动化程度高、高效提升制品品质。
3. 有效控制粉尘飞扬，生产环境干净整洁。
4. 分散混合能力强，适合高品质，高浓度，高填充物料的加工。

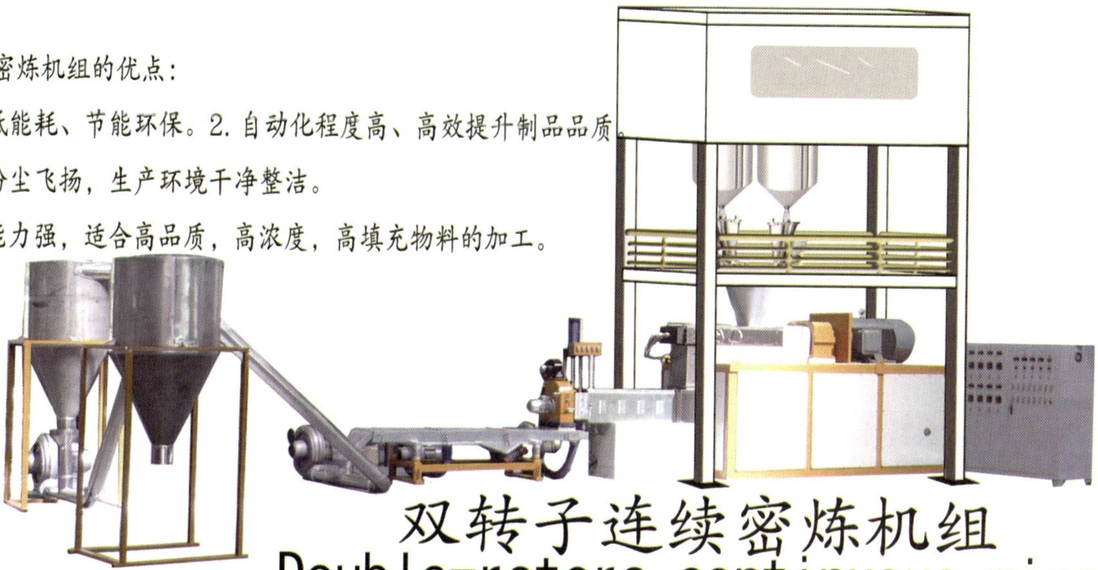

双转子连续密炼机组

Double-rotors continuous mixer

实达CM连续密炼机组广泛适用于色母粒，改性塑料，多功能母粒，降解母粒，电缆料，橡胶，弹性体，热固性塑料和发泡材料等。

设备基本参数：

	型号	CM50	CM80	CM110	CM130	CM150	CM180
混炼机	转子公称直径（mm）	50	80	110	130	150	180
	转子最大转速（rpm）	750	550	550	550	550	550
	主电机功率（kw）	22	55	110	160	200	250
挤出机	螺杆直径（mm）	75	100	130	150	180	200
	螺杆长径比	14	12	10	10	10	10
	螺杆最大转速（rpm）	75	75	75	75	75	75
	电机功率（kw）	11	22	37	55	75	90
电机调速方法		变频调速					
产量（PE+50%CACO3）kg/h		125左右	250左右	550左右	1000左右	1500左右	2000左右

注：设备的技术参数以合同为准，本公司保留对上述技术参数进行修改的权利。

地址：福建省南安市金淘镇莲峰实达工业园1号

电话：400 000 6636　邮箱:STAR@fujian-star.com

13609593224

山西玉竹新材料科技股份有限公司

企业简介

山西玉竹科技钙业股份公司于2010年5月份建成投产，拥有1亿5千万吨高钙低镁少硅的优质石灰石资源。是一家集石灰石开采、煅烧、销售和钙产品研发为一体的国家级高新技术企业、省级企业技术中心。公司实施资源战略、市场战略、创新战略，尊重员工能力，关注客户价值，承担社会责任，十年来发扬“千锤万凿”的石灰精神，致力于钙系类产品的研发，打造优质石灰石生产附加值更高的精细钙化工产品，为我国粉体材料行业走出一条新路。公司拥有五个子公司和一个控股公司，公司现有八条大型生产线。截止2017年底公司拥有资产总额1.6个多亿，年销售收入2亿元。

产品介绍

微孔硅酸钙是一种新型功能性硅酸盐材料，该材料干燥情况下是固体白色粉末状颗粒，具有白度高、粒径小，粒度分步范围窄。堆积密度低、重量轻、比表面积大、导热系数小、耐高温、无腐蚀等特点。应用于橡胶行业，具有较大的补强性和化学吸附性，可代替部分白炭黑，节约生产成本达1/3；应用于造纸行业，可代替25%~40%的纸浆纤维；应用于塑料行业，能增加强度、降低容量、提高耐腐蚀性和有较强的吸附异味或有害气体的功能；应用于农膜行业，能延缓流滴期，提高保温性；应用于保温材料行业，能增加其阻燃性，是A级防火材料，耐火温度可达1050℃，应用于涂料行业，具有消光和吸附异味的功效。

SiO2 %	CaO %	LOI %	真密度 g/cm^3	堆积密度 g/cm^3	白度	孔径 nm	比表面积 m^2/g	磨耗 mg/2000次	吸油值 mL/100g	PH
41~44	42~45	10~15	≤2.10	≤0.20	≥92	20~30	115~150	<5.0	≥260	8~9

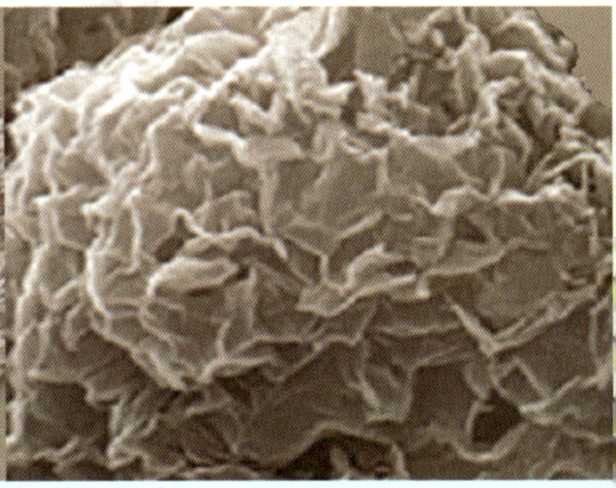

地　址：山西省朔州市山阴县钙产业园区

电　话：18234127870 0349-5993111

E-mail:yzs0886@163.com

网　址：http://www.yzshihui.com

强韧牌增韧母料

南京强韧塑胶有限责任公司

强韧牌增韧母料是一种以微米或亚微米碳酸钙或者硫酸钡粒子为主要原料，经特殊的表面处理和精密的制造工艺而制得的用于增韧改性聚烯烃塑料的添加材料。该母料可使HDPE、共聚PP和均聚PP材料的常温及低温缺口冲击强度提高至原材料的2至5倍，弯曲模量提高30%至50%，并且改性材料的成型尺寸稳定性能获得显著改善，产品耐环境应力开裂性能比未改性料提高20左右倍，可明显改善塑料制品的耐久性能。改性材料的混合性能、加工流动性能优良，使用方便，材料性能可根据母料加入量随意控制。

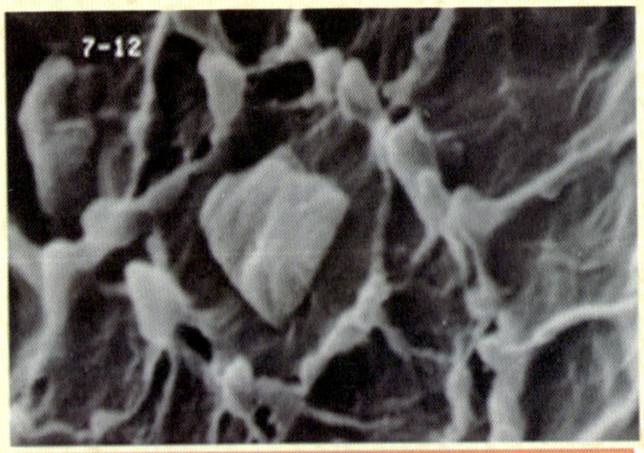

改性材料内 $CaCO_3$ 与基体的结合

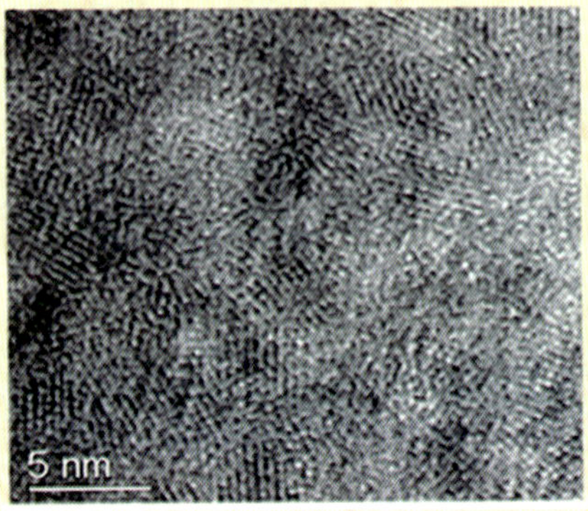

改性材料内基体的织态结构

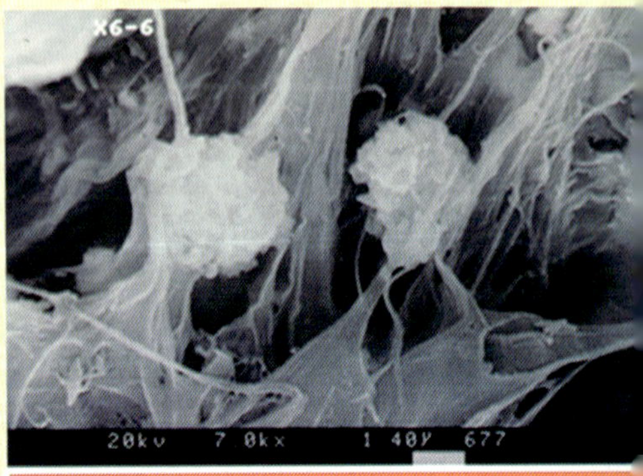

改性材料韧性断裂后的断面形态

南京强韧塑胶有限责任公司是以南京工业大学科技人员为骨干所组建的民营企业，公司以南京工业大学科技成果为依托，专门从事增强、增韧塑料、橡胶及其改性材料的研制、开发、生产及销售。公司主营产品聚烯烃塑料增韧母料专利始于 1995 年，并与 2002 年度获得中国石油与化学工业协会科技发明二等奖。产品性能、价格比一直处于领先地位，深受用户好评。公司宗旨：以科技为先导、以质量为生命、以先进的技术、一流的产品、合理的价格服务于社会。

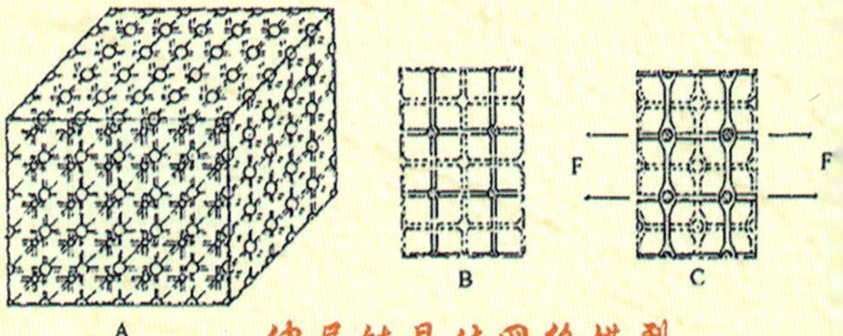

伸展链晶体网络模型

表1 强韧牌增韧母料主要技术指标

牌号	填充物	密度 g/cm3	增韧HDPE效果悬臂梁缺口冲击强度（kJ/m2）	熔体流动速率（g/10min）	色泽*	含水量（%）
ZR—250G	碳酸钙	≤1.90±0.04	≥20.0	0.5～4	本白	≤0.5
ZR—250B	碳酸钙	≤1.86±0.04	≥24.0	0.5～4	本白	≤0.5
ZR—500A	碳酸钙	≤1.80±0.04	≥28.0	0.5～4	本白	≤0.5
ZR—250Ba	硫酸钡	≤2.40±0.06	≥20.0	0.5～4	本白	≤0.5

* 根据需要可以配备各种着色品种

强韧牌增韧母料的应用范围

（1）中小型或大型注塑制品和中空吹塑制品，如塑料周转箱、储物箱、塑料托盘、垃圾筒、塑料桶、化工容器、管材、管件等，可显著提高制品冲击韧性和力学模量，降低材料低温脆性，有效改善制品的翘曲变形和表面缩陷现象，可替代 ABS 工程塑料，降低制品制造成本。

（2）汽车配件制品，如小汽车保险杠、仪表板、方向盘和座椅等专用塑料中，可有效减少弹性体用量，提高力学模量，降低材料制造成本。

（3）塑料薄膜和扁丝制品，可有效提高改性制品的强度、挺度、防滑性能、柔韧性和手感，提高改性制品的品质。

强韧牌增韧母料的使用方法

加工时需经过下列三个步骤：[配料]，[预混合]及[成型]：增韧 HDPE 建议选择 250B 型增韧母料，用量 10% 至 40%；增韧 PP 建议选择 500A 型增韧母料，用量 10% 至 30%。将初混合好的物料加入注塑机或挤出机的料斗中，进行注塑或挤出成型。注塑改性 HDPE 物料时，建议比原注塑温度提高 10～20℃，而注塑改性 PP 时，可基本保持原注塑温度不变，注塑压力需适当增加。注塑或挤出成型的模具温度保持在 50～60℃之间，以确保物料在模腔中良好的流动和适当的冷却。

联系电话：13003411148（张）　13814508040（史）　传真：025-83587322